普通高等教育电气工程与自动化（应用型）“十二五”规划教材

配电网和配电自动化系统

董张卓　王清亮　黄国兵　编著

机 械 工 业 出 版 社

本书为普通高等教育电气工程与自动化类（应用型）“十二五”规划教材中的一本。本书系统地阐述了配电网和配电自动化系统的组成、功能以及工程应用知识。全书共分 10 章，主要内容包括：配电网的结构、主要一次设备、配电自动化的组成；智能测控单元的构成、工作原理；通信的基本概念和配电自动化系统常用的通信技术；馈线自动化系统；变电站自动化；调度主站系统的软硬件组成；需求侧管理支持系统等。

本书在描述配电网和配电自动化原理与技术的同时，力求紧密结合实际，紧跟新技术的发展，力争做到内容系统，理论联系实际。本书是一本具有较强系统性、先进性和实用性的教材，可作为高等学校电气工程及其自动化专业的专业课教材，也可供从事配电系统设计、开发、运行、维护等工作的技术人员参考。

图书在版编目（CIP）数据

配电网和配电自动化系统/董张卓，王清亮，黄国兵编著．—北京：机械工业出版社，2014.7（2024.6 重印）
普通高等教育电气工程与自动化（应用型）“十二五”规划教材
ISBN 978-7-111-46740-3

Ⅰ.①配…　Ⅱ.①董…②王…③黄…　Ⅲ.①配电系统—自动化系统—高等学校—教材　Ⅳ.①TM727

中国版本图书馆 CIP 数据核字（2014）第 101003 号

机械工业出版社（北京市百万庄大街 22 号　邮政编码 100037）
策划编辑：王雅新　责任编辑：王雅新　吴　冰
版式设计：赵颖喆　责任校对：张晓蓉
封面设计：张　静　责任印制：邓　博
北京盛通数码印刷有限公司印刷
2024 年 6 月第 1 版第 8 次印刷
184mm×260mm · 23.25 印张 · 563 千字
标准书号：ISBN 978-7-111-46740-3
定价：59.00 元

电话服务	网络服务
客服电话：010-88361066	机　工　官　网：www.cmpbook.com
010-88379833	机　工　官　博：weibo.com/cmp1952
010-68326294	金　书　网：www.golden-book.com
封底无防伪标均为盗版	机工教育服务网：www.cmpedu.com

普通高等教育电气工程与自动化（应用型）“十二五”规划教材编审委员会委员名单

前　言

我国把电能安全提高到涉及国家安全的高度来认识。配电网是电力系统的一个重要环节，网架结构的合理性和自动化的程度，决定供电质量的高低及供电可靠性程度。随着经济的发展及智能电网研究和应用的深入，很多新的技术将要在配电网中得到应用，新一轮配电自动化研究和建设的高潮将兴起。

电气工程及其自动化专业的毕业生应适应未来电力系统发展的要求，对配电网构成和配电自动化的基础知识和理论有一定的认识。目前，电气工程及其自动化专业的教学体系，缺乏针对配电网、配电设备的教学内容，加之大部分的著作或教材，以配电网和配电设备为论述对象，或以配电自动化系统为对象。因此，编著者在教学过程中发现学生缺乏对配电设备和配电网的认识，在讲解配电自动化系统时，由于学生们缺少对配电网的认识，造成教学效果打折扣。本书以配电网和配电自动化为核心，使学生掌握配电网、配电设备及配电自动化系统的工作原理为目标，为学生毕业后从事相关领域的工作打好必要的基础。

配电网和配电自动化是一个涉及多种学科的综合技术，是一门快速发展中的技术，教学的目的是帮助学生打下一个良好的基础。因此，本书的编写原则是注重理论联系实际，在教授学生基础理论知识的基础上，引出配电网运行过程中存在的问题，给学生留下思考问题的空间并适当介绍一些前沿的配电网自动化知识。

在配电网和配电自动化系统中，配电网是对象，自动化系统是对配电网实施自动化。配电网是分布在一个地域范围内的系统，因此，配电自动化系统是一个分布式的自动化系统。本书第1章对配电网及配电自动化发展过程及概况进行了回顾，使读者能从中了解配电网及配电自动化技术的发展，了解配电自动化系统建设的难点。第2章对配电网中的一般电气设施构成、性能等进行汇总、描述。第3章给出目前常用配电网的电气主接线结构，以及配电网运行的特点，并对配电网运行过程中容易出现的问题进行了论述。第4章论述现代智能电子设备的组成及原理。第5章给出了通信的基本概念和通信原理。第6章给出了配电自动化常用的通信技术和组网方法，以及实现远程通信的通信协议。第7章在介绍了常用馈线开关设备功能和原理基础上，描述了就地模式的馈线自动化系统；在介绍了配电自动化终端设备的基础上，描述了远程控制模式的馈线自动化。第8章描述了常规的变电站自动化系统和数字化自动化系统。第9章介绍了配电自动化系统调度中心的计算机网路结构，和常规的调度中心软件结构。第10章对目前的需求侧管理理念和方法进行总结，给出了需求侧管理支持系统组成及其功能，以及系统中应用的各类终端的结构和功能，结合需求侧管理系统通信组网的特点，对超短波数传电台及其组网和通用分组无线业务技术从应用角度进行了汇总；给出了一个企业内部实施需求侧管理支持系统的架构。

配电网和配电自动化技术是一门涉及面宽泛的综合性技术，本书所述内容在给本科生开课过程中，可根据学生的具体情况和该校的教学体系有所剪裁。第1、3、4、5、6、7章作为必修部分，其余部分酌情而定。

本书第3章由王清亮副教授编写，第4章由黄国兵副教授编写，其余由董张卓教授编写，并由董张卓完成了全书的统稿及定稿。

由于新技术总是在不断地发展，加之作者的水平有限，书中难免有错误和不足之处，恳请专家和读者批评指正。

编著者

目录

第1章　概　　述

安全可靠、优质、经济地供电是现代社会对电力系统的基本要求。随着电力改革和电力市场的完善，电力作为一种特殊的商品，生产和消费过程受政府监督。现代高技术、高精密的装备对电能质量也提出了更高的要求。电力供应的中断要追究电力经营者的责任。

为了提高供电可靠性，配电网作为电力系统相对薄弱的环节，是电力经营者必须考虑的方面，提高配电网装备水平和自动化水平，是现代社会的需要。

配电自动化是采用现代计算机、通信、电子及软件技术与配电设备相结合，实施配电网在正常和事故状态下的运行监视、控制的综合自动化系统。国际上，众多先进国家开展配电系统自动化工作已有较长历史，我国从20世纪90年代末开展配电自动化系统的研究和应用。实践证明，采用配电自动化系统可以大大提高配电网的安全运行水平，提高供电质量，优化配电网的运行方式，降低线损。实施配电自动化是配电网发展的必然趋势。

1.1　电力系统和配电系统

1.1.1　电力系统的组成

电力系统是由发电厂、输电系统、配电系统和电力用户组成的整体，是将一次能源转换成电能并输送和分配到用户的统一系统。它的功能是将自然界的一次能源通过发电动力装置转化成电能，再经输电网、配电网将电能输送到用户，通过各种设备再转换成动力、热、光等不同形式的能量，完成电能从生产到使用的整个过程。电力系统还包括保证其安全可靠运行的继电保护装置、安全自动装置、调度自动化系统和电力通信等相应的辅助系统，这些辅助设备或系统称为二次设备或系统。

由于多数发电厂与负荷中心处于不同地区，而电能无法储存，故其生产、输送、分配和消费都必须在同一时间内完成。电能生产、输送、分配和消费的设施在一定地域内有机地组成一个整体，完成整个电能的生产、消费过程。电能生产必须时刻保持与消费平衡。

图1-1给出了一个电力系统结构示意图，实际电网要复杂得多。一般省级电网仅接入输电网的发电厂就达到数十座，变电站达到数百座；中等规模的县级配电网，包括数千公里的配电线路，数千台配电变压器。

1. 发电厂

在电力系统中，电网按电压等级的高低分层。不同容量的发电厂和负荷应分别接入不同电压等级的电网。大容量主力发电厂应接入骨干主网，较大容量的发电厂应接入较高电压的输电网，容量较小的可接入较低电压的输（配）电网。

2. 输电网

输电网是电力系统中最高电压等级的电网，是电力系统中的主要网络（简称主网），起

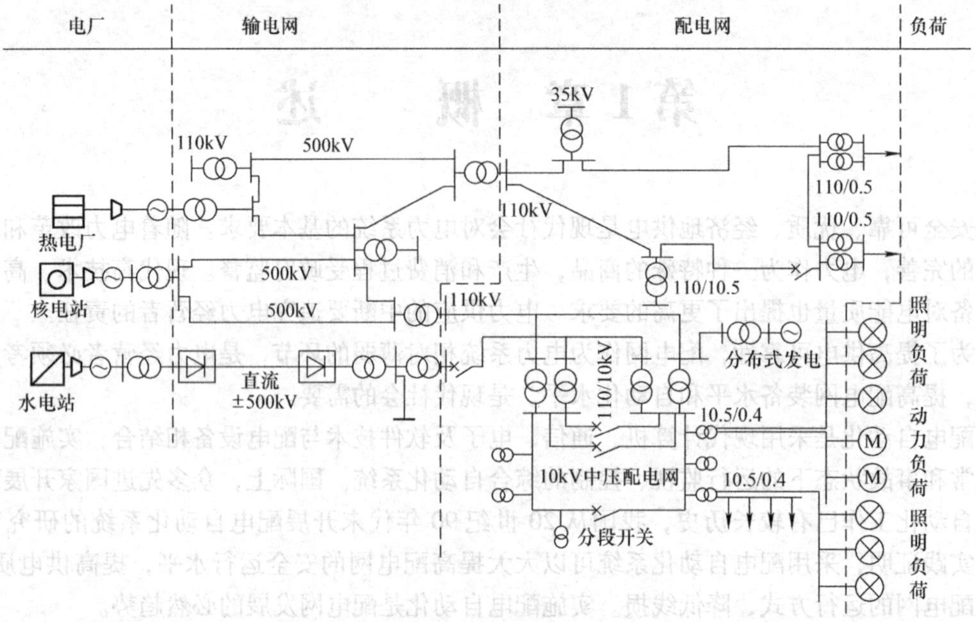

图 1-1 电力系统结构示意图

到电力系统骨架的作用，所以又称为主网架。在现代电力系统中，既有超高压交流输电，又有超高压直流输电，这种输电系统通常称为交、直流混合输电系统。输电网由厂站（发电厂升压站、变电站）和输电线路构成。厂站由变压器、开关、母线、刀开关及相关的二次设备等组成。厂站用以切断或接通、改变输电网络或者调整电压、变换电压并分配电能。

输电线路为输电通路的主要组成部分，输电网中的线路为架空电力线路。构成架空电力线路的主要部件有：导线、接闪线（简称地线）、金具、绝缘子、杆塔、拉线和基础、接地装置等。输电网中普遍采用高压架空线，从一个变电站连接到另一个变电站。

一般输电网的电压等级为110kV以上电压等级。目前我国西北地区输电网电压等级最高为750kV，而东部地区采用1000kV（500kV）作为输电的骨干电网电压等级。高压输电是为了实现低损耗长距离输电。我国资源与需求呈逆向分布，客观上需要实现能源的大范围转移。晋、陕、蒙、宁、新大型煤电基地和西南水电富集地区大型水电基地需要向能源匮乏的中东部地区远距离、大容量、低损耗输电。

输电网的功能如下：①更经济合理地利用一次能源，优化电能资源配置，实现水、火电资源的优势互补；②利用负荷的不同时性，提高发电机组的利用率，减少总的装机容量；③检修和紧急事故备用互助支援，减少备用发电容量；④提高电网运行的可靠性和供电质量。

输电系统中的变电站按电压等级分为升压变电站和降压变电站，按变电站在电网中的地位可以分为：

（1）升压变电站 电力系统送电端变电站，将发电厂的电压升成高压，直接或通过输电线路接入输电网。

（2）枢纽变电站 位于电力系统的枢纽点，它的电压是系统最高输电电压，目前电压等级有220kV、500kV、330kV、750kV、1000kV。枢纽变电站和其他变电站连成环网，全站停电后，将引起系统解列，甚至整个系统瘫痪，因此对枢纽变电站的可靠性要求较高。枢纽变电站主变压器容量大，供电范围广。

(3) 中间变电站 一般汇集2~3个电源，以交换潮流为主，起到系统功率交换的作用，或使长距离输电线路分段运行，同时兼有降压给当地用户供电的作用（地区一次变电站），这样的变电站全站失电压后，将引起区域电网的解列，造成大面积停电。

(4) 地区一次变电站 位于地区网络的枢纽点，是与输电网相连的地区受电端变电站，任务是直接从主网受电，向本供电区域供电。全站停电后，可能引起地区电网瓦解，影响整个区域供电。电压等级一般采用220kV、330kV、500kV、750kV或1000kV。地区一次变电站主变压器容量较大，出线回路数较多，对供电的可靠性要求也比较高。

3. 配电网

配电网是以地区一次变电站变压器的低压侧为分界，将电能分配到用户的电网，作用是将电力分配到配电变电站后再向用户供电，也有一部分电力不经配电二次变电站，直接分配到大用户，由大用户的配电装置配电。

在我国配电系统中，通常称35~110kV系统为高压配电系统，6~20kV系统为中压配电系统，380V/220V系统为低压配电系统。按供电区域的用电特性，配电网可分为城市配电网、农村配电网和工厂配电网等。

一个区域配电网不与邻近区域的配电网有直接横向联系，而是通过输电网发生联系。配电网不同电压等级的纵向联系通过逐级降压形成。配电网要避免形成电磁环网。

配电网中的主要设施有：地区一次变电站低压侧、地区二次变电站、终端变电站、为了延伸终端变电站母线的开闭所、配电线路、配电变压器、配电负荷开关、环网柜及配网中各种二次设备等。下面给出主要配电设施：

(1) 地区二次变电站 由一次变电站高压线路供电，将电压由高压降为中压，由中压线路直接向本地区负荷供电的变电站，供电范围小，主变压器的容量与台数根据电力负荷而定。

(2) 终端变电站 从一次或二次变电站得到电能，直接向用户供电的变电站。全站停电后，引起终端用户停电。

(3) 开闭所 为了延伸扩展上级变电站的母线，设置在靠近供电负荷区域，用于接收电能并能向周围的几个用电单位供出电能的电力设施。其特征是电源进线侧和出线侧的电压相同。中压电网中的开闭所一般用于10kV电力的接收与分配。

(4) 配电线路 将电能分配到用户的线路，按结构分为架空配电线路和电缆配电线路，中压配电线路按用途分为公网配电线路和直送用户配电线路。中压架空配电线路设置分段开关和分支开关，连接配电变压器。中压电缆配电线路上有电缆分支箱、环网柜等。

1.1.2 配电系统的运行

1. 电能生产、输送、分配及使用的特点

电能是一种特殊的商品，它在生产、传输、分配及使用方面和其他商品相比有其明显的特殊性，主要体现在以下几个方面：

(1) 电能是现代社会的主要二次能源 由于电能具有便于大量生产、传输和控制，以及与其他能量转换十分方便的特点，因此电能得到了广泛的应用，是现代社会的最主要二次能源。电能供应不足，严重制约国防、国民经济的各个部门和人们的日常活动。供电中断，会造成生产、生活的混乱。

(2) 暂态过程迅速 电能生产、传输及使用过程中涉及复杂的电气过程，由于电磁变化快的特性，电能在传输及使用过程中，其通断、控制的过程十分快捷。在电力系统受到各种扰动时，例如：由于雷击或开关操作引起的过电压，其暂态过程只有微秒到毫秒数量级；从发生故障到电力系统失去稳定性通常也只有数秒的时间；因事故而使电力系统全面瓦解的过程，造成大面积停电一般也只以分钟计。

(3) 不能大量储存　电能的生产、输送、分配和使用是在同一时刻进行的。发电设备在任何时刻所产生的电能严格等于该时刻用电设备取用的电能和输、配电过程中电能损耗之总和。因此，在电力系统发生某些故障后，由于没有电能储存手段，将可能造成局部或大面积停电。

(4) 对质量有严格的要求　电能质量主要指频率、供电电压偏移和电压波形。我国电网的额定频率为50Hz，电网运行过程中，实际频率与额定频率的偏差，反映电能的供需平衡状态。当实际频率高于额定频率，反映机组出力大，有一次能源浪费；实际频率过低，反映负荷过大，系统可能失稳，使机组无法运行。供电电压与额定电压之间有较大的偏差时，容易损坏设备，或导致生产设备减少产量或生产出废品，或者产生电压崩溃。理想的电压波形为工频正弦波，由于现代电力电子设备的大量应用，以及存在诸如电弧炉、轧钢机、矿山绞车、电力机车等各种冲击性的负荷，造成电网电流波形严重变形，进而引起电压波形变形。电压波形畸变引起电压波动、闪变、谐波、三相不对称、电压跌落、凹陷和凸起等现象，影响设备，特别是精密的电子设备和仪器的正常运行，并造成不必要的电能浪费，减少设备的寿命。

2. 对配电系统的运行要求

配电网是电网的重要组成部分，是保障电力“配得下、用得上”的关键环节，直接面向终端用户。配电网的故障，会引起生产的电能无法输送到用户，进而引起用户供电的中断。它的运行基本要求是安全、可靠、优质、经济。配电网运行时，这四者之间的关系是在保证安全、可靠和合格电能质量的前提下，使配电网运行处于最经济状态。

(1) 配电网运行的安全性和可靠性　配电网运行的安全性和可靠性是指配电网保证对用户的持续供电、并保证系统本身设备的安全的能力。配电网运行的基本原则，是能将输电网传输的合格电能分配给各类电力用户，为用户提供电压、频率、波形符合标准并连续不间断的电能。在供电过程中，一旦出现电力供应的中断，轻则仅造成一定的经济损失，影响生产、生活质量，重则造成人身伤亡和重大经济损失。

为了提高配电网运行的可靠性，首先，配电网必须有合理的结构，由于受遮断容量和运行方式的限制，在配电网络中，大都采用“闭环结构开环运行”的方式，即网络本身是环形的，但在正常运行情况下断开其中的一些线路，使它呈辐射形（即树形），而在发生故障后，通过开关操作将失去电源的负荷转移到其他线路上去，仍然能对用户继续供电，这样可以提高配电可靠性。配电网网架结构足够合理和可靠后，为了保证配电网在正常运行和故障情况下，能及时调整或恢复用户的供电，需要采用自动化系统，例如馈线自动化系统，快速实现故障的隔离和恢复。

(2) 配电网的负荷　配电网的每个负荷点的负荷容量较小，各类负荷的负荷特性不同，有些负荷变化快且剧烈，与之配合的无功补偿设备投切就更频繁。

配电网用户明确，负荷变化随机性不强，因此停电检修、年校验、预试安排，要考虑到大用户的设备停运或检修。

虽然保证对用户的持续供电非常重要，但并不等于说所有的负荷都不能停电。一般按对供电可靠性的要求将负荷分为三级：

1）一级负荷 对这一级负荷的中断供电，将可能造成生命危险、设备损坏，破坏生产过程，使大量产品报废，给国民经济造成重大损失，使市政、人民生活发生混乱等。

2）二级负荷 对这一级负荷的中断供电，将造成大量减产、交通停顿，使城镇居民生活受到影响等。

3）三级负荷 所有不属于一、二级的负荷，如工厂的附属车间、小城镇等负荷属于三级负荷。

对一级负荷要保证不间断供电；对二级负荷，如有可能，也要保证不间断供电。

（3）配电网运行的经济性 配电网线路长、设备多，配电网的线损率达到4% ~9%，通过合理安排配电网的运行方式，能够有效降低线损率。

通过无功优化，即通过无功补偿装置的设置改变网络中的无功分布，达到降低线损改善电压质量的目的。由于负荷变化的随机性，有条件可采用能分级调节或连续调节无功补偿装置，能取得更好的经济性。

改变变电站主变的运行方式，调整配电线路的配电变压器容量，使变压器运行在经济负荷区，能有效减少配电变压器的损耗。

在用户侧，开展需求侧管理，通过用户用电习惯的调整，达到电力需求在时序上的分布，转移电网的峰、谷负荷，能提高配电网运行的经济性。

（4）用户电流波形的畸变对配电网的影响 配电网中的冲击性负荷、不对称负荷和非线性负荷是电能质量的污染源，如电弧炉、整流器、调频设备、大功率电动机等，对配电网的电压波形产生了影响，造成了电压波形的畸变。波形的畸变导致实际配电系统的运行状态偏离理想状态，供电系统的电压幅值不再保持恒定不变，三相电压出现不平衡，以及产生谐波等。

电压波形的畸变，会降低电力设备的利用率，并会加速设备绝缘老化，造成设备的损坏，以及易引起保护装置发生误动，电能计量误差过大等，造成大量的直接或间接经济损失。

1.2 配电系统的发展和现状

1949年，我国电网的总装机容量仅有1849MW，年发电量48亿kWh。截止2011年，全国发电装机达到10.56亿kW，其中火电7.65亿kW，水电2.3亿kW，风电4505万kW，核电1257万kW。全社会用电量达到4.69万亿kWh。比1949年装机容量增大了571倍，用电量增长977倍。除台湾外，实现了全国联网，形成了华北到华中、华东、东北、西北、南方五个主要同步电网。

作为电力系统组成部分的配电网，由于点多、面广的特点，和输电网相比，受投资和效益的影响，长期以来，配电网的发展相对滞后。城市和农村配电网在技术标准、装备水平及管理等方面存在差异，发展极度不平衡。

我国从1998年开始城乡电网以向用户提供优质可靠电能为目标的建设与改造。随着城乡电网建设与改造的完成，城乡配电网从配电网的结构、配电设备及配电自动化均有了很大的改善。城市配电网中重载线路和超载配变逐年减少，事故率大大降低，促进了城市的发展。农村配电网也得到了快速的发展，在农村实行的户户通电和新农村电气化等民心工程广受赞誉。

配电网经过最近10年的建设与改造，配电网结构明显改善，供电可靠性显著提高，供电能力大幅提升，供电能力基本满足社会用电需求。部分地区进行了配电自动化的试点，到1990年开始城农网改造时，各个县级单位开始了县调自动化的建设。

从配电网网架、配电一次设备、配电自动化三个方面对发展过程进行总结如下：

1. 配电网的网架

1990年以前，高压配电网中，除发达地区的二次变电站具备双电源联络，大部分为单电源供电，即一条高压110kV或35kV线路T接多座变电站。中压配电网普遍采用树形结构的架空线路，部分线路设置了油式分段开关，分支线路采用跌落式熔断器。

由于网架简陋和设备差，造成在负荷高峰时期，线路、变压器过载问题严重，事故率大大增加；出现事故需要人工去现场检修，一个简单的故障，需要检修数小时，才能恢复对用户的供电。

目前重要地区的配电二次变电站，实现了环网结构，即每一个二次变电站均有双电源供电。中压配电网根据规模、特点的不同，各配电网的规模结构也不尽相同，发展不平衡。目前城市配电网的重要负荷区域，中压配电线路通过分段器实现了馈线的分段，并实现了“手拉手”供电。农村配电网，形成多分段的辐射供电方式，个别区域实现了手拉手方式。

城市的中压配电网在繁华区域和新建区域采用电缆线路，即采用电缆线路供电。

2. 配电网的一次设备

一次配电设备，近10多年来在绝缘方式、制造工艺、设备可靠性等方面均有了质的飞跃。例如：开关设备的体积减少了1/3～1/6；配电变压器采用非晶合金的低能耗变压器；城市架空导线普遍采用绝缘线；电缆头附件也由原现场绕包过渡到预制电缆头或冷缩工艺电缆头。

开关设备的灭弧方式，由多油断路器发展到少油断路器，进而到目前的真空、SF_6气体灭弧断路器。开断短路电流的能力由几次达到了几十次。开关操动机构，由电磁式操动机构、发展到弹簧式操动机构，以及永磁式操动机构。操动机构的性能、可靠性得到了极大的提高。多功能真空开关、智能开关逐步得到应用。

配电变压器，也随着铁磁材料由热轧硅钢片到有取向冷轧硅钢片，变压器单位损耗大大降低，产品由全部油式绝缘的产品过渡到油式和复合绝缘。干式变压器的生产比例逐年提高；油式配电变压器，20多年来，产品已经过4次升级换代（S7、S9、S11、S13系列），其空载损耗率、单耗均得到了数倍的减少，例如1000kVA变压器的空载损耗由S7系列的4960W降低到目前S13系列的340W；冷却形式由储油柜、管式散热装置，发展到目前采用膨胀式的散热装置，体积、重量、运行时的噪声、可靠性得到了大大的提高。

目前，10kV架空配电线路，按照全绝缘、全防护的原则进行建设。城市电力架空路线逐渐被电缆替代，城市无杆化将成为城建工作的重要组成部分。

3. 配电自动化

配电网的运行管理由20世纪90年代前，配电系统通过电话、完全人工方式的调度，发展到目前采用自动化技术实现配电系统的三遥监控，部分配电网实现故障自动隔离和恢复，以及调度中心采用具有地理信息系统（Geographic Information System，GIS）和配电管理系统（Distribution Management System，DMS）功能的配电调度自动化系统。配电网中的变电站

（开闭所）也已普遍采用变电站综合自动化技术，达到了无人值班的水平。

（1）变电站自动化发展

变电站普遍采用了变电站自动化技术，实现了从有人值班到无人值班变电站的过渡。

“变电站自动化”是将变电站中的微机保护、微机监控等装置通过计算机网络和现代通信技术集成为一体化的自动化系统。我国的变电站自动化技术，经过了四个发展阶段。

第一阶段，以RTU为核心的变电站自动化系统。20世纪80年代以前，变电站的二次回路由继电保护、当地监控、远动装置、故障录波和测距、直流系统与绝缘监视及通信等装置组成独立的系统。各装置独立运行，缺乏协调，装置之间功能相互覆盖，部件重复配置，耗用大量的电缆。

20世纪80年代，由于微机技术的发展，远动终端、当地监控、故障录波等装置相继更新换代，实现了微机化。这些微机化的设备虽然功能各异，但其数据采集、输入输出回路等硬件结构大体相似，因而统一考虑变电站二次回路各种功能的集成化自动化系统，自然受到人们的青睐。为了实现调度自动化，在各个变电站安装了RTU。因此当时的变电站自动化系统是在RTU基础上加上一台以微机为中心的当地监控系统，如图1-2所示，这种监控系统不但未涉及继电保护，就连原有的控制屏、台仍予保留。

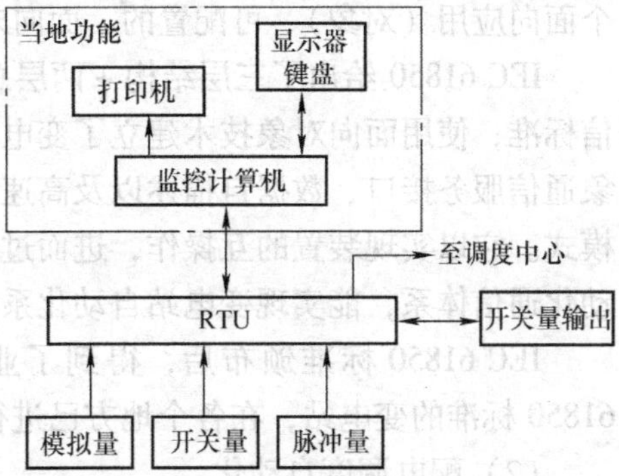

图1-2　以RTU为基础的变电站自动化系统

第二阶段，20世纪90年代微机保护的广泛应用。变电站自动化取得实质性的进展，研制出的变电站自动化系统以四遥主机为核心，四遥主机除完成RTU的功能，采集数据和发出控制命令外，通过总线和微机保护相连接，接收保护装置的各种信息和参数，投/停保护装置。这种变电站自动化系统结构如图1-3所示。

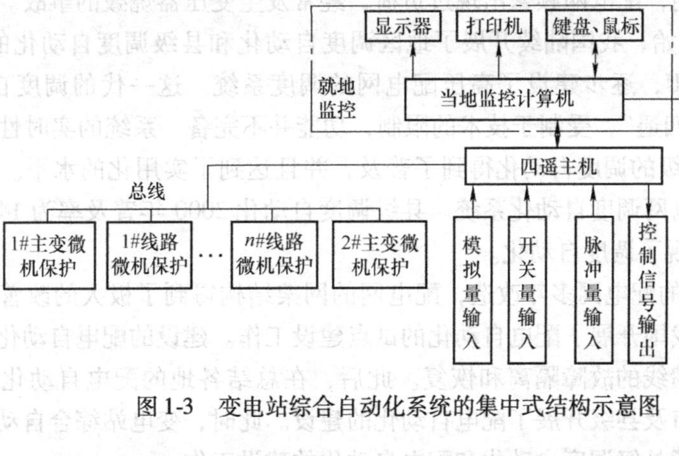

图1-3　变电站综合自动化系统的集中式结构示意图

第三阶段，分散式变电站自动化系统的应用。20世纪90年代中期，随着计算机技术、网络技术及通信技术的飞速发展，同时结合变电站的实际情况，各类以间隔为对象的微机式测控单元、保护单元或保护测控二合一装置大量研发成功，分散式变电站自动化系统纷纷投入运行。

分散式系统的特点是普遍采用了微机化的现场测控或保护单元，安装在中压开关柜或高压一次设备附近，在变电站控制室设置计算机系统，和各现场单元通信。通信采用 RS232C、RS485、现场总线。数据采集、处理、遥控命令执行和继电保护功能等均由微机式现场单元完成。综合功能均由后台主计算机系统承担。

分散式变电站自动化系统又称变电站综合自动化系统，取消了控制屏、台和表计等常规设备，因而节省了控制电缆，缩小了控制室面积。

第四阶段，数字化变电站兴起。不同厂商的微机式保护、测控装置分别采用各自特定的专用通信协议，或一样的通信协议理解不同，出现差异，造成这些装置无法实现互联、互通，增加了系统运行维护、升级成本。为了解决此问题，国际电工委员会制定了关于变电站自动化系统结构和数据通信的国际标准 IEC 61850，并于 2004 年正式发布。IEC 61850 是一个面向应用（对象）、可配置的，面向未来的变电站自动化的通信标准。

IEC 61850 给出了三层结构 + 两层总线的新型变电站自动化系统的逻辑结构和设备间通信标准，使用面向对象技术建立了变电站自动化系统的统一模型，采用独立于网络结构的抽象通信服务接口、数据自描述以及高速以太网等技术，彻底改变了变电站自动化系统的通信模式。它以实现装置的互操作，进而过渡到互换性为目标，是目前唯一面向未来的变电站自动化通信体系，能实现变电站自动化系统各部分之间无缝通信。

IEC 61850 标准颁布后，得到了业界的积极响应。目前，数字化变电站即符合 IEC 61850 标准的变电站，在各个地方已进行了大量试点，技术已趋于成熟。

（2）配电调度自动化

20 世纪 90 年代以前，我国的配电网调度、运行管理采用电话和人工方式。配电网故障停电后，用户通过电话告知配电调度，配电调度通知紧修班组，紧修人员赶到现场进行抢修。由于配电网架多为树形，配电网装设了少量的联络开关，一般设备故障均可能引起用户的供电中断。城市中一个跌落式熔断器的跌落，恢复供电时间，平均在 4h 左右。当遇到极端天气或到负荷高峰期，配电网频繁出现过负荷，经常发生变压器烧毁的事故。

20 世纪 90 年代开始，我国陆续开展了地区调度自动化和县级调度自动化的建设工作，开始在变电站安装 RTU，逐步建设了高压配电网的调度系统。这一代的调度自动化系统，功能为“三遥”或“四遥”，受制于技术的限制，功能并不完备、系统的实时性也较差。20 世纪 90 年代末，地区级的调度自动化得到了普及，并且达到了实用化的水平。全国经济发达地区开始建设县级电网调度自动化系统。县级调度自动化 2000 年普及率为 14% 左右，发展到目前 95% 的县实现了调度自动化。

通过 1998 年开始的配电网多年改造，配电网的网架结构得到了极大的改善。为了提高配电网的管理水平，我国开展了配电自动化的试点建设工作。建设的配电自动化系统，其功能主要为“三遥”和馈线的故障隔离和恢复。此后，在总结各地的配电自动化工作的基础上，在我国的大中城市及县级开展了配电自动化的建设。此时，变电站综合自动化系统已得到广泛的应用，促进了县级调度自动化和配电自动化的建设工作。

国家电网公司 2009 年制定了企业标准 Q/GDW 382-2009《配电自动化技术导则》（以下简称《导则》）。《导则》的制定，是对配电自动化系统试点经验的总结，标志配电自动化建设工作的开展已从试点建设过渡到在《导则》的指导下，进行实用化建设和应用配电自动化研究成果的阶段。

《导则》中，要求配电网调度自动化主站系统设计根据实际需求，按照“适度超前”的思路进行设计，对软硬件的设计考虑满足未来5～8年的建设需要。在试点的基础上扩展馈线自动化的范围和进行配电自动化的实用化工作。对于部分小型地市，可以按照信息接入量小于10万点的小型配电主站建设，重点开展配电SCADA和馈线自动化工作。各地市供电公司在设计各种配电终端的遥测、遥信、遥控等实时信息接入量时，要按照配电网的最终规模估算。因此，配电网自动化建设进入了一个全新的阶段。

1.3 中压配电网特点

配电网分为高压配电网、中压配电网和低压配电网。高压配电网完成将一次变电站的电能输送到负荷中心的任务。在负荷中心经过二次变电站，将高压110kV（35kV）变成中压10kV（20kV），通过中压专线或中压公网将电能输送到终端变电站。终端变电站将中压变成低压，通过低压馈线输送到用电装置。

目前，中压配电网是配电网复杂度高，停电影响范围较大，相对薄弱的部分。中压配电网具有以下特点：

1. 地域集中，设备众多，容量小

一个中等规模的二次变电站中压母线，一般采用单母线分段，中压线路的出线数为8条以上，每条出线，其线路供电半径一般为4～10km。在负荷密集区域，随着电力负荷的增加，为了解决二次变电站中压配电出线开关柜数量不足、出线走廊受限的问题，在配电网中建设了大量的开闭所。供电的馈线分为专线和公网馈线。专线直接给大用户供电，公网馈线给各类中小用户供电。一条公网馈线往往含有多个分支，分成多个分段，分段和分段之间采用分段器（断路器或负荷开关）进行分段，每一分段上接有多台配电变压器。典型的分段原则是三分段，一条线路上接有20～30台变压器。每条馈线传送的功率一般为3000～10000kW。

一个中等规模的县城，其公网馈线多达10～30条，配电变压器数百台。例如一个变电站的馈线，出线有10多条，每一条公网馈线上，20～30台配电变电器，一个变电站出线的所有馈线，节点达200～300个。

2. 负荷密集及重要场所大量采用电缆供电

城市中，在负荷密集及重要场所，从城市景观和线路安全角度考虑，从变电站到开闭所的线路及开闭所出线，大量采用电缆方式。另外，在架空线路架设困难的区域，如城市或特殊跨越地段的供电，采用电缆方式供电。电缆供电的主要优点是：敷设较方便，占用土地资源较少；不影响城市市容，供电可靠，运行维护简单。缺点是：电缆价格高；电缆接头施工工艺较复杂；故障点较难发现，不便及时处理事故，维修时间非常长，给配电网运行的可靠性和用户的正常用电带来影响。

3. 现代配电网的容性电流变大

电介质在电场力作用下会发生极化，其结果使电介质表面形成的正或负电荷，在与极板相对的面上出现负或正的电荷。将架空线或电缆的三相导体看作正极板，把大地看作负极板，则在电缆和大地间就会形成我们所说的对地分布电容。由于中压配电系统一般采用中性点不直接接地的方式，因此当线路发生单相接地时，流过故障点的电流并不是短路电流，而是各线路对地分布电容所产生的容性电流。电缆线路和架空线路相比，对地电容要大10多倍。

归纳起来，电容电流的危害主要有以下三个方面：

(1) 发生间歇性电弧接地时，伴随配电网对地电容上的电荷积累会产生高幅值的过电压。这个电压一般会超过相电压的1.732～3.5倍，同时伴随有较高的过电流。这样会使接地点间的绝缘被破坏，导致配电网绝缘薄弱的设备放电击穿。

(2) 配电网发生单相接地故障后，接地电弧不易自行熄灭，必然发展成相间短路造成供电可靠性降低。

(3) 单相接地电弧引起过电压使电压互感器励磁电流激增，这样容易引起电压互感器的损坏。

4. 普遍采用非直接接地方式

配电网中常见的故障之一为单相接地故障，配电网为了保证供电可靠性，普遍采用中性点非直接接地方式，在配电网发生单相接地故障时，因为相间电压保持对称，规程规定配电网可以继续运行两个小时。

目前，配电网的中性点分为不接地、通过消弧线圈接地、大电阻及小电阻接地等多种方式。中性点不接地，对地绝缘，适用于农村树形的配电网络。随着配电网规模增大，特别是电缆线路长度的增加，配电网对地等效电容的值会随之增加，当对地等效电容的值增大到一定程度，在配电网发生单相接地故障时，中性点如果不接地，会使接地点电容电流过大，电弧难以自行熄灭，配电网中产生可以达到1.732～3.5倍相电压的弧光接地过电压，使接地点热效应增大，对电缆等设备造成热破坏，使单相接地故障发展为相间短路或多点重复性接地故障。这种过电压遍布于整个配电网中，并且持续时间长，可达几个小时，使配电网中绝缘相对薄弱的地方产生对地放电现象，击穿相间绝缘造成设备损坏和停电事故。故障电流流入大地后，由于接地电阻的原因，使整个接地网电压升高，危害人身安全。

DL/T 620—1997《交流电气装置的过电压保护和绝缘配合》中规定，当配电网线路容性电流大于10A时，中性点采用消弧线圈接地。采用中性点经消弧线圈接地的方式，在系统故障时，消弧线圈与电网对地电容构成并联谐振回路，消弧线圈运行在谐振点附近，使电感电流与配电网电容电流互相抵消，从而减小故障点电流，保证接地电弧可靠熄灭。这种中性点经消弧线圈接地的电力系统，称为谐振接地系统。

在单相接地故障时，确保接地电弧可靠熄灭的另一种方式是中性点经电阻接地。接地电阻与系统对地电容构成并联回路，由于电阻是耗能元件，也是电容电荷释放元件和谐振的阻尼元件，能防止谐振过电压和间歇性电弧接地过电压。采用大电阻及小电阻接地，限制中性点的电压水平，降低中压配电网对绝缘的要求。

在中性点经电阻接地方式中，电阻值一般较小，在系统单相接地时，控制流过接地点的电流在500A左右，也有控制接地点电流在100A左右，通过接地电流来启动零序保护动作，切除故障线路。

5. 配电设备工作条件恶劣

配电设备大部分处于户外，夏天经受高温、冬天要耐住严寒，经受雨淋、潮湿、雷电等自然环境的考验，容易造成绝缘的老化，减少设备的寿命。配电设备处于恶劣电磁环境下，引起本体发热，其中的电子元器件，在外界电磁干扰下，易出现异常工作状态。

6. 中压配电网运行方式多变

由于配电网错综复杂，供电的用户众多，并且随着国民经济的发展，用电出现不同的要求，因此中压配电网始终处于一种变动状态。中压配电网变动原因包括：用户因用电负荷的增大，需要扩容；用户拆迁，需要拆除用电设备，新增供电设备；用电负荷的变化，需要对线路进行改造等。因故障恢复，需要改变运行方式；正常运行时，为了保证配电网运行的经济性，也需要改变运行方式。

7. 电能质量监测和治理

近年来大量电力电子设备的应用，以及配电网中接有一些大容量、非线性、有冲击性质的负荷设备，如旋转电机、电力机车、电弧炉等，给配电网的电能带来严重的电磁污染。另一方面，随着科学技术的发展，大量计算机系统的控制设备、电子装置对供电质量非常敏感，同时这些装置的电源也是电能的污染源。电能质量的降低，表现在配电网中的电压畸变日益严重，电压畸变产生的谐波会增加设备的铜耗、铁耗和介质损耗而加剧设备的热应力，使得设备的寿命缩短。此外，电压畸变易引起配电网发生谐振，损坏设备；谐波还会干扰微机式保护、测量设备、控制和通信电路以及用户电子设备等的正常工作。

电能质量问题可以分为电压质量和电流质量两部分，实际供电过程中系统可以控制的仅为用户电压，无法控制用户汲取的电流，因此与用户密切相关的电能质量指标主要为电压指标，如：电压波动和闪变、电压跌落、暂升、暂降、短时断电等，电流质量问题主要为谐波问题，它在一定程度上也可以在电压谐波中得到反映。

对配电网，应开展电气量的实时监测，得到反映电能质量的各项指标。对指标反映的电能质量问题进行识别、分析，制订治理配电网污染的具体措施。

8. 单相接地选线正确率低

配电网中，单相故障占整个配电网故障的70%左右，发生单相故障时，需要及时进行选线，并且进行处理。但由于中性点非有效接地系统，接地电流为容性以及接地电流较小等特点，接地选线技术虽然进行了大量的研究，并且有多种原理的设备在使用，但是选线的正确率始终在70%左右。

1.4 配电自动化系统及其功能

1.4.1 配电自动化系统的架构

配电自动化系统是一个采用计算机及网络技术、通信技术、电子技术等建成的实现对配电网进行自动监视、控制的综合自动化系统。具备配电网数据采集与监视控制（Supervisory Control And Data Acquisition，SCADA）、馈线自动化、变电站（开闭所）自动化、配电网分析与运行优化并与相关系统互联。SCADA监视与控制对象包含了配电网中的变电站（开闭所）、馈线、电缆线路等，并能在线对配电网部分或全部元器件的运行情况进行实时分析、协调和运行。配电自动化系统又称为SCADA/DMS系统，SCADA系统是基础，DMS是配电自动化系统的核心。

配电自动化系统一般分为三个层次：配电主站（配电调度中心）、配电子站（区域站）和配电终端层，其中两层通信网是连接三个层次的桥梁。图1-4为配电自动化系统的构成示意图，其中，配电主站是数据处理/存储、人机联系和实现各种配电网应用功能的核心；配电终端是安装在一次设备运行现场的自动化终端，根据具体应用对象选择不同的类型，直接采集一次系统的信息并进行处理，接收配电子站或主站的命令并执行；配电子站是主站与终端连接的中间层设备，一般用于通信汇集，也可根据需要实现区域监控；通信通道是连接配电主站、配电子站和配电终端之间实现信息传输的通信网络。认为变电站自动化系统对外的接口和配电子站处于同一层。

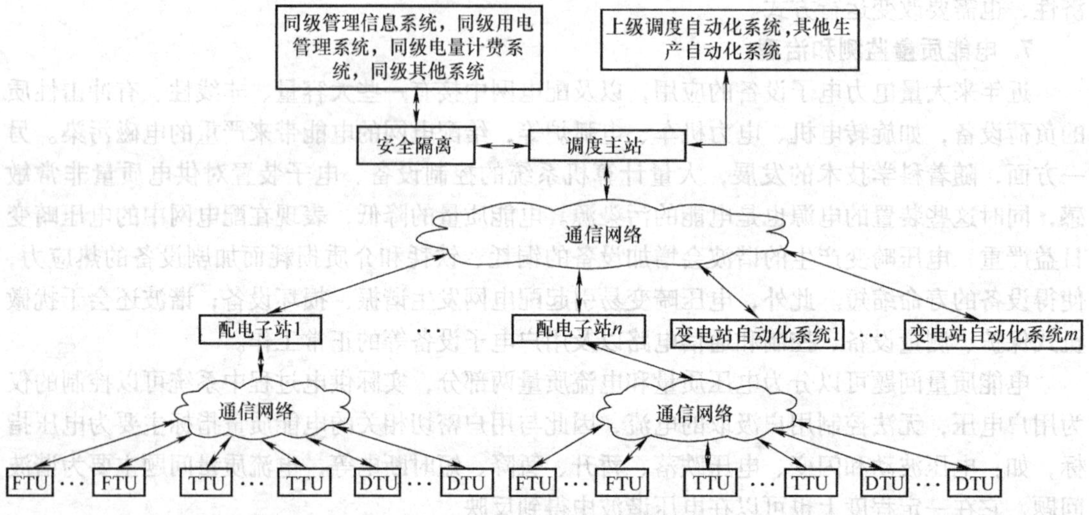

图 1-4　配电自动化系统的构成

配电自动化系统和同级生产信息网可以进行直接连接，和其他管理信息系统通过安全隔离装置进行互连，实现更多应用功能。

对于大规模的城市配电网，配电自动化可以采取图 1-5 所示的系统结构，在各个大的行政区域设置单独的配电子中心，将子中心通过通信网和总中心相连接。虚线框所示的配电子站、虚线所示的通信接入网为可选择部分，即有部分配电子站可以直接接入总中心。配电子中心和总中心调度任务的划分，根据管理的便捷性和习惯来确定。

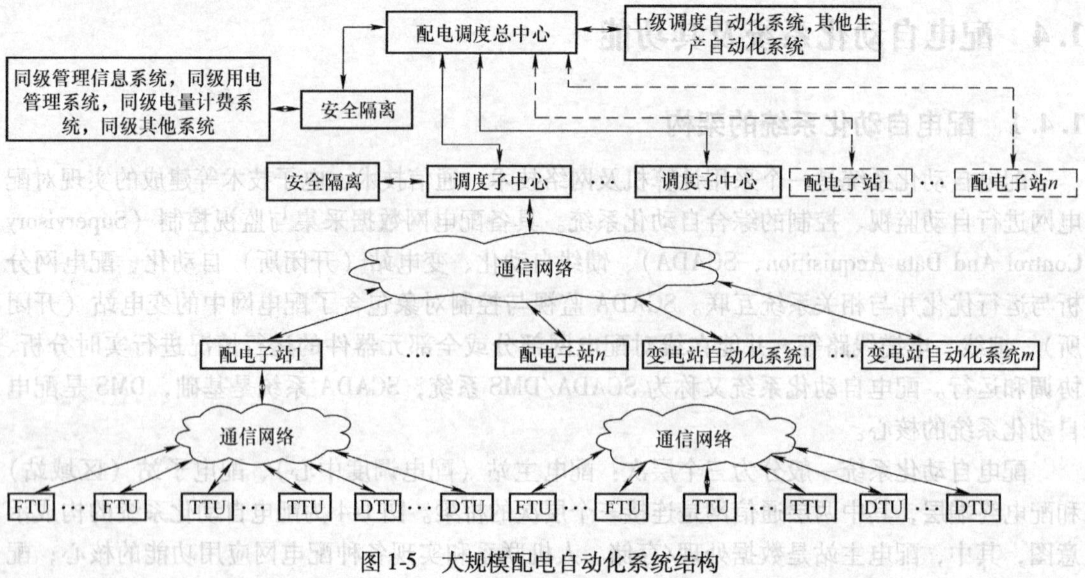

图 1-5　大规模配电自动化系统结构

1.4.2　配电终端

安装在现场的各类终端单元，远程实现对设备的监控。在配电系统中，和馈线开关配合的现场终端设备为馈线终端单元（Feeder Terminal Unit，FTU），和配电变压器配合的现场终端设备为配电变压器终端单元（Transformer Terminal Unit，TTU），安装在环网柜内的远方终端设备为配电终端单元（Distribution Terminal Unit，DTU），在变电站中，和远方进行信息交互的功能集成在变电站自动化系统中，即通过变电站自动化的通信管理机或专用的通信工作站和调度主站通信。

（1）远方终端单元（Remote Terminal Unit，RTU）是监视和控制系统中，安装在现场用来采集现场的各类信息，并接收主站的控制和调节命令的装置，是调度自动化、配电自动化和过程控制自动化系统中的关键设备。

在我国电力调度自动化系统中，安装在厂站的终端设备经历了由独立的RTU过渡到以分布式的自动化系统中集成了远程功能的发展过程。随着技术的进步和在厂站端分布式系统的普遍应用，原安装在厂站的大规模RTU被分布式的变电站自动化系统中集成的功能代替。

（2）馈线终端单元（FTU）实现馈线段的模拟、开关量采样，远传和接收远方控制命令的终端设备。

（3）配电变压器终端单元（TTU）实现配电变压器的模拟、开关量监视的远方终端设备。

（4）配电终端单元（DTU）实现环网柜等设备的模拟测量、开关量采集及控制的终端设备。

在现代分布式的自动化系统中，以微处理器（单片机）为核心，完成特定的功能，能向外部装置发送信息，并能接受外部指令的装置，统称为智能电子设备（Intelligent Electronic Device，IED）。

1.4.3　配电自动化系统的通信网

通信网实现现场终端单元和配电子站，以及配电子站和主站的通信，是配电自动化系统的重要环节。根据配电自动化的实际需求，结合配电网改造工程较多、网架变动频繁的现状，兼顾其他应用系统的建设，统一规划设计通信网。

配电通信系统可采用专网或公网，配电主站与配电子站之间的通信网为骨干层通信网络，配电主站（子站）至配电终端的通信通道为接入层通信网络。其中：

（1）骨干层通信网络　原则上应采用光纤传输网，在条件不具备的特殊情况下，也可采用其他专网通信方式作为补充。骨干层通信网络应具备路由迂回能力和较高的生存性。

（2）接入层通信网络　应因地制宜，可综合采用光纤专网、配电线载波、无线等多种通信方式。采用多种通信方式时，应实现多种方式的统一接入、统一接口规范和统一管理，并支持以太网和标准串行通信。通信方式主要包括光纤专网、配电线载波、无线专网和无线公网。其中：

1）光纤专网　宜选择以太网无源光网络、光纤工业以太网等技术。

2）配电线载波　可选择电缆屏蔽层载波通信等技术。

3）无线专网　宜选择符合国际标准、多厂家支持的宽带技术。

4）无线公网　宜选择 GPRS/CDMA/3G 通信技术。

具备遥控功能的配电自动化区域应优先采用专网通信方式；依赖通信实现故障自动隔离的馈线自动化区域宜采用光纤专网通信方式。

采用无线公网通信方式时，应符合相关安全防护和可靠性规定。

1.4.4 SCADA 系统

SCADA 系统是以计算机为基础的生产过程监视、控制与调度自动化系统。在调度中心通过对远方测量数据、状态信息的采集，以及对远方设备进行控制和参数调节，实现对远方设备的监视和控制，当远方设备异常时，产生各种报警信号。可以应用于电力系统、给水系统以及石油、化工等领域的数据采集与监视控制、过程控制等诸多领域。

一个 SCADA 系统在控制层面上，至少具有两层结构，以及连接两个控制层的通信网络组成，这两层设备是处于测控现场的数据采集与控制终端和位于中控室的实现现场设备集中监视、控制的计算机系统（称为主站）。在一些特殊的情况下，可以增加 SCADA 系统的层次，在图 1-4 所示的配电自动化系统中，现场终端单元为 TTU、FTU、DTU 等，通过配电子站进行了集结。

SCADA 系统的主站，由一个分布式的计算机网络组成，网络中的计算机安装并运行 SCADA 系统软件。通过通信网和现场终端设备通信，通过终端设备可得到现场的数据和对现场的设备进行控制。

配电自动化系统中，SCADA 系统是基础子系统，调度主站通过 SCADA 系统能得到配电网上的各种电压、电流、功率、电能等电气量和非电气量参数，以及开关、保护动作等开关量，为配电网的其他应用提供配电网实时数据。通过控制配电网开关及调节变压器分接头等，改变配电网的运行方式。

SCADA 系统采集的现场信息，按照信息的数据类型进行分类，可以分为模拟量和信号量两类，模拟量是随时间连续变化的量，信号量是反映现场设备状态的量。

将远方模拟量和信号量通过远方终端进行采集，发送到配电主站，并进行处理的过程，称为遥测和遥信。通过主站下发控制命令到现场终端单元，并控制开关的分合过程，称为遥控。通过主站下发调节命令到现场终端单元，调节现场模拟量的过程，称为遥调。

SCADA 的主要功能是通过“四遥”实现对配电系统的监视和控制，在配电系统的电气量发生异常或开关量发生变位时，及时进行报警，并进行记录，以及辅助报表处理等。

配电自动化 SCADA 系统的基本功能如下：

（1）电源进线监视　对配电网电源进线的三相电压、三相电流、有功功率、无功功率、电能量、开关动作等进行监视。

（2）馈线自动化子系统　在配电网正常运行情况下，通过远方 FTU、DTU 实时监视馈线上分段开关的状态和馈线电流、电压、有功/无功功率、电能量等电气量，实现馈线开关的远方操作，通过馈线分段开关的开合设置，完成馈线运行方式的改变。在馈线故障时，通过 FTU、DTU 控制的开关和馈线出口开关相互配合，或 FTU、DTU 将故障信息发送到配电子站或主站由配电子站或主站决策，实现故障区段的隔离和恢复。

（3）变电站（开闭所）自动化　具有保护、测量、远动功能，实现对电气一次设备的保护、各类电气量的采集和开关量就地处理，将相关的电气量，诸如电压、电流、有功功率、无功功率、电能量、温度，以及保护动作和开关动作信号发送到远方，远方遥控开关和调节变压器的分接头。

(4) 变压器巡检 通过配置在现场的 TTU 完成变压器电气量和开关量的远方监测，如果变压器配置有随器补偿，完成变压器无功补偿电容的投、退。

(5) 其他统计管理：

1）进行配电系统的供电可靠性分析与管理；采集配电网、用户与可靠性管理有关的实时数据。

2）采集各类用户的电能量数据，进行线损分析、台区分析与管理。

3）采集配电网中变电站母线、公用配电变压器、专用变压器用户、低压用户电压监测点的实时电压数据，进行电压合格率分析与管理。

1.4.5 配电管理系统（DMS）

1. DMS 构成

DMS（Distribution Management System，配电管理系统），是在 SCADA 采集的信息基础上，用各种分析软件对配电网运行状态进行分析，并对配电系统进行管理和控制的系统。因此，SCADA 是 DMS 的一个子系统，DMS 是使配电自动化系统发挥其重要作用的更高层次的应用系统。图 1-6 是 DMS 的功能示意图。

- 配电管理系统
  - 配电自动化（DAS）
    - 配电网 SCADA
      - 电源进线监控
      - 变电站（开闭所）自动化
      - 馈线自动化
      - 变压器监视与无功补偿
    - 配电地理信息系统（GIS）
    - 需方管理系统
      - 负荷监控与管理
      - 远方抄表
  - 分析功能（软件）
    - 状态估计
    - 网络拓扑分析
    - 负荷预测
    - 在线潮流计算
    - 短路计算
    - 电压/无功优化
    - 配电网优化/重构
  - 调度员培训仿真（DTS）
  - 客户呼叫服务（TCS）
  - 其他管理

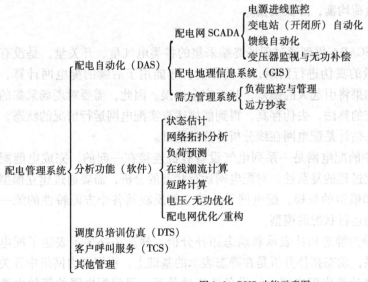

图 1-6 DMS 功能示意图

2. 配电 GIS 系统

地理信息系统（Geographic Information System，GIS）是由计算机网络系统所支撑的，对地理环境信息进行采集、存储、检索、分析和显示的综合性技术系统。GIS 的操作管理对象是空间数据和属性数据，即点、线、面、体这类有三维要素的地理实体。空间数据是每一个数据都按统一的地理坐标进行编码，实现对其定位、定性和定量的描述。属性数据是地理信息系统所要表达的这一空间数据所关联的其他相关数据。GIS 的技术优势在于它的数据综合、模拟与分析评价能力，可以得到常规方法或普通信息系统难以得到的重要信息，实现地理空间过程演化的模拟和预测。

配电 GIS 特指配电自动化系统中的地理信息系统，其属性数据为和地理信息相关的各类配电系统数据，例如：某一地理范围的配电设备、用电负荷等。配电 GIS 从 SCADA 系统实时得到配电网的相关实时信息，将配电系统的信息和地理空间数据关联，实现对配电系统的直观管理。

配电网中的设备多，用户多，且分散在一定的地域内，通过地图界面能够直观地浏览或查询特定点或特定区域的配电设备运行状态、用户信息，查询供电范围各类信息，当配电网故障时，能够通过 GIS 实时得到停电范围和停电用户的基本情况。

3. 电力需求侧管理

需求侧管理（Power Demand Side Management，PDSM），是政府、供电方与用户参与的节约一次能源，改善环境为目的的行为。政府出台政策，采用经济手段鼓励用户使用节能设备，或由供电方采用行政和经济手段，鼓励用户改变用电方式、节约用电，即供需双方协作调整负荷曲线（削峰填谷）、推迟电源建设，以达到提高用电效率、减少或延缓建电厂投资、节约能源、改善环境为目的，使国家、供、用电方共享节电效益。

供电方实施 PDSM 的前提是得到用户的协作和能及时得到用户的用电情况，用户用电情况的信息必须通过技术支持系统得到。供电方通过安装在用户侧的用电信息管理终端，对用户的用电状况进行实时监视，按照预先约定的管理控制方式对用户的负荷进行管理，实现对用户的用电情况的综合分析，确定用户用电的最优运行方式。供电方支持用户合理安排用电设备的用电，实现配电网负荷均衡，降低线损。

4. 配电系统分析

（1）状态估计　主站 SCADA 得到通过现场终端采集的各类电气量、开关量，是没有经过校验的量，必须对这些量的真伪进行判断，去伪存真，才能用于后续的配电网计算、分析，否则，计算、分析的结果将引起大的偏差，甚至完全错误。因此，需要对现场采集的各类测量量、开关量通过一定的算法，去伪存真，得到能描述真实配电网运行情况的状态，这一过程称为状态估计。状态估计是配电网在线分析计算的基础。

（2）网络拓扑　运行中的配电网是一系列电气设备有机连接在一起的，完成电能配送的电网络。由于电气量变化过程的复杂性，对配电网运行状态的分析，需要通过建立模型进行。受制于模型的复杂性和模型的规模，配电网无法建立能反映其各个方面特性的统一模型，只能建立反应某一方面运行状况的模型。

DMS 中的配电网拓扑分为静态拓扑表示和动态拓扑分析。静态拓扑表示表达了配电网中一次设备之间的连接关系，动态拓扑分析是在静态表示的基础上，根据电力网络中开关的开断状况，通过一定的算法计算出配电网运行设备的连接关系，得到配电网的等效电路模型。根据电路建立配电网的分析模型，再结合电源和负荷模型，即可进行配电网的计算分析。拓扑分析是配电网状态估计、计算分析等高级应用的基础。

（3）在线潮流计算　是对配电网稳态运行状况分析的基本工具，用来确定配电网中潮流的分布情况，确定配电网中的节点有无电压越限、支路有无负荷越限，精确计算配电网的线路损耗等。在线潮流计算是基础算法，诸如静态安全分析、无功优化调节等分析需要在线潮流计算结果。

配电网由于各种网络参数和控制变量有其自身的特点，诸如网络结构成树状、支路 R/X

比较大，一般为单电源供电等，因此，潮流算法有其特殊性。

（4）短路电流计算 短路是指配电网正常运行情况以外的一切相与相之间或相与地之间的“短接”。在配电网正常运行时，除中性点外，相与相或相与地之间是绝缘的。如果由于某种原因使其绝缘破坏而构成了通路，就称为配电网发生了短路故障。

短路的类型主要有三相短路和两相短路。计算的结果用于故障诊断，保护定值计算、校核和设备的动、热稳定校核。如在配电网重构时，进行保护自动整定设置，以及故障定位分析等，需要应用短路电流计算结果。

（5）电压/无功分析及优化 配电网运行时，合理调节配电网中无功补偿设备的补偿容量，可以改善配电网的电压和降低网损。完成配电网电压优化和调节的过程是一个多变量的优化问题，建立对应的优化模型，以网损和无功设备调节次数以及电压的合格水平为因变量构成目标函数，求取优化问题的最优解，对配电网的补偿设备和变压器分接头进行调节。

（6）负荷预测 配电网运行方式的安排和配电网的安全分析，均是建立在对负荷正确预测的基础上。电力负荷指用户用电量或者电力需求量，而需求量指能量随时间变化率，即通常所说的功率。配电网负荷，即其在某一时刻所承担的工作量；用户负荷指该用户的所有用电设备在某一瞬间所消耗的电能。负荷预测是预测某一时刻电网节点的负荷大小。

短期预测期限为24h、48h至一周。其预测量为未来24h至一周的各个时刻的负荷、日用电量。预测的负荷数据在年、月、星期不同期限上具有明显的周期性，且在相同日类型上具有明显的相似性。主要的影响因素有星期类型、气象因素（包括温度、湿度、降雨等）、电价等。

超短期预测期限一般为24h之内。预测量为当前时刻往后若干时段的负荷，预测数据与前几日同时段的顺势变化率相似。主要影响因素一般较少，在暑期可以考虑温度变化对预测结果的影响。

（7）配电网络优化/重构 配电网具有环状结构、开环运行的特点。配电网络优化，又称配电网络重构。正常运行条件下，配电网调度人员周期性地进行开关操作可以调节网络结构，即配电网络重构。通过配电网络重构，一方面平衡负荷，消除过载，提高供电电压质量；另一方面降低网络损耗，提高系统的经济性。在故障情况下，配电网中断对用户的供电时，通过开关操作，实现故障的隔离，同时进行开关操作，故障支路的负荷全部或部分转移到另一条馈线或同一条馈线的其他馈线段上，恢复健全区域的供电。所以网络重构是提高配电系统安全性和经济性的重要手段。

建立不同目的的配电网重构的优化模型，对优化模型求解，得到不同的配电网重构方案。

1.4.6 调度员培训仿真系统（DTS）

训练有素、经验丰富的配电网调度员是配电网安全、经济运行的重要保证。由于配电网发生事故特别是大面积停电事故的概率极小，经验和知识的获得和更新只能来自培训，传统的培训方式有跟班学习、课堂式的反事故演习、事故处理经验总结等，这些方法没有实战感，效果较差。配电网调度员培训仿真系统（Dispatcher Train System，DTS）是用于培训配电网调度员的计算机数字仿真系统，从SCADA系统取得系统运行的相关信息，通过模拟配电网的各种运行状态，训练调度操作人员处理事件的能力，是配电系统仿真和调度自动化的结合。它通过建立实际配电网的数学模型，再现配电调度操作和故障前后的系统工况，为调度员提供一个不影响实际系统运行的身临其境的调度环境，完成对配电调度员的培训。

1.4.7 客户呼叫系统

电力客户呼叫中心，是供电企业面向用户的一个接口。“95598”是通过统一的供电特服号和互联网站向电力客户提供除柜台服务方式外的一个多层次、全方位服务的综合业务服务平台。客户服务中心，采用计算机网络技术、自动呼叫分配（Automatic Call Distribution，ACD）技术、计算机电话集成（Computer Telephony Integration，CTI）技术、交互式语音应答（Interactive Voice Response，IVR）技术、数据库技术以及互联网等技术于一体，实现与电力客户的交互，7×24h 不间断地向用户提供与用电相关的信息查询/咨询、业务受理、故障报修、投诉与建议、停电预告、客户欠费提示、催交电费、市场调查等多层次、全方位的服务。

1.5 实施配电自动化的效益和难点

电力系统造成用户供电中断等各类故障，90% 发生在配电系统中，为了提高配电安全性、可靠性，配电企业需要不断改进和提高自身的管理水平和装备技术水平。安全可靠的一次设备和合理的配电网架结构是基础，通过自动化技术对配电网实施管理是提高管理水平的保证。

配电网自动化系统综合应用现代电子技术、通信技术、网络技术和图形技术、以及配电网的分析技术，并与配电设备相结合，将配电系统在正常和事故情况下的监视、保护、控制和供电企业的工作管理有机融合在一起。实施配电网自动化是提高配电系统运行安全性、供电可靠性、提高管理水平的必然趋势。

1.5.1 实施配电自动化的效益

我国从 20 世纪 90 年代开始实施配电自动化以来，由于认识上的不全面和技术水平的不完善，配电自动化的投资和效益没有体现出来，致使对配电自动化技术应用出现一个低谷。随着技术的进步和研究工作的深入，实施配电自动化是提高配电系统管理运行水平的必然。实践表明，采用配电网自动化技术可以大大提高配电网的安全运行水平、提高供电质量、降损节能、降低人们的劳动强度并充分利用现有设备的能力。实施配电自动化系统后，带来的效益体现在以下几个方面：

（1）扩大配电系统监控范围，保证有效管理　在采用配电网自动化手段以前，电力系统自动化的监视控制及运行管理范围仅限于发电厂、变电站范围，调度运行人员仅能监测和控制厂站的设备，运行人员无法实时知晓配电网上其他到用户之间的大量系统设备实际运行情况。实施配电自动化后，调度员除能监测到厂站的设备外，还能监测到配电网的各个部分，可实时了解配电网各个环节的实际运行情况，迅速处理各种事件，进一步提高配电网运行的安全性、可靠性。

（2）提高配电网运行管理水平，实现运行管理现代化　运行人员通过配电自动化系统，实时了解配电网各处设备的运行状态，对开关实施远方控制操作，减少了现场工作，提高工作效率。提供配电系统运行状态分析，实现事故报警并记录。通过将配电网运行图与实际地理位置准确对应，快速、准确地寻找和提供分散在各个角落配电设备的具体位置和各种运行数据，提高维护和事故抢修水平。通过无功经济调度，运行配电网络重构计算等，优化配电网的运行，减少线损，提高配电网运行的经济水平。

(3) 提高供电可靠性 减少事故引起的变更运行方式所需的开关操作时间，以及因设备检修而引起的停电时间。当系统发生事故时，在极短时间（秒或十秒级）内，发现发生事故区段，并自动隔离，通过自动恢复计算，确定向非故障区间送电方案并快速执行，减少停电用户数和停电时间；在系统进行倒闸、线路切换等正常操作时，通过远方控制，使原需要数小时的人工就地开关操作时间减少至数分钟，大大缩短停电时间。

(4) 达到配电网经济运行的目的 根据完善、及时、准确的配电网数据，实现实时线损计算分析，设置最佳开断点，有效控制配电网损耗。通过无功网络重构分析计算，合理投切无功补偿容量，优化配电网的运行，减少线损。

(5) 提高用户服务水平 通过自动化系统的自动无功补偿，电压水平、电压波动（下降、尖峰、快速和慢速变动）及三相不平衡的检测等，改善向用户端供电的电能质量；通过用户自动抄表和用户投诉电话处理等，及时了解用户信息，快速响应用户投诉并及时处理，及时向用户反馈相关的供电信息。

(6) 提高劳动生产率，节省大量的人工和运行费用 通过自动化手段，可大大减轻过去繁杂的现场巡视、检查、操作等工作，减轻统计、记录、查找、分析等工作强度，快速完成业扩报装、供电方案等日常工作，大幅度提高工作效率，减轻劳动强度。

(7) 树立良好的供电企业形象 通过建立配电网自动化系统，可使供电企业对配电设备的运行管理，从根本上去除人工管理方式带来的盲目、无序、混乱现象，达到规范和统一，使设备的运行状况一目了然。

(8) 合理推迟配电网建设，有效利用有限的资金 通过配电自动化手段结合其他方法，对配电系统进行实时监视和分析，实现潮流控制，调整用电负荷曲线，削峰填谷，提高设备利用率。降低一次系统建设投资，相当于节约了大量的资金。

(9) 信息收集 能方便得到配电网的运行数据，为科学合理的配电网规划提供基础数据。

1.5.2 建设配电自动系统的难点

现代电力系统是由发电网、输电网、配电网和负荷有机组成的复杂大系统。采用各种自动装置和高度信息化调度系统来进行电网的运行管理。局部系统运行的调节用自动装置来进行，全局范围的运行控制由调度系统统一调度。多年来我国电力系统实行五级调度体系，即电网的调度由国调、网调、省调、地调和县调统一协调来调度，目前县调的普及率也已达90%左右，其他调度已全面普及。

然而配电网自动化普及率仍然很低。造成这样现状的原因如下：

(1) 重视不够 配电网处于电网的末端，一次设备相对电压低，它的停运造成的影响有限，因此，对配电自动化系统的建设不够重视。

(2) 建设难度大、收益不确定 由于配电网的特点，配电网自动化系统比输电网自动化系统对设备的性价比要求更高，而且规模也要大得多，因而建设费用也要高很多，建设配电自动化的投资收益不能确定。

建设配电自动化系统的难点体现在以下几个方面：

（1）配电自动化系统规模巨大　配电自动化系统测控对象非常多，信息量巨大、造成系统组织困难。

输电网自动化系统的测控对象一般都是较大型的110kV以上变电站以及少数35kV变电站。变电站数量少，一般小型县调具有1~7个站，中型县调具有7~16个站，大型县调有16~24个站；小型地调只有24~32个站，中型地调有32~48个站，大型地调也只有48~64个站。

配电自动化系统的测控对象是二次变电站、终端变电站、10kV开闭所、馈线及馈线上的分段开关、配电变压器、环网柜、重要负荷等。一条馈线其配电设备达到数十台，其测控规模相当于二次变电站。一个二次变电站引出馈线的监控规模相当于一个中等规模的县调。

因此，配电自动化系统和输电网自动化系统相比，结构更复杂。控制中心的计算机网络规模更大，特别是在图形工作站上，要想较清晰地展现配电网的运行方式，困难将更大，因此，对于配电自动化主站系统，无论是硬件还是软件，较输电网自动化系统都有更高的要求。

由于配电自动化系统的终端设备多，因此要求设备的可靠性和可维护性一定要高，否则电力公司会陷入繁琐的维修工作中。但是每台设备的造价却受到限制，否则整个系统造价会过高，影响配电自动化潜在效益的发挥。

（2）大量终端设备安放在户外，工作环境恶劣、可靠性要求高　输电网自动化系统的站端设备一般安放在所测控的变电站内，因此行业标准中这类设备按照户内设备对待，例如，温度方面，只要求其在0~55℃环境温度下工作。而配电自动化系统中的终端设备，大量的终端设备必须安放在户外，由于它们的工作环境恶劣，通常要能够在-25~80℃甚至-40~85℃环境下工作，同时设备经历风吹、日晒、雷雨等恶劣环境的考验，因此必须考虑雷击过电压、高温、低温、雨淋和潮湿、风沙、振动、电磁干扰等因素的影响，从而导致设备制造难度大，造价较户内设备高，造价和可靠性的矛盾非常突出。

（3）通信系统复杂，综合采用各种通信技术　配电自动化系统的终端设备安装地点分散、数量多，增加了建设通信系统的复杂性。目前成熟的通信方式，综合考虑性能、价格，没有哪一种方式能够完全适合配电自动化系统要求。因此，目前和将来一段时间建设的配电自动化系统的通信网，应为根据配电自动化系统不同部分的通信特点建设的、综合采用多种通信技术的混合通信网。

（4）设备之间的通信规约的统一　配电自动化系统各类通信设备之间，除开通合适的信道外，各个终端设备之间，需要采用统一的通信规约，才能实现终端设备之间的通信。但目前的状况是，不同厂家采用的通信规约有较大差异，即使不同厂家使用同一种通信规约，由于缺乏有效的统一管理措施，现场实施时也出现各类问题，造成通信不通或不畅。

（5）户外设备的工作电源和操作电源　各类户外自动化设备，其运行及操作过程需要电源，如何在配电设备运行时和停运时得到操作需要的电源是配电自动化系统关键技术之一。终端设备在一次设备正常带电运行时，可以通过互感器取得电源，但在一次设备不带电状态下，需要用不间断电源提供电能，保证监测设备的正常工作，或通过其他电能储存方式保证开关设备的操作。例如现场FTU，往往不得不安放足够容量的蓄电池以维持停电时供电，与之配套需要有充电器和逆变器，长期未进行充、放电的蓄电池其性能会受到较大的影响，需要按照蓄电池的特性定期对其进行维护。

（6）配电网网架及一次设备制约配电自动化系统的建设　配电网的合理网架和可靠的一次设备是配电自动化系统发挥应有作用的保证。我国目前大部分配电网的现状并不能满足配电自动化的需要。因此，首先要对配电网的一次网架结构进行改造，使之适合于自动化的要求，如馈线分段化、配电网环网化等，分段开关也需更换为能进行电动操作的开关，并且应具有必要的互感器。开闭所和配电变电站中的保护装置，应能提供信号接点，以作为事故信号，区分事故跳闸和人工正常操作，开关柜的操动机构应该具有防跳跃机构等。但是我国现在的配电网和上述要求尚存在较大的差距，因此为了实现配电自动化，必须把对配电网的改造纳入配电自动化工程之中，从而进一步增加了配电自动化系统的实施难度。

1.5.3　实施配电自动化应科学规划、分步实施

配电系统实施自动化是改善配电系统供电安全、可靠、提高运行经济性及改善管理水平的重要手段，但由于配电网自身结构的特点，及受制于投入回报及性价比等因数的制约，不能盲目实施。盲目的实施将造成极大的社会财富浪费，达不到应有的效果。

因此实施建设配电自动化系统，必须坚持以下原则：

（1）整体规划　配电自动化应纳入本地区配电网整体规划，在进行配电网的建设与改造时，应考虑实施配电自动化的必要性。

配电自动化系统整体规划时需要考虑以下因素：

1）投资收益。坚持实施配电自动化时，应充分考虑所实施地区社会经济的发展对供电可靠性和供电质量的要求，以及供电企业在经济上的承受能力。就目前来说，在城市电网实施配电自动化工程，供电企业所得到更多的是间接社会效益和经济效益，因此需谨慎实施。

2）网架合理、一次设备可靠是基础。实施配电自动化的前提条件是一次网架结构合理、设备可靠，具有一定的备用容量和足够的负荷转供能力。

3）优先考虑重要用户多的区域。实施配网自动化系统应优先考虑重要用户多、负荷密度高、线路供电半径合理、具备互连条件和用户对供电可靠性要求较高的区域。

4）因地制宜。配电自动化建设与改造应统一规划、因地因网制宜，依据本地区经济发展、配电网网架结构、设备现状、负荷水平以及不同区域供电可靠性的实际需求进行规划、设计，合理选择配电自动化实现方式，力求经济、实用、可靠。

在以上原则下，为配电自动化的全面实施制订一个切实可行的实施步骤，这样既可以保护以往的投资，又可以保证投资的总体经济效益，从而使配电自动化的项目可持续发展。配电自动化规划要为实现配电网可观、可测和可控的目标提出具体的分步实施步骤，对配电自动化的功能和配置提出指导性的原则和意见。提出配电自动化调度系统的主要功能和自动化系统对通信的要求。

一般来说，配电自动化系统中终端设备的技术寿命远低于电网一次设备的使用寿命。因此，一次系统的寿命与配电自动化技术先进性的协调关系，也是在进行配电自动化规划时需要考虑的重要问题。

自动化系统的规模主要与系统所包含监控、监测对象的数量有关。对于小规模自动化系统，由于监测、监控对象数量有限，系统构成较为简单。随着监控、监测对象数量的增多，

系统构成的层次结构、主站系统的规模、通信系统的复杂程度都会随之增加，因而投资额会大幅度增长。

(2) 统一设计，做好经济论证　以规划为指导，根据配电网的具体情况、电网故障类型、计算机和信息技术的发展水平及企业的经济实力等情况设计配电网实施方案，对方案进行相应的技术和经济论证。

在系统的设计中，避免盲目追求设备的先进和功能的齐全，如有些地方在试点建设时，终端设备、通信系统都选用最先进的，主站系统采用高级配置，不论是否实用都要求配备齐全，随着系统规模的加大，投资规模变得更大。

配电自动化项目有多种技术方案，但是必须从经济上对整个配电自动化生命周期内的费用进行比较。配电系统及其设备量大、面广，其自动化系统涉及的费用大部分为可遥控操作开关设备以及控制系统、数据采集系统和通信系统的费用。在控制及通信设备方面，中压配电网的通信系统投入远比终端本身高得多，配电自动化投资的总费用不仅仅是初次投资的费用，应充分考虑到其运行维护费用。

配电自动化设计时，投资控制管理是最重要的方面，因地制宜，优化好技术方案，将资金控制在合理的范围之内。系统的投资取决于所选择的设备及系统方案，自动化系统所实现的功能，所要达到的供电可靠性目标等因素。

近年来，国内配电终端单元、通信等技术及产品已逐渐成熟，有些产品已稳定运行多年，而这些产品的价格仅是同类进口产品的30% ~70%。

分析配电网自动化系统的经济效益，不能仅局限在配电网事故时，自动化系统所产生的直接经济效益，亦即通过自动化系统发挥作用，减少停电时间多售电量所获取的效益；更多的效益产生在提高整个配电网的运行管理水平而带来的提高工作效率、增强配电网安全可靠运行水平、降低供电企业的运行成本、提升企业的形象上。

(3) 分阶段、分步骤实施　配电自动化应以提高供电可靠性、改善供电质量、提升电网运营效率和满足客户需求为目的，根据本地区配电网现状及发展需求分阶段、分步骤实施。

分阶段实施建设的各配电自动化子系统最终能与其他电网自动化功能相配合。

第 2 章　中压配电网中的设施和设备

配电网依照电压等级可以分为高压配电网、中压配电网和低压配电网。高压配电网，由一次变电站的低压侧一次设备和相应的高压输电线路以及二次变电站高压部分组成，读者应该熟悉这种类型的变电站和线路，本章内容仅涉及变电站的中压设备。中压配电网，一般从高压二次变电站的变压器中压侧为界，到给用户供电的配电变压器。中压配电网包含架空线路、电缆线路、中压开闭所、各类开关柜、负荷开关、熔断器和配电变压器等设备。本章介绍中压配电网中较为特殊的中压配电设施、设备的组成、基本工作原理、性能等知识。

2.1　电缆线路

电缆线路由于可靠性高和不影响景观，在对可靠性要求高，以及环境特殊的场合得到了大量的应用。城市电网配电线路电缆化改造是城市电网改造工程的重要内容之一，具有美化城市环境，提高供电可靠性和配电线路不受自然气象条件干扰等优点，城市化建设不断加快，客观上要求不断提高配电网的电缆化率。在一些重要负荷密集型的企业内部，受制于特殊的环境限制，采用中压电缆线路配电。

2.1.1　电力电缆结构

电力电缆由线芯（导体）、绝缘层、屏蔽层和保护层四部分组成。线芯是电力电缆的导电部分，用来输送电能，是电力电缆的主要部分。绝缘层是将线芯与大地以及不同相的线芯间在电气上彼此隔离，是电力电缆结构中不可缺少的组成部分。屏蔽层是为了改善电缆线芯外电场的分布，10kV 及以上的电力电缆一般都有导体屏蔽层和绝缘屏蔽层。保护层的作用是保护电力电缆免受外界杂质和水分的侵入，以及防止外力直接损坏电力电缆。

图 2-1 为电力电缆的结构示意图，图中 1 和 3 分别为导体线芯和绝缘层；在导体外和绝缘层外导体有半导体屏蔽层 2 和 4，5 为金属屏蔽层，其余为护套，6 为内护套，7 为金属铠装，8 为外护套。

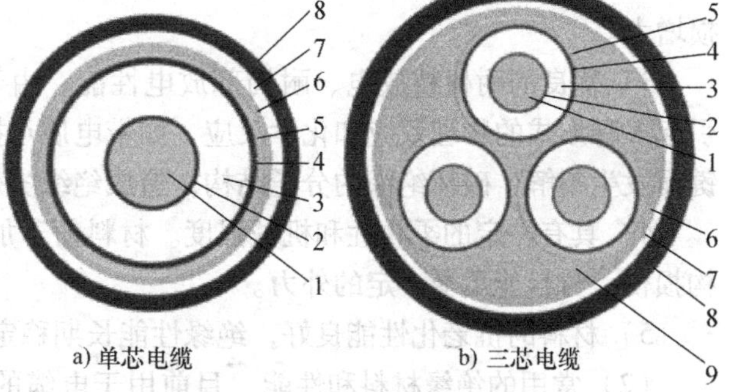

a) 单芯电缆　　b) 三芯电缆

图 2-1　电力电缆的结构示意图

1—导体线芯　2—内半导电屏蔽　3—绝缘层
4—外半导电屏蔽　5—金属屏蔽　6—内护套
7—金属铠装　8—外护套　9—填充料

1. 电缆的线芯

线芯的作用是传送电流，为了减少电缆线芯的损耗，一般由具有高导电系数的金属材料铜或铝合金制成。

铜从导电系数、机械强度、易加工性、耐腐蚀等方面有许多技术上的优点，因此，电力电缆采用铜作为线芯材料。由于铜对某些浸渍剂、硫化橡胶等有促进老化作用，因此，一般铜线表面进行镀锌处理，使铜不与绝缘层接触，以降低老化作用。铝的比重及导电系数仅次于铜，它是地球上储量最大的元素之一，其重量占地壳的8%，近年来，铝越来越多的被作为导电材料来取代铜。和铜线相比，铝线的柔软性较好，抗张强度差，因此，铝芯电缆不宜承受大的张力，多用于固定水平敷设的电力电缆线芯。

为了增加电缆的线芯柔软度和可曲度，较大截面积的电缆线芯由多根较小直径的导线绞合而成。不同的应用场合对电缆的可曲度要求不一样，移动式的电缆对可曲度要求高，固定安装式的电缆对可曲度要求较低，因此，不同用途的电缆的绞合线芯，其结构和绞合方法有所不同。

电缆导体分为四类：1类导体为实芯导体，即导体由一根导线构成，有圆形线和扇形线；2类导体为紧压绞合导体，截面有圆形、扇形、弓形等几种，其紧压系数（或填充系数）可达0.9以上（即其中空隙截面积小于10%）；5类导体为通用软导体，即用作一般移动电缆的导体；6类导体为特软导体，用于特殊移动电缆，如电焊机龙头线。中压电力电缆一般采用2类线芯，导体截面为圆形。

考核电缆导体合格与否的关键指标是20℃直流电阻值（Ω/km）。电线电缆导体的20℃直流电阻实测值应不大于标准值。

2. 电缆的绝缘

（1）对绝缘材料的要求　绝缘是电力电缆区别于裸导线的重要组成部分。它决定着电力电缆使用的可靠性、安全性及使用寿命。绝缘性能是电缆品质优劣的主要方面。因此对电力电缆所用的绝缘材料提出以下要求：

1）有高的击穿电场强度。在强电场作用下，电介质丧失电绝缘能力，导致击穿的最低临界电压称为击穿电压。均匀电场中，击穿电压与介质厚度之比称为击穿电场强度（简称击穿场强，又称介电强度），它反映固体电介质自身的耐电强度。不均匀电场中，击穿电压与击穿处介质厚度之比称为平均击穿场强，它低于均匀电场中固体介质的介电强度。固体介质击穿后，由于有巨大电流通过，介质中会出现熔化或烧焦的通道，或出现裂纹。

2）小的介质损耗因数。绝缘材料在电场作用下，由于介质电导和介质极化的滞后效应，在其内部引起的能量损耗，也叫介质损失，简称介损。在交变电场作用下，电介质内流过的电流相量和电压相量之间夹角（功率因数角 Φ）的余角（δ），称介损角。介质损耗正切值 $\tan\delta$，称介质损耗因数，它反映了介质的泄漏电流大小。绝缘能力的下降直接反映为介损增大。

3）优良的耐树枝放电、耐局部放电性能。由于加工工艺缺陷，会造成局部树枝放电，引起多种形式的物理效应和化学反应，如带电质点撞击气泡外壁时，就可能打断绝缘的化学键而发生裂解，破坏绝缘的分子结构，造成绝缘劣化，加速绝缘损坏。

4）具有一定的柔软性和机械强度。材料便于加工，在一定的变形情况下，不会造成结构损伤。材料能承受一定的外力。

5）材料的抗老化性能良好，绝缘性能长期稳定。

（2）常用的绝缘材料和性能　目前用于电缆的绝缘材料有：油浸电缆绝缘纸、塑料以及橡胶。

1）油浸电缆绝缘纸，其主要成分是纤维素。纤维素具有很高的稳定性、不溶于水、酒精、醚等有机溶液，同时不与弱碱及氧化剂等发生作用。纤维素具有毛细管结构，它的浸渍远大于聚合物薄膜。我国电力电缆，特别是高压电力电缆，主要采用浸渍纸绝缘的原因是：价格便宜、耐热性好、介质损耗小、耐电强度高、使用寿命长（一般可用50年左右）、适于作高压电缆的绝缘材料。它的最大缺点是极易吸收水分，导致绝缘性能的急剧下降，甚至完全被损坏。因此，纤维质绝缘材料的电缆必须借助于外层护套来防止水分的侵入，同时为了提高绝缘质量，纤维质绝缘材料还必须除去所含的全部水分，并用适当的绝缘剂加以浸渍。

2）塑料绝缘。塑料绝缘电气性能及耐水性能良好，能抗酸、碱的腐蚀，还具有工作温度高、机械性能好、可制造高电压电缆等优点。由于塑料表现出的绝缘性能好、易加工、价格低廉的特点，塑料电缆得到了快速的发展。

塑料绝缘材料主要有：聚氯乙烯、聚乙烯、交联聚乙烯。

① 聚氯乙烯是电线电缆中应用最早、最广泛的绝缘材料。它可用作10kV及以下电力电缆的绝缘材料，也可用作电线电缆的护套。聚氯乙烯塑料是以聚氯乙烯树脂为基础的多组分混合材料。根据各种电线电缆的使用要求，在其中配以各种类型的增塑剂、稳定剂、填充剂、特种用途添加剂、着色剂等配合剂。这些添加剂的目的是改善材料的性能，例如，纯聚氯乙烯树脂在65℃时就开始分解出氯化氢，紫外线、氧气在光热作用下会对聚氯乙烯起分解破坏作用，使高分子断链或交联，使聚氯乙烯氧化、老化等。添加稳定剂是为了改善聚氯乙烯树脂受热、光、氧的作用而引起的不稳定性。

② 聚乙烯。聚乙烯是由乙烯经聚合反应而得到的一种高分子碳氢化合物。聚乙烯作为聚乙烯塑料的主体，在很大程度上决定着聚乙烯塑料的基本性能。而聚乙烯的分子结构则是由乙烯聚合的方法和条件所决定的。聚乙烯由于合成工艺的不同分为高密度聚乙烯、中密度聚乙烯、低密度聚乙烯，其结构的不同，决定了性能的差异。

由于聚乙烯原料来源丰富，价格低廉，电气性能优异，具有优良的化学稳定性和良好的物理性能，在常温下，即具有一定的韧性，不需要增塑剂，加工方便。用于高压电缆时，它的耐电晕性能差，熔点和燃点低、机械强度不高等限制了它的应用。

③交联聚乙烯。为了利用聚乙烯良好的绝缘特性，克服其熔点低的缺点，采用高能辐照或化学的方法，将聚乙烯的分子结构从直链状变为三维空间的网状结构，即由热塑性变为热固性，从而提高了聚乙烯的耐热性和热稳定性，这就是交联聚乙烯。这种交联结构不仅保持了聚乙烯原有的优良性能，同时克服了聚乙烯的熔点低、易燃烧、应力开裂、机械强度不高等缺点。高能辐照即物理化的交联方法，添入交联剂进行交联即化学交联法。

物理交联法是用电子加速器产生的高能粒子射线照射聚乙烯，使聚乙烯成为具有结合链状态，具有结合链的聚乙烯分子相互结合而成三维空间网状结构的交联聚乙烯。因此，物理交联又称辐照交联。物理交联法采用专用的附加设备（电子加速器和防辐射的密闭场地等），辐射能量与绝缘层厚度成正比，仅适合于较薄聚乙烯。化学交联法是在聚乙烯料中混入化学交联剂，在交联反应中，交联剂分子断开夺取聚乙烯分子中的氢原子，形成具有结合链的聚乙烯分子，它们互相结合而成为交联聚乙烯。电缆的绝缘层较厚，大多采用化学交联法。

3）橡胶绝缘

橡胶是最早用来作电线、电缆的绝缘材料。橡胶绝缘电缆的绝缘层为丁苯橡胶或人工合成橡胶（乙丙橡胶、丁基橡胶）。

优点是：柔软，可挠性好，特别适用于移动性的用电和供电设备。橡胶在很大的温度范围内都具有极高的弹性、柔顺性、易变性和复原性，以及良好的拉伸强度、抗撕裂性、耐疲劳，对于气体、潮气、水分具有较低的渗透性，较高的化学稳定性和电气性能。

缺点是：橡胶绝缘遇到油类时会很快损坏；在高电压作用下，容易受电晕作用产生龟裂。

(3) 中压电缆绝缘层

橡胶、塑料一般用于电压等级在 35kV 及以下的电力电缆绝缘。由于塑料绝缘电缆制造工艺简单，施工方便，易于维护，在较低电压等级下，塑料绝缘电力电缆正在逐步取代油浸纸绝缘电力电缆。近年来，由于塑料工业的进步与发展，使较高电压等级的塑料电缆的研制成为可能。国际上已有 500kV 的塑料电缆投入运行，我国也已生产出 220kV 的塑料电缆，因此塑料电缆是电力电缆绝缘发展的主流。

绝缘层厚度与工作电压有关。一般来说，电压越高，绝缘层的厚度也越厚，但并不成比例。因为从电场强度方面考虑，同样电压等级的电缆当导体截面积大时，绝缘层的厚度可以薄些。对于电压较低的电缆，为保证电缆弯曲时，绝缘层具有一定的机械强度，绝缘层的厚度则随导体截面积的增大而加厚。

3. 电缆的屏蔽层

在电缆结构上“屏蔽”，实质上是一种改善电场分布的措施。电缆导体由多根导线绞合而成，它与绝缘层之间易形成气隙，导体表面不光滑，会造成电场集中。在导体表面加一层半导电材料的屏蔽层，它与被屏蔽的导体等电位并与绝缘层良好接触，从而避免在导体与绝缘层之间发生局部放电，这一层屏蔽为内屏蔽层。同样在绝缘表面和金属屏蔽层之间也可能存在间隙，是引起局部放电的因素，故在绝缘层表面加一层半导电材料的屏蔽层，它与被屏蔽的绝缘层有良好接触，与金属护套等电位，从而避免在绝缘层与护套之间发生局部放电，这一层屏蔽为外屏蔽层。

一般认为，电缆外半导电屏蔽层，由于其绝缘外表面电场强度较低而作用不大，其实不然，因为不论金属屏蔽层的加工工艺多么完善，其运行与施工中的弯曲变形、冷热作用等，多少都会在金属屏蔽层与绝缘层之间产生环状扁平气隙，它对电场的恶化作用很大，首先导致气隙放电，直至绝缘击穿。同时运行中电缆受弯曲时，电缆绝缘层表面受到张力作用而伸长，若这时存在局部放电，则会由于表面弯曲应力产生亚微观裂纹导致电树枝的引发，或表面受局部放电腐蚀引起新的开裂，引发新的电树枝。所以认为外半导电屏蔽层亦不可缺少，只是随着电压等级的不同，屏蔽的结构与方式可以改变。IEC 规定，6kV 及以上电压等级电缆应具备内、外半导电屏蔽层。

没有金属护套的挤包绝缘电缆，除半导电屏蔽层外，还要增加用铜带或铜丝绕包的金属屏蔽层，这个金属屏蔽层的作用，在正常运行时通过电容电流，当系统发生短路时，作为短路电流的通道，同时也起到屏蔽电场的作用。可见，如果电缆中这层外半导电屏蔽层和铜屏蔽层不存在，三芯电缆中芯与芯之间发生绝缘击穿的可能性非常大。

4. 电缆的保护层

保护层的作用是为了使电缆适应各种使用环境的要求，在电缆绝缘层外面所施加的保护覆盖层，又称电缆护层。它是构成电缆的三大组成部分之一，主要作用是保护电缆绝缘层在敷设和运行过程中，免遭机械损伤和各种环境因素的破坏，如水、日光、生物、火灾等，以保持长期稳定的电气性能。所以，电缆护层的质量直接关系到电缆的使用寿命。

电缆护层主要可分成三大类，即金属护层（包括外护层）、橡塑护层和组合护层。

电缆护层所用的材料繁多，主要分为两大类：一类是金属材料，如铝、铅、钢、铜等，这类材料主要用以制造密封护套、铠装或屏蔽层；另一类是非金属材料，如橡胶、塑料、涂料以及各种纤维制品等，其主要作用是防水和防腐蚀。

（1）金属护层　金属护层通常由金属护套（内护层）和外护层构成。金属护层具有完全的不透水性，可以防止水分及其他有害物质进入到电缆绝缘内部，因此被广泛地用做耐湿性较差的油浸纸绝缘电力电缆的护套。金属护套常用的材料是铝、铅和钢，按其加工工艺的不同，可分为热压金属护套和焊接金属护套两种。此外还有采用成型的金属管作为电缆金属护套的，如钢管电缆等。

1）内护层。内护层亦即金属护套，金属护套的特性由金属材料本身的性能及其工艺所决定。常用的金属护套有铅护套和铝护套。

2）外护层。在金属护套外面起防蚀或机械保护作用的覆盖层叫做外护层。外护层的结构主要取决于电缆敷设条件对电缆外护层的要求。外护层一般由内衬层、铠装层和外被层三部分组成，它们的作用及应用材料如下：

① 内衬层。位于金属护层、铠装层和之间的同心层称内衬层。它起金属护套防腐和铠装衬垫作用。用于内衬层的材料有绝缘沥青、浸渍皱纹纸带、聚氯乙烯塑料带，以及聚氯乙烯和聚乙烯等。

② 铠装层。在内衬层和外被层之间的同心层称为铠装层。它主要起抗压或抗张的机械保护作用。用于电缆铠装层的材料通常是钢带或镀锌钢丝。钢带铠装层的主要作用是抗压，这种电缆适于地下埋设的场合使用。钢丝铠装层的主要作用是抗拉，这种电缆主要用于水下或垂直敷设的场合。

③ 外被层。在铠装层外面的同心层称为外被层。它主要是对铠装层起防腐蚀保护作用。用于外被层的材料有绝缘沥青、聚氯乙烯塑料带、浸渍黄麻、玻璃毛纱、聚氯乙烯或聚乙烯护套等。

（2）橡塑护层　橡塑护层的特点是柔软、轻便，在移动式电缆中得到极其广泛的应用。但因橡塑材料都有一定的透水性，所以仅能在采用具有高耐湿性的高聚物材料作为电缆绝缘时应用。橡塑护层的结构比较简单，通常只有一个护套，并且一般是橡皮绝缘的电缆用橡皮护套（也有用塑料护套的），但塑料绝缘的电缆都用塑料护套。橡皮护套与塑料护套相比，橡皮护套的强度、弹性和柔韧性较高，但工艺比较复杂。塑料护套的防水性、耐药品性较好，且资源丰富、价格便宜、加工方便，因此应用更加广泛。

在地下、水下和竖直敷设的场合，为了增加橡塑护套的强度，常在橡塑护套中引入金属铠装，并把它叫做橡塑电缆的外护层。

在有些特殊场合（如飞机、轮船通信网等）也采用金属丝编织层作为橡皮电缆的外护层，其主要作用是屏蔽，当然也有一定的机械补强作用。

（3）组合护层　组合护层又称综合护层或简易金属护层。一般都由薄铝带和聚乙烯护套组合而成。因此，它既保留了塑料电缆柔软轻便的特点，又具有隔潮作用，使它的透水性比单一塑料护套大为减小。铝聚乙烯粘连组合护层的透水性比聚乙烯护层降低 50 倍以上。

组合护层的透水性比橡塑护层要小得多，因此适合于石油、化工等侵蚀性环境中使用的电缆。除此之外，为满足某些特殊要求如耐辐射、防生物等的电缆护层，叫做特殊护层。

2.1.2　电力电缆分类

按电压等级分：可分为中、低压电力电缆（35kV 及以下），高压电缆（110kV 以上），超高压电缆（275 ~800kV）以及特高压电缆（1000kV 及以上）。此外，还可按电流分为交流电缆和直流电缆。

按绝缘材料分：

（1）油浸纸绝缘材料　以油浸纸作绝缘材料的电力电缆，应用历史最长。它安全可靠，使用寿命长，价格低廉。它的主要缺点是敷设受落差限制。自从开发出不滴流浸纸绝缘后，解决了落差限制问题，使油浸纸绝缘电缆得以继续广泛应用。

（2）塑料绝缘材料　电力电缆绝缘层为挤压塑料。常用的塑料有聚氯乙烯、聚乙烯、交联聚乙烯。塑料电缆结构简单，制造加工方便，重量轻，敷设安装方便，不受敷设落差限制，因此广泛应用于中低压电缆，并有取代粘性浸渍油纸电缆的趋势。其最大缺点是存在树枝化击穿现象，这限制了它在更高电压的使用。

（3）橡皮绝缘材料　电力电缆绝缘层为橡胶加上各种配合剂，经过充分混炼后挤包在导电线芯上，经过加温硫化而成。它柔软，富有弹性，适合于移动频繁、敷设弯曲半径小的场合。

常用做绝缘的胶料有天然胶-丁苯胶混合物，乙丙胶、丁基胶等。

2.1.3　电力电缆的型号

电力电缆型号由两部分组成，前半部分为产品的型号，采用汉语拼音和数字相结合的命名方法；后半部分以短横线隔开之后，表明电压等级和规格。电力电缆型号构成示意图如图 2-2所示。

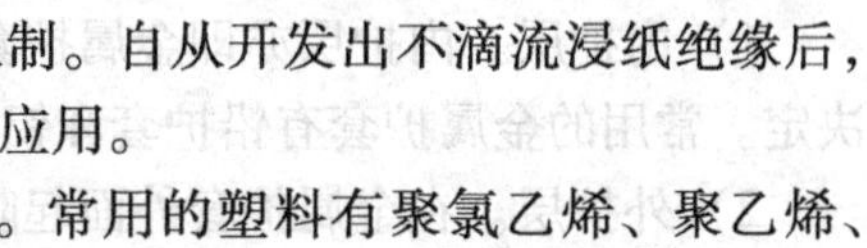

图 2-2　电力电缆型号组成

第一部分按字符次序排列为：电缆类别、绝缘材料、导体材料、内护层、外护层。

电缆类别，1 ~2 个字符：ZR-阻燃，NH-耐火，BC-低烟低卤，E-低烟无卤；无特殊要求，不标。

绝缘材料，1 ~2 个字符：V-聚氯乙烯，YJ-交联聚乙烯，Y-聚乙烯，X-天然丁苯胶混合物绝缘，G-硅橡胶混合物绝缘，YY-乙酸乙烯橡皮混合物绝缘。

导体材料，1 个字符：T-铜导体（可省略），L-铝导体。

护套材料，1 个字符：V-聚氯乙烯护套，Y-聚乙烯护套，F-氯丁胶混合物护套。

外护层结构，用两位数字表示：无数字，无铠装层，无外被层。第一位数字表示铠装，第二位数字表示外被，含义见表 2-1。

表 2-1　铠装层、外被层所用主要材料的数字及含义

数　字	铠　装　层	外被层或外护套
0		无
1	联锁钢带	纤维外套
2	双钢带	聚氯乙烯外套
3	细钢丝	聚乙烯外套
4	粗钢丝	

第二部分：额定电压和规格，方法是在型号后，再加上说明额定电压、芯数和标称截面积。

示例：ZR-YJV22-10/8.7－3×120，交联聚乙烯绝缘钢带，铠装，聚氯乙烯护套，阻燃 10kV 三芯 120mm² 电力电缆。VLV23-10/8.7－3×70，铝芯聚氯乙烯绝缘钢带，铠装，聚氯乙烯护套，10kV 三芯 70mm² 电力电缆。

2.1.4　终端和接头的选择

电缆的连接分为电缆终端和电缆中间接头，统称为电缆附件，它们是电缆线路中电缆与电力系统其他电气设备相连接和电缆自身连接不可缺少的组成部分。

在电缆终端和接头处，由于电缆金属护套和屏蔽层断开，使得电场分布比电缆本体复杂得多，电缆终端电场存在轴向应力，因此需要使用电缆附件（如冷缩电缆头、热缩电缆头）来实现电缆的连续和驳接，即一个能满足一定绝缘与密封要求的连接装置。在电缆的运行过程中，电缆头是最薄弱的环节，电缆头的故障率占电缆故障的 50% 以上。

电缆头有导体、绝缘、屏蔽和护层四个主要结构层，电缆附件中作为电缆线路组成部分的电缆终端头、中间接头，必须使电缆的四个结构层分别得到延续，并且实现导体连接良好、绝缘可靠、密封良好和足够的机械强度，确保电缆终端和电缆接头的质量，才能保证整个电缆配电网络的供电可靠性。

（1）电缆中间接头和电缆终端与导体连接　电缆中间接头导体的连接采用接续管，端头采用接线端子，一般根据电缆线芯的截面积选择相应的接续管和端子，采用局部压接法进行压接。压接时，要按照规定的工艺进行压接。图 2-3 为接续管、接线端子图，图 2-4 为局部压接示意图。

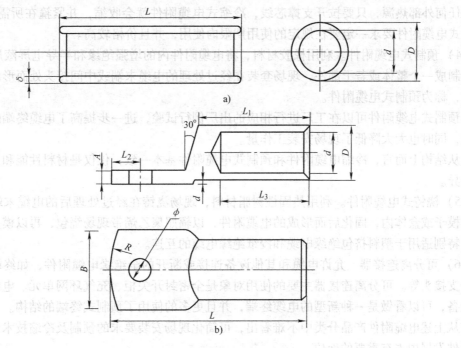

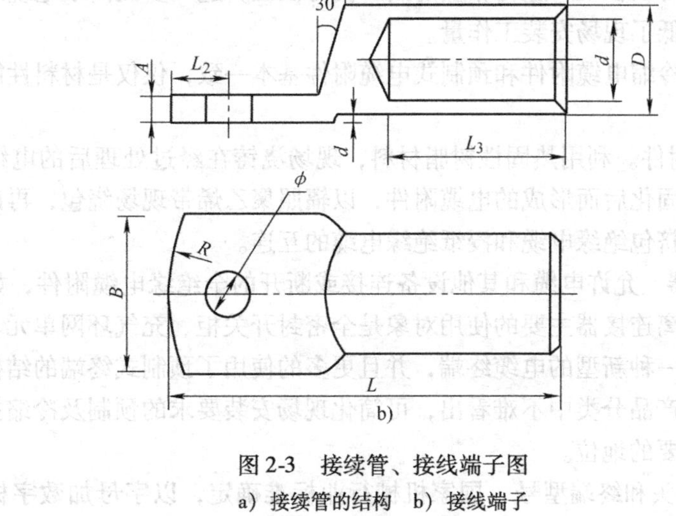

图 2-3　接续管、接线端子图

a）接续管的结构　b）接线端子

d—内径　D—外径　L—长度　δ—厚度

(2) 中间接头和端头的结构

按照主绝缘成型工艺，常用35kV及以下电缆终端和中间接头主要可分为绕包式、热缩式、冷缩式和预制式四种常用形式。此外还有应用于特定产品范围的浇铸式和可分离式电缆附件。

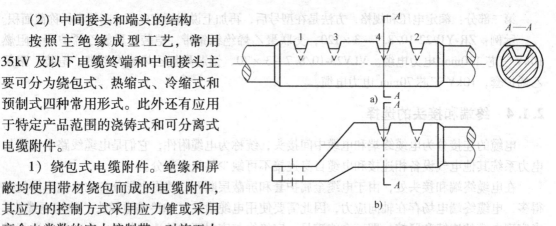

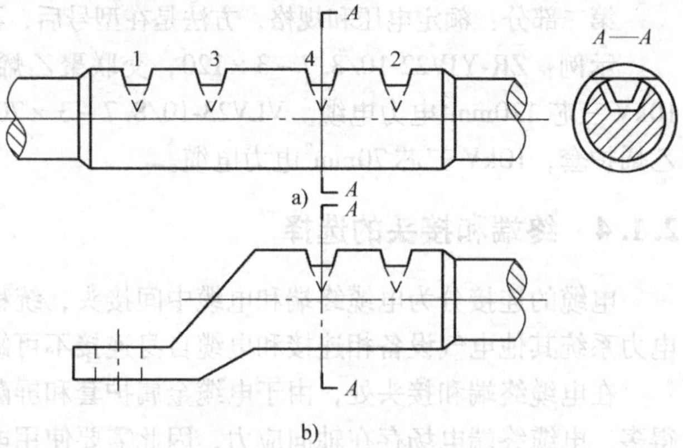

图 2-4　局部压接示意图

a）接续管压接　b）接线端子压接

1）绕包式电缆附件。绝缘和屏蔽均使用带材绕包而成的电缆附件，其应力的控制方式采用应力锥或采用高介电常数的应力控制带，对施工人员工艺水平要求较高，施工工艺较为复杂，已逐渐被淘汰。

2）热缩式电缆附件。利用高分子聚合物具有"弹性记忆"效应的原理，现已开发出各种热缩管材、分支套、雨裙等热收缩预制件，按程序套装在经过处理的电缆末端或接头处，对其加热，可使其收缩紧箍在所需位置。

热缩电缆附件工艺简便，价格低廉，便于维护。但也存在由于环境温度变化而不可避免由"呼吸作用"引起的使用寿命缩短等问题，从而影响供电可靠性。

3）冷缩式电缆附件。目前工程应用的冷收缩管和其他冷收缩预制件，是以硅橡胶或三元乙丙橡胶为主要原料，经特殊配方合成后，预扩张在螺旋支撑芯线上而成。安装使用时，无须任何外部热源，只要拉开支撑芯线，冷缩式电缆附件就会收缩，并紧箍在所需位置上。冷缩式电缆附件要求一定要在规定的使用期限内使用，并且价格较高。

4）预制式电缆附件。利用橡胶材料，将电缆附件内的增强绝缘和半导电屏蔽层在工厂内模制成一个整体或若干部件，现场套装在经过处理的电缆末端或中间接头处而形成的电缆附件，称为预制式电缆附件。

预制式电缆附件可以在工厂进行相应的出厂例行试验，进一步提高了电缆终端的运行可靠性，同时也大大降低了现场安装工作量。

从结构上而言，冷缩电缆附件和预制式电缆附件基本一致，仅仅是材料性能和处理上有些差异。

5）浇铸式电缆附件。利用热固性树脂材料，现场浇铸在经过处理后的电缆末端或接头处的模子或盒体内，固化后而形成的电缆附件，以辐照聚乙烯带现场绕包，再以模具加热成型，特别适用于塑料挤包绝缘电缆和浸纸绝缘电缆的互连。

6）可分离连接器　允许电缆和其他设备连接或断开的全绝缘电缆附件，如终端、接头和分支接头等。可分离连接器主要的使用对象是全密封开关柜、充气环网单元、电缆分支箱等设备，可以看做是一种新型的电缆终端，并且更多的使用了预制式终端的结构。

从上述电缆附件产品分类中不难看出，可简化现场安装要求的预制及冷缩技术已经在电缆附件发展中占有重要的地位。

(3) 电缆中间接头和终端型号　国家机械行业标准确定，以字母加数字标注电缆终端与接头型号，其组成和排列顺序如图 2-5 所示。

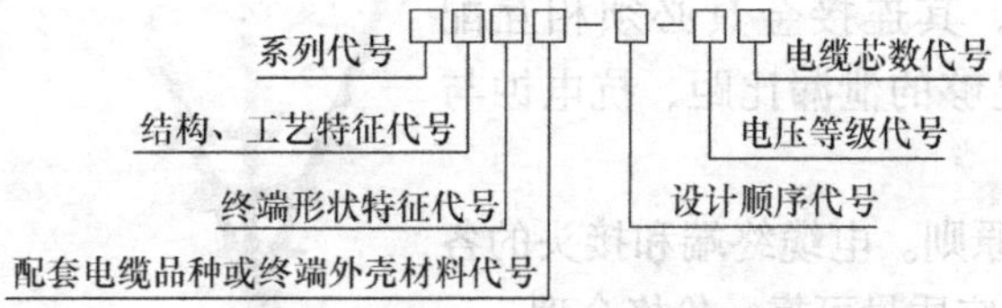

图 2-5　电缆中间接头和终端的命名

电缆终端和接头常用代号见表 2-2。

表 2-2　电缆终端和接头常用代号

顺　序	类　别	名　称	代　号	拼音字母	备　注
1	系列	户内型终端	N	Nei	
		户外型终端	W	Wai	
		直通型接头	J	Jie	
2	结构、工艺特征	瓷套式	C	Ci	
		绕包式	RB	Rao Bao	
		热收缩式	RS	Re Suo	
		预制件装配式	YZ	Yu Zhi	
		环氧树脂浇铸	H	Huan	
		聚氨脂浇铸	A	An	
3	终端形状特征	套管形	T	Tao	电缆接头无此代号
		圆形	Y	Yuan	
		扇形	S	Shan	
		倒挂	G	Gua	
4	配套电缆	油浸纸电缆	Z	Zhi	瓷套式省略
		挤包绝缘电缆	J	Ji	热收缩及浇铸式省略
	终端外壳材料	铸 铁	Z	Zhu	
		钢	G	Gang	
		铝合金	L	Lu	
		玻璃钢	B	Bo	
		电瓷	C	Ci	

电缆终端头电压等级代号：2 为 6kV，3 为 10kV，5 为 35kV。

例如：WYZ-1-33 户外预制件装配式，设计序号为 1 的 10kV 三芯电缆附件。NRSZ-2-33 户内热收缩式，用于油浸纸电缆，设计序号为 2 的 10kV 三芯电缆终端附件。

（4）电缆终端和接头的基本要求　电缆终端和接头的选择应符合以下原则：

1）优良的电气绝缘性能。终端和接头的额定电压应不低于电缆的额定电压，其雷电冲击耐受电压（即基本绝缘水平）应与电缆相同。

2）合理的结构设计。终端和接头的结构应符合电缆绝缘类型的特点，使电缆的导体、绝缘、屏蔽和护层这四个结构层分别得到延续和恢复，并力求安装与维护方便。

3）满足安装环境要求。终端和接头应满足安装环境对其机械强度与密封性能的要求，电缆终端的结构形式与电缆所连接的电气设备特点必须相适应。设备终端和 GIS 终端应具有符合要求的接口装置，其连接金具必须相互配合。户外终端应具有足够的泄漏比距、抗电蚀与耐污闪的性能。

4）符合经济合理原则。电缆终端和接头的各种组件、部件和材料，应质量可靠、价格合理。

电缆中间或电缆头制作时，必须严格按照规定的工艺来完成，图 2-6 为制作完成的电缆头。

图 2-6　制作完成的电缆头

2.1.5　电缆敷设方式

电缆敷设分为直埋、穿管、电缆沟、电缆隧道四种方式。

（1）直埋敷设方式　将电缆直接埋设于地面下一定深度的一种电缆安装方式，是一种较经济的安装方式。但电缆容易受到机械外力损坏，更换电缆困难，只宜用在郊外山区不易有经常性开挖、无化学腐蚀或杂散电流腐蚀、无熔化金属、高温液体溢出的场所地段，且同一通路中电力电缆数量少于六根的 35kV 及以下，运行时间不长的电缆回路。图 2-7 为直埋电缆敷设示意图。

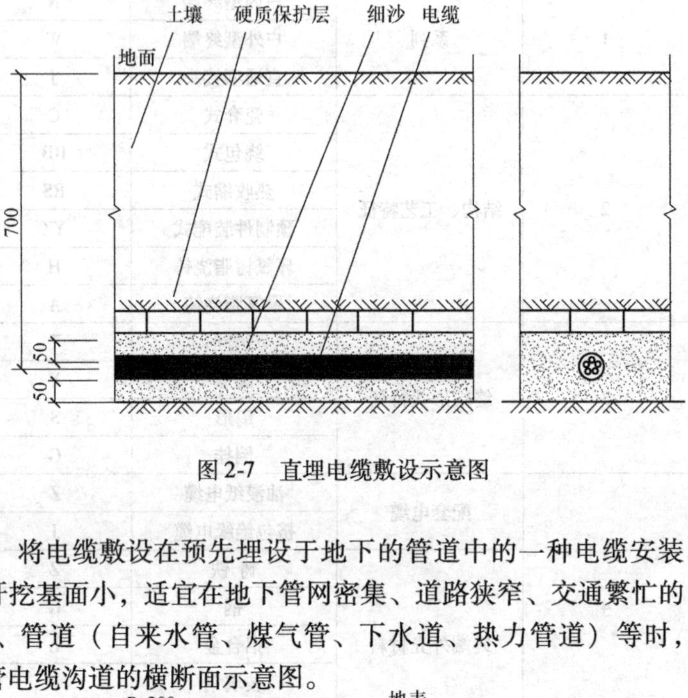

图 2-7　直埋电缆敷设示意图

（2）穿管（排管）敷设方式　将电缆敷设在预先埋设于地下的管道中的一种电缆安装方式，由于电缆排管施工快捷、开挖基面小，适宜在地下管网密集、道路狭窄、交通繁忙的道路使用。在直埋电缆穿越公路、管道（自来水管、煤气管、下水道、热力管道）等时，采用管道敷设方式。图 2-8 为穿管电缆沟道的横断面示意图。

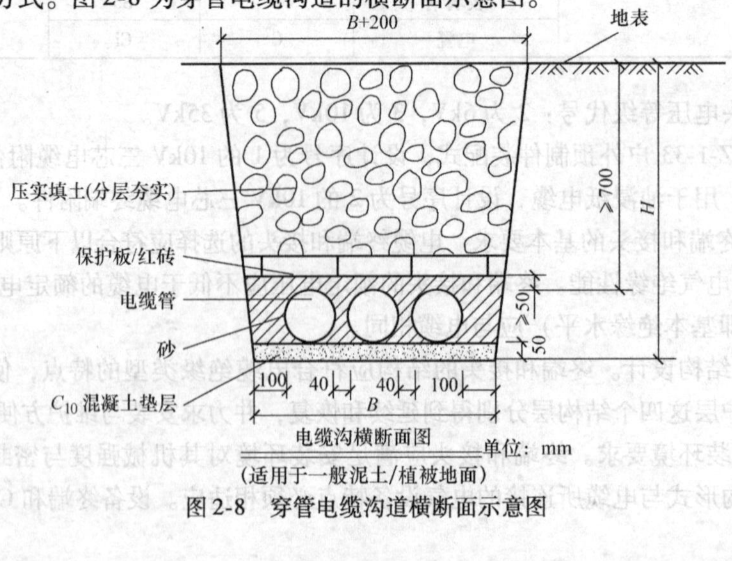

图 2-8　穿管电缆沟道横断面示意图

（3）电缆沟敷设方式　将电缆敷设在预先砌好的电缆沟道中的一种电缆安装方式。具有投资少、占地少、走向灵活且能容纳较多电缆、增加电缆回路数方便、不需要工井、电缆进出方便等优点，一直被广泛使用。

（4）电缆隧道敷设方式　将电缆敷设在地下隧道内的一种电缆安装方式，有专用电缆隧道和城市综合管沟等形式。需要配备照明、排水、通风、通信和防火等附属设施，施工较困难，投资较高。通常用于电缆线路较多和电缆线路路径通道不易开挖的场所。图 2-9 为电缆隧道图。

图 2-9　电缆隧道图

2.1.6　电缆线路与架空线路的比较

（1）容性电流　电缆线路的电容远大于架空线路电容，因此，电缆线路对地容性电流一般远大于架空线路对地容性电流。

（2）敷设与架设方式不同　一般电缆线路的敷设方式主要有：直埋敷设、沟槽敷设、排管敷设以及隧道敷设。不同的敷设方式各有其不同的适用范围，由于受城市道路可用通道的限制及地下交叉管网的影响，地下电缆采用排管敷设方式的较多。架空线路通过杆塔支撑在离地一定距离处，在规划设计中，应满足导线与树木、与建筑物之间的安全距离。

（3）故障类型　电缆线路故障的主要类型包括：外力破坏、电缆附件质量缺陷、电缆安装质量缺陷和电力电缆本体质量缺陷。如不计外力破坏因素，电缆投入运行后的 1～5 年内最易发生故障。从电缆线路的运行经验看，电缆线路故障中的 40% 属于外力破坏，60% 属于电缆运行、电缆本体及电缆施工问题引起的故障。架空线路易受如雷电、风害、环境污染、树枝碰线以及人为故障等外界因素影响。

（4）供电可靠性　由于电缆线路与架空线路敷设方式不同，电缆受外界因素的影响小，故障率处于相对较低水平。但是，地下电缆的故障是持久性的，由于电缆检测、清除和修复故障需要较长时间，因此电缆故障往往会引起长时间停电。

（5）造价　由于材质及工艺的不同，电缆线路的材料、附件、安装设施等总造价远高于架空线路的造价。

（6）对配电网接线方式的影响　配电线路电缆化对中压配电网的接线方式有重大影响。由于架空线路与电缆线路的常用接线方式不同，而且架空线路与电缆线路存在着以上所述的很大差异，这直接影响到配电网在新建电缆线路或进行架空线入地改造时所选择的接线方式。

（7）对继电保护和配电自动化的影响　配电线路采用的继电保护策略也应有所调整，以适应配电线路电缆化的发展。在采用中性点小电阻接地的系统中，10kV 线路加装零序电流保护。纯电缆线路上的故障绝大多数为持久性的，全线路不采用重合闸。少数短距离 35kV 电缆线路终端线可采用纵差保护以保证保护动作的灵敏性和可靠性。支接电缆线路上加装过负荷熔丝，以减少电缆线路故障的影响范围，也缩短故障定位时间。

（8）配电自动化　电缆线路故障一般为持久性的，故障定位较为困难，故障修复时间较长，降低了供电可靠性。因此在线路电缆化情况下，配电自动化的作用更为显著。

2.2　高压开关柜

高压开关柜是 3～35kV 交流金属封闭开关设备的俗称，广泛应用在各种变电站的中压配电和受电及各种辅助间隔。

20 世纪 80 年代以前，中压配电间隔普遍采用多油或少油断路器，变电站建设者根据设计方案，向有关制造厂商订购各种中压电气设备，在变电站土建结构的间隔中安装各种设备，并进行调试。20 世纪 80 年代以来，国内外市场需求的日益多样化和国外先进技术的不断引进，国内电器制造行业推出了几十种型号的高压开关柜产品，打破了高压开关柜过去几十年一直以少油断路器为主的落后局面。中压配电间隔由高压电气设备现场安装调试，过渡到采用工厂化的方法，将各种电气设备在开关柜制造厂统一设计、制造、安装和调试。目前采用金属封闭式开关柜作为变电站的中压间隔已成为设计的惯例，这种方式大大加快了变电站的设计、建设工期，建少了占地面积，提高了变电站运行安全性、可靠性。

2.2.1　高压开关柜的类型

目前，高压开关柜的种类十分繁多，国际上各大电气公司和我国的大型电气设备制造厂均有自己的产品系列。高压开关柜所配的主开关元器件有真空断路器、SF_6断路器、负荷开关、接触器和熔断器。

1. 根据主电气设备分类

根据目前的产品状况，高压电气柜按照采用的主电气设备可以分为以下几类：

（1）断路器柜　断路器开关柜按绝缘介质又分为：

1）通用型高压开关柜。以空气为主绝缘介质，主开关元器件为断路器的成套金属封闭开关设备。

2）气体绝缘高压金属封闭开关柜（Cubic Gas Insulated Switchgear，C-GIS），又称充气柜。根据断路器的安装方式分为：

① 固定式。高压断路器安装在开关柜固定金属构架上。

② 移动式。根据小车在开关柜中的位置分为中置式和落地式。高压断路器安装在开关柜内可移开的小车上，以便于检修，这种结构又称为小车式。

（2）回路开关柜（Fuse-Contactor，F-C）　高压负荷开关-熔断器和高压限流熔断器-高压接触器的组合电器。

（3）环网柜　主开关元器件采用负荷开关或负荷开关-熔断器组合电器，它们常用于环网供电系统，故通常称为环网柜。

2. 按内部分隔方式分类

高压金属封闭开关设备也可根据柜内各部分的分隔方式分为以下几类：

（1）箱式　开关柜内各个元器件之间无隔板或隔板不全，安全程度较低。

（2）间隔式　用一块或更多的非金属隔板将柜内分割为母线室、电缆室和断路器室等。

（3）铠装式　开关柜内的各个功能室，均用金属板隔开，安全等级高。

高压金属封闭开关设备柜内各部分的分隔示意图如图 2-10 所示。

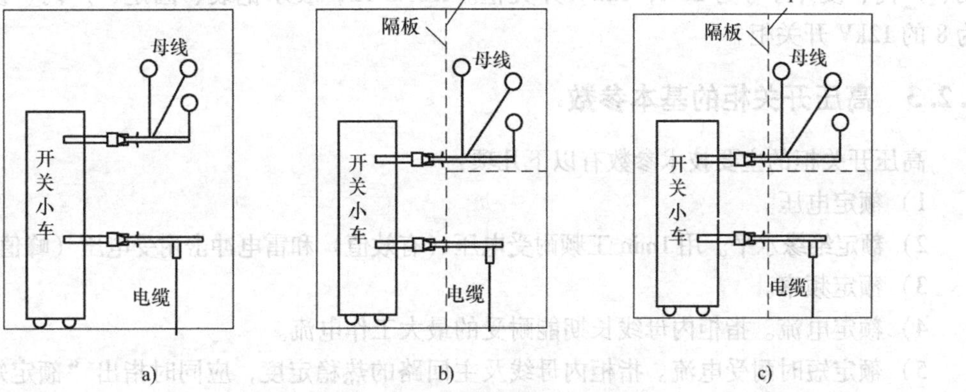

图 2-10　箱式、间隔式和金属铠装式简图

a）箱型（无隔板）　b）金属封闭型（1 个以上金属隔板）　c）金属铠装型（全部使用金属隔板）

3. 按绝缘方式分类

（1）空气绝缘　开关柜中电气设备以空气为主绝缘。

（2）气体绝缘　开关柜中充 SF_6 气体作为主绝缘的开关柜。

（3）固体绝缘　开关柜中的电气元器件通过绝缘材料进行了隔离。

（4）复合绝缘　柜体中主绝缘用两种以上绝缘方式的，例如：采用空气绝缘时，如果两极之间的电气间隙达不到要求，可以采用中间加绝缘板的方式，当然，绝缘板的设置也是有要求的。一般高压开关柜复合绝缘有以下几种：①在铜排上套热缩管；②相间或相对地加绝缘隔板；③断路器极柱环氧树脂固封；④进出线柱环氧树脂固封。

2.2.2　高压开关柜的型号命名

国际电气制造商开关柜的命名，按照企业的自主命名法进行命名，每一种类型的开关柜自成体系。

我国目前的开关柜命名采用如图 2-11 所示的格式。

命名由“－”隔开为三部分，第一部分为型号位，由第 1 ~ 4 位置组成，第二部分为电压等级位置，由第 5 位置组成；第三部分，其他，由第 6 ~ 8 位置组成。

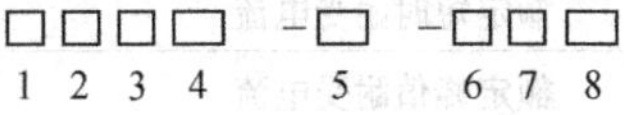

图 2-11　高压开关柜的命名

各部分的命名如下：

第 1 位置：高压开关柜，K-铠装式，J-间隔式，X-箱式；

第 2 位置：形式特征，G-固定式，Y-移开式（用字母 Z 表示中置式）；

第 3 位置：安装场所，N-户内式，W-户外式；

第 4 位置：设计序号（由一位、两位或三位数字或字母构成）；

第 5 位置：额定电压（单位 kV），有的在这一位后的括号中说明主开关的类型，如用 Z 表示真空断路器，F 表示负荷开关；

第 6 位置：主回路（一次线路）方案编号；

第 7 位置：断路器操动机构，D-电磁式，T-弹簧式；

第 8 位置：环境代号，TH-湿热带，TA-干热带，G-高海拔，Q-全工况。

在实际命名时，可以仅用前面第一部分和第二部分，例如：KYN28A-12，表示铠装、移动、户内、设计序号为 28A，12kV 开关柜。KGN8-12，表示铠装、固定、户内、设计序号为 8 的 12kV 开关柜。

2.2.3　高压开关柜的基本参数

高压开关柜的主要技术参数有以下几项：

1）额定电压。

2）额定绝缘水平。用 1min 工频耐受电压（有效值）和雷电冲击耐受电压（峰值）表示。

3）额定频率。

4）额定电流。指柜内母线长期能耐受的最大工作电流。

5）额定短时耐受电流。指柜内母线及主回路的热稳定度，应同时指出“额定短路持续时间”，通常为 4s，在此电流下，开关柜的元器件不应出现热损坏。

6）额定峰值耐受电流。指柜内母线及主回路的动稳定度。在此电流下，开关柜内元器件和结构应保持完好。

7）防护等级。指开关柜防尘和防水能力。

表 2-3 为 KGN8-10 高压开关柜的基本参数。

表 2-3　KGN8-10 高压开关柜的基本参数

项　目		数　据
额定电压		12kV
额定绝缘水平	极间、极对地额定工频耐压	42kV/1min
	隔离断口额定工频耐压	49kV/1min
	极间、极对地额定雷电冲击耐压(峰值)	75kV
	隔离断口额定雷电冲击耐压(峰值)	85kV
主母线额定电流		1600A，2500A，3150A
分支母线额定电流		1250A，1600A，2000A，2500A，3150A
额定短时耐受电流		31.5kA，40kA
额定峰值耐受电流		80kA，100kA
额定短路持续时间		4s
防护等级（外壳/隔室间）		IP4X/IP3X
开关柜外形尺寸		840mm × 1400mm、2400mm

2.2.4　典型高压开关柜

高压开关柜的种类较多，不同类型的开关柜其结构不同，尤其是固定柜和移开式柜结构有较大的差异。不同型号的固定柜或不同型号的移开柜基本结构差异不大。一种类型的开关柜区别在于柜体内部元器件布局的合理性、加工工艺、所选用的元器件所造成的差异，这些差异造成开关柜性能特别是绝缘水平差异较大，影响到开关柜使用中的可靠性。

为了说明开关柜的基本结构，通过典型的开关柜，了解开关柜的结构。

1. 固定式高压开关柜

目前应用较多的固定式柜有 XGN2-12、XGN15-12、XGN66-12、XGN17-40.5 等型号的开关柜，下面以 XGN66-12 开关柜说明此类开关柜的特点。

图 2-12 是国产 XGN66-12 开关柜的结构示意图，为金属全封闭厢式结构，以空气作为绝缘介质，所有带电体均被封闭在柜内。柜体采用镀锌钢板弯制焊接而成，柜内分为母线室、断路器室、电缆室、仪表室，室与室之间用钢板隔开。仪表箱为单独结构，安装在柜上部，主母线由柜间的绝缘套管固定，此套管使相邻两柜间完全隔离，卸下后盖板即可检修，母线室顶盖板上设有释压窗。真空断路器的下部端子连接到电流互感器，电流互感器与下隔离开关的接线端子连接。断路器的上隔离端子与上隔离刀开关连接。

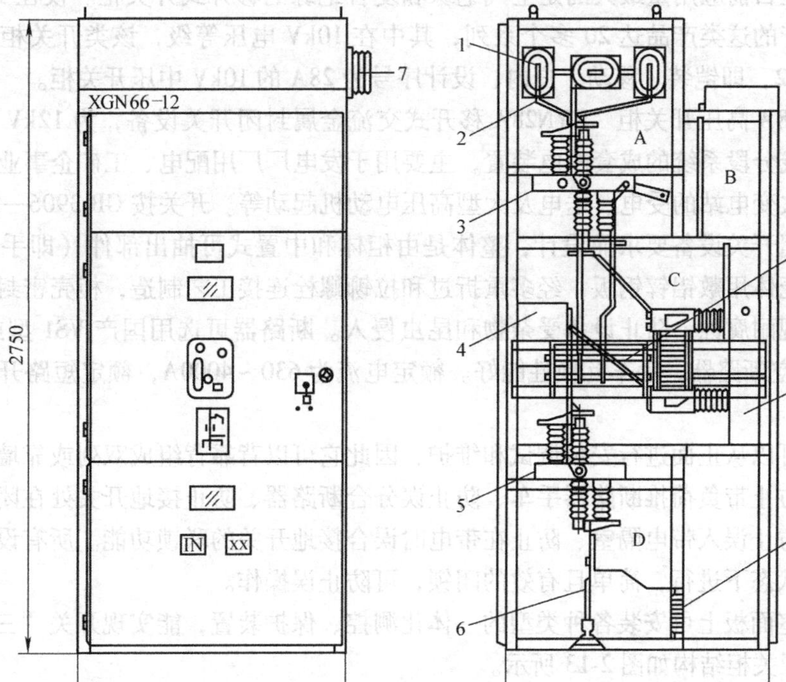

图 2-12　XGN66-12 开关柜结构示意图

1—主母线　2—分支母线　3—隔离开关　4—电流互感器
5—隔离开关　6—电缆　7—套管　8—操动机构
9—断路器　10—接闪器

真空断路器及电磁操动机构或弹簧操动机构为一整体车式结构，推入柜内后用螺栓固定。断路器室与主母线室之间安装上隔离开关，与电缆室之间安装下隔离开关。断路器室的后壁安装电流互感器，右侧设有上下隔离开关及其接地开关的操动机构。断路器室设有压力释放通道，若产生内部故障，电弧所产生的高压气体可通过后上方的释压窗排出。

电缆由柜底板下部的支架和卡箍固定，穿过零序互感器进入柜内，用盖板及填充物封严。电缆室高度为900mm，可安装三根240mm^{2}的电缆，电缆芯线连接到汇流铜排上，这个铜排用带电显示装置的传感器支撑，可以检查电缆是否带电。电缆室内根据需要可以安装避雷器，后下方设有接地母线，右下方是电缆头接地开关的操动机构。本室内如产生过高压力，可经后部通道由上部的释压窗排出。

真空断路器采用陶瓷壳开关管，其外表面为波纹状，爬电距离在210mm以上，相间中心距为230mm，空气电气间隙在125mm以上，电磁操动机构采用半轴脱扣式四连杆机构，以直流电源驱动电磁铁实现合闸、分闸。弹簧操动机构以直流或交流电源驱动电动机使弹簧储能，然后以电磁铁使弹簧释能，实现合闸，再以电磁铁使机构脱扣，实现分闸。

上隔离开关采用GN30型旋转式隔离开关，附有接地刀。下隔离开关采用GN24型，附有接地刀。相间中心距均为230mm，所用电瓷件爬电距离均在210mm以上。

2. 移开室高压开关柜

高压开关柜目前应用量最大的是空气绝缘和复合绝缘的移开式开关柜。仅在10kV电压等级，国内生产的这类产品达20多个系列，其中在10kV电压等级，该类开关柜的典型代表是KYN28A-12，即铠装、移动、户内、设计序号为28A的10kV中压开关柜。

（1）KYN28A高压开关柜　KYN28A移开式交流金属封闭开关设备，为12kV三相交流单母线及单母线分段系统的成套配电装置，主要用于发电厂厂用配电、工矿企事业配电以及电业系统的二次变电站的受电、送电及大型高压电动机起动等。开关按GB 3906—2006中的铠装式金属封闭开关设备要求而设计，整体是由柜体和中置式可抽出部件（即手车）两大部分组成。其壳体用敷铝锌钢板，经多重折过和拉铆螺栓连接工艺制造，柜壳密封度高，机械强度好，美观耐腐蚀，防止设备受杂物和昆虫侵入。断路器可选用国产VS1型或ABB公司的VD4型真空断路器，手车互换性能好。额定电流为630～4000A，额定短路开断电流为16～50kA。

开关设备可以从正面进行安装调试和维护，因此它可以背靠背组成双列或靠墙安装。

开关具有防止带负荷推断路器手车、防止误分合断路器、防止接地开关处在闭合位置时关合断路器、防止误入带电隔室、防止在带电时误合接地开关的联锁功能。所有设备的操作均在柜门关闭状态下进行，简单且有效的闭锁，可防止误操作。

继电器小室面板上可安装各种类型的一体化测控、保护装置，能实现开关“三遥”。

KYN28A开关柜结构如图2-13所示。

从图中可以看出，开关柜本体分为A、B、C、D四个通过钢板隔开的独立小室，其中A室为母线室，B室为断路器手车室、C室为电缆室、D室为继电器仪表室，仪表室配置电气柜所需要的显示仪表和测控装置。配置有接地刀开关、接闪器、电流互感器等。开关柜顶部，配有高压泄压装置，在开关柜内部出现故障时，减少开关柜内部的压力，防止开关柜本体爆炸。

开关柜的基本尺寸和重量如表2-4。

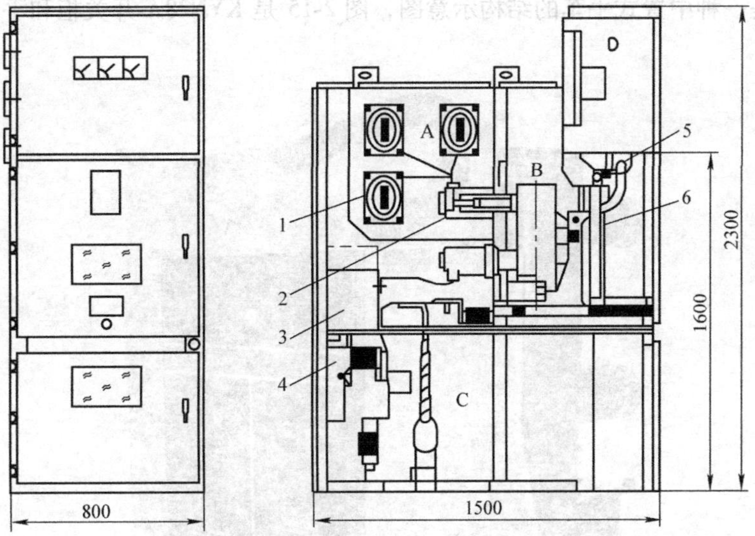

图 2-13　KYN28A 开关柜结构

A—母线室　B—断路器手车室　C—电缆室　D—继电器仪表室

1—母线套管　2—静触头盒　3—电流互感器　4—接地开关　5—二次插头　6—断路器手车

表 2-4　KYN28A 开关柜尺寸和重量

项　目	说　明	数　值
高度 H/mm		2300
宽度 W/mm	分支母线额定电流小于 1250A	800
	分支母线额定电流大于 1250A	1000
深度 D/mm	电缆进线	1500
	架空进线	1660
重量/kg		700～1200

（2）中置式手车

1）手车的结构。KYN28A-12 型铠装移开式高压开关柜手车是中置式。手车室内安装有轨道和导向装置，供手车推进和拉出。在一次静触头的前端装有活门机构，以保障操作和维修人员的安全。手车在柜体内有工作位置、试验位置和断开位置，当手车需要移出柜体检查和维护时，利用专用运载车就可方便地取出。

手车中装设有接地装置，能与柜体接地导体可靠地连接。手车室底盘上装有丝杆螺母推进机构、联锁机构等。丝杆螺母推进机构可轻便地使手车在断开位置、试验位置和工作位置之间移动，借助丝杆螺母的自锁可使手车可靠地锁定在工作位置，防止因电动力的作用引起手车窜动而引发事故。联锁机构保证手车及其他部件的操作必须按规定的操作程序操作才能得以进行。手车在柜内的移动、侧壁导向装置都采用滚动轴承，可保证手车与柜体的精确配合。手车上的推进、联锁机构推进与联锁融于一体，能可靠互锁。

图2-14是一种中置式手车的结构示意图，图2-15是KYN28A开关柜和手车放置在专用运载车上。

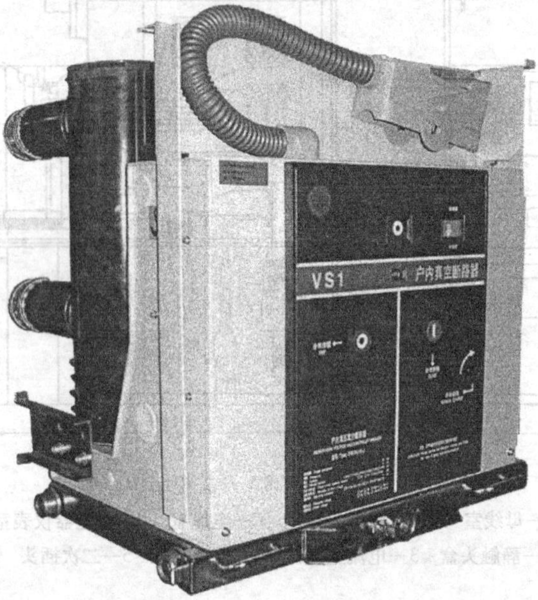

a)

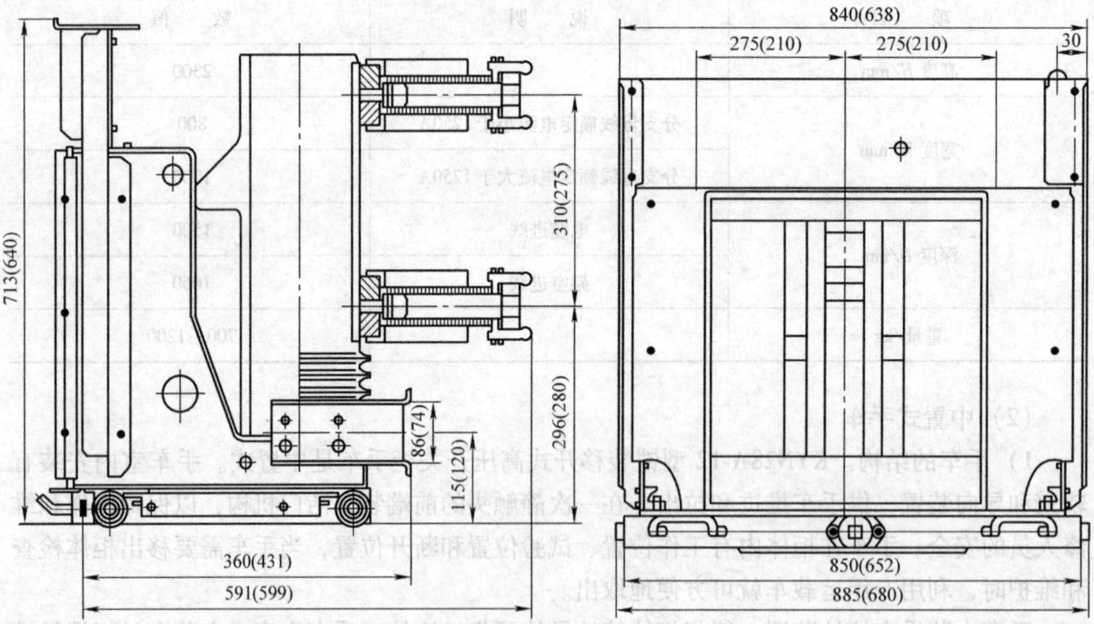

b)

图2-14 中置式手车示意图

a) VSI真空断路器手车 b) 手车基本尺寸

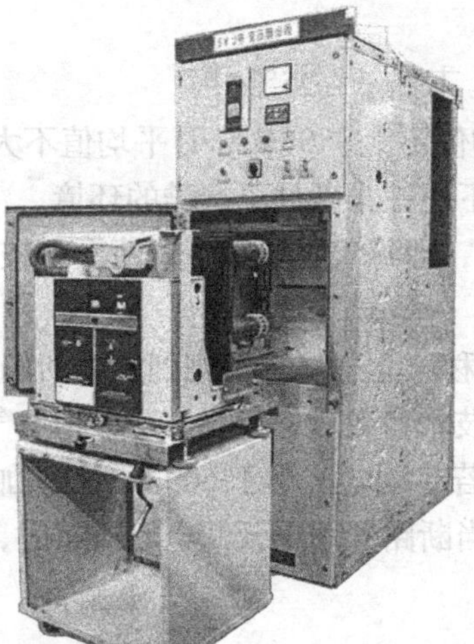

图2-15　KYN28A开关柜和手车放置在专用运载车上

2）VD4、VS1小车式真空断路器。VD4真空断路器及手车为ABB公司的产品，是国际上先进的产品。VS1真空断路器为国内自行研制的较先进的产品，其外形及操作原理与VD4相近，其真空断路器采用封闭绝缘形式，主绝缘筒加内外裙边，其爬电比距都达到标准要求。VD4和VS1真空断路器的技术参数见表2-5。

表2-5　VS1、VD4真空断路器技术参数

项　目		单　位	VS1	VD4
额定电压		kV	12	
额定绝缘水平	1min工频耐受电压	kV	42	
	雷电冲击耐受电压（峰值）	kV	75	
额定频率		Hz	50	
额定电流		A	630、1250、1600、2000、2500、3150	
额定短路开断电流		kA	16、20、25、31.5、40、50	
额定短时耐受电流		kA/s	16/4、20/4、25/4、31.5/4、40/3、50/3	
额定峰值耐受电流		kA	40、50、63、80、100、125	
额定操作顺序			分-0.3s-合分-180s-合分	
当额定短路开断电流≥40kA时顺序			分-180s-合分-180s-合分	
合闸时间		ms	≤100	80
分闸时间		ms	≤50	45
燃弧时间		ms	≤15	10~15
开断时间		ms	≤65	55~60

（3）使用环境

1）海拔高度不大于1000m，当海拔超过1000m的使用环境时，按照GB/T 20635—2006《特殊环境条件高原用高压电器的技术要求》进行产品设计。当海拔不超过2000m时，二次辅助设备不需要采取任何措施。

2）环境温度不高于40℃，不低于－25℃。

3）空气相对湿度：日平均值不大于95%，月平均值不大于90%。当温度骤降时可能出现凝霜，伴随污秽，适用于以下比正常条件更严酷的环境。

4）凝露不频繁有轻度污秽，即每年平均不超过两次有较严重污秽。

5）地震强度不超过八级。

6）无火灾、爆炸、严重污秽、化学腐蚀及剧烈震动的场所。

（4）KYN28A 开关柜电气技术参数　KYN28A 开关柜电气参数，见表2-6。当断路器用于控制3.6～12kV 电动机时，若起动电流小于600A，必须加金属氧化物接闪器，其具体要求由用户与制造厂协商决定；当断路器用于开断电容器组时，电容器组的额定电流不应大于断路器额定电流的80%。

表2-6　KYN 28A 开关柜电气参数

项　目		单　位	数　值
额定电压		kV	12
额定绝缘水平	1min 工频耐压(有效值)	kV	42
	雷电冲击耐压(峰值)	kV	75
额定频率		Hz	50
主母线额定电流		A	630，1250，1600，2000，2500，3150，4000
分支母线额定电流		A	630，1250，1600，2000，2500，3150，4000
4s 热稳定电流（有效值）		kA	16，20，25，31.5，40
额定动稳定电流（峰值）		kA	40，50，63，80，100

2.2.5　高压开关柜的“五防”

高压开关柜的“联锁”是保证电力网安全运行、确保设备和人身安全、防止误操作的重要措施。GB 3906—2006《3.6～40.5kV 交流金属封闭开关设备和控制设备》对此作了明确规定。一般把“联锁”描述为：防止误分、误合断路器；防止带负荷分、合隔离开关；防止带电挂（合）接地线（接地开关）；防止带接地线（开关）合闸；防止误入带电间隔。上述五项防止电气误操作的内容，简称“五防”。

据统计，电力系统的误操作事故有80%以上属于五种误操作。因此，各种开关设备之间必须有一定的操作顺序，否则就会造成严重后果甚至出现事故。为此，高压开关柜应具有“五防”功能。

对于移开式高压开关柜还应做到：

（1）只有当断路器、负荷开关或接触器处在分闸位置时，隔离插头方可抽出或插入。否则便会出现隔离插头开断或关合负荷电流或者短路电流，在触头间产生电弧使触头及附近的其他零部件严重烧损及造成短路事故。

（2）只有当装有断路器的小车处在工作位置、试验位置时，断路器、负荷开关和接触器才能进行分合操作。

（3）只有当接地开关处在分闸位置时，装有断路器的小车方可推入到工作位置。否则断路器一旦进行合闸操作，而接地开关尚在合闸位置，断路器就会出现一次没有必要的关合短路操作。

(4) 只有当装有断路器的小车向外拉出到试验位置或随后的其他位置，即隔离触头间形成足够大的绝缘间隙后，接地开关才允许合闸。

"五防"装置一般可分为机械、电气和综合三类。目前，市场上高压开关柜，大多数都有较完善的联锁装置。

2.2.6 高压开关设备的发展

除了开关设备即断路器的不断进步更新外，高压开关柜的发展趋势体现在以下两个方面：

(1) 绝缘方式　高压封闭金属开关柜，除了采用空气绝缘的通用柜体外，还采用复合绝缘的开关柜，技术在不断的进步。今后，高压开关柜采用密封结构的充气柜，以及固体绝缘开关柜将得到广泛的应用。

(2) 开关体积的小型化　近年来，中压金属开关设备的尺寸不断减小，采用气体绝缘的中压开关柜的柜体，比20世纪80年代中压开关柜体积大大减少，体积仅为原来的10%～20%。

2.3 中压开闭所

中压开闭所，也称中压开关站，是设有中压配电进出线、对功率进行再分配的配电装置，必要时可附设配电变压器。开闭所的特征是电源进线侧和出线侧的电压相同。区域二次变电站也具有开闭所的功能。

中压开闭所（6kV、10kV、20kV）是配电网的重要组成部分，是随着城镇配电网或企业配电网的发展，为解决终端变电站出线数量不够问题而出现的，并得到大面积应用的配电网主要设施。目前，10kV开闭所在大、中城市的配电网、县城配电网和其他负荷密集区域配电网中得到广泛使用。

开闭所按照接线方式的不同可分为终端开闭所和环网开闭所。环网开闭所主要是解决线路的分段和用户接入问题，开闭所存在功率交换。终端开闭所主要是提高变电站中压出线间隔的利用率，扩大配送线路数量和解决出线走廊所受限制，提高用户的供电可靠性，不存在功率交换。

环网开闭所用于线路主干网，原则上开闭所采用双电源进线，两路分别取自不同变电站或同一变电站不同母线。现场条件不具备时，至少保证一路采用独立电源，另一路采用开闭所间联络线。开闭所进线采用两路独立电源时，所带装接总容量控制在12000kVA以内；采用一路独立电源时，装接总容量控制在8000kVA以内。高压出线回路数宜采用8～12路，出线条数根据负荷密度确定。

终端开闭所用于小区或支线以及末端客户，起到带居民负荷和小型企业以及线路末端负荷的作用。一般采用双电源进线，一路取自变电站，另一路可取自公用配电线路；终端开闭所带装接容量不宜超过8000kVA，高压出线回路数宜采用8～10路。所内可设置配电变压器2～4台，单台容量不应超过800kVA。

根据不同的要求，进出线开关采用断路器或熔断器、负荷开关组合。10kV开闭所一般按无人值班配置配电设备。采用环网柜，电源间隔不设保护，配变及分支出线采用熔断器保护。

2.3.1　中压开闭所的功能和作用

建设中压开闭所的目的是解决终端变电站出线走廊受限和提高设备的利用率。一般开闭所建设在主要道路的路口附近、负荷中心或两座变电站之间，以便加强电网联络，开闭所应有两回及以上的进线电源，其电源应取自二次变电站的不同母线或不同高压变电站，以提高供电可靠性。

开闭所的功能和作用总结如下：

（1）变电所 10kV 母线的延伸　建设 10kV 开闭所最早的目的是为了解决城市变电所 10kV 出线数量不足、出线走廊受限而采取的措施。多年来，向城市供电的变电所中，10kV 出线数量非常有限，而且，在以前建设的变电所中，往往又有许多 10kV 用户专线。随着负荷密度的增加，往往需要增加 10kV 线路的出线回路数，但是，由于受变电所出线数量和出线走廊的限制，即使变电所有剩余容量，也不一定能供出去。为此，将负荷集中输送到 10kV 开闭所，再从 10kV 开闭所把负荷转送出去。这样，10kV 开闭所的母线变成了变电所母线的延伸，既解决了变电所公用线出线不足问题，也解决了开闭所周边用户供电电源问题。

（2）电缆化线路分支线支接的节点　随着城市的发展，城市的改造力度不断加大，对道路景观的要求越来越高，在市中心、商业区及城市景观有特殊要求的地段，10kV 架空线路“下地”改为电缆线路是必然的发展趋势。

10kV 线路电缆化改造时，为了解决支接分支线路、公用配电变压器和高压用户，必须建设一定数量的 10kV 开闭所，把 10kV 开闭所作为线路上的一个节点，通过其中的各个出线开关柜把电能输送出去，为周围的用户、分支线路提供电源。

（3）提高供电可靠性和灵活性　随着社会经济的发展，城网供电可靠率已成为供电企业管理水平的重要标志。10kV 开闭所一般可以同时有来自不同变电所或同一变电所不同 10kV 母线的两路或多路相互独立的可靠电源，因此，可以解决城市中政府机关、高层建筑、大型商场等重要用户多路电源供电的问题，确保重要用户的可靠供电。另外，配电网中 10kV 开闭所的合理设置，可以加强对配电网的控制，提高配电网运行及调度的灵活性，从而大大提高整个配电网供电的可靠性。有了一定数量的开闭所，可实现对配电网的优化调度，部分城网设备检修时，可以灵活进行运行方式的调整，做到设备检修时用户不停电；当发生设备故障时，开闭所可发挥其操作灵活的优势，迅速隔离故障设备单元，使停电范围减到最小。

（4）方便操作和提高操作的安全性　传统的架空配电线路为了进行分段操作或分支操作，在电杆上装设了开关、跌落式熔断器等分断或分支操作设备，需要时由线路工登杆用绝缘操作工具进行操作。这种操作不但作业人员劳动强度大、安全管理难度大，而且操作所需时间长，对供电可靠性影响大，同时还受气象因素和周围环境条件的影响，有时会因恶劣的气象条件而不能及时完成操作任务。而 10kV 开闭所的设备均安装在室内，操作安全、方便，有效地克服了上述缺点。而且室内设备运行环境好，运行维护方便。

2.3.2　10kV 开闭所的基本接线及适用范围

10kV 开闭所，按电气主接线方式可分为单母线接线、双母线接线和单母线分段接线三种类型。按其在电网中的功能，可分为环网型开闭所和终端型开闭所两类。

环网型开闭所每段母线有两路电源进线间隔，其他为出线间隔，其主要功能是功率交换和线路分段，在城网中实施运行方式的调整。这种开闭所常以“手拉手”方式进行环网，支接在开闭所的用户或分支线有较高的供电可靠性。环网型开闭所又可分为单母线接线和双母线接线两种，从配电网的网架结构看，前者为单环运行的开闭所，后者为双环运行的开闭所。

终端型开闭所每段母线一般只有一路电源进线间隔（有时也有两路及以上相互闭锁的电源进线间隔，但各路电源一般不合环运行），其他为出线间隔，其主要功能是向周边用户及公用变压器提供电源。终端型开闭所又可分为单母线接线、双母线接线和单母线分段接线三种。

1. 单母线接线

单母线接线方式一般设 1 ~ 2 路 10kV 电源进线间隔，若干路出线间隔，个别也有三路及以上电源进线间隔的接线方式。单母线接线方式按照功能不同可分为环网型单母线接线方式和终端型单母线接线方式，如图 2-16 所示。环网型单母线接线有两路 10kV 电源进线间隔，一进一出构成环网；终端型单母线接线只有一路 10kV 电源进线间隔。

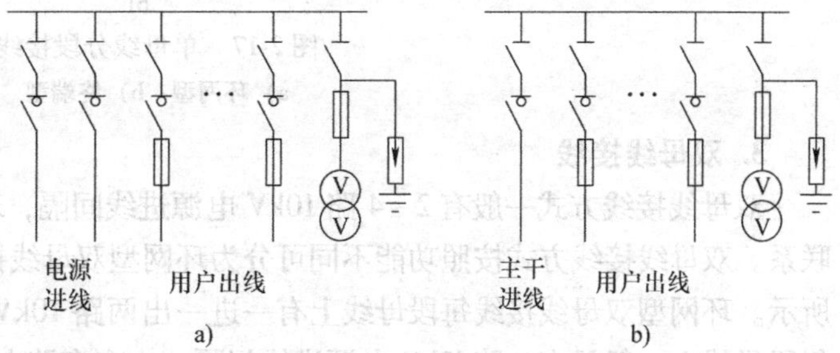

图 2-16　单母线接线

a）环网型　b）终端型

（1）优点　接线简单清晰、规模小、投资小。

（2）缺点　不够灵活可靠，母线或进线开关故障或检修时，均可能造成整个开闭所停电。

（3）适用范围　一般适用于线路分段、环网，或为单电源用户设置的开闭所、户外环网柜、高压电缆分接箱及箱式变高压配电装置等。

2. 单母线分段接线

单母线分段接线方式一般有 2 ~ 4 路 10kV 电源进线间隔，若干路出线间隔，两段母线之间设有联络开关。单母线分段接线方式按照功能不同可分为环网型单母线分段接线和终端型单母线分段接线，如图 2-17 所示。环网型单母线分段接线有四路 10kV 电源进线间隔，即每段母线有一进一出两路 10kV 电源进线间隔；终端型单母线分段接线一般每段母线只有一路 10kV 电源进线间隔，也有多路电源进线间隔的。

（1）优点　①用开关把母线分段后，对重要用户可以从不同母线段引出两个回路，提供两个供电电源；②当一段母线发生故障或检修时，另一段母线可以正常供电，不致使重要用户停电。

（2）缺点　①母线联络需占用两个间隔的位置，增加了开闭所的投资；②当一段母线的供电电源故障或检修，由第二段母线供电时，系统运行方式会变得复杂。

（3）适用范围　一般适用于为重要用户提供双电源、供电可靠性要求比较高的开闭所。

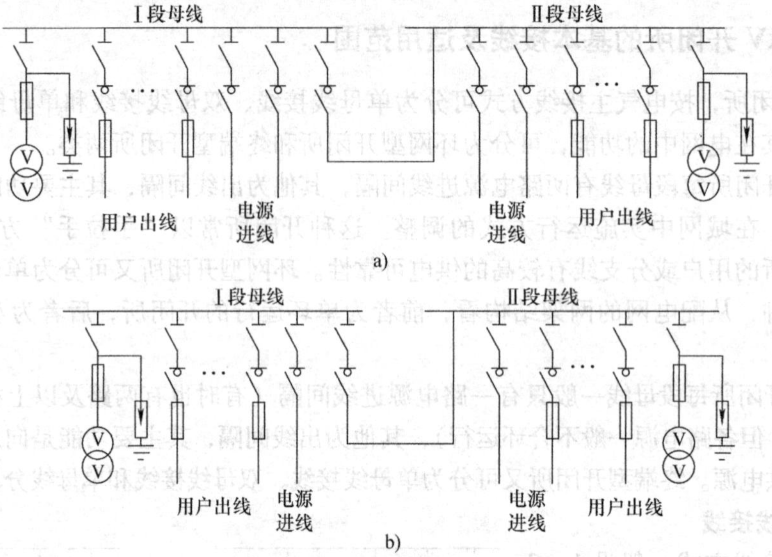

图 2-17　单母线分段接线

a）环网型　b）终端型

3. 双母线接线

双母线接线方式一般有 2 ~4 路 10kV 电源进线间隔，若干路出线间隔，两段母线之间没有联系。双母线接线方式按照功能不同可分为环网型双母线接线和终端型双母线接线，如图 2-18 所示。环网型双母线接线每段母线上有一进一出两路 10kV 电源进线间隔，终端型双母线接线每段母线上一般只有一路 l0kV 电源进线间隔，也有多路电源进线间隔的，在此不作论述。

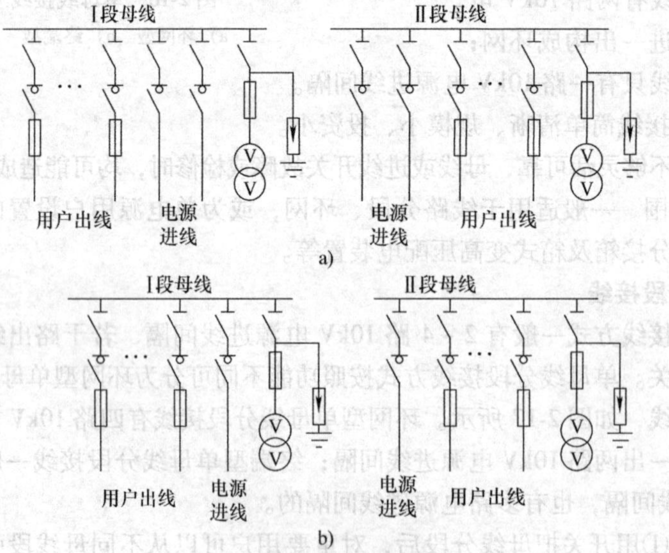

图 2-18　双母线接线

a）环网型　b）终端型

（1）优点　①供电可靠性高，环网型双母线接线每一段母线均可以由两个不同的电源供电，两路电源线路中的任意一路线路故障或检修，均不影响对用户的供电；终端型双母线接线任一进线电源故障或检修时，能保证对重要用户的供电；②调度灵活，能灵活地适应

10kV 配电网各种运行方式下调度和潮流变化的需要。

(2) 缺点　与开闭所相连的外部网架一定要坚固，每一段母线必须有两个供电电源。

(3) 适用范围　一般适用于为重要用户提供双电源、供电可靠性要求较高的环网型开闭所。

2.3.3　开闭所设备

20 世纪 80 年代后期，10kV 开闭所在我国绝大部分大、中城市开始建设。随着配电网建设、改造力度的不断加大，网架建设的不断加强，10kV 开闭所在配电网中应用已十分普遍。因为科技的不断进步，10kV 开闭所所用的设备也在不断的更新，开关逐步由少油断路器柜过渡到空气负荷开关环网柜，开关柜的体积大大减少，操作也简单了很多。

到了 20 世纪 90 年代中期，灭弧性能更好的真空、SF_6 负荷开关开始在 10kV 配电网中应用，逐步取代空气负荷开关，而成为 10kV 开闭所的主要设备。同时，一些进口设备大量使用在开闭所中，如全密封、全绝缘的 SF_6 负荷开关环网柜，其最大优点是结构紧凑、运行可靠，但这种设备与我们原先使用的国产设备有很大的区别，它没有明显的断开点，柜内没有可视的接地点，不能外挂接地线，从而给设备的运行检修带来许多新问题。另外许多进口设备，提出了免维护的概念，这与目前我国现行的运行、检修规程是不完全相适应的。

2.3.4　开闭所的自动化装置

10kV 开闭所的设备比较简单，只有 10kV 开关柜而无变压设备，其作用仅是对电能进行二次分配，或进行功率交换，为周围用户提供电源。因此，开闭所的保护配置很简单。另外，10kV 开闭所都是无人值班的，在 10kV 配电网中分布广、数量多，配置复杂继电保护的必要性不大。

1. 电源进线间隔的保护配置

10kV 开闭所一般采用环网柜，配负荷开关，因此电源进线间隔一般不配置任何保护，主要原因是：10kV 开闭所一般都是在市区，而城市线路的供电半径一般在 5km 以内，线路很短；一条 10kV 主干线路如果接有 2 ~4 座“手拉手”的 10kV 开闭所，相当于线路上安装 4 ~8 台开关，各台开关之间的时间无法进行配合，一旦线路发生短路故障，故障点之前的开关及变电所的出线开关都可能跳闸，起不到隔离故障点的作用。

对于终端型开闭所，当负荷比较小时，电源进线间隔可配置熔断器保护。

2. 出线间隔的保护配置

对于 10kV 开闭所的出线间隔，一般配置伏安特性比较好、灵敏度比较高的熔断器，作为出线柜的过负荷及过电流保护。

对于负荷开关-熔断器组合电器，应有脱扣联跳装置，当一相或多相熔丝熔断后，熔管上端的撞击器弹出，撞击负荷开关联跳装置，使负荷开关跳闸，避免出现断相运行情况，从而隔离故障点。

目前国内厂家生产的熔丝最大额定电流为 125A（国外进口的熔丝最大额定电流为 200A)，即所供的最大负荷不超过 2000kW。由此可见，当所供负荷电流大于 125A 或所供变压器容量大于 2000kVA 时，国产熔丝保护将无法满足要求，对于这种情况可采用断路器柜或其他方式。

3. 自动化装置

10kV开闭所是城镇配电网的重要组成部分，随着电网的发展和自动化要求的提高，部分10kV开闭所需配置自动化装置。

具有自动化功能的10kV开闭所应满足《配电自动化及管理系统功能规范》的要求，一般能实现遥测、遥信、遥控等。10kV开闭所自动化装置主要由10kV开闭所终端设备、通信设备、不间断电源等组成。

10kV开闭所终端设备的基本功能主要有采集、控制、对时、传输、维护、信息处理、电能质量测量、断路器在线监视等功能：

1）采集、控制。状态量采集开关位置、终端状态、开关储能、通信状态；模拟量采集电流、电压、有功功率、无功功率、功率因数；远程控制开关分、合，备用电源投切。

2）对时。能够接收主站的对时。

3）通信。和调度通信，实现信息、电能量转发。

4）维护。当地、远程参数设置，支持远程诊断。

5）信息处理。故障电流、电压处理；故障发生时间及故障历时记录；故障方向判别。

6）电能质量测量。对电压、电流中的谐波总含量及谐波值、电压波动、电压闪变等进行测量。

7）断路器在线监视。通过测量记录断路器累计切断故障电流的水平、动作时间、断路器动作次数可以监视断路器触头受电腐蚀的程度、断路器的机械性能，为断路器进行状态检修提供依据。

8）其他。馈线故障显示；设备自诊断和程序自恢复；终端后备电源及自动投入。

2.3.5 开闭所所用电源

开闭所中，由于开关柜数量较少，线路结构简单（多为单回路或双回路进线），基本上没有所用电源或外电源，这给开关操作电源的选取带来一定困难。目前，主要供电方式有三种。

（1）电压互感器二次侧电源供电方式　直接利用电压互感器（TV）的二次侧100V交流电，或由电压互感器二次侧经中间变压器提供220V交流电，作为操作电源给操作、控制、保护、信号等回路提供电源。

当进线柜要承担电能计量功能时，计量用电流互感器或电压互感器必须使用独立的二次绕组。如果计量和操作回路分别使用一组电压互感器，则很难装在一台高压开关柜中。对于这种情况，往往对电压互感器二次侧采用双绕组的方式，一组精度为0.2级的绕组用于计量，另一组大容量绕组用于提供操作电源。如果操作回路中有整流器件，将产生谐波并耦合到计量回路中，影响计量精度。若采用微机保护，当高压母线或进线发生二相或三相短路时，电压互感器安装处的残压非常低，二次电压下降到低于断路器分闸绕组最低动作电压，将使保护设备不能正常工作。基于以上两点，在工程设计中应尽量避免采用TV供电方式。

（2）直流供电方式　当10kV开闭所用电采用直流电源时，需在开闭所设置直流屏和蓄电池。直流屏的交流电源来自所用变压器或就近的配电变压器。系统正常运行时，由整流回路或高频开关电源提供直流操作电源。交流失电时，由蓄电池经稳压回路提供直流操作电源。目前，直流电源箱和壁挂直流电源等小型直流电源体积小，可挂在墙上或墙角安装，且价格为同类直流电源的1/3～1/2。

（3）交流电源通过 UPS 向操作回路供电　当系统发生故障时，UPS 将蓄电池的直流电逆变成交流电不间断地向操作回路、保护、信号等设备供电。高压电源正常时，由低压电源向操作回路供电，系统失电或故障时由 UPS 供电。采用 UPS 供电，操作电源不受高压母线电压的影响，可避免采用 TV 供电方式时出现的计量问题和保护拒动现象。

2.4　电缆线路的开关设备（环网柜）

环形配电网，即供电干线形成一个闭合的环形，供电电源向这个环形干线供电，从干线上再一路一路地通过高压开关向外配电。这样的好处是，每一个配电支路既可以由它的左侧干线取电源，又可以由它右侧干线取电源。当左侧干线出了故障，它就从右侧干线继续得到供电，而当右侧干线出了故障，它就从左侧干线继续得到供电。配电支线的供电可靠性得到提高。用于这种环形配电网的开关柜，简称环网柜。

这种环网柜的容量都不大，因而环网柜的高压开关一般不采用结构复杂的断路器而采取结构简单的带高压熔断器的高压负荷开关。也就是说，环网柜中的高压开关一般是负荷开关。环网柜用负荷开关操作正常电流，用熔断器切除短路电流，这两者结合起来取代了断路器，当然这只能局限在一定容量范围内。

这样的开关柜也完全可以用到非环网结构的配电系统中，于是随着这种开关柜的广泛应用，“环网柜”就跳出了环网配电的范畴而泛指以负荷开关为主开关的高压开关柜了。

因此，环网柜仅仅是一个俗称，它可以是断路器柜，也可以是负荷开关柜，或负荷开关加熔断器柜，不仅仅用于环网线路。

目前所说的环网柜指体积小的断路器、负荷开关柜。这种负荷开关柜可以用于环网供电或双电源辐射供电系统中压分界室 π 接、中压终端变电站、箱式变电站等供电回路。国外把环网柜称为环网供电单元（Ring Main Unit，RMU）。

配用负荷开关-限流熔断器的环网柜，称为组合电器，这种环网柜用于保护小型变压器（一般，容量为 1600kVA 及以下）比断路器更有效。

小型变压器自我保护能力差，要靠开关来保护。短路试验表明，当变压器内部发生故障时，为使油箱不爆炸，必须在 20ms 内切除短路故障。若选用断路器，断路器的全开断时间由三部分组成：继电保护动作时间、断路器固有分闸时间和燃弧时间，而这三部分时间之和不小于 60ms，因此，用断路器无法在 20ms 内保护变压器。而限流熔断器可在 10ms 内切除故障，并打出撞击器，击在负荷开关的脱扣板上，然后负荷开关三相动作，开断其余相负荷。

环网柜除电寿命长、开断力强，其突出优点是容易实现三工作位（简称三工位，包括接通、断开和接地），小电流（电感、电容）开断，抗严酷环境条件能力强。环网柜具有体积小、性价比高、使用可靠的特点，一般应用于城市配电系统的电缆线路、住宅小区、中小型企业、大型公共建筑、开闭所、箱式变电站。环网柜是配电系统中的终端电气设备，具有量大面广、安装地点及安装方式多样的特点。

2.4.1　环网柜的作用与分类

环网柜中，主要开关器件为负荷开关、断路器、负荷开关-熔断器组合电器。如果使用断路器，不要求断路器能快速重合。实际的环网柜，常常是负荷开关柜与其他组合电器柜配套使用，这种单元称为环网供电单元。环网供电单元中的每一个功能柜称为一个环网柜，每一个环网柜对应着一路进（出）线。

每个环网供电单元，可以将每个负荷开关或组合电气柜做成单个柜子，也可将几个负荷开关柜集成在一个箱体内，在共箱的环网供电单元中，一般不超出五路进（出）线，为了便于组织生产和灵活地安装组合，生产1~4个支路的柜形模块，供用户自由集成组合。

环网柜的分类方法很多，以下是环网柜的几种分类方法：

（1）按环网柜的作用分类　环网柜的作用是联系环网线路，提高线路的供电可靠性，如环网线路合环运行或环网线路负荷割接等。环网柜在环网中的使用部位不同，在分类上也略有不同，主要有进线环网柜、出线环网柜和联络环网柜等。

（2）按环网柜的负荷开关分类　环网柜的主要电气器件是负荷开关和熔断器，根据负荷开关的不同，环网柜可以分为真空负荷开关式和 SF_6 负荷开关式等。目前，环网柜使用 SF_6 负荷开关的更为普遍一些，这是因为 SF_6 负荷开关容易实现三工位。

（3）按应用环境分类　根据应用的环境可以分为户内环网柜和户外环网柜。

户内环网柜一般用于高压侧的配电，由进线柜、计量柜、PT柜、变压器出线柜组成，对于用电要求较高的用户，进线必须采用双电源切换柜。必要时，户内环网柜也可以安装断路器。

户外环网柜则是用于配电网的环网柜，多采用共箱式 SF_6 绝缘和 SF_6 负荷开关环网柜。户外环网柜最大的特点是防护等级高，可以做到IP67，防腐等级高，并有一定的防水耐潮性能，可以承受户外比较复杂的工作环境。环网供电的方案一般采用一路环进，一路环出，2~3路做出线回路，即形成手拉手的环网供电模式。

2.4.2　不同开关器件的环网柜

1. 负荷开关环网柜

负荷开关环网柜用于同一个电压等级回路，具有以下功能：

1）控制回路开合负荷电流、过载电流。

2）配合熔断器进行故障电流和过负荷电流保护。

3）可以开合并联电容器组、配电线路闭环电流、电动机、电抗器、空载电路。

4）实施配电线路的分段和线路重构后的恢复操作。

2. 负荷开关和限流熔断器组合型环网柜

作为变压器回路开关柜，负荷开关和限流熔断器组合型环网柜具有以下功能：

1）控制、开合隔离变压器回路。

2）对变压器的中压侧、变压器及低压配电回路内的短路电流及过负荷电流进行保护。

3）快速有效地在10ms以内切除配电变压器的内部故障，保护变压器的安全。

3. 断路器型环网柜

断路器型环网柜具有以下用途和功能：

1）作为环网柜、开闭所的进线开关，有效承载和保护所辖中压配电系统内较大的故障电流。

2）作为出线开关，配测量保护一体化智能单元，有效承载所辖中压配电系统内较大的额定电流，有效承载和切除所辖范围的故障电流。

3）内置电压、电流互感器，配置DTU装置，远方实现对环网柜所属一次回路的电压、电流、功率及电能量，以及开关、保护动作、故障指示等开关量的监视，通过电动操作接口实现环网柜的远方遥控。

4. 和其他一般开关柜相同的功能

环网柜内，可配置智能保护单元、计量装置、通信元件等，实现保护、测量、通信。

2.4.3　环网供电单元的一般形式

负荷开关柜、负荷开关-熔断器组合电气柜，用于环网供电系统时，称为环网供电单元。通常一个环网供电单元至少由三个间隔，即三台环网柜组成：两个进线柜，一个出线柜。进线柜采用负荷开关柜，出线柜一般为组合电气柜，图 2-19 为最基本环网供电单元的原理图，图 2-20 为环网供电单元的电气主接线图。这种三个间隔的环网单元是最简单的环网单元，高压配电设备由三个间隔（环网柜）组成，即两个采用负荷开关柜环网电缆进出间隔，一个采用负荷开关-熔断器组合电气柜的变压器回路间隔。

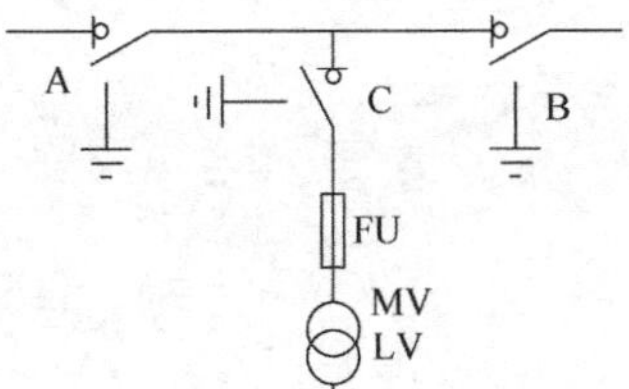

图 2-19　环网供电单元原理图

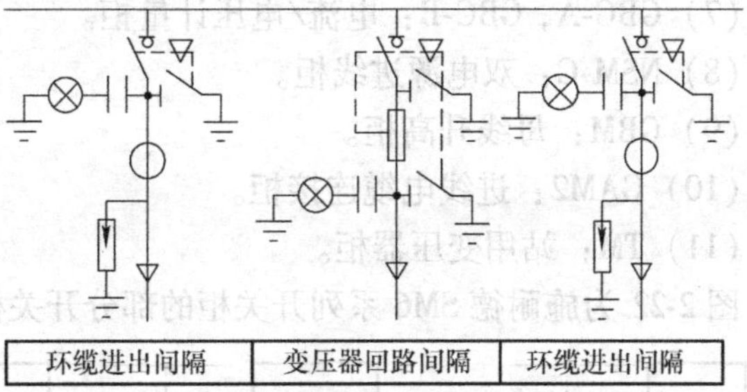

图 2-20　环网供电单元电气主接线图

在图 2-19 的环网供电单元中，环缆进出间隔采用电缆进线，是受电柜，它安装有三工位负荷开关，可及时隔离故障线路。变压器回路间隔对所接变压器起控制和保护作用。一旦供电线路出现故障，进出环网间隔可及时切除故障线路，并迅速接通另一正常线路，恢复系统供电，因而供电可靠性高。同时，利用负荷开关-熔断器组合电器保护变压器可以限制短路电流值，并在 20ms 左右快速切除变压器内部短路故障，使变压器得到有效保护。

现在也有用断路器取代负荷开关或负荷开关-熔断器组合柜作为进线柜的模式。

环网供电单元也可由多回路进、出线柜组成，用于开闭所或预装式变电站中，如图 2-21 所示，可扩大供电范围，提高配电网供电的灵活性和可靠性，更合理经济地控制和分配电能。

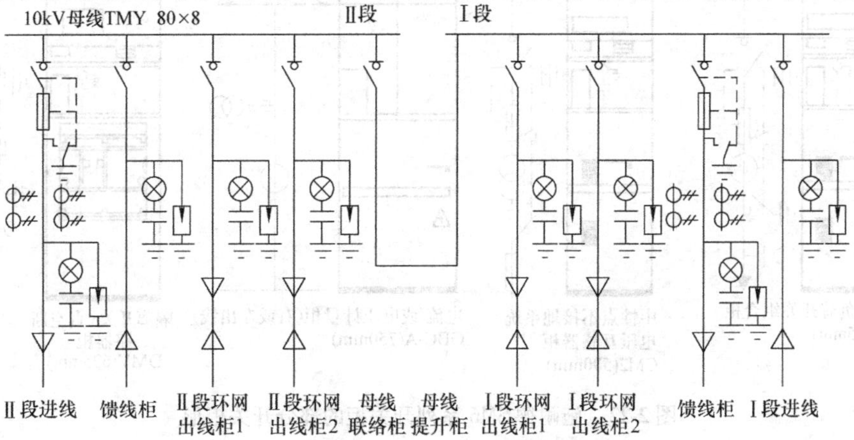

图 2-21　多回路形式的环网供电主接线示意图

各个环网柜的生产厂商均有系列环网柜产品，供用户选择使用，一般分为四种基本柜形：负荷开关柜，负荷开关-熔断器组合电气柜、断路器柜、特殊柜。在四种基本柜形基础上，按不同进线方式、配或不配电流互感器等进行组合，可组合出几十种柜形，供用户选择。例如：施耐德电气的 SM6 系列环网柜，用于中压/低压变电站和工矿配电站的 SM6 系列产品，在基本柜形的基础上，派生出以下的柜形：

（1）IM，IMC，IMB，IMP：负荷开关进线、出线或连接柜，IM 代表进线或出线柜。

（2）QM，QMC：熔断器 + 负荷开关组合柜，QM 代表组合电气柜。

（3）CRM：带熔断器的接触器柜。

（4）DM1-A，DM1-D，DM1-S：隔离开关 + SF_6 断路器柜。

（5）OMV：隔离开关 + 真空断路器柜。

（6）CM，CM2：电压互感器柜。

（7）GBC-A，GBC-B：电流/电压计量柜。

（8）NSM-C：双电源进线柜。

（9）GBM：母线升高柜。

（10）GAM2：进线电缆连接柜。

（11）TM：站用变压器柜。

图 2-22 为施耐德 SM6 系列开关柜的部分开关柜形。

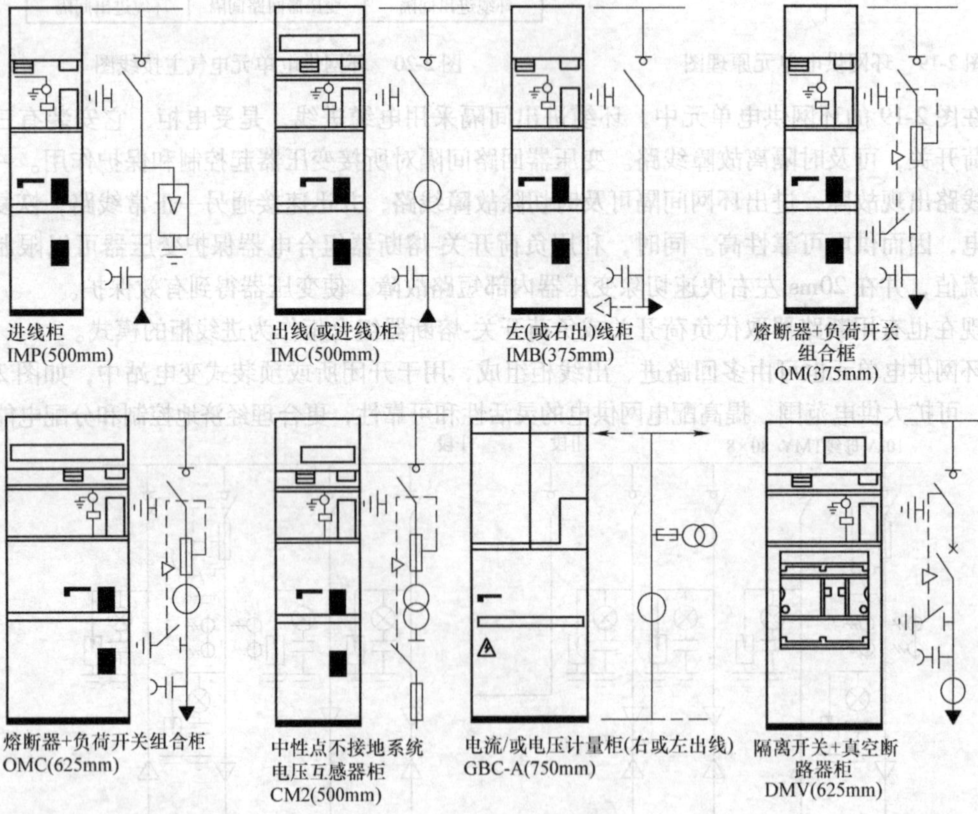

图 2-22 施耐德 SM6 系列开关柜的部分开关柜形

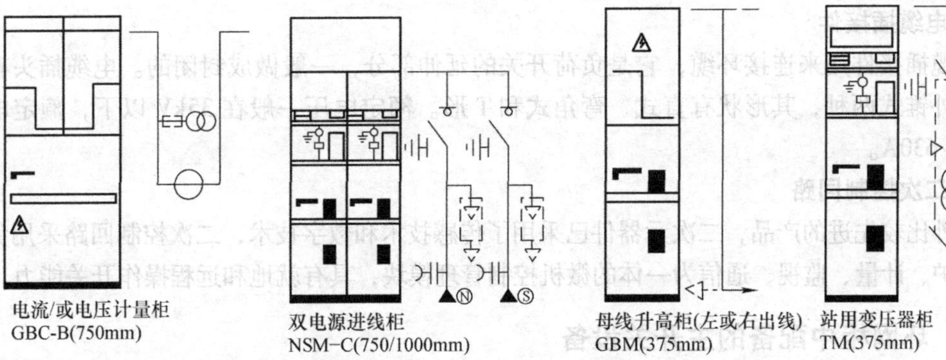

图 2-22　施耐德 SM6 系列开关柜的部分开关柜形（续）

2.4.4 环网柜的基本组成元素

环网柜的基本组成元素为：柜体、母线、负荷开关、熔断器、断路器、隔离开关、互感器、电缆插接件、接闪器、高压带电显示装置、二次控制部件等。

1. 柜体及绝缘

根据柜内的主绝缘介质，环网柜一般可分为空气绝缘环网柜和 SF_6 气体绝缘环网柜两种。

空气绝缘环网柜柜体与常规的交流金属封闭开关设备在工艺和选材上类似，只是结构更简化，柜体体积较小。

SF_6 气体绝缘环网柜的柜体是一种密封柜，柜内充有 0.03～0.05MPa 的干燥 SF_6 气体，作为主绝缘介质，壳体由 2.5～3mm 的钢板或不锈钢焊成，在寿命期内一次密封。为了防止内部电弧故障引起爆炸，在壳体上装有压力释放室、防爆膜盒，当发生重大事故且保护装置失灵时，气箱内产生的高压气体通过压力释放室或防爆膜盒释放压力，从而保证操作人员和相邻设备的安全。

2. 母线

主母线一般根据柜体的额定电流选取，采用电场分布较好的圆形和倒圆角母线。

3. 负荷开关

负荷开关的灭弧方式主要有产气式、压气式、真空式、SF_6绝缘的负荷开关。

环网柜中的负荷开关，一般要求三工位。产气式、压气式和 SF_6 式负荷开关易实现三工位，特别是 SF_6 负荷开关现在多为三工位，这样大大简化了负荷开关柜的结构。真空灭弧室只能开断，不能隔离，所以一般真空负荷环网开关柜在负荷开关前再加上一个隔离开关，以形成隔离断口。

4. 熔断器

一般使用全范围限流型熔断器，并在熔断器两侧设置接地刀开关。当高压熔断器的任一相熔断时，熔断器顶端撞针触发机构的脱扣装置，使联动的负荷开关跳闸。

5. 断路器

一般多回路配电单元进线柜采用断路器，开断电流不大，也不需要重合闸功能。

断路器一般采用 SF_6断路器或真空断路器。变压器回路也可配用真空断路器。

6. 电缆插接件

电缆插接件用来连接环缆，它是负荷开关的延伸部分，一般做成封闭的。电缆插头有内锥式和外锥式两种，其形状有直式、弯角式和T形。额定电压一般在35kV以下，额定电流在200～630A。

7. 二次控制回路

国外比较先进的产品，二次元器件已采用了传感技术和数字技术，二次控制回路采用集控制、保护、计量、监视、通信为一体的微机控制管理模块，具有就地和远程操作开关能力。

2.4.5　环网柜中配备的主开关设备

环网柜中配备的主开关设备有负荷开关、负荷开关-熔断器组合和断路器。由于负荷开关的灭弧结构比较简单，甚至不用灭弧室，在特定工况下使用，经济而又简便，因而世界各国都广泛采用。我国配电系统中主要使用12kV户内型负荷开关，用以操作250～1800kVA及以下的变压器；负荷开关还与高压限流熔断器结合形成组合电器，构成环网供电单元，用负荷开关来切断负荷电流，用高压熔断器来切断短路电流及过负荷电流，以代替高压断路器。

本节针对这几种负荷开关设备的特点进行说明。

1. 负荷开关

（1）负荷开关结构　负荷开关是指配电系统中能承载、关合、开断正常条件下（也包括规定的过载系数）的电流，并能通过规定的异常（如短路）电流的开关设备。负荷开关一般由专用灭弧装置、操动机构和绝缘支架等部分组成。

从结构上看，负荷开关与隔离开关相似（在断开状态时都有可见的断开点），但它可用来开闭电路，这一点与断路器类似。然而，断路器可以开断任何电路，而负荷开关只能开闭负荷电流，或者开断过负荷电流，所以负荷开关只用于切断和接通正常情况下的电路，而不能用于断开短路故障电流，并要求负荷开关结构能通过短路时的故障电流而不致损坏。由于负荷开关的灭弧装置和触头是按照切断和接通负荷电流设计的，所以负荷开关在多数情况下应与高压熔断器配合使用，由后者来担任切断短路故障情况下电流的任务。负荷开关的开闭频度和操作寿命往往高于断路器。区别于高压断路器，负荷开关灭弧能力有限，不能开断故障电流，只能开断系统正常运行情况下的负荷电流，负荷开关由此而得名。

负荷开关在结构上满足以下要求：在分闸位置时（尽可能）有明显可见的断口，这样，负荷开关前就无需串联隔离开关，在检修电气设备时，只要断开负荷开关即可；要能经受尽可能多的开断次数，而无须检修触头和调换灭弧室装置的组成器件；负荷开关虽不要求开断短路电流，但要求能关合短路电流，并有承受短路电流的动稳定性和热稳定性的要求。

负荷开关的分类如下：

1）按结构分类。环网柜中配装的高压负荷开关按结构可分为封闭式和敞开式两种，封闭式负荷开关其开关触头封闭在一个密闭的箱体或灭弧室中，敞开式其触头暴露在空气中。

2）按灭弧介质和灭弧方法分类。负荷开关按照灭弧介质和灭弧方法可以分为产气式、压气式、SF_6及真空式四种。

产气式负荷开关属于自能灭弧方式，开断时，产气材料在电弧的作用下产生特种气体而强烈吹弧，使电弧熄灭。在小电流时，电弧能量不足以产生灭弧气体，这时主要靠产气壁冷却效应或电动力驱使电弧运动，拉长以至熄灭电弧。由于在应用过程中，产气材料消耗较快，因此，该类结构的负荷开关，已趋于淘汰。

压气式负荷开关是利用活塞和气缸在开断过程中相对运动压缩空气而熄弧。增大活塞和气缸容积，加大压气量，就可提高开断能力，但由此也带来结构复杂、操作功率大等特点。

SF_6负荷开关利用 SF_6气体熄灭电弧，负荷开关触头处于密闭的 SF_6气体箱中，具有电寿命长、开断力强等特点，其突出优点是容易实现三工位，小电流（电感、电容）开断，抗严酷环境条件能力强。

真空负荷开关是利用真空条件进行灭弧，它以开断电流大和适于频繁操作而著称。由于真空负荷开关只开断负荷电流和转移电流，而这些电流小于断路器的额定值，因此，真空灭弧室结构相对断路器真空灭弧室更简单（最简单的对接式触头，不需开槽形成纵横磁场），且管径小。

产气式、压气式负荷开关结构简单、容易安装，具有实用、经济、操作方便的特点。SF_6封闭式或真空式负荷开关，以结构紧凑、耐用、功能组合、安装规范、互换性好、分断可靠、操作频繁为特点。前者属于经济型设备，后者属于高性能设备。

3）按操作频繁程度。分为一般操作和频繁操作，即负荷开关分为一般型和频繁型两种类型。产气和压气式负荷开关为一般型，真空和 SF_6负荷开关为频繁型。对这两种类型负荷开关的要求各不相同。按通用负荷开关要求，在型式试验中，一般型分合操作次数为 50 次，频繁型为 150 次；机械寿命一般型为 2000 次，频繁型为 3000、5000、10000 次。

由以上数据可见，频繁型适用于频繁操作和大电流。一般型适用于中小容量变压器。在容量为 800kVA 以下变压器，用一般型即可；容量为 1000 ~ 1600kVA 的变压器级，最好选用频繁型。在选用产品时，还应依据经济的原则，以产气式、压气式和真空式为例，价格比约为 1 : 1.5 ~2: 2.5 ~3，压气式、产气式在价格上占优势。SF_6式因用 SF_6气体作为绝缘，故体积小，在城市中使用占有优势。

4）按操作方式。负荷开关的操作分为电动操作、人工操作、电动和人工组合操作三种方式。

（2）负荷开关灭弧原理和结构　目前，负荷开关是高压电器中灭弧方式最多，结构类型最多的产品之一，除油负荷开关和磁吹负荷开关被淘汰外，产气式将要被淘汰，压气式、SF_6式、真空式负荷开关都在不断地发展，使用范围日益扩大。下面对这三类负荷开关的灭弧过程进行说明。

1）压气式负荷开关。压气式负荷开关可分为直动式结构和转动式结构。

① 直动式。典型结构靠导电杆上下直动而压气熄弧。在这种结构中，载流和灭弧仍然分开。压缩空气要由操动机构提供。图 2-23给出了一种压气式负荷开关结构示意图，开断是在钟形绝缘件内进行，游离气体可以受到一定的约束，对相间绝缘不会受到过多影响。分闸后有明显的断口，负荷开关—接地—活门设有机械联锁。

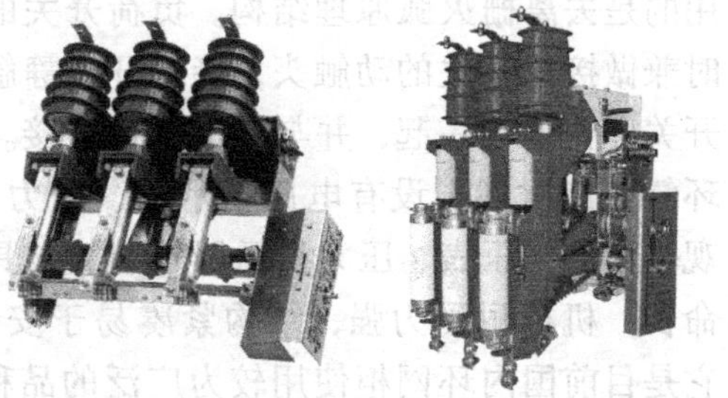

a)　　b)

图 2-23　直动压气式负荷开关及组合电气实物图
a）直动式负荷开关　b）组合电气

② 转动式。通过闸刀摆动完成关合和隔离。关合时，弧刀摆动插入压气室内；开断时，靠压气而熄弧。由于它的气缸出口为一狭缝，且动触刀为一宽度仅为20mm左右的刀片，触头分开后，电弧在一狭缝中燃烧，气压较集中，对熄弧有利，因而开断能力也较强。图2-24为转动式负荷开关的结构示意图，德国Calor Emag公司C4型负荷开关就属于这种类型。

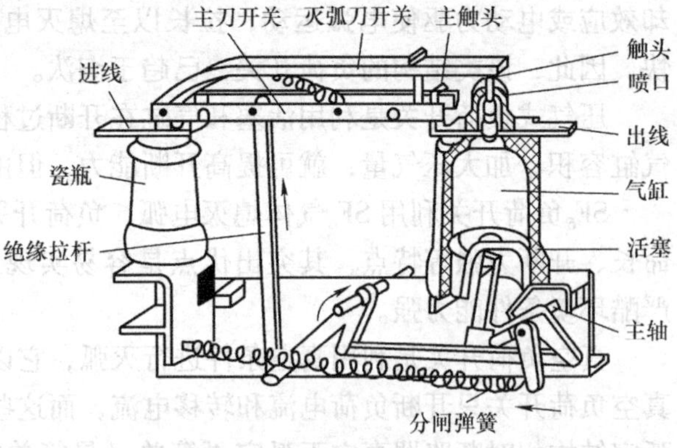

图2-24　转动式负荷开关

2）SF_6负荷开关。熄弧是靠封闭壳体内所充一定压力的SF_6气体，熄弧方式有很多，诸如旋弧式、热膨胀式、去离栅式和混合式灭弧方式，目的是使SF_6气体产生横向、纵向或旋转气流，使触头在直线或回转运动时产生的电弧分解冷却熄灭。特点是分断性能强、外形尺寸小、安装布置灵活多样，但造价稍高，属封闭式结构。适用各种环境、重要部门、重要负荷、频繁操作场所。下面给出两种典型的SF_6负荷开关。

① 旋转式SF_6负荷开关。主轴转动直接带动三相动触头做三工位运动，灭弧室采用永磁铁旋弧结构，绝对压力为0.14MPa，设有过电压安全薄膜，操作安全、稳定。施耐德公司的SM6型是一种环网柜用SF_6负荷开关，由开关主体和机构箱两大部分组成，如图2-25所示。开关主体是由上下两件环氧树脂壳体密封而成，主回路和接地回路置于充满SF_6气体的气室中，开关主体正前方安装操动机构，操动机构输出拐臂带动主体中的主轴，完成主回路及接地回路的合、分闸动作。

② ABB公司的SFG去离栅式SF_6负荷开关。采用的是去离栅灭弧原理结构。负荷开关的动触头同时兼做接地开关的动触头，接地开关静触头与负荷开关外壳连在一起，并与接地铜排连接。外壳采用环氧树脂材料，设有电压指示器、压力释放通道、观察窗、气压表、压力指示器等装置。具有使用寿命长，机械耐受力强，结构紧凑易于安装等特点。它是目前国内环网柜使用较为广泛的品种之一，如图2-26所示。

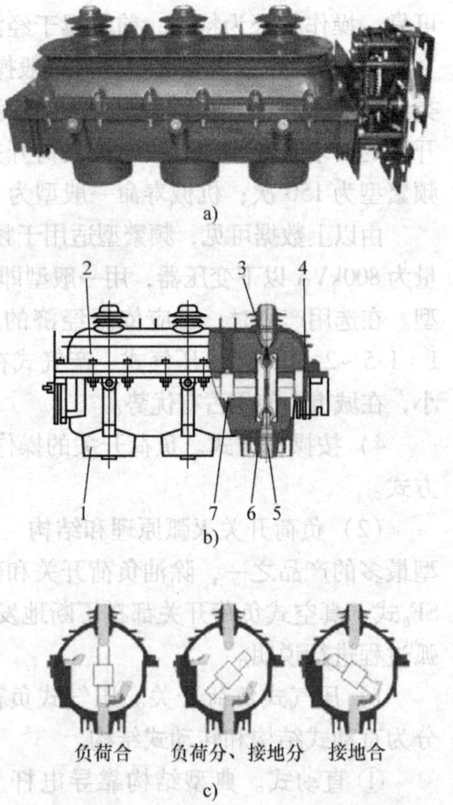

图2-25　SM6型旋转式三工位负荷开关
a）外形　b）剖面　c）工作位置
1—下壳体　2—上壳体　3—上静触头
4—密封圈　5—下静触头
6—动触头　7—主轴

a)

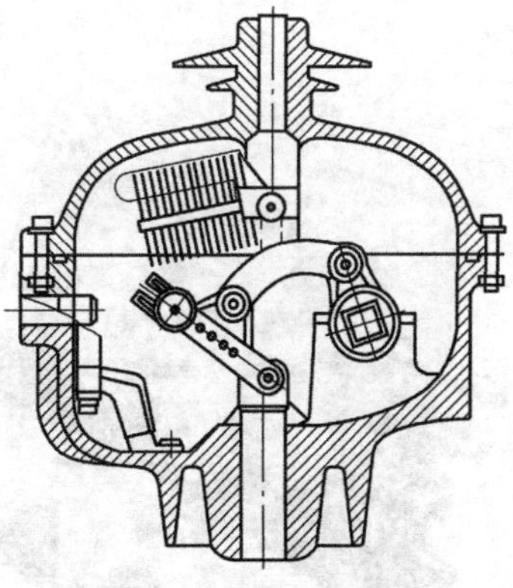

b)

图 2-26　ABB SFG 去离栅式 SF_6 负荷开关

a）外形　b）截面

③ 真空负荷开关。靠真空灭弧室切负荷电流、熄灭电弧，再由串接的隔离刀或其他方式建立可视断口。特点是分断可靠、开断时电弧不外露，所以也不会引起污染和损害柜内的电气元器件；开距小、弧压低、电弧能量小、触头烧损少，所以它开断额定电流的次数比任何负荷开关都多且寿命长，几乎不需要检修；而且操动机构所需的合闸功率也小，开关结构简单，便于小型化。因属于无油结构，所以不需要担心爆炸和火灾，因此使用很安全，但造价高、结构较复杂，属敞开式频繁型操作负荷开关。它适用于转移电流和交接电流较大的场所。

由于真空负荷开关只开断负荷电流和转移电流，而这些电流小于断路器的额定值，因此，真空灭弧室结构相对断路器而言简单（最简单的对接式触头，不需开槽形成纵横磁场），且管径小。但真空负荷开关本身只能完成开合，如要完成三工位，结构上较复杂。

真空负荷开关的结构由真空灭弧室与隔离刀开关有机结合而成，因而可以导出不同的设计理念和形式，可以分为真空灭弧室与隔离刀开关连动操作方式和非连动操作方式。图 2-27 是一种真空负荷开关，其真空灭弧室固定在隔离刀上，真空断口与隔离断口串联。熄弧由真空灭弧室来完成，主绝缘由隔离断口承担。关合时，隔离刀关合后真空灭弧室快速关合；开断时，真空灭弧室先分断后隔离刀打开，通过换向装置，隔离刀继续运动至接地位置。

a)　　b)

图 2-27　FZRN16A 和 FZN16A 负荷开关

a）负荷开关　b）组合电气

图 2-28 为 FZN21-12 型高压真空负荷开关及组合电气，主要由框架、隔离开关（组合器的限流熔断器在隔离开关上）、真空开关管、接地开关、弹簧操动机构等组成，具有结构紧凑、体积小、寿命长、关合开断能力强、操作维护简便等特点，采用非连动操作方式。真空开关配有弹簧操动机构，采用电动机或手动弹簧储能，操作方式有电磁铁合闸和手动分、合闸两种。隔离开关、真空开关、接地开关之间互相联锁，以防误操作。

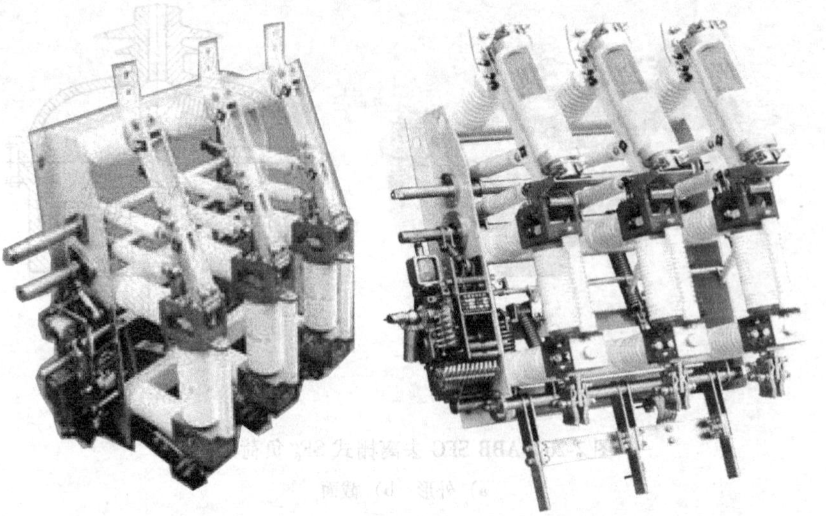

a)　　　　　　　　　　　　　　b)

图 2-28　FZN21-12 型高压真空负荷开关

a）负荷开关　b）组合电气

真空负荷开关及其负荷开关-熔断器组合电器具有开断各种电流能力好，机械和电气寿命长的优点，缺点是结构较复杂，成本较高。进一步降低造价、提高外绝缘能力、发展小型化灭弧室的敞开式负荷隔离开关以及固态绝缘型负荷开关，使频繁操作的优势扩展为经济型优势，市场占有率就能进一步扩大。

2. 断路器

环网系统开关柜的额定电流一般都不大，在一些特殊情况下，环网柜选择断路器作为进线开关设备，并配置适当的保护装置，选择较小容量的断路器，不会超过 630A。断路器配置适当的控制器，可以作为线路的重合器使用。环网柜中配置的断路器，由于对体积要求较小，一般采用复合绝缘方式，目前常用的断路器为真空断路器。环网柜所用的真空断路器，由相应的环网柜生产厂家设计成相应的标准模块。

下面给出两种断路器的典型产品。

图 2-29 为 LKE 公司 RMX 系列环网柜中的真空断路器环网单元 CB630，真空断路器处于气室外并采用固封极柱技术将所有导电部分全绝缘、全密封。

COOPER 公司 RVAC 系列环网柜所采用的真空断路器，采用弹簧操动机构，三相联动，真空泡采用纵向磁场灭弧，在电弧第一次过零时即可靠切断，避免电弧重燃，如图 2-30 所示。

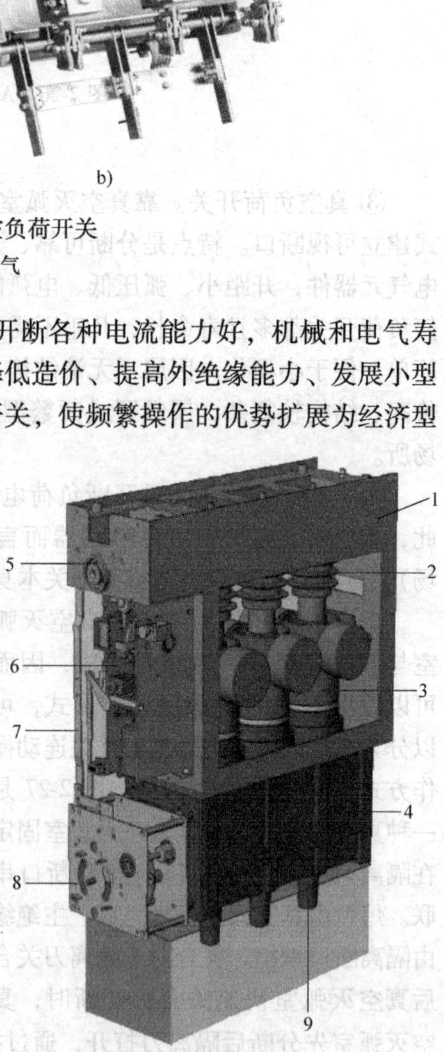

图 2-29　LKE 公司 RMX 系列 CB630 真空断路器的环网单元

1—安装架　2—驱动真空泡推杆　3—固封极柱　4—SF_6 负荷开关　5—断路器主轴　6—断路器弹簧机构　7—内部联锁机构　8—接地 + 负荷开关操动机构　9—电缆套筒接头

3. 负荷开关-熔断器组合电器

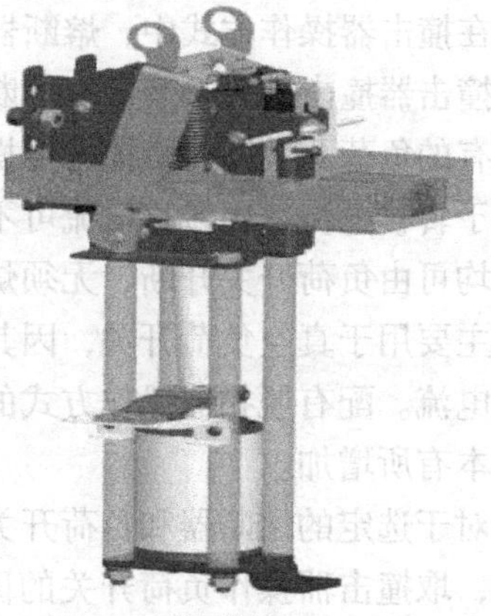

图 2-30　COOPER 公司 RVAC 系列真空断路器

（1）组合电气的基本结构和特点　负荷开关-熔断器组合是在负荷开关主回路中串联接入限流熔断器形成一体的组合电器，代替断路器用于容量较小供电回路的切断。在组合电器的切断电路的过程中，熔断器动作撞击器与负荷开关的分闸脱扣装置联系在一起，熔断器撞针撞击负荷开关的脱扣机构使其执行分闸操作。负荷开关-熔断器组合电器在开关处于合闸状态时一定要为分闸操作弹簧储能，以便当熔断器熔断后，短路或过载电流流过组合电器时，至少有一相熔断器熔体熔断，将故障电流分断，同时熔断器的撞击器动作击发，撞击负荷开关的分闸脱扣装置，在分闸弹簧的作用下使负荷开关分闸，切断剩余相的故障电流，保证供电不在断相状态下运行。

由于负荷开关-限流熔断器电器组合，其熔断器为一次性动作使用的电器，所以只能用在不经常出现短路事故和不十分重要的场合。从国内外现有的环网供电单元和预装式变电站看，使用负荷开关＋限流熔断器的居多，究其原因有两个方面，一是结构形式简单，造价低；二是保护特性好，用它保护变压器比用断路器更为有效。环网供电单元和预装式（箱式）变电站，一般所带负荷重要性程度并不高，因此，负荷开关-熔断器组合电器代替断路器，完全可以满足要求，能保证设备的安全。

熔断器可以装在负荷开关的电源侧，也可以装在负荷开关的受电侧。当不需要经常更换熔断器时，宜采用前一种布置，这样可以用熔断器保护负荷开关本身引起的短路事故。反之，则宜采用后一种布置，以便利用负荷开关兼作隔离开关的功能，用它来隔离加在限流熔断器上的电压。然而，负荷开关-熔断器组合电器的价格比断路器低得多，且具有显著限流作用的独特优点，这样可以在短路事故时大大减低电网动稳定性和热稳定性要求，从而有效地减少设备的投资费用。在三相环网供电单元中和箱式变电站组成的开关柜中，多数采用了这种组合电器来代替传统的断路器。

负荷开关-熔断器组合电器是由熔断器来承担过载电流和短路电流的开断，由负荷开关来承载额定电流和过载电流（此过载电流对高压负荷开关来说，仍在高压负荷开关额定开断电流的范围内）和正常工作电流的关合和开断，装有智能 IED 的脱扣装置的组合电器还能控制负荷开关来开断较小的过载电流，并且还要求承担“转移电流”的开断。

（2）负荷开关-熔断器组合电器的转移电流和交接电流　在负荷开关-熔断器组合电器中，对负荷开关提出了转移电流与交接电流的要求。

1）转移电流　转移电流是指熔断器与负荷开关转移开断职能时的三相对称电流值。当小于该值时，首相电流由熔断器开断，而后两相电流就由负荷开关开断。

2）交接电流　交接电流为熔断器不承担开断、全部由负荷开关开断的三相对称电流值。小于这一电流时，熔断器把开断电流的任务交给带脱扣器触发的负荷开关承担。

在带撞击器操作负荷开关的组合电器中，必须做转移电流试验。转移电流一般大于负荷开关额定电流，它是负荷开关应能开断的最大电流。

在撞击器操作方式中，熔断器必须有撞开负荷开关脱扣装置的撞击器，而负荷开关必须有供撞击器撞击的脱扣装置。熔断器打出撞击器的方法有三种：炸药、弹簧和鼓膜。

有的负荷开关同时带撞击器操作和脱扣器操作，此时必须做交接电流试验。如果交接电流大于转移电流，则转移电流可不试验。用脱扣器操作的好处，是在过负荷与交接电流范围内，均可由负荷开关开断，无须烧损三支熔断器，这就大大降低了运行费用。配脱扣器操作方式主要用于真空负荷开关，因其固有分闸时间短且开断能力强，才有可能使交接电流大于转移电流。配有脱扣器操作方式的真空负荷开关因需增装过电流继电器和分励脱扣器等，也使成本有所增加。

对于选定的熔断器和负荷开关来说，转移电流和交接电流是可以求得的。在求取转移电流时，取撞击器操作负荷开关的固有分闸时间（撞击器打在脱扣机构挡板上起，到负荷开关触头打开为止的时间）乘以 0.9，在熔断器最小安秒特性曲线（由熔断器厂家提供）的纵坐标上找一点，从该点画平行线，交于熔断器相应额定电流曲线上一点，该点对应的横坐标值，即为转移电流。图 2-31 为转移电流确定曲线。在求交接电流时，取脱扣器操作负荷开关的固有分闸时间（从分励脱扣器受电起，到负荷开关触头分离的时间）加上过电流继电器最小操动时间 0. 02s，总时间在熔断器电流偏差为 6.5% 时的最大安秒特性曲线上所对应的电流值来确定，如图 2-32 所示。

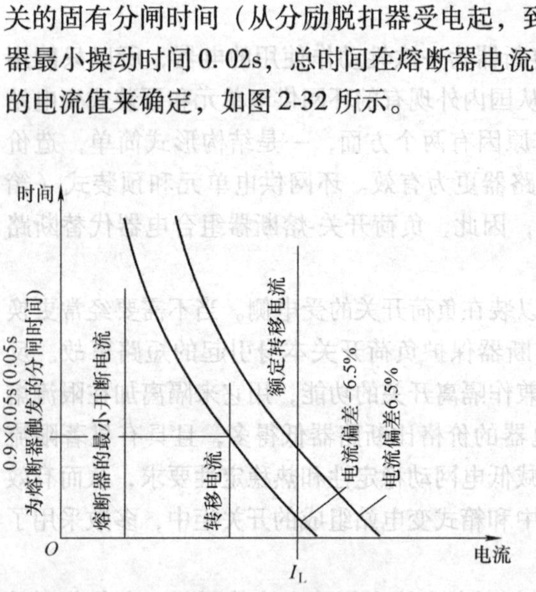

图 2-31　转移电流确定曲线

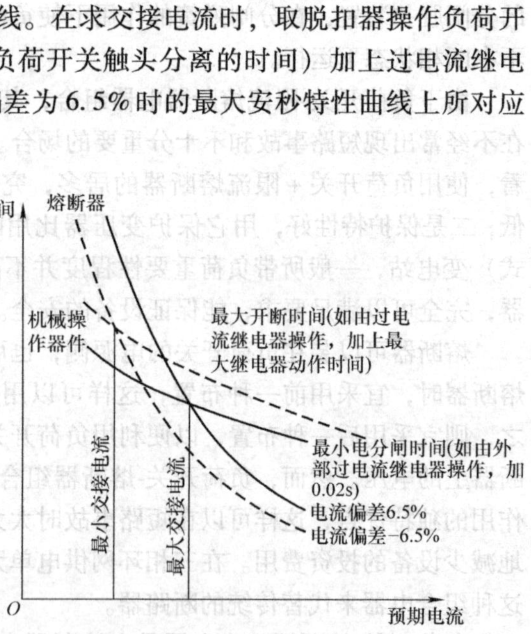

图 2-32　交接电流的确定

组合电器的交接电流是一过电流值，当小于这一电流时，熔断器把开断电流的任务交给由脱扣器触发的负荷开关来承担。超过这一电流时则由熔断器完成开断任务。

从负荷开关-熔断器组合电器的转移电流看，一般型的固分时间为 65 ~ 88ms，其转移电流为 1000 ~ 1300A；频繁型的固分时间为 10 ~ 30ms，其转移电流为 2000 ~ 3500A 或更高。负荷开关的额定电压一般为 12kV，额定电流一般有 400A 和 630A 两种规格，额定短路时间有 2s、3s、4s。

（3）负荷开关-熔断器组合电器的技术参数　一般负荷开关及其负荷开关-熔断器组合电器的技术参数见表 2-7。

表 2-7　负荷开关及其负荷开关-熔断器组合电器的主要技术参数

序　号	项　　目			负荷开关	组 合 电 气
1	额定电压/kV			12	12
2	额定电流/A			630	取决于熔断器的额定电流，熔断器的额定电流最大 125A
3	额定频率/Hz			50	50
4	4s 热稳定电流/kA			20	—
5	额定动稳定电流(峰值) /kA			50	—
6	额定短路关合电流(峰值) /kA			50	取决于熔断器，典型值 50、80
7	额定闭环开断电流/A			630	—
8	额定有功负载开断电流/A			630	—
9	额定电缆充电开断电流/A			10	—
10	额定开断空载变压器容量/kVA			1250	—
11	额定短路开断电流/kA			—	取决于熔断器，最大开断电流 50kA
12	额定转移电流/A				取决于所用熔断器特性曲线和负荷开关机械特性
13	额定交接电流/A			—	取决于所用熔断器特性曲线和负荷开关机械特性
14	机械寿命/次			≥10000	—
15	额定绝缘水平	工频耐压(1min)/kV	相间、相对地断口		42/48
		雷电冲击耐受电压/kV	相间、相对地断口		75/85

2.4.6　环网柜与配电自动化

实施配电自动化时，对环网柜提出以下几点要求：

(1) 开关动作辅助触头　若开关选用手动操动机构，应有辅助触头，负荷开关两组常开、两组常闭触头，接地刀开关一组常开触头、一组常闭触头。手动操动机构应能现场升级为电动操动机构。

(2) 故障指示器具有通信接口　真空环网柜应配有面板型短路故障指示器，满足相间短路、单相故障接地指示要求，故障指示器具有通信输出功能。

(3) 所选用开关具有手动和电动操作功能　预留遥控、遥信接口，以适应远方监控需要。

(4) 接口规范化　开关柜遥信、遥测、遥控、闭锁、二次回路、电源等技术接口须与自动化终端匹配。

(5) 宜配置 CT　CT 的二次电线截面积为铜芯 2.5mm^2，控制电线截面积为铜芯 1.5 mm^2。

（6）需配置 PT　配置两绕组 PT，（10000/100V）做电压监测，（10000/220V）提供二次回路电源，电源绕组容量应不小于 300VA。

2.4.7　环网柜的发展方向

为了人类免受气候变暖的威胁，1997 年 12 月，《联合国气候变化框架公约》第三次缔约方大会在日本京都召开。149 个国家（包括我国）和地区的代表通过了旨在限制发达国家温室气体排放量以抑制全球变暖的《京都议定书》。《京都议定书》明确规定了限制六种温室气体，作为其中之一的强温室气体 SF_6 的应用。SF_6 气体的危害性被越来越多的国家所认知，减少或取消 SF_6 的使用已成为各国的一致行动。

SF_6 气体被列为具有温室效应的气体，目前影响虽小，但潜在的危险性很大。因为 SF_6 气体的一个分子对温室效应的影响是一个 CO 气体分子的 25000 倍，而且 SF_6 气体分子的衰减周期很长，约为 3200 年。全球生产的 SF_6 气体绝大部分在电力工业中使用。

随着国际上要求限制温室气体排放的呼声越来越高，针对量大面广的 SF_6 环网柜，国内外研究、生产企业都在积极进行替代产品的研制，在保持原有 SF_6 环网柜小型化的基础上，达到环保的要求。

由于迄今尚未找到在灭弧和绝缘性能上能与 SF_6 相媲美的气体，采用环保型产品作为今后发展方向较为合适。在此方面，已形成商品化的典型产品有伊顿公司的固体绝缘环网柜和国内的 HXGN68 型空气绝缘环网柜。

固体绝缘环网柜在结构上完全取消了 SF_6 气体及相应气箱部件，采用绝缘套筒固定开关部件，由封闭母线连接各个回路，整体实现全封闭全绝缘；由于摒弃了 SF_6 的弊端，固体绝缘环网柜性能更优，在严寒、高原、潮湿、强风沙等恶劣环境下依然能够稳定安全运行。

如要进行配网自动化改造，环网柜控制必须要实现电动操作。充气环网柜手动与电动结构完全不一样，将手动模式改为电动模式，极为困难。目前诸多的充气 SF_6 环网柜无法适应配网自动化改造的需要。而固体绝缘环网柜，可以根据用户需求引接 PT 电源，电缆接头可实现在线温度、绝缘监测。固体绝缘环网柜易于配接自动化终端，实现自动化。

2.5　箱式变电站

箱式变电站又称户外成套变电站，也称预装式变电站、组合式变电站。它是一种将高压开关设备、配电变压器和低压配电装置，按一定接线方案组装在一起的工厂预制的户内、户外紧凑式配电设备，即将高压受电、变压器降压、低压配电等功能有机地组合在一起，安装在一个防潮、防锈、防尘、防鼠、防火、防盗、隔热、全封闭、可移动的钢结构箱体内，全封闭运行。特别适用于城网建设与改造，是继土建变电站之后崛起的一种崭新的变电站。箱式变电站适用于矿山、工厂企业、油气田和风力发电站，它替代了原有的土建终端变电站，成为新型的成套变配电装置。由于它具有组合灵活，便于运输、迁移、安装方便、施工周期短、运行费用低、无污染、免维护等优点，得到广泛的应用。箱变产品是一种比较简易的变配电装置，其变压器部分的选择，均可按一般通则处理，容量一般不超过 1250kVA。

目前箱式变电站（以下简称箱变），从电气结构上可以分为欧式箱变和美式箱变。外形如图 2-33 所示。

欧式箱变结构上由高、低压开关柜，变压器等组成。将高压开关柜（环网柜）和控制设备、低压开关设备柜和控制设备、变压器、相应的内部连接线（电缆、母线和其他）和辅助设备安装在一个全密封的箱体中，又称为预装式变电站。欧式箱变按用途分为环网型和终端型箱变两类。图 2-33a、b 为欧式箱变的实物图。

在结构上，美式箱变将负荷开关、环网开关和熔断器结构简化放入变压器油箱，浸在油中，油浸式氧化锌接闪器也放在油箱中。变压器取消储油柜，油箱及散热器暴露在空气中，即在变压器旁边挂个箱子，又称为组合式变电站。美式箱变按油箱结构分为共箱式和分箱式两种。图 2-33c、d 为典型的美式箱变图。

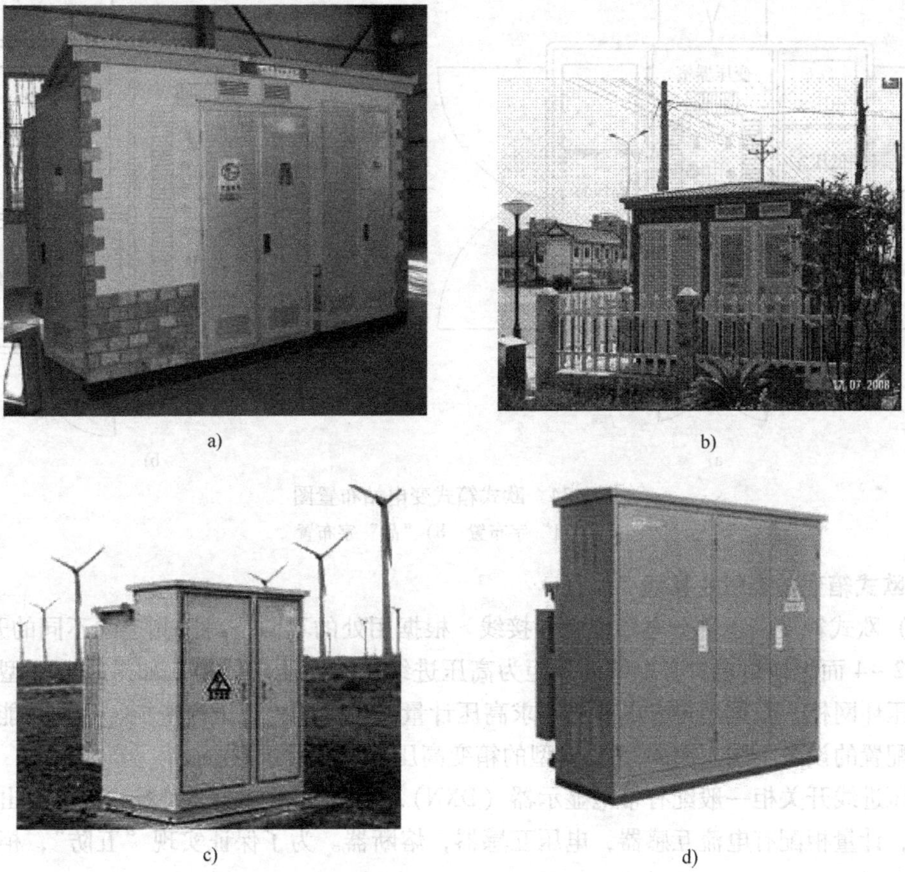

图 2-33　欧式箱变和美式箱变外形图

a）、b）欧式箱变图片　c）、d）美式箱变图片

箱变和土建式的变电站相比，进行工厂预制化，使得安装、调试更标准化，质量更有保证，运行时安全可靠；它的占地面积相对土建式变电站小（1/3 ~ 1/10），节约了宝贵的土地资源；外形颜色可以按环境要求设计，易与环境协调；由于采用标准模块，组合方式灵活多样，适合各种供电要求，能配置自动化设备；施工周期短，投资比土建变电站更快、更省；适用于城网中道路两旁的配电线路、住宅小区、街道、大型工地、高层建筑、公园、商场、学校、工矿企业及临时性设施等场所。

2.5.1 欧式箱变

1. 欧式箱变的结构

欧式箱变的高压室、变压器室和低压室的常见布局有“目”字形布置和“品”字形布置，如图2-34所示。目字形布置的优点是，三室布局按照高压室、变压器室、低压室的顺序来布置，变压器和高压进线、低压母线的连接距离最短，因此，接线直观、维护方便。而品字形布置，更能有效地利用空间，电气连接线路较长，一般适用于小容量的箱变。

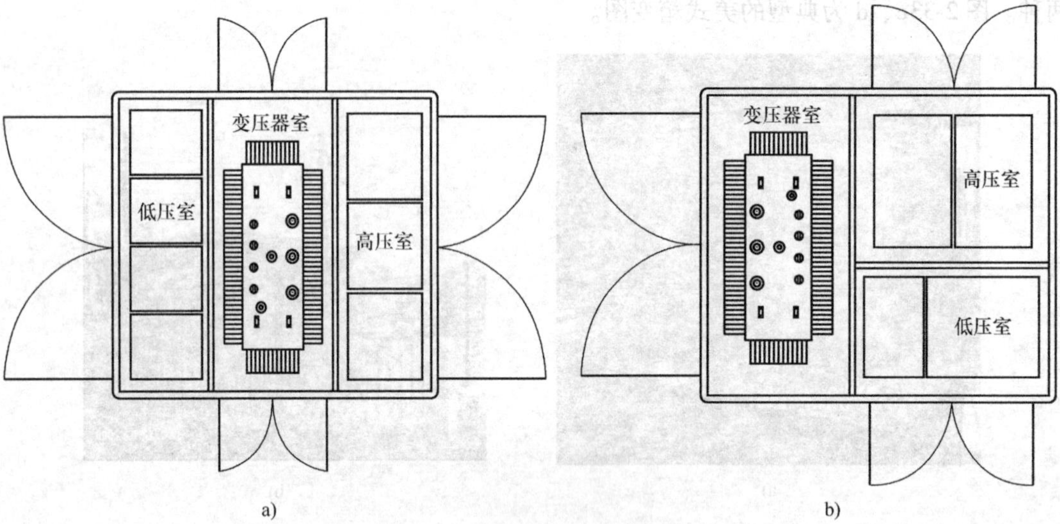

图2-34　欧式箱式变电站布置图
a）“目”字布置　b）“品”字布置

2. 欧式箱变的电气主接线

（1）欧式箱变高压部分电气设备和接线　根据用处的不同，高压侧选配不同的开关柜，一般由2~4面柜体组成。必配的高压柜为高压进线柜、高压出线柜，如果是环网型的箱变配置高压环网柜，根据用户方电业局要求高压计量时，需配置高压计量柜。各种功能的高压柜中所配置的设备不同。图2-35为典型的箱变高压部分接线示意图。

高压进线开关柜一般配有带电显示器（DXN），进线配有高压接闪器，变压器出线用组合电气，计量柜配有电流互感器，电压互感器，熔断器。为了保证实现“五防”，柜体配有电磁锁。

箱变内可配装各种型号的油浸式或干式变压器。欧式箱变都设有独立的变压器室，变压器室主要由变压器，自动控温系统，照明及安全防护栏等构成。

变压器运行时，将在箱变中产生大量的热量向变压器室内散发，所以变压器室的散热、通风问题是欧式箱变设计中应重点考虑的问题；变压器运行时，源源不断地产生大量的热量，使变压器室的温度不断升高，特别是环境温度高时，温度升高更快，所以只靠自然通风散热往往不能保证变压器可靠、安全运行；欧式箱变设计时，除变压器容量较小的箱变采用自然通风外，一般都设计了测温保护，用强制排风措施解决散热。测温保护由测量装置测变压器室温、油温即可，然后通过手动和自动控制电路，对排风扇是否需要投入，按变压器可靠、安全运行温度的范围进行控制设置。箱变中应首选油浸式变压器、以降低制造成本。变

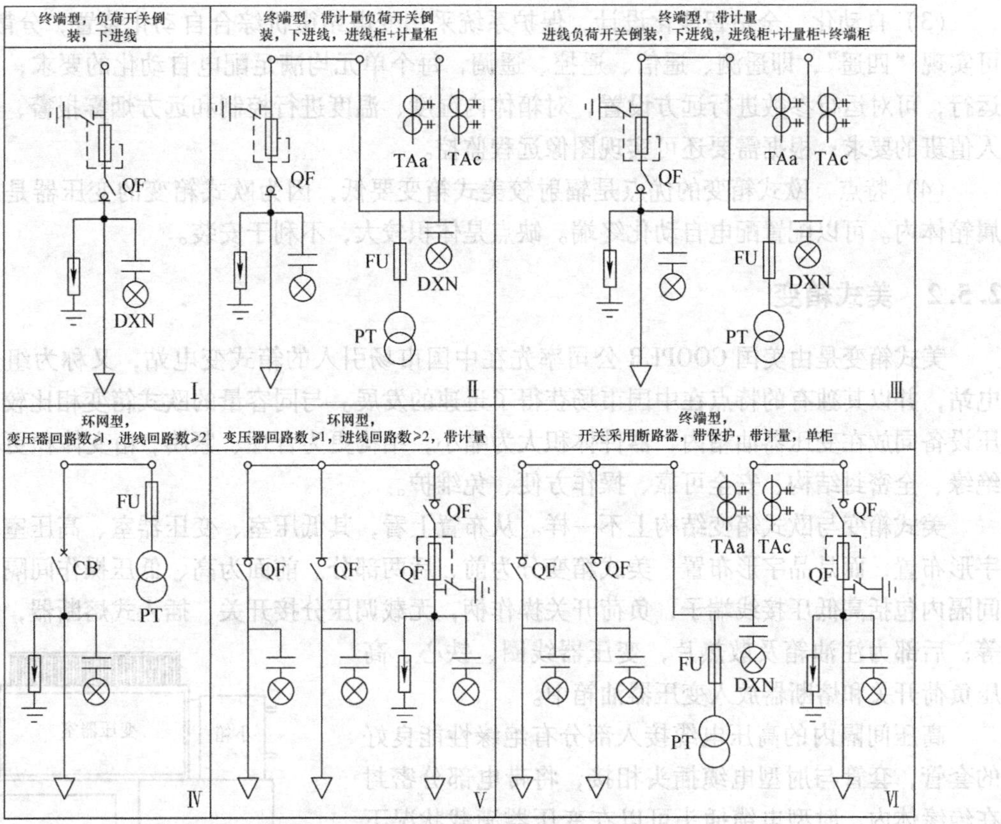

图 2-35　典型的箱变高压部分接线示意图

压器容量一般在 100～1250kVA 为宜，最大不应超过 1600kVA。

（2）低压部分　低压部分一般配置有低压进线柜、低压出线柜、选配无功补偿柜。图 2-36为典型的低压部分接线示意图。

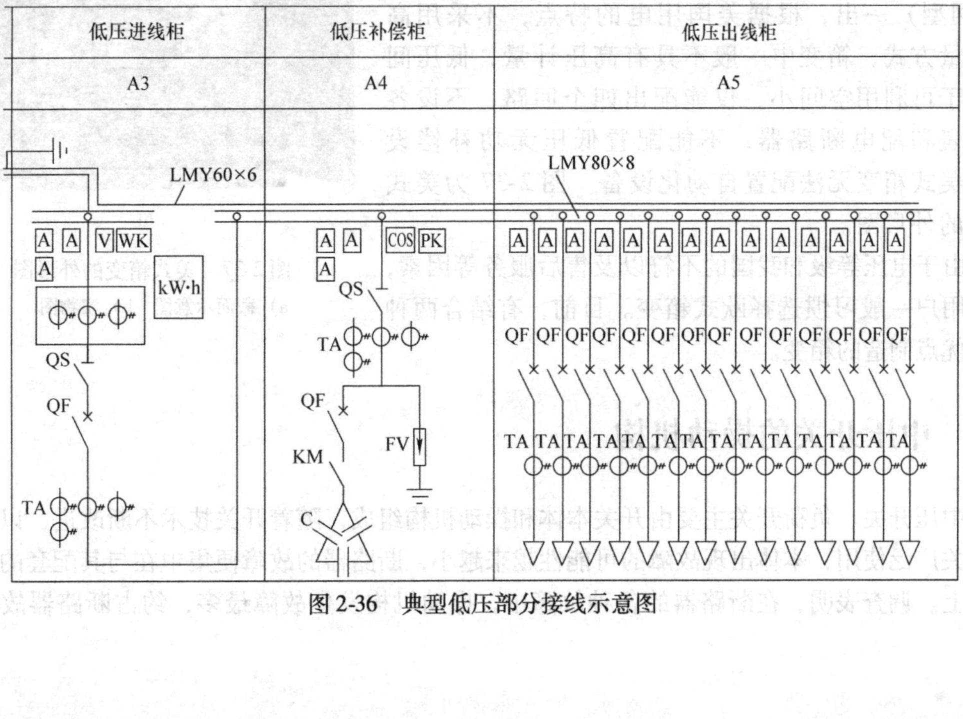

图 2-36　典型低压部分接线示意图

(3) 自动化　全站智能化设计，保护系统采用变电站微机综合自动化装置，分散安装，可实现“四遥”，即遥测、遥信、遥控、遥调，每个单元均满足配电自动化的要求；能独立运行，可对运行参数进行远方设置，对箱体内湿度、温度进行控制和远方烟雾报警，满足无人值班的要求；根据需要还可实现图像远程监控。

(4) 特点　欧式箱变的优点是辐射较美式箱变要低，因为欧式箱变的变压器是放在金属箱体内。可以配置配电自动化终端。缺点是体积较大，不利于安装。

2.5.2　美式箱变

美式箱变是由美国 COOPER 公司率先在中国市场引入的箱式变电站，又称为组合式变电站，并以其独有的特点在中国市场获得了迅速的发展。与同容量的欧式箱变相比较，因高压设备同放在变压器油箱内，器件体积大为缩小，结构更为合理、紧凑，箱变体积更小。全绝缘、全密封结构、安全可靠、操作方便、免维护。

美式箱变与欧式箱变结构上不一样。从布置上看，其低压室、变压器室、高压室不是目字形布置，而是品字形布置。美式箱变分为前、后两部分。前面为高、低压操作间隔，操作间隔内包括高低压接线端子，负荷开关操作柄，无载调压分接开关，插入式熔断器，油位计等；后部为注油箱及散热片，变压器线圈、铁心、高压负荷开关和熔断器放入变压器油箱中。

高压间隔内的高压电缆接入部分有绝缘性能良好的套管，套管与肘型电缆插头相接，将带电部分密封在绝缘体内。肘型电缆插头可以在变压器满载状况下进行带电插拔，相当于负荷开关的作用。在箱体外壳上焊有一些壁挂，用于固定支座式绝缘套管接头，当拔下肘型电缆插头时，可插到支座式套管接头上。

美式箱变高压间隔一般为一进一出，或两进（环网型）一出，根据美国用电的特点，不采用高压计量方式，箱变中一般不具有高压计量，低压间隔由于可利用空间小，仅能配出四个回路，不设各种仪表和配电断路器，不能配置低压无功补偿设备。美式箱变无法配置自动化设备。图 2-37 为美式箱变的外形图。

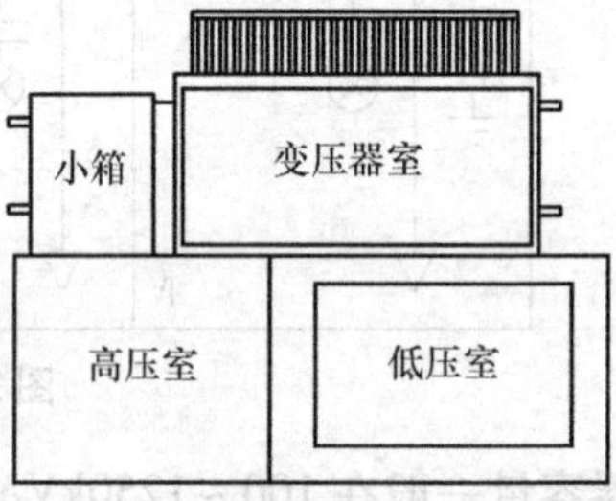

a)

b)

图 2-37　美式箱变的外形图
a）截面示意图　b）实物图

由于电压等级和我国的不符以及售后服务等因素，国内用户一般习惯选择欧式箱变。目前，有结合两种箱变优点制造的箱变。

2.6　中压开关的操动机构

中压开关、负荷开关主要由开关本体和操动机构组成，随着开关技术不断改进，以及真空开关广泛使用，本体出现故障的可能性越来越小，断路器的故障便集中在与其配套的操动机构上。调查表明，在断路器的各种故障中，操动机构发生故障最多，约占断路器故障的

70%，其主要原因在于操动机构平时处于静止状态，各组成部分的状态无法监视，隐患无法及时发现，特别是室外断路器的操动机构受恶劣环境的影响，更容易发生故障而不能被及时发现排除，直到操作时才能发现故障。

操动机构是机电一体化部件，作用是驱使断路器分合闸、维持断路器合闸状态。目前中压开关常用的操动机构分为三类：电磁操动机构、弹簧操动机构和永磁操动机构。电磁操动机构的操作功率大，合闸时间长，对电源要求高，而且机械部分故障率高，目前已趋于淘汰。现在广泛应用的弹簧操动机构，利用弹簧能进行分合闸操作，合闸速度快而且合闸电流小，从而对电源要求低，但弹簧机构有其自身不可克服的缺点，如零件数量多（约为 200 个），加工精度高，制造工艺复杂，成本高，产品可靠性不易保证，机构动作冲击力大，输出力特性与本体反力特性配合较差，限制了断路器向电气寿命长、免维护等要求更高的方向发展。永磁操动机构是采用高能量密度永磁材料设计的一种开关操动机构。

操动机构的作用如下：

（1）能够可靠合闸　电力系统正常工作时，通过操动机构关合断路器，这时电路中流过的是工作电流，由于工作电流一般在 400A 以下，电流较小，关合较容易。但是当电网发生短路事故时，电路中的短路电流可达 40kA，甚至更大，断路器承受的电动力可达几千牛以上，操动机构必须克服如此巨大的电动力，才能关合断路器。

（2）保持合闸　为了缩小断路器整体尺寸和降低能耗，合闸线圈被设计成短时工作制，只允许在很短的时间内通以合闸电流，若通电时间过长，会烧毁合闸线圈。这就要求操动机构在合闸线圈失电后，仍能将断路器保持在合闸位置。

（3）可靠分闸　分闸意味着要开断电路，开断电路过程中会出现电弧，开断的电流越大，电弧越难熄灭，工作条件越严酷。当发生短路故障时，短路电流比正常负荷电流大得多，由于系统发生短路时，系统电路表现为电感性电路，所以当交流电压过零，断路器动静触头分开瞬间，动静触头间的电流不能突变，会出现瞬态恢复电压。为了达到分断电路的目的，操动机构必须提供一定的分闸速度，尤其是分闸时的初速度。

2.6.1 弹簧操动机构

1. 弹簧操动机构的结构和动作原理

弹簧操动机构是一种以弹簧作为储能元件的机械式操动机构。分、合闸操作采用两个螺旋压缩弹簧实现。储能电机给合闸弹簧储能，合闸时合闸弹簧的能量一部分用来合闸，另一部分用来给分闸弹簧储能。合闸弹簧一释放，储能电机立刻给其储能，储能时间不超过 15s。运行时分合闸弹簧均处于压缩状态（储能状态），而分闸弹簧的释放有一独立的系统，与合闸弹簧没有关系。这样设计的弹簧操动机构具有高度的可靠性和稳定性，既可满足 O-0.3s-CO-180s-CO 操作循环，又可满足 CO-15s-CO 操作循环，机械稳定性试验可达 10000 次。图 2-38 为一个弹簧操动机构的原理结构图，图中给出了各个零件的名称。

表 2-8 为弹簧操动机构的动作过程说明，分三个过程对弹簧操动机构的动作原理进行了详细说明。图 2-39 为两种弹簧操动机构实物图。

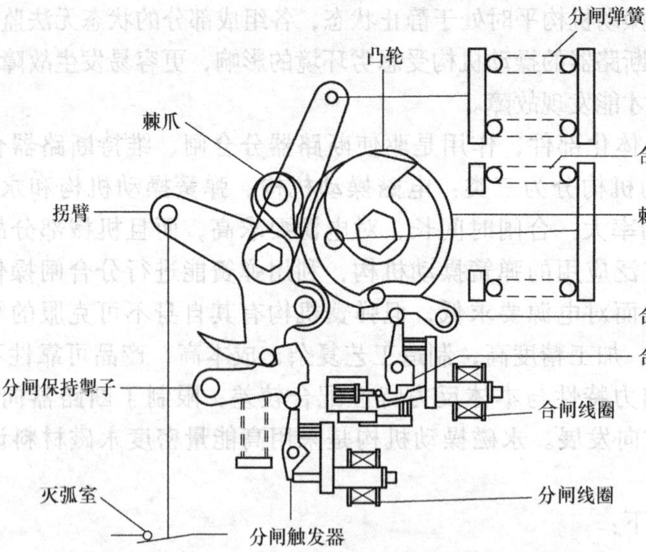

图 2-38　弹簧操动机构原理结构图

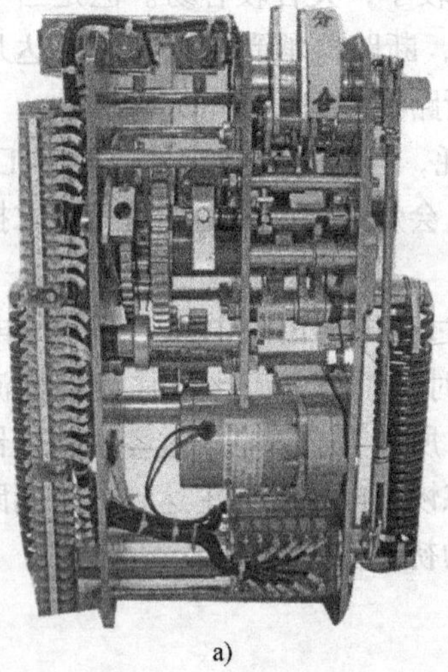

a)

b)

图 2-39　两种弹簧操动机构实物图

a）CT119B 弹簧操作机构　b）VS1 手车式断路器操动机构

表 2-8　弹簧操动机构动作原理

过　程	图　形	说　明
合闸状态，弹簧储能过程	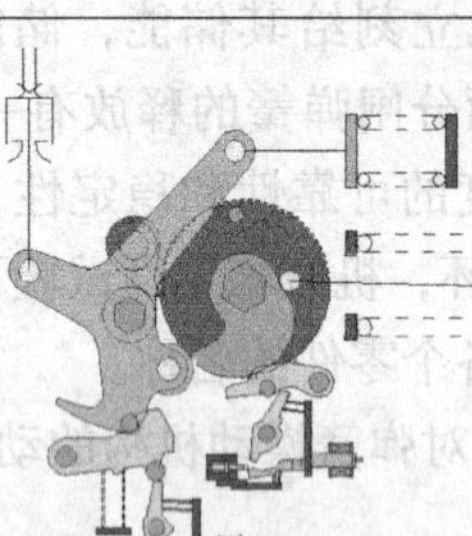 a）合闸线圈未储能 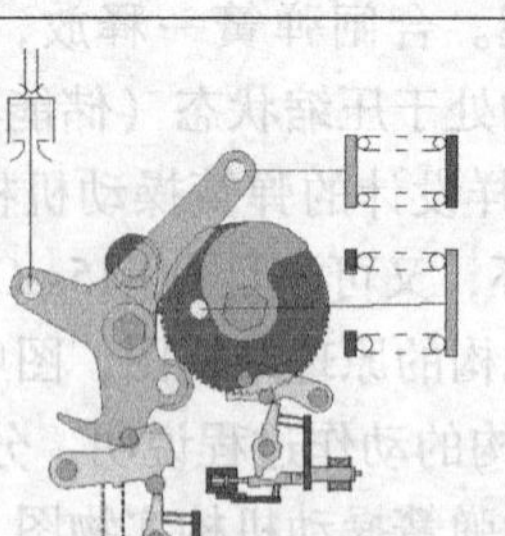 b）合闸线圈储能完成	a）机构处于合闸未储能状态，电机带动棘轮逆时针转动，棘轮拉动合闸弹簧，到 b）所示位置完成弹簧储能，棘轮转动了约 180°

（续）

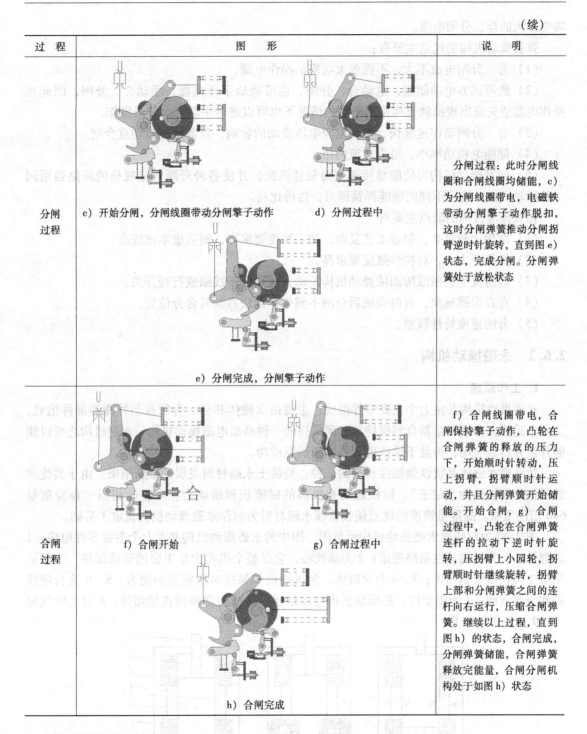

过　程	图　　形	说　　明
分闸过程	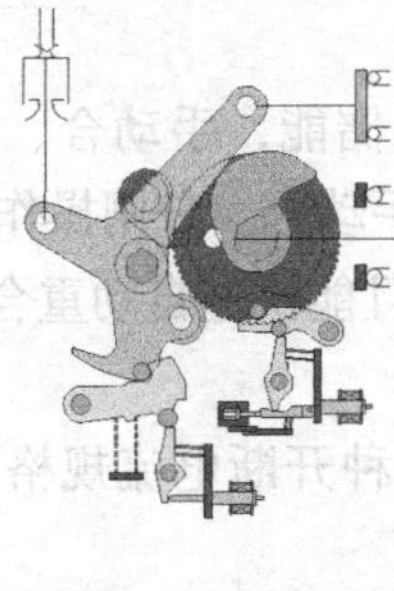 c）开始分闸，分闸线圈带动分闸擎子动作 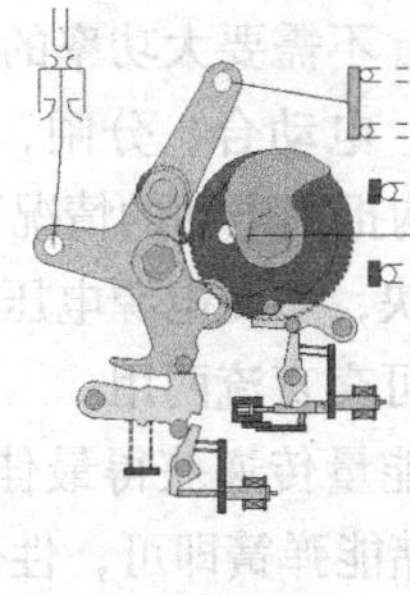 d）分闸过程中 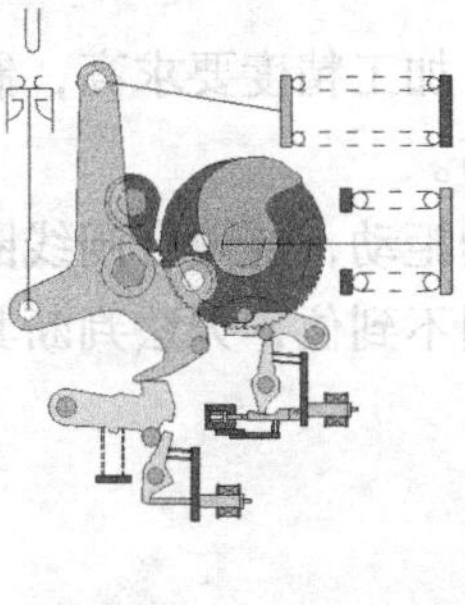 e）分闸完成，分闸擎子动作	分闸过程：此时分闸线圈和合闸线圈均储能，c）为分闸线圈带电，电磁铁带动分闸擎子动作脱扣，这时分闸弹簧推动分闸拐臂逆时针旋转，直到图 e）状态，完成分闸。分闸弹簧处于放松状态
合闸过程	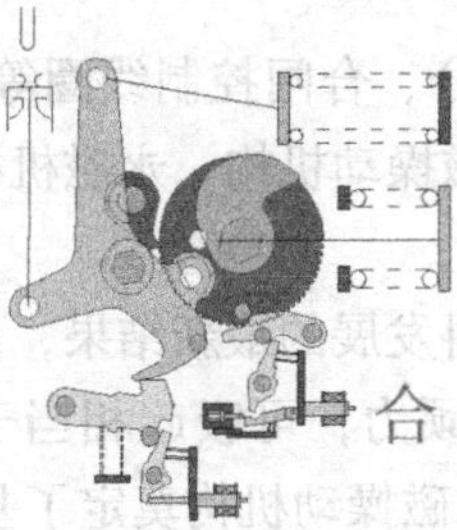 f）合闸开始 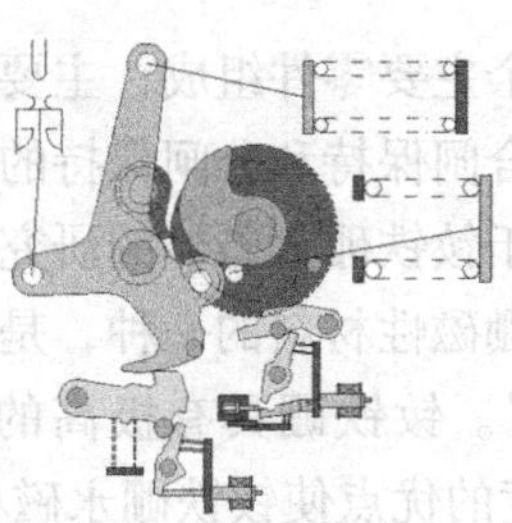 g）合闸过程中 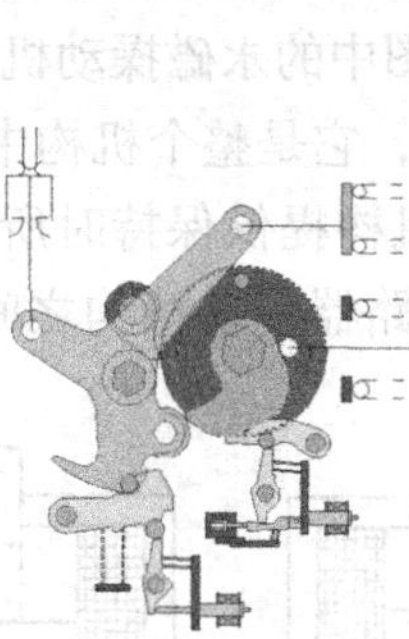 h）合闸完成	f）合闸线圈带电，合闸保持擎子动作，凸轮在合闸弹簧的释放的压力下，开始顺时针转动，压上拐臂，拐臂顺时针运动，并且分闸弹簧开始储能。开始合闸，g）合闸过程中，凸轮在合闸弹簧连杆的拉动下逆时针旋转，压拐臂上小园轮，拐臂顺时针继续旋转，拐臂上部和分闸弹簧之间的连杆向右运行，压缩合闸弹簧。继续以上过程，直到图 h）的状态，合闸完成，分闸弹簧储能，合闸弹簧释放完能量，合闸分闸机构处于如图 h）状态

2. 弹簧操动机构特点

弹簧操动机构由弹簧储能、合闸维持、分闸维持、分闸四个部分组成，零部件数量较多，约 200 个，利用机构内弹簧拉伸和收缩所储存的能量进行断路器合、分闸控制操作。弹簧能量的储存由储能电机减速机构的运行来实现，而断路器的合、分闸动作靠合、分闸线圈来控制，因此断路器合、分闸操作的能量取决于弹簧储存的能量而与电磁力的大小无关，不需要太大的合、分闸电流。

弹簧操动机构的优点主要有：

（1）合、分闸电流不大，不需要大功率的操作电源。

（2）既可远方电动储能，电动合、分闸，也可就地手动储能，手动合、分闸，因此在操作电源消失或出现操动机构拒绝电动的情况下也可以进行手动合、分闸操作。

（3）合、分闸动作速度快，不受电源电压变动的影响，且能快速自动重合闸。

（4）储能电机功率小，可交直流两用。

（5）弹簧操动机构可使能量传递获得最佳匹配，并使各种开断电流规格的断路器用同一种操动机构，选用不同的储能弹簧即可，性价比高。

弹簧操动机构的缺点主要有

（1）结构比较复杂，制造工艺复杂，加工精度要求高，制造成本比较高。

（2）操作冲力大，对构件强度要求高。

（3）容易发生机械故障而使操动机构拒动，烧毁合闸线圈或行程开关。

（4）存在误跳现象，有时误跳后分闸不到位，无法判断其合分位置。

（5）分闸速度特性较差。

2.6.2　永磁操动机构

1. 工作原理

永磁操动机构共由七个主要零件组成，主要由永磁体和分、合闸控制线圈等部件组成，是用永磁体去实现断路器合闸保持和分闸保持的一种新型电磁操动机构。永磁机构之所以能够开发并得到应用，得益于钕铁硼永磁体的研究成功。

钕铁硼永磁体是钕铁硼磁性材料的一种，是稀土永磁材料发展的最新结果，由于其优异的磁性能而被称为“磁王”。钕铁硼具有极高的磁能积和矫顽力，可吸起相当于自身重量640倍的重物。高能量密度的优点使钕铁硼永磁材料为制作永磁操动机构奠定了基础。

图2-40为双线圈永磁操动机构示意图。图中的永磁操动机构共由七个主要零件组成：1为静铁心，为机构提供磁路通道；2为动铁心，它是整个机构中最主要的运动部件，一般采用电工纯铁或碳钢结构；3、4为永磁体，为机构提供保持时所需要的动力；5、6为合闸线圈和分闸线圈；7为驱动杆，是操动机构与断路器传动机构之间的连接纽带；8为工作气隙Ⅰ；9为工作气隙Ⅱ。

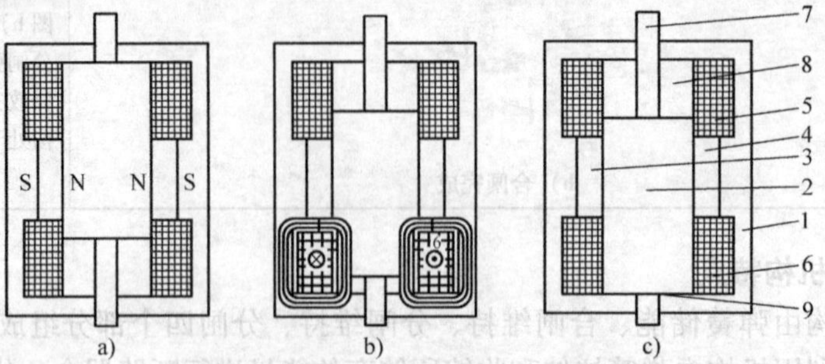

图2-40　双线圈永磁操动机构示意图

a）合闸位置　b）中间位置　c）分闸位置

1—静铁心　2—动铁心　3、4—永磁体　5—合闸线圈　6—分闸线圈　7—驱动杆　8—工作气隙Ⅰ　9—工作气隙Ⅱ

当断路器处于合闸或分闸位置时，线圈中无电流通过，永磁体利用动、静铁心提供的低磁阻抗通道将动铁心保持在上、下极限位置，而不需要任何机械联锁。假设图 2-40 中的动铁心 2 处于分闸位置（上部位置），当给分闸线圈 6 通上电流时，分闸线圈 6 中的电流产生磁动势，铁心 2 由于为图 2-40b 中所示磁路的组成部分而产生向下的电磁力，当此电磁力大于由永磁体 4 和铁心 2 产生的向上的电磁力时，铁心 2 将向下部动作，直到铁心运行到如图 2-40c 所示的位置，即动、静铁心中的磁场由线圈 6 产生的磁场与永磁体产生的磁场叠加合成，动铁心连同固定在上面的驱动杆，在合成磁场力的作用下，在规定的时间内以规定的速度驱动开关本体完成分闸任务。当分闸完成时由永磁体 3、4 产生的吸合力，将铁心 2 保持在下部，即分闸位置。

因此，动铁心在行程终止的两个位置，即分、合闸位置，线圈中无电流通过，永磁体利用动、静铁心提供的低磁阻抗通道将动铁心保持在上、下极限位置，而不需要任何机械联锁，不需要消耗任何能量即可保持。

由上述可知，永磁机构是通过将电磁铁与永磁体特殊结合，来实现断路器操动机构的全部功能，由永磁体代替传统的脱、锁扣机构来实现极限位置的保持功能，由分、合闸线圈来提供操作时所需要的能量。可以看出，由于工作原理的改变，整个机构的零部件总数大幅减少，使机构的整体可靠性得到大幅提高。

以上给出的永磁操动机构的原理图为双线圈原理图，实用的永磁操动机构，从线圈数目上分为双线圈式和单线圈式。

双线圈式永磁机构的特点是采用永磁体使真空断路器分别保持在分闸和合闸的极限位置上，使用一个励磁线圈将机构的铁心从分闸位置推动到合闸位置，使用另一励磁线圈将机构的铁心从合闸位置推动到分闸位置。单线圈永磁机构结构见图 2-41 也是采用永磁体使真空断路器分别保持在分闸和合闸极限位置上，但分、合闸共用一个励磁线圈。

当断路器处于分闸状态，如图 2-41a 所示，线圈中无电流通过，在永磁体所产生的保持力的作用下，使断路器保持在分闸位置。当机构接到合闸命令时，励磁线圈 2 通入一正方向（分闸时的电流方向与其相反）电流。线圈电流所产生的磁场起到两方面的作用：

（1）一方面在工作气隙Ⅰ处，使动铁心的上端面产生一向上的吸力，以驱动断路器合闸。

（2）另一方面在工作气隙Ⅱ处，产生与永磁体磁感应强度方向相反的磁感应强度，起到削弱永磁体对动铁心向下的保持力。

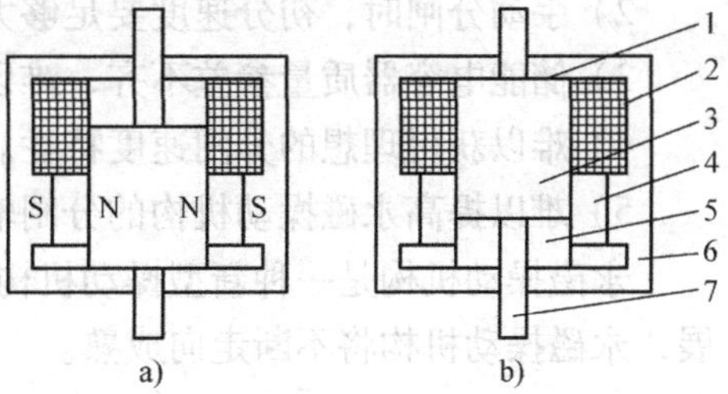

图 2-41　单线圈永磁机构结构简图

a）分闸位置　b）合闸位置

1—工作气隙Ⅰ　2—分、合闸线圈　3—动铁心

4—永磁体　5—工作气隙Ⅱ

6—静铁心　7—驱动杆

当动铁心受到励磁线圈向上的力大于永磁体的保持力时，动铁心开始向上运动，驱动断路器进行合闸。断路器合闸到位后，如图 2-41b 所示，线圈 2 断电，此时不需任何能量和机械锁扣，靠永磁体的吸力使断路器保持在合闸位置。

2. 永磁操动机构的优、缺点

（1）永磁操动机构的优点

1）采用双稳态、双线圈机构，永磁操动机构的分合闸操作通过分合闸线圈来实现，永磁体与分、合闸线圈相配合，较好地解决了分、合闸时需要大功率能量的问题，因为永磁体提供的磁场能量，可以作为分、合闸操作用，分、合闸线圈所需提供的能量便可以减少，这样就不需要太大的分、合闸操作电流。

2）由动铁心上下运动，通过拐臂杆，绝缘拉杆作用于断路器真空灭弧室的动触头，实现断路器的分闸或合闸，取代了传统的机械锁扣方式，机械结构大为简化，使耗材减少，成本变低，故障点减少，大大提高了机械动作的可靠性，能够实现免维护，节省维修费用。

3）永磁操动机构的永磁力几乎不会消失，寿命高达10万次，以电磁力进行分、合闸操作，以永磁力进行双稳态位置保持，简化了传动机构，降低了操动机构的能耗和噪声，比电磁操动机构和弹簧操动机构寿命长三倍以上。

4）采用无触头、无可动器件、无磨损、无弹跳的电子接近开关作为辅助开关，不存在接触不良问题，动作可靠，运行不受外界环境影响，寿命长，可靠性高，解决触头弹跳问题。

5）采用同步过零开关技术，断路器的动、静触头在电子控制系统的控制下，可在系统电压波形过零时关合，在电流波形过零时分断，产生幅值很小的涌流和过电压，减少操作对电网和设备的冲击，而电磁操动机构和弹簧操动机构的操作是随机的，会产生幅值很高的涌流和过电压，对电网和设备冲击较大。

6）永磁操动机构可实现就地或远方分、合闸操作，也可实现保护合闸和重合闸，可手动分闸。因为操作所需电源容量小，可采用电容器作分、合闸的电源，电容器充电时间短，充电电流小，抗冲击能力强，停电后仍能对断路器进行分、合闸操作。

（2）永磁操动机构的缺点

1）在操作电源消失、电容器电量耗尽以后，若不能对电容器进行充电，则无法再进行合闸操作。

2）手动分闸时，初分速度要足够大，因此需要很大的力，否则无法进行分闸操作。

3）储能电容器质量参差不齐、难以保证可靠分、合闸。

4）难以获得理想的分闸速度特性。

5）难以提高永磁操动机构的分闸输出功率。

永磁操动机构是一种新型操动机构，目前开始在中压真空断路器上应用。随着技术的发展，永磁操动机构将不断走向成熟。

第3章 配电网的结构和运行特性

配电网的用途是将电能量安全、高效地输送到用户，保证用户能得到符合质量要求、可靠的电力。配电网的作用决定了配电网无论是结构还是运行方式和输电网有较大的区别，配电网采用环形设计、辐射形运行；配电网负荷点多、面广；配电网运行采用中性点非有效接地方式等。

配电网的主网架或称为主接线是配电网运行的基础，合理的主接线是能灵活安排运行方式的重要方面。配电网网架的形成，和一个阶段经济的发展状况紧密相关。

我国的配电网为了保证运行的可靠性，采用非有效接地方式。这种方式给配电网的运行带来了一些特殊问题。本章对配电网的结构和运行特性进行阐述。

3.1 配电网的接线方式

根据配电电压等级不同，配电网划分为高压配电网、中压配电网、低压配电网。高压配电网一般由35kV及以上的线路和变电站组成，中压配电网由10kV或20kV线路、开闭所、箱式变电站、配电变压器、终端变电站等组成，低压配电网由380V/220V线路和开关设备等构成。

根据负荷对可靠性、供电质量和区域环境协调等要求的不同，配电网的基本接线方式主要采取辐射式、干线式、环式、链式等。

3.1.1 高压配电网常用接线方式

1. 架空线路

（1）单侧电源双回路放射式接线　单侧电源双回路放射式接线结构如图3-1所示，为节省占地，可采用同杆双回路供电方式，沿线可支接若干个变电站。

（2）双侧电源双回路放射式接线　为提高供电可靠性，可采用如图3-2所示的双侧电源双回路放射式接线，又称对射式接线。市区范围内支接变电站数不宜超过三座，当支接三座变电站时宜采用双侧电源三回路供电，其结构如图3-3所示。

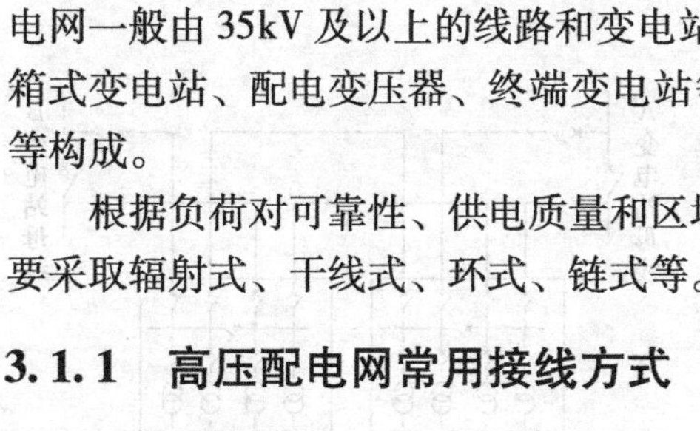

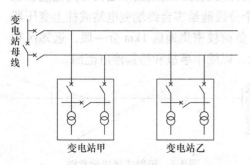

图3-1　单侧电源双回路放射式接线示意图

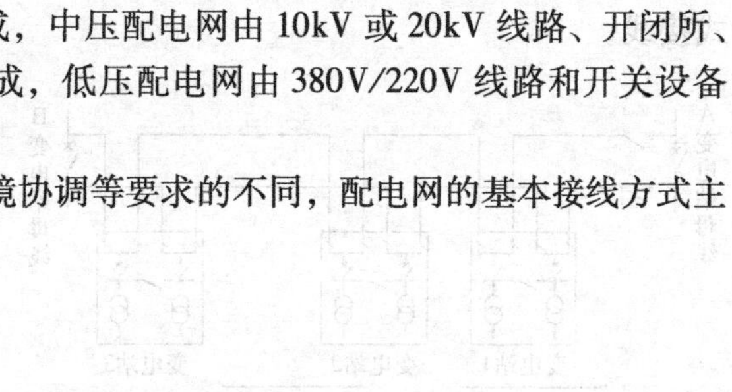

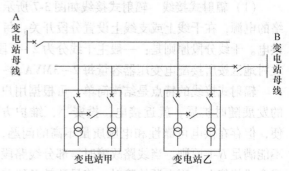

图3-2　双侧电源双回路放射式接线示意图

2. 电缆线路

（1）单侧电源双回路式接线　高压配电线路采用电缆时，由于电缆故障率较低，单侧双路电源可以支接两个变电站，称为单侧电源双回路电缆接线，其结构如图 3-4 所示。

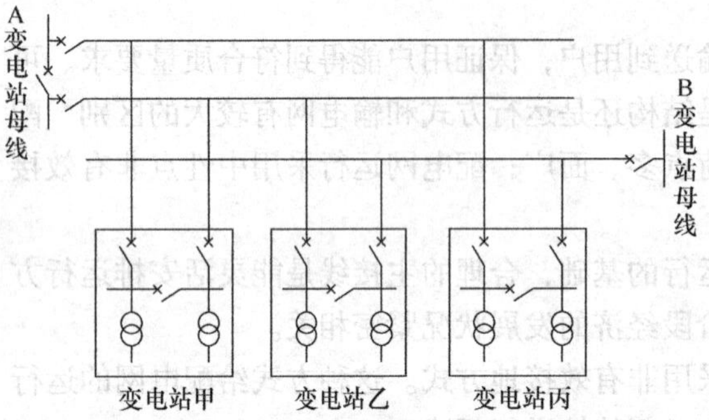

图 3-3　双侧电源三回路放射式接线示意图

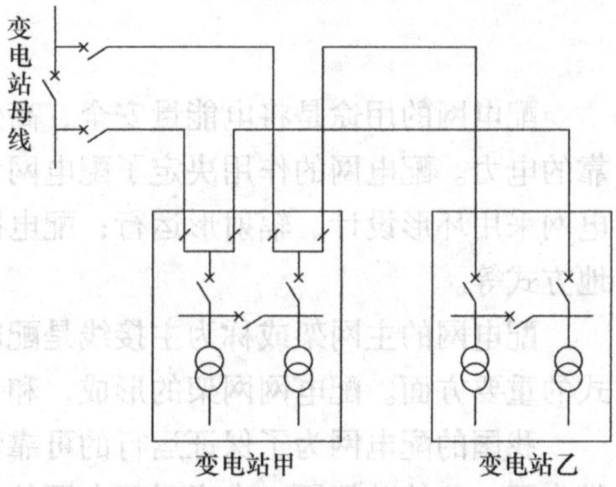

图 3-4　单侧电源双回路式接线示意图

（2）双侧电源双回环式接线　支接两个以上变电站时，宜在两侧配置电源和线路分段，其结构如图 3-5 所示。

（3）链式接线　大城市负荷密度大，供电可靠性要求高，可采用如图 3-6 所示的链式接线。

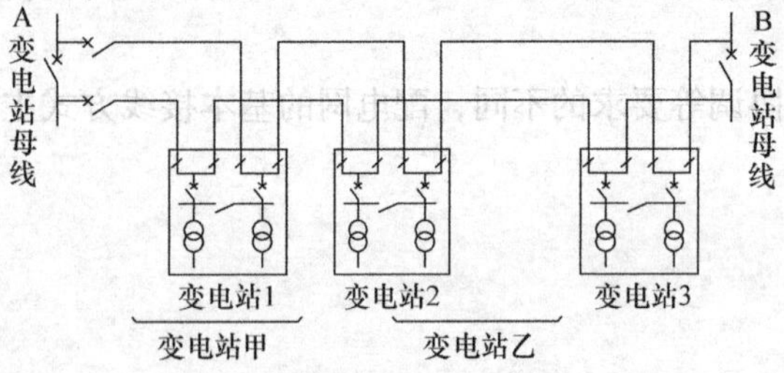

图 3-5　双侧电源双回环式接线示意图

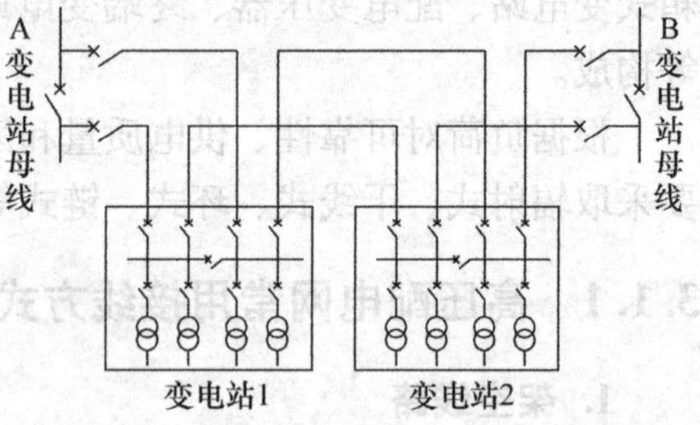

图 3-6　双侧电源双回链式接线示意图

3.1.2　中压配电网常用接线方式

1. 架空线路

（1）辐射式接线　辐射式接线如图 3-7 所示，这种接线方式的线路末端没有其他能够联络的电源，在干线上或支线上设置分段开关，每一个分段能给多台终端变电站或柱上变压器供电。干线分段原则是：一般主干线分为 2 ~ 3 段，负荷较密集地区 1km 分一段，远郊区和农村地区按所接配电变压器容量每 2 ~ 3MVA 分一段，以缩小事故和检修停电范围。

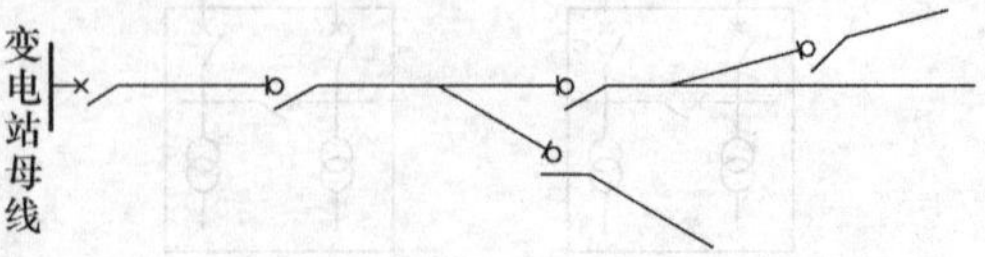

图 3-7　辐射式接线示意图

辐射式接线的特点是结构简单，可根据用户的发展随时扩展，就近接电，投资小，维护方便，但存在供电可靠性和电压质量不高的问题，不能满足 *N*-1 原则，当线路故障时，部分线路段或全线将停电；当电源故障时，将导致整条线路停电。这种接线主要适合于在负荷密度不高、用户分布较分散或供电用户属一般用户的地区，例如一般的居民区、小型城市近郊、农村地区。

（2）手拉手式接线　手拉手式接线结构如图 3-8 所示，这种接线方式与辐射式接线的不同点在于每个中压变电站的一回主干线都和另一中压变电站的一回主干线接通，形成一个两端都有电源、环式设计、开式运行的主干线，任何一端都可以供给全线负荷。主干线上有若干分段点，任何一个分段停电时都可以不影响其他分段的用电。因此，配电线路停电检修时，可以分段进行，缩小停电范围，缩短停电时间；中压变电站全停电时，配电线路可以全部改由另一端电源供电。这种接线方式配电线路本身的投资并不一定比普通环式更高，但中压变电站的备用容量要适当增加，以负担其他中压变电站的负荷。

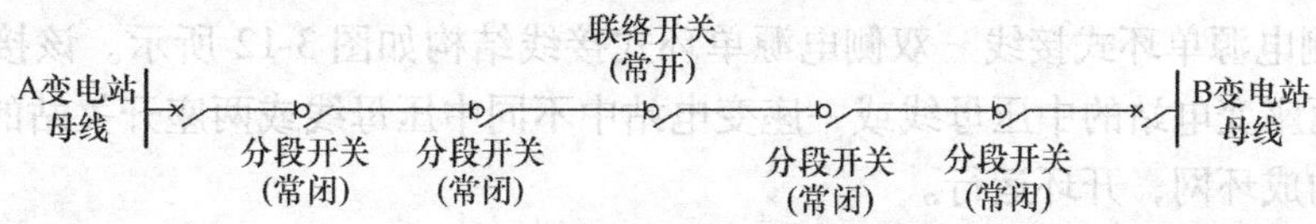

图 3-8　手拉手式接线示意图

手拉手式接线方式的最大优点是可靠性比辐射式接线方式高，接线清晰，运行比较灵活。一条线路故障时，仍然能够通过负荷转移，将故障线路隔离，同时使得没有故障的线路继续运行。

（3）多分段多联络式接线　多分段多联络接线一般采用柱上负荷开关将线路多分段，根据分段数和联络数的不同可分为两分段两联络、三分段三联络、三分段四联络等，三分段三联络接线形式如图 3-9 所示。

此接线方式的优点是供电可靠性高，经济性好，满足 *N*-1 安全准则。联络开关数目越多，故障停电和检修时间越少。缺点是受地理位置、负荷分布的影响，供电区域要达到一定的规模，且造价较高。

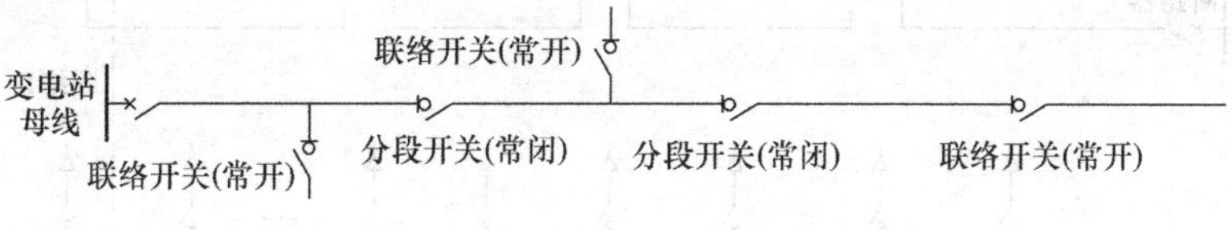

图 3-9　三分段三联络接线示意图

2. 电缆线路

（1）单侧电源单辐射式接线　单侧电源单辐射式接线结构如图 3-10 所示。此种接线方式的优点是比较经济，配电线路较短，投资小，新增负荷连接比较方便。但其缺点也很明显，主要是电缆故障多为永久性故障，故障影响时间长，范围较大，供电可靠性较差。当线路故障或电源故障时将导致全线停电。单侧电源单辐射式接线不考虑线路的备用容量，每条出线均是满负载运行。

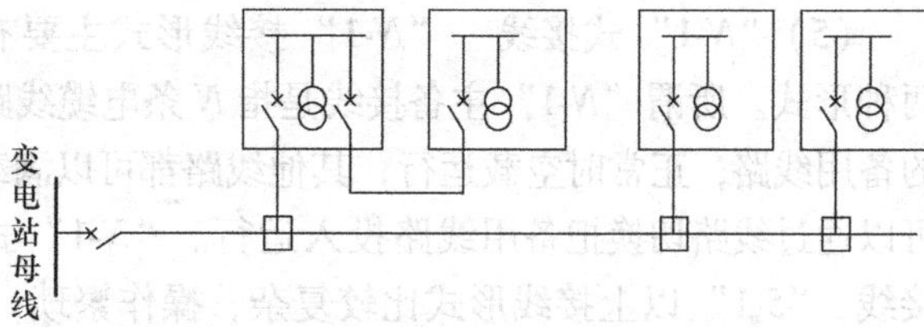

图 3-10　单侧电源单辐射式接线示意图

（2）单侧电源双辐射式接线　自一座变电站或开关站的不同中压母线引出双回线，或自同一供电区域的不同变电站引出双回线，形成单侧电源双辐射式接线，其结构如图 3-11 所示。此种接线可以使客户同时得到两个方向的电源，满足从上一级 10kV 线路到客户侧 10kV 配电变压器整个网络的 N-1 要求，供电可靠性很高，适于向对供电可靠性有较高要求的用户供电。

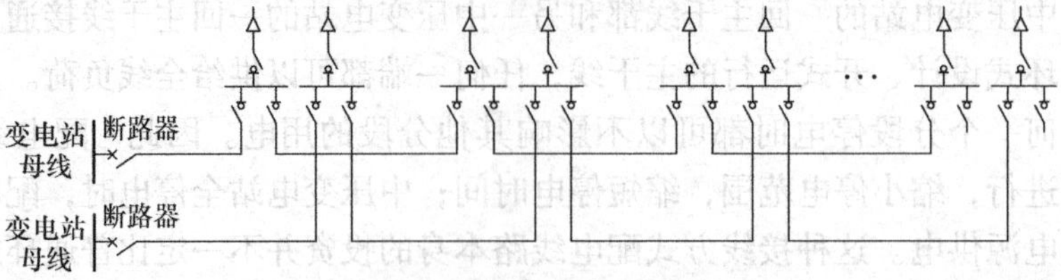

图 3-11　单侧电源双辐射式接线示意图

（3）双侧电源单环式接线　双侧电源单环式接线结构如图 3-12 所示。该接线模式自同一供电区域两座变电站的中压母线或一座变电站中不同中压母线或两座开关站的中压母线馈出单回线路构成环网，开环运行。

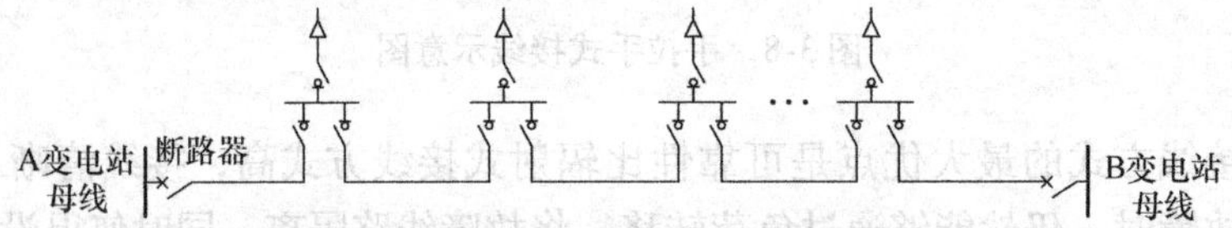

图 3-12　双侧电源单环式接线示意图

（4）双侧电源双环式接线　双侧电源双环式接线结构如图 3-13 所示。该接线模式自同一供电区域的两座变电站的不同中压母线各引出一回线路，构成双环网接线方式。

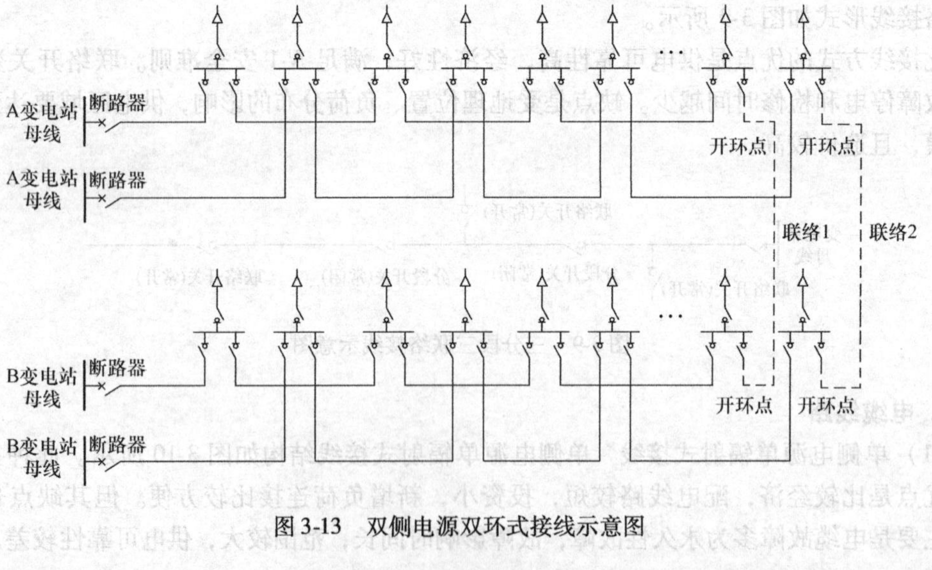

图 3-13　双侧电源双环式接线示意图

（5）“N-1”式接线　“N-1”接线形式主要有“N-1”主备式接线和“N-1”互为备用两种形式。所谓“N-1”主备接线是指 N 条电缆线路连成电缆环网，其中有一条线路作为公共的备用线路，正常时空载运行，其他线路都可以满载运行，若有某一条运行线路出现故障，则可以通过线路切换把备用线路投入运行。“N-1”式接线的主要形式有“3-1”接线和“4-1”接线，“5-1”以上接线形式比较复杂，操作繁琐，投资较大，因此一般 N 最大取 5。典型的“3-1”主备接线结构如图 3-14 所示。

“N-1”主备接线模式的优点是供电可靠性较高，线路的理论利用率也较高。该方式适用于负荷发展已经饱和、网络按最终规模一次规划建成的地区。

“N-1”互为备用接线是指每一条馈线都在线路中间或末端装设开关互相连接。图 3-15 所示为“3-1”互为备用接线形式，正常情况下，每条馈线的最高负荷可以控制在该电缆安全载流量的 67%。该模式相当于电缆线路的分段联络接线模式，比较适合于架空线路逐渐发展成电缆网的情况。

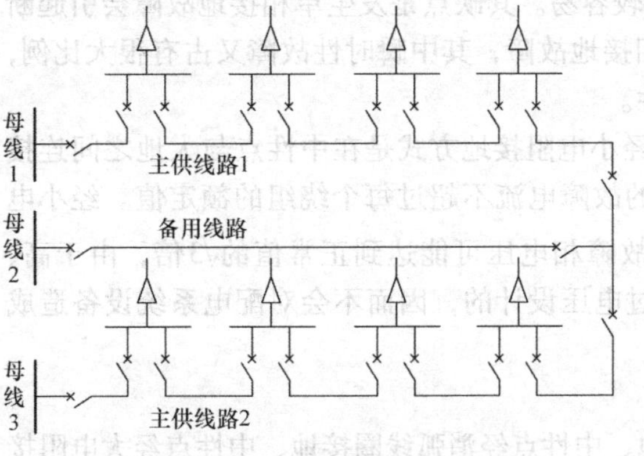

图 3-14　“3-1”主备式接线示意图

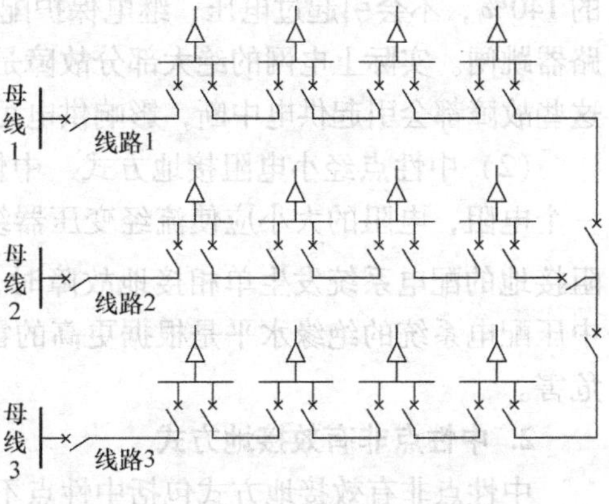

图 3-15　“3-1”互为备用接线示意图

3.2　配电网的运行特性

3.2.1　配电网的中性点运行方式

配电网中性点与大地间电气连接的方式，称为配电网中性点接地方式。不同中性点接地方式将对配电系统绝缘水平、过电压保护的选择、继电保护方式等产生不同的影响。反过来，针对一个具体的配电系统，选择何种接地方式，要综合考虑多种因素，进行安全、技术及经济比较后确定。

由于接地电流值与零序电抗的大小密切相关，因此将零序电抗与正序电抗比值作为接地方式划分的依据。如果一个系统的零序电抗与正序电抗之比不大于 3，且零序电阻对正序电抗之比不大于 1 时，则认为该配电网中性点采用了有效接地方式，否则，称为非有效接地方式。中性点采用有效接地方式和非有效接地方式的配电网，分别称为中性点有效接地配电网和中性点非有效接地配电网。

配电网中性点接地方式与变压器中性点接地方式概念上有所区别。一个具体的变压器，其中性点采用某一种接地方式，含义是明确的。而对采用某一种接地方式的配电网来说，其中的电气设备可能采用不同的接地方式。例如中性点直接接地的 110kV 及以上的高压配电网中，也可能存在中性点不接地的变压器。

1. 中性点有效接地方式

中性点有效接地方式分为中性点直接接地和中性点经小电阻接地两种接地方式。由于当配电网中性点采用有效接地方式时，单相接地的故障电流比较大，习惯上又将其称为大电流接地方式。

(1) 中性点直接接地方式　中性点直接接地的配电网中发生单相接地故障时，短路电流较大。巨大的短路电流，会对电气设备造成危害，干扰邻近的通信线路，可能使电信设备的接地部分产生高电位，以致引发事故；此外，故障点附近容易产生接触电压和跨步电压，可能对人身造成伤害。为避免这些危害，在系统发生单相接地故障时，继电保护装置应立即动作，使断路器跳闸，切除故障线路。

中性点直接接地方式的优点是单相接地故障时非故障相对地电压一般低于正常运行电压的140%，不会引起过电压；继电保护配置比较容易。其缺点是发生单相接地故障会引起断路器跳闸。实际上电网的绝大部分故障是单相接地故障，其中瞬时性故障又占有很大比例，这些故障都会引起供电中断，影响供电可靠性。

(2) 中性点经小电阻接地方式　中性点经小电阻接地方式是在中性点与大地之间连接一个电阻，电阻的大小应使流经变压器绕组的故障电流不超过每个绕组的额定值。经小电阻接地的配电系统发生单相接地故障时，非故障相电压可能达到正常值的$\sqrt{3}$倍，由于高、中压配电系统的绝缘水平是根据更高的雷电过电压设计的，因而不会对配电系统设备造成危害。

2. 中性点非有效接地方式

中性点非有效接地方式包括中性点不接地、中性点经消弧线圈接地、中性点经大电阻接地三种接地方式。这三种接地方式下发生单相接地故障时，流过故障点的电流很小，因此，被称为小电流接地方式。下面介绍现场常用的中性点不接地和中性点经消弧线圈接地两种接地方式。

(1) 中性点不接地方式　由于中性点对地绝缘，故障点接地电流主要取决于整个系统对地分布电容（见3.2.2节）。以架空线为主的配电网中，接地电流一般为数安到数十安，在以电缆线路为主的配电网中，接地电流可达到数百安。

中性点不接地方式结构简单，运行方便，不需任何附加设备，若是瞬时性故障，一般能自动熄弧，非故障相电压升高不大，不会破坏系统的对称性，单相接地电流较小，运行中可允许单相接地故障存在一段时间。电力系统安全运行规程规定可继续运行1～2h，从而获得排除故障的时间。若是由于雷击引起的绝缘闪络，则绝缘可以自行恢复，相对提高了供电的可靠性。中性点不接地系统的最大优点在于：当线路不太长时能自动消除单相瞬时性接地故障，而不需要跳闸。

中性点不接地方式因其中性点是绝缘的，电网对地电容中储存的能量没有释放通路，在发生弧光接地时，对地电容中的能量不能释放，从而产生弧光接地过电压，其值可达相电压的数倍，对设备绝缘造成威胁。此外，由于电网中存在电容和电感元件，在一定条件下，因倒闸操作或故障，容易引发线性谐振或铁磁谐振，产生较高谐振过电压。

(2) 中性点经消弧线圈接地方式　中性点经消弧线圈接地方式是将带气隙的可调电抗器接在系统中性点和地之间，当系统发生单相接地故障时，消弧线圈的电感电流能够补偿电网的接地电容电流，使故障点的接地电流变为数值较小的残余电流，残余电流的接地电弧就容易熄灭。由于消弧线圈的作用，当残流过零熄弧后，降低了恢复电压的初速度，延长了故障相电压的恢复时间，并限制了恢复电压的最大值，从而可以避免接地电弧的重燃，达到彻底熄弧的目的。

中性点经消弧线圈接地方式在系统发生单相接地故障时，流过接地点的电流较小，不会立即跳闸，按规程规定电网可带故障运行 2h。中性点经消弧线圈接地方式还具有人身、设备安全性好，电磁兼容性强和运行维护工作量小等一系列优点。

中性点经消弧线圈接地时，根据消弧线圈的电感电流对电容电流补偿程度的不同，可以有完全补偿、欠补偿和过补偿三种补偿方式，其补偿情况表示为

$$\upsilon = \frac{I_C - I_L}{I_C} \tag{3-1}$$

式中，υ 为消弧线圈的脱谐度；I_C 为接地点的容性电流；I_L 为消弧线圈产生的感性电流。

1）完全补偿　完全补偿（$\upsilon=0$）就是使消弧线圈产生的感性电流等于系统电容电流，接地点的电流近似为零。从消除故障点电弧，避免电弧重燃出现弧光过电压的角度看，显然这种补偿方式是最好的。在以往的概念中，由于易引起电感和三相对地电容串联谐振，完全补偿是个禁区，但在自动跟踪补偿系统中允许完全补偿，因为在这种装置中加装了阻尼电阻。

2）欠补偿　欠补偿（$\upsilon>0$）指消弧线圈产生的感性电流小于系统电容电流的补偿方式，补偿后接地点的电流仍然是容性的。欠补偿方式在配电网改变运行方式，切除部分线路后易形成完全补偿，因此，这种方式较少采用。

3）过补偿　过补偿（$\upsilon<0$）指消弧线圈产生的感性电流大于系统电容电流的补偿方式，补偿后的残余电流是感性的。过补偿运行方式不可能引起系统发生串联谐振，因此，一般配电网运行中都采用过补偿，脱谐度不大于10%。

我国配电网中压变电站主变压器一般采用Y/△联结方式，系统中不存在中性点。当系统采用经消弧线圈接地运行方式时，最佳方法是增设接地变压器。接地变压器主绕组连接到接地系统的三相，并引出中性点端子到消弧线圈上。接地变压器可以带有一个低电压的二次绕组，作为变电站辅助电源，其原理接线如图 3-16 所示。

接地变压器由六个绕组组成，每一铁心柱上有两个绕组，然后反极性串联成曲折形的星形绕组。接地变压器在电网正常运行时有很高的励磁阻抗，在绕组中只流过较小的励磁电流或因中性点电压偏移而引起的持续电流。当系统发生单相接地故障时，接地变压器绕组对正序、负序电流都呈现高阻抗，而对零序电流则呈现低阻抗。阻尼电阻的主要作用是用来限制消弧线圈在调整和正常运行时的谐振过电压，一般是在消弧补偿装置调节电感量和正常运行时起作用。在接地故障发生时，一般将阻尼电阻切除。

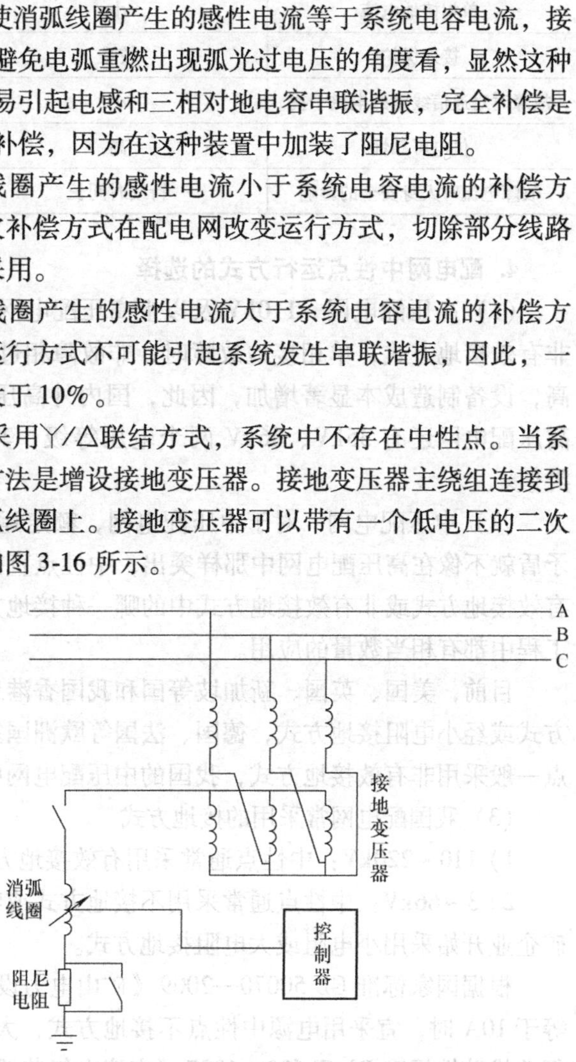

图 3-16　消弧补偿装置原理接线图

控制器对电网的电容电流实时在线检测，能根据电网电容电流的变化自动调整补偿电流，有效地把接地点残流控制在 10A 以下，记录并打印故障参数为故障分析提供依据。

3. 中性点接地方式的比较

表 3-1 列出了各种中性点接地方式的优缺点，在选择中性点接地方式时，必须考虑人身安全、供电可靠性、电气设备和线路绝缘水平、继电保护的可靠性、对通信信号的干扰等。

表 3-1　中性点接地方式比较

比较内容＼方式	不接地	经电阻接地	经消弧线圈接地	直接接地
非故障相对地电压（相电压的倍数）	$\sqrt{3}$倍以上	$\sqrt{3}$倍以上	过补偿时为$\sqrt{3}$倍，欠补偿时有谐振危险	1.3 倍以上
发展为多重故障	线路长，电容电流大，可能性大	较好	可能由串联谐振引起多重故障	少
单相接地电流	小	较大	最小	大
接地保护	较难	较好	困难	可靠
故障时对通信线路的电磁干扰	小	较小	最小	大
供电可靠性	高	较高	高	地
故障电流对人身安全的影响	持续时间长	小	最小	大

4. 配电网中性点运行方式的选择

(1) 高压配电网　110kV 及以上高压配电网运行电压本身已经很高，如果采用中性点非有效接地方式，单相接地故障时，非故障相过电压较高，对电气设备绝缘的要求大大提高，设备制造成本显著增加，因此，国内外高压配电网一般都采用中性点直接接地方式。高压配电网还有 35kV、66kV 两个电压等级，其中性点接地方式选择原则与中压配电网类似。

(2) 中压配电网　对于中压配电网，额定运行电压相对较低，单相接地故障过电压的矛盾就不像在高压配电网中那样突出，中性点直接接地的优势不明显，难以确定中性点采用有效接地方式或非有效接地方式中的哪一种接地方式更为有利，因此，两种接地方式在实际工程中都有相当数量的应用。

目前，美国、英国、新加坡等国和我国香港地区的中压配电网中性点一般采用直接接地方式或经小电阻接地方式，德国、法国等欧洲国家以及日本、俄罗斯等国的中压配电网中性点一般采用非有效接地方式，我国的中压配电网中性点一般采用非有效接地方式。

(3) 我国配电网常采用的接地方式

1) 110 ~ 220kV：中性点通常采用有效接地方式，部分变压器中性点可采用不接地方式。

2) 3 ~ 66kV：中性点通常采用不接地方式或经消弧线圈接地方式，在少数城市和若干工矿企业开始采用小电阻或大电阻接地方式。

根据国家标准 GB 50070—2009《矿山电力设计规范》规定，当单相接地电容电流小于等于 10A 时，宜采用电源中性点不接地方式，大于 10A 时，必须采用限制措施。我国电力行业推荐性标准 DL/T 620—1997《交流电气装置的过电压保护和绝缘配合》作了如下规定：

① 3 ~ 10kV 不直接连接发电机的系统和 35kV、66kV 系统，按线路形式和单相接地故障电容电流的给定阈值，不超过阈值时，采用不接地方式，超过阈值采用消弧线圈接地方式：

a) 3 ~ 10kV 钢筋混凝土或金属杆塔的架空线路构成的系统和所有 35kV、66kV 系统，阈值为 10A 。

b) 3 ~ 10kV 非钢筋混凝土或非金属杆塔的架空线路构成的系统，电压为 3kV 和 6kV 时，阈值为 30A，电压为 10kV 时，阈值为 20A。

c）3～10kV 电缆线路构成的系统，阈值为 30A 。

② 电压为 6～35kV 且主要由电缆线路构成的送、配电系统，在单相接地故障电容电流较大时，可以采用低电阻接地方式，但应考虑供电可靠性的要求、故障时瞬间电压、瞬态电流对电气设备和通信的影响、继电保护方面的技术要求以及本地的运行经验等。

③ 6kV 和 10kV 配电系统以及单相接地故障电流较小的发电厂厂用电系统，为了防止谐振、间歇性电弧接地过电压等对设备的损坏，可采用高电阻接地方式。

3.2.2　非有效接地配电网的单相接地故障分析

在非有效接地配电网中发生单相接地故障时，由于其接地电流主要是电网分布电容引起的，其故障分析有其特殊之处，理论上讲，可以利用不对称分量法求出单相故障电流，但采用下面介绍的分析方法更为简单明了。

1. 中性点不接地配电网的单相接地故障

在图 3-17 所示配电系统接线，三相对地分布电容相同，均为 C_0。正常运行情况下，三相电压对称，对地电容电流之和等于零。在发生 A 相接地故障后，在接地点处 A 相对地电压变为零，对地电容被短接，电容电流为零，其他两个非故障相（B 相和 C 相）的对地电压升高$\sqrt{3}$倍，对地电容电流也相应增大$\sqrt{3}$倍，相量关系如图 3-18 所示。

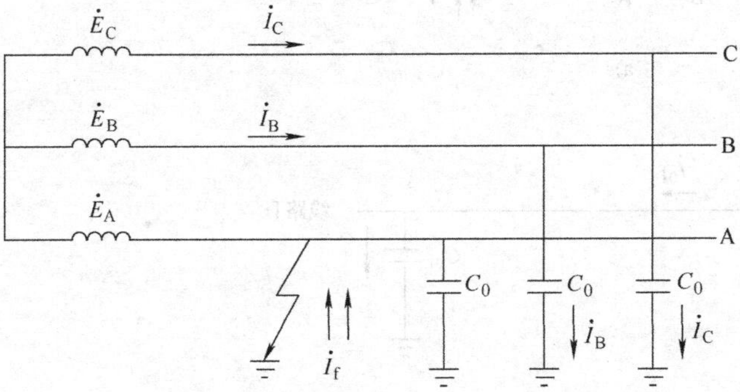

图 3-17　中性点不接地系统示意图

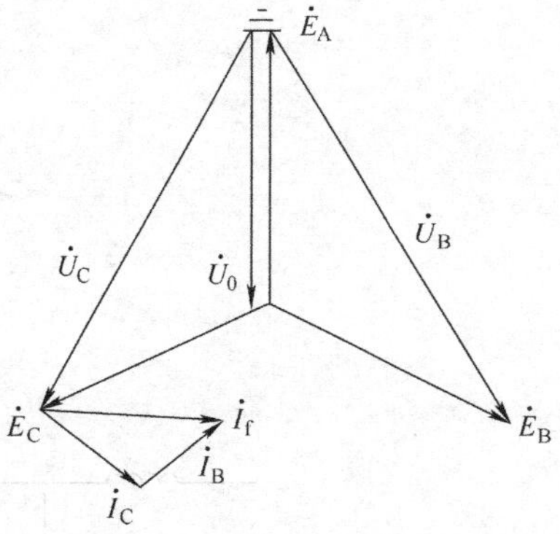

图 3-18　A 相接地的相量关系

由于线电压仍然三相对称，三相负荷电流也对称，相对于故障前没有变化，下面只分析对地关系的变化。在 A 相接地以后，忽略负荷电流和电容电流在线路及电源阻抗上的电压降，在故障点处各相对地的电压为

$$\begin{cases} \dot{U}_A = 0 \\ \dot{U}_B = \dot{E}_B - \dot{E}_A = \sqrt{3}\dot{E}_A e^{-j150°} \\ \dot{U}_C = \dot{E}_C - \dot{E}_A = \sqrt{3}\dot{E}_A e^{j150°} \end{cases} \tag{3-2}$$

故障点零序电压为

$$\dot{U}_0 = \frac{1}{3}(\dot{U}_A + \dot{U}_B + \dot{U}_C) = -\dot{E}_A \tag{3-3}$$

因为全系统 A 相对地电压均等于零，因而各元件 A 相对地的电容电流也等于零，此时流过故障点的电流是配电系统中所有非故障相对地电容电流之和，即

$$\dot{I}_{f}=\dot{I}_{B}+\dot{I}_{C}=j\omega C_{0}\dot{U}_{B}+j\omega C_{0}\dot{U}_{C}=-3j\omega C_{0}\dot{E}_{A} \tag{3-4}$$

下面分析故障线路与非故障线路零序电流之间的关系。若两条线路相对地电容分别为$C_{0\text{I}}$、$C_{0\text{II}}$，母线及电源每相对地等效电容为C_{0S}，设线路Ⅱ的A相发生接地故障，其网络接线与零序电流的分布如图3-19a所示。

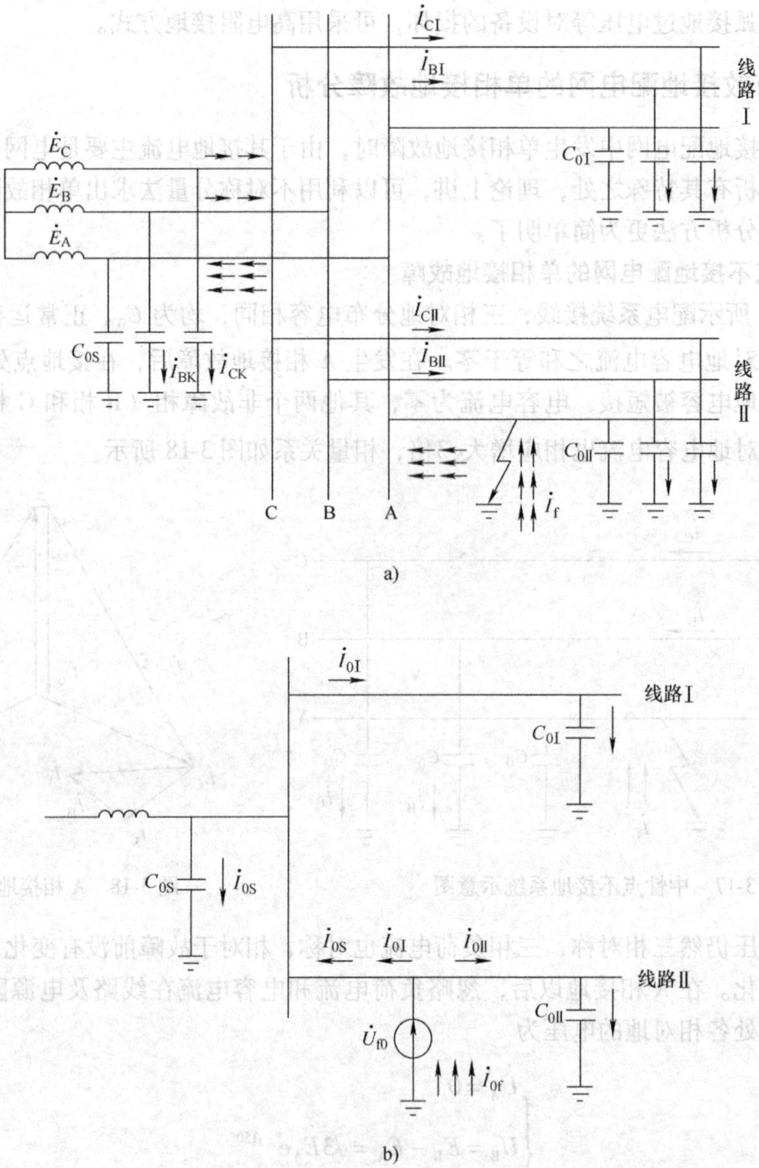

图3-19 中性点不接地配电网单相接地时的电流分布与零序等效网络

a）网络接线与零序电流分布图 b）零序等效网络

非故障线路始端的零序电流为

$$3\dot{I}_{0I}=\dot{I}_{BI}+\dot{I}_{CI}=-3j\omega C_{0I}\dot{E}_{A} \tag{3-5}$$

即非故障线路零序电流为线路本身的对地电容电流，其方向由母线流向线路。

对于故障线路来说，在 B 相与 C 相流有它本身的电容电流 $\dot{I}_{B\mathrm{II}}$ 和 $\dot{I}_{C\mathrm{II}}$，而 A 相流回的是全系统的 B 相和 C 相对地电流之和，即流过故障点的电流 $\dot{I}_f$。因此，线路始端的零序电流为

$$3\dot{I}_{0\mathrm{II}} = \dot{I}_{A\mathrm{II}} + \dot{I}_{B\mathrm{II}} + \dot{I}_{C\mathrm{II}} = 3j\omega\ (C_{0\Sigma} - C_{0\mathrm{II}})\ \dot{E}_A \tag{3-6}$$

式中，$C_{0\Sigma}$为配电系统每相对地电容的总和。

可见，故障线路零序电流数值等于系统中所有非故障元器件（不包括故障线路本身）的对地电容电流之总和，其方向由线路流向母线，与非故障线路的相零序电流方向相反。

根据以上分析，作出的单相接地故障时零序等效网络如图 3-19b 所示，其中 $\dot{U}_{f0} = -\dot{E}_A$ 为接地点零序虚拟电压源电压，线路串联零序阻抗远小于对地电容的阻抗，因此忽略不计。

以上有关结论，适用于有多条线路的配电系统。

总结以上分析的结果，可以得出中性点不接地系统发生单相接地后零序分量分布的特点如下：

1）零序网络由同级电压网络中元器件对地的等效电容构成通路，与中性点直接接地系统由接地的中性点构成通路有极大的不同，网络的零序阻抗很大。

2）在发生单相接地时，相当于在故障点产生了一个其值与故障相故障前相电压大小相等、方向相反的零序电压，从而全系统都将出现零序电压。

3）在非故障线路中流过的零序电流，其数值等于本身的对地电容电流，电容性无功功率的实际方向为母线流向线路。

4）在故障线路中流过的零序电流，其数值为全系统非故障元器件对地电容电流之总和，电容性无功功率的实际方向由线路流向母线。

2. 中性点经消弧线圈接地配电网的单相接地故障

当在中性点接入消弧线圈后，单相接地时的电流分布将发生重大变化。假定在如图 3-20a 所示的网络中，线路Ⅱ的 A 相发生接地故障，电容电压的大小和分布与不接地系统是一样的，不同之处是在接地点又增加了一个电感电流 $\dot{I}_L$。忽略线圈电阻，在相电压作用下产生的电感电流为

$$\dot{I}_L = \frac{-\dot{E}_A}{X_L} = j\frac{\dot{E}_A}{\omega L} \tag{3-7}$$

式中，L、X_L 分别是消弧线圈的电感和感抗。

消弧线圈的电感电流经故障点沿故障相返回，因此，从接地点返回的总电流为

$$\dot{I}_f = \dot{I}_L + \dot{I}_{C\Sigma} \tag{3-8}$$

式中，$\dot{I}_{C\Sigma}$为全系统的对地电容电流。

由于 $\dot{I}_{C\Sigma}$与 $\dot{I}_L$ 的相位相差 180°，因此 $\dot{I}_f$ 因消弧线圈的补偿而减小。相似地，可以做出它的零序等效网络，如图 3-20b 所示。

根据对电容电流补偿程度的不同，消弧线圈可以由完全补偿、欠补偿及过补偿三种补偿方式。三种补偿情况下的运行方式在 3.2.1 节中已讲述。

当采用过补偿方式时，接地点残余电流呈感性，故障线路零序电流幅值可能大于非故障线路，二者的方向也可能一致，因此，难以通过比较零序电流的幅值或方向选择故障线路。采用完全补偿方式时，接地电容电流被电感电流完全抵消掉，流经故障线路和非故障线路的零序电流都是本身的对地电容电流的 1/3，方向都是由母线流向线路。在这种情况下，利用稳态零序电流的大小和方向都无法判断出哪一条线路发生了故障。

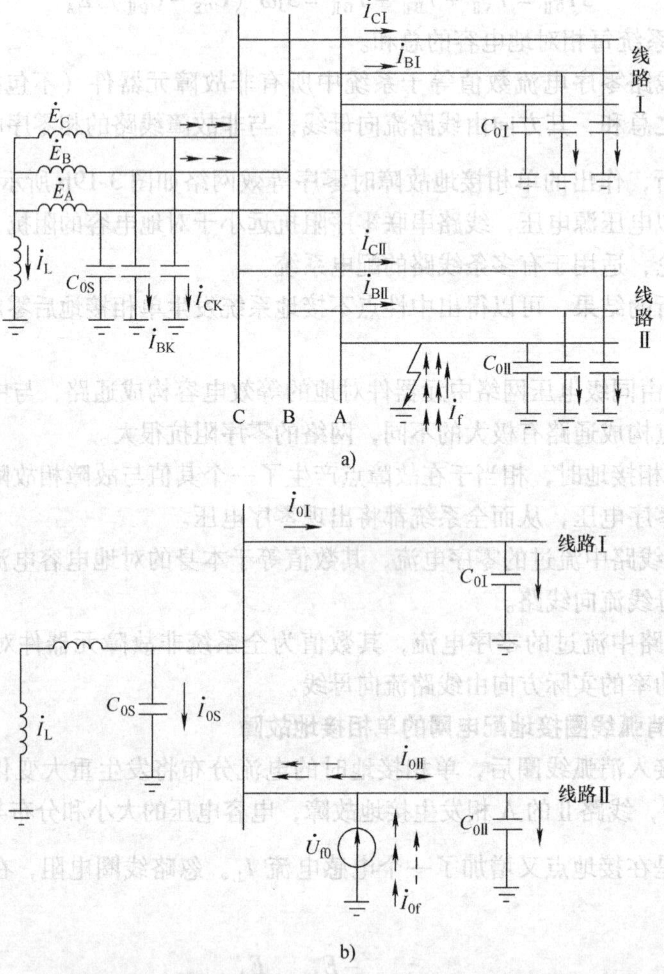

图 3-20　中性点经消弧线圈接地配电网单相接地时的电流分布与零序等效网络

a）网络接线与电流分布图　b）零序等效网络

3.3　单相接地故障选线原理

中性点非有效接地配电网发生单相接地故障时，不影响对负荷的供电，一般情况下，允许配电网继续运行 1 ~ 2h。但配电网带单相接地故障长期运行，接地电弧以及在非故障相产生的过电压，可能会烧坏电气设备或造成绝缘薄弱点击穿，引起短路，导致跳闸停电。因此，非有效接地配电网应装设单相接地保护，在发生单相接地故障后，选出故障线路并动作于信号，以便运行人员及时采取措施消除故障。

3.3.1　单相接地故障选线的意义

（1）可降低设备绝缘污闪事故率　系统在带单相接地故障运行时，非故障相电压升为线电压，这使得污秽设备在线电压的作用下加速了沿面放电的发展，更容易造成一些污闪的恶性事故。在某些污秽较严重的地方，污闪事故成为系统的突出事故。

（2）可降低电压互感器等电气设备的绝缘事故率　当发生单相接地故障时，电压互感器铁心可能会出现饱和现象，在线电压作用下会产生并联谐振状态，使得电压互感器励磁电流大幅度增加，因此在线电压作用下，互感器的高压熔断器可能会频繁熔断，过热喷油或爆炸事故不断发生。

（3）可降低形成两相异地短路和相间直接短路的机会　系统不可避免地存在绝缘弱点，系统在单相接地故障运行期间，由于电压升高和过电压的作用，很容易发生两相异地短路，使事故扩大。单相接地电弧还可能直接波及相间，形成相间直接短路，在许多情况下，单相弧光接地会很快发展为母线短路，在电动力的作用下，短路电弧会向着备用电源方向跳跃，可能造成“火烧连营”事故。

（4）减小对电缆绝缘的劣化影响　10kV 配电网很多都是电缆出线或是电缆—架空线的出线形式。温度对电缆绝缘的影响很大，超过长期允许工作温度，电缆绝缘会加速劣化。实际已运行的许多电力电缆，其长期允许载流量和电缆实际工作电流之间并无多大裕度，这样使得电缆长期发热严重，在单相接地故障运行情况下，线电压的作用使电缆绝缘劣化加速，一旦形成相间短路，则短路电流产生的温升将进一步加速绝缘劣化。因此在单相接地时会有电缆放炮和绝缘损伤的情况发生。

（5）可减小无间隙氧化锌接闪器（MOA）的故障率　我国国标规定的非有效接地系统 MOA 的持续运行电压为系统运行相电压的 1.15 倍，其值低于系统运行线电压。当发生单相接地故障持续时间较长时，MOA 就要经常承受线电压的作用，这样会加速 MOA 的劣化，导致接闪器的损坏和爆炸。

3.3.2　非有效接地配电网单相接地的主要特征

非有效接地电网发生单相接地故障时的原理性分析已在 3.2 节做了论述，这里只是对其中与单相接地故障选线有关的规律作一总结。

（1）系统正常运行时没有零序电压，电压互感器二次开口三角的电压通常小于 5V，这个电压是由电压互感器的不对称及系统电压的不对称造成的。发生单相接地后，由于系统失去了对称性，中性点发生偏移，将有很大的零序电压产生，这时电压互感器二次开口三角输出电压在 30～100V 之间。对于金属性接地，开口电压为 100V，非金属性接地情况下，电压将小于 100V。

（2）发生单相接地时，非接地线路的零序电流为该线路对地等效电容电流，相位超前于零序电压 90°。

（3）对于中性点不接地电网，发生单相接地故障线路的零序电流为所有非接地线路的零序电流之和加上母线上各种设备如变压器、电压互感器等对地等效电容电流，因此数值上应该最大，且相位与正常线路零序电流相反，也就是滞后零序电压 90°，根据这种关系可以识别出故障线路。

(4) 对于中性点经消弧线圈接地的电网，消弧线圈容量选择一般为过补偿。由于消弧线圈的过补偿作用，这时故障线路上的零序电流不再与正常线路零序电流反相，而是同相，数值上也不一定最大。故障线路的零序电流与非故障线路的零序电流不再有特征上的差别，不能识别出故障线路。

3.3.3 利用稳态电气量的单相接地故障选线方法

现有的单相接地故障选线基本都是利用稳态信号。下面对这些工作原理进行简介。

1. 接地监视法

利用配电网发生单相接地故障后出现零序电压这一特点，可以监视是否发生了单相接地故障。一般是在配电网的母线处装设接地监视（又称绝缘监察）继电器，接入电压互感器二次侧开口三角形绕组端子上的零序电压，在出现零序电压后，继电器延时动作于信号。

由于同一母线上的线路任何一处发生接地故障，都将出现零序电压，因此，这种绝缘监视方法不能检出故障线路，没有选择性。要想判别故障是在哪一条线路上，还需要由运行人员依次短时断开每条线路，当断开某条线路时，零序电压信号消失，即表明故障是在该线路上。

2. 零序电流选线法

零序电流保护利用故障线路零序电流大于非故障线路的特点选择故障线路，动作于信号或跳闸。当某一线路上发生单相接地时，非故障线路上的零序电流为本身的电容电流，因此，为了保证动作的选择性，保护装置的起动电流应大于本线路的电容电流。

基于这种原理的故障选线装置一般是在各馈线加装零序电流互感器，利用互感器检测发生单相接地故障的零序电流选出故障线路。这种方法简单、易行，基本上能满足选线的准确性，特别适合于中性点不接地配电网系统，只要配电网单相接地电流满足零序电流互感器灵敏度的要求，就可以准确地检测出发生单相接地的故障线路。但是随着电网的发展，我国许多配电网采用消弧线圈进行补偿，特别是大量的自动跟踪补偿消弧装置在电网中得到了应用，由于对其结构进行了完善，可以工作在过补偿、欠补偿和全补偿三种状态，这使得故障点的残流变得非常小，以致于线路的零序电流很小，小到不能满足电流互感器的灵敏度，基于零序电流选线的故障选线装置就选不出故障线路。

零序电流保护不适用于中性点经消弧线圈接地的配电网，因为消弧线圈的电感电流与接地电容电流相互抵消，可使故障线路零序电流小于非故障线路。

3. 零序功率方向选线法

利用故障线路与非故障线路零序功率方向不同的特点构成选线原理，其实质是测量母线处零序电压与线路零序电流之间的相位关系，如果线路的零序电流超前零序电压 90°，则判断该线路是故障线路。由于不需要躲开本线路零序电流，这种保护的灵敏度要高一些。

零序功率方向保护也不适用于中性点经消弧线圈接地配电网。受消弧线圈影响，故障线路零序电流很微弱，保护灵敏度很低，并且配电网一般是工作于过补偿状态，单相接地后故障线路零序功率方向可能与非故障线路一致，使故障选线原理失效。

4. 零序电流群体比较选线法

零序电流群体比较故障选线法包括群体比幅和比相两种。装置采集并比较同一母线上所有出线的零序电流的幅值或相位，选择零序电流幅值最大或相位与其他线路相反的线路为故障线路。这两种方法均不存在躲开本线路零序电流的问题，检测灵敏度比较高，但需要同时采集并比较同母线上所有出线的零序电流，保护构成较复杂。

显然，零序电流群体比较选线法同样不适用于中性点经消弧线圈接地的配电网。此外，当母线发生接地故障时，比幅法会将电容电流最大的出线误判为故障线路。

5. 5 次谐波选线法

由于故障点电弧、电气设备的非线性影响，单相接地故障电流中存在着谐波信号，其中以 5 次谐波分量为主。

在电力系统中含量比较大的谐波主要是奇次谐波，且随着谐波频率的增加，含量越来越少。3 次谐波电流会在变压器三角形一侧形成环流。因此一般认为其含量很小，选线判据主要采用 5 次谐波分量。不过，系统中的谐波含量往往并不是很确定的，而是受运行情况、设备性能等因素的影响，因此把谐波作为判断故障的依据也存在着可靠性的问题。

谐波之所以可以利用，主要在于消弧线圈的补偿仅仅是针对零序基波电流的，其总容量依据电网的总电容电流来确定，因此消弧线圈的电抗 X_L 满足

$$X_L = \omega_0 L = \eta \frac{1}{\omega_0 C_{0\Sigma}} = \eta X_C \tag{3-9}$$

式中，η 为消弧线圈的补偿系数。

对于 5 次谐波，在一定的中性点谐波电压作用下，电容的容抗将减小至基波情况的 1/5，而消弧线圈的电抗则要增加为基波情况的 5 倍。可见对于 5 次谐波电流，消弧线圈的阻抗要比全部分布电容的阻抗大得多，因而消弧线圈的补偿作用不会对 5 次零序谐波电流的大小和方向产生太大影响。即使在中性点经消弧线圈接地配电网中，故障线路的 5 次谐波电流仍然具有比非故障线路大且方向相反的特点，据此可以构成单相接地故障选线。

因为故障电流中 5 次谐波含量很小，5 次谐波选线法的缺点是灵敏度较低。为此，有人提出了谐波二次方和法，主要是将 3、5、7 次等高次谐波分量求二次方和后作为故障选线信号，这样虽然能在一定程度上克服单一的 5 次谐波信号小的缺点，但并不能从根本上解决问题。

6. 零序有功功率选线法

配电网线路存在串联电阻和对地电导，接地故障电流中含有有功分量。根据接地故障零序等效电路，故障线路感受到的零序有功功率是所有非故障线路零序有功损耗以及消弧线圈有功损耗之和，方向由线路流向母线；而非故障线路上的零序有功功率是线路本身的有功损耗，方向由母线流向线路。因此，故障线路零序有功功率远大于非故障线路，且方向相反，利用这一特点可以构成单相接地故障选线。

零序有功功率选线法的优点是不受线弧线圈补偿度影响，但灵敏度较低，因为故障电流中零序有功分量非常小。

7. 注入信号寻迹选线法

单相接地时，故障相电压互感器一次侧被短接，暂时处于不工作状态，通过故障相电压互感器向接地线路注入一个特定的电流信号，注入信号会沿着接地线路经接地点注入大地，利用固定安装的或手持的信号接收器，检测某一出线是否有注入信号流过，即可选择出故障线路。此方法还能够确定故障点位置，利用手持信号接收器沿故障线路检测，信号消失处就是故障点。

信号注入法的可靠性较其他稳态方法有较大的提高。该技术的不足之处是需要安装信号

注入设备，注入信号的强度受电压互感器容量限制；在接地电阻较大时，非故障线路的分布电容会对注入的信号分流，给选线和定位带来干扰；如接地点存在间歇性电弧，注入的信号在线路中将不连续，给检测带来困难。

8. 瞬间投入接地电阻选线法

为克服因故障电流微弱带来的检测困难，可在配电网发生接地故障后，在配电网中性点与地之间瞬间投入一电阻元件，以产生较大的故障电流，使利用零序电流、零序无功功率以及零序有功功率的选线装置可靠动作，选出故障线路。这一方法在欧洲一些国家获得了广泛应用，我国也开发出类似装置。其不足之处是保护构成较复杂，电阻投入后，造成接地电流增加，易引起相间短路故障，造成事故扩大。

事实上，由于接地电流比较小，相当一部分故障的接地点存在间歇性电弧，造成电压、电流信号严重畸变，影响利用稳态信号的选线装置的正确动作。总体来说，利用稳态信号的选线装置实际运行效果还不尽人意。时至今日，许多供电企业不得不用人工拉路的方法选择故障线路。人工拉路会造成非故障线路供电短时中断，影响用户用电设备的正常工作，在越来越重视电能质量的今天是十分不可取的。

利用稳态量选线原理的主要缺点在于有用信号的含量可能较小，导致信噪比过低而发生误选。针对这些缺点，有两种改进途径：一种是设计更好的硬件结构进行滤波、滤除噪声；另一种是利用软件的方法通过各种滤波算法进行消噪处理。

3.3.4 利用暂态电气量的单相接地故障选线方法

人们很早就认识到，利用暂态信号进行故障选线，能够解决保护灵敏度低的问题，并且能够消除消弧线圈补偿度影响。现代计算机技术的发展，为开发性能完善的利用暂态信号的选线装置创造了条件。近年来，利用暂态信号的单相接地故障选线技术的研究取得了重要突破，故障选线的灵敏度及可靠性显著提高，装置现场运行效果良好。

1. 单相接地故障暂态信号的特征

当发生单相接地故障时，接地电容电流的暂态分量可能较其稳态值大很多倍。图 3-21 给出了经消弧线圈接地配电网单相接地故障时的暂态过程等效电路。在图 3-21 中，C 表示电网的三相对地电容总和，L_0 表示三相线路和变压器等在零序回路中的等效电感，R_0 表示零序回路中的等效电阻（包括故障点的接地电阻、导线电阻和大地电阻），r_L、L 分别表示为消弧线圈的有功损耗电阻和电感，u_0 为零序电压。

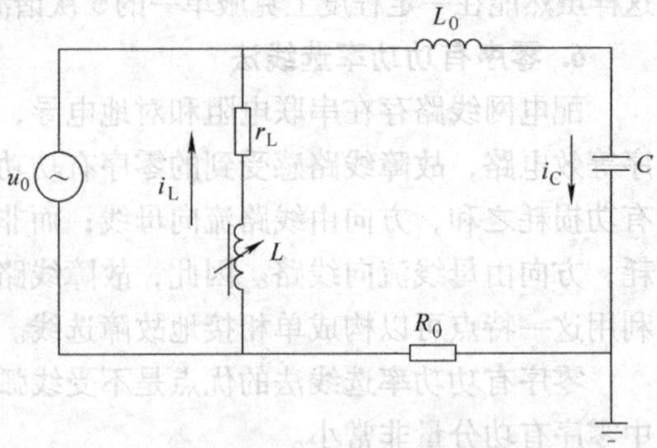

图 3-21　单相接地故障时暂态过程等效电路

通过建立电路微分方程，考虑初始条件，可得暂态电容电流为

$$i_C = I_{Cm}\left[\left(\frac{\omega_f}{\omega}\sin\varphi\sin\omega_f t - \cos\varphi\cos\omega_f t\right)e^{-\delta t} + \cos(\omega t + \varphi)\right] \tag{3-10}$$

式中，I_{Cm} 为电容电流的幅值；ω_f 为暂态自由振荡分量的角频率；ω 为工频；δ 为自由振荡分量的衰减系数，$\delta = \dfrac{R_0}{2L_0}$。

同理，可求出消弧线圈的电感电流为

$$i_L = I_{Lm}[\cos\varphi e^{-\frac{t}{\tau_L}} - \cos(\omega t + \varphi)] \tag{3-11}$$

式中，I_{Lm}为电感电流的幅值；τ_L为电感回路的时间常数。

在一般情况下，由于电网中绝缘被击穿而引起的接地故障，经常发生在相电压接近于最大值的瞬间，因此可以将暂态电容电流看成是如下两个电流之和：①由于故障相电压突然降低而引起的放电电容电流，它通过母线而流向故障点，放电电流衰减很快，其振荡频率高达数千赫，振荡频率主要决定于电网中线路的参数、故障点的位置以及过渡电阻的数值；②非故障相电压突然升高而引起的充电电容电流，它要通过电源而成回路，由于整个流通回路的电感增大，因此，充电电流衰减较慢，振荡频率也较低。故障点的总电流为上述放电电流与充电电流之和。

对于中性点经消弧线圈接地的电网，当故障发生在相电压接近于最大值瞬间时，$i_L=0$，因此，暂态电容电流较暂态电感电流大很多。在同一电网中，不论中性点不接地或是经消弧线圈接地，在相电压接近最大值发生故障的瞬间，其过渡过程是近似相同的。由于暂态电流的幅值和频率主要是由暂态电容电流所确定的，从而经消弧线圈接地配电网的暂态电容电流分布与不接地配电网的稳态电容电流分布情况类似，如图 3-22 所示。

2. 初始极性比较选线法

接地电流从故障线路流向母线，并经过其他健全线路的电容返回故障点，因此，故障线路零序电流与母线处的零序电压的初始极性是相反的，而非故障线路的零序电流与零序电压的初始极性是相同的，据此可以选择故障线路。由于主要是利用故障开始半个周波内的信号，因此，这种初始极性比较保护又称为首半波保护。

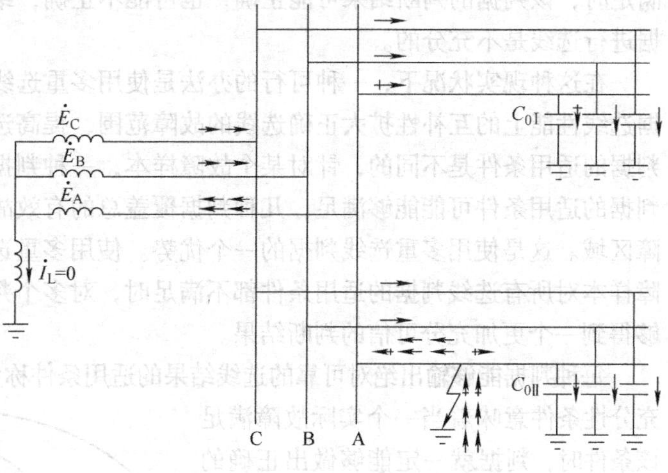

图 3-22 单相接地的暂态电流分布

注：⇀表示故障相的放电电流，→表示非故障相的充电电流。

首半波保护最早是在 20 世纪 50 年代由德国人提出的，我国在 20 世纪 70 年代推出过基于这种原理的晶体管式保护装置。首半波法实际应用效果并不理想。究其原因，受当时技术手段的限制，难以可靠地识别出暂态零序电压、电流的初始极性。实际上，暂态初始零序电压、电流的极性关系，受短路相角、线路结构和参数的影响很大，二者之间的极性关系往往在故障开始 1ms 后就发生变化，容易造成保护误判断。

3. 暂态电流比较选线法

进入 20 世纪 90 年代，使用现代微电子及计算机技术，可以很容易地以数万赫兹的采样频率，高速地采集、记录单相接地故障产生的暂态信号，并应用数学算法对其进行分析处理，因此，对利用暂态信号的单相接地故障选线的研究又活跃了起来。

非有效接地配电网发生单相接地故障时，忽略消弧线圈的影响，暂态零序电流与稳态零序电流在中性点不接地配电网里的分布特征类似，即故障线路暂态零序电流是所有非故障线路及电源零序电容电流之和，故障线路暂态零序电流幅值远大于非故障线路暂态零序电流且极性相反。据此，人们提出了比较同一母线上所有出线暂态零序电流幅值和极性的保护，零序电流幅值最大或极性与其他线路相反者被判定为故障线路。

暂态电流比较选线法具有简单、易于实现的优点，但从理论上分析，并不是很严格，用于实际选线有可能出现误判断。应用暂态信号，自然会遇到选择数据时间窗口的问题。如果窗口时间选得过小，信号利用不充分，影响检测灵敏度及抗干扰能力；反之，窗口选得过长，信号中稳态分量作用变大，受消弧线圈电流的影响，可能造成选线失败。

3.3.5 多种选线方法的融合

非有效接地电网单相接地故障状况复杂多样，所表现出来的故障特征在形式及大小上都变化无常。在这种状况下，仅利用故障某一方面的特征构造单一型选线判据具有片面性，当该种故障特征表现不明显时，选线结果可能是错误的，这是非有效接地系统单相接地故障选线可靠性不高的根本原因。理论和实践都表明，没有一种选线方法能够保证对所有故障类型都有效，每种选线判据都有一定的适用范围，也都有各自的局限性，需要满足一定的适用条件。当一个故障具备该判据的适用条件时，该判据一定可以做出正确的判断；当适用条件不满足时，该判据的判断结果可能正确，也可能不正确，结果是不可信的。所以，仅靠一种判据进行选线是不充分的。

在这种现实状况下，一种可行的办法是使用多重选线判据来构成综合判据，利用各种判据选线性能上的互补性扩大正确选线的故障范围，提高选线结果的可靠性。因为每一种选线判据的适用条件是不同的，针对某个故障样本，一种判据的适用条件可能不满足，但另一种判据的适用条件可能能够满足，几种判据覆盖总的有效故障区域必然大于单个判据的有效故障区域。这是使用多重选线判据的一个优势。使用多重选线判据的另一个优势是：当一个故障样本对所有选线判据的适用条件都不满足时，对多个判据不充分的选线结果进行融合，能够得到一个更加充分可信的判断结果。

每种判据能够输出绝对可靠的选线结果的适用条件称为该判据的充分性条件。单个判据的充分性条件意味着当一个实际故障满足该条件时，判据就一定能够做出正确的判断。判据的充分性条件对应于故障特征的一个区域，称为判据的充分性特征域。各个判据的充分性特征域与整个故障域的关系可表示为图3-23。当一个故障落在判据的充分性特征域内时，只需调用该判据进行选线即可，不需要其他判据参与。但所有判据的充分性特征域总和并不一定能够完全覆盖整个故障域。位于充分性特征域以外的故障，需要利用多重判据所提供的故障信息融合来得到一个可靠的选线结果。利用单判据的充分性特征域，以及多种故障信息的融合，若满足故障域内的每一个故障都能够做出正确的选线，就实现了综合选线判据的充分性条件。综合选线策略的最终目标就是要构造满足充分性条件的综合选线判据。这里所谓的故障域，泛指一个电网中可能发生的、能够被绝缘监视系统感受到的一切单相接地故障。

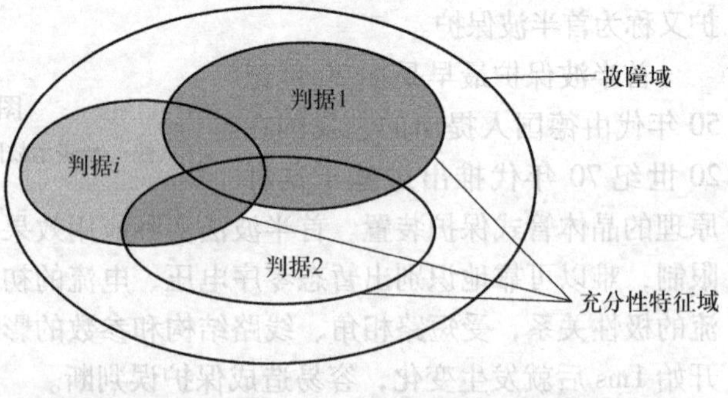

图 3-23　单判据的充分性特征域与故障域的关系

3.3.6　选线装置的起动方案

非有效接地配电网对地阻抗大，经常会有零序电压产生，零序电压具有如下特点：

(1) 发生单相接地故障时有零序电压产生，零序电压存在于整个配电网。

(2) 架空线路三相对地电容不对称也产生零序电压。

(3) 断线故障引起三相对地电容及负荷不对称，同样产生零序电压。

(4) 非有效接地系统相间短路故障或三相短路故障不会产生零序电压。

单相接地故障时，为了排除干扰信号影响，实现可靠起动，可利用零序电压或三相电压的工频变化量作为故障起动条件。

1. 零序电压起动

在变电所内一般均配备三相电压互感器或专用零序电压互感器，检测电网零序电压的瞬时值是否超过设定的整定值，当零序电压超过整定值，记录故障前后的数据，进行接地故障检测，整定值一般设定为 20% 额定相电压幅值。为了进一步消除三相不对称度的影响，可采用相邻两周波的零序电压变化量作为故障选线的启动判断。

当电网中产生大的干扰时，在这个过程中零序电压的变化量可能超过设定的整定值，导致选线程序误起动。通过分析干扰波形和故障波形的异同处可知，虽然开始的一两个周波无法区分大干扰和故障，但是之后的几个周波两者的区别却是很明显的。干扰过后，零序电压又趋近于零，而接地故障发生后，直到故障消除前，零序电压都保持很大的值，所以在起动条件中增加检测零序电压在稳态周波的有效值可避免大干扰带来的误判。

由上述分析可知，为了保证可靠起动，利用零序电压工频稳态幅值超越一预设门槛作为起动条件，或者用瞬时值起动后再利用工频稳态幅值作为校验条件。

由于三相系统不平衡，正常工作时母线也会出现一定的零序电压，一般小于相电压的 15% 。因此。零序电压的起动门槛可选为相电压的 20%。

2. 三相电压起动

单相接地故障时，故障相电压下降而健全相电压上升，因此可利用一相或两相电压超越一预设门槛值作为故障起动条件。

3.3.7　单相接地故障选线的难点

非有效接地系统单相接地故障选线问题之所以难以解决，有以下几点主要原因：

(1) 故障边界复杂、随机性强，难以用单一统计模型描述。

(2) 故障稳态分量小，给信号的检测和选线判断造成困难。特别是经消弧线圈接地系统，流过故障线路的稳态电流十分微弱，甚至比健全线路感受到的电流变化还小。故障信号叠加在负荷电流上，稳态幅值小，而且环境电磁干扰相对很大，加上零序回路对高次谐波及各种暂态量的放大作用，使得检出的故障稳态分量信噪比非常低。

(3) 影响非有效接地系统故障选线准确性和可靠性的因素很多：

1) 消弧线圈失谐度的影响。对于中性点经消弧线圈接地系统，失谐度表示电流谐振等效回路的不同工作状态和偏离谐振的程度。当电流谐振回路恰好在谐振点工作时，即全补偿状态时，残流中仅含有有功分量，此残流幅值最小，且与零序性质的中性点位移电压同相位。当电流谐振回路在欠补偿状态下工作时，残流中不仅含有有功分量，同时含有容性无功电流分量，其幅值明显大于全补偿状态时的幅值，残流的相位领先于零序性质的中性点位移电压。当电流谐振回路在过补偿状态下工作时，残流中不仅含有有功分量，同时含有感性无功电流分量，同样其幅值明显增大，相位滞后中性点位移电压。

2）线路长短及结构的影响。非有效接地系统单相接地故障电流由线路对地电容产生，线路的对地电容与线路的长短和结构关系密切。一般来说，单位长度电缆线路的对地电容比架空线路大，且线路对地电容与线路长度成正比。因此，系统发生单相接地故障时，相同长度电缆线路的零序电流比架空线路的大，且暂态过程更为明显，自由振荡频率更高。

3）故障合闸角的影响。非有效接地系统单相接地故障一般发生在相电压峰值附近，可以产生明显的暂态电流，但是单相接地故障也可能发生在相电压过零附近，此时故障零序电流中高频暂态量很小，感性衰减直流分量很大。

4）电流互感器特性的影响。在理想的电流互感器中，励磁损耗电流为零，在数值上一次绕组和二次绕组的安匝数相等，并且一次电流和二次电流的相位不相同。但是，在实际的电流互感器中，由于励磁电流的存在，所以一次绕组和二次绕组的安匝数不相等，并且一次电流和二次电流的相位不相同。因此，实际的电流互感器通常有电流比误差和相位上的角度误差。实际应用中，中低压电网中电流互感器的饱和时有发生。

5）中性点经消弧线圈接地系统中存在零序瞬时功率倒相问题。由于系统运行方式的改变，消弧线圈突然进入全补偿状态而可能发生的“虚幻接地”现象会对准确选线造成困难。

6）电压互感器特性的影响。与电流互感器相似，电压互感器由于其传变特性不一致，也存在电压误差和相位误差，且作为起动条件的零序电压必须通过并联在母线上的电压互感器得到，电压互感器的铁磁谐振现象会对选线造成大干扰。

(4) 虽然选线与自动补偿装置一体化是一种有前途的解决方案，但是现场已装设了自动补偿装置，故仍需研究功能独立的故障选线技术。

(5) 尚需解决好故障选线灵敏启动与选线可靠性的问题。

(6) 各种选线方法都有局限性，普遍适用方法很难找到，如何解决好多种选线判据有效融合也是一个重要问题。

3.4　配电网弧光过电压

单相接地是配电网的主要故障形式，在单相接地故障中，绝大部分为电弧不稳定，处于时燃时灭的状态，这种间歇性电弧接地使系统工作状态时刻在变化，导致电网中电感、电容回路的电磁振荡，产生遍及全系统的过电压，这就是间歇性电弧接地过电压，也称弧光接地过电压。

是否在单相接地时产生间隙电弧，与系统单相接地电流大小直接相关。若系统较小，线路又不长，其单相接地电容电流也小，一些暂时性单相弧光接地故障（鸟害、雷击等）导致的接地电弧可自动熄灭，系统很快恢复正常。随着电网的发展和电缆出线的增多，单相接地电流会成比例地增长。运行经验表明，6~10kV 线路电容电流超过 30A，20~60kV 线路电容电流超过 10A 时，接地电弧将难以自动熄灭。

3.4.1　弧光过电压的物理过程

由于产生间歇电弧的具体情况不同，如电弧部位介质（空气、油、固体介质）不同、外界气象条件（风、雨、温度、湿度、气压等）不同，实际过电压发展的过程是极其复杂的，因此，理论分析只不过是对这些极其复杂并具有统计性的燃弧过程进行理想化后作的解释。长期以来，多数研究者认为电弧的熄灭与重燃时间是决定最大过电压的重要因素。以工频电流过零时电弧熄灭来解释间歇电弧接地过电压发展过程，即为工频熄弧理论。以高频振荡电流第一次过零时电弧熄灭来解释间隙电弧接地过电压的发展过程，则为高频熄弧理论。高频熄弧与工频熄弧两种理论的分析方法和考虑因素是相同的，但与系统实测值相比较，高频理论分析所得过电压值偏高，工频理论分析所得过电压值则较接近实际情况。故本书中只讨论工频熄弧理论解释间隙电弧接地过电压的发展过程。

假定A相电弧接地，等效电路如图3-17所示，三相电源电压为 e_A、e_B、e_C，接地电流为 i_f，各相对地电压 u_A、u_B、u_C，A相接地时过电压的发展过程和波形如图3-24所示。若A相电压在幅值 $-U_{xg}$ 时对地闪络，则A相电压将从最大值突降为零，此时非故障相B、C相对地电压要从原来的按相应的电源电压规律变化，变为按线电压规律变化，即由对地电容上的初始电压 $0.5U_{xg}$ 过渡到 $1.5U_{xg}$。显然发弧前与发弧后电容上的电压不等，u_B、u_C 的这种改变是通过电源经过本身的漏抗对B、C相的对地电容充电，这是一个高频振荡的过程。在振荡过程中，当回路中的电容电压过渡到另一稳态值 U_w 时，过渡过程中可能出现的最大电压为

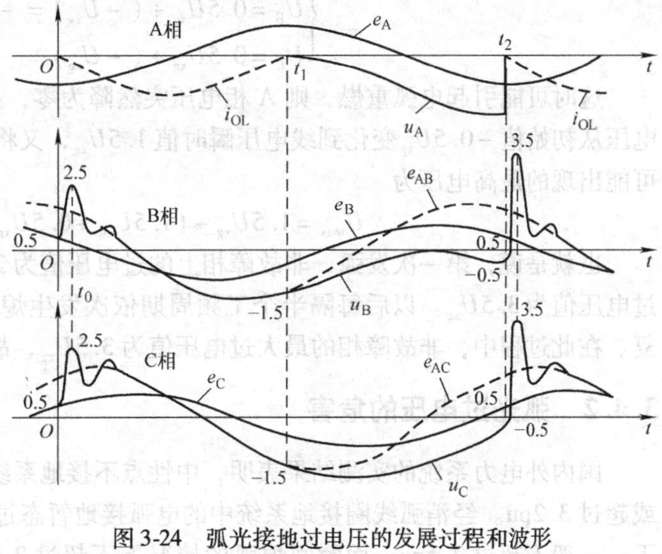

图3-24　弧光接地过电压的发展过程和波形

$$U_{max}=U_w+(U_w-U_0) \tag{3-12}$$

式中，U_{max} 为弧光过电压的最大值；U_w 为过渡过程结束后的稳态值；U_0 为对地电容的初始电压。

由此可计算出非故障相对地电压在振荡过程中出现的最高电压为

$$U_{max}=1.5U_{xg}+(1.5U_{xg}-0.5U_{xg})=2.5U_{xg} \tag{3-13}$$

其后，过渡过程很快衰减，B、C相对地电压 u_B、u_C 分别按线电压 e_{AB}、e_{AC} 规律变化，而A相仍电弧接地，其对地电压 u_A 为零。

经过半个工频周期，A相电源电压 e_A 达到正的最大值，A相接地电流 i_f 通过零点，电弧自动熄灭，即第一次熄弧，电弧的持续时间为半个工频周波。在熄弧瞬间，B、C相电压等于 $-1.5U_{xg}$，A相对地电压为零。熄弧后，非故障相对地电容上的电荷重新分配到三相对地电容上，系统对地电容上的电荷量为

$$q=0\times C_0+(-1.5U_{xg})\times C_0+(-1.5U_{xg})\times C_0=-3C_0U_{xg} \tag{3-14}$$

由于供电系统是中性点不接地运行方式，这些电荷无处泄漏，仍留在系统中，于是在三相对地电容间平均分配，在系统中形成一个直流电压分量：

$$U_0 = \frac{q}{3C_0} = -U_{xg} \tag{3-15}$$

即各相对地电容上叠加了一个直流分量，其数值为 $-U_{xg}$。所以电弧熄灭后，每相导线对地稳态电压由各自电源电动势和直流电压 $-U_{xg}$ 叠加而成，即

$$\begin{cases} U_A = U_{xg} + (-U_{xg}) = 0 \\ U_B = -0.5U_{xg} + (-U_{xg}) = -1.5U_{xg} \\ U_C = -0.5U_{xg} + (-U_{xg}) = -1.5U_{xg} \end{cases} \tag{3-16}$$

熄弧后，A 相电压逐渐恢复，又经过 0.01s 后，原 A 相电压达到最大值，此时 A 相、B 相、C 相的电压分别是

$$\begin{cases} U_A = -U_{xg} + (-U_{xg}) = -2U_{xg} \\ U_B = 0.5U_{xg} + (-U_{xg}) = -0.5U_{xg} \\ U_C = 0.5U_{xg} + (-U_{xg}) = -0.5U_{xg} \end{cases} \tag{3-17}$$

这时可能引起电弧重燃，则 A 相电压突然降为零，系统再次出现过渡过程，B、C 两相电压从初始值 $-0.5U_{xg}$ 变化到线电压瞬时值 $1.5U_{xg}$，又将形成新的高频振荡，振荡过渡过程可能出现的最高电压为

$$U_{max} = 1.5U_{xg} + (1.5U_{xg} + 0.5U_{xg}) = 3.5U_{xg} \tag{3-18}$$

也就是说，第一次发弧，非故障相上的过电压值为 $2.5U_{xg}$，第二次发弧，非故障相上的过电压值为 $3.5U_{xg}$。以后每隔半个工频周期依次发生熄弧和重燃，过渡过程与上面完全重复。在此过程中，非故障相的最大过电压值为 $3.5U_{xg}$，故障相的最大过电压值为 $2U_{xg}$。

3.4.2 弧光过电压的危害

国内外电力系统的实测结果表明，中性点不接地系统中的电弧接地暂态过电压极少达到或超过 3.2pu。经消弧线圈接地系统中的电弧接地暂态过电压，在消弧线圈调谐良好的情况下，一般不超过 2.5pu；而瞬间熄弧的情况下不超过 2.3pu。中性点经电阻接地的系统中，最高不超过 2.5pu。但从过电压出现的概率方面考虑，根据上述以 2.0 pu 作参考值的统计，中性点不接地系统中，出现此值及以上过电压的概率约为 64%，电阻接地系统约为 34%，经消弧线圈接地系统仅为 5%。显然，相同倍数过电压出现的概率越高，则越加危险。

间隙电弧接地过电压幅值并不太高，对于现代的中性点不接地电网中的正常设备，因为它们具有较大的绝缘裕度，是能承受这种过电压的。但因为这种过电压持续时间长，过电压遍及全网，对网内装设的绝缘较差的老设备、线路上存在的绝缘弱点，尤其是直配电网中绝缘强度很低的旋转电机等都将存在较大的威胁，在一定程度上影响电网的安全运行，我国曾多次发生间隙电弧过电压造成的停电事故。因此，应对电弧接地过电压予以重视，防止电弧接地过电压的危害，使电气设备绝缘良好，为此应作好定期预防性试验和检修工作，运行中并应注意监视和维护工作（例如清除严重污垢等）。

3.4.3 弧光过电压的影响因素

产生弧光接地过电压的根本原因是不稳定的电弧过程。影响弧光接地过电压的主要因

素有：

（1）电弧过程的随机性　由于受到发生电弧部位的介质以及大气条件的影响，电弧的燃烧与熄灭具有强烈的随机性，直接影响弧光接地过电压的发展过程，使过电压数值具有统计性。

（2）导线相间电容的影响　图 3-25 为考虑相间电容时中性点不接地系统的等效电路，设线路完全对称，则 $C_1=C_2=C_3=C$，$C_{12}=C_{23}=C_{31}=C_m$。在故障点燃弧后，电路上 C_{12}与 C_2、C_{31}与 C_3 并联，但是燃弧前相间电容与相对地电容上的电压是不同的，因此在发弧后振荡过程之前，还会存在一个电荷重新分配的过程。其结果使健全相电压起始值增高，这就减少了与稳态值的差，从而使过电压降低。当然，这个相间电容的存在，对以后的熄弧及重燃也有类似的影响。

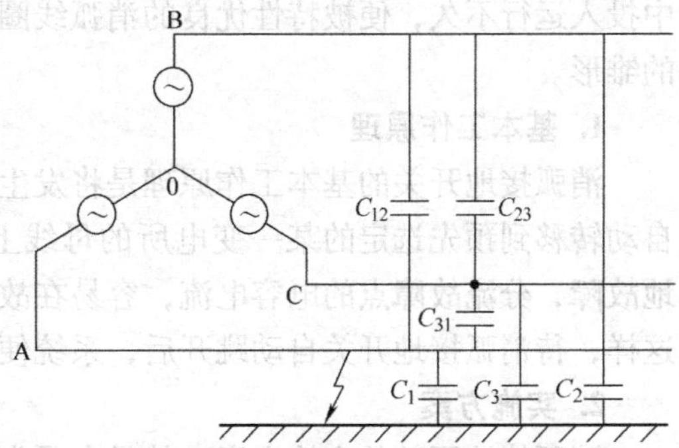

图 3-25　考虑相间电容时的等效电路

（3）电网的损耗电阻　如电源的内阻、导线的电阻、电弧的弧阻等，使振荡的回路存在有功损耗，加强了振荡的衰减。

（4）对地绝缘的泄漏电导　电弧熄灭后，电网对地电容中所储存的电荷，因绝缘有泄漏，不可能保持不变，电荷泄漏的快慢与线路绝缘表面状况及气象条件等因素有关。电荷泄漏使系统中性点位移减小，相应的弧光接地过电压有所下降。

3.4.4　弧光过电压的消除与抑制

防止产生弧光接地过电压的根本途径是消除间隙电弧。为此，根据系统实际运行状况可采取相应措施：

（1）系统中性点经小电阻接地。使系统在单相接地时产生较大的短路电流，迅速切除故障线路。故障切除后，线路对地电容中储存的电荷直接经中性点入地，系统中就不会出现弧光接地过电压，但它有跳闸率较高的缺点，所以此方案需要作经济技术比较后而定。

（2）系统中性点经消弧线圈接地。正确运用消弧线圈可补偿单相接地电流和降低弧道恢复电压上升速度，促使接地电弧自动熄灭，减小出现高幅值弧光接地过电压的概率，但不能认为消弧线圈能消除弧光接地过电压。在某些情况下，因有消弧线圈的作用，熄弧后原弧道恢复电压上升速度减慢，增长了去游离时间，有可能在恢复电压最大的最不利时刻发生重燃，使过电压仍然较高。

（3）在中性点不接地系统中，若线路过长，当运行条件许可时，可采用分网运行方式，减小电容电流，有利接地电弧的自熄。

（4）在实际系统中，为提高功率因数而装设星形（或三角形）联结的电容器组，则相当于加大了相间电容，一般不会产生严重的弧光接地过电压。

（5）在电容电流较小的系统里，采用高电阻接地降低弧光接地过电压的倍数，特别是电气设备绝缘水平较低的系统中，如高压电动机、电缆等场合。

3.4.5 消弧接地开关装置

消弧接地开关又称接地故障转移装置，是20世纪初期克莱顿和尼古尔生最先提出的解决线路绝缘闪络的一个措施。该措施原理简单，构成方便，虽然仅在110kV架空线路电网中投入运行不久，便被特性优良的消弧线圈所取代，但却由此构建成了近代单相自动重合闸的雏形。

1. 基本工作原理

消弧接地开关的基本工作原理是将发生在配电系统中的单相电弧接地故障从一个未知点自动转移到预先选定的某一变电所的母线上，形成电弧接地与金属接地相互并联的单相接地故障，分流故障点的电容电流，容易在故障点形成无电流间隙，促使接地电弧自行熄灭。这样，待消弧接地开关自动跳开后，系统便可恢复正常运行。

2. 实施方案

消弧接地开关的实施方案，就是在预先选定的变电所母线上，安装一组自动控制的单相接地断路器。在系统正常运行的情况下，该组断路器处于断开状态；当系统发生单相接地故障时，该相的断路器自动投入，根据设定程序相继重合，最后一次投入保持一定的接地时间，促使接地电弧的彻底熄灭。

3. 应用分析

当系统发生单相接地故障时，由于断路器的操动机构存在固有的时滞，待其投入后可能出现以下几种情况：

（1）若系统的接地电容电流较小，当接地电流过零熄弧后，因绝缘子或空气间隙的绝缘具有自恢复功能，所以只需中性点不接地运行即可，无需安装消弧接地开关。

（2）若系统的接地电容电流较大，在接地断路器自动投入之前，故障点已经形成相间短路或残流性接地故障，则转移必然失败。

（3）若遇单相金属性接地故障，不论接地电容电流的大小如何，则接地故障转移装置均无能为力。

（4）从分流熄弧原理方面考虑，消弧接地开关没有必要重合多次。因为，若第一次不成功，则第二、第三次成功的机会更低；其次，由于连续操作引起的系统扰动，反而对安全运行不利。所以，只需自动投入一次，并保持一定的持续接地时间，再自动断开即可。

（5）消弧接地开关或接地故障转移装置同样是不能消除电弧接地过电压的。若符合产生间歇电弧接地过电压的条件，那么，在接地断路器投入之前便已经发生了；若转移成功，则过电压的作用时间可以缩短；若转移不成功，待接地开关断开后，则过电压还会产生。

从以上的分析中不难看出，消弧接地开关或接地故障转移装置的应用范围是十分局限的，同时，因电缆网络中的单相永久接地故障较多，故此种消弧装置已不适用。

目前，我国市场上推出的消弧及过电压保护装置是由一组单相自动控制的接地开关装置和一组氧化锌接闪器组成的，其核心技术就是“消弧接地开关”，其原理如图3-26所示。图中，过电压保护器由ZnO非线性电阻和放电间隙组合而成，起限制系统过电压的作用。高压真空接触器接在母线与地之间。正常运行时处于断开状态，当接到控制器命令时，完成分相合闸动作，使弧光接地故障转化为金属性接地。该类装置现场应用效果达不到其说明书上的消弧效果，其作用有待进一步验证。

综上所述，任何接地方式，包括消弧接地开关在内，是不能消除电弧接地过电压的。若欲消除电弧接地过电压，则必须做到电网不再发生接地故障，因此完全防止由外部原因（大气过电压和外力破坏等）引起电网单相接地是十分不经济和不可行的，只有由内部原因（电气设备绝缘老化和缺陷等）引起的单相接地是可以竭力避免的。

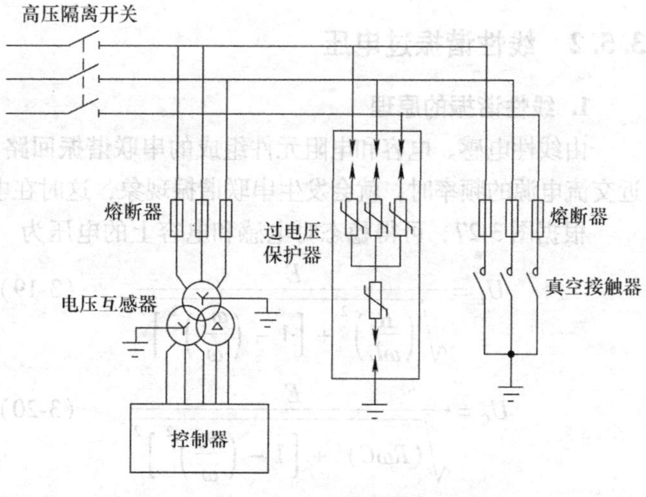

图 3-26　消弧过电压保护装置接线图

3.5　配电网谐振过电压

配电网中有许多电感元件和电容元件，例如电力变压器、电磁式互感器、消弧线圈、电抗器等为电感元件，而线路对地电容、相间电容、并联和串联电容器以及各种高压设备的杂散电容为电容元件。这些电感和电容均为储能元件，可能形成各种不同的谐振回路，在一定的条件下，会产生不同类型的谐振现象，引起谐振过电压。

配电网中的谐振过电压不仅会在操作或发生故障时的过渡过程中产生，而且可能在过渡过程结束以后较长时间内稳定的存在，直至进行新的操作破坏原回路的谐振条件为止。正是因为谐振过电压的持续时间长，所以其危害也大。谐振过电压不仅会危及电气设备的绝缘，还可能产生持续的过电流而烧毁设备，而且还可能影响过电压保护装置的工作条件。

3.5.1　谐振过电压分类

在不同电压等级以及不同结构的配电网中，会产生情况各异的谐振过电压。配电网中的电阻和电容元件，一般可认为是线性参数，而电感元件则有线性、非线性之分。由于振荡回路中包含不同特性的电感元件，相应配电网中的谐振过电压按其性质可分为下列类型。

1. 线性谐振过电压

线性谐振电路中的参数都是常数。谐振回路由不带铁心的电感元件（如线路的电感、变压器的漏感）或励磁特性接近线性的带铁心的电感元件（如消弧线圈）和系统中的电容元件所组成。在交流电源作用下，当系统的自振频率与电源频率相等或接近时，可引起线性谐振现象。

2. 非线性（铁磁）谐振过电压

配电网中最典型的非线性元件是铁心电感。非线性谐振回路由带铁心的电感元件（如空载变压器、电磁式电压互感器）和系统的电容元件组成。通常将这种非线性谐振称作铁磁谐振。这类铁磁电感参数不再是常数，而是随着电流或磁通的变化而变化。

3.5.2 线性谐振过电压

1. 线性谐振的原理

由线性电感、电容和电阻元件组成的串联谐振回路如图 3-27 所示。当电路的自振频率接近交流电源的频率时，就会发生串联谐振现象，这时在电感或电容元件上产生很高的过电压。

根据图 3-27，可得稳态时电感和电容上的电压为

$$U_{\mathrm{L}}=\frac{E}{\sqrt{\left(\frac{R}{\omega L}\right)^{2}+\left[1-\left(\frac{\omega_0}{\omega}\right)^{2}\right]^{2}}} \tag{3-19}$$

$$U_{\mathrm{C}}=\frac{E}{\sqrt{(R\omega C)^{2}+\left[1-\left(\frac{\omega_0}{\omega}\right)^{2}\right]^{2}}} \tag{3-20}$$

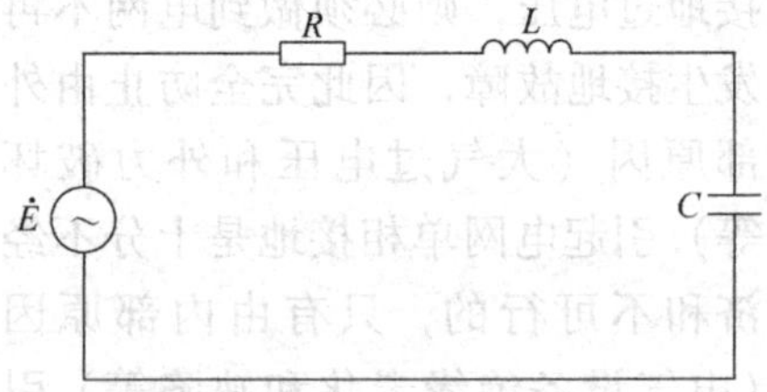

图 3-27 串联谐振回路

式中，ω 为电源的角频率；ω_0 为回路的自振角频率，$\omega_0=\frac{1}{\sqrt{LC}}$。

（1）当回路参数满足 $\omega=\omega_0$，即 $\omega L=\frac{1}{\omega C}$，这时回路中的电流只受电阻 R 的限制，电感上的电压等于电容上的电压，即

$$U_{\mathrm{L}}=U_{\mathrm{C}}=\frac{E}{R}\sqrt{\frac{L}{C}} \tag{3-21}$$

当回路电阻 R 较小时，会产生极高的谐振过电压，当 $R\to 0$ 时，过电压将趋于无穷大。

（2）当回路参数满足 $\omega<\omega_0$，即 $\omega L<\frac{1}{\omega C}$，这时回路中电容上的电压为

$$U_{\mathrm{C}}=\frac{E}{1-\left(\frac{\omega}{\omega_0}\right)^{2}} \tag{3-22}$$

电容上的电压总是大于电源电压。

（3）当回路参数满足 $\omega>\omega_0$，即 $\omega L>\frac{1}{\omega C}$，这时回路中电容上的电压为

$$U_{\mathrm{C}}=\frac{E}{\left(\frac{\omega}{\omega_0}\right)^{2}-1} \tag{3-23}$$

当$\frac{\omega}{\omega_0}\leqslant\sqrt{2}$时，电容上的电压等于或大于电源电压 E，而且随着$\frac{\omega}{\omega_0}$的增大，过电压很快下降。

2. 消弧线圈引起的线性谐振过电压

消弧线圈是带气隙的铁心电感，接在变压器的中性点上，在中性点不接地的配电网中，消弧线圈的主要作用是补偿系统单相接地故障的短路电流。就减小残流、熄灭接地电弧来说，消弧线圈的脱谐度越小越好。但实际系统中消弧线圈又不宜运行在全补偿状态，因为这样在系统正常运行时，由于电网三相对地电容不对称，可能在系统中性点上出现较大的位移电压。当系统接入消弧线圈后，恰好形成零序谐振回路，则在系统位移电压的作用下将发生

线性谐振现象。接有消弧线圈配电网的零序谐振回路如图 3-28 所示。

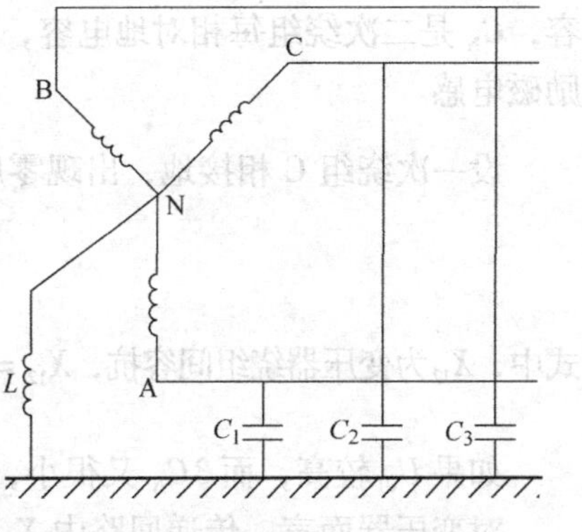

图 3-28　消弧线圈配电网的零序谐振回路

由图 3-28 可知，当系统正常运行时，利用节点电位法可求出中性点 N 上的位移电压为

$$U_N = -\frac{j\omega(C_1U_A + C_2U_B + C_3U_C)}{j\omega 3C_0 - j\frac{1}{\omega L}} \tag{3-24}$$

式中，$C_0 = \frac{C_1 + C_2 + C_3}{3}$。

通常系统三相电源是对称的，但各相对地电容，由于导线对地面不对称布置，一般并不相等，即 $C_1 \neq C_2 \neq C_3$。这样 $C_1U_A + C_2U_B + C_3U_C$ 将不等于零。而当消弧线圈 L 调谐至使脱谐度为零时，就有 $\omega L = \frac{1}{3\omega C_0}$，于是系统中性点位移电压将显著上升，这时由于消弧线圈调谐不当，系统发生了谐振现象。

通过上述分析可知，接入消弧线圈能起到补偿单相接地故障电流，并能降低故障点弧隙恢复电压的上升速度，而且脱谐度越小，其补偿作用越显著。但是，太小的脱谐度将导致正常运行时产生较大的中性点位移。因此，必须综合这两方面的要求确定合适的脱谐度。我国电力行业规程规定，中性点经消弧线圈接地系统应采用过补偿方式，其脱谐度不超过 10%，同时还要求中性点位移电压一般不超过相电压的 15%。

随着技术的进步，配电网中的消弧线圈一般采用随调式，即系统正常运行时，将消弧线圈的脱谐度调大，使其不放大系统的位移电压，而当系统发生单相接地故障时，自动调小脱谐度使其发挥补偿作用。但对这种调谐方式，要求消弧线圈应有尽快的响应时间，系统故障时能快速发挥补偿作用。

3. 变压器绕组间的电压传递

在配电网中，当发生不对称接地故障或断路器的不同期操作时，将会出现零序电压和零序电流，通过电容耦合和互感电磁耦合，会在变压器绕组之间产生工频电压传递现象；当变压器的高压绕组侧出现零序电压时，会通过绕组间的杂散电容传递至低压侧，危及低压绕组绝缘或接在低压绕组侧的电气设备。

在变压器的不同绕组之间发生电压传递的现象，如果传递的方向是从高压侧到低压侧，那就可能危及低压侧电气设备绝缘的安全。若与接在电源中性点的消弧线圈或电压互感器等铁磁元件组成谐振回路，还可能产生线性谐振或铁磁谐振的传递过电压。

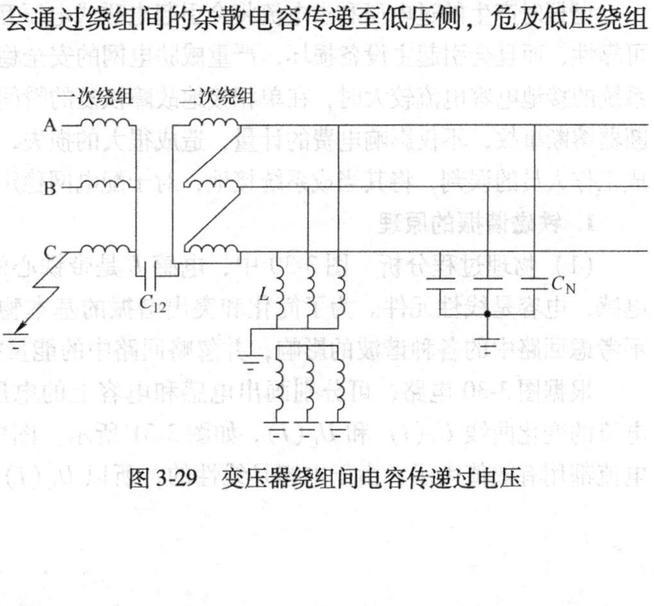

图 3-29　变压器绕组间电容传递过电压

在如图 3-29 所示的配电网中，C_{12}是变压器一次、二次绕组间电

容，C_N 是二次绕组每相对地电容，L 是二次绕组高压中性点接地的电磁式电压互感器每相励磁电感。

设一次绕组 C 相接地，出现零序电压 $\dot{U}_{01}$，则二次绕组上电压为

$$\dot{U}_{02}=\frac{X_2}{X_{12}+X_2}\dot{U}_{01} \tag{3-25}$$

式中，X_{12}为变压器绕组间容抗，$X_{12}=\dfrac{1}{\omega C_{12}}$；$X_2$ 为二次绕组侧对地综合阻抗，$X_2=\dfrac{\omega L}{3(1+\omega^2 C_N L)}$。

如果 $\dot{U}_{01}$ 较高，而 $3C_N$ 又很小，传递到二次侧的过电压可能达到危险程度。

对变压器而言，传递回路中 X_{12} 值固定，二次绕组三相对地电容 $3C_N$ 随接入电气设备及线路长度而异，电感 L 随中性点接地的电压互感器台数及其铁心饱和程度的不同而不同，即传递回路中的 X_2 是变化的，还可能是非线性的。X_2 变化要考虑 L 非线性的状况，随 X_2 的变化 $\dot{U}_{02}$ 大小和方向均有变化。

以图 3-29 为例，一次侧电网 C 相接地零序电压 $\dot{U}_{01}$ 大小等于相电压，当 $\dot{U}_{02}$ 与 $\dot{U}_{01}$ 同相或反相时，二次侧电网电压互感器都可以测得有零序电压，发出接地信号，电压表指示两相高一相低。此时，二次侧电网并没有接地故障，称此现象为虚幻接地。

抑制传递过电压的措施有：首先是避免出现系统中性点位移电压，如尽量使断路器三相同期操作；其次是装设消弧线圈后，应当保持一定的脱谐度，避免出现谐振条件；在低压绕组侧不装消弧线圈的情况下，可在低压侧加装三相对地电容，以增大 $3C_N$。

3.5.3　铁磁谐振过电压

在配电网中，为了监视绝缘（三相对地电压），变电站母线上常接有 Y_0 接线的电磁式电压互感器。当进行某些操作时，可能会导致电压互感器的励磁阻抗与系统的对地电容形成非线性谐振回路，由于回路参数及外界激发条件的不同，可产生基频、分频和高频铁磁谐振。经统计，电磁式电压互感器引起的铁磁谐振过电压是配电网中最常见、造成事故最多的一种内部过电压，必须高度重视。

谐振时产生的过电压和过电流将会引起电磁式电压互感器爆炸和停电事故，不仅影响供电可靠性，而且会引起主设备损坏，严重威胁电网的安全稳定运行。在中性点不接地系统中，当系统的接地电容电流较大时，在单相接地故障恢复的瞬间，容易发生电磁式电压互感器一次熔断器熔断事故，不仅影响电费的计量，造成很大的损失，而且可引起继电保护误动作，容易造成工作人员的误判，将其当成系统接地，对于配电网稳定、安全、可靠的运行十分不利。

1. 铁磁谐振的原理

（1）物理过程分析　图 3-30 中，电感 L 是带铁心的非线性电感，电容是线性元件。为了简化和突出谐振的基本物理概念，不考虑回路中的各种谐波的影响，并忽略回路中的能量损耗。

根据图 3-30 电路，可分别画出电感和电容上的电压随回路电流的变化曲线 $U_L(I)$ 和 $U_C(I)$，如图 3-31 所示。图中电压和电流都用有效值表示，由于电容是线性的，所以 $U_C(I)$ 是一条直线。对于铁心电感，在铁

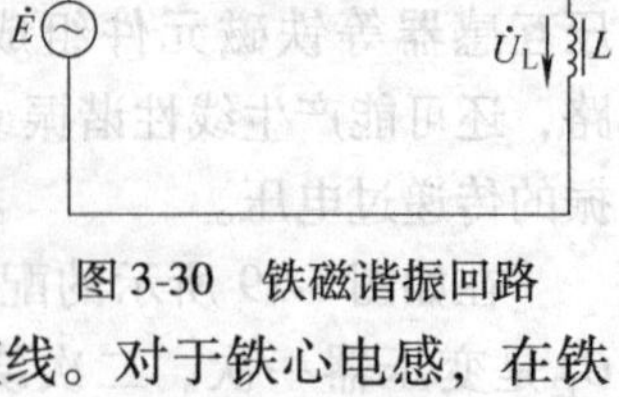

图 3-30　铁磁谐振回路

心未饱和前，$U_L(I)$ 基本是直线，即具有未饱和电感值 L_0，当铁心饱和之后，电感下降，$U_L(I)$ 不再是直线，设两条伏安特性曲线相交于 P 点，若忽略回路电阻，从回路中元件上的电压降与电源电动势平衡关系可以得到

$$\dot{E} = \dot{U}_L + \dot{U}_C \tag{3-26}$$

因 U_L 与 U_C 相位相反，上面的平衡式也可以用电压降之差的绝对值来表示，即

$$E = \Delta U = |U_L - U_C| \tag{3-27}$$

ΔU 与 I 的关系 $\Delta U(I)$ 也表示在图 3-31 中。

在图 3-31 中，电动势 E 和 ΔU 曲线相交点，就是满足上述平衡方程的点。由图 3-31 中可以看出，有 a_1、a_2 和 a_3 三个平衡点，平衡点满足平衡条件，但不一定满足稳定条件。不满足稳定条件就不能成为电路的实际工作点。采用“小扰动”法来判断平衡点的稳定性，可知 a_1 和 a_3 是稳定的，即在一定的外加电动势 E 作用下，图 3-31 的铁磁谐振回路在稳态时可能有两个稳定的工作状态。a_1 点是回路的非谐振工作状态，这时回路中 $U_L > U_C$，回路呈感性，电感和电容上的电压都不高，回路电流也不大。a_3 点是回路的谐振工作状态，这时回路中的 $U_C > U_L$，回路是电容性的，此时不仅回路电流较大，而且在电容和电感上都会产生较高的过电压，一般将这称为回路处于谐振工作状态。

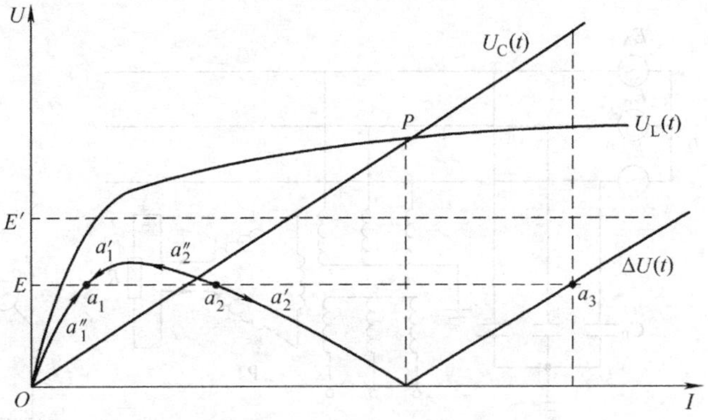

图 3-31　铁磁谐振回路的特性曲线

回路在正常情况下，一般工作在非谐振工作状态，当系统遭受强烈冲击（如电源突然合闸），会使回路从 a_1 点跃变到谐振区域，这种需要经过过渡过程来建立谐振的情况，称为铁磁谐振的激发。谐振激发起来以后，谐振状态能“自保持”，维持在谐振状态。

（2）铁磁谐振的特点　根据以上分析，可知铁磁谐振具有以下特点：

1）产生串联铁磁谐振的必要条件是：电感和电容的伏安特性曲线必须相交，即

$$\omega L_0 > 1/\omega C \tag{3-28}$$

式中，L_0 为铁心线圈起始线性部分的等效电感。

2）对铁磁谐振电路，在相同的电源电动势作用下，回路有两种不同性质的稳定工作状态。在外界激发下，电路可能从非谐振工作状态跃变到谐振工作状态，相应回路从感性变成容性，发生相位反倾现象，同时产生过电压与过电流。

3）非线性电感的铁磁特性是产生铁磁谐振的根本原因，但铁磁元件饱和效应本身也限制了过电压的幅值。此外，回路损耗也是阻尼和限制铁磁谐振过电压的有效措施。

以上讨论了基波铁磁谐振过电压的基本性质。实验和分析表明，在具有铁心电感的谐振回路中，如果满足一定的条件，还可能出现持续性的其他频率的谐振现象，其谐振频率可能等于工频的整数倍，这被称为高次谐波谐振；谐振频率也可能等于工频的分数倍，这被称为分频谐振。在某些特殊情况下，还会同时出现两个或两个以上频率的铁磁谐振。

在配电网中，可能发生的铁磁谐振形式有断线引起的铁磁谐振过电压和电磁式电压互感器饱和引起的铁磁谐振过电压。

2. 电磁式电压互感器引起的铁磁谐振过电压

电磁式电压互感器低压侧的负荷很小，接近空载，高压侧具有很高的励磁阻抗，在某些操作时，它与导线对地电容或其他设备的杂散电容间形成特殊的三相或单相谐振回路，并能激发起各种铁磁谐振过电压。

（1）物理过程分析　在中性点不接地系统中，常在母线上接有一次绕组为星形联结、其中性点接地的电磁式电压互感器 PT，如图 3-32 所示，图 3-33 所示为其等效电路图。

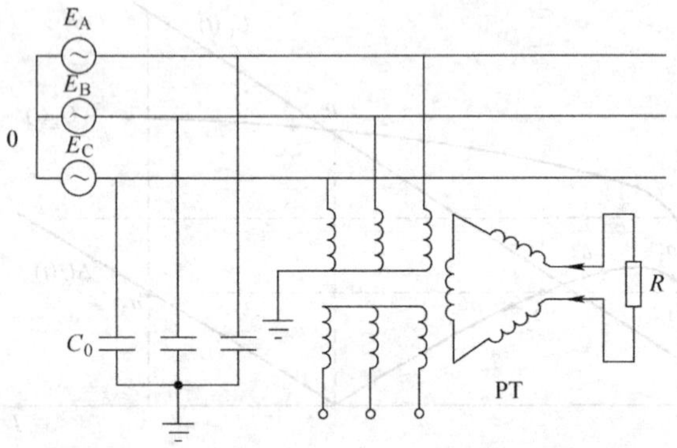

图 3-32　带有 Y_0 接线电压互感器的三相电路

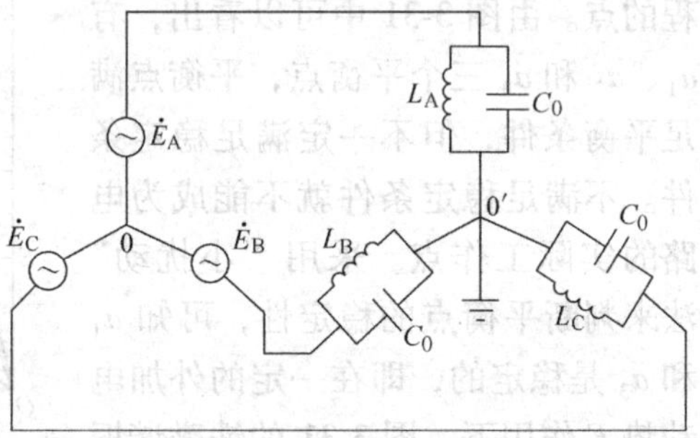

图 3-33　带有 Y_0 接线电压互感器的等效电路

图中，$\dot{E}_A$、$\dot{E}_B$、$\dot{E}_C$ 为三相对称电源电动势，L_A、L_B、L_C 为 PT 的各相励磁电感，C_0为各相导线及母线的对地电容，令 C_0与各相励磁电感并联后的导纳分别为 Y_A、Y_B、Y_C。在正常运行时，互感器 PT 的参数对称，励磁电感较大，铁心不饱和，不会产生过电压。当系统发生故障或操作等外界干扰时，PT 绕组受励磁的激发而饱和，由于三相绕组的饱和深度不同，必然导致中性点位移电压。

常见的使电压互感器产生严重饱和的情况有电源突然合闸到母线上，使接在母线上的电压互感器某一相或两相绕组出现较大的励磁涌流，而导致电压互感器饱和；由于雷击或其他原因使线路发生瞬间单相电弧接地，使系统产生直流分量，而故障相接地消失时，该直流分量通过电压互感器释放，引起电压互感器饱和。

由于电压互感器饱和程度不同，会造成系统两相或三相对地电压同时升高，而电源变压器的绕组电动势 $\dot{E}_A$、$\dot{E}_B$ 和 $\dot{E}_C$ 要维持恒定不变。因而，整个电网对地电压的变动表现为电源中性点的位移，由于这一原因，这种过电压现象又称电网中性点的位移过电压。

中性点的位移电压也就是电网的对地零序电压，将全部反映至互感器的开口三角绕组，引起虚幻的接地信号和其他的过电压现象，造成值班人员的错觉。

既然过电压是由零序电压引起的，系统的线电压将维持不变。因而，导线的相间电容、改善系统功率因数用的电容器组、系统内的负载变压器及其有功和无功负荷不参与谐振。

下面分析基波谐振过电压的产生过程。

由图 3-33 的等效电路图，系统中性点的位移电压为

$$U_0=\frac{(Y_A\dot{E}_A+Y_B\dot{E}_B+Y_C\dot{E}_C)}{Y_A+Y_B+Y_C}\tag{3-29}$$

式中，Y_A、Y_B、Y_C 为三相回路的等效导纳。

正常运行时，可认为 $Y_A = Y_B = Y_C$，$\dot{E}_A + \dot{E}_B + \dot{E}_C = 0$，所以

$$\dot{U}_0 = 0 \tag{3-30}$$

当系统遭受干扰，使电压互感器的铁心出现饱和，例如 B、C 两相电压升高，电压互感器电感饱和，则流过 L_2 和 L_3 的电感电流增大，使 L_2 和 L_3 减小，这就可能使得 B、C 相的对地导纳变成电感性，即 Y_B、Y_C 为感性导纳，而 Y_A 仍为容性导纳。由于容性导纳与感性导纳相互抵消的作用，使 $Y_A + Y_B + Y_C$ 显著减小，造成系统中性点位移电压大大增加。

中性点位移电压升高后，各相对地电压等于各相电源电动势与中性点位移电压的相量和：

$$\begin{cases} \dot{U}_A = \dot{E}_A + \dot{U}_0 \\ \dot{U}_B = \dot{E}_B + \dot{U}_0 \\ \dot{U}_C = \dot{E}_C + \dot{U}_0 \end{cases} \tag{3-31}$$

在三相对地电压作用下，流过各相对地导纳的电流相量之和应等于零，则电压、电流相量关系如图 3-34 所示。相量相加的结果使 B 相和 C 相的对地电压升高，而 A 相的对地电压降低。这种结果与系统单相接地时出现的情况相仿，但实际上系统并不存在单相接地，所以将这种现象称为虚幻接地现象。

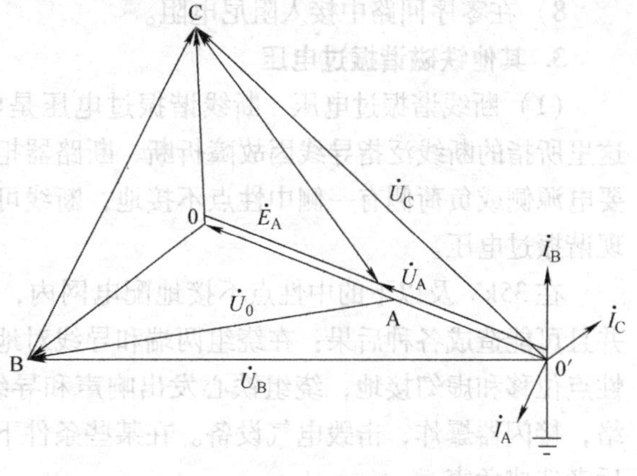

图 3-34 中性点位移时的相量图

虚幻接地是电压互感器饱和引起工频位移电压的标志。至于哪一相对地电压降低是随机的，因外界因素使互感器哪一相不饱和也是随机的。干扰造成电压互感器铁心饱和后，将会产生一系列谐波，若系统参数配合恰当，会使某次谐波放大，引起谐波谐振过电压。配电网中常见的谐波谐振有 1/2 次分频谐振与 3 次高频谐振。

对于相同品质的电压互感器，当系统线路较长时，等效 C_0 大，回路的自振角频率低，就可能激发产生分频谐振过电压，发生分频谐振的频率为 24 ~ 25Hz，存在频差，会引起配电盘上的表计指示有抖动或以低频来回摆动现象。这时互感器等效感抗降低，会造成励磁电流急剧增加，引起高压熔断器熔断，甚至造成电压互感器烧毁。

系统线路较短时，等效 C_0 小，自振角频率高，就有可能产生高频谐振过电压，这时过电压数值较高。

（2）谐振的特点　各种谐振频率具备以下不同的特点：

1）分频谐振　过电压倍数较低，一般不超过 2.5 倍的相电压，三相对地电压表的指示值同时有周期性的摆动，线电压指示正常，过电流很大，往往导致 PT 熔丝熔断，甚至烧毁 PT。

2）高频谐振　过电压倍数较高，三相对地电压表示数同时升高，最大幅值达 4 ~ 5 倍相电压，线电压基本正常，过电流较小。

3）基频谐振　三相对地电压表示为二相高，一相低，线电压正常，过电压倍数在3.2倍相电压以内，伴有接地信号，即虚假接地现象。

(3) 消除和抑制的措施　在中性点不接地系统中，可采用下列措施消除PT饱和引起的过电压：

1）选用伏安特性较好的、不易饱和PT，可明显降低产生谐振的概率。

2）选用电容式电压互感器，它不存在饱和的问题。

3）尽量减少系统中性点接地的电压互感器数，增加互感器等效总感抗。

4）增大对地电容。母线侧装设一组三相对地电容器，或利用电缆段代替架空线段，以增加对地电容。

5）采取临时措施。可在发生谐振时，临时投入消弧线圈，也可以按事先方案投入某些线路或设备以改变电路参数。

6）电网的中性点经过消弧线圈接地后，相当于在电压互感器每一相电感上并联一个消弧线圈的电感，因消弧线圈的电感远小于电压互感器相对地的电感，完全打破了参数匹配的关系，谐振过电压就不会产生了。

7）在PT高压中性点串接单相PT。

8）在零序回路中接入阻尼电阻。

3. 其他铁磁谐振过电压

(1) 断线谐振过电压　断线谐振过电压是电力系统中较常见的一种铁磁谐振过电压。这里所指的断线泛指导线因故障折断、断路器拒动以及断路器和熔断器的不同期切合等。只要电源侧或负荷侧有一侧中性点不接地，断线可能组成复杂多样的非线性串联谐振回路，出现谐振过电压。

在35kV及以下的中性点不接地配电网内，断线引起的铁磁谐振过电压出现比较频繁，并且可能造成各种后果：在绕组两端和导线对地间出现过电压，负荷变压器的相序反倾，中性点位移和虚幻接地，绕组铁心发出响声和导线的电晕声。在严重情况下，甚至绝缘子闪络，接闪器爆炸，击毁电气设备。在某些条件下，这种过电压也会传递到绕组的另一侧，对后者造成危害。

现以网络中性点不接地，线路长度为l，线末端接空载变压器，发生A相断线为例，如图3-35所示。导线折断处至电源端距离为xl（$x=0\sim1$），线路对地电容及相间电容分别为C_0、C_{12}。由于电源三相电路对称，而且A相断线后，B、C相在电路上完全对称，所以三相电路等效为单相电路时，等效电动势为$1.5E_A$，其单相等效图如图3-36a所示，对该等效图进一步化简，从而得到如图3-36b所示的单相等效电路，利用该电路就可分析计算断线谐振过电压。

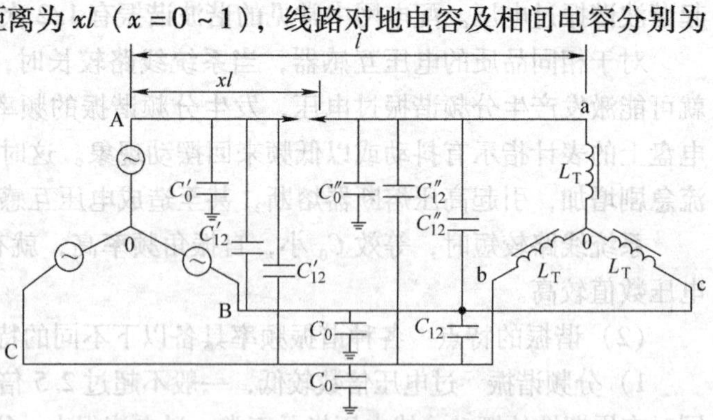

图3-35　中性点不接地配电网单相断线

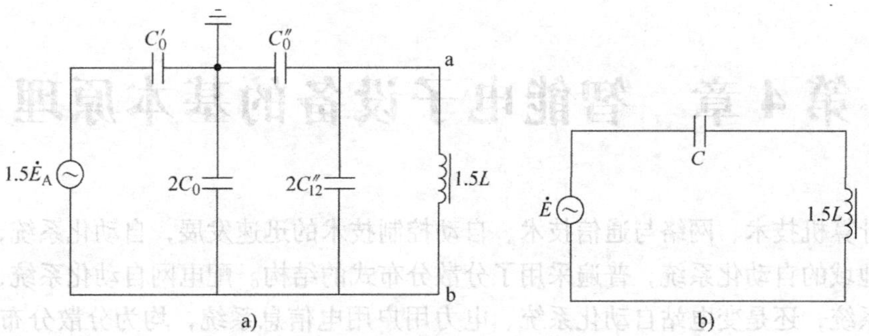

图 3-36　简化的单相等效电路

a）等效电路　b）简单谐振电路

为防止断线过电压，可采取下列的限制措施：

1）保证断路器的三相同期动作，不采用熔断器设备。

2）加强线路的巡视和检修，预防发生断线。

3）若断路器操作后有异常现象，可立即复原，并进行检查。

4）不要把空载变压器长期接在系统中。

5）在中性点接地的电网中，合闸中性点不接地的变压器时，先将变压器中性点临时接地。这样做可使变压器未合闸相的电位被三角形联结的低压绕组感应出来的恒定电压所固定，不会引起谐振。

（2）配电变压器一点接地谐振过电压　我国 6~10kV 配电变电器为数极多，由于长期运行后绝缘老化以及变压器制造的质量问题，往往在变压器的内部形成绝缘的薄弱点，在经受外部（雷击）或者内部（电动机的起动、短路）的各种冲击，并最终导致绕组的匝间短路和绕组导线对地的闪络。

图 3-37 中画出了配电变压器运行中损坏时的两种现象：假设配电变压器 A 相因匝间短路，而使该相的熔丝熔断并在 m 点接地。这样，三相不平衡的对地励磁电感与导线的对地电容 C_0 并联在一起，与电压互感器的谐振接线方式完全一致，因而在一定的参数配合下，可激发起各种谐波的铁磁谐振过电压。试验和运行经验表明，这种情况由于故障电流较小，而且周围环境是一种绝缘强度极高的油介质，绕组对地的电弧电流总是处于不稳定的电弧状态，构成了强烈的激发因素，并在谐振时发生较高幅值的暂态过电压。

图 3-37 的谐振回路比电压互感器的回路要复杂，这里需要考虑匝间短路的去磁效应以及各段绕组间的互感影响等，很难用计算的方法来确定。一般 10kV 配电网的对地电容较小，变压器的励磁电抗也比电压互感器的励磁电抗要小，故过电压经常具有基波性质，即两相对地电压升高，一相对地电压降低，或者一相高，两相低，也可能是三相电压同时升高。

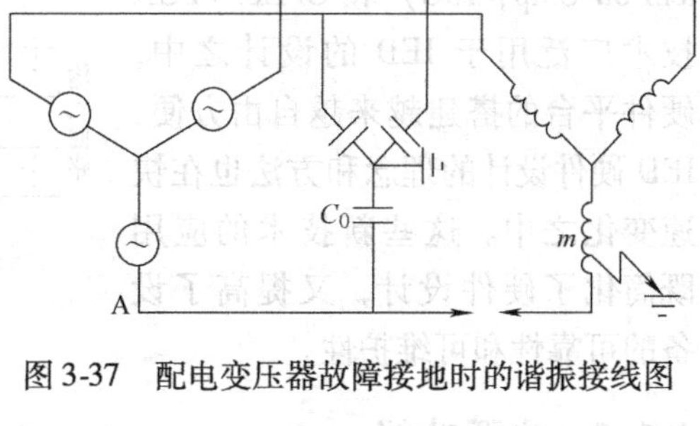

图 3-37　配电变压器故障接地时的谐振接线图

为防止上述现象的出现，应严格控制配电变压器的制造质量，加强配电变压器的管理，特别要求淘汰高能耗产品。

第4章　智能电子设备的基本原理

随着计算机技术、网络与通信技术、自动控制技术的迅速发展，自动化系统，特别是分布在一定地域的自动化系统，普遍采用了分散分布式的结构。配电网自动化系统，无论是馈线自动化系统，还是变电站自动化系统、电力用户用电信息系统，均为分散分布式的结构。这种系统中，完成现场层任务处理的装置，目前均为微机式的装置。这种装置统称为智能电子设备（Intelligent Electronic Device，IED）。

智能电子设备是由一个或多个微处理器组成，完成特定的功能，能向外部装置发送信息，并能接收外部指令的装置。配电网中的智能电子设备包括TTU、FTU、无功补偿装置、电子式电能表等，是配电自动化系统中最主要的组成部分之一。

本章对IED的组成结构与基本工作原理进行介绍。通过本章的学习，掌握IED的组成原理、基本信息处理方法与设计实现方法。

4.1　智能电子设备的结构和功能

4.1.1　组成结构

IED一般自带CPU，加电能独立运行。根据IED所包含的CPU的个数，IED可以分为集中式或分布式两种类型。由于IED的用途多种多样，不同的IED具体组成也不尽相同。作为配电网自动化系统的IED，通常由CPU及周边电路构成的核心模块、输入/输出过程通道、人机交互界面以及与外部计算机通信的接口四部分组成，如图4-1所示。图4-1中，CPU及周边电路构成的核心模块主要由CPU、存储器、译码访问电路等部分组成，是嵌入式计算机的基本硬件平台，IED的运行软件在这一平台上运行；输入/输出过程通道实现模拟量输入/输出、数字量输入/输出等。

随着嵌入式计算机技术的快速发展，片上微控制器系统（System on Chip，SoC）和CPLD/FPGA技术广泛用于IED的设计之中，硬件平台的搭建越来越自由方便，IED硬件设计的理念和方法也在快速变化之中。这些新技术的应用既简化了硬件设计，又提高了设备的可靠性和可维护性。

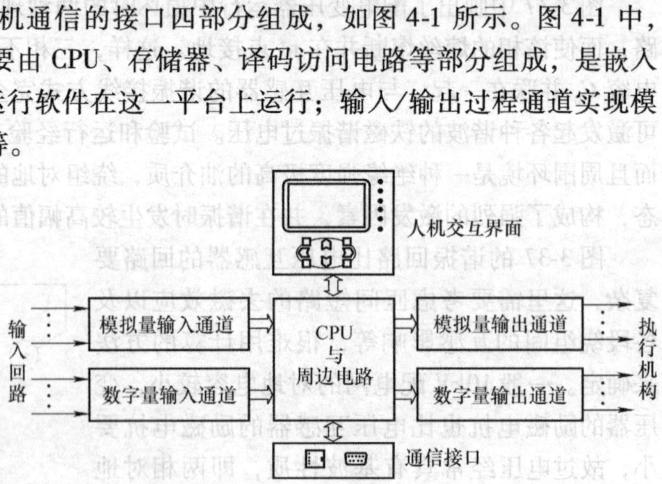

图4-1　单CPU集中式IED的组成

4.1.2　主要功能

配网自动化系统中的IED主要负责配电网电气参数、配电设备运行状态、配电网二次设备（包括IED自身）工作状态的数据采集与处理，对配电网实施调节控制，是配电网自动化系统的“耳目”和“手脚”。配网自动化系统中的IED还具有数据通信的功能，支持与配电子站和主站通信，将采集、生成的实时信息上报，同时接收主站下达的控制和调节命令，对配电网实施控制调节。具体而言，配网自动化系统中的IED实现的主要功能如下。

1. 数据采集（Data Acquisition）

数据采集是IED的基本功能。在配网自动化系统中，IED主要完成电气参数的模拟量采样、运行状态的开关量采集以及电能计量信息采集，即遥测（Tele-meter）、遥信（Tele-signal）和遥脉（Tele-pulse）。具体来说，模拟量主要包括电压、电流、有功功率、无功功率等运行参数；开关量主要包括断路器的分合状态、设备投退、继电保护动作以及设备自身的工作状态等；电能量主要包括有功电量和无功电量等。

2. 调节控制（Regulation and Control）

调节控制主要实现断路器投切、设备投退、故障切除以及电压无功综合控制等功能，也称为智能电子设备的遥控（Tele-control）、遥调（Tele-regulation）、继电保护（Relay Protection）等功能。

3. 数据加工处理（Data Processing）

智能电子设备从数据采集通道读取的采样数据通常是A-D转换刻度值，需要进行标度转换，将采样数据转换为电力系统的一次和二次电气参数值。由于受各种干扰因素的影响，采样数据中或多或少存在一些坏数据或零点漂移数据，需要采取措施剔除这些数据，避免配网自动化系统输出显示由此产生的干扰信息，迷惑电网监控人员。另外，智能电子设备根据采集的电气参数，判断配电网是否发生故障并切除故障，对所采集的关键参数进行越限判断、事件记录等。

4. 数据通信（Data Communicating）

作为配网自动化系统的组成设备，智能电子设备需要与其他设备通信，协同完成对配电网的安全监控，因此数据通信是智能电子设备需要具备的基本功能之一。为了和其他设备进行数据交换，数据通信必须遵循一定的通信规约标准，智能电子设备需要设计符合标准要求的数据通信接口与通信协议软件包。

为了与其他设备实现数据交换，数据通信需要实现如下功能：

（1）通信接口配置　互连设备的通信接口参数只有完全匹配才能进行正常的帧交换。在实现两个设备的通信连接时，需要设置其通信接口参数，使其相互匹配。通信接口参数设置通常有两种方式，一种为通信设备自动检测并匹配，另一种为人工设置。人工设置参数也有两种方式，一种是就地使用IED人机交互接口进行设置，另一种是在远方设置。

（2）信息表（数据对象表）配置　数据通信的目的是为了实现信息交换，相互通信的设备需要能够识别对方发送的信息对象，为此，相互通信的设备需要对交换的信息对象进行标记以便实现信息对象的识别。目前常用的简便易行的对象标记方法为人工设置信息表，通信双方都设置相同的信息表，报文解帧/组帧时按照信息表中的定义提取/包装信息。随着配网自动化技术的发展，基于IEC 61850的IED具有信息对象自描述功能，通信时IED可以互相传送配置信息。

（3）命令接收与解帧处理　智能电子设备在运行过程中，需要接收主站下达或转发的数据召唤命令、远方控制与调节命令（遥控遥调命令）。为此，智能电子设备需要接收通信报文并解释处理，对于遥控遥调命令，还需要执行输出操作。

（4）组帧与响应帧发送　智能电子设备为了将采集生成的数据对象信息上报给配网自动化系统主站，响应主站下达的数据召唤与遥控遥调命令，按通信规约标准组帧并发送给主站。

5. 人机交互接口（Man Machine Interface）

为了进行调试检测与运行维护，IED 需要设计相应的人机交互接口实现设备的配置组态与运行状态检测。智能电子设备一般采用几种方式实现人机交互接口，其一是设计“按键 + 显示器”的显模式，设备生产与维护检修人员通过直接在装置上的操作对其进行检测与调试；其二是设备设计 RS232 维护口，借助后台计算机采用通信方式对其进行检测与调试；另一种方式设备既有显示器又有 RS232 维护口，支持多种人机交互方式。采用通信方式实现的人机接口可以借助电力数据通信网实现远程人机交互，支持运行管理人员在控制中心或办公室对设备进行远方设置与运行状态监视。

4.2　模拟量的采集与处理

模拟量采集主要完成配电网运行参数的采样，实现智能电子设备的遥测功能。模拟量采样的基本技术是采用 A-D 转换器将模拟量信号转换成 CPU 能识别的数字量，为了给 A-D 转换器提供符合其输入规范的电压信号，需要设计相应的信号调理电路对输入信号进行变换。模拟量的采样方式可分为直流采样和交流采样两种。交流采样直接对输入的交流电压、交流电流进行采样，CPU 对 A-D 转换生成的数字量按照一定的算法进行计算，获得 I、U、P、Q 全部电气量信息。非电气量采用直流量采样方法采样，传感器将非电气量变成直流信号，由直流模拟量采样通道进行采样。本书对交流采样的相关技术进行介绍。

4.2.1　模拟量的采样原理

1. A-D 转换的工作过程

（1）采样保持(Sample Holder)

取样是将随时间连续变化的模拟量转化为时间离散的模拟量。取样过程示意图如图 4-2 所示。图 4-2a 中，传输门受取样信号 $S(t)$ 控制，在 $S(t)$ 的脉宽 τ 期间，传输门导通，输出信号 $u_o(t)$ 即为输入信号 $u_i(t)$，而在 $T_S-\tau$ 期间，输出信号 $u_o(t)=0$。电路中各信号波形如图 4-2b所示。

通过分析可以看出，取样信号 $S(t)$ 的频率越高，所取得信号经低通滤波器后越能真实地复现输入信号。合理的取样频率由取样定理即奈奎斯特定理决定。

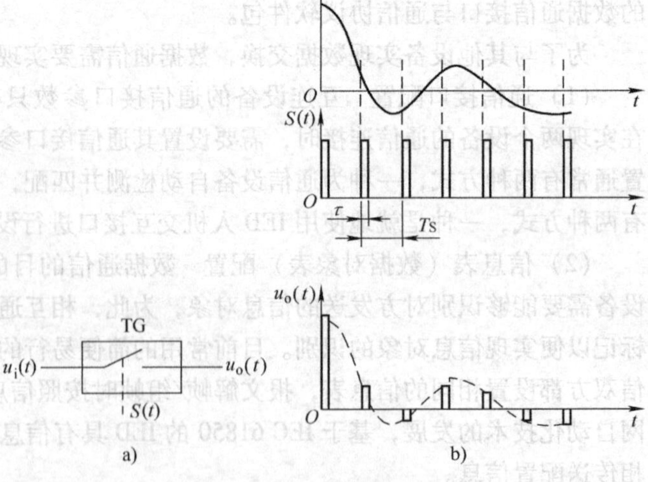

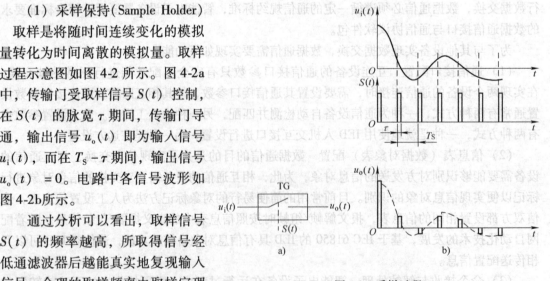

图 4-2　采样过程
a) 原理图　b) 波形图

将取样电路每次得到的模拟信号转换为数字信号都需要一定的时间，为了给后续的量化编码过程提供一个稳定值，每次取得的模拟信号之前必须通过保持电路保持一段时间。

取样与保持过程往往是通过采样-保持电路同时完成的。采样-保持电路的原理图及其输出波形如图 4-3 所示。

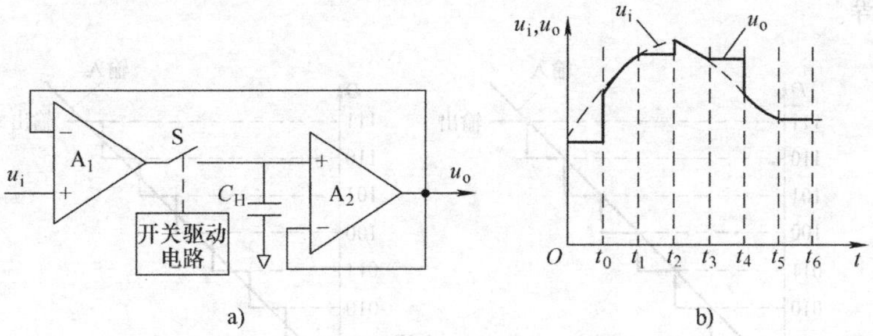

图 4-3　采样-保持电路工作原理

a）原理图　b）波形图

电路由输入放大器 A_1、输出放大器 A_2、保持电容 C_H和开关驱动电路组成。电路图中要求 A_1具有很高的输入阻抗，以减小对输入信号源的影响。为使保持阶段 C_H上所存电荷不易泄放，A_2也应具有较高输入阻抗，A_2还应具有较低的输出阻抗，这样可以提高电路的带负载能力。

结合图 4-3a 来分析采样-保持电路的工作原理。在 $t=t_0$时，开关 S 闭合，电容被迅速充电，因此 $u_o=u_i$，$t_0\sim t_1$间隔是取样阶段。当 $t=t_1$时刻 S 断开。若 A_2的输入阻抗为无穷大、S 为理想开关，这样就可认为电容 C_H没有放电回路，其两端电压保持为 u_o不变，图 4-3b 中 t_1到 t_2的平坦段即为保持阶段。

采样-保持电路已有很多种型号的单片集成电路产品，如双极型工艺的有 AD585、AD684；混合工艺的有 AD1154、SHC76 等。随着集成电路技术的发展，目前大多数 A-D 转换器内部都已集成了采样保持器，模拟过程通道设计不再使用额外的采样保持器。

（2）量化与编码　数值量化简称量化，就是将采样-保持电路的输出电压，按某种近似方式转化到与之相应的离散电平上的转化过程。量化后的数值最后还需通过编码过程用一个代码表示出来。经编码后得到的代码就是 A-D 转换器输出的数字量。

量化过程中所取最小数量单位称为量化单位，用 ΔA 表示。它是数字信号最低位为 1 时所对应的模拟量，即 1LSB。

在量化过程中，由于取样电压不一定能被 ΔA 整除，所以量化前后不可避免的存在误差，此误差称为量化误差，用 e 表示。量化误差属原理误差，它是无法消除的。A-D 转换器的位数越多，各离散电平之间的差值越小，量化误差越小。

量化过程近似方式有：

1）取整方式，即只舍不入量化方式。

2）四舍五入量化方式。

如图 4-4 所示，以三位 A-D 转换器为例，设输入信号 u_i的变化范围为 0 ~ 8V，采用只舍不入量化方式时，取 $D=1$V，量化中把不足量化单位部分舍弃，如数值在 0 ~ 1V 之间的模拟电压都当做 $0D$，用二进制数 000 表示，而数值在 1 ~ 2V 之间的模拟电压都当做 $1D$，用二进制数 001 表示…。这种量化方式的最大量化误差为 D；如采用四舍五入的量化方式，则取量化单位 $D = 8 \times 1/15\text{V}$，量化过程将不足半个量化单位部分舍弃，对于等于或大于半个量化单位部分按一个量化单位处理。它将数值在 $0 \sim 8 \times 1/15\text{V}$ 之间的模拟电压都当做 $0D$ 对待，用二进制数 000 表示，而数值在 $8 \times 1/15 \sim 8 \times 2/15\text{V}$ 之间的模拟电压当做 $1D$，用二进制数 001 表示等。

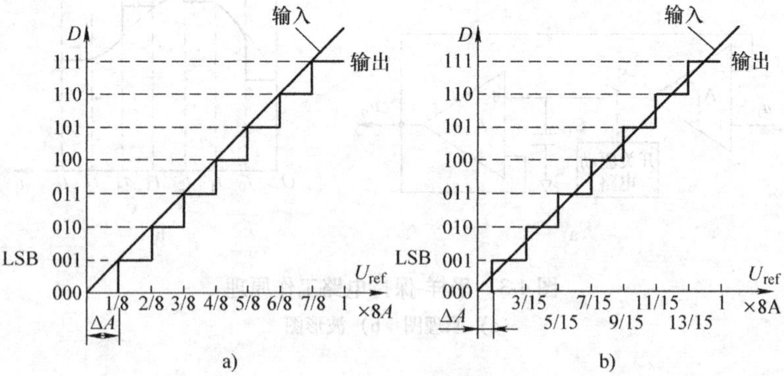

图 4-4　量化过程的近似方式

a）只舍不入量化方式　b）四舍五入量化方式

由于只舍不入量化方式最大量化误差 $|e_{max}| = 1\text{LSB}$，而四舍五入量化方式 $|e_{max}| = \text{LSB}/2$，故大多数 A-D 转换器采用四舍五入量化方式。因此，四舍五入量化方式的量化误差比前者小。

2. A-D 转换器（Analog to Digit Converter）

（1）工作原理　A-D 转换器主要实现量化编码功能，是模拟量输入过程通道的核心环节，其功能是将连续的模拟量信号转换成 CPU 可以识别的离散数字信号。根据工作原理的不同，A-D 转换器可分为逐次逼近型、双积分型、并行比较型、电压-频率型等类型。这里以逐次逼近型 A-D 转换器为例来介绍其工作原理。

逐次逼近型 A-D 转换器一般由顺序脉冲发生器、逐次逼近寄存器、D-A 转换器和电压比较器等几部分组成，其原理框图如图 4-5 所示。

转换开始前先将所有寄存器清零。开始转换以后，时钟脉冲首先将寄存器最高位置成 1，使输出数字为 100…0。这个数码被 D-A 转换器转换成相应的模拟电压，送到比较器中进行比较。若 $u_o > u_i$，说明数字过大了，故将最高位的 1 清除；若 $u_o < u_i$，说明数字还不够大，应将最高位的 1 保留。然后，再按同样的方式将次高位置成 1，并且经过比较以后确定这个 1 是否应该保留。这样逐位比较下去，一直到最低位为止。比较完毕后，寄存器中的状态就是所要求的数字量输出。

可见逐次逼近转换过程与用天平称量一个未知质量的物体时的操作过程一样，只不过使用的砝码质量一个比一个小一半。

能实现图 4-5 所示方案的电路很多。图 4-6 所示电路是其中的一种，这是一个 4 位逐次逼近型 A-D 转换器。图中四个 JK 触发器 $F_A \sim F_D$ 组成四位逐次逼近寄存器；五个 D 触发器 $F_1 \sim F_5$ 接成环形移位寄存器（又称为顺序脉冲发生器），它们和与门 $G_1 \sim G_7$ 一起构成控制逻辑电路。

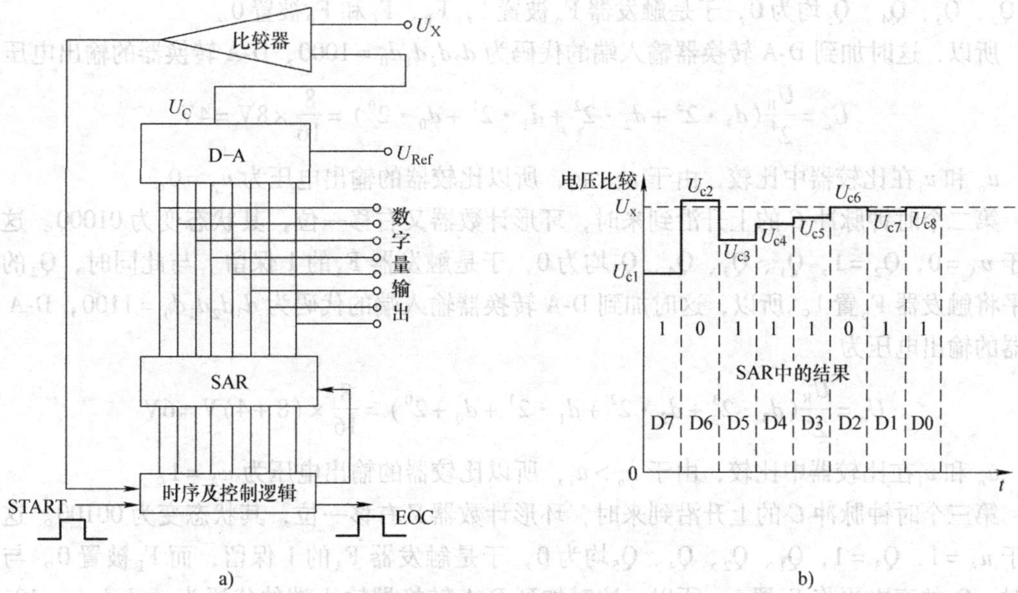

图4-5　逐次逼近比较A-D转换工作原理

a）原理图　b）转换结果

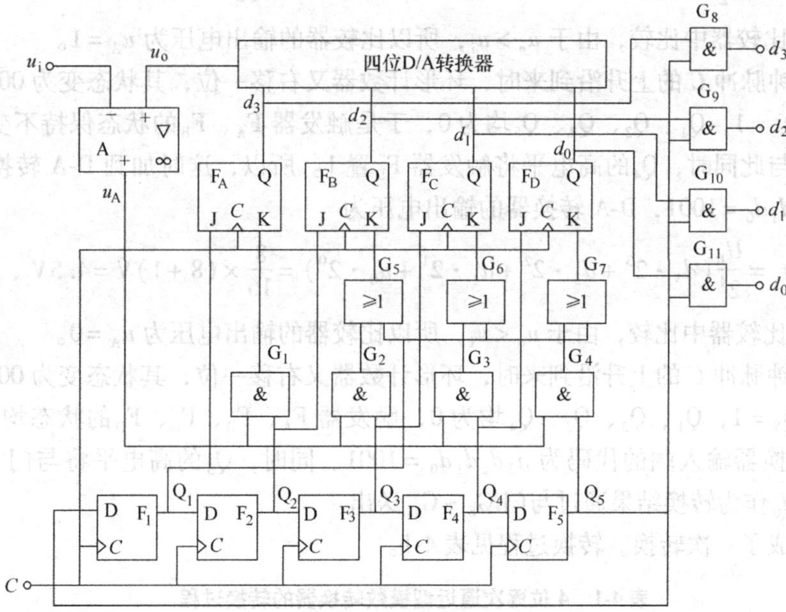

图4-6　四位逐次逼近型A-D转换器

现分析电路的转换过程。为了分析方便，设D-A转换器的参考电压为$U_R=8V$，输入的模拟电压为$U_1=4.52V$。

转换开始前，先将逐次逼近寄存器的四个触发器$F_A \sim F_D$清零，并把环形计数器的状态$Q_1Q_2Q_3Q_4Q_5$置为00000。

第一个时钟脉冲C的上升沿到来时，环形计数器右移一位，其状态变为10000。由于$Q_1=$

1，Q_2、Q_3、Q_4、Q_5均为 0，于是触发器 F_A被置 1，F_B、F_C和 F_D被置 0。

所以，这时加到 D-A 转换器输入端的代码为 $d_3d_2d_1d_0=1000$，D-A 转换器的输出电压为

$$U_o=\frac{U_R}{2^4}(d_3\cdot 2^3+d_2\cdot 2^2+d_1\cdot 2^1+d_0\cdot 2^0)=\frac{8}{16}\times 8V=4V$$

u_o 和 u_i在比较器中比较，由于 $u_o<u_i$，所以比较器的输出电压为 $u_A=0$。

第二个时钟脉冲 C 的上升沿到来时，环形计数器又右移一位，其状态变为 01000。这时由于 $u_A=0$，$Q_2=1$，Q_1、Q_3、Q_4、Q_5均为 0，于是触发器 F_A的 1 保留。与此同时，Q_2的高电平将触发器 F_B置 1。所以，这时加到 D-A 转换器输入端的代码为 $d_3d_2d_1d_0=1100$，D-A 转换器的输出电压为

$$U_o=\frac{U_R}{2^4}(d_3\cdot 2^3+d_2\cdot 2^2+d_1\cdot 2^1+d_0+2^0)=\frac{8}{16}\times(8+4)V=6V$$

u_o 和 u_i在比较器中比较，由于 $u_o>u_i$，所以比较器的输出电压为 $u_A=1$。

第三个时钟脉冲 C 的上升沿到来时，环形计数器又右移一位，其状态变为 00100。这时由于 $u_A=1$，$Q_3=1$，Q_1、Q_2、Q_4、Q_5均为 0，于是触发器 F_A的 1 保留，而 F_B被置 0。与此同时，Q_3的高电平将 F_C置 1。所以，这时加到 D-A 转换器输入端的代码为 $d_3d_2d_1d_0=1010$，D-A 转换器的输出电压为

$$U_o=\frac{U_R}{2^4}(d_3\cdot 2^3+d_2\cdot 2^2+d_1\cdot 2^1+d_0\cdot 2^0)=\frac{8}{16}\times(8+2)V=5V$$

u_o 和 u_i在比较器中比较，由于 $u_o>u_i$，所以比较器的输出电压为 $u_A=1$。

第四个时钟脉冲 C 的上升沿到来时，环形计数器又右移一位，其状态变为 00010。这时由于 $u_A=1$，$Q_4=1$，Q_1、Q_2、Q_3、Q_5均为 0，于是触发器 F_A、F_B的状态保持不变，而触发器 F_C被置 0。与此同时，Q_4的高电平将触发器 F_D置 1。所以，这时加到 D-A 转换器输入端的代码为 $d_3d_2d_1d_0=1001$，D-A 转换器的输出电压为

$$U_o=\frac{U_R}{2^4}(d_3\cdot 2^3+d_2\cdot 2^2+d_1\cdot 2^1+d_0\cdot 2^0)=\frac{8}{16}\times(8+1)V=4.5V$$

u_o 和 u_i在比较器中比较，由于 $u_o<u_i$，所以比较器的输出电压为 $u_A=0$。

第五个时钟脉冲 C 的上升沿到来时，环形计数器又右移一位，其状态变为 00001。这时由于 $u_A=0$，$Q_5=1$，Q_1、Q_2、Q_3、Q_4均为 0，触发器 F_A、F_B、F_C、F_D的状态均保持不变，即加到 D-A 转换器输入端的代码为 $d_3d_2d_1d_0=1001$。同时，Q_5的高电平将与门 $G_8\sim G_{11}$打开，使 $d_3d_2d_1d_0$作为转换结果通过与门 $G_8\sim G_{11}$送出。

这样就完成了一次转换。转换过程见表 4-1。

表 4-1　4 位逐次逼近型模数转换器的转换过程

顺序脉冲	d_3	d_2	d_1	d_0	u_o/V	比较判断	该位数码 1 是否保留
1	1	0	0	0	4	$u_o<u_i$	保留
2	1	1	0	0	6	$u_o>u_i$	除去
3	1	0	1	0	5	$u_o>u_i$	除去
4	1	0	0	1	4.5	$u_o<u_i$	保留

上例中的转换误差为0.02 V。转换误差的大小取决于A-D转换器的位数，位数越多，转换误差就越小。

从以上分析可以看出，图4-6所示四位逐次逼近型A-D转换器完成一次转换需要5个时钟脉冲信号的周期。显然，如果位数增加，转换时间也会相应地增加。

逐次逼近型A-D转换器的分辨率较高、误差较低、转换速度较快，是应用非常广泛的一种A-D转换器。逐次逼近型集成A-D转换器芯片种类也很多，例如：ADC0801、ADC809是8位通用型A-D转换器；AD571（10位）、AD574（12位）是高速双极型A-D转换器；MN5280是高精度A-D转换器。

（2）性能指标　衡量A-D转换器的主要性能指标如下：

1）分辨率（Resolution）　指数字量变化一个最小量时模拟信号的变化量，定义为满刻度与2^n的比值。分辨率通常用输出二进制数的位数表示，位数越多，误差越小，则转换精度越高。例如，输入模拟电压的变化范围为0~5 V，输出八位二进制数可以分辨的最小模拟电压为$5V\times2^{-8}=20mV$；而输出12位二进制数可以分辨的最小模拟电压为$5V\times2^{-12}\approx1.22mV$。

2）精度（Accuracy）　是指转换结果对于实际值的准确度。精度有绝对精度和相对精度两种。

绝对精度：对应于输出数码的实际模拟输入电压与理想模拟输入电压之差。它是指在零点和满度都校准以后，在整个转换范围内，分别测量各个数字量所对应的模拟输入电压实测范围与理论范围之间的偏差，取其中的最大偏差作为转换误差的指标。绝对精度通常以数字量的最小有效位（LSB）的分数值来表示绝对精度，例如：±1LSB。

相对精度：一般来说，相对精度采用相对误差来表示，为绝对误差与理想输入值之比的百分数。在配电网IED量测领域，相对误差分为两个级别：S级和F级。所谓S级误差和相对误差概念一致，而F级误差为绝对误差与满量程值之比的百分数。例如，1V电压值经过满量程为10V的A-D转换器转换后，测得输入值为0.99V，其S级误差=(1－0.99)/1=1%S，F级误差=(1－0.99)/10=0.1%F。F级误差也称为引用误差。在测量S级误差时，如果测量值在0值附近，由于分母太小，测量误差不容易标定，一般由测量标准指定一个最小的参考值作为分母。例如，A-D转换器的满量程为10V，在测量小于等于0.5V的电压时，S级误差的理想输入值统一都用0.5V替代。

值得注意的是，分辨率与精度是两个不同的概念，不要把两者混淆。精度是指转换结果对于实际值的准确度，而分辨率是指能对转换结果产生影响的最小输入量。即使分辨率很高，也可能由于温度漂移、线性度等原因而使精度不够高。

3）转换速率（Conversion Rate）　是指完成一次从模拟量到数字量转换所需时间的倒数。积分型A-D转换器的转换时间是毫秒级，属低速A-D转换器，逐次比较型A-D转换器是微秒级，属中速A-D转换器，全并行/串并行型A-D转换器可达到纳秒级。采样时间则是另外一个概念，是指两次转换的间隔。为了保证转换的正确完成，采样速率（Sample Rate）必须小于或等于转换速率。因此有人习惯上将转换速率在数值上等同于采样速率，常用单位是kSPS和MSPS，表示每秒采样千/百万次（kilo/ Million Samples Per Second）。

4）量程（Range）　指A-D转换器能转换模拟信号的电压范围。例如：0~5V，－5~5V，0~10V，－10~10V。

（3）选型原则　A-D 转换器是模拟信号采样的关键环节，选择合适的 A-D 转换器也是智能电子设备设计的重要内容之一。随着集成电路技术的发展，A-D 转换器的生产工艺水平已大幅度提高，可以选用的 A-D 转换器产品种类非常多。面对种类繁多的 A-D 转换器产品，究竟选择哪一款用于产品设计，需要综合衡量多种因素，并遵循一定的原则，抓住主要因素。

1）遵循整体设计要求的原则　所选用的 A-D 转换器的性能指标参数必须满足所设计的 IED 的技术指标要求，如采样精度、转换速率等。

2）较高性价比的原则　从性能和价格两方面综合考虑选择使用 A-D 转换器。有些 A-D 转换器的性能指标参数很好，但是价格非常昂贵，提高了产品的生产成本，降低了产品的市场竞争能力；有些 A-D 转换器价格很便宜，但性能指标参数不满足要求，不满足产品选型的第一原则。

3）接口方便的原则　选用的 A-D 转换器需要与 CPU 方便接口，简化硬件设计。比如有些 CPU 没有 SPI、I^2C 等串行接口，相应的串行接口 A-D 转换器就不要使用；还有些片上微控制器系统（SoC）没有将并行总线引出，就不要为其配置并行接口的 A-D 转换器。

此外，有些因素在产品设计时也是需要考虑的，比如技术储备的原则。有些 A-D 转换器在过去的产品设计中已经使用过，有经验积累和技术储备，对其性能特征、使用方法都非常熟悉，选用这样的 A-D 转换器对完成产品设计当然是非常有益处的；再比如容易采购的原则，有些老款的产品，尽管市场上还有销售，但是生产厂商已经警告即将停产或已经停产，这种产品就不要再使用了。还有些生产厂商的产品，数据手册上的性能指标都满足需求，使用也非常方便，但是需要批量订货才能生产，如果所设计产品不是大批量生产，这样的产品也不要使用。

嵌入式计算机的高速串行总线接口技术成熟之后，串行接口 A-D 转换器具有体积小、连接简单、使用方便等特点，并行接口 A-D 转换器逐步被串行接口 A-D 转换器取代。此外，SoC 已广泛应用于智能电子设备的设计中，SoC 内部就集成了高精度的 A-D 转换器，有些模拟过程通道设计不再需要扩展 A-D 转换器。

（4）ADS8365 六通道同时采样 A-D 转换器简介　ADS8365 是德州仪器公司出品的一款 16 位、250kSPS、6 个差分输入通道、同时采样、低功耗、单 5V 供电、逐次逼近 A-D 转换器件，主要由 6 个 4μs ADC、6 个差分采样保持放大器、1 个由 REF_{IN} 和 REF_{OUT} 引脚引出的 2.5V 内部参考电压和一个高速并行数字接口四部分组成。6 个 ADC 可以同时进行 A-D 转换，也可以分为 3 个采样通道对（A，B，C），两两同时采样。ADS8365 的这一特点可以保留输入信号的相位信息，非常适用于电力系统三相电压、三相电流信号的同时采样和功率计算。6 个差分输入通道内置 6 个独立的差分采样保持放大器（S/H），外部输入的差分信号送给 S/H 进行信号保持，S/H 将采样保持的差分信号传递给内置 A-D 转换器的输入端。这种体系结构突出特点是器件共模抑制能力强，ADS8365 在 50Hz 工频时的共模电压抑制比为 80dB，这对在高噪声环境中进行 A-D 转换是非常重要的。ADS8365 与处理器的接口为非常灵活的高速并行接口，支持单周期直接地址访问模式和 FIFO 模式。每个输入通道的采样数据为 1 个 16 位字。ADS8365 转换器的组成和工作原理如图 4-7 所示。

ADS8365 模-数转换器中的 3 个 16 位 ADCS 可以成对的同步工作。3 个保持信号 $\overline{HOLDA}$、$\overline{HOLDB}$、$\overline{HOLDC}$ 可以启动指定通道的转换。当 3 个保持信号同时被选通时，其转

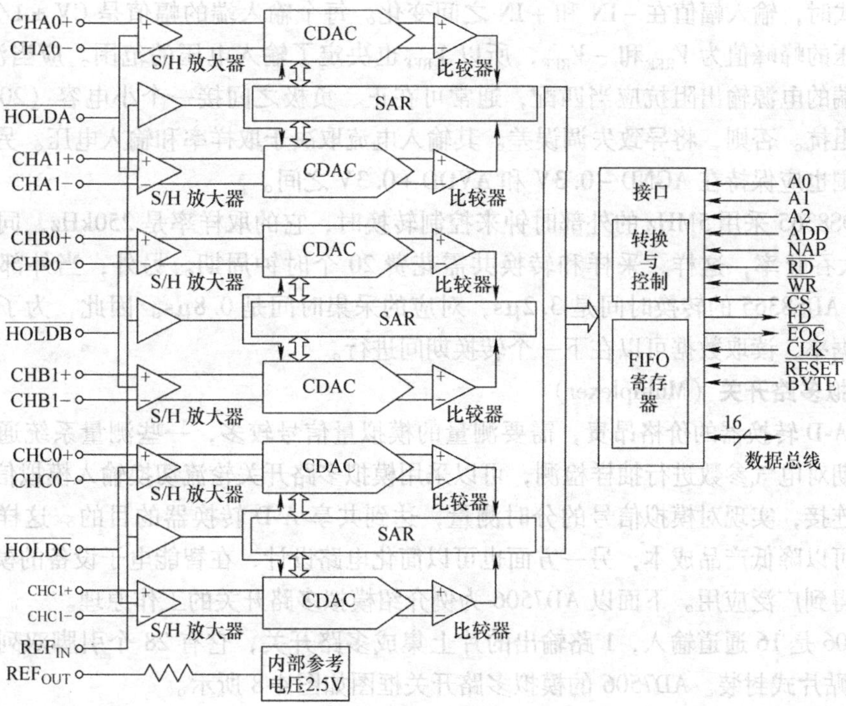

图 4-7 ADS8365 转换器的组成与工作原理

换结果将保存在6个寄存器中。对于每一个读操作，ADS8365 均输出16位数据，地址/模式信号（A0，A1，A2）可以选择如何从 ADS8365 读取数据，也可以选择单通道、单周期或 FIFO 模式。在 ADS8365 的保持$\overline{\text{HOLDX}}$至少 20ns 的低电平时，转换开始。这个低电平可使各个通道的采样保持放大器同时处于保持状态从而使每个通道同时开始转换。当转换结果被存入输出寄存器后，$\overline{\text{EOC}}$引脚的输出将保持半个时钟周期的低电平。另外，通过置$\overline{\text{CS}}$和$\overline{\text{RD}}$为低电平可使数据读出到并行输出总线。

ADS8365 的采样-保持模块的最大吞吐率为 250kHz，它的输入带宽大于 A-D 转换器的奈奎斯特频率。而典型的小信号带宽为 300MHz。孔径延迟时间（转换器从取样模式切换到保持模式花费的时间）为 5ns，每次的平均增量为 50ps。这些特性反映了 ADS8365 接收输入信号的能力。

在正常操作时，REF_{OUT}与REF_{IN}连接可以为 ADS8365 提供 2.5V 的参考电压，条件是输入不超过 AVDD ±0.3V（AVDD 为芯片电源电压）。此外，ADS8365 的参考电压是双缓冲的，使用内部参考电压时，缓冲器介于参考电压和负载之间。而使用外部参考电压时，缓冲器则在参考电压和 CDAC（CMOS-DA 转换器）之间起隔离作用。而且缓冲器也可以在转换期间对 CDAC 的所有电容重新充电。ADS8365 也可以使用 1.5 ~2.6V 的外部参考电压。

ADS8365 本身的噪声很小，但是为了得到更好的性能，输入信号的噪声峰值必须小于 50μV。

ADS8365 的模拟输入可以是双极或全差分信号，有两种方法可驱动 ADS8365 的输入，即单端和差分。单端输入时，-IN 端输入的是共模电压（CV），而 +IN 端的输入则围绕共模电压摆动，峰-峰值为 CV + V_{REF}和 CV - V_{REF}，V_{REF}的大小决定了共模电压的变化。当输入是差分方式时，输入幅值在 - IN 和 + IN 之间变化。每个输入端的幅值是 CV ± $1/2V_{REF}$，差分输入电压的峰峰值为 V_{REF} 和 $-V_{REF}$，所以 V_{REF} 也决定了输入电压的范围。应当注意的是：驱动输入端的电源输出阻抗应当匹配，通常可在正、负极之间接一个小电容（20pF）来匹配它们的阻抗。否则，将导致失调误差。其输入电流取决于取样率和输入电压。另外，输入电压的范围也应保持在 AGND - 0.3V 和 AVDD + 0.3V 之间。

当 ADS8365 采用 5MHz 的外部时钟来控制转换时，它的取样率是 250kHz，同时对应于 4μs 的最大吞吐率，这样，采样和转换共需花费 20 个时钟周期。另外，当外部时钟采用 5MHz 时，ADS8365 的转换时间是 3.2μs，对应的采集时间是 0.8μs。因此，为了得到最大的输出数据率，读取数据可以在下一个转换期间进行。

3. 模拟多路开关（Multiplexer）

由于 A-D 转换器的价格昂贵，需要测量的模拟量信号较多，一些测量系统通常只需要按一定周期对电气参数进行抽样检测，可以采用模拟多路开关轮流切换输入模拟信号与 A-D 转换器的连接，实现对模拟信号的分时测量，达到共享 A-D 转换器的目的。这样的设计方案一方面可以降低产品成本，另一方面也可以简化电路设计，在智能电子设备的模拟过程通道设计中得到广泛应用。下面以 AD7506 为例介绍模拟多路开关的工作原理。

AD7506 是 16 通道输入，1 路输出的片上集成多路开关，它有 28 个引脚双列直插式和 28 个引脚贴片式封装。AD7506 的模拟多路开关框图如图 4-8 所示。

16 路模拟量从端子 S_1、…、S_{15}、S_{16} 引入，当其中某一路被选中以后可从 OUT 端输出。选择是由 EN、A_3、A_2、A_1、A_0 五个管脚接收来自 CPU 的命令控制，表 4-2 为 AD7506 真值表（即开关选择表）。EN 为片选控制端。当 EN 被置于低电平“0”时，本芯片被封锁，16 路开关均被断开。只有 EN 呈高电平“1”时，本芯片才被选通。此时由 A_3 ~ A_0 的电平决定选通的开关编号。

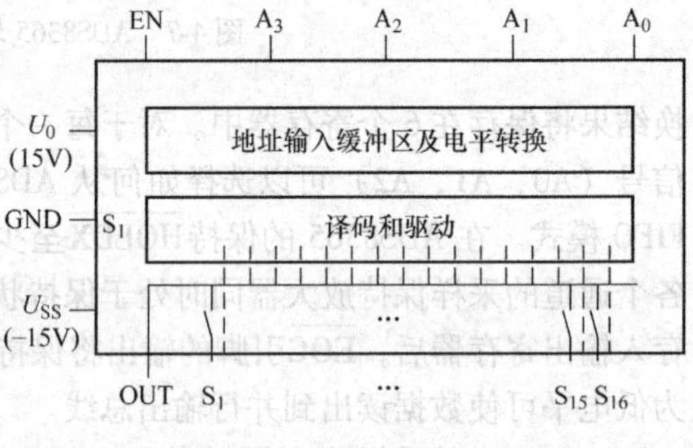

图 4-8　AD7506 模拟多路开关框图

表 4-2　AD7506 真值表

EN	1	1	1	1	1	1	1	1	1	1	1	1	1	1	1	1	0
A_3	0	0	0	0	0	0	0	0	1	1	1	1	1	1	1	1	×
A_2	0	0	0	0	1	1	1	1	0	0	0	0	1	1	1	1	×
A_1	0	0	1	1	0	0	1	1	0	0	1	1	0	0	1	1	×
A_0	0	1	0	1	0	1	0	1	0	1	0	1	0	1	0	1	×
接通开关号	0	1	2	3	4	5	6	7	8	9	10	11	12	13	14	15	-

4. 采样定理

采样定理即奈奎斯特定理，是模拟量数据采集的理论基础。由于 CPU 只能处理离散的数字信号，而模拟量都是连续变化的物理量，因此要对模拟量信息进行采集，必须将随时间连续变化的模拟信号变成离散数字信号。为达到这一目的，首先要对模拟量进行采样。采样是将一个连续的时间信号函数 $x(t)$ 变成离散信号函数 $x'(t)$ 的过程。奈奎斯特采样定理告诉我们，在进行 A-D 信号的转换过程中，当采样频率（$f_{s.max}$）大于信号中最高频率（f_{max}）的 2 倍时（$f_{s.max}>2f_{max}$），采样之后的数字信号完整地保留了原始信号中的信息。实际应用中一般要保证采样频率为信号最高频率的 3～4 倍。采样过程如图 4-9 所示。图中显示了一个模拟信号及其采样后的采样值，采样间隔 Δt，时间间隔 Δt 被称为采样间隔或者采样周期。它的倒数 $1/\Delta t$ 被称为采样频率，单位是采样点数/每秒。$t=0$、Δt、$2\Delta t$、$3\Delta t$……时，$x(t)$ 的数值就被称为采样值。采样是否正确，主要表现在采样值 $x'(t)$ 能否真实地反映原始连续时间信号中所包含的重要信息。

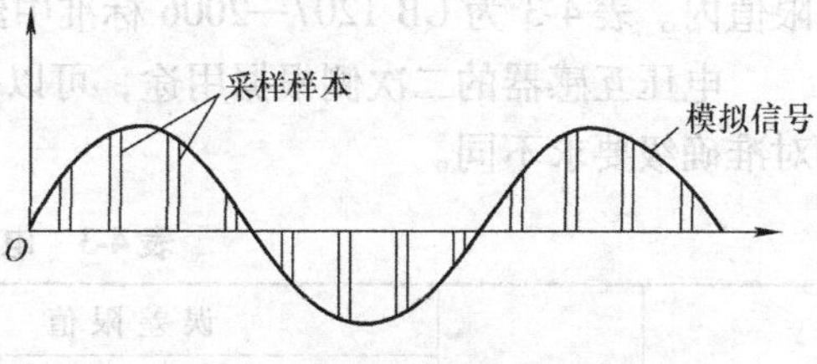

图 4-9　离散采集过程示意图

4.2.2　IED 和电力系统连接

电网中除 0.4kV 低压配电网电压较低外，其余部分的一次电压均为高电压，二次智能电子设备属于弱电设备，不可能直接接入高压电网，只能接入低电压或电流信号。一次设备和二次 IED、仪表之间通过电压互感器进行电压、电流的变换，将高电压场合的电压和电流，变成较低电压场合的电压、电流，这种电压、电流可以直接接入 IED、仪表，完成这种电压、电流变换的设备称为电压互感器（TV）和电流互感器（TA）。

1. 电压互感器

传统的电压互感器是利用电磁感应原理改变交流电压量值的设备。它主要由一、二次绕组、铁心和绝缘体组成。当在一次绕组上施加一个电压 U_1 时，铁心中就产生一个磁通 Φ，根据电磁感应定律，则在二次绕组中就产生一个二次电压 U_2。使用电压互感器的目的是将一次侧的高电压变换到二次侧的低电压信号，理想的电压互感器二次侧的电压幅值和一次侧的电压幅值成比例，相位角完全相等。因此，电压互感器被认为是工作在空载状态的变压器。

电压互感器二次回路是高阻抗回路，二次电流的大小由回路的阻抗决定。当二次负载阻抗减小时，二次电流增大，使得一次电流自动增大一个分量来满足一、二次之间的电磁平衡关系。

电力系统常用的电压互感器一次侧的额定电压为高压电网的额定电压，二次侧的额定电压为 100V 或 $100/\sqrt{3}$V。

（1）电压互感器的主要参数

1）额定一次电压 U_{pn}：作为电压互感器性能基准的一次电压值。电压互感器的额定一次电压取电力系统额定电压等级的线电压或相电压。

2）额定二次电压 U_{sn}：作为电压互感器性能基准的二次电压值。电压互感器的二次电压为：100V，$100/\sqrt{3}\text{V}=57.7\text{V}$

3）电压误差（比误差）：互感器在测量电压时出现的误差。它是由实际电压比不等于额定电压比造成的。电压误差以百分数表示如下：

$$\varepsilon_V=\frac{K_nU_s-U_p}{U_p}\times 100\%$$

式中，U_p 为实际一次电压；U_s 为实际二次电压；K_n 为额定一次电压和二次电压之比。

4）准确级：对电压互感器所给定的等级，互感器在规定使用条件下的误差应在规定的限值内。表4-3为GB 1207—2006标准中给出的电压误差和相位差限值。

电压互感器的二次侧根据用途，可以分为计量绕组、测量绕组、保护绕组，不同的绕组对准确级要求不同。

表4-3　电压误差和相位差限值

用途	准确级	误差限值			适用运行条件			
		电压误差(%)	相位差		电压(%)	频率范围(%)	负荷(%)	负荷功率因数
			min	crad				
测量绕组	0.1	±0.1	±5	±0.15	80~120	99~101	25~100	0.8（滞后）
	0.2	±0.2	±10	±0.3				
	0.5	±0.5	±20	±0.6				
	1.0	±1.0	±40	±1.2				
	3.0	±3.0	未规定	—				
保护绕组	3P	±3.0	±120	±3.5	5~150（或5~190）	96~102		
	6P	±6.0	±240	±7.0				

注：1. 括号内数值适用于中性点非有效接地系统电压互感器。
2. 当二次绕组同时用于测量和保护时，应对该绕组标出其测量和保护等级及额定输出。

（2）电压互感器的接线　电压互感器分为单相式和三相式，单相式产品居多。单相式产品现场接线时，一次侧可以接成Y0形，二次侧接成Y0形和开口三角形，即可实现线电压和相电压的测量。只进行线电压的测量时，可以采用两台单相互感器接成V/V形。图4-10为常见的电压互感器的三种接法。

图4-10a是三个单相电压互感器接成Y0/Y0形，可供给要求测量线电压的仪表或继电器，以及供给要求相电压的绝缘监察电压表。二次侧a、b、c相和地的额定电压为$100/\sqrt{3}$V，相间电压为100V。

图4-10b是三台单相电压互感器接成Y0/Y0/⊿（开口三角形），接成Y0形的二次绕组能提供相电压和线电压等。辅助二次绕组接成开口三角形得到零序电压u_0，供电给绝缘监察电压继电器。当三相系统正常工作时，三相电压平衡，开口三角形两端电压为零。当某一相接地时，开口三角形两端出现零序电压，使绝缘监察电压

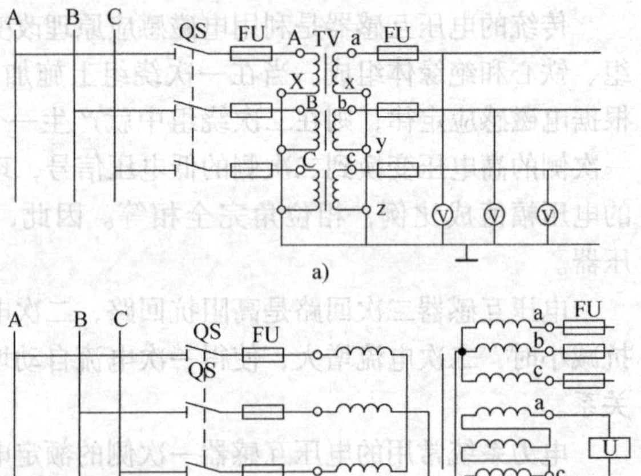

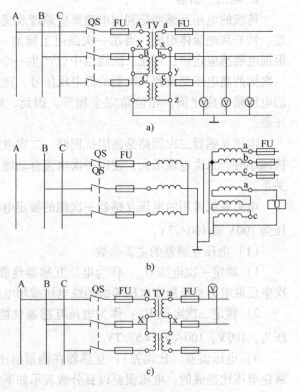

图4-10　电压互感器接线方式

a）Y0/Y0形接线　b）Y0/Y0/⊿（开口三角形）形接线

c）V/V形接线

继电器动作，发出信号。

图4-10c是两个单相电压互感器的V/V形接线，可以测量相间线电压，但不能测量相电压。

2. 电流互感器

传统的电流互感器和电压互感器一样，也是利用电磁感应原理实现的。采用电流互感器的目的是实现一次电流的变换。电流互感器也是一种特殊的变压器，只是其二次侧工作在近似短路状态。它的一次绕组匝数很少或没有一次绕组，串接在需要测量的电流线路中或套在一次回路上，因此它经常有线路的全部电流流过，二次绕组匝数比较多，串接在测量仪表和保护回路中，电流互感器在工作时，它的二次回路理想状况阻抗为0，因此，二次回路串联的IED电流测量、保护回路、仪表的阻抗越小越好。电流互感器根据用途分为计量电流互感器、测量电流互感器和保护电流互感器。

（1）电流互感器的主要参数

1）额定一次电流 I_{pn}：作为电流互感器性能基准的一次电流值。不同种类的一次电流互感器，一次电流选择有不同的方法。

2）额定二次电流 I_{sn}：作为电流互感器性能基准的二次电流值。一般取值为5A、1A。

3）额定电流比 K_n：一次额定电流与二次额定电流之比。

4）负荷：电流互感器二次回路所接的阻抗 Z_b，用欧姆和功率因数表示。负荷可用视在功率和伏安值表示，它是在额定电流和功率因数下所吸收的视在功率 S_b。

5）额定负荷：确定互感器准确级所用的负荷值。

6）电流误差（比误差）：互感器在测量电流时所出现的误差，它是由于实际电流比与额定电流比不相等造成的。电流误差的百分值如下：

$$\varepsilon_I = \frac{K_p I_s - I_p}{I_p} \times 100\%$$

式中，K_p为额定电流比；I_s为测量条件下通过一次电流 I_p时的二次电流方均根值，(A)；I_p为实际一次电流方均根值，(A)。

7）相位差：一次电流与二次电流的相位之差。若二次电流相量超前一次电流相量时，取正值。相位差通常用min（分）或crad（厘弧度）表示。

8）复合误差：在稳态条件下，一次电流瞬时值与二次电流瞬时值乘以 K_n，两者之差的方均根值。复合误差的百分值表示如下：

$$\varepsilon_c = \frac{1}{I_p}\sqrt{\frac{1}{T}\int_0^T (K_n i_s - i_p)^2 \mathrm{d}t} \times 100\%$$

9）额定准确限值一次电流 I_{pal}：在稳态情况下，电流互感器能满足复合误差要求的最大一次电流值。

10）准确限值系数（Accuracy Limit Factor）：额定准确限值一次电流与额定一次电流之比，

$$K_{alf} = I_{pal}/I_{pn}$$

上述参数中，9）、10）的参数仅适用于保护用互感器。

表4-4给出了0.1、0.2、0.5、1级测量用互感器的电流误差限值。表4-5给出了保护用互感器的电流误差限值。

表 4-4　测量用互感器电流误差限值

准确级	电流误差（%），在下列额定电流（%）时				相位差，在下列额定电流（%）时							
					min				crad			
	5%	20%	100%	120%	5%	20%	100%	120%	5%	20%	100%	120%
0.1	±0.4	±0.2	±0.1	±0.1	±15	±8	±5	±5	±0.45	±0.24	±0.15	±0.15
0.2	±0.75	±0.35	±0.2	±0.2	±30	±15	±10	±10	±0.9	±0.45	±0.3	±0.3
0.5	±1.5	±0.75	±0.5	±0.5	±90	±45	±30	±30	±2.7	±1.35	±0.9	±0.9
1	±3.0	±1.5	±1.0	±1.0	±180	±90	±60	±60	±5.4	±2.7	±1.8	±1.8

表 4-5　保护用互感器电流误差限值

准确级	额定一次电流下的电流误差(%)	额定一次电流下的相位差		额定准确限值一次电流下的复合误差(%)
		min	crad	
5P	±1	±60	±1.8	5
10P	±3	—	—	10

（2）电流互感器的接线　穿心式电流互感器直接套接在一次回路中，其他电流互感器一次绕组串接在一次回路中。同一个产品中，保护、测量、计量绕组分别采用不同的铁心和不同的绕组，在计量精度要求较低情况下，测量和计量共用一个二次绕组。二次绕组的保护和测量绕组分别串接 IED 的测量和保护电流输入端子。

图 4-11 为常见的电流互感器的接线图。

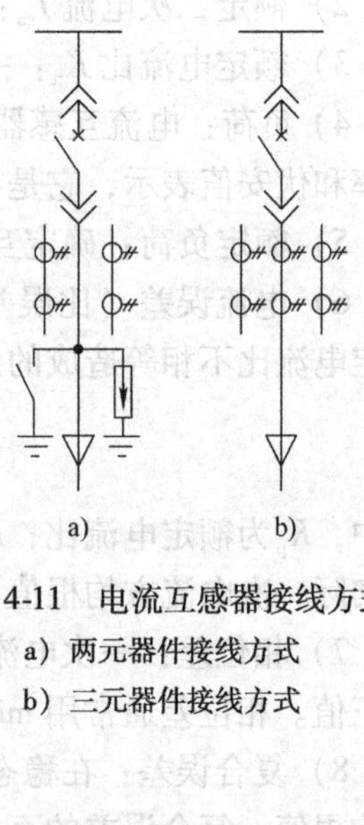

a)　　b)

图 4-11　电流互感器接线方式
a）两元器件接线方式
b）三元器件接线方式

图 4-11a 是两元器件接线方式，用于对称的三相电路，电流互感器安装在 A、C 相上，每相二次侧有两个绕组，分别为测量、计量绕组和保护绕组。图 4-11b 是三元器件接线方式，A、B、C 三相均接有二次侧为两个绕组的互感器，分别为测量、计量绕组和保护绕组。

4.2.3　交流信号采样通道的构成

在 IED 中，交流信号采样的信号源一般是电力系统 TV 和 TA 输出的二次电压和电流信号，其电压信号的额定值为 100V（有效值）或 $100/\sqrt{3}$V，电流信号的额定值为 5A（1A）。二次侧信号源提供的信号对采样通道中的模拟元器件而言仍然属于强电信号。为了实施交流信号采样，首先需将信号源提供的信号变换为模拟元器件可以接收的信号。因此交流信号采样通道的第一个组成部件是二次电压/电流互感器，其将电力系统二次侧的 100V/5A 的信号转换为 5V/20mA 的弱电信号。由于二次电压互感器一次侧漆包线老化短路会造成电力系统二次侧 TV 回路短路故障，因此 IED 设计时一般选用 2mA：2mA 的电流互感器替代 100V：5V 的电压互感器，为了将 100V 的二次电压信号转换为 2mA 电流信号，在二次互感器一次侧需串接 50kΩ 的精密电阻。由于二次侧最大测量电压为 120V，实际电路中串接的精密电阻一般为 60kΩ。

由于电气量中含有高频噪声等干扰信号会影响采样精度，因此需要对输入信号进行滤波处理；此外，模拟元器件一般只处理电压信号，还需要将微型 TV 和 TA 输出的电流信号转换为电压信号；同时，还要根据 A-D 转换器信号的输入范围对输入的交流信号进行偏置、放大等统一化处理，以便将外部信号接入 A-D 转换器。实现滤波、电流-电压转换和信号统一化处理的电路统称为信号调理电路，此为交流信号采样通道的第二组成部分。

如果单台 IED 要采样多个测量点的电气量，考虑 IED 的成本和体积因素，通常采用模拟多路开关对外部输入信号进行时分多路采样。当然，如果 IED 只采集一个测量点的电气量，则不需要使用模拟多路开关。

交流信号采样通道的第四部分为采样保持和 A-D 转换电路，主要完成模拟信号的量化，即 A-D 转换。

为了控制 A-D 转换器进行 A-D 转换，读取 A-D 转换的结果，以及控制模拟多路开关进行通道切换，需要设计与 CPU 的接口电路。CPU 通过该接口电路控制交流采样过程通道按期望的流程进行信号采样，并获取采样结果。A-D 转换器与 CPU 的接口方式分为并行和串行两种。并行接口方式是将 A-D 的数据总线与 CPU 的数据总线通过片选和读写信号进行直接访问。串行接口方式是 A-D 转换器采用 I^2C、SPI 等总线与 CPU 连接，通过相应的串行通信规范对 A-D 转换器进行访问。从 IED 技术的发展方向来看，串行连接方式具有容易实现隔离、抗干扰能力强等特点，目前许多交流采样通道都采用串口方式与 CPU 进行接口。当然，在一些需要高速数据采样的场合，宜采用并行接口方式。

根据交流信号采样的原理，为了达到理想的采样精度，需要对完整周期的交流信号进行等间隔采样。由于电网周期是动态变化的，要实现动态锁定和等分电网周期是非常困难的。目前跟随电网周波的方法有多种，一种是软同步方法，另一种是硬同步方法。所谓软同步方法是指通过软件的方法测量电网频率后，控制定时器输出倍频信号启动 A-D 转换器。硬同步方法指通过锁相环电路自动跟随电网周波并生成倍频信号启动 A-D 转换器。理论上讲，这两种同步方法都有一定的滞后性，导致它们都不能非常严格地对一个完整的周期信号进行等分。相比较而言，软件同步的方法滞后时间相对长一些。从 IED 产品工程设计的经验来看，这两种方法都能达到比较高的采样精度，硬件同步采样占用的软件资源小，精度更高，但是需要专门的硬件电路支持。

交流信号采样通道的构成如图 4-12 所示。

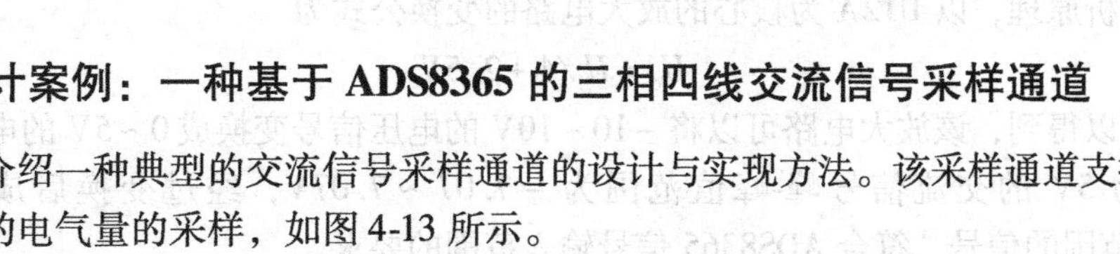

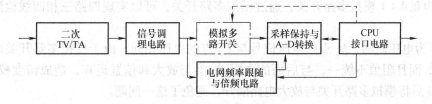

图 4-12 交流信号采样通道的构成

4.2.4 设计案例：一种基于 ADS8365 的三相四线交流信号采样通道

本小节介绍一种典型的交流信号采样通道的设计与实现方法。该采样通道支持四路三相四线测试点的电气量的采样，如图 4-13 所示。

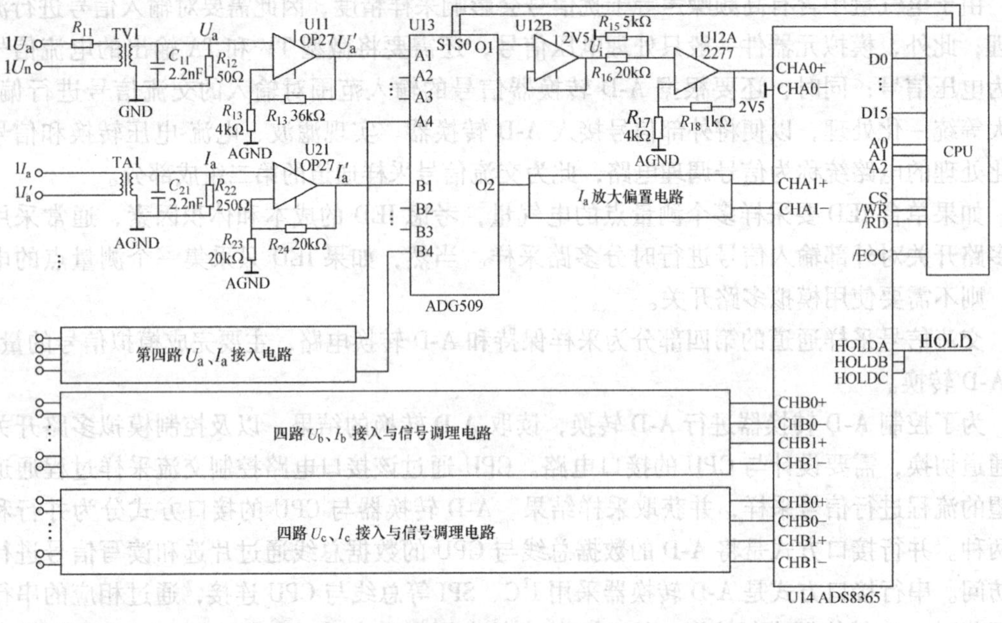

图4-13　一种典型的交流信号采样通道原理图

图4-13 中，ADS8365 同时对三相电压和三相电流进行交流采样，这里以 U_a 和 I_a 采样通道为例，介绍其工作原理。

TV1 和 TA1 是二次电压和电流互感器，用于接入电力系统二次侧的电压和电流信号。TV1 选用 2mA：10mA 互感器，先用 60kΩR_{11} 精密电阻取样，将 120V 电压变换为 2mA 信号，再经过二次互感器进行 1：10 隔离变换，生成信号侧的 10mA 信号。TA1 选用 5A（1A）：10mA 二次互感器。根据二次互感器的负载能力，TV1 信号侧选用 50Ω 精密电阻（R_{12}）进行取样，U_a 点交流电压有效值为 0.5V；TA1 信号侧选用 250Ω 精密电阻（R_{22}）进行取样，I_a 点交流电压有效值为 2.5V。

U11 和 U21 用于对 U_a 和 I_a 信号进行放大处理，由 U11、R_{13} 和 R_{14} 组成的放大电路的放大倍数为 10，U'_a 点交流电压的有效值为 5V。由 U21、R_{23} 和 R_{24} 组成的放大电路的放大倍数为 2，I'_a 点交流电压的有效值为 5V。

U13 为双 4：1 模拟多路开关，通过模拟多路开关，可以实现四路三相四线检测点的分时测量。

U12B 为电压跟随，U_i 点的电压信号与 U'_a 点的电压相同。由于模拟多路开关内部存在一定内阻，而且阻值不统一，与后面的电阻 R_{16} 参与放大和偏置运算，造成精度校准困难。采用 U12B 后将模拟多路开关与放大电路隔开，避免了这一问题。

U12A 用于将有效值为 5V 的交流信号变换成 0～5V 范围内的信号，接入 A-D 转换器。根据电路分析原理，以 U12A 为核心的放大电路的变换公式为

$$U_o = U_i/4 + 2.5V$$

由此可以得到，该放大电路可以将 -10～10V 的电压信号变换成 0～5V 的电压信号。因此有效值为 5V 的交流信号峰-峰值范围为 -7.07～7.07V，经过变换后成为 732.5～4267.5mV 范围的信号，符合 ADS8365 信号输入范围的要求。

运算放大器偏置运算所需的2.5V基准电压从ADS8365的REF_{OUT}引脚引出，并通过双运放电路（U15）电压跟随，提高基准电压源的驱动能力。

ADS8365采用并行接口方式与CPU连接。ADS8365通过HOLD信号启动6个通道同时采样，采样完成后ADS8365通过/EOC向CPU提请中断，CPU响应中断请求读取A-D转换的结果。

为了实现对完整周期的交流信号进行等间隔采样，这里介绍一种采用锁相环倍频电路，该电路用于自动跟随电网周波，生成电网周波的倍频信号，用于启动ADS8365进行A-D转换。

如图4-14a所示，锁相环倍频电路由正弦波放大电路（U3）、滞回比较电路（U4）、D触发器（U2）、锁相环电路（U1）、整形电路（U6A，B，C，D）和分频电路（U5）等部分组成。

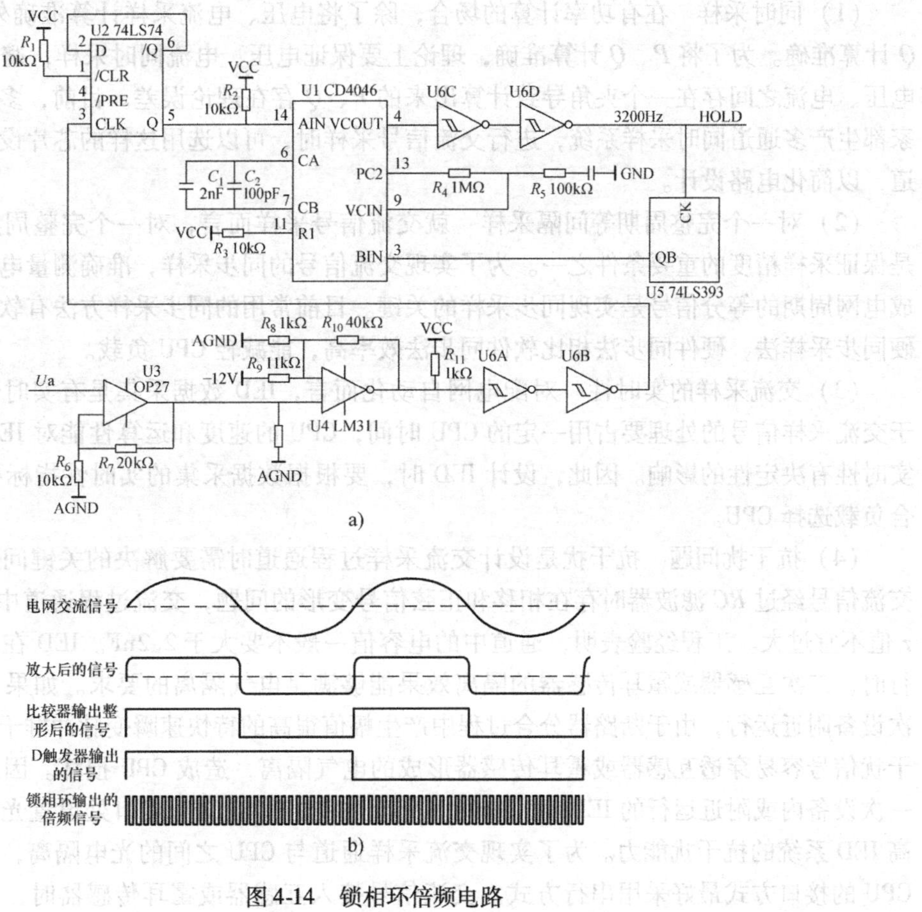

图4-14 锁相环倍频电路

a）锁相环电路原理图 b）时序图

正弦波放大电路（U3）用于将输入的电网周波信号放大，使正弦波的过零点更陡峭，便于滞回比较电路（U4）将正弦波准确地变为方波信号；滞回比较电路（U4）用于将正弦波变为方波，送到D触发器（U2）；D触发器（U2）将输入的方波信号变为占空比为1的方波信号（频率为输入频率的1/2），送给锁相环电路（U1）的输入引脚AIN；锁相环电路

(U1) 对输入的方波倍频后从 VCOUT 引脚输出，输出的倍频信号经分频电路（U5）反馈到锁相环相位比较器的输入引脚 BIN，锁相环电路比较 AIN 和 BIN 之间的相位差，驱动压控振荡器调整 VCOUT 的输出，使之与 AIN 同步，生成与电网周波同步的倍频信号。

锁相环电路倍频的倍数由分频电路的分频次数确定。分频电路采用 CPLD 设计，根据需要可以设计成 64/128 次分频，产生电网周波 32/64 倍频的方波信号，驱动 A-D 转换器对电网交流信号进行同步采样。

产生电网周波 32 倍频方波信号的时序图如图 4-14b 所示。

4.2.5　交流采样电路设计时需要注意的关键技术

从技术发展的角度来看，目前交流信号采样技术已经很成熟。针对 IED 产品设计，交流信号采样电路设计时需要注意的技术问题总结如下。

（1）同时采样　在有功率计算的场合，除了将电压、电流采样计算准确外，还要把 P、Q 计算准确。为了将 P、Q 计算准确，理论上要保证电压、电流同时采样，避免因所采样的电压、电流之间存在一个夹角导致计算出来的 P、Q 存在理论误差。目前，多家 AD 芯片厂家都生产多通道同时采样系统，进行交流信号采样时，可以选用这样的芯片设计交流采样通道，以简化电路设计。

（2）对一个完整周期等间隔采样　就交流信号采样而言，对一个完整周期等间隔采样是保证采样精度的重要条件之一。为了实现交流信号的同步采样，准确测量电网周期，并生成电网周期的等分信号是实现同步采样的关键。目前常用的同步采样方法有软同步采样法和硬同步采样法，硬件同步法相比软件同步法效率高，能减轻 CPU 负载。

（3）交流采样的实时性　对配电网自动化而言，IED 数据采集是有实时性要求的。由于交流采样信号的处理要占用一定的 CPU 时间，CPU 的速度和运算性能对 IED 数据采集的实时性有决定性的影响。因此，设计 IED 时，要根据数据采集的实时性指标要求和 IED 综合负载选择 CPU。

（4）抗干扰问题　抗干扰是设计交流采样过程通道时需要解决的关键问题之一。由于交流信号经过 RC 滤波器时存在相移和正弦信号变形的问题，交流过程通道中 RC 滤波器的 τ 值不宜过大。工程经验表明，通道中的电容值一般不要大于 2.2nF。IED 在室内环境中运行时，二次互感器或霍耳传感器的隔离效果能够满足电气隔离的要求。如果 IED 在户外一次设备附近运行，由于断路器分合过程中产生幅值很高的特快速瞬变脉冲群干扰信号，这种干扰信号容易穿透互感器或霍耳传感器形成的电气隔离，造成 CPU 损坏。因此设计在户外一次设备内或附近运行的 IED 时，最好在交流过程通道与 CPU 接口处设置光电隔离，以提高 IED 系统的抗干扰能力。为了实现交流采样通道与 CPU 之间的光电隔离，A-D 转换器与 CPU 的接口方式最好采用串行方式。交流信号接入互感器或霍耳传感器时，最好先穿过多孔磁珠，以便对特快速瞬变脉冲群信号进行抑制。

4.3　常用交流采样算法

由于交流采样所得到的是正弦信号的瞬时值，这些量是随时间变化的交变量，这就需要通过一种算法把正弦信号的有效值计算出来。交流采样的算法很多，下面介绍几种常用的算法。

4.3.1　一点采样算法

这种算法只需对三相电压和电流同时采集一点，就可以计算出信号的有效值。其计算公式如下：

$$U=\frac{1}{\sqrt{3}}\sqrt{u_{AB}^2+u_{BC}^2+u_{AC}^2}$$

$$I=\frac{1}{\sqrt{3}}\sqrt{i_A^2+i_B^2+i_C^2}$$

$$P=\frac{1}{9}[u_{AB}(i_A-i_B)+u_{BC}(i_B-i_C)+u_{CA}(i_C-i_A)]$$

$$Q=\frac{1}{3\sqrt{3}}(u_{AB}i_C+u_{BC}i_A+u_{CA}i_B)$$

这种算法的特点是对采样没有定时要求，因此不需要设置任何定时器也可以进行数据采集。其缺点是算法中没有滤波作用，且要求三相对称，当系统有高次谐波或三相不对称时会产生误差，同时，算法中要求输入同一时刻三相电流与电压，这对大型设备是不成问题的，但对一般的 10kV 线路则不具备这种条件。

4.3.2　两点采样算法

两点采样值算法是利用一个周期内固定采样间隔的采样值求出信号有效值的方法。

$$U=\sqrt{\frac{u_1^2+u_2^2}{2}}$$

$$I=\sqrt{\frac{i_1^2+i_2^2}{2}}$$

$$P=\frac{1}{2}(u_1i_1+u_2i_2)$$

$$Q=\sqrt{S^2-P^2}=\sqrt{(UI)^2-P^2}$$

两点采样具有简单快速的优点，都能在半周期内完成采集，但是对输入信号要求严格，只适于输入为正弦信号或有预滤波装置的场合。

4.3.3　方均根算法

方均根算法是用于监控系统交流采样的一种良好算法，其基本思想是根据周期连续函数的有效值定义，将连续函数离散化，可得出电压、电流有效值的表达式为

$$U=\sqrt{\frac{1}{N}\sum_{i=1}^{N}u_i^2}$$

$$I=\sqrt{\frac{1}{N}\sum_{i=1}^{N}i_i^2}$$

式中，N 为每个周期均匀采样的点数；u_i为第 i 点电压采样值；i_i为第 i 点电流采样值。

由连续函数的功率定义可得离散表达式为

$$P = \frac{1}{N}\sum_{i=0}^{N} u_i i_i$$

$$Q = \sqrt{S^2 - P^2} = \sqrt{(UI)^2 - P^2}$$

式中，u_i、i_i为同一时刻电压和电流的采样值。

该算法不仅对正弦波有效，当采样点较多时，可较准确地测量波形畸变的电气量，这是它的主要优点。当然，为减少误差，采样点数 N 要较多，而这会使运算时间增加。

4.3.4 傅里叶算法

傅里叶算法是利用一个连续周期的采样值求出信号幅值的方法。傅里叶变换算法计算电压、电流有效值的算法思想如下：

假设交流电气信号的离散表示如下：

$$v(k) = \sqrt{2}\sin(\frac{2\pi}{N}k + \varphi)$$

上式第 m 次谐波的复数形式 $X_c + jX_s$ 的离散傅里叶公式为

$$X_s = \frac{\sqrt{2}}{N}\sum_{k=0}^{N-1} v(k)\sin(\frac{m2\pi}{N}\cdot k)$$

$$X_c = \frac{\sqrt{2}}{N}\sum_{k=0}^{N-1} v(k)\cos(\frac{m2\pi}{N}\cdot k)$$

当 $m=1$ 时，基波的复数形式 $X_c + jX_s$ 的离散傅里叶公式为

$$X_s = \frac{\sqrt{2}}{N}\sum_{k=0}^{N-1} v(k)\sin(\frac{2\pi}{N}\cdot k)$$

$$X_c = \frac{\sqrt{2}}{N}\sum_{k=0}^{N-1} v(k)\cos(\frac{2\pi}{N}\cdot k)$$

将一周采样的 N 个采样点代入上述公式，计算得出基波的 X_s 和 X_c，基波信号的有效值计算公式如下：

$$X = \sqrt{X_s^2 + X_c^2}$$

采用类似的方法也可以计算得到其他次谐波的有效值。

傅里叶算法具有很强的滤波能力，适用于各种周期量采集。但是其响应速度慢，不能适合快速采集的要求，比较适于电量计算时的数据采集，或者是其他实时性要求不高但精度高的场合。递推傅里叶算法提高了响应速度，但它具有延迟效应，尤其在电量发生突变时会产生较大误差。

4.3.5 现代交流采样算法

正弦量常用的算法有：两点乘积算法，三点乘积算法，导数算法，半周波绝对值积分算法，傅里叶算法。采用两点乘积算法、三点乘积算法和导数算法计算有效值和相位时要进行较多的乘除法，运算工作量较大，会占用微控制器较多的 CPU 开销。这里以半周波绝对值积分算法为例介绍现代交流采样算法。

半周波绝对值积分法的原理是一个正弦量 $x(t)$ 在任意半个周期内绝对值的积分为一常数 S。

$$S = \int_0^{\frac{T}{2}} |x(t)| \mathrm{d}t = \int_0^{\frac{T}{2}} \sqrt{2}X\sin\omega t\mathrm{d}t = \frac{2\sqrt{2}}{\omega}X$$

所以在求得正弦波的半波面积 S 后，就可以利用下式计算正弦波的有效值或幅值：

$$X = S\frac{\omega}{2\sqrt{2}}$$

采用矩形法求得 S 的近似值为

$$S \approx T_s\sum_{k=0}^{N/2-1} |x(k)|$$

式中，N 为每周波采样点数；T_s为采样间隔时间；$x(0)$ 为 $k=0$ 时的采样值；$x(k)$ 为第 k 次采样值；$x(N/2)$ 为 $k=N/2$ 时的采样值。

半周波绝对值积分算法的特点是

1）数据窗长度为半个周波，对工频正弦量而言，响应时间为 10ms。

2）由于进行的是积分算法，故具有滤波功能，对高频分量有抑制作用，但不能抑制直流分量。

3）算法的精度与采样频率有关，采样频率越高，其精度越高，误差越小。

4）由于只有加法运算，计算工作量很小。

4.4　模拟量采样处理方法

模拟量采样处理的主要方法一般包括数字滤波、越限判别、标度转换等。

4.4.1　越限判别及越限呆滞区

电力系统运行时，各种电气参数受约束条件的限制，不能超过一定的限值，母线的电压不能太低或太高，功率不能太高。对模拟量进行监视过程中，当电气量超过一定的范围时，应对其进行检查，如超越限值，应进行告警。

为此设置以下判别限值：

告警上限：当模拟量变化超过此值时，进行告警并记录。

告警下限：当模拟量变化低于此值时，进行告警并记录。

上复位限：低于告警上限的一个值，当值低于此值时，认为模拟量恢复正常。

下复位限：高于告警下限的一个值，当值高于此值时，认为模拟量恢复正常。

如果运行参数由于某些原因在限值附近波动时，就会出现越限和复限不断交替，频繁告警，为了减少这种情况，通过设置“越限呆滞区”来缓解频繁告警。越限呆滞区即给定的一个量值，为上限和上复位限的差值或下复位限和下限的差值。

如图 4-15 所示，当运行参数超越上限 a 点时，判为越上限，可发出越上限告警信号。此后当运行参数回落到 b 点以下时，才判为复限，1、2 两点不作撤警和重新告警处理。同理 c、d 点被判为连续地越下限状态，3、4 两点不作撤警和重新告警处理。

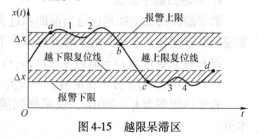

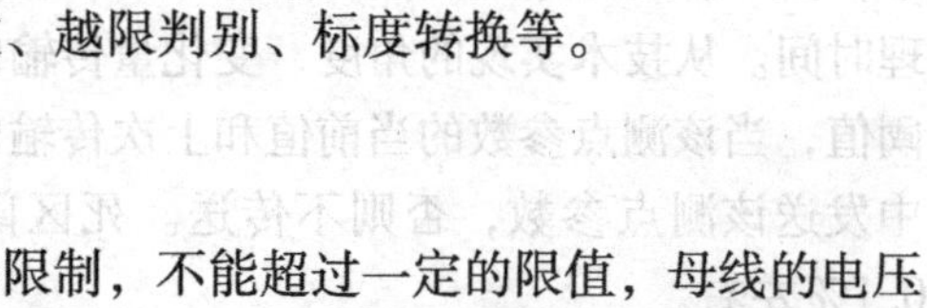

图 4-15　越限呆滞区

4.4.2　零漂抑制与越死区发送

IED在数据采集过程中，有些测量点对应的一次设备实际处于停运状态，但是IED采集的电气量却并不为0，而是一个很小的数值。当这样的小数字显示在监控画面上时，容易造成监控人员的视觉误差，误认为对应的一次设备处于投运状态。产生这种现象的主要原因是模拟量采集通道本身存在一定误差，而且在0值附近，采样误差往往还偏大。在电力系统自动化领域中，通俗地将这种现象称为“零漂”。消除这种“零漂”数据，将对应的电气量设为零，称为“零漂抑制”。从技术实现的角度，零漂抑制的手段很简单，就是设置一个零点阈值，当采样数据落入零点阈值区域时，自动将采集结果置为0。

在IED在线运行过程中，需要周期性地将所采集的测点参数上报给上位系统。在周期性地上传测点参数时存在这样的问题，那就是在本次传送该测点参数时，其当前值与上次传送的值没有变化或者变化很小，这种情况下，该测点参数是否需要传送？答案是显然的，也就是说不需要传送。主要原因是重复传送变化很小的测点值在工程上没有物理意义，却占用了通信信道的传输时间。在信道通信速率低时，还会因为传送这些变化不大的测点参数而影响变化大的测点参数系统更新的实时性；在半双工通信时还会影响控制命令下达的及时性。实际上，电力系统平稳运行时，大部分电气量的变化都很小，不需要在通信信道中传送这些测点参数，从而可以大幅度地降低通信信道的吞吐量。只传送变化量的另一个重要原因是通过减少上传信息点的个数而大幅度减小报文帧的大小（帧越小，受干扰的几率越小），这样可以提高报文帧传送的成功率，节省上位系统报文帧数据处理时间。从技术实现的角度，变化量传输的手段也很简单，就是设置一个测点参数变化死区阈值，当该测点参数的当前值和上次传输的变化量大于死区阈值时，就在本周期的上传报文中发送该测点参数，否则不传送。死区阈值大小根据实际情况决定，一般为测点量程的0.1%左右。

4.4.3　数字滤波

由于IED通常在恶劣的工业现场运行，采样过程中偶尔会出现不合理的坏数据。这些坏数据与正常数据混杂在一起，真假难辨，给数据的使用者造成错觉，影响装置的实用性。因此，进行数据平滑处理或剔除坏数据的方法设计是IED设计的一项重要工作。一般来说，为了提高IED抗干扰的能力，减少干扰引起的测量误差，IED中采用数字滤波对采集到的电气量进行处理。由于IED的实时性要求高，复杂耗时的滤波算法不适用。

数字滤波是一种计算程序，也被称为数据平滑，下面介绍几种IED设计中常用的算法。

1. 非递归数字滤波

数字滤波的输出如果仅与当前的和过去的输入值有关，而和过去的输出值无关，就称为非递归数字滤波。非递归数字滤波可以用下面例子加以说明。

设有模拟信号 $x(f)=u(t)+z(t)$，$u(t)=U\sin 2\pi f_1 t$ 为有用信号，假设 $f_1=2\text{Hz}$；

$Z(t)=U\sin 2\pi f_2 t$ 为干扰信号，假设 $f_2=100\text{Hz}$。

若采样频率为 $f_t=500\text{Hz}$，及采样间隔时间 $T=1/500\text{s}=2\text{ms}$，采样得到一系列离散样本值：

$$x(0),x(1),x(2),\cdots,x(n-1),x(n)\cdots$$

如对最新的连续五个采样值进行算术平均，并将此平均值作为滤波器的输出值 $y(n)$，即

$$\begin{aligned}y(n) &= (1/5)[x(n)+x(n-1)+x(n-2)+x(n-3)+x(n-4)]\\ &= (1/5)[u(n)+u(n-1)+u(n-2)+u(n-3)+u(n-4)]+\\ &\quad (1/5)[z(n)+z(n-1)+z(n-2)+z(n-3)+z(n-4)]\end{aligned}$$

由于 $Z(t)$ 是100Hz 的正弦波，周期为10ms，而采样间隔为2ms，故任意连续五次采样值之和必为0，如图 4-16 所示。

于是有

$$y(n) = (1/5)[u(n)+u(n-1)+u(n-2)+u(n-3)+u(n-4)]$$

可见采用算术平均的方法就已完全滤除了干扰成分。

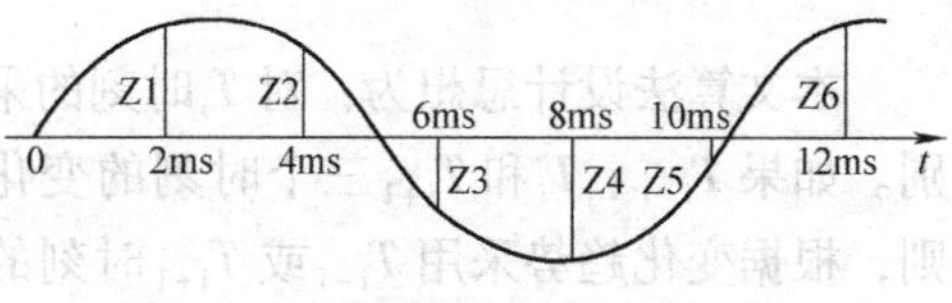

图 4-16　100Hz 干扰波 $Z(t)$ 的采样情况

还可以用加权平均值进行滤波。作为一般公式，上述非递归数字滤波运算可写为

$$y(n) = \sum_{i=0}^{N-1} a_i x(n-i)$$

式中　a_i 为滤波因子，也可称为加权系数。其值应满足两个条件：① $0\leqslant a_i\leqslant 1$；② $\sum_{i=0}^{N-1} a_i = 1$（上例中 $a_i=1/5$，即每一项的权都相同，均为0.2）；N 为滤波因子的长度（上例中 $N=5$）；$x(n-i)$ 为第 $(n-i)$ 次采样测量值。

2. 递归数字滤波

所谓递归数字滤波，即指数字滤波器的输出不仅和输入值有关，还和过去输出值有关。常用的一阶递归数字滤波可表示为下列的方程式：

$$y(n) = ax(n) + (1-a)y(n-1)$$

式中　$x(n)$为滤波器本身输入值；$y(n-1)$为滤波器上次输入值；a 为滤波系数（$0<a<1$）。

例如，$a=0.7$，则$(1-a)=0.3$，则

$$y(n) = 0.7x(n) + 0.3y(n-1)$$

即本次输入值占70%的权重。上次输出值占30%权重，两者相加组合成本次新输出值。如果本次输入值因受干扰而增大许多，经滤波处理后干扰因素被有效地抑制了。

上式也可以改写成如下形式：

$$\begin{aligned}y(n) &= ax(n)+(1-a)y(n-1) = ax(n)+y(n-1)-ay(n-1)\\ &= a[x(n)-y(n-1)]+y(n-1)\end{aligned}$$

当取 $a=0.5$ 时，又简化为下式：

$$y(n) = 0.5[x(n)+y(n-1)]$$

即为本次采样值与上次滤波输出值的平均值。在二进制运算中，某数乘系数0.5（除以2），只需将该数右移一位即可，极为方便。

3. 基于量测值变化趋势的中值滤波算法

正常情况下，电力系统中电气参数的变化都有规律可循，IED 采集到的非法数据，采用曲线图显示时非常的刺眼。如图 4-17a 所示，假设 S 是装置采样到的电气参数，图中的采样

点 A 和 B 明显背离了电气参数的变化规律，数据处理软件需要识别这样的采样点并加以剔除。

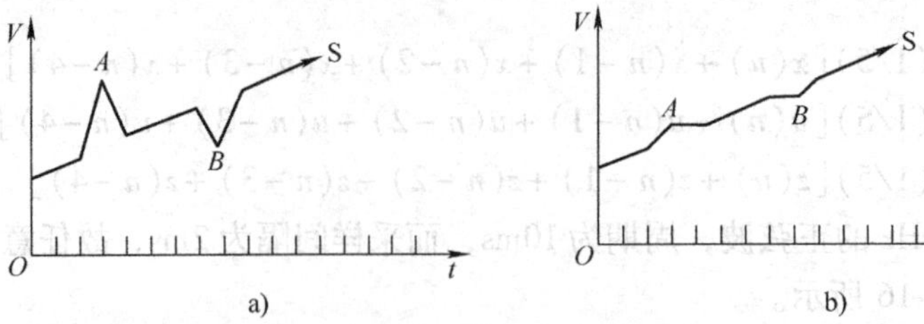

图 4-17　基于量测值变化趋势的中值滤波

a）信号 S 的采样曲线　b）信号 S 进行滤波处理后的曲线

本文算法设计思想为：对 T_i时刻的采样值，其合理性由 T_{i-1}和 T_{i+1}时刻的采样值进行甄别。如果 T_{i-1}、T_i和 T_{i+1}三个时刻的变化趋势一致，则确认 T_i时刻的采样值是合理的，否则，根据变化趋势采用 T_{i-1}或 T_{i+1}时刻的采样值替代 T_i时刻值，如图 4-17b 所示。设 T_{i-1}、T_i和 T_{i+1}三个时刻的采样值为 V1、V2 和 V3，采用类 C 语言描述的算法为

```
int RemoveBadData(int v1,v2,v3)
{
    if(v1 <= v2)
    {if(v2 <= v3) return v2;
        else if(v1 <= v3) return v3;
        else return v1;
    }
    else{ if(v2 >= v3) return v2;
        else if(v1 >= v3) return v3;else return v1;
    }
}
```

上述算法的优点在于响应速度快，相对于平均值和加权平均值滤波算法，采样信号正常突变时能够快速跟随。该算法的缺点是由于需要一个采样周期的时间确认信号变化趋势，迟缓一个采样周期报告采样数据；另外，在采样速度低时，此算法可能将采样信号的正常波动掩盖。通过提高采样速率，即可以克服上述弱点。

4.4.4　标度转换

后台机接收的各种模拟量值经过多个环节转换后得到，将接收的量值变换成实际的物理量，称为标度转换。

电力系统运行时的各种电压、电流、功率等电气量，对电力运行人员而言需要知道其实际的物理量大小。装置发出的量并非实际的电气量。

例如：10kV 馈线出口电流的测量用 300/5 互感器，IED 接入二次互感器，将 –5 ~ 5A 变为 –3.63 ~ 3.63V，经 A-D 转换和计算，装置发送的值为 0 ~ 2047。实际值和输出值之间的关系为线性关系。计算接收到 1600，实际值是多少？

−300 ~ 300 电位变到 0 ~2047，因输入-输出为线性关系。

定义两点（0，−300），（2047，300）决定一条直线，x 为输出值，y 为实际值，列方程，即

$$y = kx + b$$
$$b = -300$$
$$2047k + b = 300$$
$$k = (300 - b)/2047 = 600/2047$$
$$y = 600/2047x - 300$$

当 $x = 1600$ 时，$y = (600/2047) \times 1600 - 300 = 168.98$A，即得出实际值。

4.5　开关量采集与处理

IED 中开关量采样通道是 IED 的重要组成部分。

开关量主要包括：由电力设备的继电器触点提供的反映各种开关开合状态、设备的工作状态等。包括：

1）断路器、刀开关的开合状态。

2）继电保护动作信息。

3）设备的运行信息：断线、缺相、运行、停运、正常、故障等。

4）其他信息：门禁，动物进入等状态信息，压力超限，油温超限等。

以上信号均取自现场设备的继电器的辅助触点，这些继电器处在恶劣的电磁环境中，触点信息要通过导线接入 IED 的开入节点，有些场合导线比较长。

提供给 IED 装置的辅助触点分有源触点和无源触点两种。有源触点通过电压反映设备开关量信息。

无源触点相当于一个开关，开入 IED 装置时，无论反映的是“合”还是“分”，触点两端均无电位差。断路器、隔离刀开关的信息，均是无源触点。有源触点和无源触点示意图如图 4-18 所示。

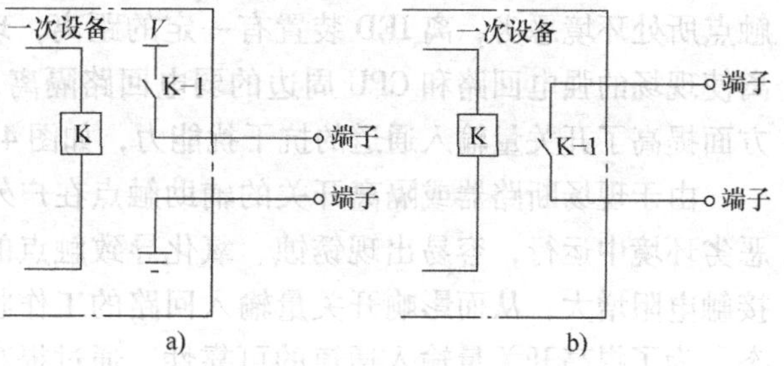

图 4-18　有源触点和无源触点

a）有源开关量接线端子　b）无源开关量接线端子

4.5.1　开关量采集通道的构成

开关量采集通道由信号转换电路、信号调理电路、光电隔离电路、CPU 接口电路等组成，如图 4-19 所示。

1. 信号转换电路

信号转换电路将现场的开关量信号（无源、有源）转换成计算机可接收的逻辑电平信号。信号转换电路如图 4-20 所示。

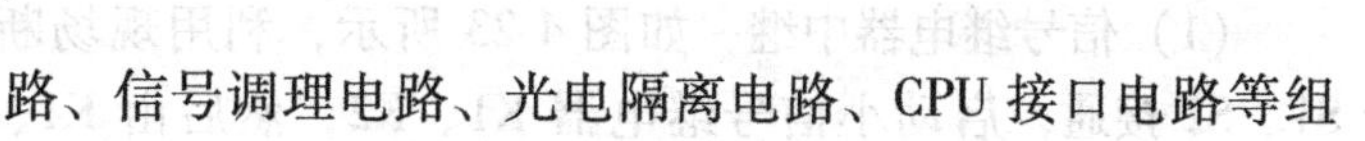

图 4-19　交流信号采样通道的组成

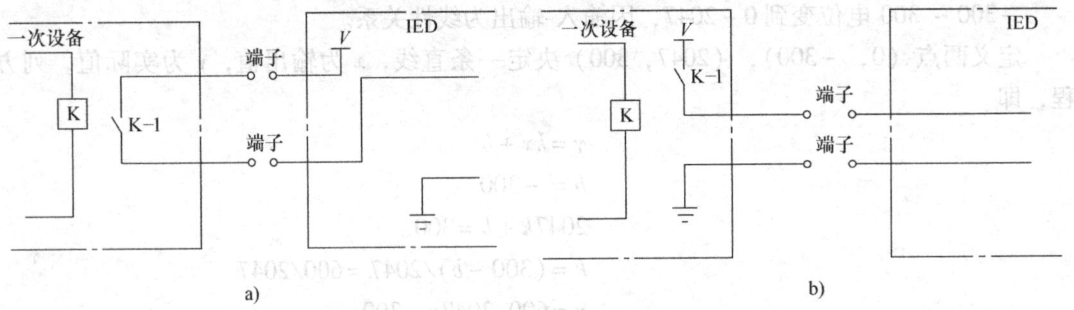

图 4-20　开关量信号转换电路

a）无源开关量接入信号转换　b）有源开关量直接接入

2. 信号调理电路

信号调理电路将逻辑电平信号进行滤波和消抖处理。当开关量作为输入信号，在开关量发生变化时，往往伴随着电气设备的操作，电气设备操作产生的干扰，可能耦合到信号回路中，信号回路由此产生高频干扰，因此，在电路中设置低通滤波回路，对部分高频量进行滤波，例如采用 *RC* 滤波器。*RC* 滤波电路如图 4-21 所示。

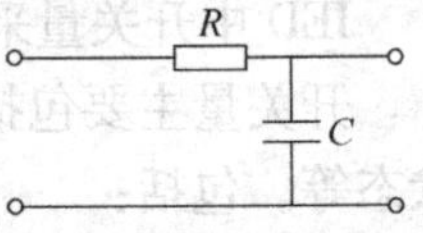

图 4-21　*RC* 滤波电路

消抖电路主要用于消除开关量输入过程中的抖动现象。机械触点在分合过程中都存在一个抖动的过程，同时开关量输入通道受电磁干扰，导致开关量采集时经常发生瞬间多次连续变位的现象。开关量采集去抖动问题将在后文具体介绍。

3. 光电隔离电路

光电隔离电路实现现场信号和微处理机或单片机的隔离。由于断路器、隔离开关的辅助触点所处环境恶劣，离 IED 装置有一定的距离，现场的开关量与逻辑电路之间采用电气隔离使现场的强电回路和 CPU 周边的弱电回路隔离，一方面提高信号回路的驱动能力，另一方面提高了开关量输入通道的抗干扰能力，如图 4-22 所示。

由于现场断路器或隔离开关的辅助触点在户外恶劣环境中运行，容易出现锈蚀、氧化导致触点的接触电阻增大，从而影响开关量输入回路的工作状态。为了提高开关量输入通道的可靠性，通过提高开关量输入回路驱动电压，可以较好地解决这一问题。工程应用中一般采用信号继电器和光耦合器中继的方法来实现。

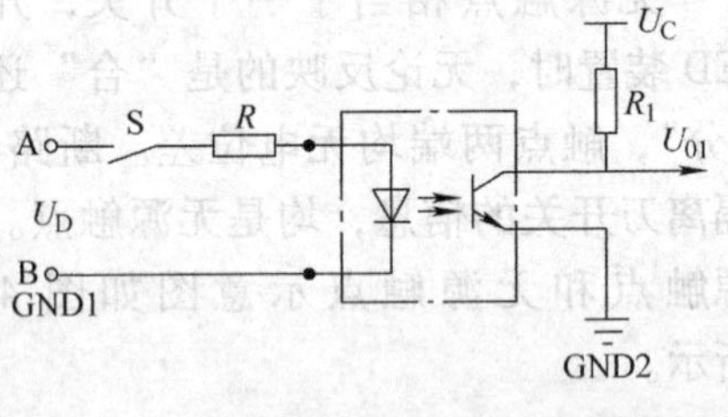

图 4-22　开关量输入通道中的光电隔离电路

（1）信号继电器中继　如图 4-23 所示，利用现场断路器或隔离开关的无源辅助触点 S1、S2 接通，启动小信号继电器 K1、K2，然后由 K1、K2 的触点 K1-1、K2-1 等输入至 IED。一般地，信号继电器集成在 IED 之中或放置在 IED 附近，使得辅助触点的状态可以可靠地由信号继电器指示，从而提高开关量输入过程通道的可靠性。

（2）光耦合中继　IED 中设置光耦合器中继，由于光耦合器体积小，容易集成到 IED 装置本体中，也没有继电器触点机械寿命的问题，目前 IED 设计时大多采用这种方式中继，如图 4-24 所示。

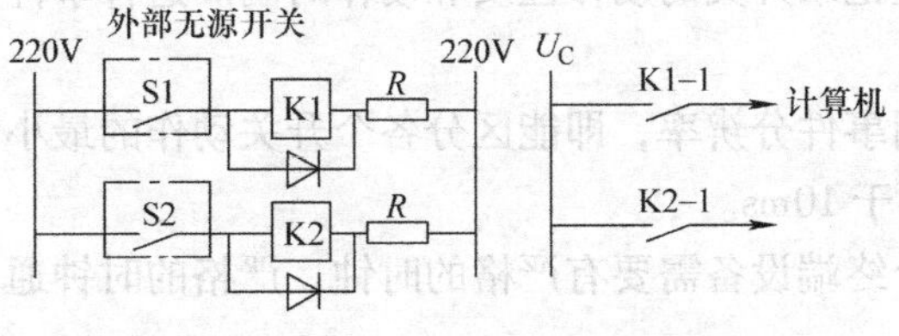

图 4-23　开关量输入通道中信号继电器中继方式

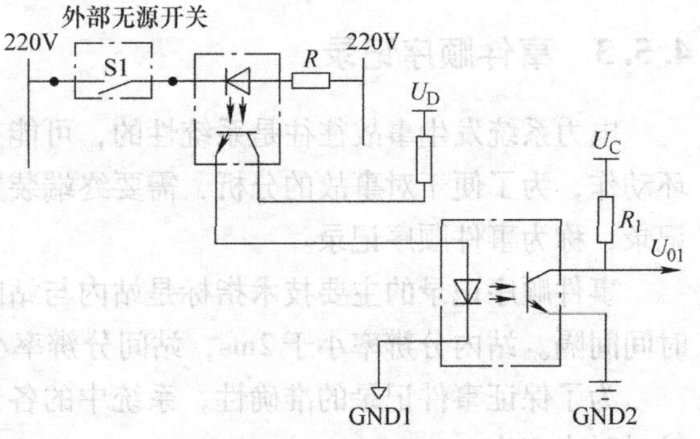

图 4-24　开关量输入通道中光耦合器中继方式

4. 接口电路

实现现场开关量输入信号和 CPU 之间的接口，用于读取访问开关量输入信号的当前状态。由于开关量状态经过光电隔离之后已经变换为 CPU 可以直接访问的数字信号，因此该信号可以直接连接到微控制器的通用 I/O 引脚。一般情况下，需要采集的开关量信号比较多，微控制器的引脚不够用，需要分组访问，这样开关量输入信号一般通过锁存器和总线驱动器进行访问。此外，开关量信号接入微控制器和微处理器的数据总线时，微控制器与微处理器需要通过锁存器和总线驱动器进行读取访问。

4.5.2　设计案例：一种八通道开关量输入通道

八路开关量信号采样输入过程通道电路原理如图 4-25 所示。开关量信号输入回路采用 24V 电压驱动，为了确保光耦可靠工作，每个采样回路的限流电阻为 3kΩ，工作电流约为 8mA。为了直观判断刀开关的工作状态，每个采样回路设计了一个发光二极管 VL1 指示其辅助触点的分合状态；为了防止工程人员施工时将电源接反，造成光耦损坏，回路中设计了一个反向连接的二极管 VD11 予以保护；为了抑制过程通道中的飞边干扰信号，输入回路用 R_1、C_1 组成一阶 RC 滤波回路吸收过程通道中的干扰信号；R_{11} 为 10kΩ 上拉电阻排用于确定光耦输出截止时的高电平状态。光耦合器输出的外部开关量状态送 74LS245 芯片，再与 CPU 连接，CPU 通过片选访问读取该组 DI 状态。

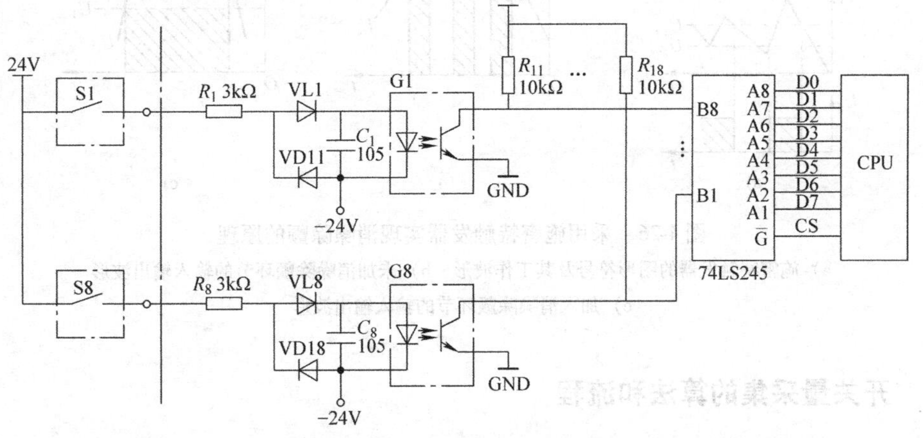

图 4-25　八路开关量信号采样输入过程通道电路原理图

4.5.3 事件顺序记录

电力系统发生事故往往是系统性的，可能有好几个变电所、发电厂的保护装置或开关连环动作，为了便于对事故的分析，需要终端装置记录开关的动作性质和动作时间。这种事件记录，称为事件顺序记录。

事件顺序记录的主要技术指标是站内与站间事件分辨率，即能区分各个开关动作的最小时间间隔。站内分辨率小于2ms，站间分辨率小于10ms。

为了保证事件记录的准确性，系统中的各个终端设备需要有严格的时钟，严格的时钟通过对时来产生。

1）在厂站设置GPS时钟，通过B码，给各个终端对时。

2）由调度主站通过通信协议和厂站、通信管理机对时，通信管理机和终端进行对时。

4.5.4 开关量信号去抖动处理

继电器触点闭合时常会产生触点抖动，消除触点抖动和其他干扰噪声，可采用施密特触发器电路，如图4-26所示。在消噪除颤电路中，采用双门槛触发特性的施密特触发器，图4-26a为施密特触发器的符号及其输入、输出波形。

当输入信号电压U_i逐渐增大到大于U_{T+}时，触发器立即发生翻转，输出高电平“1”；当输入信号电压U_i逐渐减小，小于U_{T-}时，触发器又发生翻转，输出低电平“0”。而上升门槛和下降门槛并不是同一个值，即$U_{T+}>U_{T-}$。这与越限报警时设置“呆滞区”避免在限值附近重复报警是一个道理。

在未加消噪除颤电路时，断路器虽已合闸但其辅助触点可能有一段时间会抖动，或因其他干扰使输入信号上下波动，而输出信号如果亦步亦趋，跟踪十分“灵敏”，会造成计算机对断路器位置的错误判读，如图4-26b所示。加入消噪除颤电路后，则可正确地判读该断路器已合闸，如图4-26c所示。

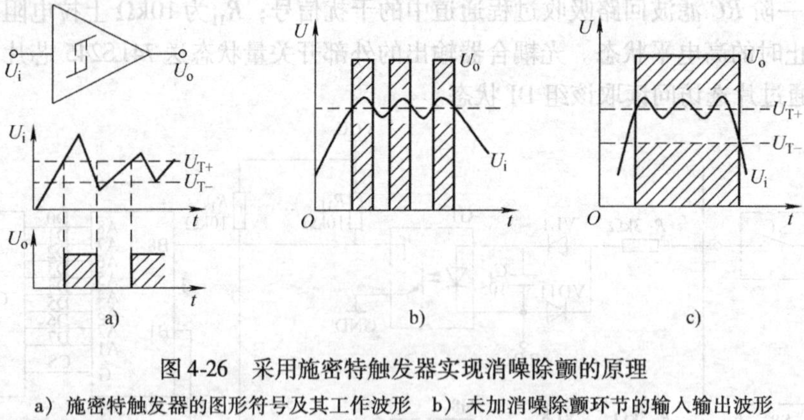

图4-26　采用施密特触发器实现消噪除颤的原理

a）施密特触发器的图形符号及其工作波形　b）未加消噪除颤环节的输入输出波形
c）加入消噪除颤环节的输入输出波形

4.5.5 开关量采集的算法和流程

IED中，开关量采集软件的任务是可靠读取开关量当前的实时状态，并记录开关量变位发生的时间。在电力系统自动化领域，带变位时标的开关信息称为事件顺序记录（Sequence Of Event，SOE），主要用于判别开关量变位的先后顺序，分析事故发生的原因。

（1）开关量信号采集与去抖动算法 在开关量的输入过程中，由于各种继电器和开关的质量和特性的不同，一个开关在闭合时不会马上稳定地接通，在断开时也不会一下子稳定地断开，而是在瞬间伴随有一连串的抖动。抖动的时间长短由其电气、弹性等特性决定，一般为 5 ~ 10ms，并且由于特定的工作环境，装置易受外部干扰源的影响，读到虚假状态信息。因此剔除这些虚假的开关量抖动信息也是开关量采集软件设计的一项重要工作。

开关量扫描周期是对同一开关量前后两次扫查的时间间隔，开关量扫描周期受事件顺序记录指标制约。如果事件分辨率指标为 *N*ms，那么开关量扫查周期必须小于事件分辨率指标，一般采用 *N*/2ms 比较合适。

由于软件读取的开关量信号存在抖动现象，采集软件需要对所读取的状态进行判断，如果认定为抖动，则不生成 SOE，也不上报该状态变位的信息。软件去抖动算法的核心是连续多次读取一个开关量的状态，如果该开关量变位后在规定时间内状态一致，则确认该开关量真正变位，否则认为该开关量发生了抖动。

根据现场工程的经验，采用连续四次（4ms）采样进行抖动判断即可达到非常不错的效果。针对工业现场监控对象开关量状态的特性以及干扰抖动的特点，开关量本身的机械变位时间一般都比较长（≥80ms），而干扰抖动的时间非常短（一般为 5 ~ 10ms），因此抖动延时判断时间取 10 ~ 20ms 即可以。

为了准确记录开关量变位的时间，IED 一般采用定时中断来扫描读取开关量的输入状态，开关量输入扫描的周期为 1ms，并采用该中断进行 SOE 时钟的守时，扫描周期为 1ms 时 SOE 分辨率可达到 2ms。

为了判别开关量是否发生抖动，软件设计增加了一个抖动计数器变量。算法思想为：进行定时扫查，如果扫查到开关量有变位，先不记录变位信息，将抖动计数器加 1 并进行延时判断，检测是否达到抖动延时时间；如果达到，则确认开关量发生了变位，否则将抖动计数器清零。这样如果一个开关量在抖动延时判别时间之内发生变位又恢复至原状态，软件将不记录其发生的变位信息，从而达到去抖动的目的。

这里以 16 路开关量采集为例说明开关量信号采集、软件去抖动算法的工作流程，如图 4-27 所示。

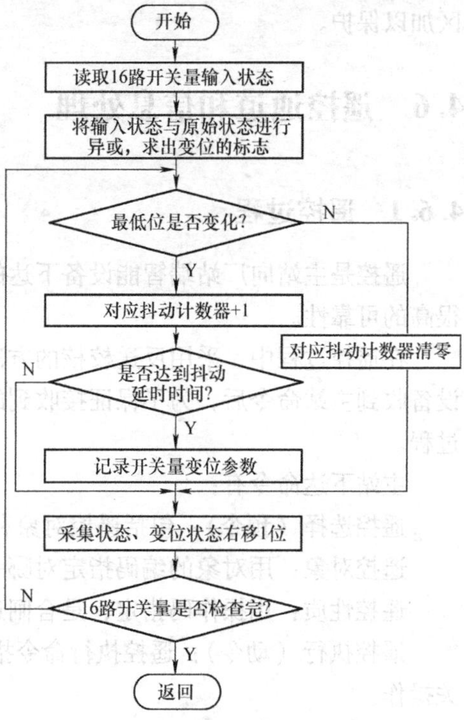

图 4-27 开关量采集与去抖动算法流程图

(2) 开关量信号采样数据处理主要完成将开关量定时中断采集服务程序采集到的开关量变位信息转换成SOE，并添加到SOE队列之中，处理算法如图4-28所示。

该算法主要实现了两项功能：SOE队列元素的时间修正和SOE队列操作。由于开关量采集中断程序记录的开关量变位时间是去抖动判别确认时的时间，因此生成SOE时要将该时间修正到开关量开始变位的时间。SOE队列操作就是将SOE元素添加到SOE队列之中，在添加SOE元素时，如果队列已满，需要将最早的SOE元素删除，再将新生成的SOE元素添加到队列之中。正常情况下，上位机每0.5s与IED通信一次，召唤IED采集生成的开关量信息。根据现场经验，即便开关量变位发生雪崩效应，16路开关量在0.5s之内也不会产生64个SOE，软件实现时设置的SOE队列的长度为64。当然，如果发生上位机与IED的通信长期中断，SOE队列会发生溢出，这种情况一般都是装置故障，需要检修予以排除。此外，开关量变位信息和SOE队列的访问操作与其他任务和中断服务程序有互斥要求，需要使用临界区加以保护。

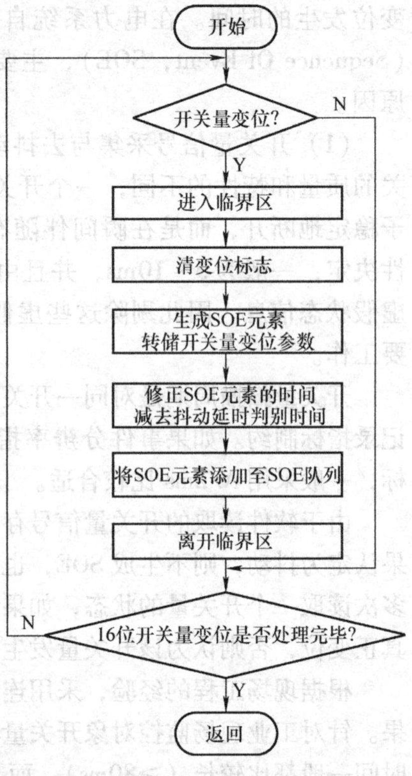

图4-28 开关量变位数据处理算法流程图

4.6 遥控通道和信息处理

4.6.1 遥控过程

遥控是主站向厂站端智能设备下达的操作命令，直接干预电网的运行，所以遥控要求有很高的可靠性。

在遥控过程中，采用反送校核的方法，实现遥控命令的传送。所谓反送校核，是指现场设备收到主站命令后，为了保证接收到的命令正确执行，对命令进行校核，并反送给主站的过程。

主站下达命令有：

遥控选择（预令）：包括遥控对象和遥控性质。

遥控对象：用对象的编码指定对哪一个对象操作。

遥控性质：用操作码指定，是合闸还是分闸。

遥控执行（动令）：遥控执行命令指示终端设备，按照收到的选择命令，执行指定的开关操作。

遥控撤销：指示终端设备撤销已下达的选择命令。

在厂站端，终端设备接收遥控预令，校核遥控选择命令的正确性，即检查性质码是否正确，检查遥控对象是否有效。向主站传送校核成功信息，指明终端所收到的命令与主站发送的命令相符。如果校核不成功需向主站发送校核不成功。

在遥控过程中终端收到预令后，并发送校核信息后启动定时器，如在规定的时间内没有收到动令，则撤销遥控。

在遥控过程中接收到主站动令，发生遥信变位，装置自动取消遥控命令。

主站和厂站端IED配合执行遥控命令的过程如下：

1）主站向终端发送遥控选择命令。

2）终端收到选择命令后，启动选择定时器，校核对象码和性质码的正确性，并使相应的性质继电器动作，使遥控回路处于准备就绪状态。

3）终端适当延迟后，读取性质继电器和对象继电器的状态，形成返校信息。

4）将返校信息发送到主站。

5）主站收到返校信息后与原发送的遥控选择命令核对，如调度员认为正确，发送遥控执行命令到终端。反之，撤销遥控执行命令。

6）终端收到遥控执行命令后，驱动执行继电器动作；若终端收到遥控撤销命令，则清除选择命令，使对象继电器复位。终端超时，未收到遥控执行命令或撤销命令，则自动撤销，并清除选择命令。

7）执行完遥控命令，终端向主站补送一次遥控信息。

4.6.2 遥控出口通道的组成

遥控出口通道主要由CPU接口电路、输出状态锁存电路、继电器驱动电路、继电器、继电器状态返校电路等部分组成，如图4-29所示。

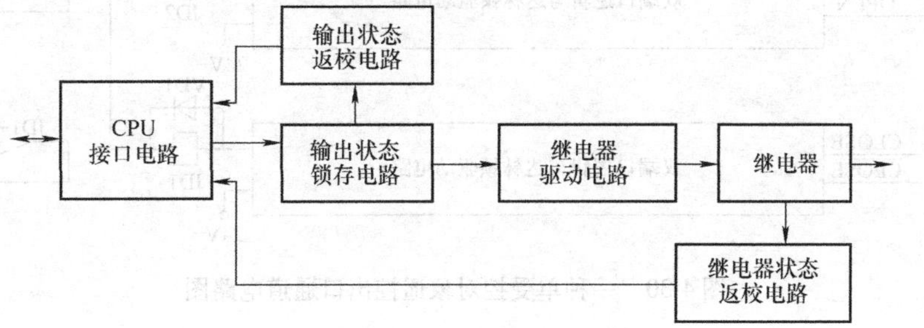

图4-29 遥控出口通道的组成

各组成部分的功能如下：

（1）CPU接口电路 CPU对遥控出口通道的操作主要有如下几方面的内容：①设置输出状态，②清除输出状态，③返校读取锁存器状态，④返校读取继电器状态。CPU可以通过通用I/O或数据总线与遥控出口通道实现连接。

（2）输出状态锁存电路 输出状态锁存器用户保存当前的输出状态，该输出状态指示指定的出口继电器动作。

（3）继电器驱动电路 为了驱动继电器动作，继电器线圈一般需要一定的工作电流，普通的逻辑电路不能驱动继电器动作，需要使用晶体管或达林顿管来驱动。由于继电器线圈的工作电源与控制逻辑电路不同，在驱动回路上一般采用光耦合器实现逻辑电路和驱动电路之间的隔离。针对小型继电器的驱动，一些集成电路厂商设计了带达林顿驱动的光耦合器，采用这种光耦合器可以简化电路的设计。

(4) 继电器　遥控出口通过继电器触点输出。

(5) 继电器状态返校电路　为了防止继电器触点粘连等问题造成遥控误出口，同时检测继电器是否按指定的状态动作，需要返校继电器的工作状态是否正确，确保遥控操作可靠。

4.6.3　设计案例：一种单受控对象遥控出口通道

本案例设计的遥控出口通道的电路原理如图 4-30 所示。

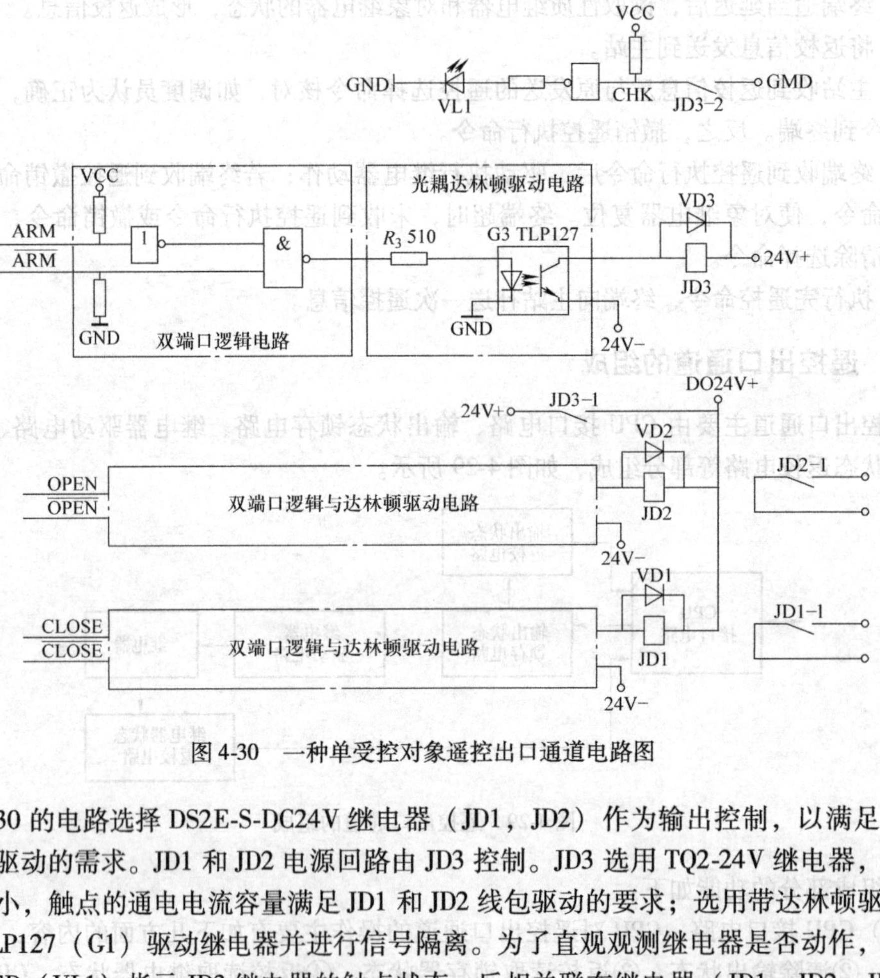

图 4-30　一种单受控对象遥控出口通道电路图

图 4-30 的电路选择 DS2E-S-DC24V 继电器（JD1，JD2）作为输出控制，以满足外部分合闸回路驱动的需求。JD1 和 JD2 电源回路由 JD3 控制。JD3 选用 TQ2-24V 继电器，该继电器的体积小，触点的通电电流容量满足 JD1 和 JD2 线包驱动的要求；选用带达林顿驱动的光耦合器 TLP127（G1）驱动继电器并进行信号隔离。为了直观观测继电器是否动作，还设计了一个 LED（VL1）指示 JD3 继电器的触点状态。反相并联在继电器（JD1，JD2，JD3）的二极管（VD2，VD3，VD4）为协放二极管，线包回路断电之后，这些二极管瞬时导通，放掉继电器线包中储存的能量，确保继电器可靠动作。R_3 为光耦驱动回路的限流电阻，光耦合器导通时，回路电路约为 8.5mA。

为了实现 JD1 常开触点执行合（CLOSE）操作，CPU 先将 ARM 和$\overline{ARM}$置为 10 状态，与非门输出低状态，继电器电源控制电路中光耦合器（G3）的达林顿输出回路导通，JD3 的线包带电，常开触点闭合。此时，JD1 的线包回路的电源端带电（DO24V 的电平为 24V），CHK 检测点为低电平，经过非门后点亮发光二极管 VL1，表示有控制输出操作。之后，CPU 将 CLOSE 和$\overline{\text{CLOSE}}$置为 10 状态，合操作控制电路中光耦合器的达林顿输出回路导通，JD1 的线包通电，常开触点闭合，将外部的合闸回路接通。外部回路合闸操作启动后，CPU 将 ARM 和$\overline{\text{ARM}}$、CLOSE 和$\overline{\text{CLOSE}}$都置为 01 状态，与非门输出高电平，控制电路中光耦合器的达林顿输出回路截止，JD1 的线包回路的电源端不带电（DO24V 的电平为 0V），JD1 和 JD3 的线包回路都不通电，常开接点断开，外部的合闸回路断开。

实现 JD2 常开触点执行分（OPEN）操作的原理与合操作的原理类似。

遥控出口通道设计的关键点在于控制输出的安全可靠性，系统的误出口会导致受控对象出现安全事故。因此，在进行控制输出部分设计时要对开关量输出通道进行严格的安全设计，同时要按照工业过程控制远方操作规程，设计锁存器状态闭锁、返校检测闭锁等安全措施，防止设备受到干扰以后产生错误的控制输出，酿成事故。

为了防止某一个状态受干扰使直接出口造成误输出，输出继电器采用两级继电器串联，只有串联的两个继电器同时按规定动作，方能实现控制输出。图 4-30 中，继电器 JD3 的常开触点 JD3 - 1 串接在 JD1 和 JD2 线包的电源回路，只有 JD3 的常开触点闭合，JD1 和 JD2 线包回路才带电，否则，即便控制电路中光耦合器的达林顿回路导通，由于继电器线包回路不带电，继电器线包也不可能通电。两级继电器串联的方式减少了输出控制电路受干扰误出口的概率。

另外，锁存器电路在工作电源处于某一临界电压时（锁存器的工作电源不正常），锁存器工作状态紊乱也会造成出口继电器误动作的问题，采用双端口的逻辑控制电路可以有效地避免这种情况的误动作。如图 4-30 所示，为了防止电源波动过程中，锁存器工作状态不确定造成出口继电器的短时误动，每个遥控输出继电器驱动回路同时采用 DRIVE 和$\overline{\text{DRIVE}}$两个反向状态信号来驱动（如：CLOSE 和$\overline{\text{CLOSE}}$），只有在 DRIVE 处于高电平，$\overline{\text{DRIVE}}$处于低电平时，出口继电器才能动作，利用这两个反向条件的相互制约，同时增加了一个出口限定条件，可以大大降低误出口的概率。为了防止加电和掉电瞬间电平的不确定性，DRIVE 信号下拉，初态置为低，$\overline{\text{DRIVE}}$信号上拉，初态置为高，确保光耦合器不被驱动。

系统执行输出操作时，还需要返校检查继电器是否按控制信号正确动作，防止继电器损坏（如触电粘连）造成误出口。图 4-30 中，JD3 的一对触点用于控制 JD2、JD1 两个继电器的驱动电源，另一对触点用于返校检查继电器的工作状态。

4.6.4　防遥控误出口的措施

遥控出口带动受控设备实际操作，事关重大，必须保证控制输出的准确性和正确性。准确性是指保证控制对象的选择不允许发生错误；正确性是指保证控制对象按命令要求正确动作，不引起误动或拒动。因此必须采取一系列硬件和软件措施来防止遥控误出口。

1. 硬件防误出口措施

由于开关量输出电路主要由逻辑出口电路（包括输出锁存电路和端口地址译码电路）和输出驱动电路组成，因此可以分别从加强逻辑出口电路和输出驱动电路的可靠性来着手提高误出口性能。

（1）多级继电器串联　在遥控出口通道受干扰时，锁存器的状态变化将导致继电器误出口。为了减少继电器误出口的概率，一般采用多级继电器串联方式。目前主流的继电器串联方式有两种：两级串联和三级串联。两级串联方式中，由一个继电器控制出口继电器驱动回路的电源，只有两级继电器同时动作，出口继电器触点才能吸合。三级串联方式就是常规的对象、性质、执行继电器触点串联出口的输出方式。三级串联方式根据触点串联的方法又分为双对象继电器和单对象继电器两种方式。双对象继电器方式指每个受控对象采用两只对象继电器，一个用于合操作，一个用于分操作，如图 4-31a 所示。单对象继电器方式一个受控对象只使用一只对象继电器，与性质继电器和执行继电器结合起来执行分合操作，如图 4-31b所示。

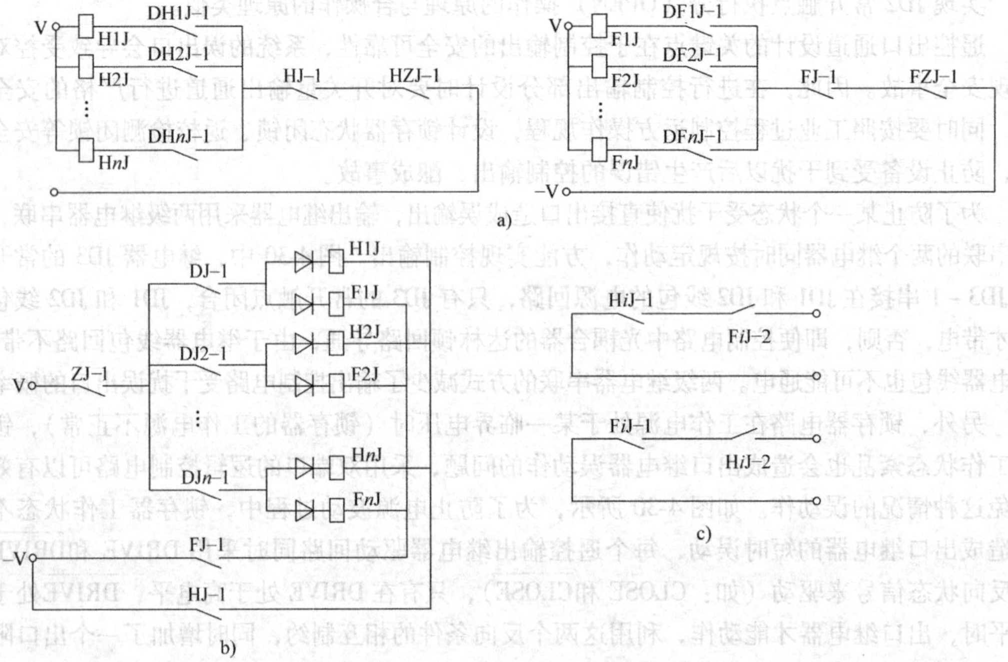

图 4-31　遥控出口通道的组成
a）双对象继电器连接方式　b）单对象继电器连接方式
c）第 i 路遥控输出回路

图 4-31a 中，DH1J ~ DHnJ 为 n 个合闸对象继电器，DF1J ~ DFnJ 为 n 个分闸对象继电器，HJ 和 FJ 为合分性质继电器，HZJ 和 FZJ 为合分执行继电器，这些继电器安装在 IED 内部，由 CPU 控制其动作。H1J ~ HnJ 为 n 个合闸中间继电器，F1J ~ FnJ 为 n 个分闸中间继电器，这些中间继电器位于遥控执行屏，不在 IED 装置内。IED 内继电器通过触点控制中间继电器的线包回路通断。中间继电器的触点采用图 4-31c 所示的接线方式接入合闸回路和分闸回路，实现分合闸操作。

图 4-31b 中，DJ1 ~ DJn 为 n 个对象继电器，HJ 和 FJ 为合分性质继电器，ZJ 为执行继电器，这些继电器安装在 IED 内部，由 CPU 控制其动作。H1J ~ HnJ 为 n 个合闸中间继电器，F1J ~ FnJ 为 n 个分闸中间继电器，这些中间继电器位于遥控执行屏，不在 IED 装置内。IED 内继电器通过触点控制中间继电器的线包回路通断。中间继电器的触点也采用图 4-31c 所示的接线方式接入合闸回路和分闸回路，实现分合闸操作。

图 4-31a 和 4-31b 都实现了对 n 个对象的合分控制操作。图 4-31a 中，为了实现第 i 个对象的合操作，CPU 依次控制 DHiJ、HJ 和 HZJ 的常开触点闭合，中间继电器 HiJ 线包通电，HiJ 常开触点 1 闭合，执行合操作，常闭触点 2 断开，闭锁分操作；相应地，为了实现第 i

个对象的分操作，CPU 控制 DF*i*J、FJ 和 FZJ 的常开触点闭合，中间继电器 F*i*J 线包通电动作，执行分操作。图 4-31b 中，为了实现第 *i* 个对象的合操作，CPU 依次控制 DJ*i*、HJ 和 ZJ 的常开触点闭合，中间继电器 H*i*J 线包通电，H*i*J 常开触点 1 闭合，执行合操作，常闭触点 2 断开，闭锁分操作；相应地，进行第 *i* 个对象的分操作时，CPU 控制 DJ*i*、FJ 和 ZJ 的常开触点闭合，中间继电器 F*i*J 线包通电动作，执行分操作。

图 4-31c 中，合闸和分闸中间继电器的常开触点 1 和常闭触点 2 采用相互闭锁的连接方式。在进行合闸操作时，自动断开分闸回路；同样地，进行分闸操作时，自动断开合闸回路。由于同一对象不可能同时进行合和分操作，这样的接线方式可以提高控制输出的可靠性。

（2）光电隔离　利用光耦合电路实现输出驱动电路与逻辑控制电路之间的完全隔离，有效避免前者对后者的电气干扰。

（3）逻辑出口电路的输出控制采用双端口设计　双端口逻辑电路的原理详见 4.7.3 节的叙述。

（4）定时撤销电路　为了防止遥控过程中因通信线路中断、软件异常或人为疏忽造成控制流程异常终止，在遥控出口通道中设计一个独立工作的监视定时器，要求遥控流程在规定时间完成，如果没有在规定时间完成，则该监视定时器强制清除输出锁存器中的状态，终止当前的控制流程。遥控流程监视定时器在选对象操作时自动起动，遥控流程正常完成时，有软件将其关闭；遥控流程异常时，监视定时器强制清除输出锁存器之后自动停止工作。

2. 软件防误出口措施

（1）时间约束　根据遥控操作流程规定，遥控操作必须在规定时间内完成，如果遥控过程超过规定的时间，软件自动撤销本次遥控操作。如果遥控过程中，软件运行异常，软件定时监视器失效，由上述硬件定时撤销电路，强制撤销本次控制操作。

（2）返校判断　遥控执行过程中，每次执行写操作之后，要自动返校读取锁存器状态和继电器触点状态，检查这些状态是否与预期相符，如果不符，则立即清除锁存器的状态，撤销之前所做的所有操作，防止误输出。

（3）自检　在软件中定时自检控制回路的硬件状态，如果发现某个继电器控制回路有问题，会及时闭锁该回路并警告。

第 5 章 通信和数字通信

配电自动化系统是一个分布式的自动化系统，由分布在配电网中的自动化终端设备进行信息采集、执行控制，由调度主站对配电网进行监控，通过通信网实现调度主站和终端的信息交互。通信网是配电自动化系统的关键环节。

通信的目的是快速、准确地传送信息。理解通信的过程，需要对信息模型、信道编码、如何正确远距离传送、差错控制方法等有一定的认识。本章从普及通信知识的角度，对通信系统的概念进行叙述，为理解配电自动化系统，以及其他分布式自动化系统的通信网，奠定一定的基础。

5.1 基本通信模型

5.1.1 信息、消息和电信号

通信的目的是快速、准确地传递信息。在不同的场合、不同的状态，对信息的定义及解释有不同的形式。在计算机通信领域，科学的信息概念可以概括如下：信息是对客观世界中各种事物运动状态和变化的反映，是客观事物之间相互联系和相互作用的表征，表现的是客观事物运动状态和变化的实质内容。简单理解就是事物的状态和状态改变的程度，把这种事物的状态和改变的程度称为信息。

信息是抽象的，必须借助于载体以便人们进行信息的交换、传递和储存。携带信息的载体称为消息，即消息是信息的载体，用消息有效地表达信息。现代社会的文字、数据、图像、语句等均是消息。消息的传递或交换方式有书信、电话、电视、广播、声音等，传递或交换消息也就传递或交换了信息。

通常消息用事物的物理状态参数来表示。这样消息就可以传送到很远的地方。物理参数的函数形式称为信号。例如：$f(x, y, t)$ 是图像函数，x 和 y 表示坐标，t 表示时间，$f(x, y, t)$ 表示图像信号。

按照信号的变化规律，它可以分为模拟信号和数字信号，常见的语音和图像可以分别表示为函数形式，例如，电压随时间变化 $u(t)$ 是语音的函数，$f(x, y, t)$ 是图像函数，t 表示时间，x 和 y 表示坐标。因为它们的自变量 t，x 和 y 取值是连续的，函数值也是连续的，所以这种信号称为模拟信号。常见的文字和符号，比如，二进制，它们具有有限个不同符号，其函数的自变量和函数值表现为离散取值，离散的数值可以表示为数字的形式，这种信号称为数字信号。

电信号就是某种电量的函数形式。由于非电的物理量可以通过各种传感器较容易地转换成电信号，而电信号又容易传送和控制，所以使其成为应用最广的信号。

同样电信号可以分为模拟信号和数字信号。例如，随时间按照周期变化，电信号幅度的可取值为一个大值、一个小值，分别用来表示 0、1，这种电信号，就是二进制数字电信号。二进制数字电信号受噪声的影响小，易于用数字电路进行处理，所以得到了广泛的应用。

5.1.2　通信系统一般模型

通信系统是从一地向另一地传递和交换信息。实现信息传递的一切技术、设备、和媒质的总和称为通信模型。通信系统的一般模型如图 5-1 所示。

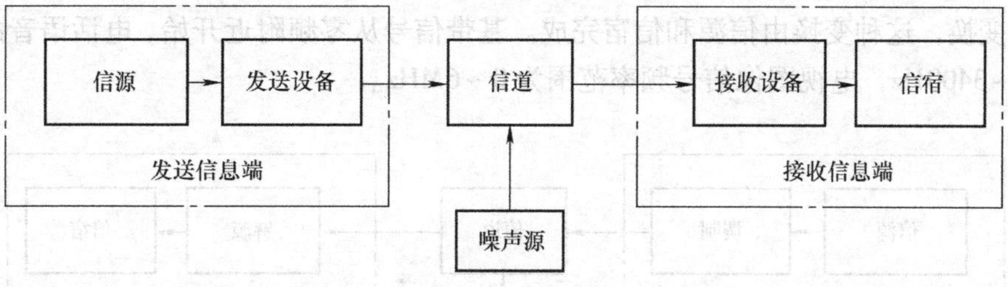

图 5-1　通信系统的一般模型

通信系统的一般模型中，由六部分组成：

(1) 信息源（简称信源）　把各种信息转换为原始的电信号（也称为基带信号）。根据消息的种类不同，信源可分为模拟信源和数字信源。模拟信源输出连续的模拟信号，如传声器（声音→音频信号）、摄像机（图像→视频信号）；数字信源则输出离散的数字信号，如计算机等各种数字终端。并且，模拟信源送出的信号经数字化处理后也可送出数字信号。

(2) 发送设备　基本功能是将信源和信道匹配起来，即将信源产生的信号变换成适合在信道中传输的信号，即使发送信号的特性和信道特性相匹配，具有抗信道干扰的能力，并且具有足够的功率以满足远距离传输的需要。因此，发送设备涵盖的内容很多，可能包含变换、放大、滤波、编码、调制等过程。对于多路传输系统，发送设备还包括多路复用器。

(3) 信道　是指传输信号的物理媒质，如无线、有线，用来将来自发送设备的信号传送到接收端。在无线信道中，信道可以是自由空间；在有线信道中，可以是明线、电缆和光纤。有线信道和无线信道均有多种物理媒质。信道既给信号以通路，也会对信号产生各种干扰和噪声。信道的固有特性及引入的干扰和噪声直接关系到通信的质量。

(4) 噪声源　不是人为加入的设备，而是通信系统及信道所固有的噪声。噪声源是信道中的噪声及分散在通信系统及其他各处噪声的集中表示。噪声通常是随机的，形式多样的，它的出现干扰了正常信号的传输。

(5) 接收设备　完成发送设备所发送信号的反变换，如解调、译码，任务是从接收到的带有干扰的信号中正确恢复出相应的原始基带信号。对于多路复用信号，接收设备中还包括解除多路复用，实现正确分路的功能。此外，它还要尽可能减小在传输过程中噪声与干扰所带来的影响。

(6) 信宿　是传送消息的目的地，其功能与信源相反，即把原始电信号还原成相应的消息，如扬声器等。

图 5-1 所示的通信系统的模型，是各类通信系统的共性。根据通信系统传输信号的不同，相应有不同形式的、更具体的通信模型。通常按照信道中传输的是模拟信号还是数字信号，相应地把通信系统分为模拟通信系统和数字通信系统。

5.1.3 模拟通信系统模型

模拟通信系统是利用模拟信号来传递信息的通信系统。图 5-2 是模拟通信系统的模型。其中包含两种重要变换，第一种变换是在发送端把连续消息变换成原始电信号，在接收端进行相反的变换。这种变换由信源和信宿完成。基带信号从零频附近开始，电话语音的频率范围为 300 ~3400Hz，电视图像信号频率范围为 0 ~6MHz。

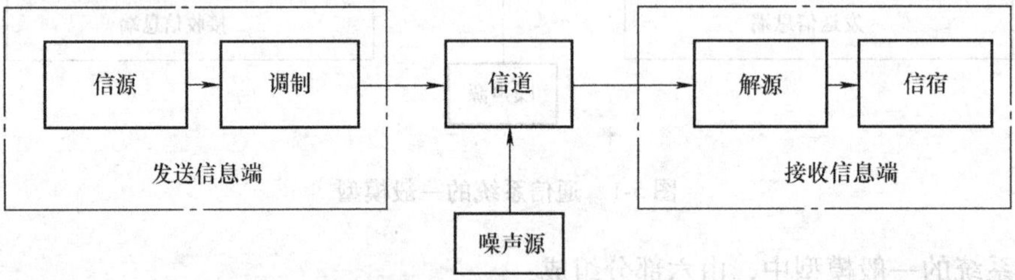

图 5-2 模拟通信系统模型

有些基带信号可以直接传输，大部分原始基带信号频率较低，一般不宜直接传输。以自由空间作为信道的无线电传输也无法直接传输。因此，模拟通信系统中常常需要进行第二种变换：把基带信号变换成适合在信道传输的信号，并在接收端进行反变换，完成这种变换和反变换的过程称为调制和解调，对应的设备为调制器和解调器。除了上述两种变换，实际通信系统中还有滤波、放大、无线辐射等过程，调制和解调是主要变换，而其他过程不会使信号发生质的变化，只是对信号进行放大和改善信号特性等。

5.1.4 数字通信系统模型

数字通信系统是以数字信号方式传递信息的通信系统，它的构成环节如图 5-3 所示。

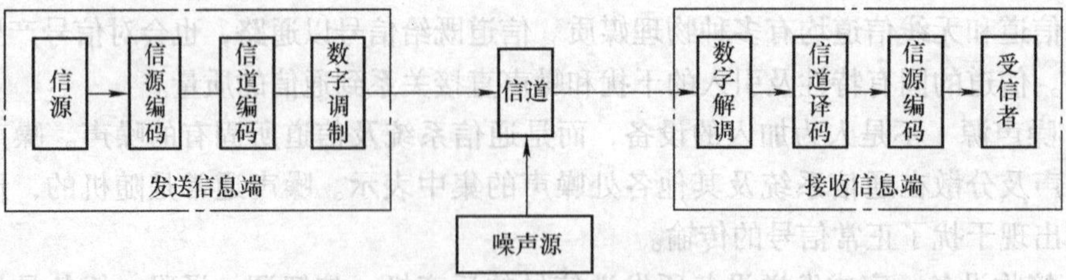

图 5-3 数字通信系统模型

（1）信源编码（解码） 信源编码的任务是，如果信息源不是数字量，而是模拟量，将模拟量进行 A-D 转换，使信息转化成数字信息，再进行优化和信息压缩编码，按需要进行加密，打成符合标准的数据包。信源译码是信源编码的逆过程。

信源的优化和信息压缩编码过程是设法消除冗余，减少码元数目，使信息编码更加有效、更加经济地传输，即通常所说的数据压缩。最原始的信源编码有莫尔斯电码 ASCII 码，但现代通信应用中常见的信源编码方式有：Huffman 编码、算术编码、L-Z 编码，这三种都是无损编码。另外还有一些有损的编码方式，在数字电视领域，通用的有 MPEG-2 编码和 H. 264 编码等。

信源加密的过程也是信源编码的任务，在需要保密通信的场合，为了保证所传信息的安全，将被传输的数字序列扰乱，即加上密码，这种处理过程叫加密。在接收端利用与发送端相同的密码对收到的数字序列进行解密，恢复原来的信息。

（2）信道编码（解码）　为了与信道的统计特性相匹配，及解决信号在传输的过程中由于噪声衰落以及人为干扰引起的差错，对传输的信号按一定的规则加入保护成分，组成抗干扰编码。信道解码是将收到的抗干扰编码，进行解码，恢复出原信号编码。

（3）数字调制与解调　数字调制是将数字基带信号按照一定的方式调制成适合信道传输的频带信号，形成适合在信道中传输的带通信号。在接收端可以用解调还原出数字基带信号。

（4）信道 信道是通信传输信号的通道，基本特点是信号随机地受到各种噪声源的干扰。

在通信系统的设计中，人们往往根据信道的数学模型来设计信道编码，以获得更好的通信性能。常用信道的数学模型有：线性噪声信道，线性滤波信道，线性时变滤波信道。

图 5-3 为数字通信系统的一般化模型，实际的数字通信系统不一定包括图中的所有环节。此外，模拟信号经过数字编码后可以在数字通信系统中传输，当然，数字信号也可以通过传统的电话传输，但需要使用调制解调器。

5.1.5　数字通信系统和模拟通信系统比较

数字通信系统和模拟通信系统相比较，具有以下优点：

（1）抗干扰能力强　由于在数字通信中，传输的信号幅度是离散的，以二进制为例，信号的取值只有两个，这样接收端只需判别两种状态。信号在传输过程中受到噪声的干扰，必然会使波形失真，接收端对其进行抽样判决，以辨别是两种状态中的哪一个，只要噪声的大小不足以影响判决的正确性，就能正确接收（再生）。而在模拟通信中，传输的信号幅度是连续变化的，一旦叠加上噪声，即使噪声很小，也很难消除它。

数字通信抗噪声性能好，还表现在中继通信时，它可以消除噪声积累。这是因为数字信号在每次再生后，只要不发生错码，它仍然像信源中发出的信号一样，没有噪声叠加在上面。因此中继站再多，数字通信仍具有良好的通信质量。而模拟通信中继时，只能增加信号能量（对信号放大），而不能消除噪声。

（2）差错可控　数字信号在传输过程中出现的错误，可通过信号检错、纠错编码技术来控制，这样信道质量不好时，通过数字信号的编码，可以对差错进行控制，大大提高了信息的传输质量。模拟信号无法采用检错和纠错技术。

（3）传送的信号容易加密　数字信号与模拟信号相比，它容易加密和解密，因此，数字通信保密性好。模拟信号加密过程依靠硬件实现，加密的方法和灵活性有极大的局限性。

(4) 可以综合传递各类信息　目前，各种计算机技术、数字存储技术、数字交换技术以及数字处理技术等现代技术均是基于现代数字技术，设备、终端接口均是数字信号接口，因此这些设备方便与数字通信系统相连接。表示语音、图像等的信号普遍采用数字信号，在传输时，只要是数字信号，传输就没有区别，所以数字通信系统可以传送各类信号。

(5) 便于用现代数字信号处理技术对数字信号进行处理　方便用现代数字信号处理技术对通信信号进行处理、变换、存储。例如数字滤波器，通过软件算法即可实现滤波，比硬件电路有更高的精度、更高的稳定性，更灵活、方便。

5.2 数字基带信号

5.2.1 码元和码元序列

数字基带信号是由数字终端设备或数字编码设备产生数字代码的原始脉冲电波形序列。这种序列中，每一个脉冲称为一个码元。数字基带电信号，含有有限种码元。

基带信号的基本信息单元称为码元，是承载信息的基本单元，一个码元是一个电脉冲。如果基带信号中只出现两种码元，即两种脉冲，分别表示 0、1，即码元有两个状态，这种码元称为二进制码元。如图 5-4a 所示的三种码元，每种码元有两种脉冲，对应码元的 1、0 两个状态。原则上可以用不同的电平或者不同形状的波形表示码元，但实际上波形的选择由信道的特性和信道的指标决定，以及波形是否容易产生和处理来决定。矩形脉冲具有容易产生和处理的特点，因此，一般均选择矩形脉冲作为基带信号。

图 5-4b 为二进制数字信号波形序列。

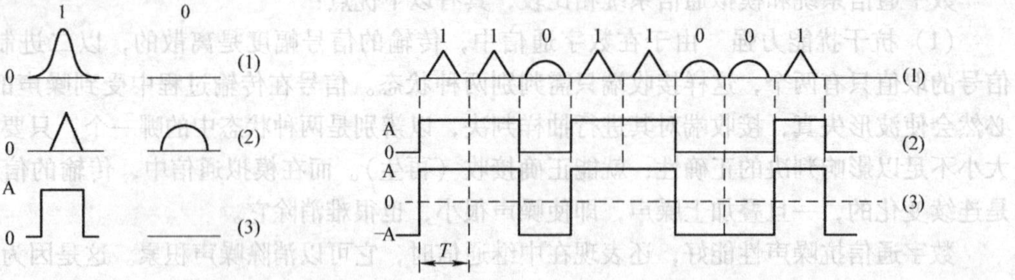

图 5-4　二进制码元波形和序列
a) 二进制码元　b) 二进制数字信号波形序列

有四种码元状态的数字序列，能传送 00、01、10、11 信号，这种码元称为四进制码元。在图 5-5 中为四进制码元序列组成的数字序列，四进制数字信号序列中，00 电平为 -3A、01 电平为 -A、10 电平为 A、11 电平为 3A。

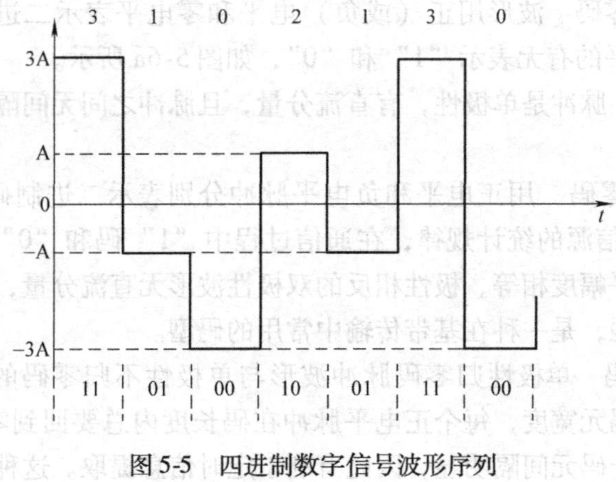

图 5-5　四进制数字信号波形序列

5.2.2　数字基带信号和编码波形

不同形式的数字基带信号，具有不同的频谱结构，为了适应信道的传输特性及接收端再生、恢复数字基带信号的需要，必须合理地设计数字基带信号。基带信号的评价，应按照以下基本原则：

（1）数字基带信号应不含有直流分量，且低频及高频分量也应尽可能少　在基带传输系统中，往往存在着隔离电容及耦合变压器，不利于直流及低频分量的传输。此外，高频分量的衰减随传输距离的增加会快速增大。

（2）数字基带信号中含有足够大的定时信息分量　基带传输系统在接收端进行取样、判断、再生数字基带信号时，必须有取样定时脉冲。一般来说，这种定时脉冲信号是从数字基带信号中直接提取的，这就要求数字基带信号中含有或经过简单处理后含有定时脉冲信号的线谱分量，以便同步电路提取。实际上，传输信号中不仅含有定时分量，而且定时分量还必须具有足够大的能量，才能保证同步提取电路稳定、可靠地工作。

（3）基带传输的信号码型应对任何信源都具有透明性，即与信源的统计特性无关　信源编码序列中，有时候会出现长时间连续“0”的情况，这使接收端在较长的时间段内无信号，因而同步提取电路无法工作。为避免出现这种现象，基带传输码型必须保证在任何情况下都能使序列中“1”和“0”出现的概率基本相同，且不出现长连“1”或“0”的情况。当然，这要通过码型变换过程来实现。码型变换实际上是把数字信息用电脉冲信号重新表示的过程。

当然，所选择的基带传输信号码型还应有利于提高系统的传输效率、具有较强抗噪声和克服码间串扰[㊀]的能力及自检能力。

根据以上对基带信号评价的原则，对不同的数字基带传输系统，应根据不同信道特性及系统指标的要求，选择适当的波形。原则上可选择任意波形，如高斯脉冲、三角脉冲、矩形波形等。但实际系统中，常用的数字波形要易于产生和处理。下面给出常见的矩形基带信号波形：

㊀ 是两条信号线之间的耦合、信号线之间的互感和电容引起的线上噪声。

(1) 单极性不归零码　波形用正（或负）电平和零电平表示二进制码元的“1”码和“0”码，也就是用电平的有无表示“1”和“0”，如图5-6a所示。

这种波形的特点：脉冲是单极性，有直流分量，且脉冲之间无间隔，即脉冲的宽度等于码元的宽度。

(2) 双极性不归零码　用正电平和负电平脉冲分别表示二进制码元的“1”和“0”，如图5-6b所示。根据信源的统计规律，在通信过程中“1”码和“0”码出现的概率相等，因此，这种正、负电平幅度相等、极性相反的双极性波形无直流分量，脉冲之间无间隙。这种波形抗干扰能力较强，是一种在基带传输中常用的码型。

(3) 单极性归零码　单极性归零码脉冲波形与单极性不归零码的脉冲波形的区别是，正电平脉冲宽度小于码元宽度，每个正电平脉冲在码长度内总要回到零电平，如图5-6c所示。归零波形码元由于码元间隔明显，因此有利于定时信息提取。这种波形传输序列有直流量，脉冲变窄，码元能量小，信噪比㊀比不归零波形低。

(4) 双极性归零码　波形用正电平和负电平脉冲分别表示二进制码元的“1”、“0”码，每个脉冲在小于码的宽度时间内都回到零电平，如图5-6d所示。这种编码波形，码元之间的间隔明显，因此，这种波形的信号，兼有双极性码和单极性归零码的优点。码元之间间隔明显，有利于定时信息提取，传输序列无直流分量，恢复判决电平为零，抗干扰能力较强。

(5) 差分波形码　不用码元本身的电平表示信号，而用相邻码元的电平跳变和不跳变表示消息，如图5-6e所示，以电平跳变表示“1”，以电平不跳变表示“0”。这种波形的码称为相对码波形，前面几种波形码用绝对电平表示，因此，称为绝对码波形。

图5-6f是另一种广泛用于宽带高速通信网中的一种差分码，称为差分曼彻斯特编码，在脉冲信号码元开始时改变信号极性，表示逻辑“0”；在信号码元开始时不改变信号极性，表示逻辑“1”；波形在码

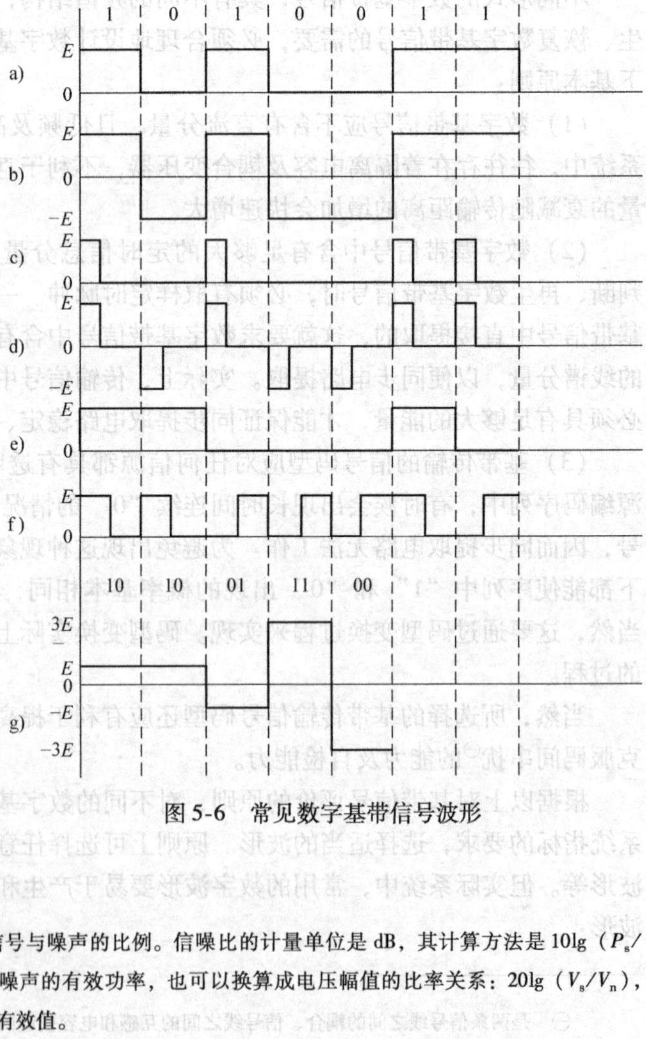

图5-6　常见数字基带信号波形

㊀ 是指一个电子设备或者电子系统中信号与噪声的比例。信噪比的计量单位是dB，其计算方法是10lg（P_s/P_n），其中P_s和P_n分别代表信号和噪声的有效功率，也可以换算成电压幅值的比率关系：20lg（V_s/V_n），V_s和V_n分别代表信号和噪声的电压有效值。

元中间跳变。

（6）多电平波形码　前面几种码的波形是二进制码波形，实际还可以设计多进制码波形，每一个码元代表二进制的多位，这种波形有多个码元，称为高电平波形与高值波形。例如图 5-6g 是一种四进制波形，有四种电平，分别是 -3E、-E、E、3E，分别代表 00、01、10、11。这种波形一般在高速数据传输系统中用来压缩码元速率，提高系统的带宽利用率。在相同的信号功率下，其抗干扰能力不如二进制波形码。

5.3　数字通信系统的主要性能指标

通信的任务是快速准确地传递信息，因此评价一个通信系统优劣的主要性能指标是系统的有效性和可靠性。数字通信系统的有效性是指信息传输速度，可靠性是指信息传输质量，即传输的差错概率。

1. 信息传输速率

信息传输速率是指给定的信道内，单位时间内传输的二进制数的位数或码元的数目，分别称为信息速率和码元速率，单位分别为比特（bit/s）、波特（Baud）。信息速率简称比特率。

信息传输速率和码元速率关系：

$$R_b = R_B \times \log_2 M \tag{5-1}$$

式中，R_b为信息速率；R_B为码元速率；M 为码元状态数。

二进制信息传输序列，码元种类个数 $M=2$，此时信息速率 R_b等于码元速率 R_B。四进制信息传输序列，码元种类个数 $M=4$，信息速率 R_b等于两倍码元传输速率 R_B。

2. 误码率和误信率

衡量数字通信系统可靠性的指标是差错率，用误码率和误信率表示。

误码率是指给定的信道，发生差错的码元数在传输总码元数中所占的比例，它是一个概率指标，计算信道的误码率和误信率时，统计时间需要足够长的时间，指标才趋于合理。

$$P_{be} = \frac{n_e}{n_t} \tag{5-2}$$

式中，P_{be}为误码率；n_e为出错的码元数；n_t为传输的总码元数。

误信率是指给定的统计信道发生差错的位数在传输总位数中所占的比例，同误码率要求一样，需要足够长的时间。

$$P_{Be} = \frac{m_e}{m_t} \tag{5-3}$$

式中，P_{Be}为误信率；m_e为出错的位数；m_t为传输的总位数。

在信道传送二进制信号时，误码率和误信率值是相同的。在传送其他进制的信息时，误码率和误信率不相等，一个码元出错并不代表码元所表示的所有信息位均出错。

3. 频带利用率

不同的信道能传送的信号带宽不同，描述信道传送信号的容量指标为信道带宽。

信道带宽定义为信道允许通过的信号下限频率和上限频率之差，称为信道带宽。信道带宽限定了允许通过该信道的信号下限频率和上限频率，也就是限定了一个频率通带。比如一个信道允许的通带为 1.5～15kHz，其带宽为 13.5kHz。

比较不同通信系统的有效性时，单看信息传递效率是不够的，还应当看在这样的传输速度下所占信道的频带带宽，即衡量数字通信系统传输速率应当是单位频带内码元的传输速率。

频带利用率表示为

$$\eta = \frac{R_B}{W} \tag{5-4}$$

式中，R_B为码元速率（Baud）；W为信道带宽（Hz）。

频带利用率，也可以用信息速率表示为

$$\eta = \frac{R_b}{W} \tag{5-5}$$

式中，R_b为信息速率（bit/s）。

5.4　香农定理

5.4.1　信道带宽与香农定理

数字信号是通过相应的信道来发送和接收的。信道可以是物理信道，也可以是逻辑信道。物理信道是由传输介质与通信设备构成；逻辑信道是在物理信道基础上建立的两个节点之间的通信链路。物理信道中的传输介质是通信网络中最底层、最基本和最重要的资源。

在模拟通信系统或传输介质中，信道的带宽 $W = f_2 - f_1$，单位为赫兹（Hz），其中，f_1是信道能够通过的最低下限频率，f_2是信道能够通过的最高上限频率，两者都是由信道的物理特性决定的。当组成信道的电路确定时，信道的带宽就决定了。当输入的信号频率高到一定程度，系统的输出功率衰减为输入功率的一半（即 -3dB）时的频率，即信道的上限频率f_1；当输入的信号频率低到一定程度，系统的输出功率衰减为输入功率的一半（即 -3dB）时的频率，即信道的下限频率f_2。

数字通信系统中“带宽”的含义不同于模拟系统，理论上是指传输信道的信道容量，它通常是指数字系统中数据的传输速率，也即信道中传递信息的最大值，其表示单位为位/秒（bit/s）或波特/秒（Baud/s）。带宽越大，表示单位时间内的数字信息流量也越大；反之，则越小。在数字系统中的信道多指逻辑信道，而信道容量又是理论上的最大值（不可能达到），所以平时我们使用的“带宽”一词，是指信道中数据的实际传输最高速率。

5.4.2　信道容量与香农定理

已知信道的带宽，其与信道的容量之间有什么关系，香农定理给出了结论：

香农定理指出，在噪声与信号独立的高斯白噪声信道中，假设信号的功率为 S，噪声功率为 N，信道通频带宽为 W（Hz），则该信道的容量为

$$C = W\log_2\left(1 + \frac{S}{N}\right) \tag{5-6}$$

这就是香农信道容量公式。从式（5-6）可以看出，在特定带宽（W）和特定信噪比（S/N）的信道中传送信息的速率是一定的。由信道容量公式还可得出以下结论：

（1）提高信号功率 S 与噪声功率 N 之比，可以增加信道容量。

(2) 当信道中噪声功率 $N \to 0$ 时，信道容量 $C \to$ 无穷大，这就是说无干扰信道的信道容量可以为无穷大。

(3) 信道容量 C 一定时，带宽 W 与信噪比 S/N 之间可以互换，即减小带宽，同时提高信噪比，可以维持原来信道容量。

(4) 信噪比一定时，增加带宽可以增大信道容量。但噪声为高斯白噪声时（实际的通信系统背景噪声大多为高斯白噪声），增加带宽同时会造成信噪比下降，因此无限增大带宽也只能对应有限信道容量，该极限容量为

$$C_{W=\infty} = 1.44\frac{S}{n_0} \tag{5-7}$$

式中，n_0 为噪声功率谱密度，$n_0 = N/W$。

香农公式可以画成图 5-7 中的曲线。该图横坐标为信噪比 S/N，以分贝（dB）为单位；纵坐标为 C/W，单位为 bit/(s · Hz)，其物理意义为归一化信道容量，即单位频带的信息传输速率。显然，C/W 越大，频带的利用率越高，即信道的利用率越高。该曲线表示任何实际通信系统理论上频带利用能达到的极限。曲线下方是实际通信系统能实现的频带利用区域，而上方为不可实现区域。

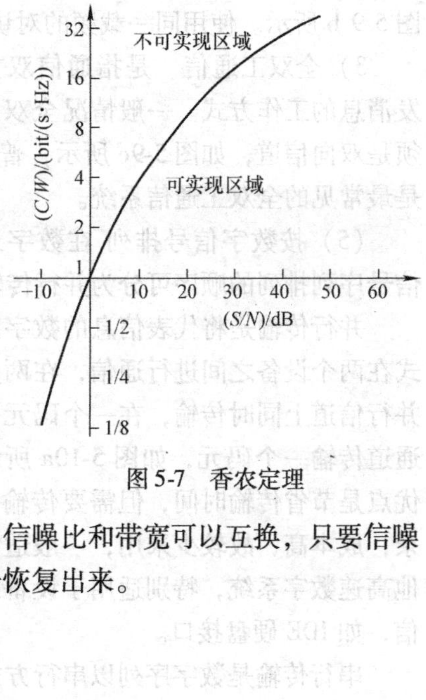

图 5-7　香农定理

香农定理的伟大之处在于它的理论指导意义。香农公式给出频带利用的理论极限值，围绕着如何提高频带利用率这一目标展开了大量的研究，取得了辉煌的成果。当信道的噪声干扰大时，信号往往掩埋在比它高几十分贝的噪声之中，虽然信号非常微弱，但香农公式指出信噪比和带宽可以互换，只要信噪比在理论计算的范围内，总可以找到一种方法将有用信号恢复出来。

5.5　数字通信系统的分类

通信系统由于使用的波段、传输的信号、调制的方式等不同，所以分类方法繁多。为了进一步了解通信系统的特点，可按以下不同的角度将通信系统进行分类。

(1) 按信号类别　按照传输信号是模拟信号还是数字信号，即传送信号的种类，通信系统分为数字通信和模拟通信系统。

(2) 按通信业务（用途）　通信系统起源于话务通信，因此传统的通信业务为话务通信。目前，电信通信系统有话务通信和非话务通信。随着技术的发展，目前在各种应用场合，各类数据终端传输各类数据，办公需要传输可视图文及会议电视、图像等，电信将这种信息传输业务统称为综合业务。综合业务由统一的数字通信网传输。

因公共电信有线、无线通信资源是最丰富的通信资源，综合业务中还包括遥测、遥信、遥控和遥调等控制通信业务。

(3) 按通信介质　通信介质一般可以分为两大类：一类是信号沿导线传输的系统，称为有线通信系统。有线通信系统按照通信的介质，分为金属导线通信和光通信；第二类是信

号通过空间传输的系统，称为无线通信系统。无线通信系统又按照波段的不同分为长波、中波、短波和微波通信系统。通信系统按通信介质进行分类如图 5-8 所示。

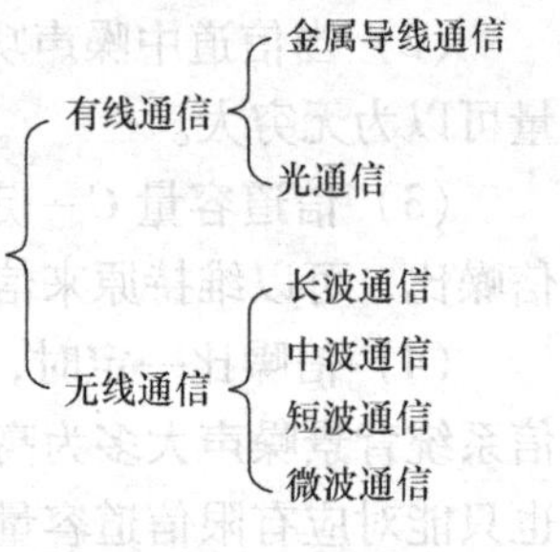

图 5-8　通信系统按通信介质分类

(4) 按消息传递的方向与时间关系　对于点与点之间的通信，按消息传递的方向与时间关系，通信方式可分为单工、半双工及全双工通信三种。

1）单工通信　是指消息只能单方向传输的工作方式，因此只占用一个信道，如图 5-9a 所示。广播、电视信号传输属于单工通信系统。

2）半双工通信　是指通信双方都能收发消息，但不能同时进行收和发的工作方式，如图 5-9 b 所示。使用同一载频的对讲机属于半双工通信系统。

3）全双工通信　是指通信双方可同时进行收发消息的工作方式。一般情况全双工通信的信道必须是双向信道，如图 5-9c 所示，普通电话、手机都是最常见的全双工通信系统。

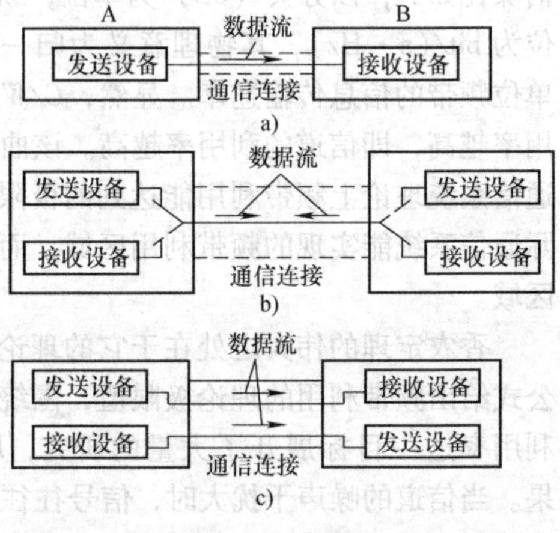

图 5-9　单工、半双工和全双工通信方式示意图
a）单工　b）半双工　c）全双工

(5) 按数字信号排列 在数字通信中，按数字信号序列排列的顺序可分为并行传输和串行传输。

并行传输是将代表信息的数字序列以成组的方式在两个设备之间进行通信，在两条或两条以上的并行信道上同时传输，在一个码元传输时间内每个通道传输一个码元，如图 5-10a 所示。并行传输的优点是节省传输时间，但需要传输信道多，设备复杂，成本高，故较少采用，一般适用于计算机和其他高速数字系统，特别适用于设备之间的近距离通信，如 IDE 硬盘接口。

串行传输是数字序列以串行方式一个码元接一个码元地在一条信道上传输，如图 5-10b 所示。目前大部分数字通信都采用这种传输方式，如 USB 接口、SATA 接口等。

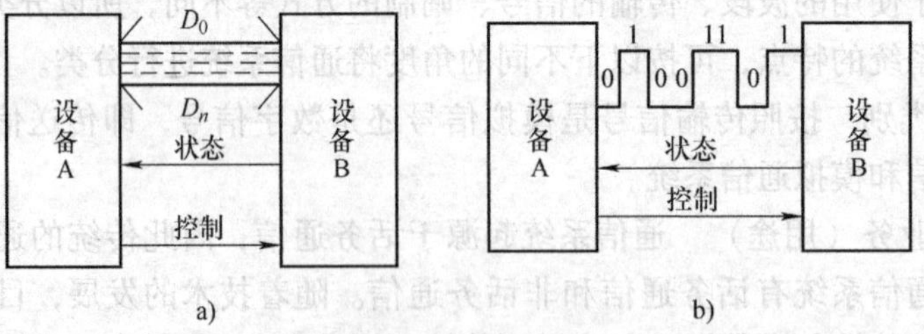

图 5-10　并行和串行通信
a）并行传输　b）串行传输

(6) 按信号复用方式　传输多路信号有四种复用方式，即频分复用、时分复用、码分复用、波分复用。频分复用是用频谱搬移的方法使不同信号占据不同的频率范围；时分复用是用脉冲调制的方法使不同信号占据不同的时间区间；码分复用是用正交的脉冲序列分别携

带不同信号；波分复用是在一个光纤通道中，同时用不同波长的光传输信号。模拟通信中一般采用频分复用，数字通信系统采用时分复用、码分复用。波分复用用于光纤通信系统。

5.6 数字通信同步

1. 同步概念

在数字通信过程中，传送的串行信号都是数字化的脉冲序列。这些数字信号流在数字通信设备之间传输时，发送方发送的每一个数字脉冲都具有固定的时间间隔，这就要求接收方也要按照发送方同样的时间间隔来接收每一个脉冲。不仅如此，接收方还要确定一个信息组的开始和结束；收发方的速率必须完全保持一致，才能保证信息传送的准确无误，这就叫做“同步”。根据同步方式的不同，串行通信方式分为同步通信和异步通信。

在数据传输过程中，由于每个字节数据是以码元形式传输的，即若干个码元组成一个字符，若干个字，组成一个帧，多个帧组成一个群。在数字通信过程中，为了保证接收端能正确的译码，必须做到：正确区分每一个码元；正确区分每一个字开始位和结束位；正确区分每一个完整帧的开始和结束；正确区分每一个群的起始和结束。以上四个概念分别称为位同步、字同步、帧同步和群同步。在不同的通信制式中，字、帧、群称呼有所不同。

同步也是一种信息，同步本身虽然不包含所要传送的信息，但只有收发设备之间建立了同步后才能开始传送信息，所以同步是进行信息传输的必要前提。同步性能的好坏又将直接影响着通信系统的性能。如果出现同步误差或失去同步，就会导致通信系统性能下降或通信中断。因此，同步系统应具有比信息传输系统更高的可靠性和更好的质量指标，如要求同步误差小、相位抖动小、同步建立时间短，保持时间长等。

根据同步信息产生的方法，将同步方法分为外同步法和自同步法。

(1) 外同步法　是由发送端发送专门的同步信息（常被称为导频），接收端把这个导频提取出来作为同步信号的方法，称为外同步法。在外同步法中，接收端的同步信号由发送端送来，而不是自己产生，即在发送数据之前，发送端先向接收端发出一串同步时钟脉冲，接收端按照这一时钟脉冲频率和时序锁定接收端的接收频率，开始接收数据，并在接收数据过程中靠同步信息与发送端保持同步。

(2) 自同步法　发送端不发送专门的同步信息，接收端设法从收到的信号中提取同步信息的方法，称为自同步法。从数据信号波形中提取同步信号的方法，例如：曼彻斯特编码，在其中每一位中间有一跳变，既可作为时钟信号，又可作为数据信号。

自同步法是人们最希望的同步方法，因为可以把全部功率和带宽分配给信号传输。在载波同步和位同步中，两种方法都有采用，自同步法正得到越来越广泛的应用。而群同步一般都采用外同步法。

2. 异步通信和同步通信

按照通信过程同步方法的不同，通信模式分为同步通信模式和异步通信模式。

所谓同步通信是指在约定的通信速率下，发送端和接收端的时钟信号频率和相位始终保持一致（同步），这就保证了通信双方在发送和接收数据时具有完全一致的定时关系。这样一方面省去了存储器（异步通信系统需要存储器保存接收到的信号后再解码），同时也确保了实时性。同步通信把许多字符组成一个信息组，称为信息帧，每帧的开始用同步字符来指示。由于发送和接收的双方采用同一时钟，所以在传送数据的同时还要传送时钟信号，以便接收方可以用时钟信号来确定每个信息位。同步通信要求在传输线路上始终保持连续的字符位流，若发送端没有数据传输，则线路上要用专用的“空闲”字符或同步字符填充。

同步通信传送信息的位数几乎不受限制，通常一次通信传输的数据有几十到几千个字节，通信效率较高，但它要求在通信中保持精确的同步时钟，所以其发送器和接收器比较复杂，成本也较高，一般用于传送速率要求较高的场合。

同步通信模式接收方设备通过外同步方法得到准确的同步时钟信息，进行锁频，时钟的准确度要求很高，例如，SDH通信模式，对时钟的精度要求是：主时钟精度达到1×10^{-11}s，SDH网络单元时钟精度达4.6×10^{-6}s。通信过程中，对码元的接收时刻进行微小的调整，信息流为连续的信息流。

具体过程为：通信过程中发送方把许多字组成一个信息帧（组），这样字可以一个接一个地传输，但是，在每组信息（通常称为信息帧）的开始要加上同步字，在没有信息传输时，信息帧要填上空字符，因为同步传输不允许有间隙。

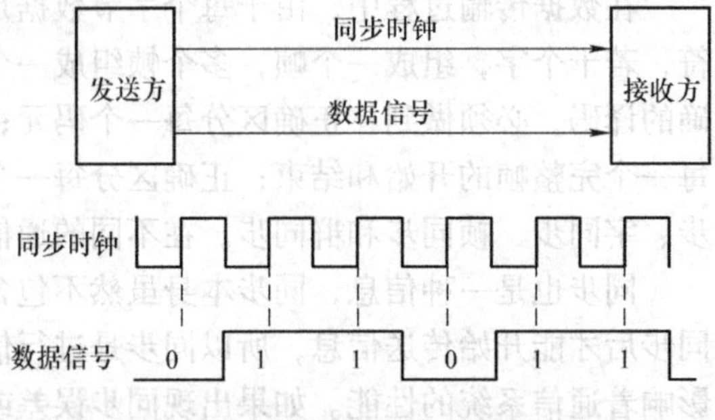

图5-11　同步通信同步信号的发送

同步方式下，发送方除了发送数据，还要传输同步时钟信号，信息传输的双方用同一个时钟信号确定传输过程中每一位的位置，如图5-11所示。

异步通信方式符合以下两个条件：①从报文中获取得到帧或字的同步信息，进行锁频或不进行锁频，依靠自身的时钟源或码元的同步信息进行同步接收，异步通信的过程信息同步依靠自身的时钟源。②异步通信过程信息流为突发信息流。

3. 起止式同步法

起止式同步法又称为串行异步通信，是在通信的过程中，按照通信的帧（字）来进行同步。在异步通信方式中，两个帧（字）之间的传输间隔是任意的，所以每个数据帧（字）的前后都要用一些间隔作为分隔。

图5-12是异步通信帧格式，从图中可以看到，一个帧（字）在传输时，除了传输实际数据字符信息外，还要传输几个外加数位。在一个帧（字符）开始传输前，输出线必须在逻辑上处于“1”状态，这称为标识态。传输一开始，输出线由标识态变为“0”状态作为起始位。起始位后面为4~8个信息位，信息位由低往高排列，即先传字符的低位，后传字符的高位。信息位后面为校验位，校验位可以是奇校验，也可以是偶校验，或不设校验。最

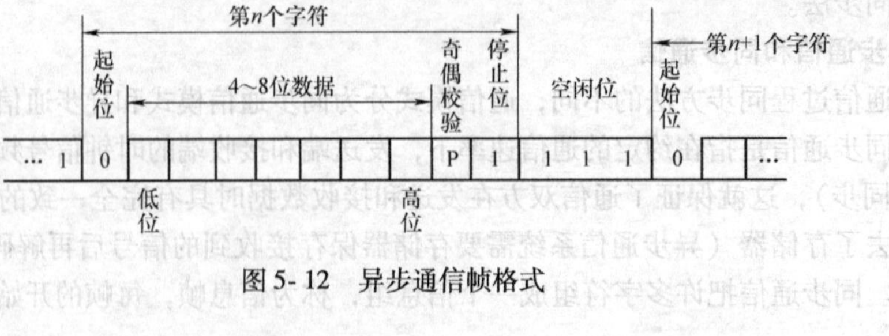

图5-12　异步通信帧格式

后是逻辑“1”作为停止位，停止位可为 1 位、1.5 位或者 2 位。如果传输完一个帧（字）以后，立即传输下一个字符，那么，后一个帧（字）的起始位便紧挨着前一个字符的停止位了，否则，输出线又会进入标识态。在异步通信方式中，发送和接收的双方必须约定相同的帧格式，即发送和接收方的传输速率、数据位数、校验方式、停止位设置必须完全一致，否则会造成传输错误。

在异步通信方式中，发送方只发送数据帧，不传输时钟，发送和接收双方必须约定相同的传输速率。当然双方实际工作速率不可能绝对相等，但是只要误差不超过一定的限度，就不会造成传输差错。

每位码元传送周期为

$$T_s = \frac{1}{B_s} \tag{5-8}$$

式中，B_s 为通信速率。

串行异步通信，在通信过程中，每传一个帧（字），通过起始位接收方能同步一次。在信道空闲时发送方发送高电平，接收方一直接收高电平，接收到起始位后，接收数据，最后附加一位奇偶校验位和停止位。收端在接收一个帧（字）的较短时间内保持和发端的时间同步，就能正确接收数据。因此，异步串行通信对收发端时钟精度和稳定度要求低。

异步串行通信的参数范围如下：

一般通信速率可设置为 300、600、1200、2400、3600、4800、6300、7200、9600、11200、19200、38400、57600，单位为 bit/s。数据位可以取 5 ~ 8 位。校验位可以设置为奇校验、偶校验、无校验，停止位设置为 1 位、1.5 位、2 位。

4. SDH 同步传输和 ATM 异步传输

通信网上的消息传递方式有同步传输（STM）和异步传输（ATM）两种方式。

（1）STM 同步传输过程　同步传输是在由 N 路原始信号复用的时分信号中，各路原始信号都是按照一定的时间间隔周期性的出现，所以只要根据时间就可以确定是哪一路原始信号在传递。

STM 信号传输过程如图 5-13 所示。

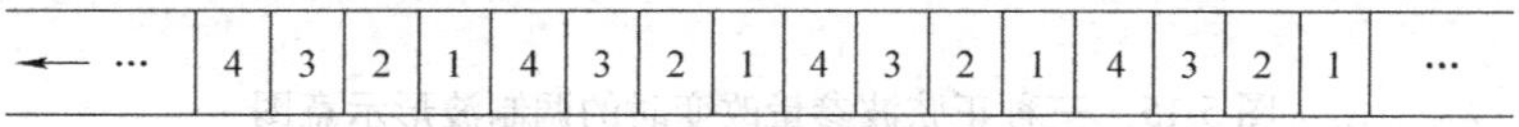

STM，四路信号传递，每一路原始信号周期出现

图 5-13　同步传输方式示意图

STM 不是对每一个字符单独进行同步，而是对一组字符组成的数据块进行同步。同步的方法是在数据块前加入特殊的位组合或同步字。

（2）ATM 异步传输过程　异步传输方式，各路分组信号不一定按照一定的时间间隔周期性地传输。各路分组信号信元（帧）之间的传输间隔为任意时间。各路分组信号在其首端加入分组识别信息。ATM 信号传输过程如图 5-14 所示。

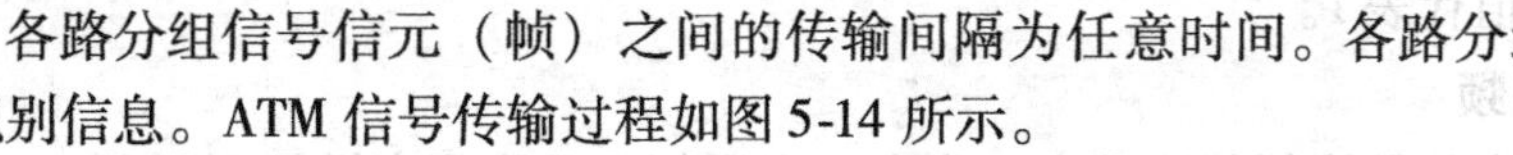

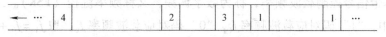

异步传送模式，每一个“帧”的头表明属于哪一路信号

图 5-14　异步传输方式示意图

5.7 数字通信系统的调制与解调

基带信号的波形是一系列方形波，这种信号在带通型信道传输时会产生失真，方形信号会变成圆角形信号，传输距离越远，速度越高，失真越严重，可能使接收端无法识别，需要将基带数字信号波形变成适合于信道传输的正弦波。正弦波信号携带了原基带信号。这种用基带信号控制高频载波，把基带数字信号变换成适合于在信道传输的频带数字信号的过程称为数字调制。它的逆过程，即把频带数字信号还原成基带数字信号的过程称为数字解调。

一个随时间变化的正弦波信号：

$$s(t) = U_m \sin(\omega t + \varphi) \tag{5-9}$$

式中，U_m为正弦波的幅值；ω 为角频率；φ 为初相位。

U_m、ω、φ 是正弦波的三个参量，当其中一个参量变化时，就变成了另一个正弦波。可以利用基带信号去控制正弦载波的振幅、频率或相位的变化，即可把基带信号变换成另一个正弦波，这个正弦波和信道能实现匹配。但由于数字信号具有时间和取样离散的特点，从而使受控载波的参数变化过程离散化，这种调制过程又称为键控法。

将基带数字信号作为离散数字信号来改变正弦载波参量，称为数字调制。根据改变正弦载波参量的方式，数字调制分为幅移键控（ASK）、频移键控（FSK）和相移键控（PSK），又称为数字调幅、调频、调相等。图 5-15 为三种正弦波参量改变时的调制波形示意图。

实际应用中，频移键控和相移键控比幅移键控应用更为广泛。

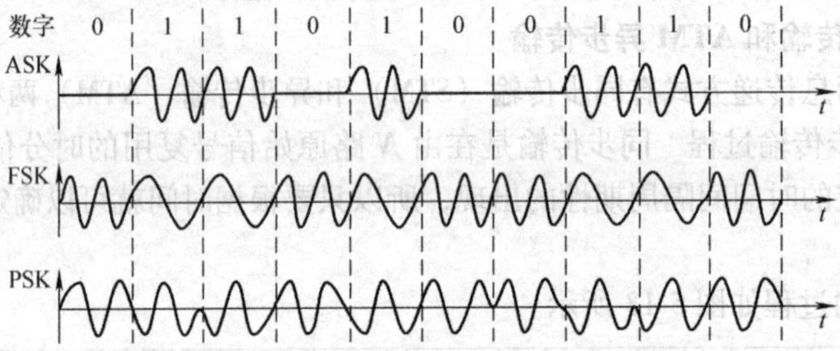

图 5-15　三种正弦波参量改变时的调制波形示意图

1. 数字调幅

用数字基带信号控制载波幅度，称为数字调幅，又称幅移键控（ASK）。二进制幅移键控（2ASK）中，“1”码对应正弦波的幅度 U_{m1}，“0”码对应正弦波的幅度 U_{m2}，正弦波的振幅随码元不同而变化，频率和相位保持不变。如图 5-15 中的 ASK，用振幅为 0 来代表 0，用振幅为某一值代表 1。

2. 数字调频

用数字基带信号控制载波频率，称为数字调频，又称频率键控（FSK）。二进制频移键控（2FSK）中，“1”码对应载波频率f_1，“0”码对应载波频率 f_2，取 $f_1 = f_0 + \Delta f$、$f_2 = f_0 - \Delta f$，f_0称为中心载频，Δf 为频差，振幅和相位保持不变，使正弦波的频率随码元的不同而变化。

设载波信号 $e(t)$ 为正弦信号，表达式为 $e(t)=U_m\cos\omega t$

$$e(t)=\begin{cases}U_m\cos\omega_1 t & "1"\\ U_m\cos\omega_2 t & "0"\end{cases} \tag{5-10}$$

式中，ω_1，ω_2 分别为 f_1、f_2 对应的角频率 $\omega_1=2\pi f_1$，$\omega_2=2\pi f_2$。

根据前后码元载波相位是否连续，可以分为相位连续和相位不连续的频移键控。如图 5-16 所示。

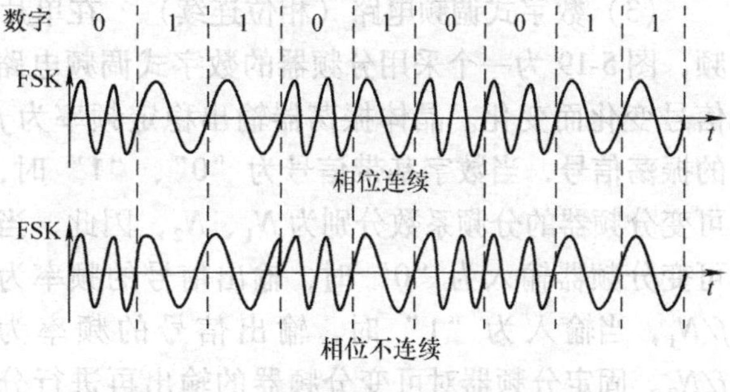

图 5-16　相位连续和相位不连续 FSK

（1）相位不连续频移键控　调制原理如图 5-17 所示。图中输入的基带信号为 $s(t)$，输出的调制信号为 $e_F(t)$，正弦波发生器 f_1 和 f_2 是两个独立的振荡器，用基带码元控制模拟开关 1 和开关 2 的打开和关闭，当输入信号为“0”时，模拟开关 1 关闭，模拟开关 2 打开；当输入信号为“1”时，模拟开关 2 关闭，模拟开关 1 打开。$e_F(t)$ 为调制的信号。

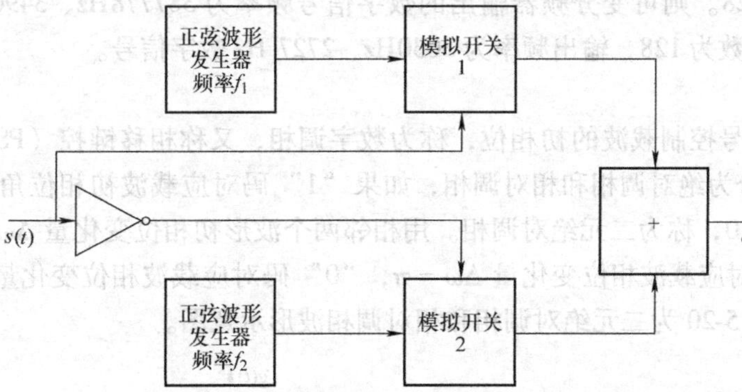

图 5-17　相位不连续频移键控调制原理图

（2）相位连续频移键控　调制原理如图 5-18 所示。图中输入的基带信号为 $s(t)$，输出的调制信号为 $e_F(t)$，通过 LC 振荡器产生载波频率信号，用基带码元控制模拟开关 K 的开、关，当输入信号为“0”时，K 打开，输入信号为“1”时，K 闭合。通过 K 的开合调整并联谐振回路电容的容量，使谐振振荡器的振荡频率变化。

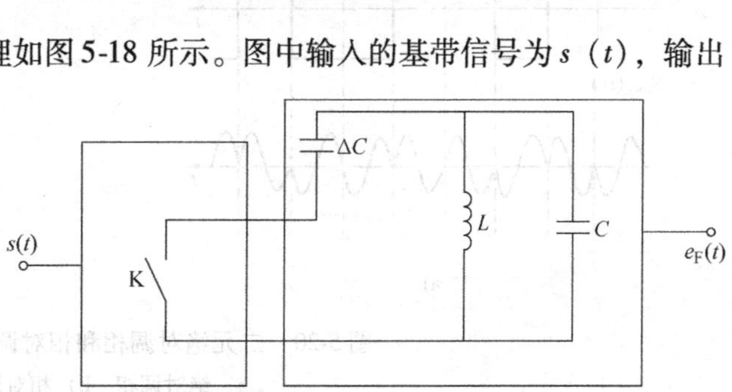

图 5-18　直接调频法产生相位连续 FSK 的信号原理图

输入信号为“1”时，K 闭合，振荡器频率为

$$f_1=\frac{1}{2\pi\sqrt{L(C+\Delta C)}} \tag{5-11}$$

输入信号为“0”时，K 打开，振荡器频率为

$$f_2 = \frac{1}{2\pi\sqrt{LC}} \tag{5-12}$$

用此种方法产生 2FSK 信号，在数字信号变化的时刻，振荡器输出的频率不发生突变。但由于信号是从一个振荡器回路输出的，因此，产生的 FSK 信号相位是连续的。

（3）数字式调频电路（相位连续）　在单片机中，用 2 级分频器即可实现数字式的调频，图 5-19 为一个采用分频器的数字式调频电路，电路中可变分频器的分频系数，随数字信号变化而变化。晶体振荡器输出稳定频率为 f 的振荡信号，当数字基带信号为“0”、“1”时，可变分频器的分频系数分别为 N_1、N_2，因此，当可变分频器输入为“0”时，输出信号的频率为 f/N_1，当输入为“1”时，输出信号的频率为 f/N_2。固定分频器对可变分频器的输出再进行分频，分频系数取 N。分频器输出的调频信号 $e_F(t)$ 为矩形波，采用带通滤波器滤去矩形波的高低次谐波和杂散干扰，可得到正弦波。

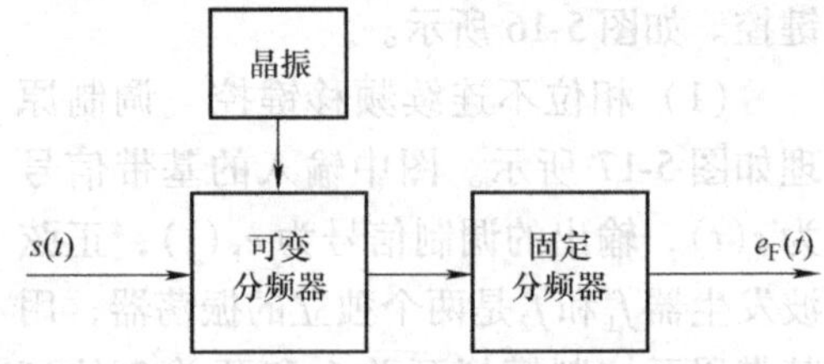

图 5-19　用分频器实现调频原理图

例如：晶体振荡器的频率 $f = 3.49\text{MHz}$，取分频器的分频系数 N_1、N_2 分别为 9、10，二次分频系数 N 取 128。则可变分频器输出的数字信号频率为 387778Hz、349000Hz，再经固定分频器，分频系数为 128，输出频率为 3030Hz、2727 Hz 数字信号。

3. 数字调相

用数字基带信号控制载波的初相位，称为数字调相，又称相移键控（PSK）。二进制相移键控（2PSK）分为绝对调相和相对调相，如果“1”码对应载波初相位角度 π，“0”码对应载波初相位为 0，称为二元绝对调相。用相邻两个波形初相位变化量 $\Delta\omega$ 来代表不同码元，如果“1”码对应载波相位变化量 $\Delta\omega = \pi$，“0”码对应载波相位变化量 $\Delta\omega = 0$，称为二元相对调相。图 5-20 为二元绝对调相和相对调相波形示意图。

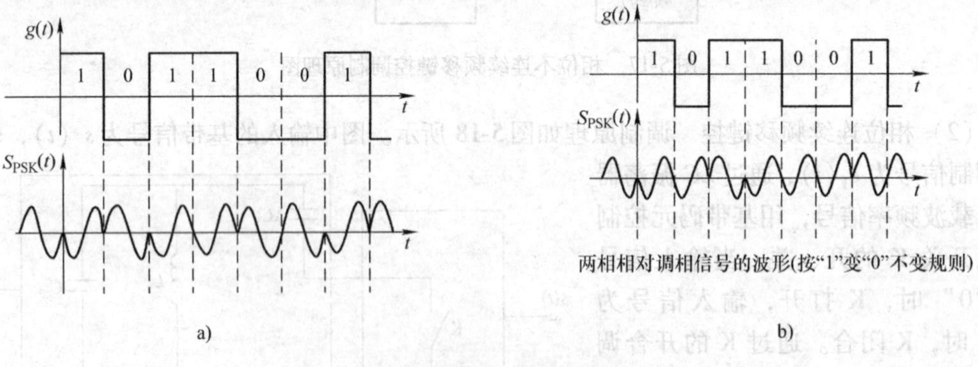

图 5-20　二元绝对调相和相对调相波形示意图

a）绝对调相　b）相对调相

4. 数字解调

数字解调是数字调制的逆过程，从调制的信号中，分离出基带信号。各种不同的调制波，采用不同的解调电路。例如，常用的 2FSK 解调方法有相干检测法、零交点检测法等。下面介绍相干、零交点检测法的原理。

（1）相干检测法　2FSK 信号最常用的解调方法是相干检测法，2FSK 相干检测法原理框图和各点波形分别如图 5-21 和图 5-22 所示，图 5-22 是图 5-21 中一个分支的波形示意图。在图 5-21 中，调制信号通过带通滤波器，滤去信号中的低频和高频信号，保留调制信号，调制信号和载波频率相乘，根据正交性，得到经过其载波频率的功率波形，通过低通滤波器得到直流信号，两路直流信号竞夺抽样判决器即可得到输出的基带脉冲波形。

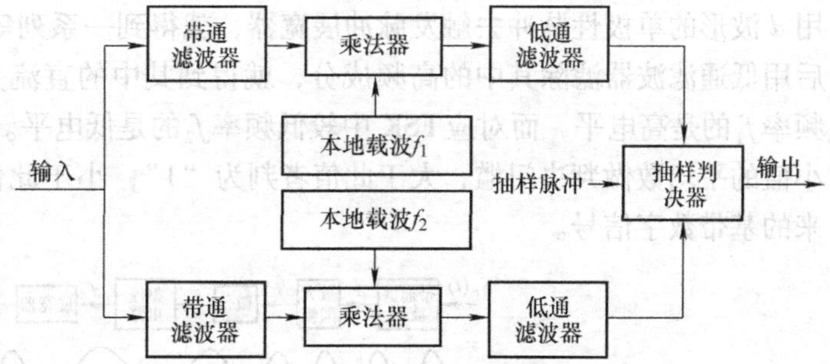

图 5-21　相干检测法原理框图

图 5-22 上部为相干检测法一个分支的原理图，图中标出了截取信号的位置 a、b、c、d、e，图 5-22 下部给出了各个信号位置的波形，其中 a 为原信号经滤波后需解调的信号，e 为输出的基带信号。

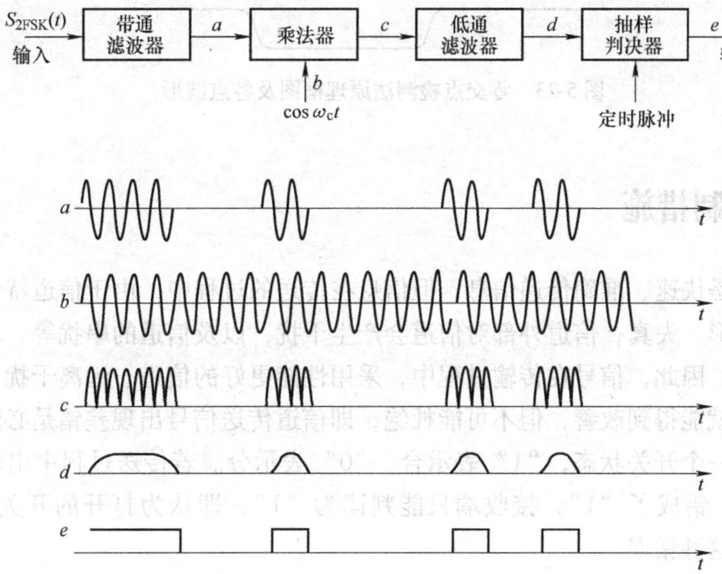

图 5-22　相干检测法原理和各点波形图

（2）零交点检测法 数字调频是以两个不同的频率 f_1 和 f_2 分别代表码元“1”和“0”，鉴别这两种不同的频率可以检查单位时间内调制波（正弦波）与时间轴的零交点数，这就是零交点检测法。我们知道正弦信号在单位时间内经过零点的次数可用来衡量频率的高低，频率高的，过零的交点数多；频率低的，过零的交点数少。用不同的过零交点数产生两种不同的电压，以代表“1”与“0”，就实现了解调，这就是零交点检测法的原理。

具体的方法如图 5-23 所示，接收到的 FSK 信号，经过带通滤波器，得到调制信号频带内的信号 a，即滤除了高频和低频信号，然后经放大限幅环节，得到方波信号 b，再经微分环节，输出上跳、下跳微分脉冲 c，经全波整流电路后，变成单一极性的尖脉冲序列 d，d 波形的尖脉冲数就是 FSK 信号的过零交点数，其疏密程度不同反映出输入频率是不同的。

用 d 波形的单极性脉冲去触发脉冲展宽器，就得到一系列等幅、等宽的矩形脉冲序列 e，最后用低通滤波器滤除其中的高频成分，就得到其中的直流分量 f，f 波形中对应 FSK 中较高频率 f_1 的是高电平，而对应 FSK 中较低频率 f_2 的是低电平。判决门可用直流电压最大值和最小值的平均数做判决门槛，大于此值者判为“1”，小于此值者判为“0”，这样就恢复了原来的基带数字信号。

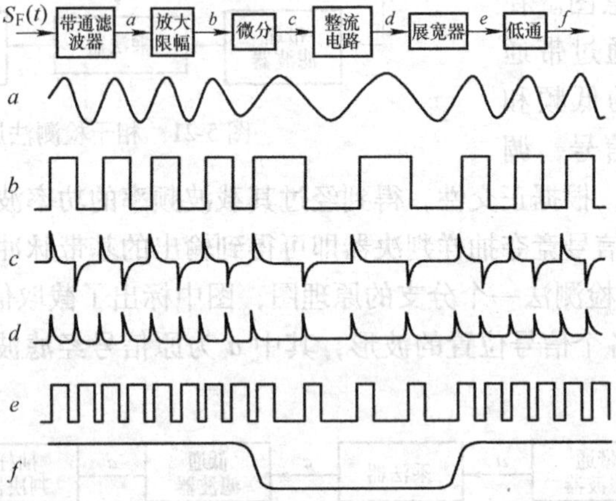

图 5-23　零交点检测法原理框图及各点波形

5.8　差错控制措施

通信的目的是快速、准确传递信息，但信息在传送的过程中，由于信道特性不理想，信号波形会产生变形、失真，信道外部对信道会产生干扰，以及信道的串扰等，均会使接收到的信号发生差错。因此，信号在传输过程中，采用性能更好的信道、远离干扰、采用屏蔽导线，出错的概率就能得到改善，但不可能杜绝，即信道传送信号出现差错是必然的。

假设要传递一个开关状态，“1”表示合，“0”表示分。若传送过程中出现差错，将表示开关分的“0”错成了“1”，接收端只能判读为“1”，即认为打开的开关为闭合状态，完全不可能发现这种错误。

如果增加一个监督位，即用两位二进制位表示开关分合，用“11”表示合，“00”表示分。如果在传送过程中，将“11”错成了“01”或“10”，接收端能知道接收到的信息是错误的，不必采信，但无法判断发送端发送的是“11”还是“00”。发送的编码有了检错能力，但没有纠错能力。

如果再增加一个监督位，用三位二进制位表示开关分合，用“111”表示合，“000”表示分。如果在传送过程中，将“111”错成了“110”、“011”、“101”，接收端不但能知道接收到的信息是错的，并且能判定接收的信息是“111”，接收判定的依据是“极大似然原则”，即“代码像谁，就是谁”。这样的编码不但能判定错，并且能纠正错误。

当然，具有纠错能力的编码，是有代价的，即在有效信息后面添加若干“冗余”的监督位，这就降低了编码的效率。

n 位码元传送 k 位信息位，r 为监督位，$r=n-k$。编码效率定义为：

$$R_c = \frac{k}{n} \tag{5-13}$$

因此，为了使信号出现差错时能被发现或纠错，除选择好的传输原理外，必须采用一定的差错控制措施来传送信息。

5.8.1　差错控制方式

一般来说，信源发出的任何信息都可以用二元数字序列表示，信息必须用它的物理形式——信号来传输，信号在有噪声的信道中传输时，必然会受到干扰而使信号产生畸变，形成差错，即产生误码。差错控制编码是在一定的信息码元的基础上，增加部分与信息码元具有某种相关性的校验码元，使本来不相关的信息序列，转化成为一个具有相关性的序列，差错控制编码就是利用这种相关性来实现检错和纠错功能。

为了实现可靠通信，在将要传送的信息中加入监督码，称为校验码（冗余码或保护码）。一个码字由信息码和校验码组成。仅能进行检错的码字称为检错编码，不但能检错而且能纠错的码字称为纠错编码。

差错控制的目的是使接收端能发现信息传输过程中出现的差错，进而加以纠正。接收端能发现错误，但不知道错误的位置，称为检错译码。接收端不但能发现错误，并且知道错误的位置，并进行纠正，称为纠错译码。

按照发送端和接收端的工作方式，常用的差错控制方式有如下几种：

（1）循环传送方式　信息发送端重复发送可以检错的码字，接收端收到码字后，采用检错方式译码判定有无错误。如没有错误，该码字可用；如有错误，丢弃该码字；待下一次循环送来无错信息再用。循环检错方式较简单，单工通道即可工作。

（2）反馈重传差错控制方式　发送端发送可检错码字，接收端收到码字后，对码字进行检错，并将判决结果发送到发送端。发送端收到接收端接收正确的报文，这一次发送信息结束；如果发送端收到接收端接收错误的报文，发送端重新发送码字；直到发送端接收到接收端收到正确的报文。这种差错控制方法仅用检错码实现了纠错，需要全双工通道。如果信道干扰严重，重传次数增多，降低了传输的效率。

（3）信息反馈对比法　接收端将接收的信息原封不动的通过反馈信道回送给发送端，由发送端将接收的信息与刚发送的信息进行对比，如两者不一致，重发原来发送的信息，直到返回的信息与原发信息一致。这种方式需要双工通道，适合于非常重要的信息传送，电力自动化遥控过程即采用这种通信控制措施。

（4）前向纠错方式　发送端发送能纠错的码，接收端不仅能发现错误而且能纠正错误。单工通道即可满足要求。

（5）混合纠错方式　混合纠错方式将前向纠错和反馈重传差错控制方式结合在一起。如果在码字的纠错能力以内，即自动纠错并使用；若错误位数字超过码字的纠错能力，则通过反馈通道通知发送端，要求发送端重发信息。

在实际应用中，上述几种差错控制方式应根据具体情况合理选用。

5.8.2　差错控制编码原理

通信过程采用的各种差错控制方式所使用的差错控制编码分为检错码和纠错码。一个码字由信息位和校验位组成。由校验位和信息位之间的关系，将各种码字分为线性码和非线性码。如果校验位与信息位之间的关系是线性关系则称为线性码，否则称为非线性码。

按照对码字校验位产生的方法，将码字分为分组码和卷积码。

分组码是将信息序列划分为 k 个位一段，按照一定的规则产生 r 个检验位，组成的码长为 $n=k+r$ 的码字。因此，每一个码字的校验位只和本组信息校验位有关系，而与其他码字无关。分组码码字按结构分为循环码和非循环码。

卷积码是本组信息的校验码元，不仅与本组的信息码元有关，而且也和前后若干组码的信息码元有关系。

在通信过程中，由信息发送端发送的按照编码规则编制的码字，称为许用码字。其他码字称为禁用码字。

例如：在表示开关开合状态的“1”、“0”后加一位监督位，用两位数传送开关开合状态，重复信息位，即用“11”表示开关合，“00”表示开关分。这个加入的校验码元虽然不包含任何新的信息，但增加了信息相关性。两位编码共有四种组合，分别为 00、01、10、11，其中“00”、“11”为许用码字，“01”、“10”为禁用码字。信息位 $k=1$，校验码 $r=1$，码长 $n=2$。

码字“00”和“11”发送时，接收端如果收到“01”，“10”，按照编码规则对其进行检验，知道接收到的码字有错，但不知错是哪一位，只能检出错误。如果发送端发送的是“00”接收端收到“11”，即“00”错成“11”按照规则检验，检查不出错误。这种码字，错一位能检出，错两位不能检出。

如果用三位数来表示开关的状态，即一位信息位，两位监督位。监督位重复信息位，即用“111”表示开关合，“000”表示开关分。二元序列共有八种编码，“000”、“111”是码字，其他六个是禁用码字。

发送端发送“111”或“000”，一位错，如果“000”变成“100”、“001”、“010”，或发送端发送“111”，接收端收到“110”、“101”、“011”，接收端能发现错误，并且能纠正错误。假设收到“100”认为是第一位出错，纠正为“000”，即开关为分。信息位 $k=1$，校验位 $r=2$，码长 $n=3$。

接收端收到的信息两位出错，如果发送“000”变成“101”、“011”、“110”，接收端能检出错误，但无法纠错；例如：发送端发送“000”，收到“101”，纠正为“111”，表示开关为合，实际开关为分。如果三位出错，即发送端发送“000”，接收端收到“111”；发送端发送“111”，接收端收到“000”，即无法发现错误。

因此，这种编码错一位，可判断出错，并且能纠正；错两位，可以判断出错，但不可纠正；错三位，不可判断错误，也不能纠正错误。这种编码，能检出两位错误，纠正一位错误。

用图 5-24 表示这种编码，在图中，正方形的顶点，表示码字“000”、“111”，这两个许用

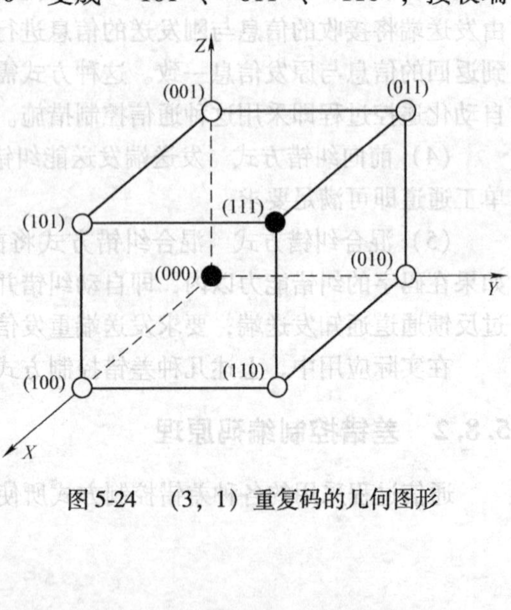

图 5-24　(3, 1) 重复码的几何图形

码字之间经过了三条边的距离。如果接收到的码字，距离“111”近，就是“111”，例如，收到“101”，在图中“101”到“111”的距离是一条边，因此判定收到的信息应是“111”。

如果用四位二进制位表示开关状态，错一位，可检、可纠；错两位，可检、不可纠；错三位，可检；错四位，误收。

从上面的例子可以看出，差错控制编码之所以能检错和纠错，是因为在信息码元之外加上了若干位校验码元。这些码元并不荷载信息量，只是用来校验码字在传输过程中是否出现错误。如果信息码元为 k 位，编码后加上 r 位校验位，变成长度为 $n=k+r$ 位码字，记为 (n,k) 分组码。长度为 n 的二元序列共有 2^n 码字，从中按照一定的规则选出 2^k 个码字构成许用码组，其余 2^n-2^k 个不是码字，构成禁用码字。

5.8.3　差错控制编码的检错和纠错能力

从 5.8.2 节分析可以看出，差错控制编码的检错和纠错能力与两个码字之间的差异程度有关。差异程度用码距来定义。

码距：两个长度为 n 的码字 c_i 与 c_j 之间对应位取值不同的个数称为这两个码字之间的距离，用 $d(c_i, c_j)$ 表示。

例如：码字 $c_1=(0110100)$，码字 $c_2=(1011100)$，$d(c_1, c_2)=3$，通过异或运算（模 2 加）：

$$0110100 \oplus 1011100 = 1101000$$

异或运算结果里 1 的个数就是码距，1101000 中 1 的个数为 3，c_1 和 c_2 码距为 3。

最小码距：在（n，k）线性分组码中，任意两个码字之间的码距的最小值，称为该线性分组码的最小距离 d_0，其表示式为

$$d_0=\min\{d(c_i,c_j)\} \qquad 1\leqslant i,j\leqslant 2^k \quad i\neq j \tag{5-14}$$

判决原则（极大似然原则）：与哪个码字码距最小就用哪个码字，与谁最相似就是谁。

检错公式：一个（n，k）线性分组码，最小码距为 d_0，检错的位数

$$l\leqslant d_0-1 \tag{5-15}$$

纠错公式：一个（n，k）线性分组码，最小码距为 d_0，纠错的位数

$$t\leqslant \frac{d_0-1}{2} \tag{5-16}$$

5.8.4　常用的线性编码

当分组码的信息码元与监督码元之间的关系为线性关系时，这种分组码被称为线性分组码。线性分组码是建立在代数群论基础上，各许用码字的集合构成了代数学中的群，线性分组码具有以下性质：

（1）封闭性　任意两个许用码字对应位模 2 相加是许用码字，任意许用码字的线性组合模 2 相加也是许用码字。

（2）最小码距为最小非零码码重　由封闭性可知码组的最小码距等于码组中最小非零码的码重。

1. 奇、偶校验

奇、偶校验是只有一位校验码元的（n，$n-1$）分组码。

假定 $k=n-1$ 位长的二元信息码组为：$m_{k-1}m_{k-2}\cdots m_0$

其中，分组码码字为 n 位：$c_{n-1}c_{n-2}\cdots c_0$，令

$$c_{n-1}=m_{k-1}$$
$$\vdots$$
$$c_2=m_1$$
$$c_1=m_0$$
$$c_0=m_{k-1}+m_{k-2}+\cdots m_0$$

即 c_0 由二元信息码的模 2 运算加形成，即为偶校验；如果

$$c_0=m_{k-1}+m_{k-2}+\cdots m_0+1$$

形成的校验位，称奇校验。

例如：信息 101101，偶校验 $c_0=1+0+1+1+0+1=0$，形成的分组码为 1011010。

奇校验 $c_0=1+0+1+1+0+1+1=1$，形成的分组码为 1011011。

2. 方阵码校验

方阵码检验又称水平垂直奇（偶）校验，它以方阵的形式发送和接收信息，同时进行水平和垂直方向的奇（偶）校验。

例如：表 5-1 所示信息组成为五行八列，并附加水平、垂直两种偶校验。校验结果为第九列和最后一行。发送时先发送第一列，信道中传送的序列为：110011001111 …… 010010。

表 5-1　水平垂直校验方阵

项　目		八列信息码元并附加第九列水平偶校验列									说　明
		①	②	③	④	⑤	⑥	⑦	⑧	⑨	
五行信息码元	①	1	0	1	0	1	1	0	0	0	同时发生四位错误刚好在纵、横对应的位置上，如表中方框位置，则不能被检出
	②	1	[0]	1	1	0	1	[0]	1	1	
	③	0	1	1	0	1	1	0	0	0	
	④	0	[1]	0	0	1	0	[1]	1	0	
	⑤	1	1	0	1	1	0	1	0	1	
附加垂直偶校验行		1	1	1	0	0	1	0	0	0	

当发生类似表中方框对应的位置，即纵横任意两行、两列交点位置，四个码元同时错误时，检查不出错误，但发生这种错误的概率很小。

3. 校验和

把 m 个长为 l 的二进制数信息组按模 $L=2^l$ 相加，形成校验和，校验和附在 m 个信息组之后，一起发送。在接收端计算校验和来检验码字的正确性。

例如：见表 5-2，四个（$m=4$）八位（$l=8$）的信息组以模 $L=256$ 相加，计算结果为 10101101，按照信息组 1、2、3、4、校验和的顺序把信息发送出去。

表 5-2　校验和

与码位对应的权		2^8	2^7	2^6	2^5	2^4	2^3	2^2	2^1	2^0
信息组	①		1	0	0	1	1	1	0	0
	②		0	1	0	1	0	0	1	1
	③		0	0	1	0	1	0	0	1
	④		1	0	0	1	0	1	0	1
校验和		[1]	1	0	1	0	1	1	0	1

4.（n，k）线性分组码

（n，k）码是码长为 n，信息位为 k 位，监督位为 r 位的码组，共有 2^k 个码字。如果（n，k）分组码的监督位和信息位之间是由线性方程组联系，这种（n，k）分组码称为线性分组码。

（n，k）线性分组码，每个码字前面 k 位为信息码元，后面 r（$r=n-k$）位是校验码元，这种码字称为系统码形式的线性分组码。

例如：(7，3）线性分组码，信息位长度 $k=3$，共有 $2^3=8$ 个码字，校验位 $r=7-3=4$ 位，码字写成($c_6c_5c_4\cdots c_0$)，其中 $c_6c_5c_4$ 是信息位，$c_3c_2c_1c_0$ 是校验位。假设监督码元和信息码元的关系由如下的线性方程组决定：

$$\begin{cases} c_3=1\cdot c_6+0\cdot c_5+1\cdot c_4 \\ c_2=1\cdot c_6+1\cdot c_5+1\cdot c_4 \\ c_1=1\cdot c_6+1\cdot c_5+0\cdot c_4 \\ c_0=0\cdot c_6+1\cdot c_5+1\cdot c_4 \end{cases} \tag{5-17}$$

在已知信息位的情况下，按照式（5-15）可以生成所需要的码字。如已知信息位为101，按照式（5-12）计算结果如下：

$$\begin{cases} c_3=1\cdot 1+0\cdot 0+1\cdot 1=1+1=0 \\ c_2=1\cdot 1+1\cdot 0+1\cdot 1=1+1=0 \\ c_1=1\cdot 1+1\cdot 0+0\cdot 1=1 \\ c_0=0\cdot 1+1\cdot 0+1\cdot 1=1 \end{cases}$$

生成的传输码字为1010011。

(7，3）线性分组码，共有 $2^7=128$ 种组合，其中有 $2^3=8$ 种许用码字，120个禁用码字。其最小码距 $d_0=4$，该分组码能检错的位数 $l=d_0-1=3$，能纠错的位数 $t=(4-1)/2=1.5\approx 1$。表5-3是（7，3）码的所有许用码字。

表5-3　（7，3）线性分组码及其纠错原理表

k 位信息位（$k=3$）	r 位监督位（$r=4$）	n 位许用码字（$n=7$）	禁用码字与许用码字相差位数	
			①	②
000	0000	0000000	3	2
001	1101	0011101	5	4
010	0111	0100111 √	1	2
011	1010	0111010	3	4
100	1110	1001110	3	4
101	0011	1010011	5	6
110	1001	1101001	5	4
111	0100	1110100	3	2
禁用码字举例		① 0100110 ② 0100100	禁用码①和第3个许用码相差1位，可判定为许用码3，即0100111；禁用码②和第1、3、8码字相差2位，不能进行纠错。	

从表 5-3 看出任意两个码的和是第三个码。

下面给出（n，k）线性分组码的生成矩阵、校验矩阵及它们之间的关系。

（1）生成矩阵　（n，k）线性分组码，用 k 位信息位能生成 n 位码字的矩阵，称为线性分组码的生成矩阵。

以（7，3）码为例。将式（5-17）的四个生成方程式添加三个恒等式 $c_6=c_6$，$c_5=c_5$，$c_4=c_4$，构成一个线性方程组：

$$\begin{cases}1\cdot c_6=1\cdot c_6+0\cdot c_5+0\cdot c_4\\1\cdot c_5=0\cdot c_6+1\cdot c_5+0\cdot c_4\\1\cdot c_4=0\cdot c_6+0\cdot c_5+1\cdot c_4\\c_3=1\cdot c_6+0\cdot c_5+1\cdot c_4\\c_2=1\cdot c_6+1\cdot c_5+1\cdot c_4\\c_1=1\cdot c_6+1\cdot c_5+0\cdot c_4\\c_0=0\cdot c_6+1\cdot c_5+1\cdot c_4\end{cases}\tag{5-18}$$

该方程组写成矩阵形式

$$\begin{pmatrix}c_6\ c_5\ c_4\ c_3\ c_2\ c_1\ c_0\end{pmatrix}=\begin{pmatrix}c_6\\c_5\\c_4\\c_3\\c_2\\c_1\\c_0\end{pmatrix}^{\mathrm T}=\begin{pmatrix}c_6\\c_5\\c_4\\c_6+0+c_4\\c_6+c_5+c_4\\c_6+c_5+0\\0+c_5+c_4\end{pmatrix}^{\mathrm T}=\begin{pmatrix}c_6 & c_5 & c_4\end{pmatrix}\begin{pmatrix}1&0&0&1&1&1&0\\0&1&0&0&1&1&1\\0&0&1&1&1&0&1\end{pmatrix}\tag{5-19}$$

式（5-19）中 3×7 矩阵写成

$$\boldsymbol{G}=\begin{pmatrix}1&0&0&1&1&1&0\\0&1&0&0&1&1&1\\0&0&1&1&1&0&1\end{pmatrix}=[\boldsymbol{I}_{\mathrm k}\ \vdots\ \boldsymbol{Q}]\tag{5-20}$$

$\boldsymbol{I}_k$ 为 k 阶单位阵，$\boldsymbol{Q}$ 是 $k\times(n-k)$ 矩阵。则式（5-19）写成

$$\begin{pmatrix}c_6\ c_5\ c_4\ c_3\ c_2\ c_1\ c_0\end{pmatrix}=\begin{pmatrix}c_6 & c_5 & c_4\end{pmatrix}\boldsymbol{G}\tag{5-21}$$

称 $\boldsymbol{G}$ 为（7，3）线性分组码的生成矩阵。

（2）校验矩阵　将式（5-17）移项，即四个方程式两边分别加 c_3、c_2、c_1、c_0，式(5-17)变为

$$\begin{cases}1\cdot c_6+0\cdot c_5+1\cdot c_4+1\cdot c_3+0\cdot c_2+0\cdot c_1+0\cdot c_0=0\\1\cdot c_6+1\cdot c_5+1\cdot c_4+0\cdot c_3+1\cdot c_2+0\cdot c_1+0\cdot c_0=0\\1\cdot c_6+1\cdot c_5+0\cdot c_4+0\cdot c_3+0\cdot c_2+1\cdot c_1+0\cdot c_0=0\\0\cdot c_6+1\cdot c_5+1\cdot c_4+0\cdot c_3+0\cdot c_2+0\cdot c_1+1\cdot c_0=0\end{cases}\tag{5-22}$$

式（5-22）写成矩阵形式：

$$\begin{pmatrix} 1 & 0 & 1 & 1 & 0 & 0 & 0 \\ 1 & 1 & 1 & 0 & 1 & 0 & 0 \\ 1 & 1 & 0 & 0 & 0 & 1 & 0 \\ 0 & 1 & 1 & 0 & 0 & 0 & 1 \end{pmatrix} \begin{pmatrix} c_6 \\ c_5 \\ c_4 \\ c_3 \\ c_2 \\ c_1 \\ c_0 \end{pmatrix} = \begin{pmatrix} 0 \\ 0 \\ 0 \\ 0 \\ 0 \\ 0 \\ 0 \end{pmatrix} \tag{5-23}$$

用 $\boldsymbol{H}$ 表示方程左侧矩阵，有方程

$$\boldsymbol{H}\boldsymbol{C}^T = \boldsymbol{0}^T \tag{5-24}$$

此方程称为校验方程，矩阵 $\boldsymbol{H}$ 称为校验矩阵。

$\boldsymbol{H}$ 每一行是求校验位的线性方程组的系数。四个校验码元，四个独立方程。令 $\boldsymbol{H}=[\boldsymbol{P}, \boldsymbol{I}_r]$，$\boldsymbol{P}$ 是 4×3 阶矩阵，$\boldsymbol{I}_r$ 是 4×4 阶单位阵。

（3）生成矩阵和校验矩阵关系　生成矩阵 $\boldsymbol{G}$ 的每一行都是一个码字。由式（5-24）知：

$$\boldsymbol{H}\boldsymbol{G}^T = \boldsymbol{0}^T$$

$$\begin{aligned}[\boldsymbol{P}, \boldsymbol{I}_r][\boldsymbol{I}_k, \boldsymbol{Q}]^T &= [\boldsymbol{P}, \boldsymbol{I}_r]\begin{pmatrix} \boldsymbol{I}_k \\ \boldsymbol{Q} \end{pmatrix} \\ &= \boldsymbol{P}\cdot\boldsymbol{I}_k + \boldsymbol{I}_r\cdot\boldsymbol{Q}^T = \boldsymbol{P}+\boldsymbol{Q}^T = \boldsymbol{0}\end{aligned}$$

只有 $\boldsymbol{P}=\boldsymbol{Q}^T$ 时上式才成立，所以 $\boldsymbol{P}=\boldsymbol{Q}^T$。

根据以上关系，已知生成矩阵：$\boldsymbol{G}=[\boldsymbol{I}_k, \boldsymbol{Q}]$，即可以得到校验矩阵 $\boldsymbol{H}=[\boldsymbol{Q}^T, \boldsymbol{I}_r]$。

5.9 循环码

循环码是一种特殊的线性分组码，它是在严格的代数学理论基础上建立的，具有循环的特性，具有较强的检错和纠错能力，因此，在实际中得到广泛的应用。

循环码线性分组码，它除了具有线性分组码的封闭性之外，还具有循环性。循环性是指循环码组中的任意许用码字（全“0”除外）循环左移或循环右移后，所得码字仍然为该循环码字的一个许用码字。设码字矢量 $c=[c_{n-1}c_{n-2}\cdots c_0]$ 是码长为 n 的循环码的码字，对其进行循环左移、右移，无论多少位，得到的结果均为该循环码中的一个许用码字，即

$$\begin{cases} c_{n-1}c_{n-2}\cdots c_1c_0 \\ c_{n-2}c_{n-3}\cdots c_0c_{n-1} \\ \vdots \\ c_1c_0c_{n-1}\cdots c_3c_2 \\ c_0c_{n-1}\cdots c_2c_1 \end{cases}$$

例如：一个（7，4）线性码，生成矩阵

$$\boldsymbol{G}=\begin{pmatrix} 1 & 0 & 0 & 0 & 1 & 0 & 1 \\ 0 & 1 & 0 & 0 & 1 & 1 & 1 \\ 0 & 0 & 1 & 0 & 1 & 1 & 0 \\ 0 & 0 & 0 & 1 & 0 & 1 & 1 \end{pmatrix}$$

均为循环码码字。

表5-4列出了这个（7，4）循环码的全部许用码字。图5-25为这16个许用码字的循环图。从图5-25可以看出，除全0、全1码自然具有循环性，图5-25a、b所示的码字具有循环性。

表5-4　一种（7，4）循环码的许用码字

序　号	信 息 位	检 验 位	序　号	信 息 位	检 验 位
0	0000	000	8	1000	101
1	0001	011	9	1001	110
2	0010	110	10	1010	011
3	0011	101	11	1011	000
4	0100	111	12	1100	010
5	0101	100	13	1101	001
6	0110	001	14	1110	100
7	0111	010	15	1111	111

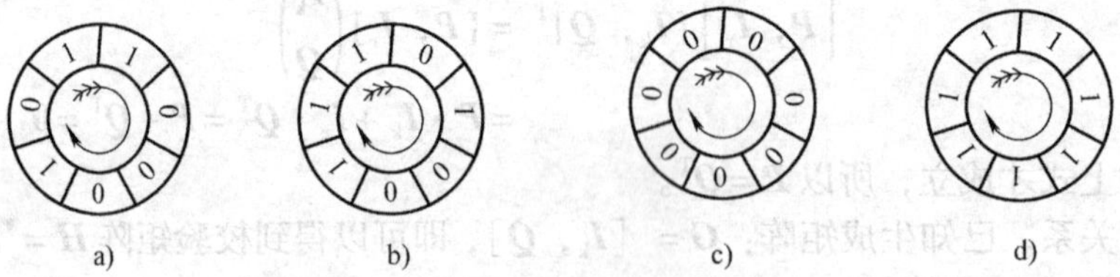

图5-25　（7，4）循环码的码字循环图

5.9.1　循环码的定义和性质

1. 循环码定义

若 $c=\left(c_{n-1}c_{n-2}\cdots c_0\right)$ 是线性分组码的一个码字，将该分组码左移一位得 $c^{(1)}=\left(c_{n-2}c_{n-3}\cdots c_0c_{n-1}\right)$ 也是该线性分组码的一个码字，该线性分组码称为循环码。

2. 循环码的多项式描述

为了方便讨论，n 元序列表示的一个码字，$c=\left(c_{n-1}c_{n-2}\cdots c_0\right)$ $c_i\in\{0,1\}$，$i=0,1,\cdots,n-1$ 用次数小于 n 的多项式表示：

$$c(x)=c_{n-1}x^{n-1}+c_{n-2}x^{n-2}+\cdots+c_1x+c_0 \tag{5-25}$$

这个一元 $n-1$ 次多项式，称为码字的码多项式。

例如：码字（0010110）的码多项式为

$$0\cdot x^6+0\cdot x^5+1\cdot x^4+0\cdot x^3+1\cdot x^2+1\cdot x+0=x^4+x^2+x$$

码字（1100010）的码多项式为 x^6+x^5+x。

3. 用多项式运算表示码的循环特性

若 $f(x)$ 和 $g(x)$ 为两个多项式，用 $g(x)$ 除 $f(x)$ 的商为 $q(x)$，余式为 $r(x)$，那么

$$f(x)=q(x)g(x)+r(x) \tag{5-26}$$

可写成 $f(x)\equiv r(x)\ \mathrm{mod}\ [g(x)]$，即 $f(x)$ 和 $r(x)$ 模 $g(x)$ 运算同余。

为了说明循环码的循环特性，以前述（7，4）码为例，以（7，4）码中的码字（0001011）为基准，进行如下的运算：

$(0001011)\leftrightarrow x^3+x+1$

$(0010110)\leftrightarrow x^4+x^2+x=x(x^3+x+1)$

$(0101100)\leftrightarrow x^5+x^3+x^2=x^2(x^3+x+1)$

$(1011000)\leftrightarrow x^6+x^4+x^3=x^3(x^3+x+1)$

$(0110001)\leftrightarrow x^5+x^4+1\equiv x^4(x^3+x+1)\mathrm{mod}(x^7+1)$

$(1100010)\leftrightarrow x^6+x^5+x\equiv x^5(x^3+x+1)\mathrm{mod}(x^7+1)$

$(1000101)\leftrightarrow x^6+x^2+1\equiv x^6(x^3+x+1)\mathrm{mod}(x^7+1)$

从以上运算过程，可以发现以下规律：

1）上一个码字多项式乘 x 不取模或取模 x^7+1 运算为下一个码多项式。

2）第一个码字乘 x，x^2，$x^3\cdots x^6$ 被 x^7+1 相除后，即为后续码字。

3）以上 7 个码字，均由第一个码字 x^3+x+1 生成。

以上规律用公式表述如下：

若 $c(x)$ 是一个码多项式，$x^ic(x)$（$i=0$，1，$2\cdots n-1$）被 x^n+1 所除得余式 $c^{(i)}(x)$ 也是一个码多项式。即

$$x^ic(x)\equiv c^{(i)}(x) \tag{5-27}$$

证明：码字 $c=(c_{n-1}c_{n-2}\cdots c_0)$，码多项式乘以 x，

$$\begin{aligned} xc(x)&=x(c_{n-1}x^{n-1}+c_{n-2}x^{n-2}+\cdots+c_1x+c_0)\\ &=c_{n-2}x^{n-1}+\cdots+c_1x^2+c_0x+c_{n-1}+c_{n-1}(x^n+1) \end{aligned} \tag{5-28}$$

将码字 c 左移一位形成的码字 $c^{(1)}=(c_{n-2}c_{n-3}\cdots c_0c_{n-1})$，对应的码多项式变为

$$c^{(1)}(x)=c_{n-2}x^{n-1}+\cdots+c_1x^2+c_0x+c_{n-1} \tag{5-29}$$

比较式（5-29）和式（5-28），显然，$c^{(1)}(x)$ 就是 $xc(x)$ 被 x^n+1 相除后所得的余式，即

$$c^{(1)}(x)\equiv xc(x)\mathrm{mod}(x^n+1) \tag{5-30}$$

同样码字 $c(x)$ 循环左移 i 位所得的码字：

$$c^{(i)}=(c_{n-i-1}\cdots c_1c_0c_{n-1}\cdots c_{n-i}) \tag{5-31}$$

对应的码多项式：

$$c^{(i)}(x)=c_{n-i-1}x^{n-1}+\cdots+c_1x^{i+1}+c_0x^i+c_{n-1}x^{i-1}+\cdots+c_{n-i+1}x+c_{n-i}$$

它是

$$\begin{aligned} x^ic(x)&=x^i(c_{n-1}x^{n-1}+\cdots+c_{n-i}x^{n-i}+c_{n-i-1}x^{n-i-1}+c_1x+c_0)\\ &=c_{n-1}x^{n-1+i}+\cdots+c_{n-i}x^n+c_{n-i-1}x^{n-1}+\cdots+c_1x^{1+i}+c_0x^i\\ &=c_{n-i-1}x^{n-1}+\cdots+c_1x^{1+i}+c_0x^i+c_{n-1}x^{i-1}+\cdots+c_{n-i}+\\ &\quad c_{n-1}x^{n-1+i}+\cdots+c_{n-i}x^n+c_{n-1}x^{i-1}+\cdots+c_{n-i}\\ &=c_{n-i-1}x^{n-1}+\cdots+c_1x^{1+i}+c_0x^i+c_{n-1}x^{i-1}+\cdots+c_{n-i}+\\ &\quad (x^n+1)(c_{n-1}x^{i-1}+\cdots+c_{n-i}) \end{aligned} \tag{5-32}$$

用 x^n+1 去除式（5-32），即得余式：

$$c_{n-i-1}x^{n-1}+\cdots\cdots+c_1x^{i+1}+c_0x^i+c_{n-1}x^{i-1}+\cdots\cdots c_{n-i+1}x+c_{n-i}$$

也就是 $x^ic(x)\bmod(x^n+1)\equiv c^{(i)}(x)$，即 $c^{(i)}(x)$，是 x^n+1 去除 $x^ic(x)$ 所得的余式。

在循环码条件下，$c(x)$ 是码多项式，则 $x^ic(x)$ 被 x^n+1 除所得余式 $c^{(i)}(x)$ 也是码多项式。

多项式模 x^n+1 运算的余式是次数低于 n 次的多项式，共有 2^n 个，而所有码长为 n 的码多项式次数低于 n，故都在按模 x^n+1 运算的 2^n 个余式中。

4. 循环码的生成多项式

循环码是一组特殊的线性分组码，一般（n，k）线性分组码，需要由 k 个独立码字构成生成矩阵 $\boldsymbol{G}$，就可以生成 2^k 个码字。

一个（n，k）循环码，共有 2^k 个码字，只要从中取出前面 $k-1$ 位都是 0 的码字，用 $g(x)$ 表示，$g(x)$ 次数为 $n-k$。故 $g(x)$，$xg(x)$，$x^2g(x)\cdots x^{k-1}g(x)$ 都是次数低于 n 次的码多项式，且这 k 个码字即可构成一个生成多项式：

$$\boldsymbol{G}(x)=\begin{pmatrix}x^{k-1}g(x)\\x^{k-2}g(x)\\\vdots\\xg(x)\\g(x)\end{pmatrix}\tag{5-33}$$

例如：（7，4）线性分组码，前面 $k-1=4-1=3$ 为零的码字为（0001011），对应的码多项式 $g(x)=(x^3+x+1)$，生成矩阵：

$$\boldsymbol{G}(x)=\begin{pmatrix}x^3g(x)\\x^2g(x)\\xg(x)\\g(x)\end{pmatrix}=\begin{pmatrix}x^6+x^4+x^3\\x^5+x^3+x^2\\x^4+x^2+x\\x^3+x+1\end{pmatrix}$$

$$\boldsymbol{G}=\begin{pmatrix}1&0&1&1&0&0&0\\0&1&0&1&1&0&0\\0&0&1&0&1&1&0\\0&0&0&1&0&1&1\end{pmatrix}$$

5. 循环码生成多项式的性质

定理 1：循环码中次数最低的非零码多项式是唯一的。

证明：令 $g(x)=x^r+g_{r-1}x^{r-1}+\cdots+g_1x+g_0$　$(r=n-k)$ 是次数最低的多项式，若 $g(x)$ 不唯一，则必然存在另一个 $g'(x)=x^r+g'_{r-1}x^{r-1}+\cdots+g'_1x+g'_0$，且 $g(x)$ 和 $g'(x)$ 均为码字。

$$\begin{aligned}g(x)+g'(x)&=x^r+x^r+(g_{r-1}+g'_{r-1})x^{r-1}+\cdots+(g_0+g'_0)\\&=(g_{r-1}+g'_{r-1})x^{r-1}+\cdots+(g_0+g'_0)\end{aligned}$$

也是码字。$g(x)+g'(x)$ 次数低于 r，这与假设 $g(x)$ 为最低码字多项式矛盾。所以不存在 $g(x)+g'(x)\neq0$ 的码字，只存在 $g(x)+g'(x)=0$ 的码字，即 $g(x)=g'(x)$。

定理 2：令 $g(x)=x^r+g_{r-1}x^{r-1}+\cdots+g_1x+g_0$ 是一循环码中次数最低的非零码多项式，

则常数项 $g_0 = 1$。

证明：设 $g_0 = 0$，则

$$g(x) = x^r + g_{r-1}x^{r-1} + \cdots + g_1 x$$
$$= x(x^{r-1} + g_{r-1}x^{r-2} + \cdots + g_1)$$

若将 $g(x)$ 右移一位，则得一非零码多项式，$x^{r-1} + g_{r-1}x^{r-2} + \cdots + g_1$，它的次数小于 r，这与 $g(x)$ 是最低的非零码多项式矛盾，所以 $g_0 \neq 0$。

由定理 2 可知，在一（n，k）循环码中，次数最低的非零码多项式有如下形式：

$$g(x) = x^r + g_{r-1}x^{r-1} + \cdots + g_1 x + 1 \tag{5-34}$$

根据前面的讨论可知，$g(x), xg(x), \cdots, x^{k-1}g(x)$ 都是码多项式，对于线性分组码，它们的线性组合

$$c(x) = m_{k-1}x^{k-1}g(x) + m_{k-2}x^{k-2}g(x) + \cdots + m_1 xg(x) + m_0 g(x)$$
$$= (m_{k-1}x^{k-1} + m_{k-2}x^{k-2} + \cdots + m_1 x + m_0)g(x) \tag{5-35}$$

也是码多项式，这里 m_i 取值为 1 或 0。

定理 3：令 $g(x) = x^r + g_{r-1}x^{r-1} + \cdots + g_1 x + g_0$ 是一（n，k）循环码中次数最低的非零码多项式。一个次数等于或小于 $n-1$ 次的二元多项式，当且仅当它是 $g(x)$ 的倍式时，才是码多项式。

证明：令 $c(x)$ 是一个次数等于或小于 $n-1$ 的二元多项式。设 $c(x)$ 是 $g(x)$ 的倍式，则

$$c(x) = (a_{k-1}x^{k-1} + \cdots + a_1 x + a_0)g(x)$$
$$= a_{k-1}x^{k-1}g(x) + \cdots + a_1 xg(x) + a_0 g(x)$$

即 $c(x)$ 是码多项式 $g(x)$，$xg(x)$，…，$x^{k-1}g(x)$ 的线性组合，故它必然是循环码的码多项式。即若一个次数等于或小于 $n-1$ 次的多项式是 $g(x)$ 的倍式，它是码多项式。

设 $c(x)$ 是循环码的一个码多项式，用 $g(x)$ 去除 $c(x)$ 可以得到

$$c(x) = m(x)g(x) + b(x)$$

$b(x)$ 为零或次数小于 $g(x)$ 的多项式，上式重写为

$$b(x) = c(x) + m(x)g(x)$$

因 $m(x)g(x)$ 是码多项式，$c(x)$ 也是码多项式，所以 $b(x)$ 也是码多项式。

若 $b(x) \neq 0$ 则它是一个次数小于 $g(x)$ 的非零码多项式，这与 $g(x)$ 是最低次的非零码多项式的假设矛盾，因此 $b(x) = 0$，即一个码多项式必是 $g(x)$ 的倍式。

根据定理 3，（n，k）循环码中的每一个码多项式，都可以表示成如下的形式：

$$c(x) = m(x)g(x)$$
$$= (m_{k-1}x^{k-1} + \cdots + m_1 x + m_0)g(x) \tag{5-36}$$

若 m_{k-1}，$m_{k-2} \cdots m_0$ 是待编码的 k 位信息码元，$c(x)$ 就是相应多项式。

定理 4：（n，k）循环码的生成多项式 $g(x)$ 是 $x^n + 1$ 的因式。

证明：用 x^k 乘 $g(x)$ 得到次数为 n 的多项式 $x^k g(x)$，次数为 n。用 $x^n + 1$ 除 $x^k g(x)$ 得商为 $q(x) = 1$，余式为 $r(x) = g^{(k)}(x)$，即

$$x^k g(x) = (x^n + 1) + g^{(k)}(x) \tag{5-37}$$

由前面知，$g^{(k)}(x)$ 是 $g(x)$ 循环左移 k 次多项式，是码多项式。因此，$g^{(k)}(x)$ 是

$g(x)$ 的倍式，即$g^{(k)}(x)=m(x)g(x)$，代入式（5-37）：

$$x^k g(x)=(x^n+1)+m(x)g(x)$$

得

$$(x^n+1)=[(x^k+m(x)]g(x)$$

因此，$g(x)$ 是一个（$n-k$）次多项式，是 x^n+1 的因式。

定理5：若 $g(x)$是一个$(n-k)$次多项式，且是 x^n+1 的因式，则 $g(x)$生成一个(n, k)循环码。

证明：考虑 k 个次数等于或小于 $n-1$ 次的多项式，$g(x), xg(x), \cdots, x^{k-1}g(x)$它们的线性组合

$$\begin{aligned}c(x)&=m_{k-1}x^{k-1}g(x)+\cdots+m_1 xg(x)+m_0 g(x)\\&=(m_{k-1}x^{k-1}+\cdots+m_1 x+m_0)g(x)\end{aligned}$$

也是一个次数等于或小于 $n-1$ 次多项式，且是 $g(x)$ 的倍式，共有 2^k个这样的多项式。所以它构成了一个（n，k）循环码。

令 $c(x)=c_{n-1}x^{n-1}+\cdots+c_2x^2+c_1x+c_0$ 是一个循环码多项式。用 x 乘 $c(x)$ 得

$$\begin{aligned}xc(x)&=c_{n-1}x^n+c_{n-2}x^{n-1}+\cdots+c_1x^2+c_0x\\&=c_{n-1}(x^n+1)+(c_{n-2}x^{n-1}+\cdots+c_1x^2+c_0x+c_{n-1})\\&=c_{n-1}(x^n+1)+c^{(1)}(x)\end{aligned}$$

式中，$c^{(1)}(x)$ 是$c(x)$ 循环左移一次对应的多项式。由于 $c_{n-1}(x^n+1)$、$xc(x)$ 均能被 $g(x)$整除，因此$c^{(1)}(x)$ 也能被 $g(x)$ 整除，所以 $c^{(1)}(x)$ 是 $g(x)$ 的倍式，且是 $g(x)$, $xg(x)\cdots$，$x^{k-1}g(x)$ 的一个线性组合，所以，$c^{(1)}(x)$ 是一个码多项式，因而可知用 $g(x)$，$xg(x)$，$x^{k-1}g(x)$ 能生成（n，k）循环码。

6. 生成多项式的来源

x^n+1 的次数为 $n-k$ 的因式均可生成（n，k）循环码。当 n 很大时，x^n+1 有很多 $n-k$ 因式，它们中的某些因式生成的特性好，某些特性差。

如何选择生成多项式可以得到特性好的循环码，是一个非常困难的事。

例如：x^7+1 可分解为$(x+1)(x^3+x+1)(x^3+x^2+1)$，有两个三次因式，都可作为（7，4）码的生成多项式。取$g(x)=x^3+x+1$，作为生成多项式，此码 $d_0=3$，检两个错误，纠单个错误。

5.9.2　系统码形式的循环码和缩短循环码、陪集码

（7，4）循环码，取生成多项式 $g(x)=x^3+x+1$，待编码信息 $m=(1010)$，信息多项式 $m(x)=x^3+x+1$，取 $c(x)=m(x)g(x)=(x^3+x)(x^3+x+1)=x^6+x^3+x^2+x$，根据循环码的定理 3，$c(x)$ 应为循环码的许用码对应的多项式，$c(x)$ 对应的码字 $c=(1001110)$，该码字的前四位并不是信息码。因此，由生成多项式生成的循环码，并非系统码形式的循环码。

下面给出系统码形式的循环码字的生成过程。

（1）系统码形式　给定（n，k）循环码生成多项式 $g(x)$，假定待编码信息是 $m=(m_{k-1}, m_{k-2}, \cdots, m_1, m_0)$，用 x^{n-k}乘以 $m(x)$ 得到一个 $n-1$ 次或低于 $n-1$ 次多项式

$$x^{n-k}m(x)=m_{k-1}x^{n-1}+\cdots+m_1x^{n-k+1}+m_0x^{n-k} \tag{5-38}$$

用生成多项式 $g(x)$ 去除 $x^{n-k}m(x)$ 得

$$x^{n-k}m(x)=q(x)g(x)+r(x) \tag{5-39}$$

$q(x)$为商，$r(x)$为余。$r(x)$次数小于$n-k$，且

$$r(x)=r_{n-k-1}x^{n-k-1}+\cdots+r_1x+r_0$$

那么由式（5-39）得：

$$\begin{aligned}x^{n-k}m(x)+r(x)&=m_{k-1}x^{n-1}+\cdots+m_1x^{n-k-1}+m_0x^{n-k}+r_{n-k-1}x^{n-k-1}+\cdots+r_1x+r_0\\&=g(x)q(x)\end{aligned}$$

是 $g(x)$ 的倍式，且次数等于或小于（$n-1$），故为码多项式，其对应码字

$$m_{k-1}m_{k-2}\cdots m_1m_0r_{n-k-1}\cdots r_1r_0$$

是k位信息之后跟一个$n-k$个校验位的码字，是系统码形式的多项式。

例如：（7，4）线性分组码，生成多项式 $g(x)=x^3+x+1$，编码信息 $m=1001$，求循环码字：

$$x^3m(x)=x^3(x^3+1)=x^6+x^3$$

$$(x^6+x^3)/(x^3+x+1)=(x^3+x)(x^3+x+1)+x^2+x\equiv x^2+x$$

对应的码字为1001110，左边四位信息码，后三位为附加校验码。

（2）缩短循环码　当给定长度n时，多项式 x^n+1 的因子的个数比较少，因而构成的循环码的种类也较少，不一定能选择到性能合适的码。为了增加码的种类，可先选择较大的n值，求出其 x^n+1 的因子，在找到合适的生成多项式以后，然后采用缩短的形式，使码长符合实际的需要。

缩短循环码的编码：设（n，k）为一循环码，若取其前i位所有信息码元均为0的码字构成一个子集（$0\leqslant i<k$），则得到一个（$n-i$，$k-i$）缩短循环码。由于校验位数不变，信息位数减少至$k-i$位（因前i位为0，在传输时可以不发送它），故缩短循环码的最小码距至少不低于原来的（n，k）循环码，因而检错、纠错能力也不变，编码和检错的方法也不变，但缩短后循环的特性没有了。

CDT规约中采用的（48，40）码就是由（127，119）循环码缩短79位而得，码字前有79个零不必传送。其生成多项式是 $x^{127}+1$ 经因式分解得出的一个因子式，因 $r=8$，$g(x)$ 应为八阶，即 $g(x)=x^8+x^2+x+1$。（48，40）码的最小码距 $d_0=4$，能够检出三个或三个以下的差错，并能纠正一位差错。当有四个或四个以上差错时就不一定能被检出，但这种不可检出错误的概率较低。

（3）陪集码　陪集码是将循环码的每一个“码字多项式”与另一个“固定多项式”$P(x)$ 模相加而生成的新码字。

例如：在电力通信CDT通信规约中，（48，40）码取 $P(x)=x^7+x^6+x^5+x^4+x^3+x^2+x+1$ 或表示为 $P=(11111111)$，将其与原48个码元序列相加（模2加）的结果，就是将48位中的最后8位（即监督位r）“取反”，因此，在求得监督码r后将其“取反”再附加于信息码元之后，就是陪集码格式的码字。

采用陪集码的好处是可以提高接收端搜索同步的能力。例如：若某信息字前40位均为“0”，则计算出的监督码也是8个“0”，这样，整个码字（48个“0”）传过去，接收端无法检测同步情况（电平没有一个上跳沿），改为陪集码格式后，若前40位是“0”，取反后的监督位就是8个“1”，至少有一个由“0”到“1”的电平上跳沿提供给同步检测电路。

5.9.3　用软件方法实现循环码的编码

一个系统码形式的（n，k）循环码的编码由三步组成：

1）用 x^{n-k} 乘信息多项式 $m(x)$ 得到 $x^{n-k}m(x)$。

2）用 $g(x)$ 除 $x^{n-k}m(x)$ 得余式 $r(x)$。

3）将两者相加得码多项式 $c(x)=x^{n-k}m(x)+r(x)$。

以上循环码编码过程均采用软件来实现。编码过程就是 $g(x)$ 去除 $x^{n-k}m(x)$ 的除法问题。

1.（48，40）陪集校验码的软件编码

生成多项式 $g(x)=x^8+x^2+x+1$，40 位信息生成多项式 $m(x)$ 乘以 x^8 得到左移 8 位后的信息多项式，此信息多项式除以 $g(x)$，得到余式 $r(x)$。用软件实现编码的过程是，形成 6 个字节的位串，前 5 个字节 M_4 到 M_0 对应 40 位的信息位，最后一个空字节是要生成的校验码，开始时先填 0。用 $g(x)$ 去除，除的过程为 M_4 加一个字节的全“0”，被 $g(x)$ 相除，余数 r_4 和 M_3 模 2 加得 M_3'；M_3' 加一个字节的全“0”，被 $g(x)$ 相除，余数 r_3 和 M_2 模 2 加得 M'_2；直到得到余式 r_0。余式 r_0 和陪集码 $p(x)=x^8+x^7+x^6+x^5+x^4+x^3+x^2+x+1$ 模 2 加，得到对应的校验码。

（48，40）系统形式的校验码生成过程如图 5-26 所示。

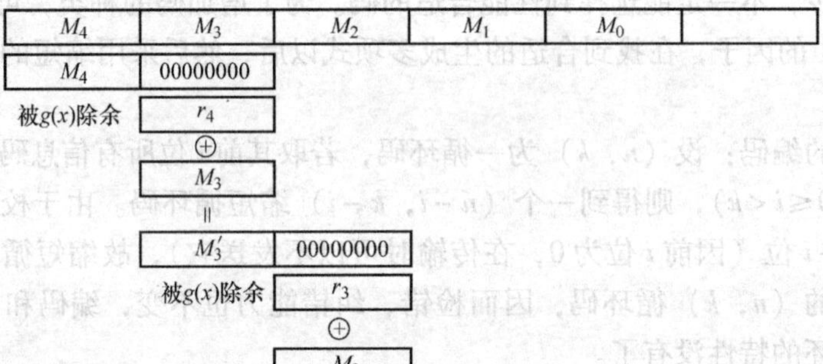

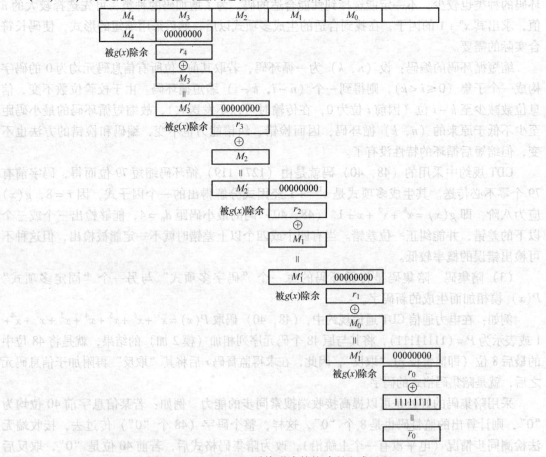

图 5-26　（48，40）系统形式的校验码生成过程

从图中可以看出，校验码生成步骤如下：

1）取 M_4 在其后加 1 个字节 0，用 $g(x)$ 去除，得余数 r_4，r_4 称为中间余式。

2）r_4 与 M_3 模 2 加得 $M_3'=r_4\oplus M_3$，在 M_3' 后添 1 个字节 0，再被 $g(x)$ 除得 r_3。

3）r_3 与 M_2 模 2 加得 $M_2'=r_3\oplus M_2$，在 M_2' 后添 1 个字节 0，再被 $g(x)$ 除得 r_2。

4）r_2 与 M_1 模 2 加得 $M_1'=r_2\oplus M_1$，M_1' 后添 1 个字节 0，再被 $g(x)$ 除得 r_1。

5）r_1 与 M_0 模 2 加得 $M_0'=r_1\oplus M_0$，在 M_0' 后添 1 个字节 0，再被 $g(x)$ 除得 r_0。

6）r_0 取反得 $\bar{r}_0$，即为陪集码。校验码 $r=\bar{r}_0$。

7）由 $M_4M_3M_2M_1r$ 组成 48 位位串。

2.（40，24）**码的编码过程**

生成多项式：$g(x)=x^{16}+x^{15}+x^2+1$，对应的二进制编码为（11000000000000101）。计算原理为 24 位信息多项式 $m(x)$ 乘以 x^{16} 得到左移 16 位后的信息多项式，此信息多项式除以 $g(x)$，得到余式 $r(x)$，信息码后补上 16 位余式对应编码构成码字。用软件实现编码的过程是，形成 5 个字节的位串，前 3 个字节 M_2 到 M_0 对应 24 位的信息位，最后两个字节是要生成的校验码，开始时先填全 0。M_2 后加两个字节 16 位 0，用 $g(x)$ 去除，得到余数 r_{2H}、r_{2L}，r_{2H} 和 M_1 模 2 加得 M_1'；M_1' 后添两个字节 16 位 0，用 $g(x)$ 去除，得到余数 r_{1H}、r_{1L}，r_{1H}、r_{2L} 和 M_0 模 2 加得 M_0'；M_0' 后添两个字节 0，用 $g(x)$ 去除，得到余数 r_{0H}、r_{0L}，r_{0H} 和 r_{1L} 模 2 加得到 r_H，$r_L=r_{0L}$，即得到 16 位校验码。$M_2M_1M_0r_Hr_L$ 为信息码。

计算过程如图 5-27 所示。具体步骤如下：

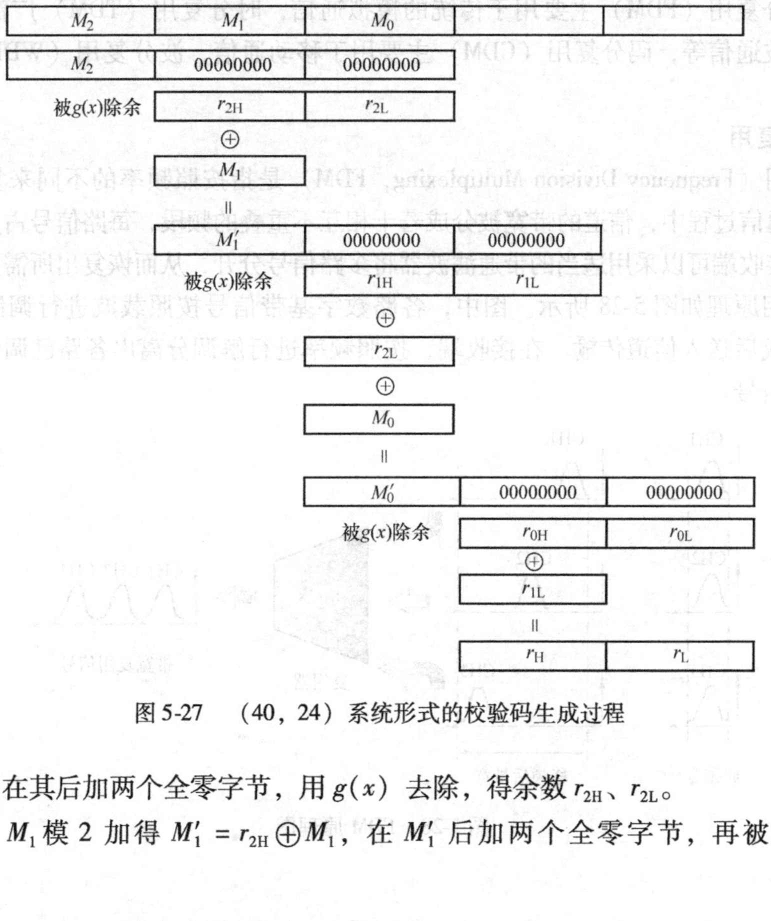

图 5-27　（40，24）系统形式的校验码生成过程

1）取 M_2 在其后加两个全零字节，用 $g(x)$ 去除，得余数 r_{2H}、r_{2L}。

2）r_{2H} 与 M_1 模 2 加得 $M_1'=r_{2H}\oplus M_1$，在 M_1' 后加两个全零字节，再被 $g(x)$ 除得

r_{1H}、r_{1L}。

3）r_{1H}、r_{2L}与M_0模2加得$M_0'=r_{2L}\oplus r_{1H}\oplus M_0$，在$M_0'$后加两个全零字节，再被$g(x)$除得$r_{0H}$与$r_{0L}$。

4）$r_H=r_{0H}\oplus r_{1L}$，$r_L=r_{0L}$，r_H、r_L即为校验码。

5）由M_2、M_1、M_0、r_H、r_L组成40位的信息码字。

5.10　通信多路复用技术

数据在通信线路中传输时，要占用信道。如何提高信道的利用率，尤其是在远程传输时提高信道的利用率非常重要。如果一条通信线路只能为一路信号所使用，那么这路信号要支付通信线路的全部费用，成本就比较高，其他用户也因为不能使用通信线路而不能得到服务。所以，在一条通信线路上如果能够同时传输若干路信号，则能降低成本，提高服务质量，增加经济收益。这种在一条物理通信线路上将若干个彼此独立的信号合并为一个，可以在同一信道上传输复合信号的技术称多路复用技术。

从实际应用角度，一个物理信道所提供的带宽往往比一路信号所占用的带宽要宽得多，例如常用的语音，其频率范围为300~3400Hz，用一条光纤通道只传输一路3400Hz信号是对信道资源巨大的浪费。可以采用多路复用技术，提高信道利用率。目前常用的复用方法有时分复用（TDM）、频分复用（FDM）、码分复用（CDM）和波分复用（WDM）。

其中频分复用（FDM）主要用于传统的模拟通信，时分复用（TDM）广泛用于光纤数字和数字微波通信等，码分复用（CDM）主要用于移动通信，波分复用（WDM）主要用于光纤通信。

1. 频分复用

频分复用（Frequency Division Multiplexing，FDM）是指按照频率的不同来复用多路信号的方法。在通信过程中，信道的带宽被分成若干相互不重叠的频段，每路信号占用其中一个频段，因而在接收端可以采用适当的带通滤波器将多路信号分开，从而恢复出所需要的信号。

频分复用原理如图5-28所示。图中，各路数字基带信号按照载波进行调制，即实现频率偏移，合成后送入信道传输。在接收端，按照频率进行解调分离出各路已调信号，解调后恢复出基带信号。

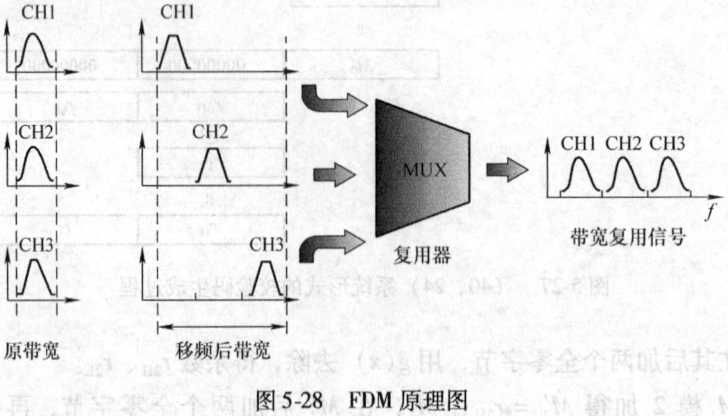

图5-28　FDM原理图

FDM 是利用各路信号在频率域不相互重叠来区分的。若相邻信号之间产生相互干扰，将会使输出信号产生失真。为了防止相邻信号之间产生相互干扰，应合理选择载波频率 f_{c1}，f_{c2}，$\cdots f_{cn}$，并使各路已调信号频谱之间留有一定的保护间隔。

2. 时分复用

时分复用（Time Division Multiplexing，TDM）是利用各信号在时间上不相互重叠来达到在同一信道中传输多路信号的一种方法。图 5-29 给出基带信号进行时分复用的原理。图中，对三路数字信号通过复用器按照先后顺序形成一个数据序列，通过通信信道进行传送，每一路信号占用一个时隙。

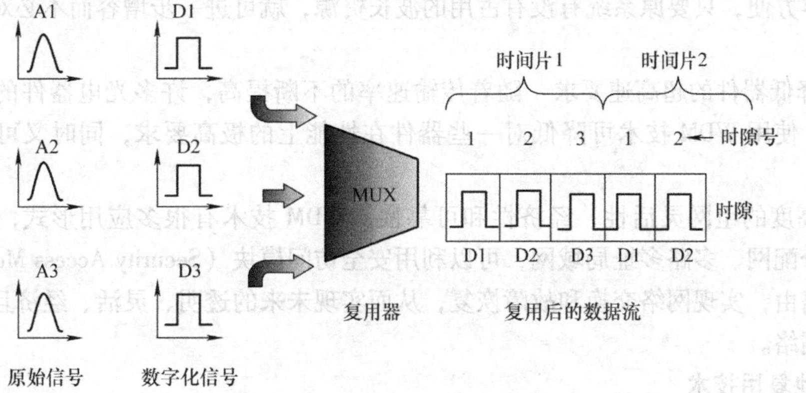

图 5-29　时分复用原理示意图

TDM 将时间划分成若干时隙和各路信号占有各自时隙，在数字通信中经常被采用。与 FDM 方式相比，TDM 方式主要有以下两个突出优点：

（1）多路信号的复接和分路都是采用数字处理方式实现的，通用性和一致性好，比 FDM 的模拟滤波器分路简单、可靠。

（2）信道的非线性会在 FDM 系统中产生交调失真和高次谐波，引起路间串扰，因此，要求信道的线性特性要好，而 TDM 系统对信道的非线性失真要求比较低。

3. 码分复用

码分复用（Code Division Multiplexing，CDM）系统的全部用户共享一个无线信道，用户信号靠所用码型的不同来区分，目前在移动通信中采用的 CDMA 蜂窝系统具有扩频通信系统所固有的优点，如抗干扰、抗多径衰落和具有保密性等，CDMA（码分多址）是最具有竞争力的多址方式。

4. 波分复用

在光纤通信系统中采用的光波分复用（Wavelength Division Multiplexing，WDM）技术是在一根光纤中同时传输多个波长光信号的一项技术。其基本原理是在发送端将不同波长的光信号组合起来（复用），并耦合到光缆线路上的同一根光纤中进行传输，在接收端又将组合波长的光信号分开（解复用），并作进一步处理，恢复出原信号后送入不同的终端，因此将此项技术称为光波长分割复用，简称光波分复用技术。人们把在同一窗口中信道间隔较小的波分复用称为密集波分复用（Dense Wavelength Division Multiplexing，DWDM）。

WDM 技术具有如下特点：

(1) 充分利用光纤的巨大带宽资源　光纤具有巨大的带宽资源（低损耗波段），WDM 技术使一根光纤的传输容量比单波长传输增加几倍至几十倍甚至几百倍，从而增加光纤的传输容量，降低成本，具有很大的应用价值和经济价值。

(2) 同时传输多种不同类型的信号　由于 WDM 技术使用的各波长的信道相互独立，因而可以传输特性和速率完全不同的信号，完成各种业务信号的综合传输，如 PDH 信号和 SDH 信号，数字信号和模拟信号，多种业务（音频、视频、数据等）的混合传输等。

(3) 节省线路投资　采用 WDM 技术可使 N 个波长复用起来在单根光纤中传输，也可实现单根光纤双向传输，在长途大容量传输时可以节约大量光纤。另外，对已建成的光纤通信系统扩容方便，只要原系统有没有占用的波长资源，就可进一步增容而不必对原系统作大的改动。

(4) 降低器件的超高速要求　随着传输速率的不断提高，许多光电器件的响应速度已明显不足，使用 WDM 技术可降低对一些器件在性能上的极高要求，同时又可实现大容量传输。

(5) 高度的组网灵活性、经济性和可靠性　WDM 技术有很多应用形式，如长途干线网、广播分配网、多路多址局域网，可以利用安全访问模块（Security Access Module，SAM）技术选择路由，实现网络交换和故障恢复，从而实现未来的透明、灵活、经济且具有高度生存性的光网络。

5. 其他复用技术

除了比较熟悉的 TDM 技术外，还出现了其他的复用技术，例如光时分复用（DTDM）以及副载波复用（SCM）技术、卫星通信的空分复用（SDM）等。

第6章　配电自动化系统通信和通信协议

配电自动化系统中，调度主站、配电子站以及现场终端，通过一个复杂的大规模专用通信网连接在一起，通过它们之间的互相协作，共同完成对配电网的监视和控制。因此，配电自动化系统中，通信网是系统的重要组成部分之一，在配电网的运行过程中，如果通信网异常或不能正常工作，将严重影响配电自动化系统的正常运行，进而威胁到配电网的安全。配电自动化系统中通信子系统是保证自动化系统安全、稳定、可靠运行的重要环节。

配电网中设备众多，分布面广。各种一次设备、设施在配电网中地位不同，决定其配套的终端和调度之间通信的实时性、带宽要求有很大差异；不同性质的信息，传送到调度中心的实时性要求也有较大不同。配电自动化系统的通信网是一个多层次、多节点的通信网。

受制于配电自动化系统的效益和投资规模，这种多层次、多节点的通信网，是一个混合的通信网。针对不同层次的配电设备、设施，考虑其通信带宽、实时性以及可靠性的前提下，因地制宜地采用不同的技术手段，在有限的资金下，建设一个满足配电自动化系统要求的安全、可靠的通信网是配电自动化系统建设时的重要方面。

本章对目前配电自动化系统中所采用主要通信方式的概念、基本原理、使用方法进行说明。通过对相关的通信网基本概念的描述，使读者从应用角度能够理解配电自动化系统通信网组网的方式、方法。

在此基础上，对配电自动化系统中，常用的两种通信协议，CDT和101组帧及传输过程进行说明。

6.1　RS232C、RS485接口

RS232C、RS485接口是典型的得到非常广泛应用的低速串行接口。这种通信接口简单、廉价，是传统的智能设备所要求的接口，在通信速度要求不高的场合是首选。在通信速度要求较高的场合，被以太网接口和总线接口取代，智能设备采用以太网接口是发展趋势。

6.1.1　RS232C串行接口

RS232C是1973年电子工业协会（Electronic Industries Association，EIA）公布的标准，该标准定义了数据终端设备（Data Terminal Equipment，DTE）与数据通信设备（Data Circuit-terminating Equipment，DCE）接口的电气特性。由于数字通信技术的发展，及网络通信方式的多样化，与其他串行口的性能比，RS232C接口有了很大的进步，由于RS232C简单、方便的特点，仍然是许多现场设备必配的接口。

RS232C标准对这种串行接口两个方面作了规定，即接口及信号线的定义和信号电平标准。

（1）接口及信号线　RS232C标准规定设备间使用带DB25连接器的电缆连接，DB25标准连接器如图6-1a所示。在25根引线中，20根用作信号线，三根（11、18、25）未定义用途，两根（9、10）作为备用。

EIA-RS-232C 接口标准所要求的信号线和调制解调器（MODEM）连接时，需要九根信号线；直接和其他设备通信时，只需要三根信号线。因此，现在 RS232C 一般均采用九针接口，DTE 为插针，DCE 为孔。图 6-1a 的 DB9 即为九针 RS232C 接口，图 6-1b 为九针接插件。以下不做说明，所采用的接插件为 DB9。九针 RS232C 接头的引脚名称和功能见表 6-1。

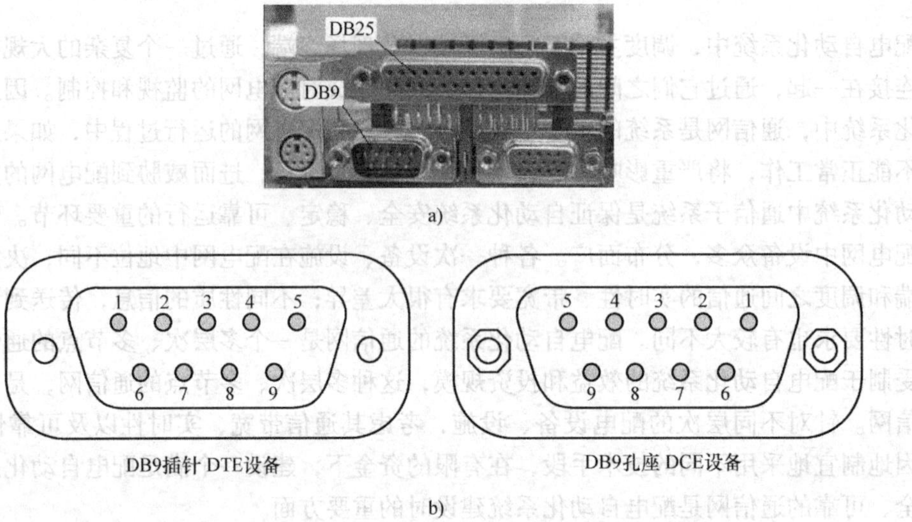

图 6-1　RS232C 接口连接器
a）设备上 RS232C 接口示意图　b）九针接插件

表 6-1　RS232C 接口（九针）常用引脚的信号名称和功能

引　脚　号	信 号 名 称	符　　号	流　　向	说　　明
1	载波检查	DCD	DTE←DCE	表示 DCE 接收到远程载波
2	接收数据	RXD	DTE←DCE	接收数据
3	发送数据	TXD	DTE→DCE	发送数据
4	数据终端准备好	DTR	DTE→DCE	计算机通知调制解调器可以进行传输
5	信号地线	GND		地线
6	数据设备准备好	DSR	DTE←DCE	调制解调器通知计算机一切准备就绪
7	请求发送	RTS	DTE→DCE	计算机请求调制解调有数据发出
8	允许发送	CTS	DTE←DCE	调制解调器通知计算机可送出数据
9	振铃指示	RI	DTE←DCE	调制解调器通知计算机有电话打进

RS232C 的数据线有发送数据线（TXD）和接收数据线（RXD），有效信号为这两根线和信号地（GND）之间的电平，即这三根线结合起来工作，实现全双工信息传输。

信号是从 DTE 角度说明的，在 DTE 一方引脚 2 定义为 TXD，引脚 3 定义为 RXD。为了使 DCE 能很好地与 DTE 配合，协同进行发送与接收工作，在 DCE 一方引脚 2 定义为 RXD，引脚 3 定义为 TXD，即 DTE 和 DCE 设备的引脚 2、3 的定义是反的。RS232C 和调制解调器之间的连线为直连线。但 DTE 和 DTE 设备直连时，两端的 2、3 线需要交叉连接。

对数据线上所传输的数据格式，RS232C 标准并没有严格的规定。所传输的数据速率是多少、有无奇或偶校验位、停止位为多少、字符位采用多少位等问题，应由发送方与接受方自行商定，达成一致的协议。

RS232C 的控制线是为建立通信链接和维持通信链接而使用的信号。图 6-2 所示通信过程为一次发起连接控制线的工作过程，通过此过程说明 RS232C 控制线的作用。

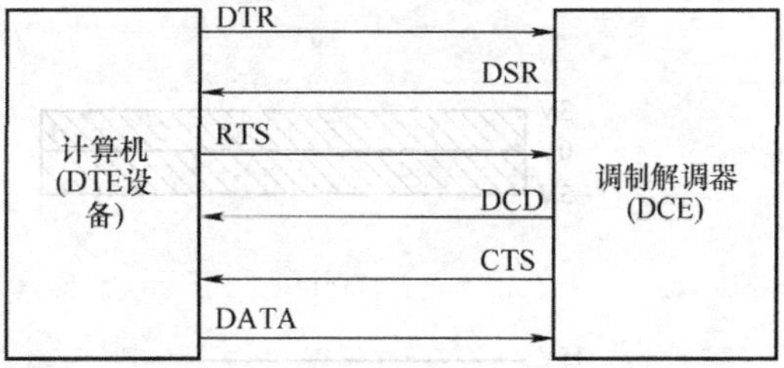

图 6-2　RS232C 控制信号的顺序

本地的 DTE，通过本地及远程的 MODEM 与远程的 DTE 进行通信，MODEM 之间则是通过电话线进行数据交换。在图 6-2 中仅给出了本地设备 DTE 与 DCE（MODEM）之间的接口，标出了通信过程和 RS232C 的控制信号出现的顺序：

1）DTR 为 DTE 准备好信号　DTE 加电以后，并能正确通信，向 DCE 发出 DTR 信号，表示数据终端已做好准备工作，可以进行通信。

2）DCE 准备好信号 DSR　DCE 加电以后，并能正常执行通信功能时，向 DTE 发出 DSR 信号，表示 DCE 已准备好。

DTR 和 DSR 这两个准备好信号，在通信的过程中首先要对它们进行测试，了解通信对方的状态，可靠地建立通信连接。这两个信号根据通信的要求设置，也可以不设置。

3）RTS 为请求发送信号　当 DTE 有数据需要向远程 DTE 传输时，DTE 在测得 DSR 有效时，发出 RTS 信号，就地 MODEM 接收到 RTS 信号时，向远程 MODEM 发出呼叫。远程 MODEM 的 RTS 收到此呼叫，发出 2000Hz 断续声音，然后向本地 MODEM 发出回答载波信号（DCD），本地 MODEM 接收此载波信号，确认已获得对方的同意，它向远程 MODEM 发出原载波信号向对方表示是一个可用的 MODEM，同时向 DTE 发出数据载波信号（DCD），向 DTE 表示已检测出有效的回答载波信号。

4）CTS 允许发送　每当一个 MODEM 辨认出对方 MODEM 已准备好接收数据时，它们便用 CTS 信号通知自己的 DTE，表示这个通信通路已为传输数据作好准备，允许 DTE 进行数据的发送。至此建立了通信链路，能开始通信。

5）DTE 通过 TXD 发出数据　上述这些控制线，连同数据线及信号地线，即可构成基本的长线通信。

6）RI：振铃指示线　如果 MODEM 具有自动应答能力，当对方通信传叫来时，MODEM 用引线向 DTE 发出信号，指示此呼叫。在电话呼叫振铃结束后，MODEM 在 DTE 已准备好通信的条件下（即 DTE 有效），立即向对方自动应答。

（2）电气特性　接口电气特性规定了发送端驱动器和接收端驱动器的信号电平、负载容限、传输速率及传输距离。RS232C 数据和信号电平为相关端子和地之间的电平，即为非平衡方式。

RS232C 上数据线和信号线对地电平采用非 TTL 负逻辑电平，发送端 -15 ~ -5V 规定为“1”，5 ~ 15V 规定为“0”。接收端 -15 ~ -3V 规定为“1”，3 ~ 15V 规定为“0”。-3 ~ 3V 为不能确定逻辑状态过渡区，信号电平的容限为 2V。图 6-3 是 RS232C 逻辑电平和 TTL 标准电平。TTL 电平的逻辑“1”是 2.4（2）~ 5V，逻辑“0”是 0 ~ 0.8（1.2）V。RS232C 的电气参数见表 6-2。

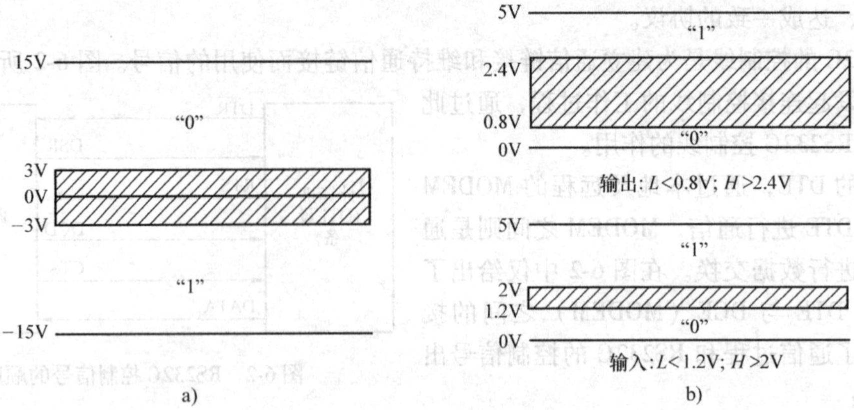

图 6-3　RS232C 电平和 TTL 电平

a）RS232C 电平　b）TTL 电平

表 6-2　串行通信的电气参数

规　定		RS232C	RS485	RS422
工作方式		单端	差分	差分
节点数		点对点	1 发 32 收	1 发 10 收
最大传输电缆长度/m		15	1200	1200
最大传输速率/bit/s		20k	10M	10M
最大驱动输出电压/V		±25	−7 ~ 12	−0.25 ~ 6
驱动器输出信号电平（负载最小值）/V	负载	±5 ~ ±15	±1.5	±2
驱动器输出信号电平（空载最大值）/V	空载	±25	±6	±6
驱动器负载阻抗/Ω		3 ~ 7k	54	100
摆率		30V/μs	N/A	N/A
接收器输入电压范围/V		±15	−7 ~ 12	−10 ~ 10
接收器输入门限/V		±3V	±200mV	±200mV

一般 RS232C 的通信速率（单位为 bit/s）可以选择以下速率：300，600，1200，2400，4800，6300，7200，9600，11200，19200，38400，57600。

(3) RS232C 设备之间的直连　DTE 和 DTE 设备之间如果距离小于 15m，两台 DTE 设备可以直接进行连接，连接可以采用三线制和七线制连接方法，如图 6-4 所示。三线制连接即通信双方 RXD 和 TXD 交叉连接，地和地直连。七线制除连接三线制的三根线外，需要将 DTR 连接到 DSR，CTS 连接到 RTS。

三线制连接在通信的过程中，通过插入 XON/XOFF 方式实现对通信数据流的控制，七线制直接通过 CTS/RTS 硬连接方式实现数据流的控制。

(4) RS232C 优、缺点　RS232C 得到了大量的应用，主要是因其简单、廉价。但其有如下的一些缺点：

1）由于 RS232C 电平转换的驱动器和接收器之间具有公共信号地，因此，共模噪声会耦合到信号系统中，限制了数据的传送速率和传送距离。

2）一般 RS232C 理论传送距离≤15m，要远距离传送需用 MODEM。

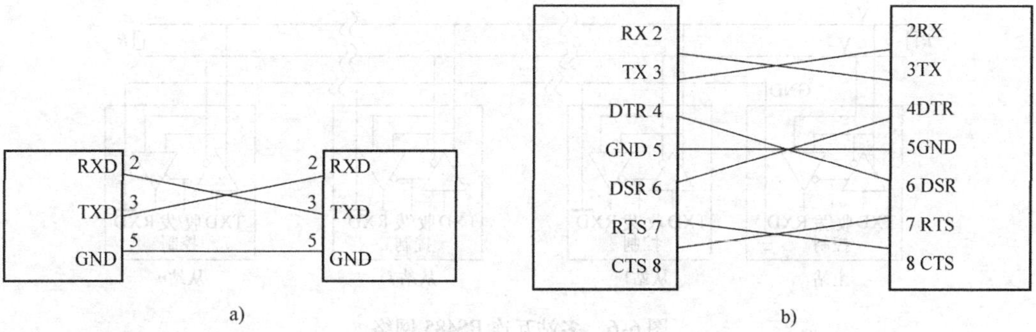

图 6-4　RS232C 设备的连接方式
a）三线制连接　b）七线制连接

RS232C 是点对点通信模式，通信速度低，传输距离有限，抗干扰能力差。

6.1.2　RS485 接口

为了弥补 RS232C 通信接口的通信距离短、速率低的缺点，EIA 发布了一种平衡通信接口 EIA-RS-422 标准，将传输速率提高到 10Mbit/s，传输距离延长到4000ft（1ft = 304.8mm）（速率低于 100kbit/s 时），并允许在一条平衡总线上连接最多 10 个接收器，RS422 是一种单机发送、多机接收的单向、平衡传输规范。为扩展应用范围，EIA 又于 1983 年在 RS422 基础上制定了 RS485 标准，增强了多点、双向通信能力，同时增加了发送器的驱动能力和冲突保护特性，命名为 TIA/EIA-485-A 标准，简称 RS485。RS485 与 RS422 的不同之处表现在，可连接的设备数量和其电平有少许差异。具体参数参见表 6-2。

由于 RS485 是从 RS422 基础上发展而来的，所以 RS485 许多电气规定与 RS422 相仿，如都采用平衡传输方式，都需要在传输线上接终端电阻等。RS485 一般采用两线制，两线制可实现一点对多点半双工通信，但只能有一个主设备（Master），其余为从设备（Slave），总线上可连接的设备最多不超过 32 个。

RS485 使用双绞线做传输介质的总线式接口。

（1）RS485 驱动和网络　RS485 总线采用两线制 V +、V –，信号电平为 V +、V – 的差分电平。图 6-5 是 RS485 的驱动电路，通过收/发控制端子，控制驱动器的收发状态，当收/发控制端子在高电平时，RS485 驱动器处于发送状态，此时驱动器的接收信号门电路对外部总线呈高阻状态。当收/发控制端子处于低电平时，RS485 驱动器处于接收状态，此时驱动器发送器对外部总线处于高阻状态。

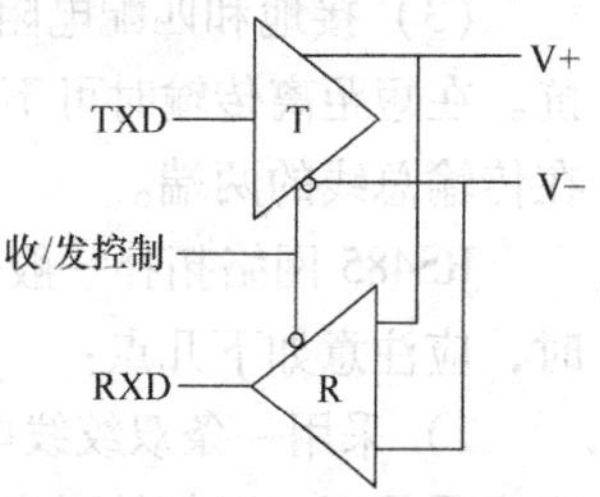

图 6-5　RS485 的驱动电路

RS485 发送信号时，驱动器从 TXD 端子接收 TTL 电平发送信号，通过发送驱动器 T 将 TTL 电平转换成差分信号，发送出去。接收信号时，RS485 驱动器接收外部总线差分信号，转换成 TTL 信号。

RS485 组网时，通信介质采用双绞线，一根双绞线的定义为 V +，一根定义为 V –，主站和从站的 RS485 接口的 V +、V – 接双绞线的 V +、V –，在双绞线的端头，接入匹配电阻 R，图 6-6 为多站互连的 RS485 网络。

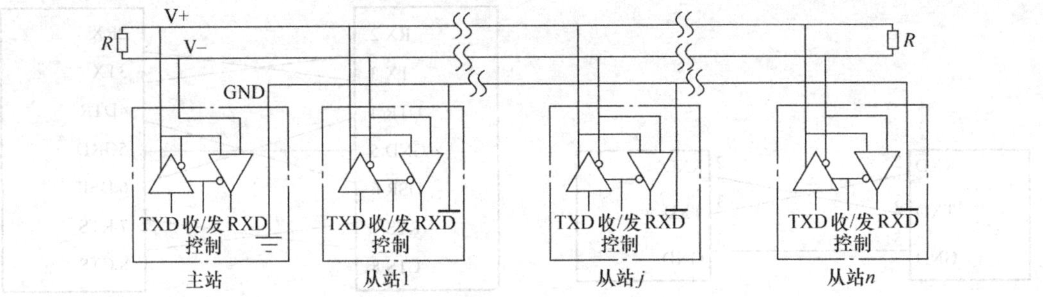

图6-6 多站互连 RS485 网络

（2）RS485 接口电平 通常情况下，发送驱动器 V+、V−之间，1.5～6V 电平表示一个逻辑状态，−1.5～−6V 电平表示另一个逻辑状态。

接收器也作与发端相对应的规定，收、发端通过平衡双绞线将 V+与 V−对应相连，当在收端 V+、V−之间有大于200mV 的电平时，输出正逻辑电平，小于−200mV 时，输出负逻辑电平。接收器接收平衡线上的电平范围通常在 200mV～6V 之间。表示“0”，“1”的信号电平范围为−7～12V。

发端：1.5～6V 表示逻辑“1”，−6～−1.5V 表示逻辑“0”。

收端：200mV～12V 表示逻辑“1”，−7V～−200mV 表示逻辑“0”。

RS485 的信号传送距离在速度低于 100kbit/s 时能达到 1200m。

实际工作速率取决于通用异步收发器（Universal Asynchronous Receiver and Transmitter, UART）。

RS485 的线路上，可并接 32 个设备，接收器输入阻抗≥12kΩ，每个通信器中有一收/发控制信号控制发送器和接收器工作状态。

RS485 工作模式为主从工作方式，即在一个时刻，只能有一个设备发送信号，其他设备接收信号。因此，实际组网运行时，通信的模式必须为主从方式，由主设备轮询各设备进行通信。总线工作在半双工方式。

（3）接地和匹配电阻 RS485 需要两个终接电阻，其阻值要求等于传输电缆的特性阻抗。在短距离传输时可不接终接电阻，即一般在 300m 以下不需要接终接电阻。终接电阻接在传输总线的两端。

RS485 网络拓扑一般采用终端匹配的总线型结构，不支持环形或星形网络。在构建网络时，应注意如下几点：

1）采用一条双绞线电缆作总线，将各个节点串接起来，从总线到每个节点的引出线长度应尽量短，以便使引出线中的反射信号对总线信号的影响最低。

2）应注意总线特性阻抗的连续性，在阻抗不连续点就会发生信号的反射。下列几种情况易产生这种不连续性：总线的不同区段采用了不同电缆，或某一段总线上有过多收发器紧靠在一起安装，或是有过长的分支线引出。总之，应该提供一条单一、连续的信号通道作为总线。

3）电子设备接地处理不当往往会导致电子设备不能稳定工作甚至危及设备安全。RS485 传输网络的接地是很重要的，因为接地系统不合理会影响整个网络的稳定性，尤其是在工作环境比较恶劣和传输距离较远的情况下，对于接地的要求更为严格，否则接口损坏率很高。很多情况下，连接 RS485 通信链路时只是简单地用一对双绞线将各个接口的“V+”、

“V-”端连接起来，而忽略了信号地的连接，这种连接方法在许多场合是能正常工作的，但却埋下了很大的隐患，原因如下：

RS485 接口采用差分方式传输信号，不需要相对于某个参照点来检测信号，只需检测两线之间的电位差就可以了，但人们往往忽视了收发器有一定的共模电压范围，RS485 收发器共模电压范围为 -7~12V，只有满足上述条件，整个网络才能正常工作。当网络线路中共模电压超出此范围时就会影响通信的稳定可靠工作，甚至损坏接口。例如：当发送驱动器 A 向接收器 B 发送数据时，发送驱动器 A 的输出共模电压为 U_{OS}，由于两个系统具有各自独立的接地系统，存在着地电位差 U_{GPD}，那么，接收器输入端的共模电压 U_{CM} 就会达到 $U_{CM}=U_{OS}+U_{GPD}$。RS485 标准均规定 $U_{OS}\leqslant 3V$，但 U_{GPD} 可能会有很大幅度（十几伏甚至数十伏），并可能伴有强干扰信号，致使接收器 U_{CM} 超出正常范围，并在传输线路上产生干扰电流，轻则影响正常通信，重则损坏通信接口电路。所以 RS485 应用时，总线屏蔽层如图 6-6 所示，建议单点接地。

6.1.3　通用异步收发器

RS232C 以及 RS485 标准只给出了接口的电气参数，没有给出通信信号的产生和处理方法。

通信信号的产生和处理采用通用异步收发器（Universal Asynchronous Receivers and Transmitters，UART）或同步收发器（Universal Synchronous Receivers and Transmitters，USRT）串行接口芯片来实现。UART 串行通信接口电路一般由可编程的波特率发生器、收发串并数据转换器、状态寄存器、控制寄存器电路组成。

通用异步收发器的结构如图 6-7 所示。通过内部寄存器，能完成通信波特率、数据位、校验位、校验类型和停止位的设置；发送保持寄存器和移位寄存器把数据转换成串行数据发送出去；接收移位寄存器把接收的串行信号变成并行信号；接口的状态寄存器给出接口的工作状态信息和出错情况。

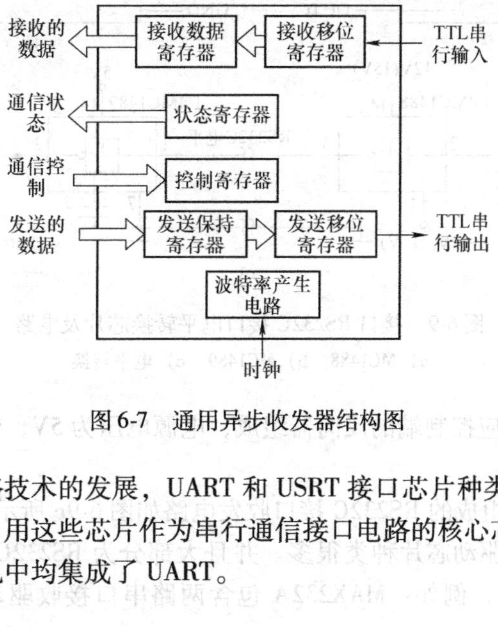

图 6-7　通用异步收发器结构图

随着大规模集成电路技术的发展，UART 和 USRT 接口芯片种类越来越多，基本功能是类似的且都是可编程的。用这些芯片作为串行通信接口电路的核心芯片，会使电路结构比较简单。目前，各种单片机中均集成了 UART。

6.1.4 RS232C、RS485 接口的实现

一个完整的 RS232C、RS485 串行口由 CPU、UART、驱动电路来实现，其原理如图 6-8 所示。CPU 实现对 UART 的参数设置，以及给 UART 写数据和读数据，接口驱动芯片实现电平的转换。

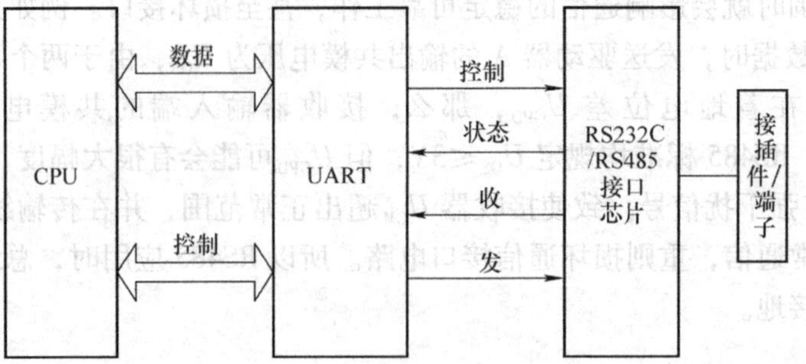

图 6-8　串行接口的原理图

常用的（经典的）TTL 与 RS232C 之间电平转换芯片有：MC1488（传输线驱动器）和 MC1489（传输线接收器）。

MC1488 和 MC1489 引脚定义如图 6-9a、b 所示，MC1488 由一个反相器和三个与非门组成，电源电压为 ±12V 或 ±15V，输入为 TTL 电平，输出为 RS232C 电平。

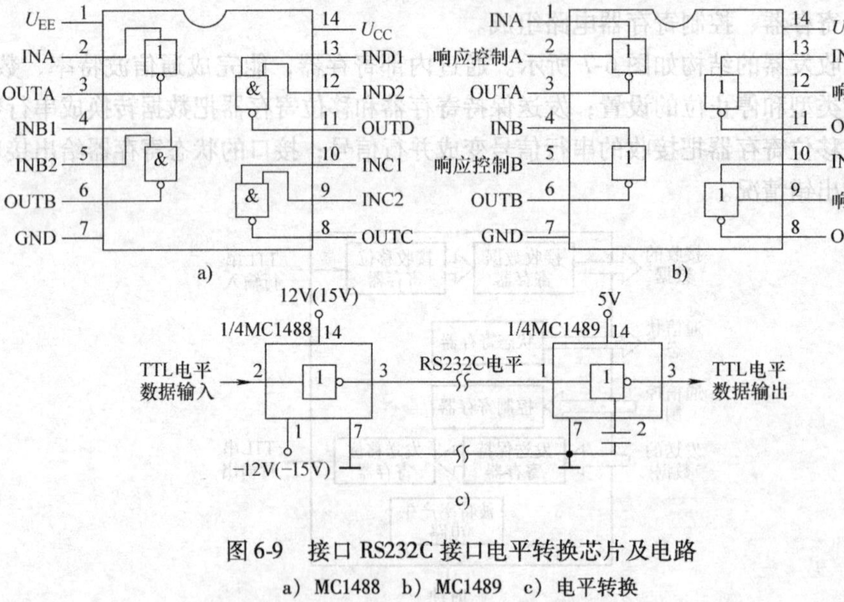

图 6-9　接口 RS232C 接口电平转换芯片及电路

a）MC1488　b）MC1489　c）电平转换

MC1489 由四个带响应控制端的反向器组成，电源电压为 5V，输入为 RS232C 电平，输出为 TTL 电平。

MC1488 和 MC1489 组成的 RS232C 接口收发电路如图 6-9c 所示。

目前，RS232C 接口驱动芯片种类很多。并且大部分为 RS232C 集成电路，一个芯片上能集成多路 RS232C 接口，例如：MAX232A 包含两路串口接收驱动器和一个电源变换器，

将5V电源电压变成RS232C电平。同样RS485接口芯片种类也很多，例如：SN75176、MAX485、MAX1487、MAX1482等。

6.2 以太网

以太网是遵从IEEE 802.3系列标准规范，涉及开放系统通信模型的链路层和物理层的局域网模型。它是一种得到最广泛应用的局域网技术，以太网从20世纪80年代诞生至今，其通信速率已从最初的10Mbit/s，发展到现在的1000Mbit/s，并且更高速率的40Gbit/s、100Gbit/s以太网的标准正在制定中；从最初的基于半双工总线式共享带宽的以太网，发展到了目前广泛采用的交换式以太网，性能和使用的灵活性均得到了快速的发展。

6.2.1 介质访问子层和CSDA/CD原理

以太网的数据链路层分为逻辑链路控制和介质访问控制两个子层。逻辑链路控制（Logical Link Control，LLC）是局域网中数据链路层的上层部分，IEEE 802.2中定义了逻辑链路控制协议。数据链路服务通过LLC子层为网络层提供统一的接口。在LLC子层下面是介质访问控制（Medium Access Control，MAC）子层。MAC子层是解决当局域网中共用信道的使用产生竞争时，如何分配信道的使用权问题，这是以太网的核心技术之一。

每一个MAC子层均有一个地址，称为MAC地址（物理地址），是用来表示互联网上每一个站点的标识符，采用十六进制数表示，共六个字节（48位），其中，前三个字节是由IEEE的注册管理机构负责给不同厂家分配（高位24位），也称为“编制上唯一的标识符”（Organizationally Unique Identifier，OUI）；后三个字节（低位24位）由各厂家自行指派给生产的适配器接口，称为扩展标识符（唯一性）。MAC地址全球唯一。

在以太网MAC子层中采用争用型介质访问控制，即载波侦听多路访问/冲突检测方式（Carrier Sense Multiple Access with Collision Detection，CSMA/CD）。

所谓载波侦听（Carrier Sense），意思是网络上各个工作站在发送数据前都要确认总线上有没有数据传输。若有数据传输（称总线为忙），则不发送数据；若无数据传输（称总线为空），立即发送准备好的数据。

所谓多路访问（Multiple Access），意思是网络上所有工作站点收发数据共同使用同一条总线，且发送数据是广播式的。

所谓冲突（Collision），意思是若网上有两个或两个以上工作站点同时发送数据，在总线上就会产生信号的混合，这样哪个工作站都辨别不出真正的数据是什么。这种情况称为数据冲突，又称为碰撞。

为了减少冲突发生后的影响，工作站点在发送数据过程中还要不停地检测自己发送的数据，看有没有在传输过程中与其他工作站的数据发生冲突，这就是冲突检测（Collision Detected）。

在总线型网络通信的过程中，由于信道传播时延的存在，即使通信双方的站点都没有侦听到载波信号，在发送数据时仍可能会发生冲突，因为它们可能会在检测到介质空闲时同时发送数据，致使冲突发生。尽管CSMA/CD可以发现冲突，但它并没有先知的冲突检测和阻止功能，致使冲突发生频繁。

以太网中 CSMA/CD 的方案是使发送站点在传输过程中仍继续侦听介质，以检测是否存在冲突。如果两个站点都在某一时间检测到信道是空闲的，并且同时开始传送数据，则它们几乎立刻就会检测到有冲突发生。如果发生冲突，信道上可以检测到超过发送站点本身发送的载波信号幅度的波形，由此判断出冲突的存在。一旦检测到冲突，发送站点就立即停止发送，并向总线上发一串阻塞信号，用以通知总线上通信的对方站点，快速地终止被破坏的帧，可以节省时间和带宽。

6.2.2　以太网的发展过程

早期以太网采用粗同轴电缆、后采用细同轴电缆布线，通信原理为 CSMA/CD。同轴电缆式以太网存在灵活性差，故障影响范围大，维护困难等问题。为此，开发出了采用非屏蔽双绞线作为底层物理传输介质（10Base-T 标准），网络上的各站点通过 RJ45 插头用非屏蔽双绞线与集线器（Hub）相连，但通信原理不变的以太网。图 6-10 为采用总线和 Hub 构成的局域网，在图 6-10a 中，各台计算机通过 T 形连接器和总线相连，图 6-10b 计算机和 Hub 通过两头为 RJ45 插头的双绞线相连。

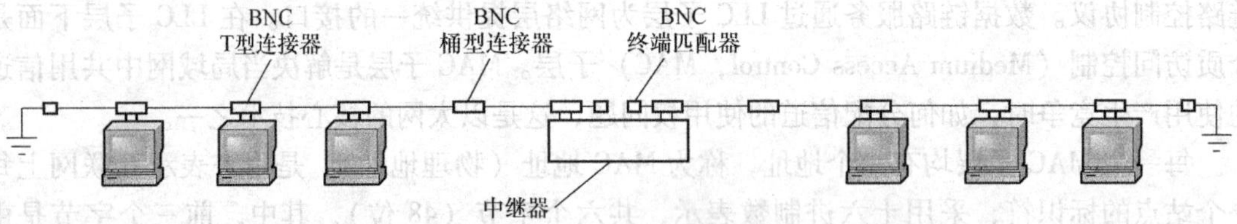

a)

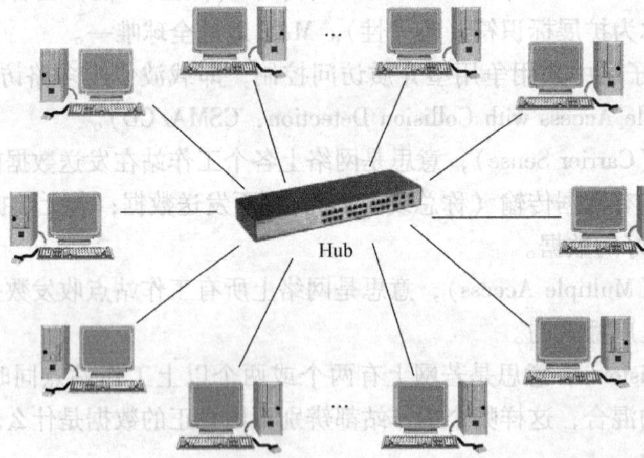

b)

图 6-10　采用总线和 Hub 的局域网网络

a）粗缆、细缆以太网　b）采用 Hub 以太网

粗缆、细缆以太网发展到由 Hub 组成的以太网，实现了以太网由共享介质发展为专用介质。专用介质具有如下优点：

（1）可以进行结构化布线，容易增加或减少站点以及改变配置。对于总线型结构，任何变动都需要重新布线，可能要爬进顶棚或打掉墙来找电缆，并使网络中断。

（2）有故障隔离作用。在总线型结构中，任何一个串接的 T 接头不牢固，都会导致全网不通，星形结构就避免了这一缺点。

（3）网络管理简单。所有的用户连接和网络集线器都放在配线间，网络诊断、测试、维护都变得相当简单。

（4）可以在集线设备中增加各种网络管理功能。

Hub 是一个多口中继器，从一个端口收到的信息，直接从其他端口的发送端子发送出去。工作时只能有一个端口接收到信息，连接到 Hub 上的其他主机均能检测到发送信号，只能处于载波侦听状态。因此，Hub 工作在半双工状态，并且所有的端口共享带宽。采用 Hub 的以太网的接线如图 6-10b 所示。Hub 和计算机之间通过双绞线直接相连。

由于集线器属于共享型设备，导致了在繁重的网络中，效率变得十分低下，易产生广播风暴。在要求稍高的应用场所，已难以见到 Hub 的身影。由 Hub 组建的局域网称为共享式以太网，而由交换机构成的以太网称为交换式以太网。

6.2.3　交换机

交换机是由工作在数据链路层的双口桥接设备（网桥）发展起来的设备。桥接设备是连接两个网段的网络设备，它的工作原理是有自学习能力，能知道端口连接的计算机设备的 MAC 地址，并将 MAC 地址存放在内部 MAC 地址表中，网桥接收每个端口收到的每一帧，根据帧的源地址动态更新或补充地址表的内容；若某表项长时间没被刷新，超过一定时间将被删除。经过一段时间，随着站点不断地发送帧，网桥就知道所有活动站点的地址与端口的对应关系。当一个端口接收到帧后，网桥检查该帧的目的地址，然后查找地址表，确定与该地址对应的端口，以便转发出去。如果收到帧的端口正是帧的目的地址所在端口，网桥就丢弃该帧，因为通过正常的 LAN 传输机制，目标机已收到该帧。如果在地址表中找不到该目的地址与端口，还未建立该表项，它便会向除收到该帧之外的所有端口转发此帧。

有几点需要特别说明：

（1）网桥的正常工作依赖于以太网的 48 位全局唯一 MAC 地址。

（2）网桥连接了多个不同的网段，对于每个网段，网桥有一个端口和一个 MAC 实体与之对应，就某个网段而言，网桥的 MAC 实体与其他站是平等的，网桥没有任何特权，一样要进行载波监听、冲突检测及退避延迟。

（3）端站点意识不到网桥的存在，转发帧的源地址是该帧最初发送者的地址，而不是网桥的地址，发送者不知道也不需要知道网桥在为它转发。因此，网桥是透明的。

（4）初期网桥主要用于网段分割、距离延伸、增加设备。后来，使用先进的应用专用集成电路、处理器和存储技术可以容易地建造高性能网桥，可以在所有端口同时以全容量转发帧，各端口成为一个专用信道（不像 Hub，所有端口共享 10Mbit/s 信道），并且网桥内部带宽要大得多（典型的无阻塞网桥内部带宽是所有端口带宽的总和），这种产品叫做以太网交换机，其本质就是一个多路网桥。

以太网交换机的应用突破了传统以太网的限制，出现了交换式以太网。在交换式以太网中，计算机可以拥有自己的专用信道，而不像原来所有计算机必须共享信道。由共享信道发展为专用信道得益于专用介质以太网的出现，也就是说，交换式以太网从交换机的角度来看，一定是星形结构，不可能是总线型结构。

交换机分为直通式（Cut throuth），存储转发（Store-and-forward）两种工作原理。

直通方式的以太网络交换机可以理解为在各端口间是纵横交叉的线路矩阵。它在输入端口检测到一个数据包时，检查该包的包头，获取包的目的地址，启动内部的动态查找表转换成相应的输出端口，在输入与输出交叉处接通，把数据包直通到相应的端口，实现交换功能。由于不需要存储，延迟（Latency）非常小、交换非常快，这是它的优点；它的缺点是因为数据包的内容并没有被以太网交换机保存下来，所以无法检查所传送的数据包是否有误，即不能提供错误检测；由于没有缓存，不能将具有不同速率的输入/输出端口直接接通，而且，当以太网络交换机的端口增加时，交换矩阵变得越来越复杂，实现起来相当困难。

存储转发方式是计算机网络领域应用最为广泛的方式，它把输入端口的数据包先存储起来，然后进行冗余检验（CRC），再对错误包处理后取出数据包的目的地址，通过查表找到发送端口，将数据包发送出来。正因如此，存储转发方式在数据处理时延时大，这是它的不足，但是它可以对进入交换机的数据包进行错误检测，尤其重要的是它可以支持不同速度的输入/输出端口间的数据转换，保持高速端口与低速端口间的协同工作。

6.2.4 交换式以太网

交换式以太网是用交换机构成的以太网，下面给出两种交换式以太网的示例。

例1：交换机取代 Hub 的位置，用于端站点互连，每个端站点有专用带宽，并且每个站的数据率不依赖于任何其他站，如图 6-11a 所示。这样，端站之间没有冲突。

例2：用以太网交换机组成重叠网，如图 6-11b 所示，适用于大型单位内部的区域网。

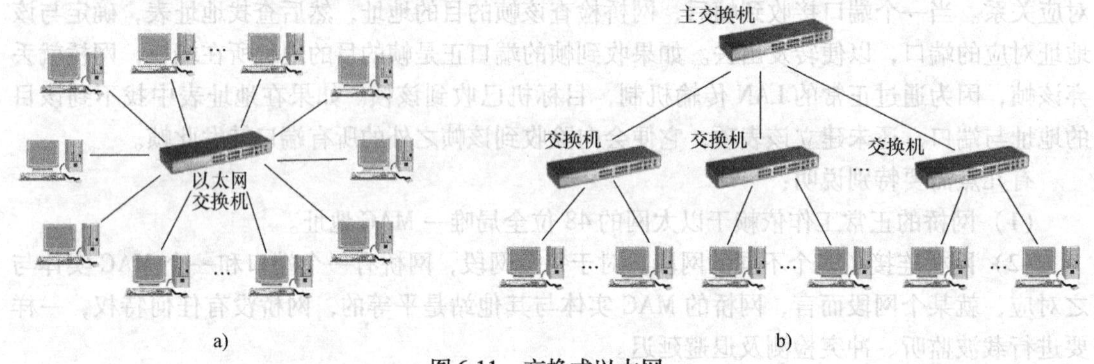

图 6-11 交换式以太网

a）交换式以太网 b）叠式以太网

6.2.5 以太网的帧格式

MAC 的功能是以太网的核心，它是决定以太网性能的主要部分。MAC 通常又分为帧的封装/解封和媒体访问控制两个功能模块。前面简要介绍了媒体访问的控制原理。本节给出以太网的帧结构，其帧结构如图 6-12 所示。

前导码七字节	帧首定界符一字节	目的地址六字节	源地址六字节	长度或类型两字节	协议数据单元46~1500字节	帧校验四字节

图 6-12 以太网 802.3 标准的帧结构

以太网802.3帧结构，分为七部分。第一部分为七字节的前导码，第二部分为一字节的帧首定界符，第三、四部分分别为六字节信息的目的和源的MAC地址。第五部分为报文长度或报文类型编码，占用两字节，当值小于等于1500时，代表长度，帧格式为IEEE802.3格式；当值大于1500时，为协议类型，格式为Ethernet V2格式。第六部分为链路层协议数据单元（Logical Link Control Protocol Data Unit，LLC PDU）即用户数据。最后为四字节的校验码。

前导码为七字节的二进制“1”、“0”间隔的代码，即1010…10共56位，当帧在媒体上传输时，接收方据此建立起同步，因为在使用曼彻斯特编码情况下，这种“1”、“0”间隔的传输波形为一个周期性方波。

帧首界定符Start Frame Delimiter，SFD是长度为一字节的10101011二进制序列，此码表示一帧实际开始，使接收器能对实际帧的第一位定位。实际帧由其余五部分组成。

目的地址（Destination Address，DA）说明了帧发往目的站点的MAC地址，共六字节，可以是单址（代表单个站点）、多址（代表一组站点）或全地址（代表局域网上的所有站点）。

源地址（Source Address，SA）说明发送该帧站点的MAC地址，与DA一样占六字节。MAC地址48位全“1”时，即为FFFFFFH时，代表广播地址，即发送到所有站点；当MAC地址最高位是0时，表示此MAC地址是单播地址，如果是1，表示此MAC地址是多播地址。

类型或长度（Length，L）共两字节，当值小于1500（46~1500）时，表示LLCPDU的字节数，当值大于1500，代表协议类型。当值代表长度时，表示数据链路层协议数据单元（LLCPDU）它的范围处在46~1500字节之间。帧长度为46字节，目的是要求局域网上所有的站点都能检测到该帧，即保证网络工作正常；如果LLCPDU小于46字节，则发送站的MAC子层会自动填充“0”，补齐代码。

帧检验序列（Frame Check Sequence，FCS）处在帧尾，共占四个字节，是32位CRC，检验除前导、SFD和FCS以外的内容，即从DA开始至DATA完毕的CRC检验结果都反映在FCS中。

当发送站发出帧时，一边发送，一边逐位进行CRC计算。最后形成一个32位CRC检验填在帧尾FCS位置中，一起在媒体上传输。接收站接收后，从DA开始同样边接收边逐位进行CRC检验，最后接收站形成的检验码若与帧的检验码相同，则表示媒体上传输帧未被破坏；反之，接收站认为帧被破坏，则会通过一定的机制要求发送站重发该帧。

一个帧的长度为64~1518字节，当LLCPDU为46字节时，帧长为64字节；当LLCPDU为1500字节时，帧长为1518字节。

6.3　现场总线

6.3.1　现场总线概况

生产现场、过程控制的发展趋势是采用IED。IED普遍采用微处理器为核心的结构，它们具有数字计算和通信能力，能独立承担某些控制、通信任务。通过双绞线等介质把多个IED连接成网络，用公开的协议构成一个分布的测控系统，是生产过程自动化的一个重要环节。

RS485通信接口，速度低、抗干扰能力差，通信方式为查询方式，通信效率低，难以满足较高的实时性要求，整个通信网上只能有一个主节点对通信进行控制和管理，一旦主节点出故障，整个网络通信就无法进行。另外，对 RS485 接口的通信协议尚缺乏统一标准，不同厂家的设备难以互连，给用户带来不便。

现场总线（Field Bus，FB）是一种全数字、串行、双向多站点通信的总线型的通信系统。它按照国际标准化组织（ISO）和开放系统互连的要求提供网络服务，具有开放、分散、可靠性高、稳定性好、抗干扰能力强、通信速率快、成本低和易维护等优点。

理想的现场总线除了具有局域网（LAN）的一些优点外，最主要是它能满足工业过程控制中各种现场设备的通信要求，且提供了互连、互换操作，使不同厂家的设备可以互连、互换。现场总线开放，使用户可方便地实现数据共享。

但是，目前流行的各种现场总线有四十多种，均是由国际著名厂商在开发自己的自动化产品过程中，开发、完善并得到大量应用的总线。由于历史的原因，各个厂商有自己的市场份额和自动化领域，出于各自的利益，目前并没有一个权威的现场总线。

国际电工委员会（IEC）从 1985 年开始成立专门的现场总线工作委员会，统一现场总线标准，从 1993 年发布的 IEC 61158 第一个版本开始，到 2007 年发布的第四版 IEC 61158 标准，引入了九种现场总线，现场总线标准也没有得到统一，长期的争论并未到此结束。IEC61158 标准，规定了现场总线的要求并给出现场总线发展的方向，现场总线由分散独立发展过渡到协作发展。

目前，各种现场总线的通信介质采用普通双绞线、光纤等，均为无特殊要求的廉价通信介质。两根双绞线上可接几十个设备，设计安装简单，有的现场总线支持供电。

一般现场总线的通信范围为 100 ~ 5000m，总线上可以挂接十至数百台设备。

现场总线用于生产过程控制，要求信号传输实时、可靠，可维护性必须达到标准。具体要求为传输信号出错率低于 20 年一次；可采用双总线，提高可靠性；较高的传输速度；开放、分散、低成本。

各种现场总线通信模型并不完全一致，但至少应有应用层、数据链路层、物理层。

6.3.2 控制局域网总线

控制局域网（Controller Area Network，CAN）是一种具有很高可靠性，支持分布式控制和实时控制的串行通信网络。CAN 总线采用双绞线串行通信，最大通信距离可达 10km，最高通信速率可达 1Mbit/s，具有很强的检错功能，可在高噪声干扰环境中使用，可与各种微处理器连接。由于 CAN 卓越的特性及极高可靠性，非常适合用于工业过程控制。

CAN 总线组成网络时，采用双绞线，如图 6-13 所示，设备并接在总线上。当速度为 1Mbit/s 时通信距离可以达到 40m，5kbit/s 时通信距离可以达到 10km，总线上支持 220 个节点。

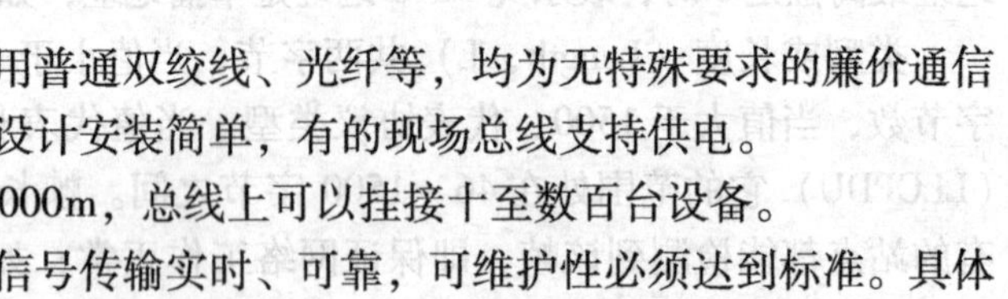

图 6-13 CAN 总线网络

工作模式采用多主方式。网络上任意一个节点在任意时刻主动地向网上其他节点发送信号，而不分主从。不同节点，根据其重要程度，可以设置选先级。非破坏性总线仲裁技术，当两个节点同时向网络上发送信号时，优先级低的主动停止发送，优先级高的优先发送。总线在错误严重情况下，具有关闭总线接口的功能。

CAN 总线的报文为短帧，每帧有效字节为八个，具有 CRC 校验，受干扰概率低，重新发送时间短。

信号采用两根线上差分电平，总线总处于两种电平状态，分别称为显性电平和隐性电平，二者必居其一。CAN 总线电平如图 6-14 所示。

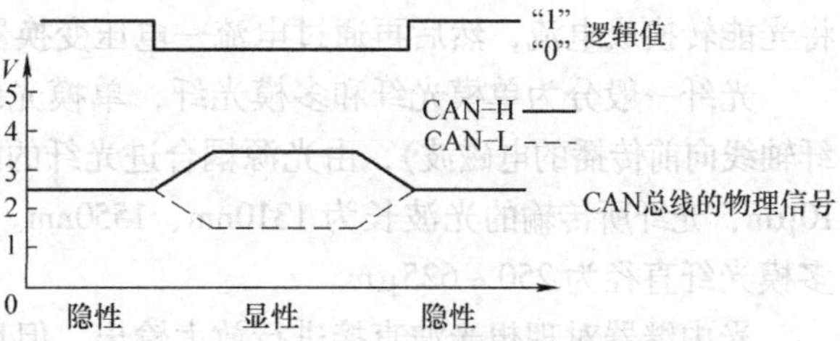

图 6-14 CAN 总线电平

显性电平 CAN-H（High）定义为：V + 线 3.5V，V – 线 1.5V，差分电平 3.5V – 1.5V = 2V，表示逻辑“0”。

隐性电平 CAN-L（Low）定义为：V + 线 2.5V，V – 线 2.5V，差分电平，2.5V – 2.5V = 0V，表示逻辑“1”。

总线上只需有一个接入单元输出显性电平，就为显性“0”。总线上所有接入单元都为隐性电平，总线表现为隐性电平。

总线为了避免信号的反射，需要接入 120Ω 终端匹配电阻。总线信号延迟 5μs/m，总线电阻率 <70μΩ/m。

市场上 CAN 总线产品种类丰富，有带 CAN 的单片机以及 DSP 芯片，芯片组有多种型号，例如：CAN 控制器有 SJA1000、Intel82527，驱动器有 HA13721RPJE（Renesas）、PCA82C250（飞利普）、Si9200（Siliconix）、CF15（Bosch）等。

CAN 总线可以实现多点对多点全双工通信，接口简单，抗干扰能力强，通信速度可以达到 1Mbit/s，价格低廉。

6.4 光纤通信

光纤通信是用光导纤维和光—电、电—光转换设备构成的传输信息的通信系统。基本构成如图 6-15 所示。

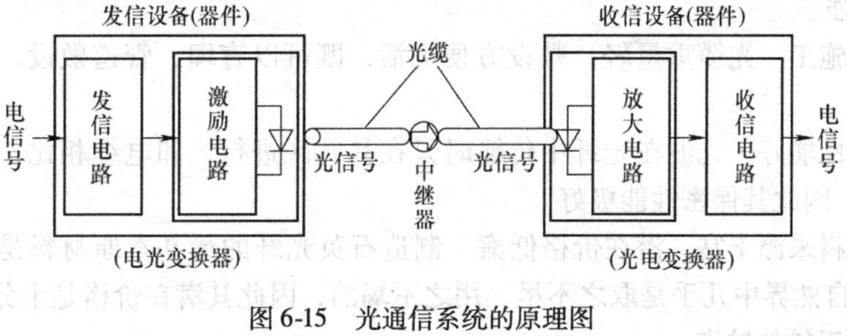

图 6-15 光通信系统的原理图

光通信链络中，最基本的三个组成部分是光发射组件、光纤、光接收组件。光发射组件由模拟或数字电接口的电压或电流驱动，将电信号转换成光信号，模拟信号通过光强度来表示，数字信号用有光、无光表示。光接收组件，将接收到的光信号转换成电信号。光纤是由高纯度的石英或塑料拉拔而成的环璃纤维。

发射组件中的光源为激光二极管（LD）或发光二极管，这两种二极管的光功率与驱动电流成正比。常用光检测器件有光敏二极管（PIN）和雪崩光敏二极管（APO）。二者都能将光能转换成电流，然后再通过电流—电压变换器变成输出的电压信号。

光纤一般分为单模光纤和多模光纤，单模光纤中，只存在一种模式（由光纤导引沿光纤轴线向前传播的电磁波），由光源耦合进光纤的能量以该形式向前传播。单模光纤直径5～10μm，光纤所传输的光波长为1310nm、1550nm。多模光纤有多个模式的光能通过该光纤。多模光纤直径为250～625μm。

光中继器对理想光波直接进行放大输出。但目前实用的光纤通信系统却是光电转换型的中继器，由光接收机转换成电信号，电信号再转换成光信号，由光发送机发送。

1. 光纤通信系统的特点

（1）通信容量大　可用宽带大，一根光纤通信系统的带宽可达100Gbit/s以上，目前实际通信容量达到40Gbit/s，常用的光通信系统的容量为155Mbit/s，622Mbit/s，2.5Gbit/s，10Gbit/s。和传统的同轴电缆、微波等通信相比其带宽要高出几十乃至上千倍以上。一根光纤的传输容量如此巨大，而一根光缆中可以包括几十根甚至上千根光纤，如果再加上波分复用技术把一根光纤当作几根、几十根光纤使用，其通信容量之大就更加惊人了。

（2）传输距离长　光缆的传输损耗比电缆低，因而可传输更长距离。由于光纤具有极低的衰耗系数（目前商用化石英光纤已达0.19dB/km以下），若配以适当的光发送与光接收设备，可使其中继距离达数百公里以上。这是传统的电缆（1.5km）、微波（50km）等根本无法与之相比拟的。因此，光纤通信特别适用于长途一、二级干线通信。据报导，用一根光纤同时传输24万个话路、100km无中继的试验已经取得成功。此外，已在进行的光孤子通信试验，已达到传输120万个话路、6000km无中继的水平。因此，在不久的将来实现全球无中继的光纤通信是完全可能的。

（3）抗电磁干扰　光纤通信系统避免了电缆间由于相互靠近而引起的电磁干扰。光纤材料是玻璃或塑料，不导电，因此不会产生泄漏，也就不存在干扰。

（4）不怕外界强电磁场的干扰　光线不导电的特性避免了光缆受到闪电、电机等其他源的电磁干扰，即外部的电噪声不会影响光波的传输能力。

（5）适应环境　光纤对恶劣环境有较强的抵抗能力，比金属电缆更能适应温度的变化，而且耐腐蚀性强。

（6）便于施工　光缆重量轻，敷设方便灵活，既可以直埋、管道敷设，又可以水底和架空敷设。

（7）保密性能好　光波在光纤中传输时只在其芯区进行，和电缆相比，基本上没有光"泄露"出去，因此其保密性能极好。

（8）原材料来源丰富，潜在价格低廉　制造石英光纤的最基本原材料是二氧化硅即砂子，而砂子在自然界中几乎是取之不尽、用之不竭的，因此其潜在价格是十分低廉的。

2. 光通信系统的缺点

（1）光纤质地脆、机械强度差。

（2）光纤的切断和接续需要专用的熔接工具、设备和技术。

（3）光纤进行分路、耦合不灵活。

（4）光纤光缆的弯曲半径不能过小（>20cm）。

（5）通过光缆给其他设备提供电能比较困难。

6.4.1 光纤通信系统的通信体系

目前光纤通信系统最主要的通信制式是同步数字体系（Synchronous Digital Hierarchy，SDH），这是一种采用时分复用的通信制式。

1. 准同步数字通信系统

早期的数字光纤通信系统，采用准同步数字架构（Plesiochronous Digital Hierarchy，PDH）系统。PDH 系统是在数字通信系统的每个节点上都分别设置高精度的时钟，这些时钟的信号都具有统一的标准速率。尽管每个时钟的精度都很高，但总还是有一定的微小差别。为了保证通信的质量，要求这些时钟的差别不能超过规定的范围。因此，这种同步方式严格来说不是真正的同步，所以叫做“准同步”。

ITU-T 推荐两类数字速率系列和数字复接等级，北美地区和日本等国的 24 路系统，即 1.544Mbit/s 作为第一级速率（即一次群或基群 T1）；我国、欧洲和俄罗斯等国的 30 路系统，即 2.048Mbit/s 为第一级速率（即一次群或基群 E1），即 PCM30/32 系统（E1）。24 路系统简称 T 系列，30 路系统简称 E 系列，T 系列和 E 系列高次群路的划分也有所区别。不同系统的互连互通需要相应的信号处理和转换。

E1 为一次群，为 30 路语音，两路管理，速率为 2.048Mbit/s；如果要传输更多路的数字电话，则需要将若干个一次群数字信号通过数字复接设备复合成二次群，二次群复合成三次群等。我国和欧洲各国采用以 PCM30/32 路制式为基础的高次群复合方式，四个 E1 信号复接成一个 8M（8.448Mbit/s）E2，称为二次群信号，120 路语音；四个 E2 信号复接成一个 34M（34.368Mbit/s）E3，称为三次群信号，480 路语音；四个 E3 信号复接成一个 140M（139.264Mbit/s）E4，称为四次群信号，1920 路语音。从一次群到四次群，语音的路数按四倍增长，但通信速率略大于四倍，即所谓的正码速调整，即 PDH 各次群比特率相对于其标准值有一个规定的容差，而且是异源的，通常采用正码速调整方法实现准同步复用一次群至四次群。

PDH 系统的缺陷如下：

1）标准不统一　欧洲、北美地区和日本等国规定语音信号编码率各不相同，这就给国际间互通造成困难。

2）高次群异步复接　每次复接就进行一次码速调整，因而无法直接从高次群中提取支路信息，每次插入/取出一个低次群信号都要逐次群的解复用，使得结构复杂，缺乏灵活性。

3）光接口不规范　没有世界性的光接口规范，导致各厂商自行开发专用接口（包括码型）在光路上无法实现互通复用。通过专用设备复接，系统结构复杂，不能直接接入高速信号通路上去。仅是电接口规范，各厂家光接口是不兼容的。

4）采用人工数字交叉连接和暂停业务测试　帧结构中没有合理的设置维护信息位，系统运营管理与维护能力受到限制。

5）PDH 建立在点对点传输基础上　网络较为简单，无法提供路由，设备利用率低。

因此，目前 PDH 的低次群路 E1、E2，仅用在支路和叉路复接，作为干线通信网的接入设备的接口。

2. 基群 E1 的帧结构

一路语音信号，如果进行数字化处理，应保证能正常复原原信号。根据奈奎斯特采样定理，电话语音频率的正常范围是 300 ~ 3400Hz，我们取其最大值 3400Hz 来进行采样，采样频率应为每秒 3400 × 2 = 6800 个抽样值。但实际上，电话系统出于标准化和计算方便，不是分配 3400Hz 的信道，而是分配 4000Hz 的信道。因此一个语音信道，采用每秒 8000 次的采样速度，即每 125μs 采样一次。将每一次采样值量化为一字节的数字，因此，每个语音信道的编码速率为 8000 × 8bit/s = 64000bit/s。

语音信号采用每秒 8000 次的采样频率，而每次采样用一个八位（bit）二进制数表示其幅值，那么每路需要的数据"宽度"是 64kbit/s，也就是在线路上必须通过 64000bit/s 的"0"或者"1"，才能保证有足够的线路带宽供一路语音通过而不至于发生语音信号失真。我们将 64kbit/s 称为一路语音信号的带宽需求量。这种量化的方式被称为脉冲编码调制（Pulse Code Modulation，PCM）。当然，如果用 32 位二进制数表示一个抽样的振幅，那么带宽需求量会增加到 32 × 8000bit/s = 256kbit/s；如果采用压缩算法，每次抽样是六位二进制数，每路语音信号的带宽则为 6 × 8000bit/s = 48kbit/s。

PDH 时分复用标准是为了满足语音通信提出，标准编制的背景都是以语音信号处理为前题。因此，标准中的一路信号是指一路语音信号。E1 的帧结构中，包括传送 30 路语音，两路管理信息的帧结构，简称 PCM30/32 结构。E1 帧结构传送的数据量相当于 32 路语音，带宽为 32 × 64kbit/s = 2048kbit/s。

PCM30/32 制式基群帧结构如图 6-16 所示，由 32 路组成，其中 30 路用来传输用户语音，两路用做同步和信令。每路话音信号抽样速率 f_s = 8000Hz，故对应的每帧时间间隔为 125μs。一帧共有 32 个时间间隔，每一个间隔称为一个时隙。各个时隙从 0 ~ 31 顺序编号，分别记作 T_{s0}、T_{s1}、T_{s2}、…、T_{s31}。

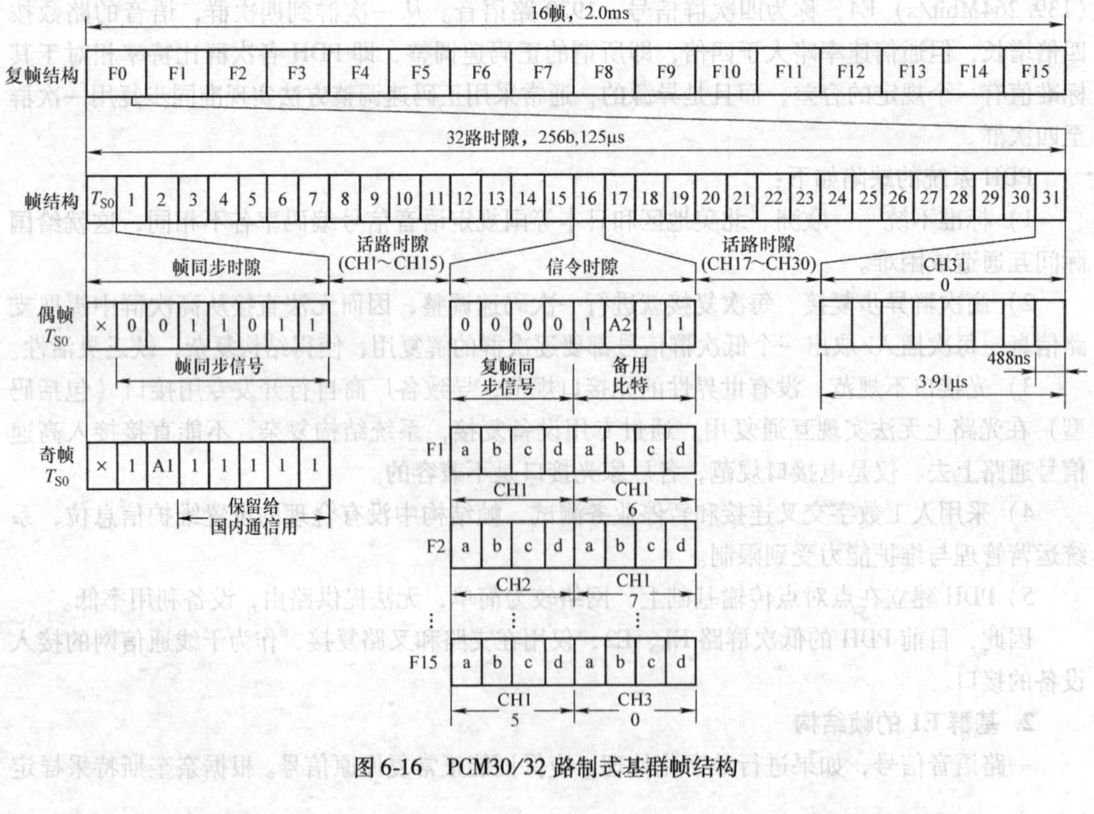

图 6-16　PCM30/32 路制式基群帧结构

其中，T_{s1}至T_{s15}和T_{s17}至T_{s31}这 30 路时隙用来传送 30 路电话信号的八位编码码组，T_{s0}分配给帧同步，T_{s16}专用于传送话路信令。每帧时隙包含 8bit，一帧共包含 256bit。信息传输速率为$R_b = 8000 \times [(30+2) \times 8] = 2.048\text{Mbit/s}$。

信息传送时，每 125μs 将 30 路语音的各一个点的采样值（一字节）和两路两字节的管理信息进行复接传送，到达对端进行分接，即可得到 30 路语音各一个采样值，和两个管理字节，每秒传送 8000 次。

3. 同步数字架构 SDH

（1）SDH 的概念和背景　在 20 世纪 80 年代，受广泛应用的 PDH 架构的光网技术的限制，已很难满足社会需要的高速视频、语言及其他信息流传输的要求。而 PDH 光网络技术由于其业务的单调性、扩展的复杂性、带宽的局限性，在原有框架内已无法修改和完善。

国际电信联盟远程通信标准化组织（ITU-T）于 1988 年接受美国贝尔通信技术研究所提出来的同步光网络（SONET）概念并重新命名为同步数字系列（Synchronous Digital Hierarchy，SDH），使其成为不仅适用于光纤也适用于微波和卫星传输的通用技术体制。SDH 是一种将复接、线路传输及交换功能融为一体，并由统一网管系统操作的综合信息传送网络。SDH 通信容量大，光端机容量可以达到 4096E1，具有方便、简易同步复用、灵活组织网络拓扑能力和高可靠性，可实现网络实时业务监控、动态网络维护、不同厂商设备间的互通等多项功能；能大大提高网络资源利用率、降低管理及维护费用、实现灵活可靠和高效的网络运行与维护。

目前，在各种宽带光纤通信网技术中，采用了 SDH 技术的系统是应用最普遍的。SDH 的诞生解决了用户对高速、高带宽信息传输要求的矛盾。SDH 技术自从 20 世纪 90 年代引入以来，至今已经是一种成熟、标准的技术，在骨干网中被广泛采用，且价格越来越低。

（2）SDH 的基本传输原理　SDH 采用的信息结构等级称为同步传送模块（Synchronous Transport Module，STM-N N=1，4，16，64），最基本的模块为 STM-1，四个 STM-1 同步复用构成 STM-4，16 个 STM-1 或四个 STM-4 同步复用构成 STM-16。

SDH 采用块状的帧结构来承载信息，如图 6-17 所示。每帧由纵向九行和横向 270 × N 列字节组成，每个字节含 8bit，整个帧结构分成段开销（Section OverHead，SOH）区、STM-N 净负荷区和管理单元指针（Administration Unit Pointer，AU-PTR）区三个区域，其中段开销区主要用于网络的运行、管理、维护以保证信息能够正常灵活地传送，它又分为再生段开销（Regenerator Section Over Head，RSOH）和复用段开销（Multiplex Section OverHead，MSOH）；净负荷区用于存放真正用于信息业务的位和少量用于通道维护管理的通道开销字节；管理单元指针用来指示净负荷区内的信息首字节在 STM-N 帧内的准确位置，以便接收时能正确分离净负荷。

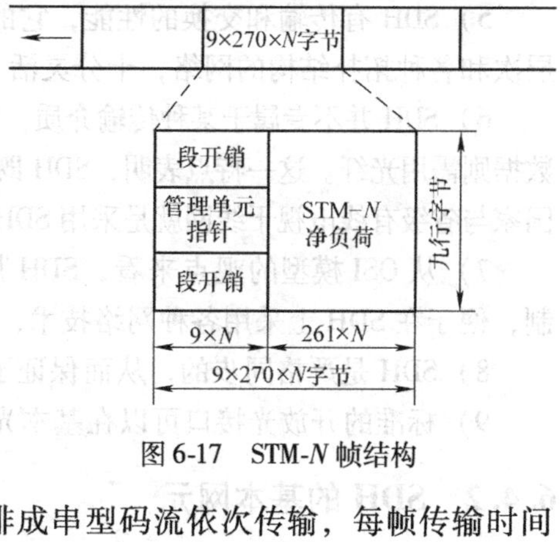

图 6-17　STM-N 帧结构

SDH 的帧传输时按由左到右、由上到下的顺序排成串型码流依次传输，每帧传输时间为 125μs，每秒传输 1000000/125 帧 = 8000 帧，对 STM-1 而言每帧字节为 8 × (9 × 270 × 1) bit = 19440bit，则 STM-1 的传输速率为 19440 × 8000Mbit/s = 155.520Mbit/s；而 STM-4 的传

输速率为 4×155.520Mbit/s = 622.080Mbit/s；STM-16 的传输速率为 16×155.520Mbit/s（或 4×622.080Mbit/s）= 2488.320Mbit/s。

SDH 传输业务信号时，各种业务信号要进入 SDH 的帧都要经过映射、定位和复用三个步骤。映射是将各种速率的信号先经过码速调整装入相应的标准容器（Container，C），再加入通道开销（Path Over Head，POH）形成虚容器（Vortual Container，VC）的过程，帧相位发生偏差称为帧偏移；定位即是将帧偏移信息收进支路单元（Tributary Unit，TU）或管理单元（Administration Unit，AU）的过程，它通过支路单元指针（Tributary Unit Pointer，TU-PTR）或管理单元指针（AU-PTR）的功能来实现；复用则是将多个低阶通道层信号通过码速调整使之进入高阶通道或将多个高阶通道层信号通过码速调整使之进入复用层的过程。

（3）SDH 的特点　SDH 之所以能够快速发展，这与它自身的特点是分不开的，其具体特点如下：

1）SDH 传输系统在国际上有统一的帧结构，数字传输标准速率和标准的光路接口，使网管系统互通，因此有很好的横向兼容性，它能与现有的 PDH 完全兼容，并容纳各种新的业务信号。

2）SDH 接入系统不同等级的码流在帧结构净负荷区内的排列非常有规律，而净负荷与网络是同步的，它利用软件能将高速信号一次直接分插出低速支路信号，实现了一次复用的特性，克服了 PDH 准同步复用方式对全部高速信号进行逐级分解然后再生复用的过程，由于大大简化了数字交叉连接（Digital Cross Connect，DXC），减少了背靠背的接口复用设备，改善了网络的业务传送透明性。

3）由于采用了较先进的分插复用器（Add/Drop Multiplexer，ADM）和 DXC，网络的自愈功能和重组功能就显得非常强大，具有较强的生存率。因 SDH 帧结构中安排了信号的 5% 开销位，它的网管功能显得特别强大，并能统一形成网络管理系统，为网络的自动化、智能化、信道的利用率以及降低网络的维管费和生存能力起到了积极作用。

4）由于 SDH 的多种网络拓扑结构，它所组成的网络非常灵活，能增强网监、运行管理能力，并具有自动配置功能，优化了网络性能，同时也使网络运行灵活、安全、可靠，网络的功能非常齐全和多样化。

5）SDH 有传输和交换的性能，它的系列设备构成能通过功能块的自由组合，实现不同层次和各种拓扑结构的网络，十分灵活。

6）SDH 并不专属于某种传输介质，它可用于双绞线、同轴电缆，但 SDH 用于传输高速率数据则需用光纤。这一特点表明，SDH 既适合用做干线通道，也可做支线通道。例如：我国的国家与省级有线电视干线网就是采用 SDH，而且它也便于与光纤电缆混合网（HFC）相兼容。

7）从 OSI 模型的观点来看，SDH 属于其最底层的物理层，并未对其高层有严格的限制，便于在 SDH 上采用各种网络技术，支持 ATM 或 IP 传输。

8）SDH 是严格同步的，从而保证了整个网络稳定可靠，误码少，且便于复用和调整。

9）标准的开放光接口可以在基本光缆段上实现横向兼容，降低了联网成本。

6.4.2　SDH 的基本网元

SDH 传输网是由不同类型的网元通过光缆线路的连接组成的，通过不同的网元设备完成 SDH 网的传送功能，例如：上/下业务、交叉连接业务、网络故障自愈等。其基本的网元有终端复用器（Termination Multiplexer，TM）、再生中继器（Regenerator，REG）、分插复用器（ADM）和数字交叉连接设备（DXC）等，下面介绍 SDH 网中常见这几种网元设备的特点和基本功能。

1. 终端复用器（TM）

TM 用在网络的终端站点上，例如一条链的两个端点上。

TM 是把多路低速信号复用成一路高速信号，或者反过来把一路高速信号分接成多路低速信号的设备。图 6-18 是终端复用器的示意图，它有两种端口，低速端口和线路侧高速数据端口。

它的作用是将支路端口的低速信号复用到线路端口的高速信号 STM-*N* 中，或从 STM-*N* 的信号中分出低速支路信号。它的线路端口输入/输出一路 STM-*N* 信号，而支路端口可以输入/输出多路低速支路信号。在将低速支路信号复用进 STM-*N* 帧（将低速信号复用到线路）上时，有一个交叉的功能，例如：可将支路的一个 STM-1 信号复用进线路上的 STM-16 信号中的任意位置上，也就是指复用在 1 ~ 16 个 STM-1 的任一个位置上。将支路的 2Mbit/s 信号可复用到一个 STM-1 中 63 个 VC12㊀的任一个位置上去。

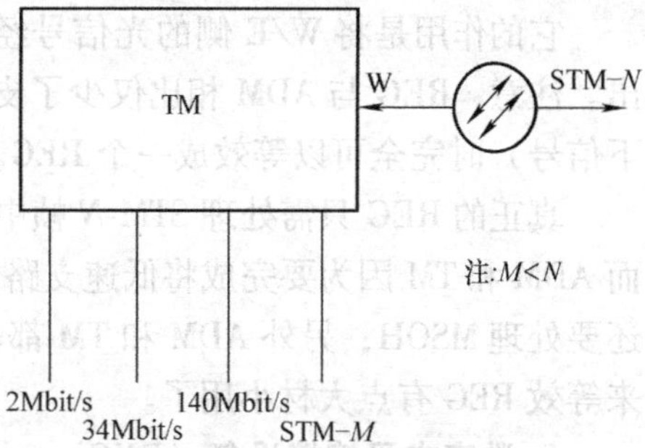

图 6-18 终端复用器示意图

2. 分插复用器（ADM）

分插复用器用于 SDH 传输网络的转接结点处，如链的中间结点或环上结点。是 SDH 网上使用最多、最重要的一种网元，它是一种三端口的器件，如图 6-19 所示。

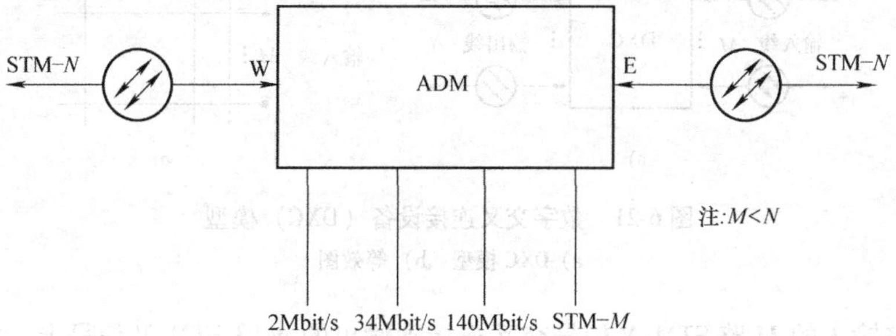

图 6-19 分插复用器 ADM 模型

ADM 有两个线路端口和一个支路端口。两个线路端口各接一侧的光缆（每侧收/发共两根光纤），为了描述方便将其分为西向（W）、东向（E）两个线路端口。ADM 的作用是将低速支路信号交叉复用进东或西向线路上去，或从东或西侧线路端口收到的线路信号中拆分出低速支路信号。另外，还可将东/西向线路侧的 STM-*N* 信号进行交叉连接，例如：将东向 STM-16 中的 3# STM-1 与西向 STM-16 中的 15 # STM-1 相连接。

ADM 是 SDH 最重要的一种网元，通过它可等效成其他网元，即能完成其他网元的功能，例如：一个 ADM 可等效成两个 TM。

㊀ VC-虚容器，即一定结构的缓冲区，是 SDH 中最重要的一种信息结构，它的包封速率是与 SDH 网络同步的，因此不同 VC 是相互同步的，但在 VC 内部却允许装载来自不同容器的异步净负荷，VC12-与 E1 群所对应的虚容器。

3. 再生中继器（REG）

光传输网的再生中继器有两种，一种是纯光的再生中继器，主要进行光功率放大以延长光传输距离；另一种是用于脉冲再生整形的电再生中继器，主要通过光/电变换、电信号抽样、判决、再生整形、电/光变换，以达到不积累线路噪声，保证线路上传送信号波形的完好性。此处是指后一种再生中继器，REG 是双端口器件，有两个线路端口 W 和 E，如图 6-20 所示。

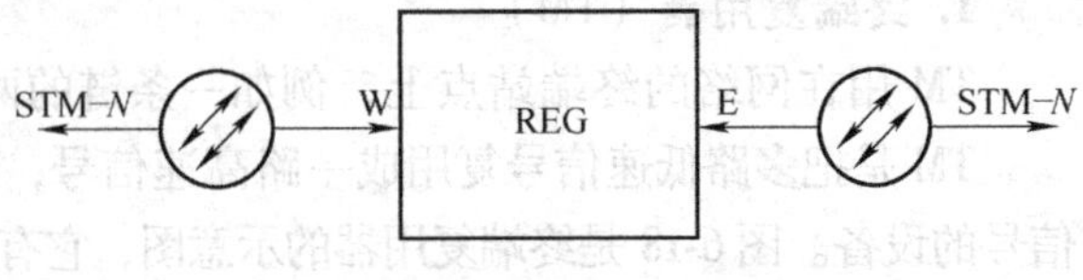

图 6-20　再生中继器 REG 模型

它的作用是将 W/E 侧的光信号经 O/E、抽样、判决、再生整形、E/O 在 E 或 W 侧发出。注意，REG 与 ADM 相比仅少了支路端口，所以 ADM 若本地不上/下话路（支路不上/下信号）时完全可以等效成一个 REG。

真正的 REG 只需处理 STM-*N* 帧中的 RSOH，且不需要交叉连接功能（W-E 直通即可），而 ADM 和 TM 因为要完成将低速支路信号分插到 STM-*N* 中，所以不仅要处理 RSOH，而且还要处理 MSOH；另外 ADM 和 TM 都具有交叉复用能力（有交叉连接功能），因此用 ADM 来等效 REG 有点大材小用了。

4. 数字交叉连接设备（DXC）

DXC 完成的主要是 STM-*N* 信号的交叉连接功能，它是一个多端口器件，实际上相当于一个交叉矩阵，完成各个信号间的交叉连接，如图 6-21a 所示。

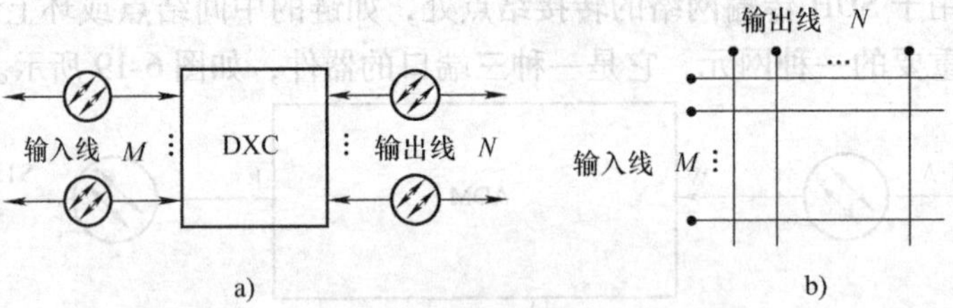

图 6-21　数字交叉连接设备（DXC）模型
a）DXC 模型　b）等效图

DXC 可将输入的 *M* 路 STM-*N* 信号交叉连接到输出的 *N* 路 STM-*N* 信号上，如图 6-21b 所示。图中有 *M* 条入光纤和 *N* 条出光纤。DXC 的核心是交叉连接，信号在交叉矩阵内以最低速率为单位进行分接和复接，例如：STM-16 信号在交叉矩阵内的低级别容器进行交叉，如 VC12 级别进行交叉。

通常用 DXC *M*/*N* 来表示一个 DXC 的类型和性能（$M>N$），*M* 表示可接入 DXC 的最高速率等级，*N* 表示在交叉矩阵中能够进行交叉连接的最低速率等级。*M* 越大表示 DXC 的承载容量越大；*N* 越小表示 DXC 的交叉灵活性越大。

6.4.3　SDH 通信组网

由本节描述的网元进行连接可以构成各种形式的光网络。实际的光网络传输系统，可以选择不同厂家的产品，例如：华为公司的 OptiX 系列光传输产品，涵盖了各种速率、满足各种需要的光网络产品。下面仅介绍采用基本网元构建光网络的基本原理。构建光网络时，所用的光传输产品通称为光端机，即将电信号复接发送或光信号分接接收的设备。

1. 点对点通信

用一个光接口光端机可以组成点对点通信网，称为终端通信方式，如图 6-22 所示。

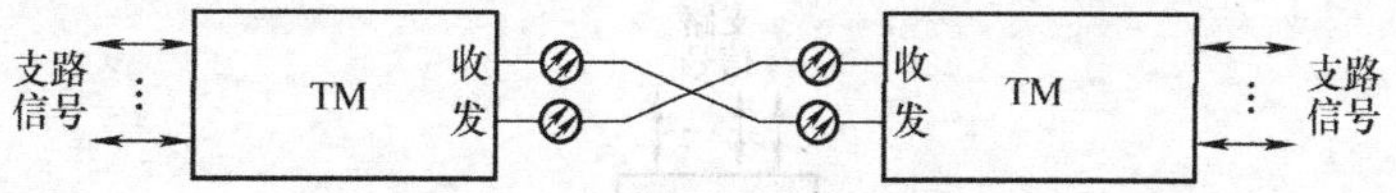

图 6-22　SDH 点对点通信模式

各种支路信号可以实现透传，即上路的信号和接收的信号，格式完全一致，光端机上有各种类型的接口，例如：RS232C、以太网等接口。

2. SDH 线形网

用具有分插功能的 SDH 光端机，可以组成线形和具有枢纽连接方式的网络。图 6-23 为由 ADM 组成的线形通信网，在中间的 ADM 光端机上可以实现上下各种支路业务，实现三个点之间的各种业务的互相透传。

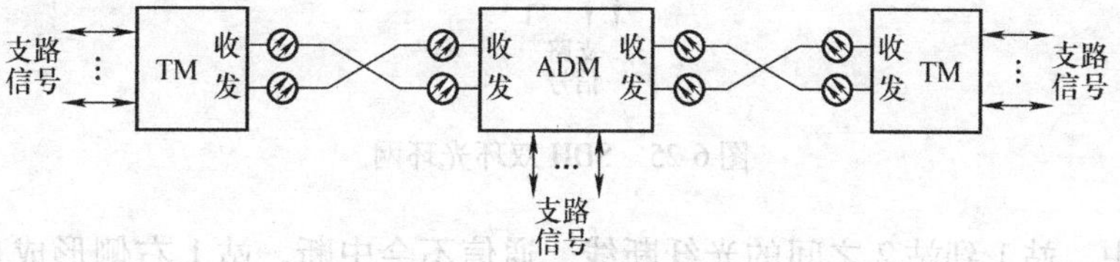

图 6-23　SDH 线形网

3. 具有枢纽连接方式

采用（或配置成）具有多个光方向的光端机，可以组成枢纽网，图 6-24 为在枢纽点设置具有四个光方向的 ADM/DXC 光端机，构成 SDH 枢纽通信网，实现多个端点之间支路数据的透传。

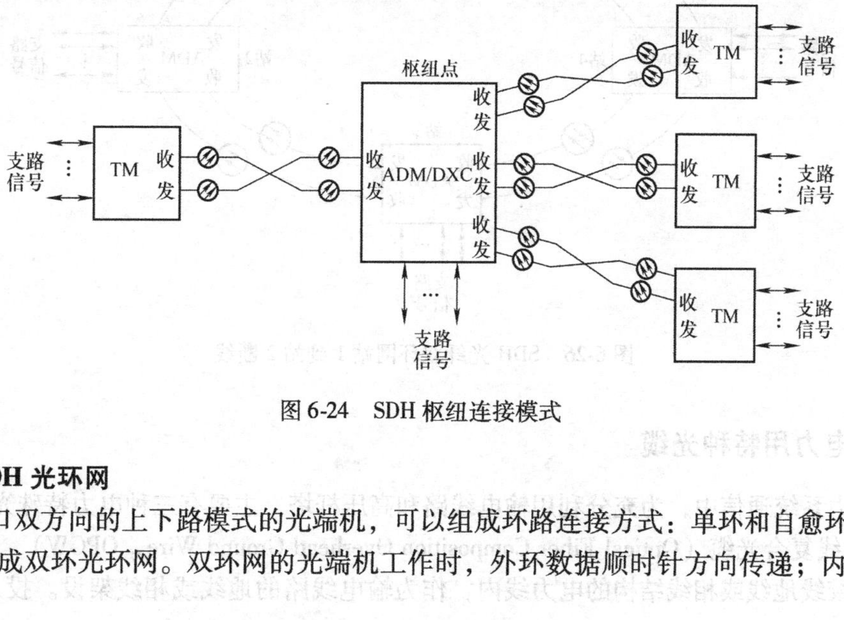

图 6-24　SDH 枢纽连接模式

4. SDH 光环网

双光口双方向的上下路模式的光端机，可以组成环路连接方式：单环和自愈环。图 6-25 为 SDH 组成双环光环网。双环网的光端机工作时，外环数据顺时针方向传递；内环数据逆时针方向传递。正常工作时，内环处于备用方式，即 ADM 的两个光口处于 1+1 备份方式，外环的光口为主光口，内环的光口为备用光口，一旦主光纤断了，辅助光口会保证工作的正常进行。

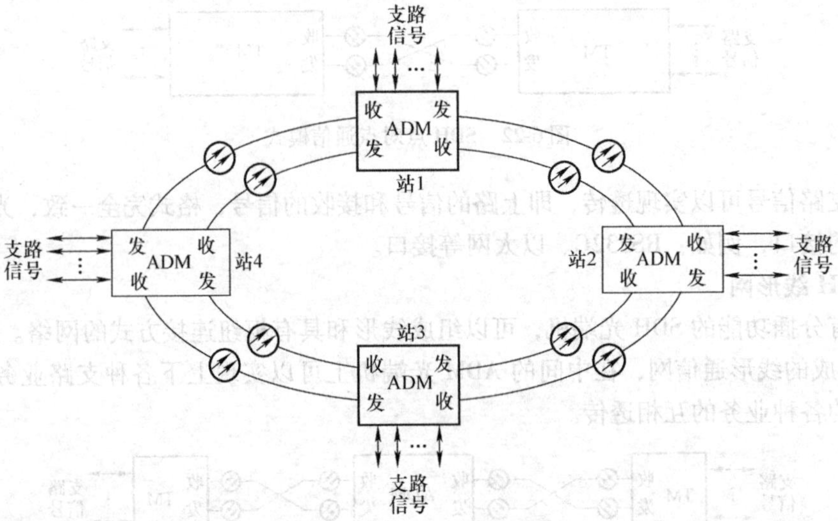

图 6-25　SDH 双环光环网

图 6-26 中，站 1 到站 2 之间的光纤断线，通信不会中断。站 1 右侧形成自环，站 1 发向站 2 的信息，改由内环传递；当光缆修理好后，网络自动恢复到正常方式。

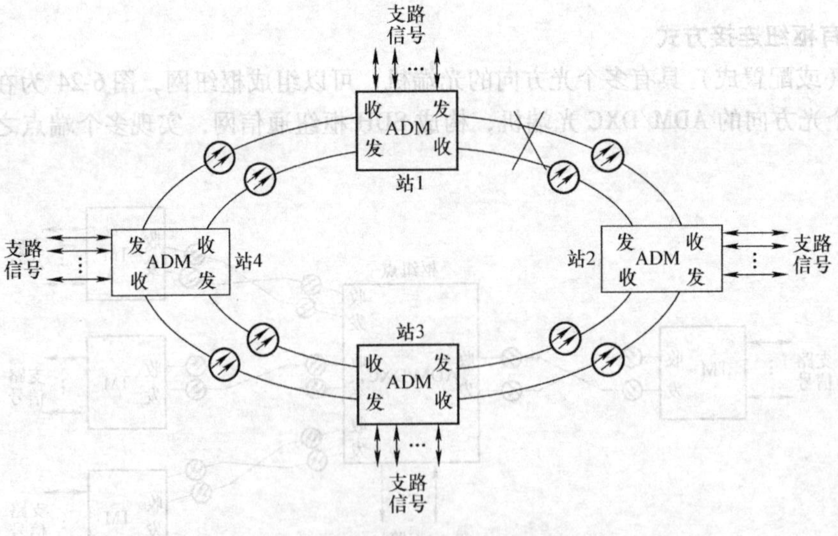

图 6-26　SDH 光纤双环网站 1 到站 2 断线

6.4.4　电力用特种光缆

在电力系统通信中，为充分利用输电线路和高压杆塔，主要有三种电力特殊光缆：

1）地线复合光缆（Optical Fiber Composition Overhead Ground Wire，OPGW）　将光纤安置在钢芯绞线地线或相线结构的电力线内，作为输电线路的地线或相线架设。投入运行后，它一方面充当地线或相线使用，其内部的光纤则用于通信。

2）架空地线缠绕式光缆（Ground Wire Wind Optical Cable，GWWOC）　在已有输电线路的地方，可将这种光缆缠绕或挂在地线上，这样可大大节省光缆敷设的时间和成本。

3）自承式光缆（All Dielectric Self-supporting Aerial Cable，ADSS）　这种光缆有特别强的抗张能力，可直接挂在两座杆塔之间，最大跨距达 1000m。

6.5 无源光以太网

无源光网络（Passive Optical Network，PON）技术是 20 世纪 90 年代提出的一种点到多点的光纤通信接入技术，其主要特征是光线路终端（Optical Line Terminal，OLT）和光网络单元（Optical Network Unit，ONU），以及它们之间的无源分光器（Passive Optical Splitter，POS）组成光分配网（Optical Distribution Network，ODN），光分配网中全部由无源光器件组成，不包含任何有源电子设备。PON 可以有效避免电磁干扰对通信设备的影响，PON 系统可以灵活地组成树形、星形、总线型等拓扑结构，光分支点不需要节点设备，只需要安装一个简单的分光器即可，因此可以节省光缆资源，共享带宽资源，节省机房投资，具有设备可靠、安全、简洁、综合建网成本低等优点，被普遍认为是宽带接入网的未来发展方向。

以太网是目前得到最广泛应用的通信技术。结合 PON 和以太网的优点开发的 EPON 由 IEEE 802.3EFM 研究组提出，在物理层采用 PON 技术，在链路层使用以太网协议，利用 PON 的拓扑结构实现以太网接入，综合了 PON 技术和以太网技术带宽高、扩展性强、服务重组灵活快速、与现有以太网的兼容性好、管理方便等优点。

6.5.1 EPON 网络的结构

EPON 系统由一个 OLT 和一组 ONU 组成，在它们之间是由光纤和 POS 组成的光分配网。工作原理如图 6-27 所示。

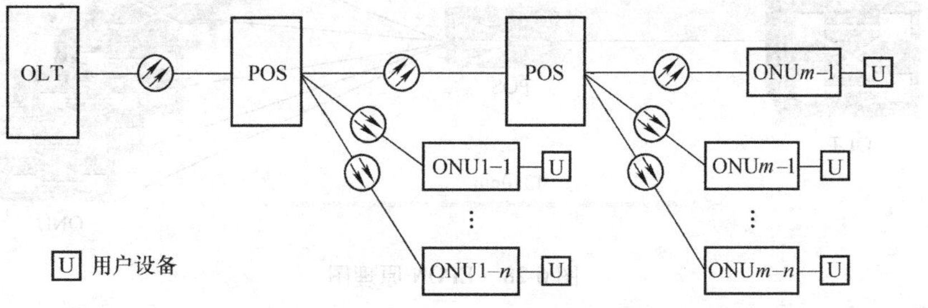

图 6-27　EPON 通信系统结构示意图

（1）光线路终端（OLT）　OLT 的作用既是上级主干通信网和 PON 的一个上下行数据的交汇，同时又是一个交换机（或路由器），还是一个多业务提供平台，提供面向无源光纤网络的光纤接口（ PON 接口），又能提供多个 1Gbit/s 和 10Gbit/s 的以太接口，OLT 还支持和各种其他骨干网通过多种接口连接。

OLT 的以太接口通过以太网方式实现和其他支持以太网的设备或网络进行连接。例如：OLT 和以太网交换机或配电子站连接。OLT 和各种其他骨干网的接口，有帧中继（Frame

Relay，FR）接口，多种速率和同步光网络（SDH）连接的接口，如果需要支持传统的 TDM 话音，普通电话线（Plain Old Telephone Service，POTS）和其他类型的 TDM 通信（T1/E1）可以被复用连接到接口。因此，一般的 OLT 既是汇聚设备，又是一个其他信号接入设备。

OLT 可以针对用户的服务质量和服务等级协议（Quality of Service/Service Level Agreement，QoS/SLA）不同要求，进行带宽分配、网络安全和管理配置。

OLT 根据需要可以配置多块光纤卡（Optical Line Card，OLC），每一块 OLC 上提供多路光接口与多个 ONU 通过 POS 连接。1 个 OLT PON 端口下最多可以连接的 ONU 数量与不同 OLT 设备设计有关。在 EPON 系统中，0LT 到 ONU 间的距离最大可达 20km。

(2) 无源分光器（POS）　POS 主要负责分发下行数据并集中上行数据，完成光信号功率分配和波长复用等功能。

POS 是一个简单设备，不需要电源，可以置于全天候的环境中。一般而言，一个分光器的分路比为 2、4 或 8，并且可以多级连接。

(3) 光网路单元（ONU）　ONU 负责为网络提供用户侧的接口，完成光/电（下行）、电/光（上行）的转换，实现各类业务的接入。

一般的 ONU 上提供 RS232C 异步串口、以太网接口、以及普通电话 POTS 接口等。

6.5.2　EPON 的工作原理

在 EPON 中，OLT 与 ONU 之间的数据传输方式有多种，采用波分复用/波分多址（Wavelength Division Multiplexing/Wavelength Division Multiple Access，WDM/WDMA）、时分复用/时分多址（Time Division Multiplexing/Time Division Multiple Access，TDM/TDMA）、码分复用/码分多址（Code Division Multiplexing/Code Division Multiple Access，CDM/CDMA）等，一般多采用 TDM/TDMA 方式，EPON 原理如图 6-28 所示。

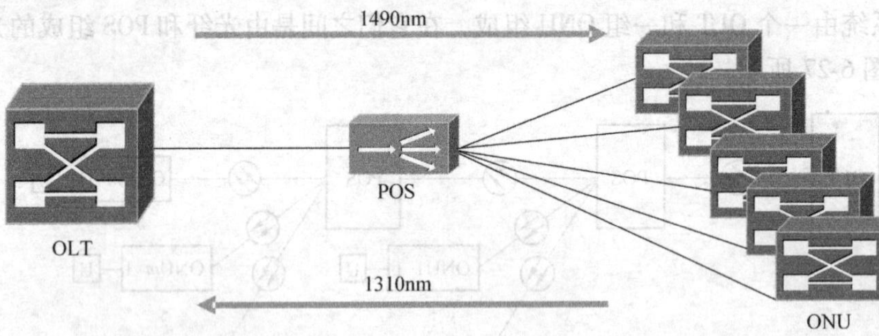

图 6-28　EPON 原理图

图 6-29 中，EPON 系统采用 WDM，用单纤实现信息的双向传输。

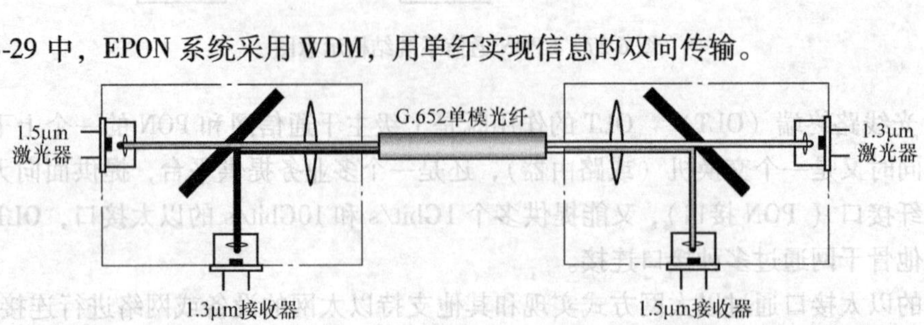

图 6-29　单模两波长传输结构

EPON 系统下行采用 TDM 广播方式，OLT 将全部下行信号广播出去，通过 POS 分配到各 ONU，每个 ONU 接收到所有信号，但只取出自己需要的信号。图 6-28 中，上行数据传输采用 TDMA 方式，每个 ONU 在一定时隙发送光信号（即突发发射）。所有 ONU 的突发光信号通过 POS 汇合后进行异源光信号 TDM 复用合成，形成包括所有 ONU 信息的突发光信号。OLT 接收所有信号后根据协议进行处理。上行中心波长 1310 nm，下行中心波长 1490nm。

6.5.3　帧结构和工作过程

EPON 的帧结构如图 6-30 所示，结构和以太网类似，只是 EPON 的前导码，采用和以太网前导码长度一样，为八字节，其中 1、2、4、5 和源前导码一致，3、6、7、8 四字节进行重新定义。前导码的结构见表 6-3，其中 LLID 占用两字节，共 16 位，最高位表示 MODE，广播报文 MODE = 1，LLID = 0x7FFF；单播时，MODE = 0 且 LLID！ = 0x7FFFF。

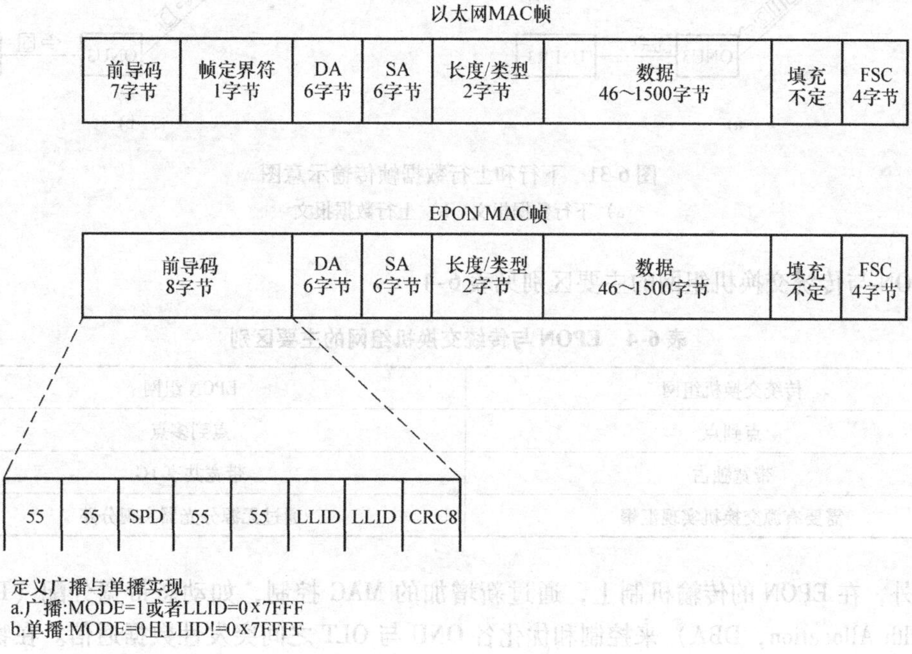

图 6-30　EPON 的帧结构

表 6-3　前导码的结构

偏 移 量	数 据 域	原前导码/SFD	替换后的前导码
1	–	0x55	相同
2	–	0x55	相同
3	SPD	0x55	0xd5：SPD 指示 LLID 和 CRC 位置
4	–	0x55	相同
5	–	0x55	相同
6	LLID［15：8］	0x55	<mode［15：15］，logical_link_id［14：8］>
7	LLID［7：0］	0x55	<logical_link_id［7：0］>
8	CRC8	0xd5	计算从三到七字节之间数据的 CRC

ONU 在 OLT 上注册成功后，OLT 给 ONU 分配了一个唯一的逻辑链路识别符，即给 ONU 一个标识符号 LLID；发送信息时，在每一个分组信息报文中添加一个 LLID，替代以太网前导符的前导码的六、七字节；OLT 接收数据时比较 LLID 注册列表，ONU 接收数据时，仅接收符合自己的 LLID 的帧或者广播帧。

下行数据以广播或单播方式到每一个 ONU，ONU 接收属于自己的信息，上行数据为 TDMA 方式，每一个用户用分配的时隙发送数据，上行到 POS 按时隙合成，进入 OLT。图 6-31 给出了下行和上行数据帧的传输过程。

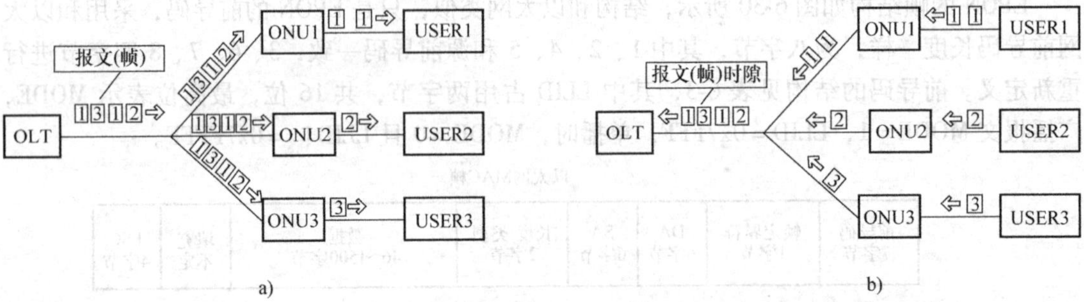

图 6-31　下行和上行数据帧传输示意图

a）下行数据报文　b）上行数据报文

EPON 与传统交换机组网的主要区别见表 6-4。

表 6-4　EPON 与传统交换机组网的主要区别

传统交换机组网	EPON 组网
点到点	点到多点
带宽独占	带宽共享 1G
需要有源交换机实现汇聚	通过无源分光器实现分路

另外，在 EPON 的传输机制上，通过新增加的 MAC 控制，如动态带宽分配（Dynamic Bandwidth Allocation，DBA）来控制和优化各 ONU 与 OLT 之间突发性数据通信。在物理层，EPON 使用 1000Base 的以太网；在数据链路层，EPON 采用成熟的全双工以太网技术和 TDM。由于 ONU 在自己的时隙内发送数据包，因此没有冲突，不需要 CSMA/CD，从而可以充分利用带宽。

6.5.4　设备的基本功能和性能

典型的 OLT 配置为（4～8）端口千兆 EPON 业务板，与 ONU 之间的最大传输距离为 20km。每个 PON 端口支持 32 个 ONU，整机支持能达到 1408 个 ONU，支持动态带宽分配（DBA），动态带宽分配算法支持第三方定制加载；支持网管管理远端 ONU 设备，支持 ONU 远端软件升级。

分光器是 EPON 系统中不可缺少的无源光纤分支器件。作为连接 OLT 设备和 ONU 用户终端的无源设备，它把由馈线光纤输入的光信号按功率分配到若干输出用户线光纤上，有 1 分 2、1 分 4、1 分 8、1 分 16、1 分 32 五种分支比。对于 1 分 2 的分支比，功率会有平均分配

（50∶50）和非平均分配两种类型。而对于其他分支比，功率会平均分配到若干输出用户光纤去。对于上行传输，由分光器把由用户线光纤上传的光信号耦合到馈线光纤并传输至光线路终端，分光器不需要外部能源，仅需要入射光束，并且只会加损耗，这主要是由于它们分割了输入（下行）功率的缘故。这种损耗称为分光器损耗或分束比，通常以 dB 表示，并且主要由输出端口的数量决定。

分光器由一个干路光接口和多个支路光接口组成。不同组网方式可以采用不同规格的分光器。

ONU 一般提供 2 ~4 个下行以太网端口，速度为 100Mbit/s、1000Mbit/s。每个端口的上行数据时隙由网管软件来分配，取决于系统中配置的 ONU 的个数。

6.5.5 EPON 在配电自动化系统的应用

1. 组网方式

配电自动化的终端单元 FTU、TTU、DTU 到配电子站之间的通信，其通信形式是典型的一点到多点的通信形式。配电子站到配电终端之间节点数量大、地理分布广、工作环境差。这就要求设备单位造价低廉，网络运行可靠，维护方便，设备环境适应力强，而 PON 技术正好符合这些要求。

馈线层 EPON 通信组网如图 6-32 所示。馈线层通信采用链型网络，即以变电所为起点，在变电站中安装 OLT，采用多个分路比为 1 分 2 光分路器，各个 ONU 和 1 分 2 的光分路器均安装在 FTU 机箱内，由 FTU 给 ONU 提供 24V 直流电源，ONU 上的以太网或 RS232C 接口与 FTU 进行数据交换。

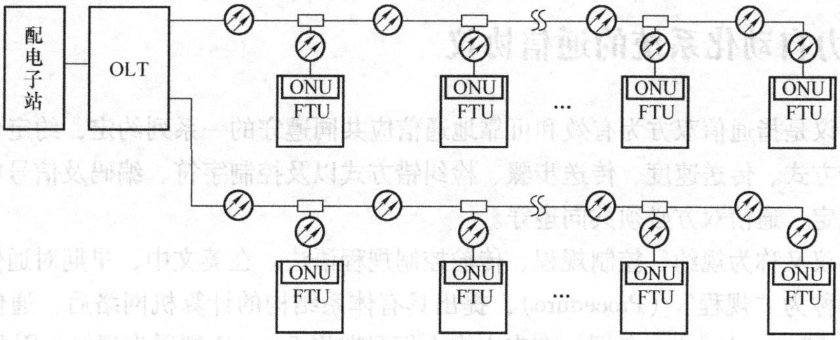

图 6-32　馈线层 EPON 通信组网示意图

图 6-33 为采用全保护方式的 EPON 组成的馈线自动化通信网络示意图，图中 OLT 的两个光接口，分别接入两路集结的 FTU。在 OLT 上，两个 EPON 光口，一个为主接口、一个为辅助接口，可以通过自动倒换和强制倒换进行光口切换，实现光纤的冗余保护。自动倒换是由故障发现触发，如信号丢失或信号劣化等引起光口切换；强制倒换是由管理事件触发，自动实现的光口切换。在保证其他线路正常工作的情况下，这种环路保护倒换机制都可以达到小于 50 ms 的电信级要求。这种网络结构具有抗多点 ONU 失效能力，任意位置 ONU 失效时，光网络能自动切换到备用光口，不会影响网络其他 ONU 的正常通信。

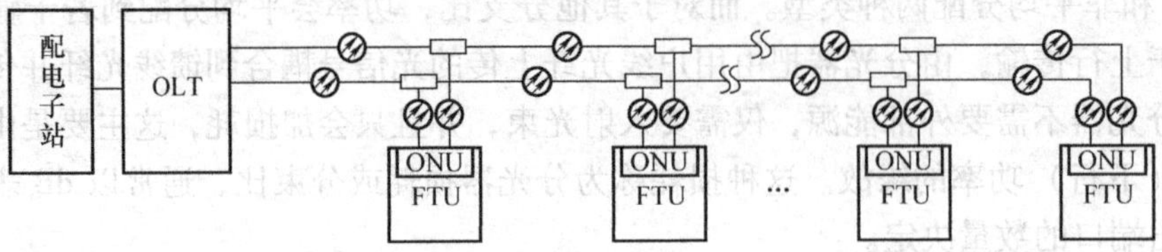

图 6-33　全保护结构的馈线层 EPON 组网示意图

2. EPON 组网优势

（1）维护简单 EPON 在光纤传输中不需要额外电源，可节约长期维护成本，并且随着接入单元的增加，只需要相应增加分光器和 ONU 即可。

（2）可提供高带宽 目前，EPON 可以提供上下行对称的 1.25Gbit/s 带宽，并随着以太网规模扩大可以升级到 10Gbit/s。

（3）网络覆盖范围大 EPON 作为一种点到多点技术，可以利用局端 OLT 设备上单个光模块及光纤资源，可接入大量电力通信终端设备，覆盖半径可达 20km。

（4）网络可靠性高 EPON 系统中各个 ONU 与局端 OLT 设备之间是并联通信关系，任一个 ONU 或多个 ONU 故障，不会影响其他 ONU 及整个通信系统的稳定运行，并且基于 EPON 的通信数据可以经过高强度的 AES128 位数据加密，保证数据的安全。

（5）简化网络层次 EPON 通过使用分光设备，简化了中继传输系统，使网络结构更加简单明晰。

（6）组网灵活 EPON 可以组成星形、链形、环形、树形、混合型等网络结构。

6.6　电力自动化系统的通信协议

通信协议是指通信双方为有效和可靠地通信应共同遵守的一系列约定，约定包括对数据格式、同步方式、传送速度、传送步骤、检纠错方式以及控制字符、编码及信号电平等问题做出统一规定，通信双方必须共同遵守。

通信协议又称为规约、控制规程、传输控制规程语法。在英文中，早期对通信所使用的各种规则都称为“规程”（Procedure），提出具有体系结构的计算机网络后，通信就开始使用“协议”（Protocol）这一名词，在中文中人们习惯将 Protocol 翻译为规约，因此，“规约”和“协议”应当是可以混用，但目前全国自然科学名词审定委员会公布的计算机科学技术名词中已经明确规定了 Protocol 的标准译名是“协议”。在电力系统自动化领域，人们习惯用“规约”一词，规约和协议具有相同语义，建议用协议一词。

1. 协议模型

电力自动化领域的通信协议，由于对通信的实时性有严格的要求，通信协议往往只涉及应用层和链路层。应用层规定信息发送接收的格式和传输的策略。链路层规定二进制信息的发送接收格式，以及链路层的控制方法。

2. 协议和协议种类

电力系统自动化的协议种类十分繁杂，有由不同的国际标准组织、国家定义的协议，也有由不同厂家定义的协议，同一种协议有多种版本。一般根据通信协议信息传递控制的方式，分为循环式、应答式（非平衡）、平衡传输三大类。

循环式协议，通信的一端自发地，不断循环地向另一方传送数据。

应答式协议，又称为非平衡传输，通信双方规定一方为启动站，另一方为从动站。只允许启动站发起召唤，从动站被动应答。在实际应用中，启动站为系统的高层次和下一个较低层次的子系统（装置）通信，例如：配电子站和FTU。

平衡传输协议，是指已连接的两个终端设备，均可随时启动报文传输的传输方法。一但链路建立成功，变化信息除了响应召唤应答还可以主动发送而无须等待。为了保证信息的正确接收，两个方向需要按照文件控制块（File Control Block，FCB）反转机制确认对方的发送信息是否正确接收。

3. 典型协议

（1）循环式协议（CDT） 原国家能源部发布的DL451-91（86）循环式协议，得到了非常广泛的应用。

（2）远动通信协议体系 IEC 60870-5 系列 通信体系采用分层的思想，将整个庞大而复杂的问题划分为若干个容易处理的小问题。OSI 参考模型定义了开放系统的层次结构、层次之间的相互关系及各层所包含的可能服务。传统的电力远动通信协议一般不分层，不利于标准化，使其应用受到一定的限制。为此，IEC 的第三工作组在 20 世纪 90 年代制定了一套分层的远动通信协议 IEC 60870-5 系列，协议分为以下两层：链路层由 IEC 60870-5-1 和 IEC 60870-5-2 详细描述；应用层基础部分由 IEC 60870-5-3、IEC 60870-5-4 和 IEC 60870-5-5 详细描述。应用层直接映射到链路层，应用层采用无连接方式，并根据不同的应用领域定义了一系列标准：IEC 60870-5-101（以下简称 101 协议）用于电力调度自动化；IEC 60870-5-102 用于电能计量信息的接入；IEC 60870-5-103 用于继电保护信息传输；IEC 60870-5-104 为基于 TCP/ IP 网络协议的电力调度自动化信息传输协议。表 6-5 给出了 IEC 60870-5 系列通信协议的体系结构。

表 6-5 IEC 60870-5 系列通信协议的体系结构

OSI 体系	-5-101 体系	102，103 体系	-5-104 体系
应用层	60870-5-101	102、103	60870-5-104
	（基于 IEC 60870-5-3/4/5）		
表示层			
会话层			
传输层			RFC793TCP
网络层			RFC791IP
链路层	-5-101 FT2.1	102，103 FT2.1	ISO8802.2.LLC1
	（基于 IEC 60870-5-1/2）		ISO8802.X MAC
物理层	V.24/V.27，X.21，X.21		通信介质

6.6.1 循环式协议（CDT）

循环式通信协议是一种以厂站端 RTU 为主动端，自发地、不断循环地向主站上报现场数据的传输规约。在厂站端与主站的远动通信中，RTU 周而复始地按照一定规则向主站传送各种信息。主站也可向 RTU 传送遥控、遥调、时钟对时等信息。在循环传送方式下，RTU 无论采集到的数据是否变化，都以一定的周期周而复始地向主站传送，RTU 独占一个信息通道。

（1）特点

1）发送端（厂站 RTU）按预先约定，周期性地不断地向调度端发送信息。信息以帧为单位，按信息重要程度不同，分为 A、B、C、D（分为 D_1、D_2）、E 五种帧类别。

2）帧由字组成，每帧可以包含多个字，每个字包含六个字节，每帧长度可变，多种帧类别循环传送，上帧与下帧相连，信道永不停歇地循环传送信息。

3）信息按重要性和实时性的不同，规定有不同的优先级和循环更新时间。遥信变位优先传送，重要遥测量更新循环时间较短。

4）区分循环量、随机量和插入量，采用不同形式传送，以满足电网调度自动化系统对信息实时性和可靠性的不同要求。

（2）信息分类　CDT 规定主站与厂站端可传送下列信息：遥信、遥测、事件顺序记录 SOE、电能脉冲计数值、遥控命令、设定命令、升降命令、对时、广播命令、复归命令等。

（3）信息的优先级顺序　主站与变电站端之间传送的远动信息，它们的重要性是有区别的，为了达到国家规定的电网数据采集与监控系统的技术条件以及远动终端技术条件的要求和指标，信息按重要性不同采用不同的优先级和循环时间。

变电站端到主站信息的优先级排列顺序和传送时间要求如下：

1）变电站端时钟返回信息插入传送。

2）变位遥信、变电站端工作状态变化信息插入传送，要求在 1s 内送到主站。

3）遥控、升降命令的返送校核信息插入传送。

4）重要遥测安排在 A 帧传送，循环时间不大于 3s。

5）次要遥测安排在 B 帧传送，循环时间一般不大于 6s。

6）一般遥测安排在 C 帧传送，循环时间一般不大于 20s。

7）遥信状态信息，包含变电站端工作状态信息，安排在 D_1 帧定时传送，几分钟到几十分钟传送一次。

8）电能脉冲计数值安排在 D_2 帧定时传送，几分钟到几十分钟传送一次。

9）事件顺序记录安排在 E 帧，以帧插入方式传送。

主站到变电站端命令的优先级排列如下：

1）设置变电站端时钟校正值，设置变电站端时钟。

2）遥控选择、执行、撤消命令，升降选择、执行、撤消命令，设定命令。

3）广播命令。

4）复归命令。

（4）帧格式　每帧由同步字、控制字、信息字组成。每个字由六个字节组成，帧格式如图 6-34 所示。

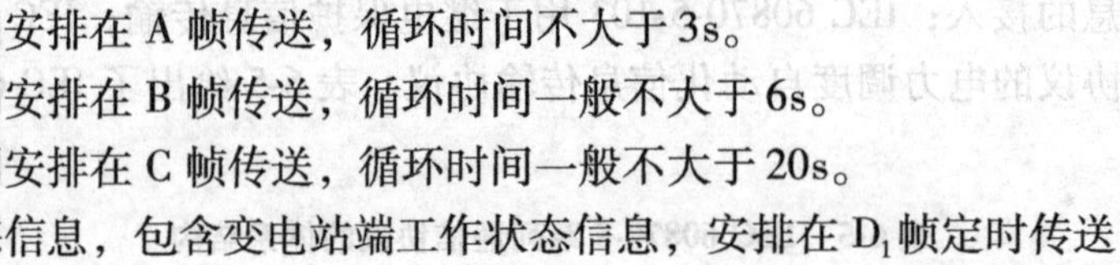

图 6-34　CDT 帧格式

1）同步字　共六字节，选择的特殊字不会与帧中的其他字相同，为 EB90 重复三次。如果信息传送时，低位在前发送时，EB09 变为 D709，重复三次。EB09 的二进制序列为 1110101110010000，低位在前发送时，发送的二进制序列为 1101011100001001，即 D709。

2）控制字　控制字用来说明本帧信息的有关情况，共六字节 48 位。协议中对每个字节的内容都有明确规定。控制字构成如图 6-35 所示。

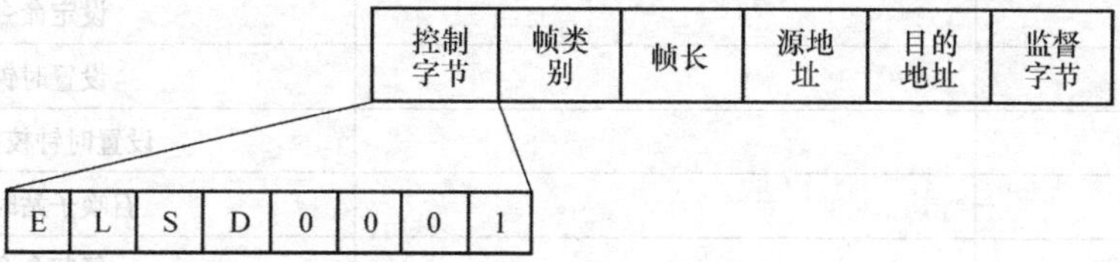

图 6-35　控制字构成

控制字节：控制字的第一字节共八位。其中前四位分别为 E、L、S、D，后四位为 0000。

E 为协议扩展位。当 E=0 时，为协议已定义的 18 种帧类别，见表 6-6；当 E=1 时，表示扩展了自行定义的帧类别。

L 为帧长定义位。L=0，本帧无信息字，帧长 $n_F=0$；L=1，本帧有信息字，$n_F \leqslant 256$，各帧 n_F 不相同。

S 为源站址定义位。上行信息中，S=1 表示源地址字节有内容，为子站编号（地址）；下行信息中，S=1 表示源地址有内容，为主站编号（地址）。

D 为目的站址定义位。上行信息中，D=1 表示目的地址字节有内容，为主站编号（地址）；下行信息中，D=1 表示目的地址字节有内容，为到达子站编号（地址）。当 D=0 时，相应目的站地址应为 FFH（即 11111111），表示是广播命令。所有站同时接收并执行广播命令。

帧类别：为控制字的第二个字节，数字含义见表 6-6。

帧长：为控制字的第三个字节，为本帧信息字的个数 n_F，$n_F \leqslant 256$。

源地址：为控制字的第四个字节。下行信息，为调度中心的地址；上行信息为变电站的地址。

目的地址：为控制字的第五个字节，下行信息，为子站编号（地址），上行信息为主站编号（地址）。

监督字节：为生成多项式 $g(x)=x^8+x^2+x+1$ 的（48，40）循环校验码和 $P(x)=x^7+x^6+x^5+x^4+x^3+x^2+x^1+1$ 形成的陪集码。

表 6-6　帧类别代号及其定义

帧类别代号	定　义	
	上行 E=0	下行 E=0
61H	重要遥测（A 帧）	遥控选择
C2H	次要遥测（B 帧）	遥控执行
B3H	次要遥测（C 帧）	遥控撤销
F4H	遥信状态（D_1 帧）	升降选择

（续）

帧类别代号	定义	
	上行 E = 0	下行 E = 0
85H	电能脉冲计数值（D_2 帧）	升降执行
26H	事件顺序记录（E 帧）	遥控撤销
57H		设定命令
7AH		设置时钟
0BH		设置时钟校正值
4CH		召唤子站时钟
3DH		复归命令
9EH		广播命令

3）信息字　信息字是承载远动信息的实体，每个信息字由 $B_n \sim B_{n+5}$ 共六个字节组成，下标 $n \leqslant n_F$，其通用格式如图 6-36 所示。一个帧中可以有 n_F 个信息字。

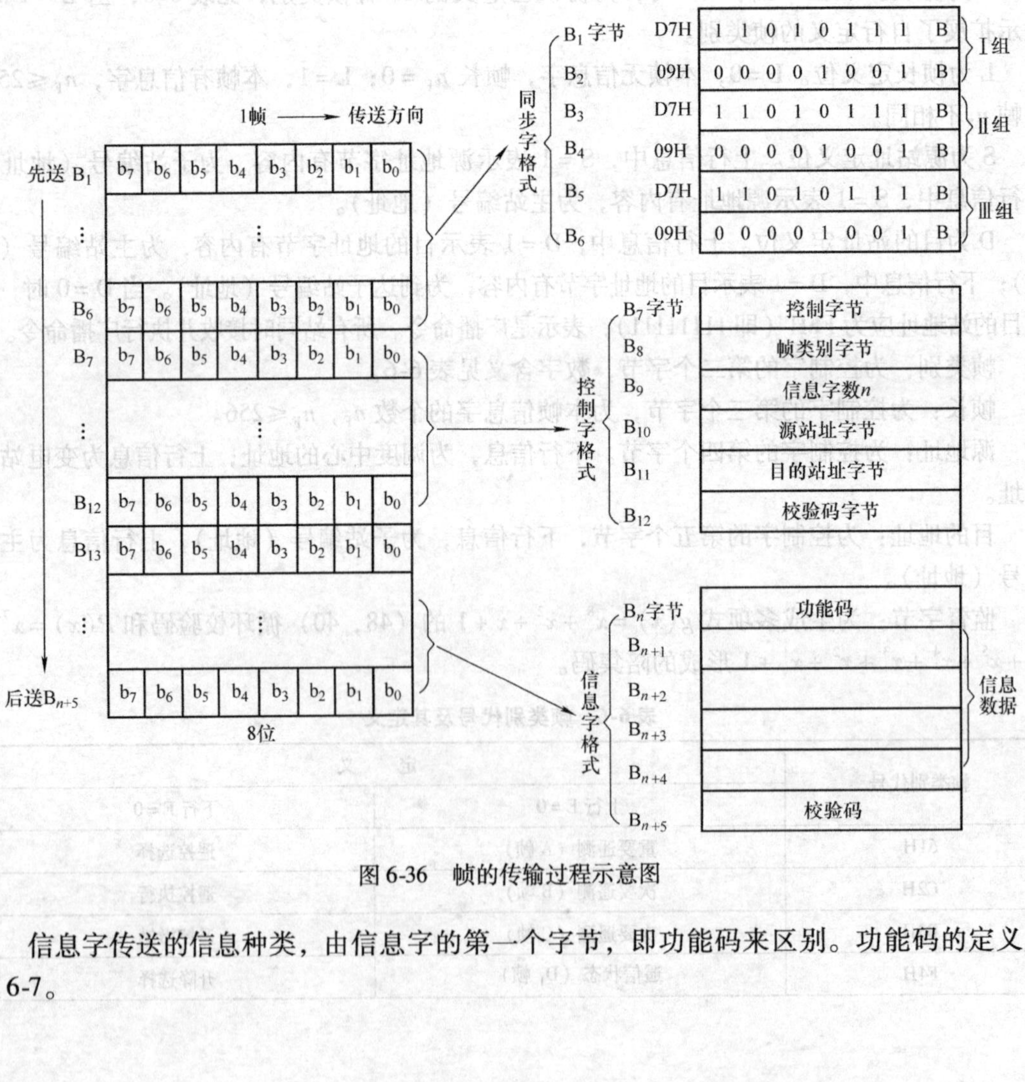

图 6-36　帧的传输过程示意图

信息字传送的信息种类，由信息字的第一个字节，即功能码来区别。功能码的定义见表 6-7。

表 6-7　功能码

功能码代号（H）	字　数	用　途	信息位数	容　量
00～7F	128	遥测（上行）	15	256
80～81	2	事件顺序记录（上行）	64	4096
84～85	2	子站时钟返校（上行）	64	1
8B	1	复归命令（下行）	16	16
8C	1	广播命令（下行）	32	16
A0～DF	64	电能脉冲计数值（上行）	32	64
E0	1	遥控选择（下行）	32	256
E1	1	遥控返校（上行）	32	256
E2	1	遥控执行（下行）	32	256
E3	1	遥控撤销（下行）	32	256
E4	1	升降选择（下行）	32	256
E5	1	升降返校（上行）	32	256
E6	1	升降执行（下行）	32	256
E7	1	升降撤销（下行）	32	256
E8	1	设定命令（下行）	32	256
EC	1	子站状态信息（上行）	8	1
ED	1	设置时钟校正值（下行）	32	1
EE～EF	2	设置时钟（下行）	64	1
F0～FF	16	遥信（上行）	32	512

在各种帧中，根据帧类别，可以包含不同的信息字，协议中给出了各种信息字的结构。如图 6-37 给出了协议中的 YC 和 YX 信息字结构。

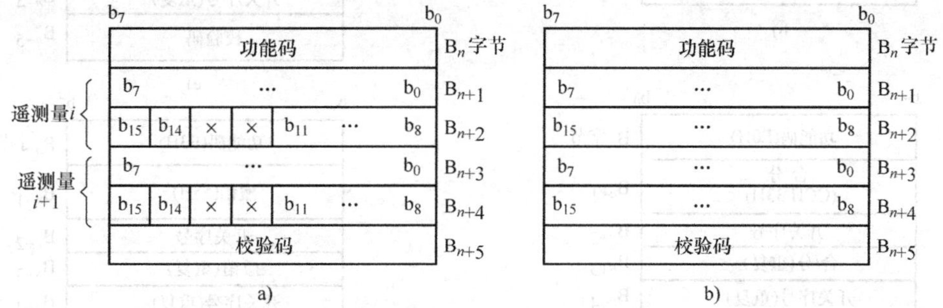

图 6-37　遥测信息字与遥信信息字格式

a）遥测信息字　b）遥信信息字

① YC 信息字　在图 6-37a 中，YC 信息字的功能码取值为 00～7FH，每一个 YC 信息字中能携带两个遥测量的值。每一个 YC 量占两个字节，其中 $b_0 \cdots b_{11}$ 共 12 位表示遥测值，b_{11} 为符号位，$b_{11}=0$ 表示正数，$b_{11}=1$ 表示 YC 值为负数，$b_{14}=1$ 表示 YC 值溢出，$b_{15}=1$ 数

据无效。遥测量编号 $i=2\times$功能码$+\text{offset_1}$㊀，对重要遥测、次要遥测、一般遥测，offset_ 1 取值分别为 0、256、512。对应的遥测量编号范围为 0 ~ 255、256 ~ 511、512 ~ 767。

② YX 信息字　在图 6-37b 中，YX 信息字的功能码为 F0H ~ FFH，共能表示 FH 个 YX 字，每个 YX 字中有四个字节共 32 位二进制位用来表示 YX 量，FH 个 YX 信息字能表示 16 ×32 = 512 个 YX 量。YX 编号的计算方法为

$$i=(\text{功能码}-\text{F0H})\times 32+\text{offset}$$㊁

式中，i 为 YX 量的编号；offset 为一个信息字中的第 offset（取值为 0 ~ 31）个 YX 量。

③ 遥控信息字　图 6-38 为遥控信息帧格式和相关的信息字格式。遥控操作要十分可靠，决不可误控其他开关，为此，设计了如图 6-38 包括遥控返校等增加可靠性环节的遥控信息字格式，并且遥控命令都要连发三遍，接收端采用三取二原则作出判决，即三个信息字内容一致或两个信息字内容一致都可以正确译出和执行；只有三个信息字各不相同时才判为错码不予执行。

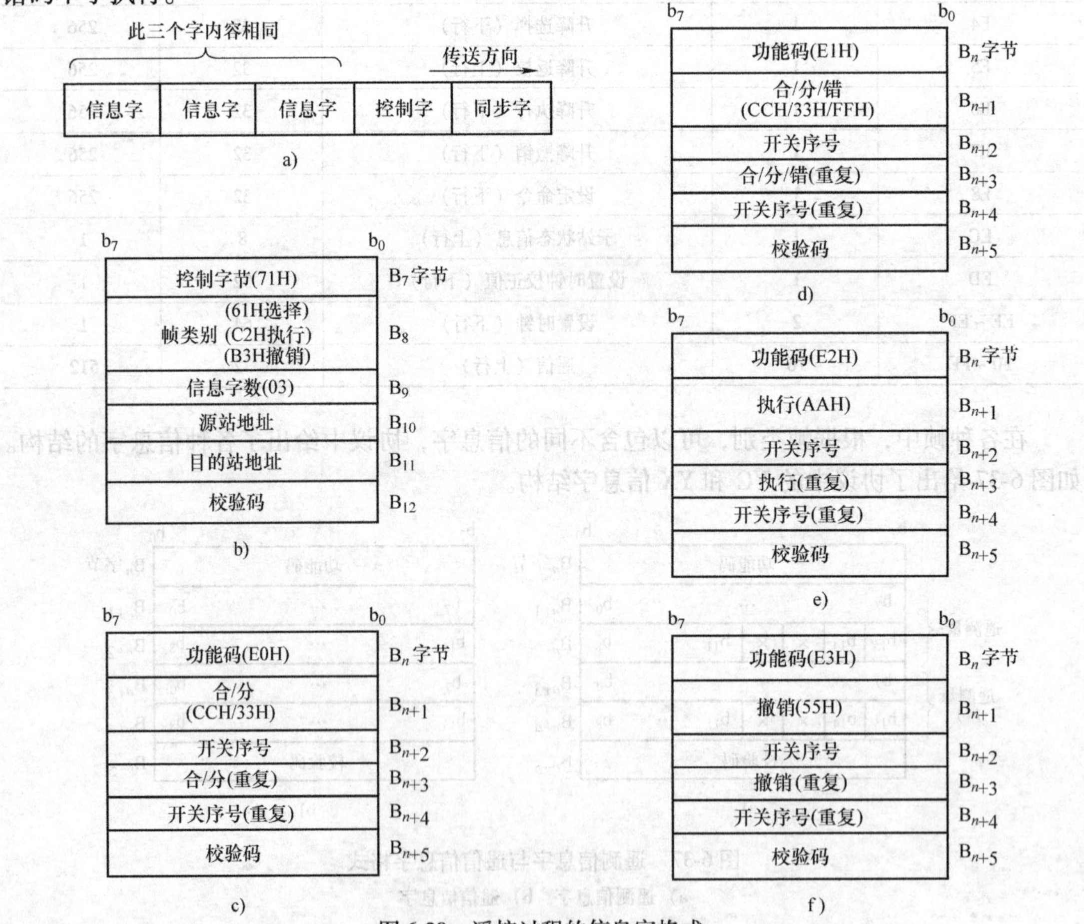

图 6-38　遥控过程的信息字格式

a）遥控帧结构　b）遥控控制字（下行）　c）遥控选择信息字（下行）
d）遥控返校信息字（上行）　e）遥控执行信息字（下行）　f）遥控撤销信息字（下行）

㊀ 计算时将功能码由十六进制转换成十进制。

㊁ 计算时将功能码和 F0H 由十六进制转换成十进制。

（5）CDT的信息传送规则　在CDT中，不同类型的信息采用不同的帧传送，多种帧连接在一起构成一个帧系列。设计帧系列的原则是保证各帧的信息传送周期在指定的时间范围内，例如：A帧的循环传送周期必须不大于3s，B帧的循环传送周期一般不大于6s等。图6-39就是一个帧系列的例子。

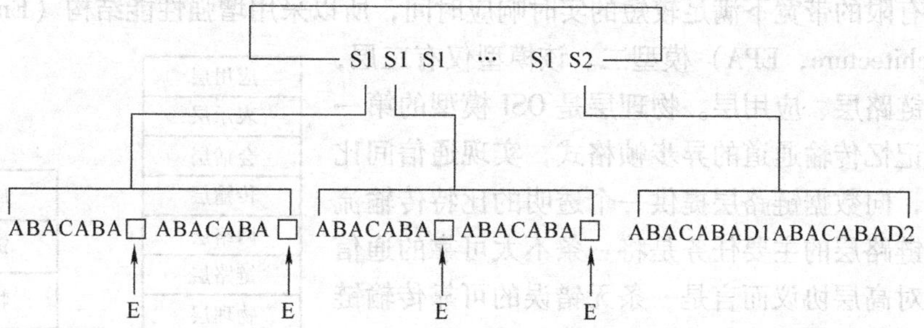

图6-39　帧系列传送原理图

在这个帧系列中，方框处可插入传送E帧，E帧需连续传送三遍。需要指出，帧系列仅对上行（厂站端至主站）信息传送而言，下行（主站至厂站端）命令形成的时间是不确定的，所以不存在帧系列。

无论采用何种帧系列，都可实现下列三种方式传送：

固定循环传送，用于传送A、B、C、D1、D2帧。

帧插入传送，用于传送E帧。当SOE连续出现时，E帧可连续组织几帧在允许插入的位置传送。

信息字随机插入传送。当需插入的信息出现时，就应插入当前帧进行信息字传送，并遵守以下规则：

1）变位遥信、遥控和升降命令的返校信息连续插送三遍，对时的变电站端时钟返回信息插送一遍。

2）变位遥信、遥控和升降命令的返校信息连续插送三遍，必须在同一帧内，不许跨帧。

3）若本帧不够连续插送三遍，全部改到下帧进行。

被插送的帧若是A、B、C或D帧，则原信息被取代，原帧长度不变；若是E帧则应在完整字之间插入，帧长度相应加长。变电站端加电或重新复位后，帧系列应从D_1帧开始传送。

6.6.2　IEC 60870-5-101远动通信协议

IEC 60870-5-101是电力系统远动通信标准，即电力调度中心和变电站之间生产调度实时通信标准，我国等同引用了该标准，标准号为DL/T 634. 5101—2002。该通信标准采用FT1.2帧格式，对物理层、链路层、应用层、用户进程做了具体的规定和定义。该协议适用于地理位置分散的系统在低速（速率小于64kbit/s）通道上实现高效和可靠的数据传输。它具有实时性较强，功能强大等特点，适用于平衡电路和非平衡电路。

IEC 60870-5-101标准（以下简称101）的传输机制灵活多样，既支持循环式传送、也支持轮询（Polling）的顺序处理机制，以及平衡传输机制，一般应用时采用顺序巡测同时穿插请求数据传送的通信方式，即通信双方一问一答的通信方式。能实现点到点、一点对多点的通信。

1. 通信模型

101 通信协议的网络域层次模型源于开放式互联的 OSI/ISO 参考模型，但由于实际应用领域要求在有限的带宽下满足较短的实时响应时间，所以采用增强性能结构（Enhanced Performance Architecture，EPA）模型二。该模型仅有三层，即物理层、链路层、应用层。物理层是 OSI 模型的第一层，采用无记忆传输通道的异步帧格式，实现通信间比特流的处理，向数据链路层提供一个透明的比特传输流服务。数据链路层的主要任务是将一条不太可靠的通信链路转化为对高层协议而言是一条无错误的可靠传输链路。数据链路层上的数据传送单元为帧。应用层是 OSI 模型的最高层，为用户进程提供服务和工作环境。101 协议中采用如图 6-40 的模型二。

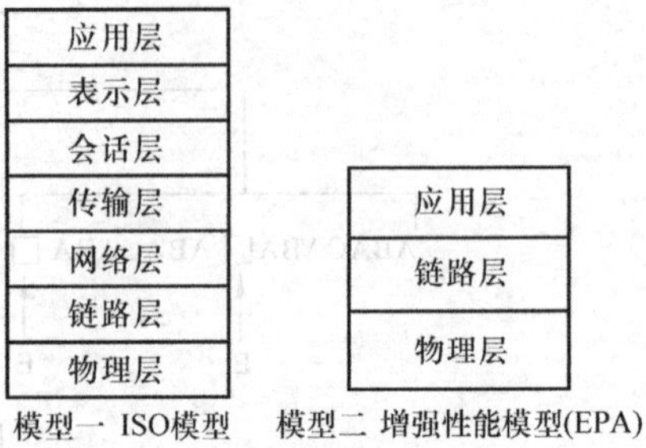

图 6-40　参考模型

在应用层，将用户的数据组成应用服务数据单元（Application Service Data Unit，ASDU）。然后，由 ASDU 和应用协议控制信息（Application Protocol Control Information，APCI）组成应用层的应用协议数据单元（Application Protocol Data Unit，APDU），在 101 协议中，APCI 为空，因此，APDU 就是 ASDU。

经应用层的 APDU 传输到链路层，组成链路服务数据单元（Links Service Data Unit，LSDU）和链路协议控制信息（Link Protocol Control Information，LPCI）组成链路协议数据单元（Link Protocol Data Unit，LPDU）。以上数据单元之间的关系如图 6-41 所示。

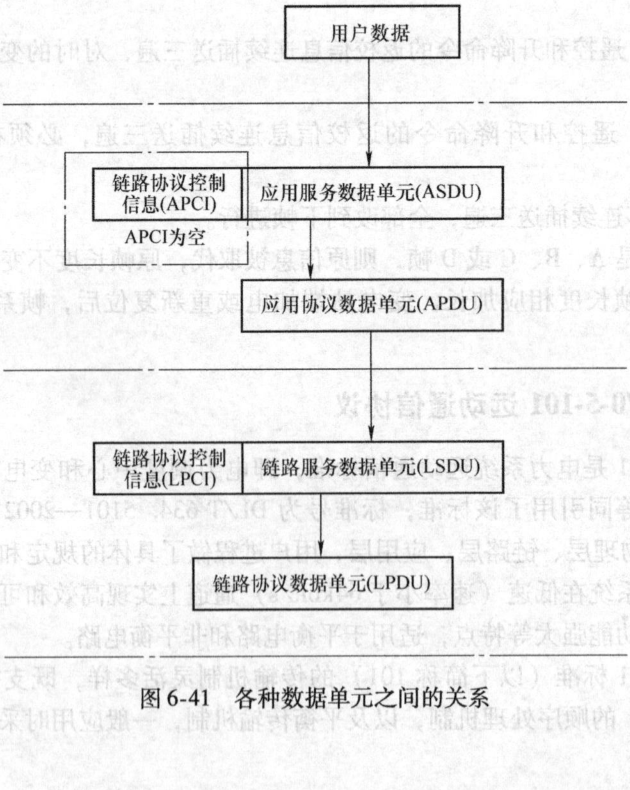

图 6-41　各种数据单元之间的关系

2. 链路传输规则

链路服务类别分为三类，传输规则分别为S1-发送/无回答、S2-发送/确认和S3-请求/响应。

（1）S1-发送/无回答　用于子站循环给主站刷新数据，无需认可和回答。如果接收方检测到报文出现差错，丢弃该报文。

（2）S2-发送/确认　用于由启动站向从动站发送信息，包括参数设置、遥控命令、升降命令、设点命令等，适用于突发传输。从动站接收到信息后，进行如下校验：

1）如果报文检测没有差错，且接收缓存区可用，向启动站发送肯定认可。

2）如果报文检测没有差错，但接收缓存区不可用，向启动站发送否定认可。

3）如果报文检测发现差错，就不予回答并丢弃该报文。

（3）S3-请求/响应 用于由启动站向从动站召唤信息，适用于按请求传输信息。

1）从动站的链路层如果有被请求的数据就回答它。

2）从动站的链路层如果没有被请求的数据就回答否定认可。

3）如果报文检测发现差错不作回答。

3. 帧格式

链路层的帧采用明确的LPCI和LSDU（101中即ASDU）组成，链路层传输的帧格式为FT1.2格式。链路帧的最大帧长字节数是特定通信系统的参数，如果需要的话，在各个方向上的最大帧长可以不同，一般认为通道的上行、下行速率相同，而且为了方便管理，最大帧长取为255。

FT1.2格式为IEC 60870-5-1中定义的传输格式的一种。FT1.2帧分为三种，单字节帧、可变长度帧、固定长度帧，如图6-42所示。图中帧的宽度为一个八位位组。传输时，每一个字节由起始位、八个信息位、一个偶校验位、一个停止位组成，信息位的低位在前，每个字符之间不留空隙。

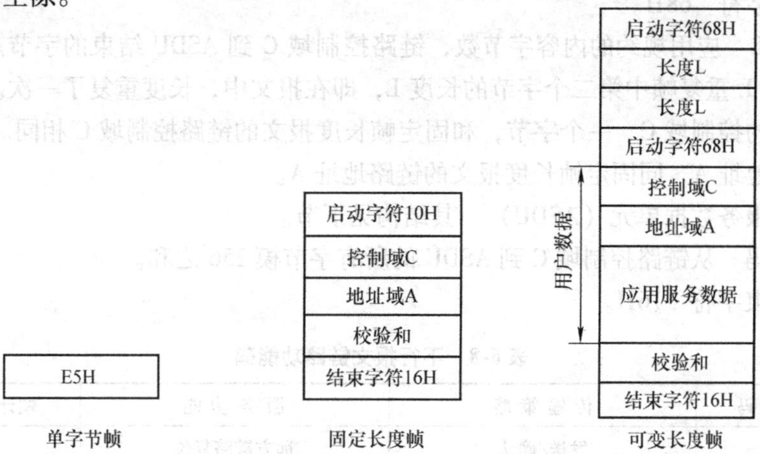

图6-42　FT1.2帧格式

（1）单字节帧　单字节帧取值为E5H，如图6-43所示，用于信息确认。

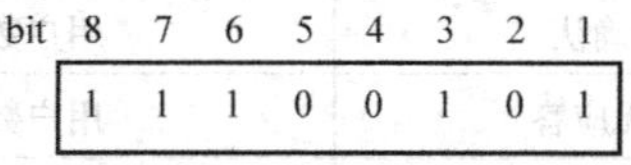

图6-43　单字节帧

(2) 固定长度帧　由一个启动字符 10H，控制域 C、地址域 A、校验和（CS）和结束字符 16H 组成。

1）帧头　10H 为固定帧标志。

2）控制域　一个字节，上行和下行所代表的意义不同。图 6-44 为下、上行报文链路控制域。

在下、上行控制域中，RES：保留位，取 0；PRM：下行报文取 1，上行报文取 0；FCB：帧计数位，用于对厂站传输的信息报文确认或否认，取 0 或 1，被控站通过判断其是否反转，确定是否重发上一帧报文；FCV：下行报文中帧计数位是否有效，FCV = 1 时表示 FCB 有效，FCV = 0 时表示 FCB 无效；ACD：请求访问一级用户数据，ACD = 1 表示被控站有一级数据；DFC：数据流控制位，DFC = 1 表示被控站不能接收后续数据。

下行报文的链路控制域

bit 8	7	6	5	4	3	2	1
保留位 RES	启动方向位 PRM=1	帧计数位 FCB	帧计数有效位 FCV	链路功能码			

上行报文的链路控制域

bit 8	7	6	5	4	3	2	1
保留位 RES	从动报文位 PRM=0	请求访问位 ACD	数据流控制位 DFC	链路功能码			

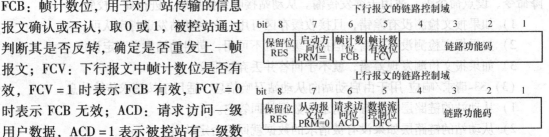

图 6-44　下、上行报文链路控制域

链路功能码，表明链路层服务的类别，见表 6-8、表 6-9。表 6-10 为非平衡传输链路上行、下行报文功能码对照表。

3）地址域　通信目的设备的地址（编号）。

4）校验和　（链路控制域 + 站地址）MOD 256。

5）帧结束字符　16H 为固定帧尾标志。

(3) 可变长度帧　由一个启动字符 68H，重复两次长度 L，启动字符 68H，固定为 L 个字节的用户数据八位位组，校验和，结束字符 16H 组成。

1）起始字符　68H。

2）长度 L　应用规约的内容字节数，链路控制域 C 到 ASDU 结束的字节总数，帧中第三个字节长度 L 重复帧中第二个字节的长度 L，即在报文中，长度重复了一次。

3）链路的控制域 C　一个字节，和固定帧长度报文的链路控制域 C 相同。

4）链路地址 A　同固定帧长度报文的链路地址 A。

5）应用服务数据单元（ASDU）　其结构见下节。

6）校验码　从链路控制域 C 到 ASDU 的所有字节模 256 之和。

7）帧结束字符　16H。

表 6-8　下行报文链路功能码

下行链路功能码	传输策略	服务功能	帧计数器（FCV）
0	发送/确认	远方链路复位	0
1	发送/确认	用户进程复位	0
2	发送/确认	保留	
3	发送/确认	用户数据	1
4	发送/无应答	用户数据	0
5		备用	

（续）

下行链路功能码	传输策略	服务功能	帧计数器（FCV）
6～7		保留	
8	请求/响应	按要求的访问位访问	0
9	请求/响应	请求链路状态	0
10	请求/响应	请求 1 级数据	1
11	请求/响应	请求 2 级数据	1
12～15		保留	

表 6-9　上行报文链路功能码

上行链路功能码	帧类型	服务功能
0	确认	肯定认可
1	确认	否定认可
2～7		保留
8	响应	用户数据
9	响应	无请求的数据
10		保留
11	响应	链路状态或要求的访问
12～13		保留
14		链路服务未工作
15		链路服务未完成

表 6-10　非平衡链路上行、下行报文链路功能码对照表

启动方向链路功能码	从动方向所允许的功能码和服务
<0>复位远方链路	<0>确认：认可 <1>确认：否定
<1>复位远方进程	<0>确认：认可 <1>确认：否定
<3>发送/确认用户数据	<0>确认：认可 <1>确认：否定认可请求
<4>发送/无应答用户数据	无回答
<8>访问请求	<11>响应：链路状态
<9>请求/响应 请求链路状态	<11>响应：链路状态 <14>响应：链路服务未工作 <15>响应：链路服务未完成
<10>请求/响应 请求一级数据	<8>响应：用户数据 <9>响应：无所请求的用户数据
<11>请求/响应 请求二级数据	<8>响应：用户数据 <9>响应：无所请求的用户数据

4. 应用服务数据单元（ASDU）的组成

应用服务数据单元（ASDU）由数据单元标识符和信息体组成，结构如图 6-45 所示。图中有斜线的方格中的域为可选域。

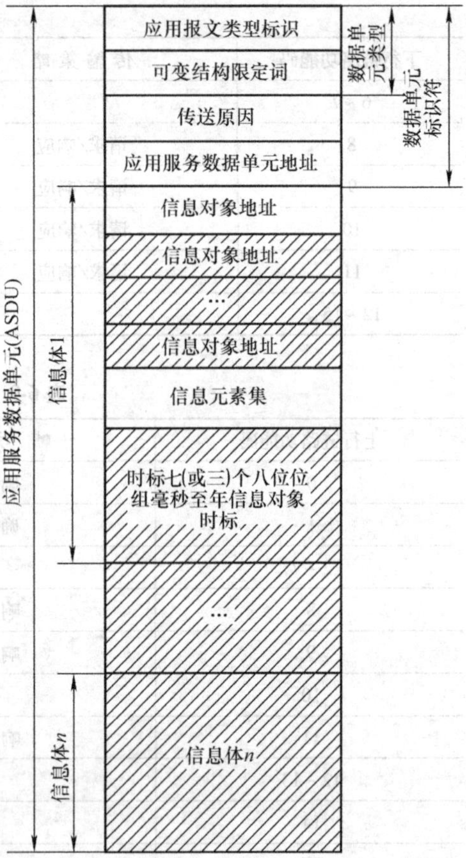

图 6-45　应用服务数据单元（ASDU）的构成

注：有斜线的方格中的域为可选域

（1）数据单元标识符　由应用报文类型标识（Type　Identification）、可变结构限定词（Variable Structure Qualifier）、传送原因和 ASDU 地址组成，其中前两项称为数据单元类型（Data Unit Type）。

1）应用报文类型标识　是一个编码，在 101 协议集类型中明确标识 ASDU 的类型。类型标识使接收的应用服务将各数据单元发往正确的应用进程，以便应用进程处理指明的数据单元类型。它也能使接收应用进程知道数据单元包含哪种类型数据，并对数据进行解析、存储。

应用报文类型标识为八位位组，它定义后续信息对象的结构、类型和格式，取值范围为 <1…255>。在 101 标准中，给出了每一个应用报文标识下的数据结构、类型和格式。

在标准中，应用报文类型标识为一个八位的正整数。为了人工识别的方便，在描述报文时每一个报文类型用一个串序列来识别，串序列分为四级，格式为：□_ □□_ □□_ □。

其中：

① 第一级代表信息的种类：M 表示监视信息（或称上行信息）；C 表示控制信息（或称下行信息）；P 表示参数信息；F 表示文件传输。

② 第二级用两个字母表示，表示信息的种类：SP 表示单点开关量信息；DP 表示双点开关量信息；ME 表示测量（模拟量）信息；SC 表示单点遥控；DC 表示双点遥控；SE 表示双点命令；IC 表示召唤命令。

③ 第三级用两个字母定义 ASDU 有无时标和具体类型：第一个字母表示是否使用时标，N 表示不带时标；T 表示带时标；第二个字母为某种信息（第二级的信息种类）的类型，某种信息的类型是按 A、B、C…顺序编码。

④ 第四级用一个数字表示该标号是由哪一个配套标准定义的。101 协议规定为 1。

例如：M_ ME_ NA_ 1，其八位位组值为 9，M 表示用于监视方向（上行）；ME 表示测量值；NA 表示无时标，测量值的第 A 类，即归一化遥测值。C_ SE_ NC_ 1，其八位位组值为 50。C 表示控制信息（下行）；SE 表示设定值；NC 表示无时标，测量值的第 C 类。

具体类型标识，查阅 101 协议文本。

2）可变结构限定词　为一个字节，由两部分组成，如图 6-46 所示。

bit 8	7	6	5	4	3	2	1
SQ	2^6		数		目		2^0

图 6-46　可变结构限定词

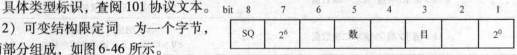

低七位表示 ASDU 内所含信息对象

数量，取值范围为0~127。取0值，表示不包含信息对象。SQ取0或1，分别表示同一个ASDU中的信息是离散排列或顺序排列的；顺序排列时，SQ=1，只要指明第一个信息对象地址，后续信息对象地址为前一个信息对象地址加1，在报文中可隐去。

SQ在使用时，在回答站召唤或组召唤时，为了压缩信息传输时间，提高信息传输效率，规定必须使用SQ=1。而作为变化信息上送时，由于信息的变化顺序是随机的，一般使用SQ=0。

3）传送的原因　一个八位位组，表明帧传送的原因，即将ASDU送给某个特定的应用任务（程序）时，应用任务（程序）根据传送原因进行处理。101协议在应用中一般不带发送源地址，只选择一个字节的传送原因。该字节的结构如图6-47所示。

bit 8	7	6	5	4	3	2	1
T	P/N	2^5		原	因		2^0

图6-47　传送原因字节位结构

第八位T，取0或1值，分别表示未实验和实验；第七位P/N，取0或1值，分别表示肯定确认或否定确认；低六位表示ASDU传送的原因，取值范围为1~47，其含义见表6-11。

表6-11　传送原因编码表

传送原因	语　意	应用方向	传送原因	语　意	应用方向
1	周期、循环	上行	28	响应第8组召唤	上行
2	背景扫描	上行	29	响应第9组召唤	上行
3	突发	上行		…	上行
4	初始化	上行	34	响应第14组召唤	上行
5	请求或被请求	上行、下行	35	响应第15组召唤	上行
6	激活	下行	36	响应第16组召唤	上行
7	激活确认	上行	37	响应累计量站召唤	上行
8	停止激活	下行	38	响应第1组累计量召唤	上行
9	停止激活确认	上行	39	响应第2组累计量召唤	上行
10	激活终止	上行	40	响应第3组累计量召唤	上行
11	远方命令引起的返送信息	上行	41	响应第4组累计量召唤	上行
12	当地命令引起的返送信息	上行	44	未知的类型标识	上行
20	响应站召唤	上行	45	未知的传送原因	上行
21	响应第1组召唤	上行	46	未知的ASDU公共地址	上行
22	响应第2组召唤	上行	47	未知的信息对象地址	上行
	…	上行			

在通信过程中，控制站将舍弃那些传送原因值没有被定义的ASDU；P/N位用于对由始发起应用通信方所请求的激活给予肯定或者否定确认，在无关的情况下P/N置零。

特别注意101特别规定，任何一次信息传输必须有明确的传送原因，而且必须给出肯定认可或者否定认可。特别是传送原因44~47，通信双方必须认真对待，这往往就是排除通信故障的重要手段。

4）ASDU 地址　101 协议中规定 ASDU 地址可以选用一个字节或两个字节，IEC 60870-5-101 在一般应用中选择一个字节，取值为 1 ~ 255 的正整数，其中，1 ~ 254 为被控制站的地址，255 为全局即广播地址。

全局地址是向全部站的广播地址。在控制方向带广播地址的 ASDU，必须在监视方向以包含特定定义地址（站地址）的 ASDU 回答，即被控站以特定公共地址返回 ACTCON（确认）、ACTTERM（总召唤结束）和被召唤的信息对象（如果有的话），这和向某个特定站发送命令后的响应一样。

255 公共地址用于同一时刻向所有的站同时发送启动同一个应用功能命令报文，严格限定用于在控制方向上的下述 ASDU：

类型标识（100）= 召唤命令　　　　　　C_ CI_ NA_ 1

类型标识（101）= 累计量召唤命令　　　C_ CI_ NA_ 1

类型标识（103）= 时钟同步命令　　　　C_ CS_ NA_ 1

类型标识（105）= 复位进程命令　　　　C_ RP_ NA_ 1

（2）信息体　信息体包括信息体对象地址、信息元素、信息时标三个方面的内容。根据不同的报文类型标识，有的信息体可以不带时标或者带不同规格的时标。每个信息体一定包含信息元素。

1）信息体对象地址　即信息体的编号，例如模拟量的编号、遥控对象的编号。可以是单个地址或多个地址，单个地址对应传送的信息为单个信息元素或连续信息元素的第一个元素地址，如图 6-48 所示。地址是长度为 2*n* 的八位位组。

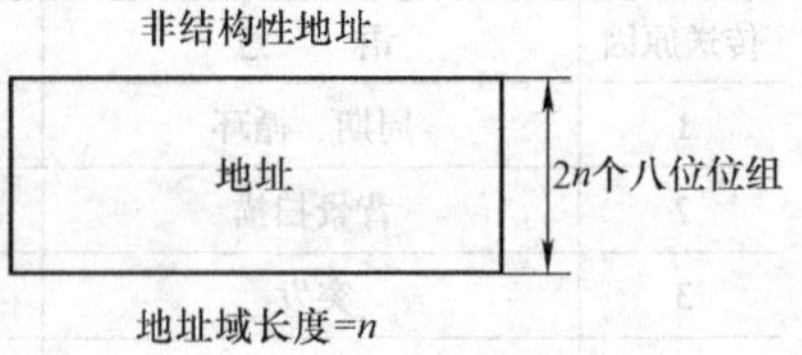

图 6-48　信息体地址

根据可变结构限定词中的最高位 SQ 的值，决定信息地址的结构，如果 SQ = 0，信息地址是离散的，由可变结构限定词中的对象数目作为地址的个数；如果 SQ = 1，信息地址是连续的，只要给出连续信息对象的首地址即可。

101 协议中，对象的地址用两个字节表示，因此一个对象的地址为两个字节，其范围为 1 ~ 65535，信息对象地址结构如图 6-49 所示。

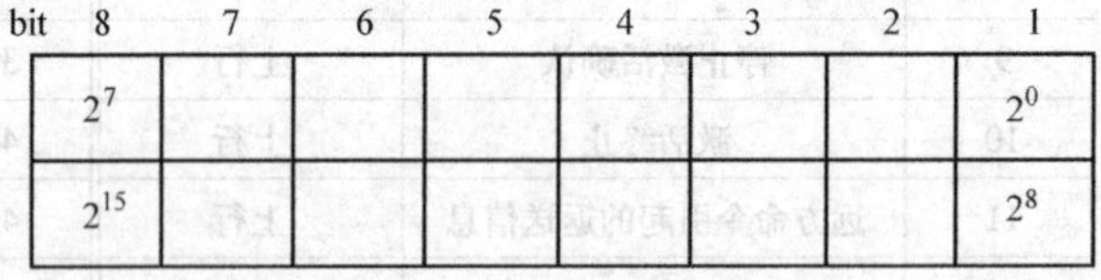

图 6-49　信息对象地址

101 协议规定，首个信息对象的地址为 1，同类信息对象的地址必须连续，每个厂站和调度中心信息地址必须一致。表 6-12 为建议的地址分配方案。

表 6-12　信息对象地址分配方案

信息对象名称	对应地址（十六进制）	信息量个数
无关信息	0	
遥信信息	1H ~ 1000H	4096
继电保护信息	1001H ~ 4000H	12288
遥测信息	4001H ~ 5000H	4096

（续）

信息对象名称	对应地址（十六进制）	信息量个数
遥测参数信息	5001H～6000H	4096
遥控信息	6001H～6200H	512
设定信息	6401H～6600H	512
累计量信息	6601H～6700H	512
分接头位置信息	6201H～6400H	256

2）信息元素集　可以采用如图 6-50 所示的三种格式：单个信息元素、信息元素序列、信息元素组合。信息元素序列的信息元素是按照信息元素地址连续的方式排列。信息元素组合是将若干个地址不连续的信息元素组合在一起。每个信息体可以有选择地加上信息体时标。如规定信息体时标，常将它排在信息体的最后。

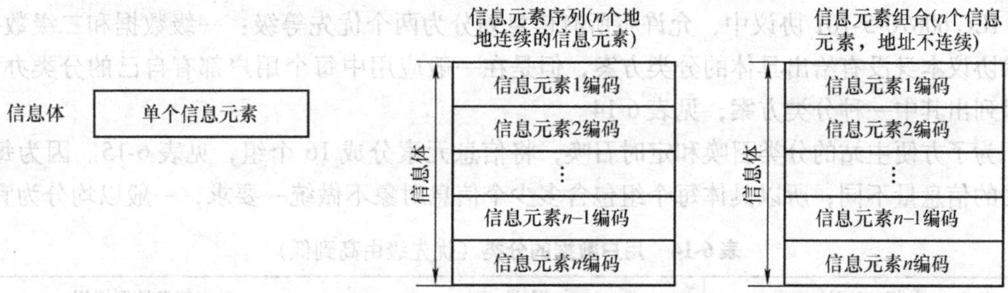

图 6-50　三种信息元素结构图

在 101 协议中，不同的信息元素占用的字节数不同，并且规定一个 ASDU 中只能包含一类信息元素。101 协议中，信息元素分类见表 6-13。

表 6-13　信息元素分类表

序　号	信息分类	信息种类
1	遥信	单位遥信
		双位遥信
		带品质描述遥信
		不带时标遥信
		带时标遥信
		成组遥信
2	遥测	归一化遥测
		标度化遥测
		短浮点遥测
		带品质描述遥测
		带时标遥测
3	累计量	带时标累计量
		带品质描述累计量

（续）

序　号	信息分类	信息种类
4	遥控	单点遥控 双点遥控
5	设点	归一化设点 标度化设点 短浮点设点
6	档位调节	档位调节
7	限定词	召唤限定词 控制限定词 参数限定词

以上各类信息在101标准中，有明确的定义。

IEC 60870-5-101协议中，允许将所有信息划分为两个优先等级：一级数据和二级数据。虽然协议本身没有给出具体的分类方案，但是在一般应用中每个用户都有自己的分类办法，这里列出其中一种分类方案，见表6-14。

为了方便主站的分类召唤和定时召唤，将信息元素分成16个组，见表6-15。因为每个厂站的信息量不同，所以具体每个组包含多少个信息对象不做统一要求，一般以均分为宜。

表6-14　用户数据的分类（优先级由高到低）

数据级别	数据类型	对应信息类型标识
一级数据	初始化结束	<70>
	控制命令的镜像报文 设定值命令的镜像报文	<45~69>
	延时获得的镜像报文	<106>
	遥信变位	<1>、<3>
	回答站召唤数据	
	组召唤回答	<100>
	时钟同步镜像报文	<103>
	SOE	<30>、<31>
	遥测变化	<9~11>、<34~36>
二级数据	背景扫描 循环传输 文件传输	

表6-15　信息元素分组方案

组　别	包含内容	说　明
1~8	遥信信息	将一个站的全部遥信均匀分配成为八个组
9~14	遥测信息	将一个站的全部遥测均匀分配成为六个组
15	档位信息	单独编组
16	终端状态	不常用

3）信息对象时标　101 协议规定的信息对象时标有三种：两字节时标、三字节时标和七字节时标，其中的两字节时标较少使用，表示时间范围是 0～59999ms。三字节时标格式如图 6-51 所示，协议中规定的短时标只有三个字节，分别是一个字节的分，两个字节的毫秒。其中 1000ms = 1s，毫秒模除 1000，才是实际时标中的秒。

bit 8	7	6	5	4	3	2	1
2^7		毫			秒		2^0
2^{15}		毫			秒		2^8
Ⅳ	RES	2^5	分(0～59)				2^0

图 6-51　三字节时标格式

七字节时标是一个绝对时标，它包含年、月、时、分、毫秒信息。101 协议中建议使用长时标以确保信息的完整性。长时标格式见图 6-52。秒和毫秒的计算方法同三字节时标。IV = 0 表示时间有效，IV = 1 表示时标无效；星期位置为 0，表示不用。

bit 8	7	6	5	4	3	2	1
2^7		毫			秒		2^0
2^{15}		毫			秒		2^8
Ⅳ	RES	2^5		分(0～59)			2^0
0	RES2		2^4	小时(0～23)			2^0
2^2 星期(1～7) 2^0			2^4	日(1～31)			2^0
RES3				2^3	月(1～12)		2^0
RES4	2^6		年(0～99)				2^0

图 6-52　长时标格式

5. 协议应用过程

1）站初始化　当系统运行时，控制站通过一定的超时和重传策略确定链路和被控站已断开，传送重复的“请求链路状态”和被控站建立链路连接；一旦被控站的链路可用时，它以“链路状态”回答；然后控制站发送“复位远方链路”，被控站以“认可（ACK）”确认回答控制站的复位命令（期望下一次帧计数位 FCB = 1）。然后控制站以重复的“请求链路状态”向被控站召唤，当被控站以“链路状态”回答时，并指明有一级用户数据，控制站就向被控站“请求一级用户数据”。被控站的应用功能初始化完成。可以用 M_EI_NA_1（类型标识为 70）通知控制站，控制站以总召唤刷新控制站数据库，接着进行时钟同步，然后开始正常通信，流程如图 6-53 所示。

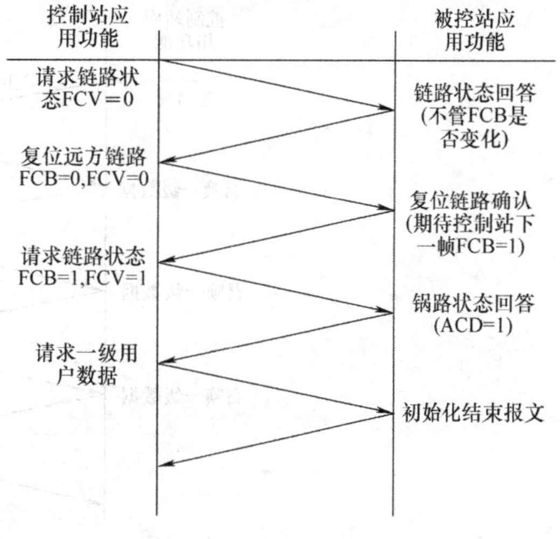

图 6-53　非平衡链路建立的过程

2）主站定时组召唤　在链路完好的情况下，主站的定时组召唤，目的是对于没有越死区的遥测量和没有变位的遥信量进行一次更新，这个过程是可以被打断的，但回答组召唤镜像报文之前不可以打断，如图 6-54 所示。

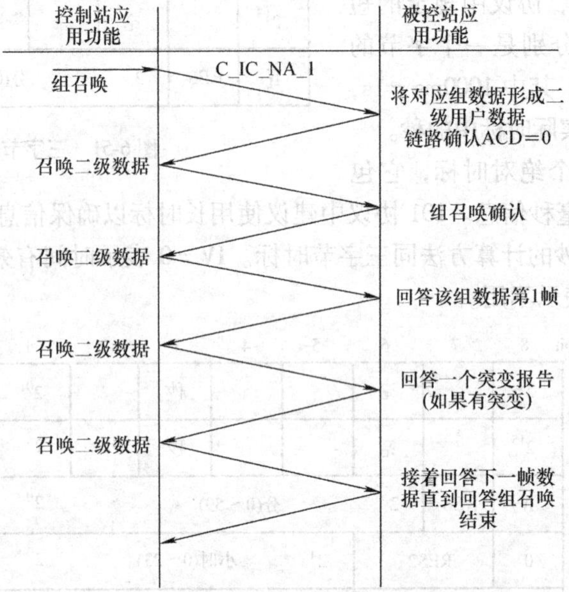

图 6-54　被中断的组召唤过程

3）站召唤过程　通信双方链路中断又重新建立后的第一次站召唤，或者是被控站发生了当地初始化（控制站收到 M_ EI_ NA_1 报文）后的召唤。站召唤的目的是为被控制站向控制站复制实时数据库，这个过程一般不允许被打断。回答站召唤应该使用 SQ = 1 顺序格式传输。定时组召唤任务和初始站召唤任务应有区别。如果用定时组召唤代替初始站召唤，数据应按优先级顺序传送，例如：遥信变位、遥测越限等信息可以插入优先传送，但是必须保证时序的正确性和插入信息后的传输值是最新值。图 6-55 是站召唤的建立过程图。

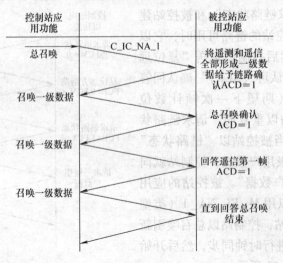

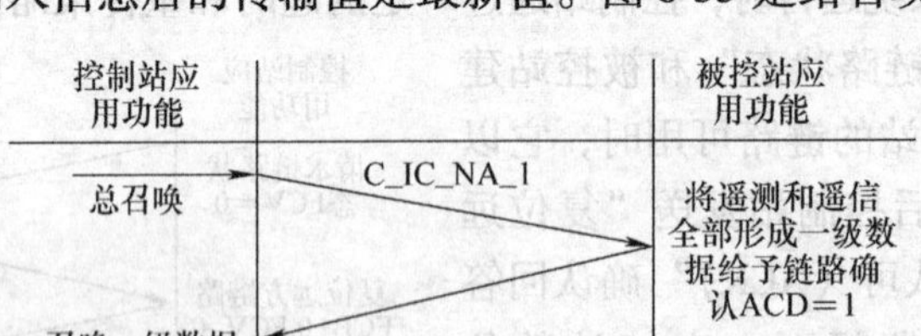

图 6-55　站召唤过程

4）用户变化数据的召唤　一级用户数据包括初始化结束、总召唤回答、遥信变位、控制命令引起的返校内容（除非超时，否则等待镜像报文过程不能被打断）、校时回答、组召唤回答、SOE、遥测变化。二级用户数据包括循环传送、背景扫描和文件传输。这种分类方法可以根据实际情况进行调整。

图 6-56 用查询方式收集变化数据。图 6-57 用查询方式收集事件。

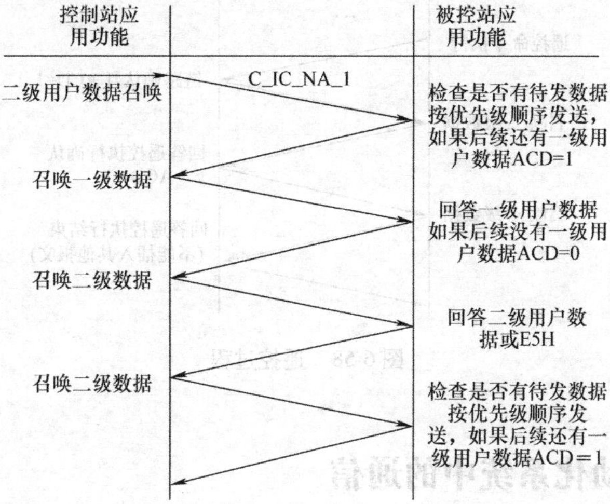

图 6-56　查询方式收集变化数据

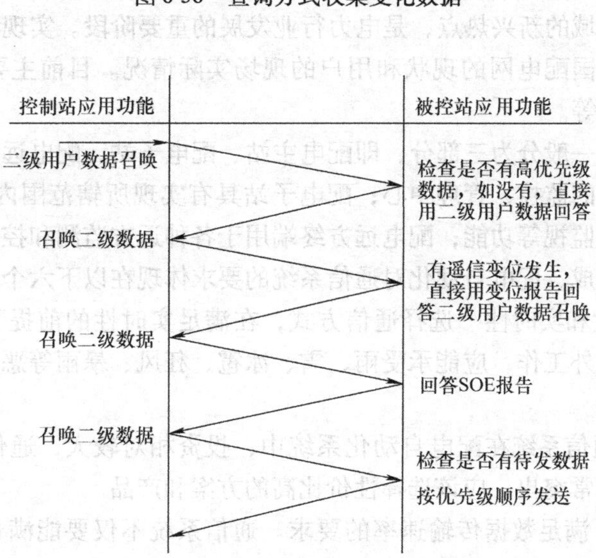

图 6-57　查询方式收集事件

5）遥控命令的传输过程　一般情况下，单命令（类型标识＜45＞）用于控制单点信息对象；双命令（类型标识＜46＞）用于控制双点信息对象。以单点遥控为例描述遥控的过程如图 6-58 所示。

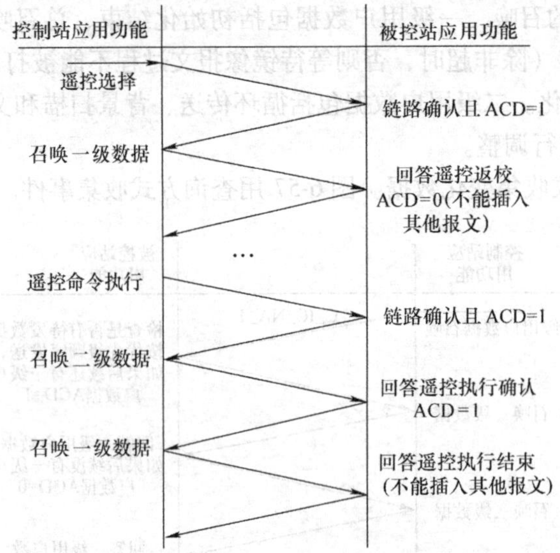

图6-58　遥控过程

6.7　配电网自动化系统中的通信

随着电力工业的迅速发展，用户对供电可靠性的要求越来越高，配电网自动化已成为我国电力系统自动化领域的新兴热点，是电力行业发展的重要阶段。实现配电网自动化，选择通信方式应当适合我国配电网的现状和用户的现场实际情况。目前主要的通信方式包括光纤、现场总线、载波等。

配电自动化系统一般分为三部分，即配电主站、配电子站、配电远方终端。配电主站是整个配电自动化系统的监控、管理中心；配电子站具有实现所辖范围内的信息汇集、处理，以及故障处理、通信监视等功能；配电远方终端用于各种远方监测和控制。三者之间的信息交互依靠通信系统完成，配电自动化对通信系统的要求体现在以下六个方面：

（1）通信可靠性和实时性　选择通信方式，在满足实时性的前提下，选择可靠性高的产品，通信系统在户外工作，应能承受雨、雪、冰雹、狂风、暴雨等恶劣的气候条件，应能抵抗电磁干扰。

（2）经济性　通信系统在配电自动化系统中，投资相对较大，通信技术的先进性与建设费用的矛盾常常非常突出，应该选择性价比高的方案和产品。

（3）可扩展性　满足数据传输速率的要求。通信系统不仅要能满足目前的需要，还应该考虑将来配电自动化系统扩容的需要。

（4）停电和故障区域能正常工作　在停电和发生故障的情况下通信应不受影响，应能正常工作。

（5）操作与维护方便　由于配电自动化系统十分庞大，通信系统相当复杂，应尽量选用通用、标准的设备，以方便操作与维护。

1. 配电自动化系统通信网络总体结构

配电自动化系统的总体结构中，根据功能的划分、系统的性能以及管理方便等方面考虑，配电自动化系统拟采用三层式结构，即配电自动化系统应分为：主站、子站、馈线三个层次。大规模的配电自动化系统中，主站层还可再分为总中心和子中心两个层次。

三个层次的系统，层与层之间需要用通信网连接，第一级通信网为子站到调度中心之间的通信。二级通信网为现场二次终端设备和配电子站层的通信，以及二次设备之间的通信。

（1）一级通信网 在主站层与子站之间，信息量大，实时性要求高，要求采用高速可靠的通信通道。但由于节点相对不多，目前一般采用光纤或光纤环网，以及光纤以太网。依据可靠性要求不同，投资不同，分别可采用树形结构、单环结构、双环结构。

应用较多的是光纤和光纤环网，其结构简单，可靠性强。特别是采用光纤自愈环网通信方式，网络由各节点双向闭环串接而成。正常时，一环路工作另一环路备用，若其中某一段光纤因施工等意外原因而断开，则可以利用光纤双环网的自愈功能，继续保持通信联系，因此，这种通信具有很高的可靠性。

光纤以太网是以光纤作为主通信传输介质并具有以太网特征的通信系统，例如：采用SDH光传输系统，采用以太网形式接入。光纤 SDH 环网虽然更成熟一些，但光纤以太网是主要发展方向，光纤以太网目前技术及相关设备都已得到实践检验，正在推广应用。

以上两种通信方式，带宽大、通信稳定性好，价格高，但高带宽预留了大的扩展余地，可以在建成的通信网上，搭载各种信息，即建设了一个信息高速公路。这两种光纤通信方式的造价相近。

配电主站不管采用什么种类的通信系统，一般配置为点对点的通信方式。目前通道多采用 IP 方式，选用 IEC 60870-5-104 协议。

（2）二级通信网 馈线自动化系统的现场终端设备 DTU、FTU、TTU 通过一定的通信方式，将信息集结到配电子站。由于馈线网络结构复杂，情况多样，各地的特点不同，对馈线自动化要求不同，很难找到一种统一的通信模式。实际的二级通信网，根据需要，采用多种通信手段混合的方式。

目前一般采用光纤、双绞线、电力线载波、无线等多种通信手段混合的方式。常见的通信网结构为通过现场总线 CAN、LonWork、RS485 方式将 FTU、TTU、DTU 等分别进行组网，连接到配电子站；也有通过电力线载波技术进行联网。馈线通信网也有采用简易光纤以太网或光纤环网这两种光纤通信方式。无源光网络（EPON）的发展，提供了一种新方式。

TTU 的通信集结有采用中国移动或联通的 GSM/CDMA 的 GPRS、CDMA1X 技术进行联网。

光纤以太网更有发展前景，10kV 电力线载波也是一种值得关注的通信手段，电力线载波抄表是最好的低压（220V/380V）抄表方式。

配电子站和现场的终端设备通信采用总线方式或类似总线方式，即配电子站和每一台终端单元通信时，采取以配电子站中的通信端口为单位轮询每一台终端单元方式，可以是双工通道，也可以是单工通道，因此和现场设备的通信协议选择，拟用支持轮询方式的通信协议，例如：国际标准传输协议 IEC 870-5-101 基本远动任务配套标准，DNP3.0 等协议。

以上通信方式在配电自动化系统的实施过程中，根据现场的实际情况，在满足系统性能和可靠性的前提下，通信系统的设计应选择较为经济和超前的方式。

（3）各种通信方式的比较

1）RS485、CAN、LonWork 采用双绞线作为通信介质，组网简单、价格较低，易于维护，适用于各种配电网络。主要的缺点是共享带宽型网络，通信带宽有限，当一条总线上的设备数量较大时，通信的实时性较差。

2）电力载波方式，最大的优点是利用电力线作为通信传输的资源，工程造价相对低廉，但其通信的可靠性、通信的带宽非常有限，因此，仅适用于对实时性要求较低的监视场合。但电力载波是一种馈线上值得关注的通信手段，特别适用于城乡结合部的长支线。但目前技术尚不成熟。

3）EPON 是一种新型的光纤接入网技术，它采用点到多点结构、无源光纤传输，在以太网之上提供多种业务。它在物理层采用了 PON 技术，在链路层使用以太网协议，利用 PON 的拓扑结构实现了以太网的接入。因此，它综合了 PON 技术和以太网技术的优点：低成本、高带宽、扩展性强、灵活快速的服务重组，与现有以太网的兼容性强，方便管理等。目前的带宽可以达到 1.25Gbit/s，10Gbit/s 已有产品面市，已在配电网自动化的工程实际中得到应用，取得良好的效果。

4）简易光以太网，专门针对特殊工业应用设计的光通信产品，可以组成光环网、光总线网，通信设备上提供以太网接口的光通信产品，光通信采用 RPS 或 SDH 技术，因此，起点高，通信带宽大，一般产品带宽从 155Mbit/s 到 1Gbit/s，应用于配电自动化系统，稳定可靠，工程一次投入较高。

5）配电台区下的低压（380V/220V）电能表抄表系统，电力线载波抄表是最好的方式，其性能价格比最高。TTU 中集成抄表集中器，或 TTU 机箱中放置集中器。

低压电力线载波抄表采用两级集中方式和一级集中方式，前者 10～30 块带有载波通信模块或其他通信方式的电度表和集中器进行连接，这种集中器再和 TTU 处采集器通过载波进行通信。第二是每块具有载波通信功能的电能表直接与 TTU 处采集器相连。前者更加经济，但要求电表相对集中；后者造价较高，但适用于电表分散的情况。

GPRS 分组报文交换方式参见 10.3 节内容。

表 6-16 为各种通信方式的比较表，从性能和运行费用及可维护性考虑，EPON 是目前最理想的二级通信网组网技术。

表 6-16　适用于配电自动化现场设备的通信模式比较

通信模式	标称通信带宽	对 DA 的适用性	运行费用	可维护性
EPON	2.5Gbit/s	好	低	较好
光以太网	10Gbit/s	好	低	较好
RS485	9.6kbit/s	较好	低	好
CAN	1Mbit/s（1km）	较好	低	好
LonWork	1.25Mbit/s（2.7km）	较好	低	好
电力线载波	5.4kbit/s	好	低	较好
GPRS 分组交换	140kbit/s	差	高	较好

2. 特殊通信配置方式

根据工程的实际情况，配电自动化还有其他一些配置方式，下面列举几种不同配置方式。

（1）不设配电子站层　较小的配电自动化系统，不设配电子站层，现场配电自动化二次装置 DTU、FTU、TTU，通过适当的通信网直接接入调度中心。具体连接方式如图 6-59 所示。

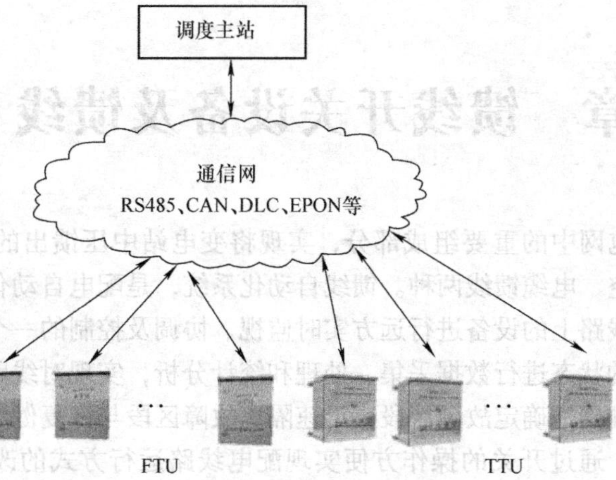

图6-59 现场终端直接通过通信网接入调度主站

（2）配电自动化系统现场设备的接入采用混合方式 如图6-60所示的配电自动化系统，部分终端设备不设置配电子站，直接接入调度主通信网；部分设置配电子站，现场设备通过现场通信网集结到配电子站，配电子站接入调度主通信网。

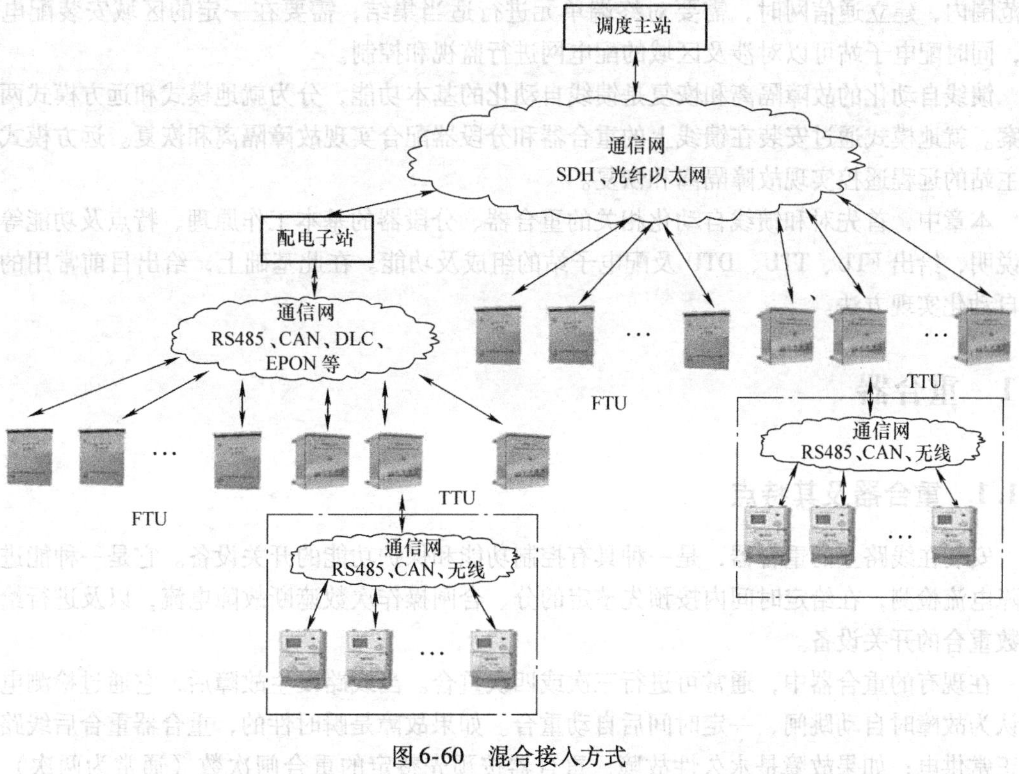

图6-60 混合接入方式

（3）台变所供电的用户电能表的抄表子系统接入TTU 如图6-60中的点画线框内部分。

以上只列举了配电自动化系统组网时几种系统的典型结构，在实际应用中，应根据配电网自动化系统的规模、环境等具体情况，因地制宜，加以修改和调整，以满足实际应用的需要。

第 7 章　馈线开关设备及馈线自动化

馈线是中压配电网中的重要组成部分，实现将变电站中压馈出的电能输送到用户的任务，中压馈线有架空、电缆馈线两种。馈线自动化系统，是配电自动化系统中非常重要的一个环节，是对配电线路上的设备进行远方实时监视、协调及控制的一个集成系统。主要包括对线路及开关设备的状态进行数据采集、处理和统计分析，实现对线路的监视和控制；能在故障发生后，及时准确地确定故障区段，迅速隔离故障区段与恢复健康区段供电；在配电线路正常运行条件下，通过开关的操作方便实现配电线路运行方式的改变，达到配电线路经济、可靠运行的目的。

实施馈线自动化的基础是有合理的一次馈线结构，即将馈线进行合理的分段。架空线路分段采用具有负荷开关或断路器性质的开关，电缆线路采用环网柜。为了对馈线进行监控，需要在馈线上电气设备的安装处，安装各种终端单元。终端单元为和馈线开关配合的 FTU、和配电变压器配合的 TTU，以及安装在环网柜上的 DTU。由于这些终端单元分散在一定的地域范围内，建立通信网时，需要对终端单元进行适当集结，需要在一定的区域安装配电子站，同时配电子站可以对涉及区域的配电网进行监视和控制。

馈线自动化的故障隔离和恢复是馈线自动化的基本功能，分为就地模式和远方模式两种方案。就地模式通过安装在馈线上的重合器和分段器配合实现故障隔离和恢复。远方模式通过主站的远程遥控实现故障隔离和恢复。

本章中，首先对和馈线自动化相关的重合器、分段器的基本工作原理、特点及功能等进行说明，给出 FTU、TTU、DTU 及配电子站的组成及功能。在此基础上，给出目前常用的馈线自动化实现方法。

7.1　重合器

7.1.1　重合器及其特点

安装在线路上的重合器，是一种具有控制功能和保护功能的开关设备。它是一种能进行故障电流检测，在给定时间内按预先整定的分、合闸操作次数遮断故障电流，以及进行给定次数重合的开关设备。

在现有的重合器中，通常可进行三次或四次重合。当线路发生故障后，它通过检测电流确认为故障时自动跳闸，一定时间后自动重合。如果故障是瞬时性的，重合器重合后线路恢复正常供电；如果故障是永久性故障，重合器按预先整定的重合闸次数（通常为两次）进行重合，达到整定的重合次数，重合器分闸后，闭锁合闸；直至人为排除故障后，人工解除合闸闭锁，重合器恢复正常状态，人工或自动操作重合器合闸。

可以认为重合器是高性能断路器和控制器的组合。重合器配套的断路器开断故障电流的能力和灭弧介质的恢复能力高于一般的断路器，并且开关本体上配置有电流互感器，其控制器不仅能完成电压、电流的测量和其相对应的重合功能，还能完成馈线自动化需要的其他功能。

重合器和断路器比较有以下几点不同。

（1）作用（功能）不同　重合器的作用是与其他高压电器配合，通过其对电路的开断，重合操作，识别故障区域，使停电区域最小。而断路器只能通过分、合闸线圈接受外部命令实现分、合闸。

（2）结构不同　重合器的结构由灭弧室、操动机构、控制系统组成，断路器通常仅由灭弧室和操动机构组成。

（3）控制方式不同　重合器检测、控制、操作自成体系，而断路器与其控制系统在设计上是分别考虑的。

（4）开断特性不同　重合器的功能更多，具有反时限特性和定时限特性。而断路器动作由控制装置管理。断路器的开断故障能力一般比重合器差，高性能断路器能用于重合器。

（5）操作顺序不同　重合器操作次数可以设置为多次分、合闸，例如“四分三合”，按使用地点及前后配合开关设备的不同有“二快二慢”、“一快三慢”等，额定操作顺序为分—0. 1s—合分—1s—合分—1s—合分，特性调整方便；断路器的操作顺序由标准统一规定为分—0. 3s—合分—180s—合分，操作顺序不可调，与前后开关设备配合困难。

（6）使用场合不同　重合器应用在配电线路首段或线路分段上；断路器使用的场合更多，例如：变电站出线，开闭所进线、出线，馈线分段。

重合器和断路器比较见表 7-1。

表 7-1　重合器和断路器的比较

特　性	重　合　器	断　路　器
结构	由灭弧室、操动机构、控制系统和高压合闸线圈构成	由灭弧室和操动机构组成
功能	识别故障，断开故障电流，多次重合	断开故障电流，电路分合闸
动作方式	自身具有检测故障电流功能，自动分闸，再次重合，无须通信和接受命令	只能接受保护动作分闸和控制室遥控命令分、合
开断特点	具有反时限和定时限开断特性	控制、重合均由控制器决定
多次重合闸	多次重合闸	一次重合
安装地点	变电站、架空线路	变电站、开闭所、架空线路

重合器按照使用环境分为户内、户外两种。户内重合器安装在变电站的开关柜内，其产品形态为高压开关柜形式。户外重合器一般安装在电杆上，即柱上安装。下面仅介绍户外柱上重合器。

图 7-1 为 CHZ7-12 和 ZCW32-12/630-20 户外柱上重合器图，从图中可以看出重合器由开关本体和控制器组成，控制器和开关本体通过电缆线进行连接。

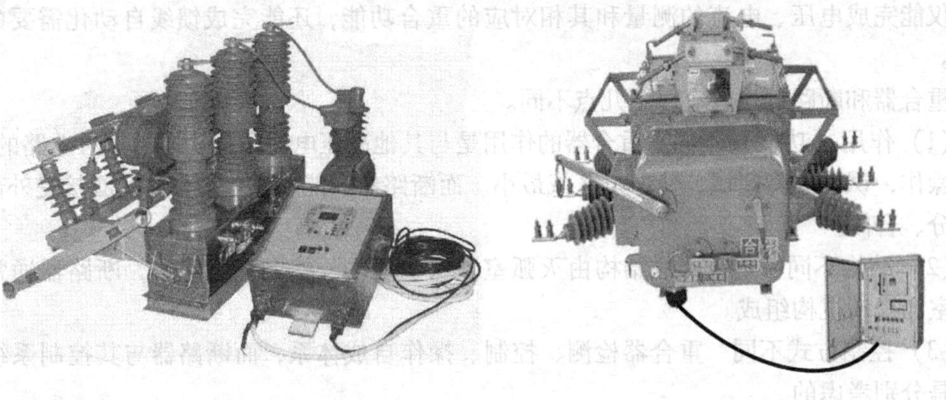

a)　　b)

图 7-1　两种重合器的实物图

a）CHZ7-12 三相共箱式自动重合器　b）ZCW32-12/630-20 智能重合器

7.1.2　重合器的结构

目前重合器的控制器均为 IED 式的控制器，通过控制电缆和重合器开关本体连接。

重合器开关本体的操动机构及其性能指标，以及灭弧室的分断及恢复能力比一般的断路器要高，这样可以满足多次重合的要求。并且重合器绝缘套管上配有三只或两只电流互感器，用于电流的监测。操动机构采用永磁机构或弹簧机构，具备快速重合闸要求，动作性能可靠。机构具有就地手动、电动远方合、分控制功能。

目前重合器的开断单元为 SF_6或真空灭弧室，SF_6灭弧室有被真空灭弧替代的趋势。按照真空灭弧室的安装方式，重合器分为三相共箱式和三相分体式两种。这两种重合器的区别为开关本体的区别，其控制器没有区别。

（1）三相共箱式重合器　三相灭弧室，采用低压力的 SF_6气体或空气作为产品的内绝缘介质，机构置于箱内的绝缘框架上，由一根主轴与机构相连接，可以防止机构及传动件受到外界环境的影响而锈蚀，引起润滑失效、机械动作不灵活、卡滞等现象；进出线套管为环氧树脂、硅橡胶或有机绝缘材料；一般配双稳态或单稳态永磁机构或弹簧机构驱动模块；图 7-1b 为一种三相共箱式重合器。

（2）三相分体式结构的重合器　将三相真空灭弧室分别浇注在固体户外环氧树脂（或聚氨酯）的套管中，电流互感器密封在极柱内，配双稳态、单稳态永磁机构，图 7-1b 为一种三相分体式重合器。

两种结构形式的重合器各有其特点，对于环境条件恶劣的地方，由于 SF_6 气体对灭弧室和机构的保护作用，三相共箱式（柱上）开关更适合户外使用。

7.1.3　重合器的基本技术参数

描述重合器的性能、特性、参数较多，大部分和断路器的参数一样，其中两个重要的特性，即重合器的时间—电流特性（Time-Current Curves，TCC）和重合器的操作顺序，是断路器中没有的两个重要特性。

1. 重合器的时间—电流特性（TCC）

重合器的 TCC 曲线是指重合器的开断时间与开断电流之间的关系曲线。重合器一般有两种 $t\text{-}I$ 特性曲线，一种是快速（instance）动作 $t\text{-}I$ 曲线，这种曲线一般只有一条，与断路器中的速断保护相类似。重合器第一次开断都整定在快速动作曲线上，其动作时间为 30 ~ 40ms。另一种是慢速（delayed）动作 $t\text{-}I$ 曲线，可以有多条曲线，一般 TCC 曲线可达到数十条。TCC 曲线越多，越便于和保护相配合。同时由于线路故障有相间短路故障和接地故障之别，因此 $t\text{-}I$ 特性曲线亦有两组。

相间短路跳闸的 TCC 曲线为反时限特性，以便与熔断器的 TCC 相配合，如图 7-2a 所示。图 7-2a 的曲线中曲线 1 是快速曲线，曲线 2 和 3 是延时和超延时曲线。接地故障跳闸的 TCC 曲线有两组，分别是反时限特性和定时限特性；图 7-2b 为接地短路跳闸 TCC 反时限特性，图 7-2c 为接地短路跳闸 TCC 定时限特性，一般可以在给定的数值之间连续设置动作时间。例如：CHZ3A-12 重合器提供 20 条定时限、反时限特性曲线。

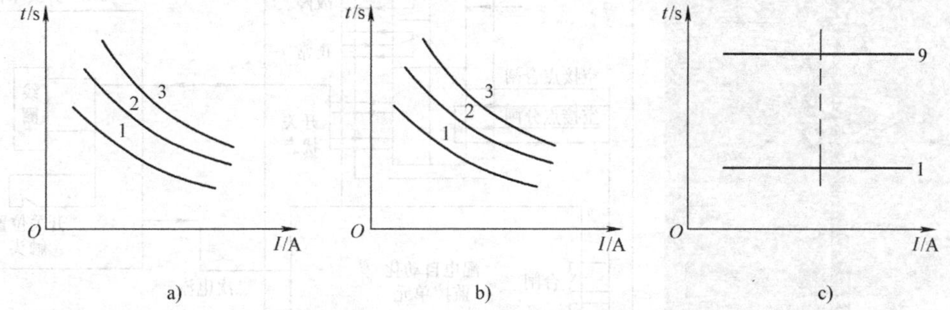

图 7-2　重合器的 $t\text{-}I$ 特性曲线

a）相间短路跳闸 TCC　b）接地短路跳闸 TCC（反时限特性）　c）接地短路跳闸的 TCC（定时限特性）

2. 重合器的操作顺序

重合器的操作顺序指重合器进入合闸闭锁状态前，在规定的重合闸间隔、$t\text{-}I$ 特性等参数下应完成的分合闸次数。不同类型的重合器的分合闸操作次数、分闸快慢动作特性、重合间隔等也不同，典型的三次重合四次分闸的操作顺序为：分—t_1—合分—t_2—合分—t_3—合分，其中 t_1、t_2、t_3可调或固定，取决于重合器灭弧室的介质恢复时间，且随不同产品而异。

可以按配电网实际情况，根据运行的需要调整合分的次数和间隔时间。例如，重合器预先的操作顺序可整定为“二快二慢”、“一快三慢”、“一快二慢”等。这里的“快”是指按快速 $t\text{-}I$ 特性曲线整定分闸；“慢”是指按某一条慢速 $t\text{-}I$ 特性曲线整定分闸。如为线路永久性故障，当预定的分合闸顺序完成后，最终重合失败，重合器闭锁在分闸状态，需遥控或手动复位才能解除闭锁；若线路发生的是瞬时性故障，则在循环分合闸顺序中任意一次重合成功后即中断后续分合闸操作，经一定延时后自动恢复到预先整定的状态，为下一次故障动作做好准备。

3. 典型重合器之一

CHZW（OSM)-12（24)/D630-16 型户外交流高压真空自动重合器是特锐德电气引进德国技术设计生产的三相交流 50Hz、额定电压 12（24)kV 的户外开关设备，广泛用于城乡电网 12（24)kV 电力系统，作为分、合负荷电流、过载电流及开断短路电流之用。具有自动控制及保护功能的高压开关设备，它能够按照预定的开断和重合顺序在交流线路中自动进行开断和重合操作，并在其后自动复位和闭锁。

该产品由户外开关本体（OSM）和控制箱（TRC）两部分组成，可安装在 12（24）kV 架空线上或户外变电站中用做户外重合器或户外断路器。它具备自动化、智能化、遥控和在线监控等多项功能，可在没有通信系统和主站设备支持的条件下，实现配电网络快速故障检测和快速系统重构。可在条件完善的配电自动化系统中成为可靠的终端执行设备。

户外开关模块（OSM）的控制、监测、通信由 TRC 进行，OSM 经二次端子通过屏蔽控制电缆与 TRC 连接。图 7-3a 为 CHZW（OSM）-12/D630-16 重合器现场安装示意图，图 7-3b 为重合器各部分连接原理图。

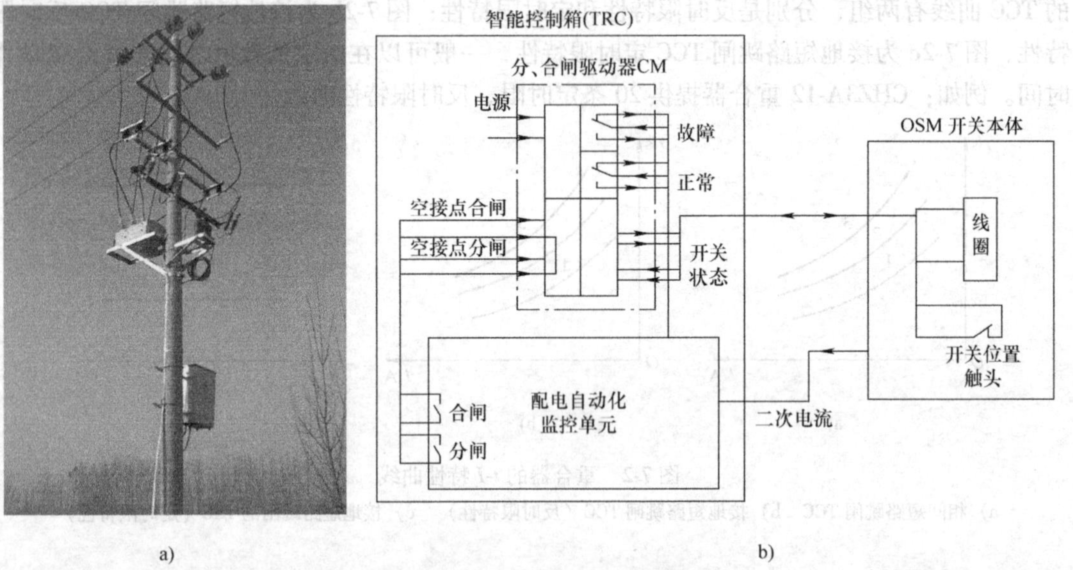

图 7-3　OSM-12（24）重合器示意图

a）现场安装示意图　b）各部分连接原理图

（1）重合器的开关　OSM 采用三个单相开关模块（ISM）。ISM 的灭弧室采用纵向磁场的紧凑型真空灭弧室，使触头表面的电弧均匀分布，提高了真空灭弧室的开断性能，用单片焊接而成的金属波纹管取代了传统的锻压成形工艺，缩小了波纹管的体积，大大提高了真空灭弧室的机械寿命；采用单线圈永磁机构，通过优选触头材料和特殊的触头结构，以及直线运动轨迹和适当的合闸速度结合在一起，使开关不产生合闸弹跳。图 7-4a 为 ISM 单相结构示意图，图中上方框为真空灭弧室，下方框为永磁操动机构。

ISM 水平安装在一个金属框架内，一个同步轴与三个永磁机构相连。图 7-4b 为开关本体的机构示意图。

传统的断路器操动机构使用复杂的传动系统，零件数量多，功率损耗大，机械零件在频繁分、合操作过程中受到机械冲击大、容易磨损，故障率也随之增加。

OSM 户外真空重合器最大程度地简化了操动机构，每相单独使用一个单线圈的永磁机构，以及开关元件轴向对称布置，完全直线运动的特点，保证了开关具有高的可靠性。

以上技术保证了开关本体的机械寿命高达 30000 次，短路电流开断次数高达 200 次。实现了 OSM 在 25 年的寿命期内完全免维护。

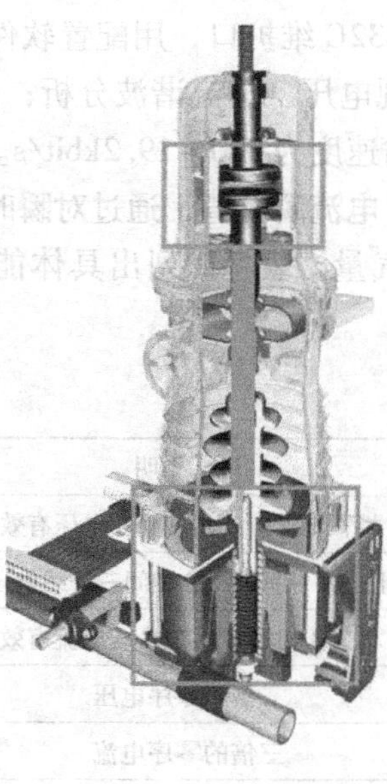
a)

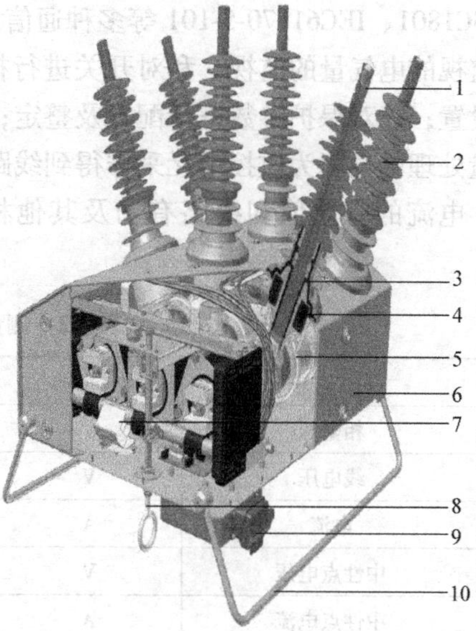

b)

图 7-4　开关本体机构示意图

a）ISM 单相结构示意图　b）开关本体示意图

1—接线端　2—防紫外线套管　3—导电杆　4—套管内置电流互感器　5—开关模块
6—铝合金外壳　7—机械位置指示　8—手动分闸机构　9—二次插头　10—支撑杆

OSM 开关外壳上装有六个主回路套管，套管由稳定的防紫外线聚合材料-硅橡胶套管加工而成。套管的一侧装有三只电流互感器，电流互感器的二次侧通过脐形电缆盒内的接线端子与控制器相连。保护外壳是用防腐铝合金制成，并有保护涂层，其重量只有 14kg。防护等级为 IP65。为了防止壳体内表面发生凝露，在开关下部安装了一个呼吸器，该呼吸器具有过滤功能，以防灰尘和污染物进入壳体内部。

在外壳靠近安装孔处有一个 M12 ×40 的接地螺孔，用于接地连接。在开关的下部有清晰的分合指示。该分合指示完全封装在壳体内，外部无任何运动部件，因此不受外部环境的任何影响。在开关壳体下部有一个用来手动分闸的拉环，OSM 可通过向下拉动此拉环来实现手动分闸。手动分闸后，通过辅助开关将操动机构的合闸回路闭锁，此时无法进行合闸操作。要进行合闸需向上推动拉环，将辅助开关复位。接线端子处有一个铝合金制成的接线盒。

（2）智能控制箱（TRC）　TRC 是重合器的智能部分，负责从开关本体得到模拟量、信号量并进行计算处理，实现保护和下达分、合闸控制命令，实现对重合器本体的监视诊断，通信口实现重合器对外的信息传送。

TRC 内部由四部分组成，配电自动化监控单元、分、合闸驱动器（CM）、双电源自动转换模块、低压开关及操作面板等。图 7-3b 给出了模块之间的连接逻辑图，图中 TRC 仅画出了智能监控单元和分、合闸驱动器。

1）配电自动化监控单元　配电自动化监控单元是保护、监控一体化综合功能 IED 单元，即完成 FTU 的任务和实现装置的就地保护、控制逻辑。单元配有通信接口，可以和配电子站或其他设备进行通信。监控单元配置通信口为 RS232C、LonWorks 总线接口，支持

DNP3.0、SC1801、IEC61870-5-101 等多种通信协议。RS232C 维护口，用配置软件能实现对监控单元监视的电气量的监视，和对开关进行控制；实现电压、电流谐波分析；故障分析；通信协议设置；能对保护参数进行配置及整定；通信传输速度为 300 ~ 19.2kbit/s。

遥测量处理的过程为监控单元采样得到线路的电压、电流瞬时值，通过对瞬时值的计算得到电压、电流的有效值和线路有功及其他相关的电气量，表 7-2 列出具体能测量的电气量。

表 7-2　测量数据表

序　号	名　称	单　位	说　明
1	相电压	V	A 相、B 相和 C 相三个相电压有效值
2	线电压	V	AB 相间、BC 相间和 AC 相间三个线电压有效值
3	电流	A	A 相、B 相和 C 相三个相电流有效值
4	中性点电压	V	三倍的零序电压
5	中性点电流	A	三倍的零序电流
6	有功功率	W	A、B、C 三相的有功功率和总有功功率
7	无功功率	Var	A、B、C 三相的无功功率和总无功功率
8	视在功率	VA	A、B、C 三相的视在功率和总视在功率
9	功率因数		A、B、C 三相的功率因数和总功率因数
10	相位角	°	A、B、C 三相的相位角
11	频率	Hz	从 A 相电压输入计算得到的线路频率
12	输出有功电能	kWh	向线路输出的有功电能
13	输出无功电能	kVarh	向线路输出的无功电能
14	输入有功电能	kWh	从线路上吸收的有功电能
15	输入无功电能	kVarh	从线路上吸收的无功电能

监控单元测量的信号量包括开关分、合状态、蓄电池状态、交流输入电源状态、就地远方切换、手动操作、手动复归等。

监控单元能接收的遥控量有分、合闸控制。

监控单元能提供定时限保护、过电流速断保护、反时限保护和加速跳闸保护，还提供失电压保护、零序过电流保护。和保护及自动控制相关的功能如下：

① 定时限保护　定时限过电流保护检测相间短路故障，当检测到过电流故障后，延时一段时间发出动作命令。

电流整定值为最小值额定电流的 1/12（一次电流）；电流设置精度为 1A（一次电流）；时间精度为 0.01s；时间范围为 0 ~ 60s。

② 过电流速断　当故障电流大于设定电流与速断倍率的乘积时，速断保护无时限发出动作命令。

速断倍率最小值为 1 倍；电流设置精度为 0.1 倍。

③ 反时限保护　反时限安—秒特性曲线标准采用了 IEC 255 国际标准，包括标准反时限、非常反时限、极端反时限等六种特性曲线。如图 7-5 所示。

④ 加速跳闸保护　加速跳闸保护根据重合器的 1 ~4 次过电流跳闸定值进行设定，设定值为跳闸次数。当在就地手动合闸到故障、远方遥控合闸到故障、一侧有电压、一侧无电压备投到故障上时，控制器将加速跳闸，并进入合闸闭锁状态。

⑤ 重合控制功能　包括重合控制顺序的设定、反时限曲线的选择、重合时间间隔的控制、复位时间的设定以及与之配套的合闸闭锁功能、人工操作功能等。动作顺序：分 - t_1 - 合分 - t_2 - 合分 - t_3 - 合分，t_1范围为 0.1 ~600s，t_2范围为 1 ~600s，t_3范围为 1 ~600s，时间调整分辨率为 0.01s。

⑥闭锁功能　在完成设定的操作顺序后，监控单元自动进入合闸闭锁状态，并且通过智能控制器信号端子输出闭锁信号。当重合器闭锁后，监控器可通过就地的手动方式或远方的遥控方式解除闭锁状态。

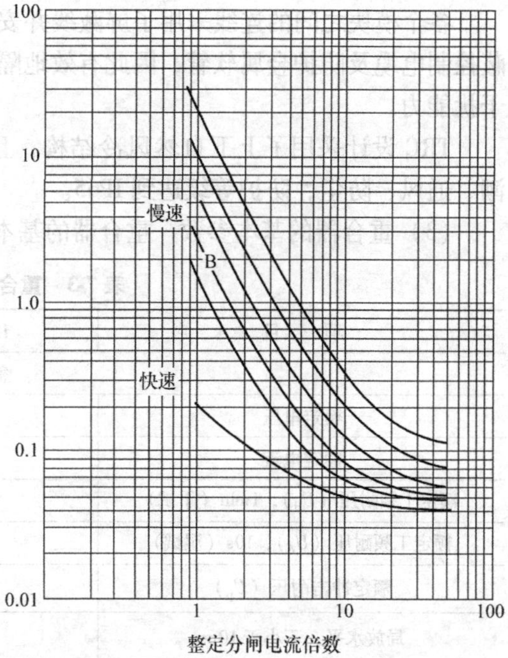

图 7-5　重合器典型时间-电流特性曲线

⑦一侧有电压、一侧无电压自动合闸功能　检测重合器两侧 TV 的输出电压，当一侧的电压由正常转换为失电压状态时，计时器开始计时，达到延迟时间后，发出合闸命令。如果当一侧有电压、一侧无电压自动合闸到故障线路（短路故障）上时，控制器将加速跳闸，不再重合，并且进入闭锁状态。

⑧过电流故障检测　监控器可自动检测出配电线路的相间短路故障，记录故障数据，并且根据具体的通信协议向主站报告。监控器还具有故障的方向判别及测距功能，可根据故障时线路的电流值和电压值及线路单位长度的电抗值计算故障距离。

过电流检测整定值及线路参数既可以通过配置软件设置，也可远方通过通信协议进行配置。

⑨单相接地检测　监控单元可以通过监视线路零序电流和（或）零序电压判断单相接地故障，并自动记录故障。

2）分、合闸驱动器（CM）控制模块　接收配电自动化单元的分、合闸信号，将信号转换成开关分、合闸信号，控制开关的分、合闸；实现控制信号的闭锁，即在分闸命令未结束时，如果收到一个合闸命令对其进行闭锁，在分闸结束时，不接收合闸命令，断路器只执行一次分闸操作；控制模块对开关本体的异常情况进行在线自我监控、诊断，当开关发生故障时，就会由 CM 发出告警信号。

3）电源模块　控制箱电源为专门设计的 UPS，内部设有智能电源模块，由一路或两路自动转换电源以及蓄电池组成。电源系统保证控制器在两路电源都出现故障时，仍可保证控制箱在 24h 之内正常工作。

4）其他　控制箱内预留了无线电通信、调制解调器的安装位置，用户可根据配电自动化系统的设计要求进行选配。

各个模块之间的连线采用了屏蔽线并安装了滤波器，OSM 与 TRC 之间的连线采用了屏蔽控制电缆及防护金属软管，因此有效地隔离外界的电磁波及高频信号，具有较强的抗电磁干扰能力。

TRC 设计采用了上下自然风冷结构，且顶部采用双层隔热结构，充分考虑到隔热、防潮、通风、防尘，防护等级达到 IP65。

(3) 重合器的基本参数　重合器的基本电气参数见表 7-3。

表 7-3　重合器的基本电气参数

项　目	12kV 开关	24kV 开关
额定参数		
额定电压	12 kV	24 kV
额定电流	最高到 630A，由 CT 一次额定电流决定	
额定工频耐压（U_d），1min（干试）	42 kV	60 kV
额定工频耐压（U_d），10s（湿试）	42 kV	50kV
额定冲击耐压（U_p）	75kV	125kV
局放水平，不小于 10pc	13.2kV	16.4kV
额定短路开断电流（I_{sc}）	20kA	16kA
额定峰值耐受电流	50kA	40kA
额定短时耐受电流 4s（I_k）	20kA	16kA
额定频率（f_r）	50/60Hz	
额定电缆充电开断电流	25A	31.5A
额定线路充电开断电流	10A	
开断性能		
机械寿命（CO—循环）	30000 次	
额定电流下的操作循环（CO）	30000 次	
每小时最大的 CO 操作次数	参见控制模块	
合、分操作循环，额定短路开断电流下	100 次	200 次
合闸时间	≤77ms	
分闸时间	≤32ms	
开断时间	≤42ms	
额定操作循环（CM/TEL 12-01）（断路器）	0 - 0.3s—CO—15s—CO	
额定操作循环（CM /TEL14-01）（重合器）	0 - 0.1s—CO—1s—CO—1s—CO	
其他参数		
环境温度	-40 ~ 50℃	
海拔	3000m	
电流互感器	六个电流互感器	三个电流互感器

（续）

项　　目	12kV 开关	24kV 开关
其他参数		
电压传感器		六个电压传感器
主回路电阻，不大于	$<85\mu\Omega$	$<95\mu\Omega$
日照强度	$\leqslant 1.1\text{kW/m}^2$	
防护等级	IP65	
重量	74kg	77kg

7.2　配电线路分段器

分段器（Sectionalizer）是配电线路上对线路进行分段的一种开关设备，它与电源侧前级主保护开关（断路器或重合器）配合，在无电压或无电流的情况下能自动分闸。分段器是一种负荷开关性质的设备，可开断负荷电流、关合短路电流，但不能开断短路电流，不能单独作为主保护开关使用。因此，分段器可以理解为负荷开关和控制器的组合，控制器完成逻辑诊断，负荷开关完成一次电路的通断，无安-秒特性。

分段器根据判断故障方式的不同，可分为电压—时间型分段器和过电流脉冲计数型分段器以及两者的结合型共三类。另外有一种分段器作为用户分界开关使用。

目前，分段器的控制器均为 IED 型，可以是实现以上三种故障判断原理的一种或几种能进行故障判断和隔离的 FTU。

7.2.1　电压-时间型分段器

电压-时间型分段器，通过检测配电线路电压作为开关的分、合逻辑。根据设置，作为分段开关和联络开关。

1. 电压-时间型分段器的组成

PVS5-12 型分段器为典型的电压-时间型分段器，由开关本体和配套的控制器组成，如图 7-6 所示。图 7-6a 为 PVS5 真空开关，只要对该开关的励磁线圈施以外加电压，开关即行合闸，而且只要电压存在，开关就会保持在合闸位置。图 7-6b 为真空开关的外形及内部结构图。安装时，利用开关上部的四根螺栓将开关悬吊在横担上。图 7-6d 为其安装在杆上图。真空开关的开断是自动的，当其励磁线圈失去电压时，开关将自动分断。PT 为电压互感器（提供电源）。真空开关配套的控制装置（Fault Detecting Relay，FDR），又称为故障检测器，如图 7-6c 所示，它是一台安装在开关下方的电子装置，其结构形式有箱式结构和户外耐候型钟形结构，其用来检测开关两侧的电压，当 FDR 检测到真空开关电源侧电压时，真空开关按设置的参数延时合开关。

2. 电压-时间型分段器的工作原理

电压-时间型分段器的接线原理如图 7-7 所示。在负荷开关的两侧 AB、BC 相间分别安装了两台干式 PT，既作为 FDR 电压的测量互感器，又作为分段器的工作电源，在 FDR 内部，通过切换电路从这两个 PT 取得电源。FDR 输出合闸保持信号，到负荷开关的励磁绕组，励磁绕组带电，负荷开关处于合闸状态，励磁绕组失电，开关分闸。

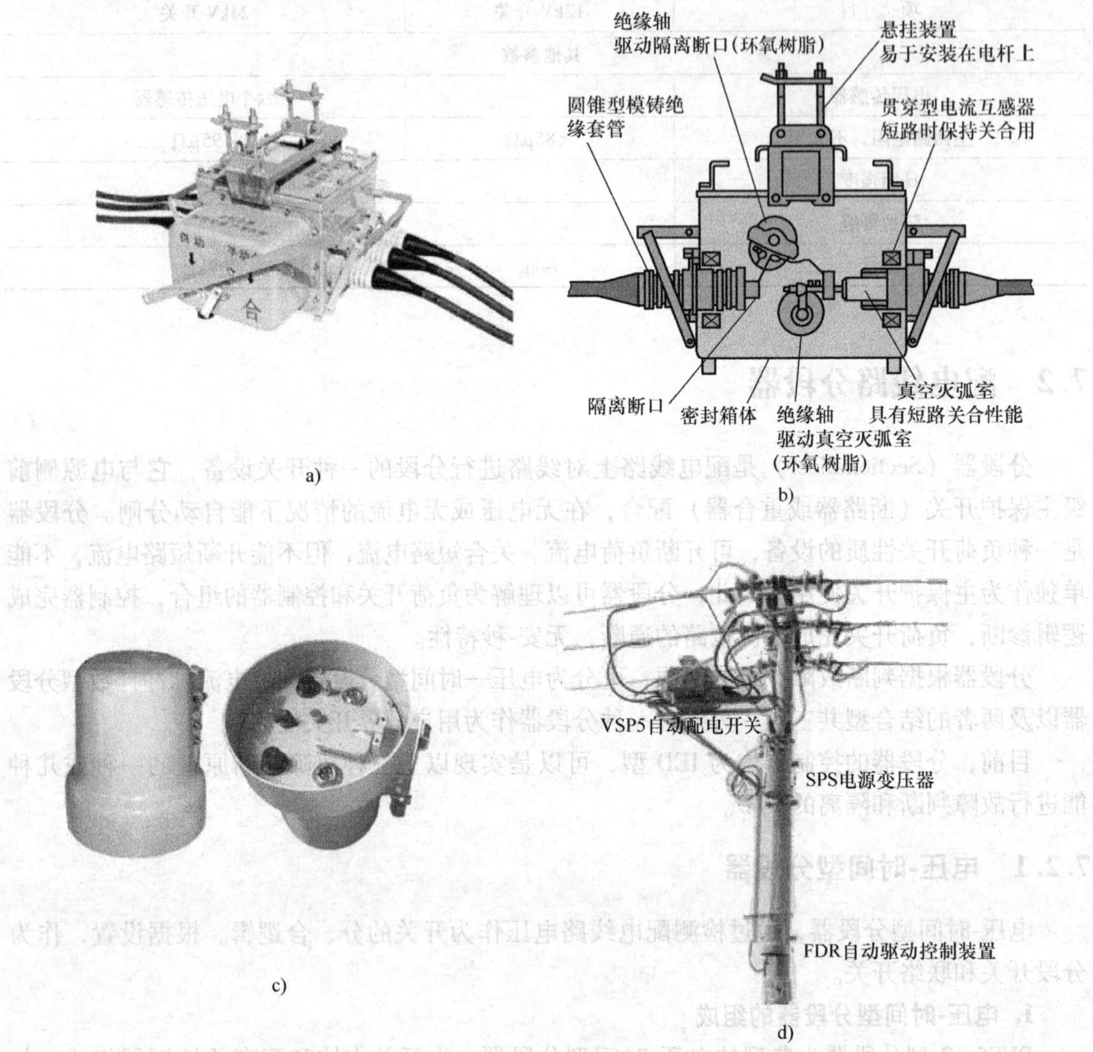

图 7-6　PVS5-12 型分段器外形及真空开关内部结构图

a）PVS5 真空开关　b）真空开关外形及内部结构　c）控制器　d）安装在杆上

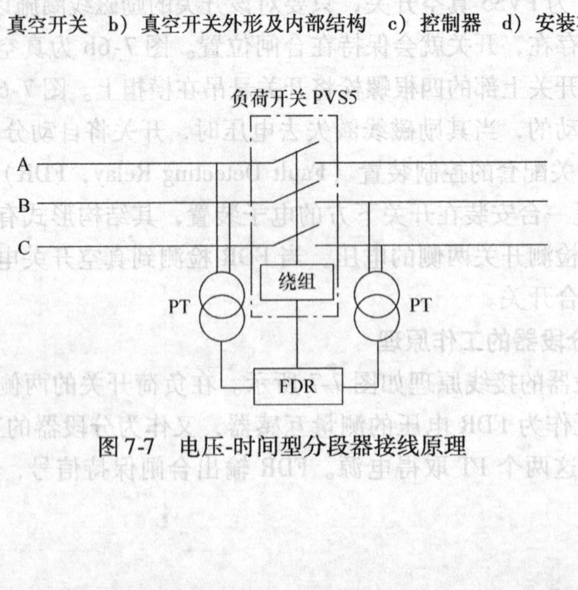

图 7-7　电压-时间型分段器接线原理

电压-时间型分段器有两个重要参数需要整定：X 时限和 Y 时限。X 时限是指从分段器电源侧加压（有电）到分段器合闸的时间，也称为合闸时限；Y 时限是故障检测时间，是指分段器合闸后又失电压的闭锁时间，即当分段器合闸后，如果 Y 时间内一直可检测到电压，Y 时间后发生失电压分闸，分段器不闭锁，如果在 Y 时限内失电压，则分段器将发生合闸闭锁，即断电后来电也不再合闸。

电压-时间型分段器通过设置可以工作在两种状态下。第一种状态为分段开关状态，线路正常运行时开关处于合闸状态；第二种状态为联络开关状态，线路正常运行时开关处于分闸状态。

当电压-时间型分段器设置在第一种工作状态，线路正常工作时，分段器处于合闸工作状态。当分段器的控制器检测到分段器的电源侧来电后，起动 X 计时器，在 X 计时器达到设定的值时，发出合闸命令，使分段器合闸。同时起动 Y 计时器，如果在 Y 时限内，分段器又失电并跳闸，闭锁该分段器在分闸状态。定义 t_1 为与分段器配合的重合器从检测到故障到分闸的时间。因此，工作在第一种工作状态的分段器的时限定值：X 时限 > Y 时限 > t_1。

当电压-时间型分段器设置在第二种工作状态时，即电压-时间型分段器作为环状网线路的联络开关使用，其余的分段器则应当设置在第一种工作状态。安装于联络开关处的分段器能对两侧的电压均进行检测，当检测到任何一侧失电压时，起动 X_L 时限（相当于 X 时限）计时器，经过规定的时间 X_L 后，发出合闸命令，使分段器合闸；同时起动 Y 计数器，若在 Y 时限规定的时间以内，该分段器的同一侧又失电压，则该分段器分闸并闭锁在分闸状态。因此，工作在第二种状态的分段器时限定值：

X_L 时限 > 分段器失电压侧断路器或重合器的重合时间，加上失电压侧各分段器 X 时限的总和；

Y 时限 > 分段器失电压侧断路器或重合器检测到故障到跳闸的时间 t_1。

X_L 时限取各侧各个分段器 X 时限总和的最大值 + 重合器第一次的重合时间 + 动作时间裕度（动作时间裕度可取分段器的 X 时限间隔）。

各种电压-时间型分段器的定值，根据重合器特性、分段器的特性以及控制器特性来决定，定值的范围一般为秒级。

例如：FDR4011 分段器控制器，X 时限取值范围为 5 ~ 14s，乘以 1 ~ 10 的倍数的任意数，范围为 5 ~ 140s；Y 时限取值范围为 5.5 ~ 10s，级差为 0.5s，共 10 个值。X_L 时限取值范围为 30 ~ 585s 之间的 100 个值。

7.2.2 过电流脉冲计数型分段器

过电流脉冲计数型分段器通常与电源侧的重合器配合，通过检测线路过电流次数来判断故障，并进行分、合闸操作。它不能开断短路故障电流，但在一段时间内，有记忆流过自身的故障电流次数（即过电流脉冲次数）。通过整定流过故障电流的次数，当流过故障电流的次数达到设定值时，在前级的重合器将线路从电网中短时切除的无电流间隙，在分段器失电情况下，跳开分段器，并闭锁分段器，达到隔离故障区段的目的。若重合器未达到预定的动作次数，故障已消除，过电流脉冲计数型分段器在一定的复位时间后，会清零并恢复到预先整定的初始状态，为下一次故障处理做好准备。

过电流脉冲计数型分段器的主要参数如下：

（1）起动电流　设定的分段器开始计数的最小电流，一般整定为上级重合器最小分闸电流的80%。

（2）复位时间　分段器每次计数后，当没有达到跳闸次数时，复位到初始状态所需的时间。

（3）累计时间　从首次计数电流消失至分段器完成整定的计数次数所需要的时间。

分段器还具有识别涌流的能力，防止误计数。

计数型分段器按其结构分为两种，跌落式脉冲计数型分段器和电子控制脉冲负荷开关型分段器。

1. 跌落式脉冲计数型分段器

跌落式分段器是一种外形与普通高压跌落式熔断器相似的单相或三相高压电子脉冲型自动分段器。图7-8是FDK-12/D200-10型跌落式分段器外形图，它由瓷件、跌落式载流管、上下动触头、灭弧装置及导电机构组成绝缘及一次导电系统；由电流互感器、微计算机控制器组成二次控制系统；由脱扣机构组成脱扣部分；由相间轴、连动机构组成分段器两相跌落后的机械连动部分。有单相和三相两种结构，可根据用户需要实现三相连动。

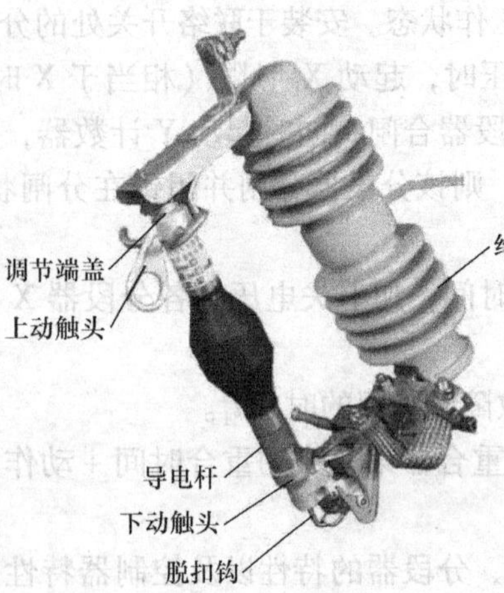

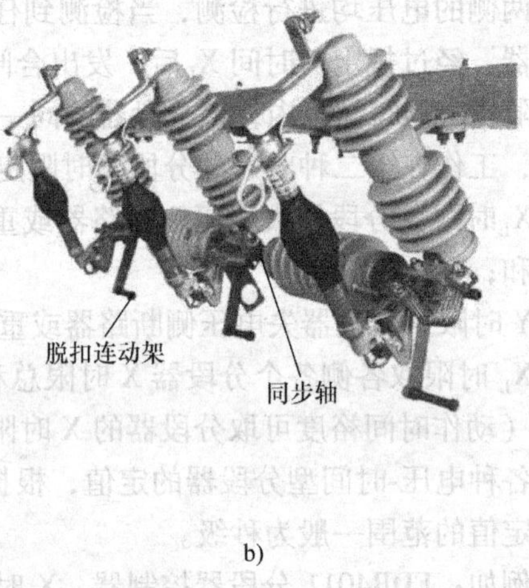

图7-8　FDK-12/D200-10型跌落式分段器

a）单相型　b）三相

分段器投入运行前需要操作脱扣钩机构使脱扣机构复位，旋转脱扣钩使钮簧复位然后合闸。跌落式分段器由手动合闸操作，故障后在无电流情况下自动跌落分段，隔离故障，当线路故障清除后，更换新的起动器，手动合闸，恢复正常供电。它是一种简单的自动化开关装置，每次故障后需要人工更换起动器并手动合闸。正常时，分段器的灭弧装置可实现额定电流下的合、分操作，此时线路电流流过载流管，由于线路电流小于动作电流，微计算机控制装置不进行分闸计数。当出现故障电流时（如大于额定电流的一倍），经电流互感器转换的电流信号送入微计算机控制装置，微计算机控制器在电流达到额定起动电流时起动，进行内部处理，起动计数，当线路由重合器（或断路器）开断后，分段器的微计算机控制装置经历了有过电流到无电流信号的过程，完成第一次过电流计数。此后，重合器（或断路器）重合，如果线路发生的是永久故障，短路电流再次出现，重合器再一次分闸，分段器的微计算机控制装置又经历了一次有过电流到无电流信号的过程，分段器进行了第二次计数。当计数达到设定的次数时（1、2、3 次），经一定的延时，起动器自动起动，使脱扣器与载流跌落管分离，载流管依靠自重自动跌落，隔离故障。上级重合器（或断路器）再次重合，恢复其他无故障线路的正常供电。因故障点前的分段器已自动跌落，具有明显断开点，可摘下载流管进行故障检修。

三相分段器，当分段器其中两相因故障分闸，两相分闸瞬间的机械连动使未分闸相分闸。

这种跌落式分段器，其主要特点是结构简单、价格低廉、性价比高；分段器自动分闸后有明显断口，可以迅速查出故障区段，利于配电运行维护。

2. 电子控制脉冲负荷开关型分段器

电子控制脉冲负荷开关型分段器，由交流负荷开关和电子控制器组成。其动作逻辑完全由电子控制装置完成，即电子控制器按电流计数隔离故障原理设计，可以灵活地设计成只有就地功能的电子控制器，也可以设计成具有电流计数方式判别故障的 FTU。因此，该类分段器是可以升级，实现配电网自动化应用的分段器。

能和电子控制装置配合的负荷开关，除其电气特性满足一次电路的电气参数要求外，负荷开关具备电动操动机构，并且电动操动机构通过电子控制装置发出的分、合闸命令实现分、合闸。负荷开关上需要安装配套套管式 TA。选择的负荷开关内装 PT 或外配置 PT，完成电压的信号传递和给电子控制装置供电。

7.2.3　V-I-T 型自动分段器

电流-电压-时间（V-I-T）型自动分段器，综合了电压-时间型分段器和电流型分段器的优点，设计了新型的 V-I-T 分段器动作方案。

V-I-T 分段器利用智能分段器功能多样、配置灵活的特点，可同时监视故障电流和电压，与传统的分段器相比，效率提高很多，隔离故障和恢复供电时间大大缩短。

（1）动作原理　分段器根据在馈线中作用分为三种工作模式：模式 1，分段器模式；模式 2，联络开关模式；模式 3，分支线路模式。

模式 1：分段器模式

1）X 时限，得电延时 X 时间后合闸　开关在分位、一侧有电压、一侧无电压，得电达到延时时间 X，控制开关合闸。

2）闭锁 Y 时限　开关合闸后 Y 时间内，电压消失，并伴有故障电流脉冲，控制开关分闸并进入闭锁状态，即使单侧电压再次正常，也不执行延时合闸功能。

3）短时合闸带电闭锁 X_{sl} 时限　得电合闸成功后，X_{sl}（可取 3s）有电，闭锁失电压分闸功能。

执行“得电 X 延时合闸”功能并且合闸成功后，在延时 X_{sl} 时间内开关正常带电，闭锁失电分闸功能。在最大故障处理周期内即使电压再次消失，也不执行分闸。

4）残压脉冲闭锁　开关处于分闸状态，任意一侧电压由无电压升高超过最低残压整定值，又在 Y 时间内消失，FTU 即进入闭锁状态，使开关处于分闸位置。

模式 2：联络开关模式

1）单侧失电压延时 X_L　联络开关单侧失电压后延时 X_L 时间后合闸，双侧同时失电压不合闸。

2）残压脉冲闭锁　开关处于分闸状态，无电压侧电压由无电压升高超过最低残压整定值，又在Y时间内消失，FTU即进入闭锁状态，使开关处于分闸位置。

3）双侧均有电压时，禁止开关合闸。

模式3：分支线路（看门狗）模式

过电流脉冲计数参数，过电流脉冲计数达M次（两次）分闸闭锁。用于分支线路，可检测线路上故障电流次数，当过电流计数至设定次数、在线路失电压后，分开负荷开关。用户界内，发生单相接地故障时跳闸。

7.2.4　用户分界负荷开关

10kV架空公网配电线路，用户采用T接的方式连接在公网配电线路的分段上，当用户内部发生故障时，如故障在其进线段，或故障虽发生在用户进线开关内，但其保护动作时限与变电站出线开关保护配合不当时，均会造成变电站出线开关保护跳闸。如果故障性质是永久的，变电站重合不成功，一个中压用户界内的事故将使整条配电线路停电，波及到了其他用户的正常供电。

用户分界负荷开关是解决上述事故的理想设备，该设备安装于10kV架空配电线路的责任分界处，可以实现自动切除单相接地故障和自动隔离相间短路故障，确保非故障用户的用电安全。用户分界负荷开关控制器是专门用于分界开关本体的智能控制器，具备保护控制功能和通信功能。控制器与开关本体通过控制电缆和航空接插件进行电气连接。

（1）用户分界负荷开关组成　用户分界负荷开关由柱上断路器本体、相应的用户分界开关控制器以及外置电压互感器三大部分组成，三者通过航空插座及户外密封控制电缆进行电气连接。具有故障检测功能、保护控制功能和通信功能，能可靠判断、检测界内与界外的毫安级零序电流及相间短路故障电流，实现自动切除单相接地故障和相间短路故障。图7-9为负荷分界开关现场安装示意图。

（2）动作原理

1）单相接地-中性点不接地或中性点经消弧线圈接地系统　中性点不接地系统，用户区内发生单相接地时，系统的所有容性零序电流均由在用户区内的故障点流向线路。在负荷开关中设定：

$$I_o > I_{odz}$$

式中，I_o为系统三相零序电流值；I_{odz}为整定值。

零序电流定值的大小，可以按照下面公式进行计算：

$$I_{odz} = (L_{ol} \times 0.02 + L_{pc} \times 1) \times 3 \times 1.5$$

式中，L_{ol}为界内架空线路长度（km），L_{pc}为界内电缆线路长度（km）。

利用开关内部的三相电流检测功能，测量单相接地电流，在线路发生单相接地故障的情况下，由控制器自动将负荷开关分闸，隔离故障线路，避免对变电站和其他正常线路造成影响。最小可实现0.3A的零序电流检测，使自动分段开关可用于中性点不接地系统或中性点经消弧线圈接地系统中。

线路正常时，变电站出线开关和分界断路器均处于合闸状态，一旦用户界内发生单相接地故障，分界断路器内置的零序互感器检测到的零序电流接近于全网的零序电流，超过事先

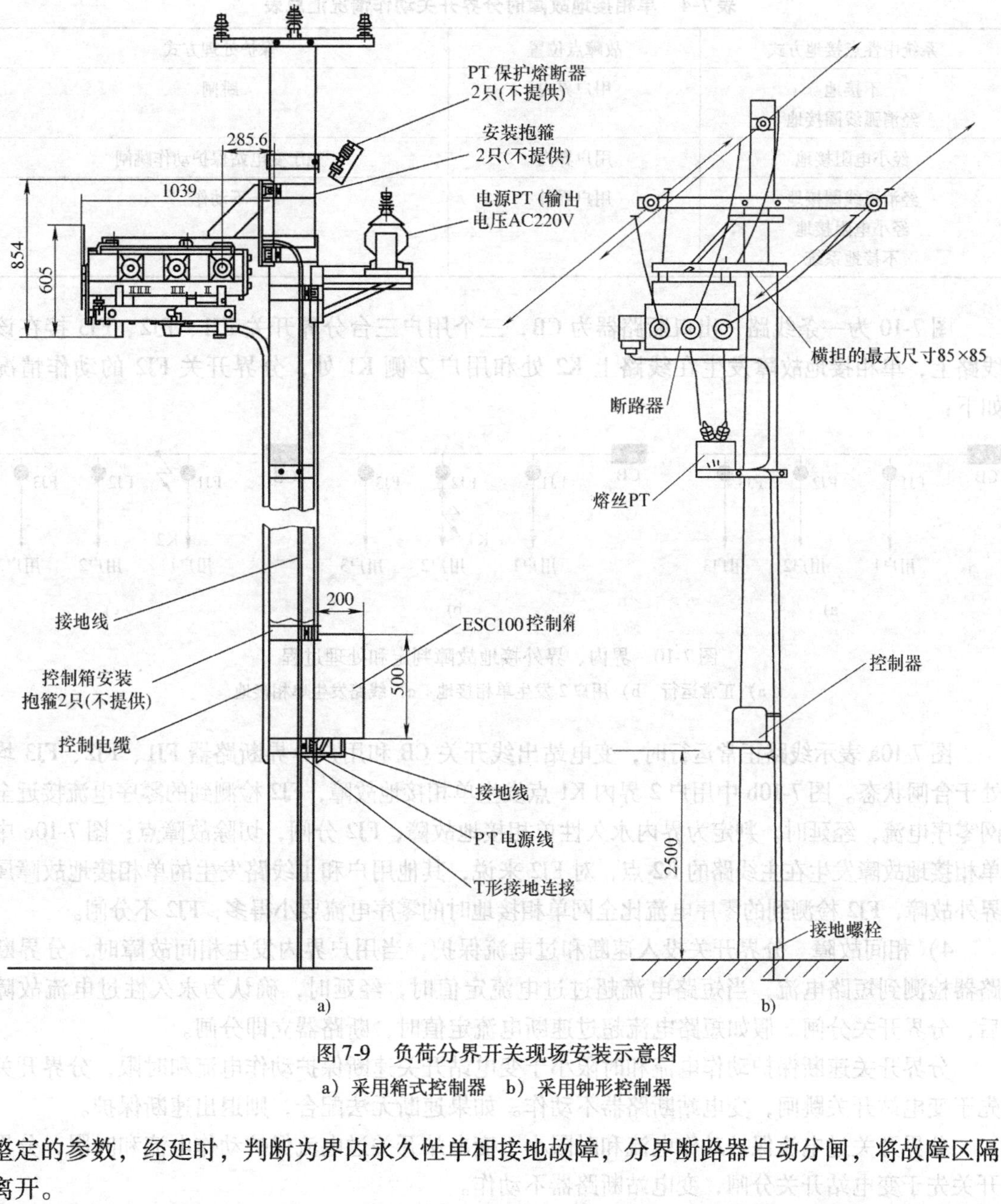

图 7-9　负荷分界开关现场安装示意图

a）采用箱式控制器　b）采用钟形控制器

整定的参数，经延时，判断为界内永久性单相接地故障，分界断路器自动分闸，将故障区隔离开。

其他相邻用户和主线路的单相接地故障则属于界外故障，控制器零序电流互感器检测到的零序电流远小于整定值，断路器不动作。

2）单相接地-中性点经小电阻接地系统　在中性点经小电阻接地系统中，变电站虽有零序保护，但只要是该用户界内发生单相接地故障，该用户的分界断路器与变电站零序保护依靠动作时限配合，分界断路器先于变电站开关动作，从而切断单相接地故障。保证其他用户安全用电。

3）单相接地实例　表 7-4 为单相故障时分界开关动作情况表。

表 7-4 单相接地故障时分界开关动作情况汇总表

系统中性点接地方式	故障点位置	保护处理方式
不接地 经消弧线圈接地	用户界内	跳闸
经小电阻接地	用户界内	先于变电站保护动作跳闸
经消弧线圈接地 经小电阻接地 不接地系统	用户界外	不动作

图 7-10 为一条线路，出口断路器为 CB，三个用户三台分界开关 FJ1、FJ2、FJ3 接在该线路上，单相接地故障发生在线路上 K2 处和用户 2 侧 K1 处，分界开关 FJ2 的动作情况如下：

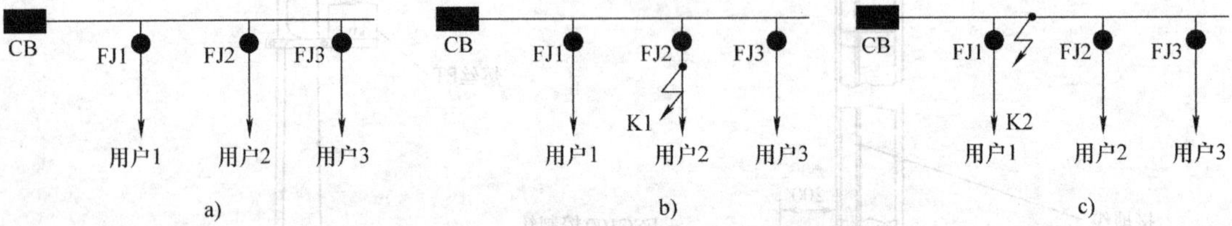

图 7-10 界内、界外接地故障判定和处理过程

a）正常运行 b）用户 2 发生单相接地 c）线路发生单相接地

图 7-10a 表示线路正常运行时，变电站出线开关 CB 和用户分界断路器 FJ1、FJ2、FJ3 均处于合闸状态。图 7-10b 中用户 2 界内 K1 点发生单相接地故障，FJ2 检测到的零序电流接近全网零序电流，经延时，判定为界内永久性单相接地故障，FJ2 分闸，切除故障点；图 7-10c 中单相接地故障发生在主线路的 K2 点，对 FJ2 来说，其他用户和主线路发生的单相接地故障属界外故障，FJ2 检测到的零序电流比全网单相接地时的零序电流要小得多，FJ2 不分闸。

4）相间故障 分界开关投入速断和过电流保护，当用户界内发生相间故障时，分界断路器检测到短路电流，当短路电流超过过电流定值时，经延时，确认为永久性过电流故障后，分界开关分闸。假如短路电流超过速断电流定值时，断路器立即分闸。

分界开关速断保护动作电流和时限小于变电站开关速断保护动作电流和时限，分界开关先于变电站开关跳闸，变电站断路器不动作。如果速断无法配合，则退出速断保护。

分界开关过电流保护动作电流和时限小于变电站开关过电流保护动作电流和时限，分界开关先于变电站开关分闸，变电站断路器不动作。

7.3 就地模式的馈线故障隔离和恢复

就地控制模式的馈线自动化技术，主要是引进并消化国外早期不需要通信网络的馈线自动化技术，由变电站出口重合器（或断路器）和线路不同原理的分段器配合，构成不同原理就地模式的配电线路自动隔离和恢复方案。

根据故障隔离和恢复原理的，目前常用的方法分为电压-时间型方法、过电流脉冲计数型和电压-电流-时间（简称 V-I-T）方法。电压-时间型方法是采用重合器和电压-时间型分段器配合，以检测电压为依据，来实现故障隔离和恢复。过电流脉冲计数型方法是采用重合器和过电流脉冲型分段器配合，以检测故障电流为依据，来实现故障隔离和恢复。V-I-T 法在电压-时间型方法的基础上，依据电压、故障电流提出的一种故障隔离和恢复方法。

1. 电压-时间型分段器模式

对于简单树干形的配电线路、手拉手配电线路，用电压-时间型分段器和重合器或具有重合功能的断路器配合，可以消除瞬时性配电线路的故障引起的停电事故，并可自动隔离故障区域，减少停电时间，缩小停电范围，提高供电可靠性。但在故障的隔离和恢复过程中，线路出口重合器需要多次重合，健康分段在故障定位和隔离期间也会短时停电。

（1）简单树干形配电线路　图 7-11 为一简单树干形配电线路，在线路发生短路故障时，短路电流大于 3.5kA。采用重合器和电压-时间型的分段器配合隔离故障区段。图 7-11 中，A 为重合器，额定电流为 630A，B、C、D、E 为电压-时间型的分段器。

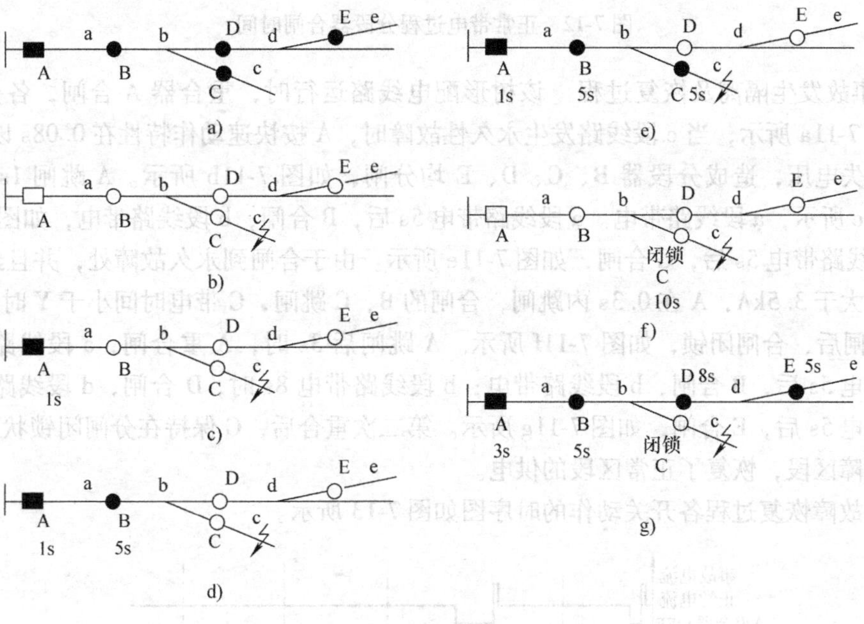

图 7-11　树干形线路隔离故障区段的过程

1）重合器分段器的定值　为了隔离和恢复故障，重合器和分段器的定值进行如下的整定，并对定值的正确性进行验证。

图 7-5 为该重合器的典型时间-电流特性曲线，选择“快速”曲线为故障分闸时间-电流特性，慢速曲线 B 为重合到故障跳闸曲线。第一次重合时间选为 1s，第二次重合时间选为 3s。

B、C、D、E 的 X 时限分别整定为 5s、5s、8s、5s，B、C、D、E 的 Y 时限均为 2s。

通过正常供电过程对分段器的 X 时限的合理性进行验证。验证过程中，假设重合器的合闸和分段器的合闸时间为 0s。以重合器 A 合闸后时间 t 为基准，即 $t=0s$，A 合闸，a 段线路带电；a 段线路带电 5s 后，即 $t=5s$ 时，B 合闸，b 段线路带电；b 段线路带电 5s 和 8s 时，即时间 $t=10s$、$t=13s$ 时，C 和 D 分别合闸，c 段线路在 $t=10s$ 带电，d 段线路在 $t=13s$ 时带电；d 段线路在带电 5s 后，即 $t=18s$ 时 E 合闸，e 段线路带电。重合器合闸后，a、 b、c、d、e 段线路带电的时间分别是 0s、5s、10s、13s、18s，每段线路带电时间没有重叠，并且每段线路带电的时间差不小于 3s。图 7-12 为正常带电过程分段器合闸时间时序图。

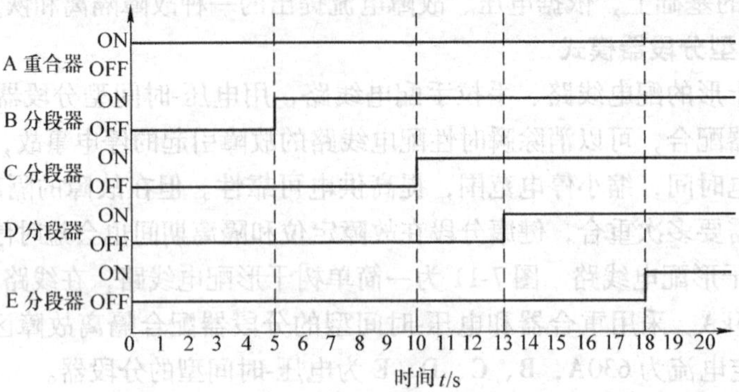

图 7-12 正常带电过程分段器合闸时间

2）事故发生隔离及恢复过程 该树形配电线路运行时，重合器 A 合闸，各分段器闭合，如图 7-11a 所示，当 c 段线路发生永久性故障时，A 按快速动作特性在 0.08s 以内跳闸，导致线路失电压，造成分段器 B、C、D、E 均分闸，如图 7-11b 所示。A 跳闸 1s 后合闸，如图 7-11c 所示，a 段线路带电。a 段线路带电 5s 后，B 合闸，b 段线路带电，如图 7-11d 所示。b 段线路带电 5s 后，C 合闸，如图 7-11e 所示。由于合闸到永久故障处，并且经过 A 的故障电流大于 3.5kA，A 在 0.3s 内跳闸，合闸的 B、C 跳闸，C 带电时间小于 Y 时限 2s，因此，C 跳闸后，合闸闭锁，如图 7-11f 所示。A 跳闸后 3s 时，A 重合闸，a 段线路带电；a 段线路带电 5s 后，B 合闸，b 段线路带电；b 段线路带电 8s 时，D 合闸，d 段线路带电；d 段线路带电 5s 后，E 合闸，如图 7-11g 所示。第二次重合后，C 保持在分闸闭锁状态，从而隔离了故障区段，恢复了正常区段的供电。

以上故障恢复过程各开关动作的时序图如图 7-13 所示。

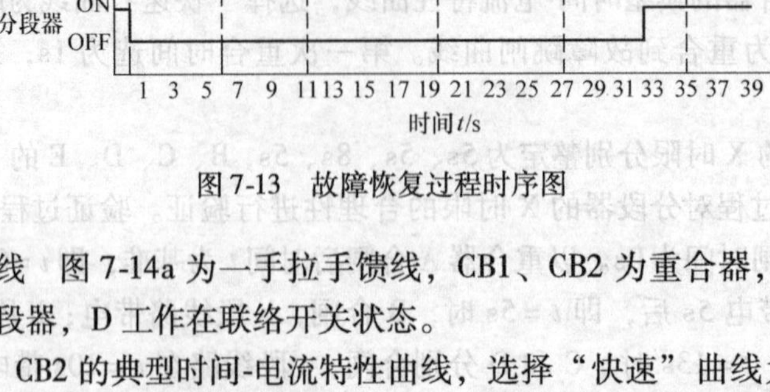

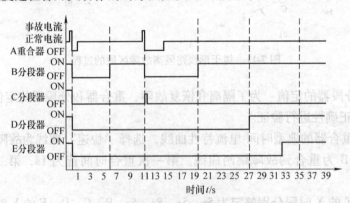

图 7-13 故障恢复过程时序图

(2) 手拉手馈线 图 7-14a 为一手拉手馈线，CB1、CB2 为重合器，A、B、C、D、E、F 为电压-时间型分段器，D 工作在联络开关状态。

图 7-5 为 CB1、CB2 的典型时间-电流特性曲线，选择“快速”曲线为故障分闸时间-电流特性，慢速曲线 B 为重合到故障跳闸曲线。第一次重合时间选为 1s，第二次重合时间选

为 3s。

A、B、C、D、E、F 分段器的 X 时限均整定为 5s，Y 时限均为 2s。D 的 X_L时限为 19s。

假设 c 段线路发生了永久故障，图 7-14a ~ e 给出了故障隔离和恢复的全过程。注意在图 7-14d 中，开关 C 感受到残压时，闭锁 C 的合闸功能，是为了避免工作于联络开关的分段器，对侧进行故障隔离时时间长，对侧也要短时停电的缺陷，对电压-时间型分段器的原理进行的完善。在分段器上又设置了异常低压闭锁功能，处于分闸状态的分段器，当分段器检测到其左右任何一侧出现低于额定电压 30% 异常低电压的时间超过 150 ms 时，该分段器将闭锁合闸。这样在图 7-14d 中的 B 在合闸到分闸期间，C 也会被闭锁，从而在图 7-14e 中，只要合上联络开关 D 就可完成健康区段 d 的恢复供电，而不会发生联络开关右侧所有开关跳闸，再顺序合闸的过程。

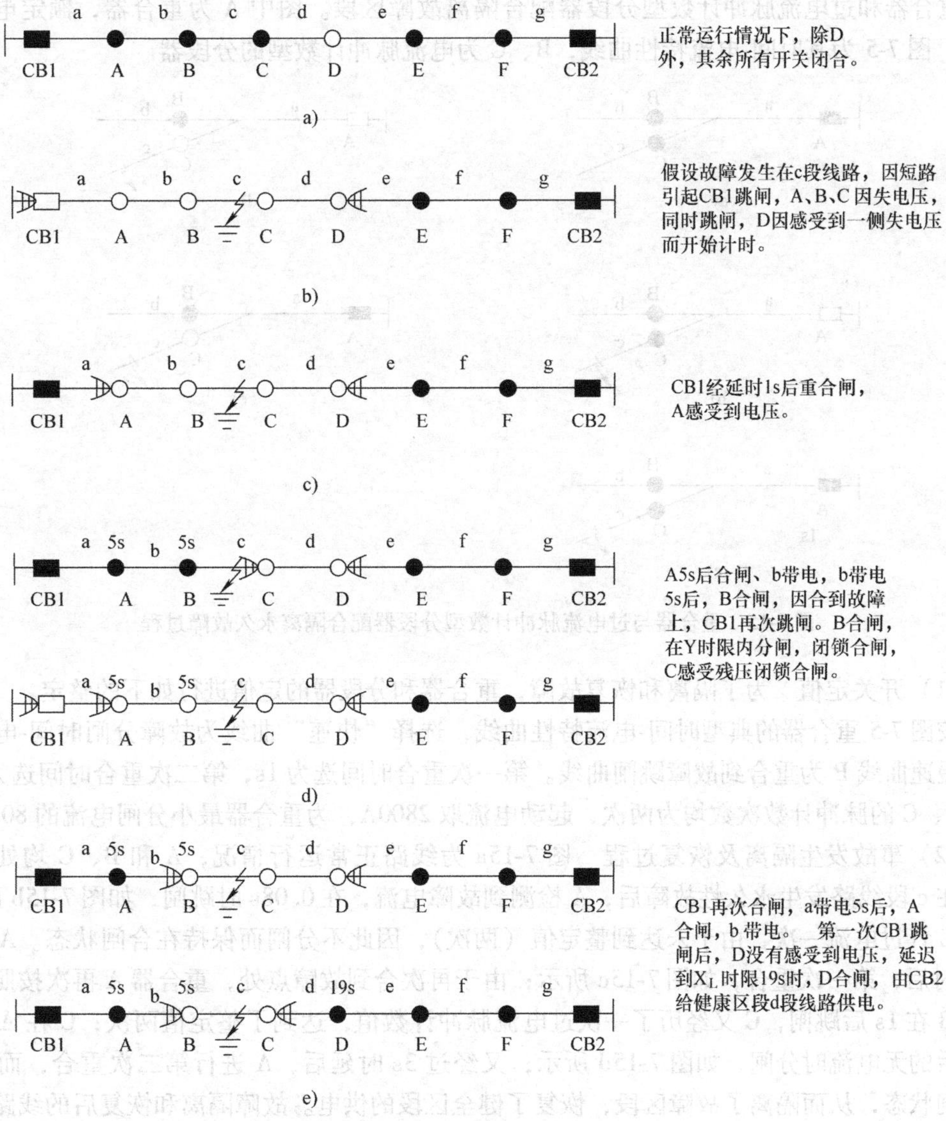
正常运行情况下，除D外，其余所有开关闭合。
a)
假设故障发生在c段线路，因短路引起CB1跳闸，A、B、C 因失电压，同时跳闸，D因感受到一侧失电压而开始计时。
b)
CB1经延时1s后重合闸，A感受到电压。
c)
A5s后合闸、b带电，b带电5s后，B合闸，因合到故障上，CB1再次跳闸。B合闸，在Y时限内分闸，闭锁合闸，C感受残压闭锁合闸。
d)
CB1再次合闸，a带电5s后，A合闸，b 带电。 第一次CB1跳闸后，D没有感受到电压，延迟到X_L时限19s时，D合闸，由CB2给健康区段d段线路供电。
e)

图 7-14　手拉手线路的故障隔离和恢复

2. 重合器和过电流脉冲计数型分段器配合模式

对于简单树干形的配电线路，用过电流脉冲计数型的分段器和重合器或具有重合功能的断路器配合，可以消除瞬时性配电线路故障引起的停电事故，并可自动隔离故障区域，减少停电时间，缩小停电范围，提高供电可靠性。但在故障的隔离和恢复过程中，线路出口重合器需要多次重合，健康分段在故障定位和隔离期间也会短时停电。

故障隔离和恢复过程如下：当线路发生故障时，电源侧重合器切断故障电流，故障电流流过分段器时，分段器计数装置进行计数，重合器重新合闸，分段器再一次流过故障电流，分段器计数加1。当达到预先整定的过电流次数之后，在前级重合器跳开故障时，分段器自动跳开，若未达到整定次数，分段器不分断，重合器再次重合，就恢复供电。

图7-15a为一简单的树干形配电线路，在线路发生短路故障时，短路电流大于3.5kA，采用重合器和过电流脉冲计数型分段器配合隔离故障区段。图中A为重合器，额定电流为630A，图7-5为其时间-电流特性曲线，B、C为电流脉冲计数型的分段器。

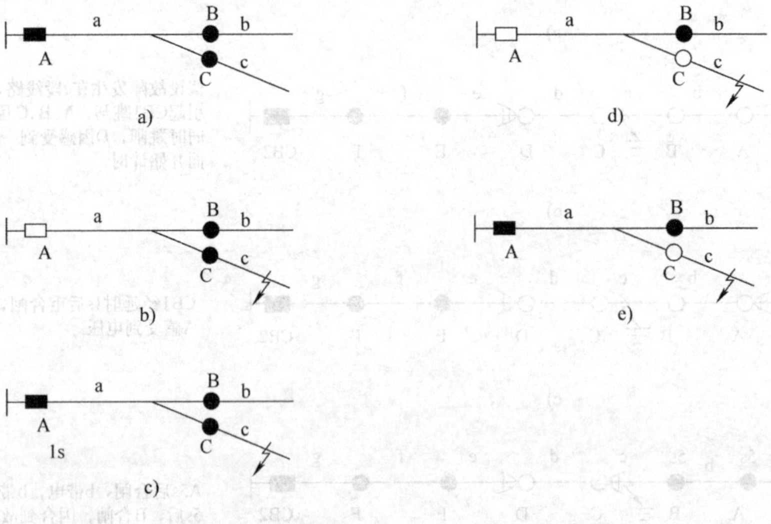

图7-15　重合器与过电流脉冲计数型分段器配合隔离永久故障过程

(1) 开关定值　为了隔离和恢复故障，重合器和分段器的定值进行如下的整定。

按图7-5重合器的典型时间-电流特性曲线，选择“快速”曲线为故障分闸时间-电流特性，慢速曲线B为重合到故障跳闸曲线。第一次重合时间选为1s，第二次重合时间选为3s。

B、C的脉冲计数次数均为两次，起动电流取2800A，为重合器最小分闸电流的80%。

(2) 事故发生隔离及恢复过程　图7-15a为线路正常运行情况，A和B、C均处于合位。在c段线路发生永久性故障后，A检测到故障电流，在0.08s时跳闸，如图7-15b所示；此时C计过电流一次，由于未达到整定值（两次），因此不分闸而保持在合闸状态。A经过1s延时后，第一次重合，如图7-15c所示；由于再次合到故障点处，重合器A再次按照慢速曲线B在1s后跳闸，C又经历了一次过电流脉冲计数值，达到了整定值两次；C在A再次跳闸后的无电流时分闸，如图7-15d所示；又经过3s时延后，A进行第二次重合，而C保持分闸状态，从而隔离了故障区段，恢复了健全区段的供电。故障隔离和恢复后的线路状态如图7-15e所示。图7-16为事故过程中，各个开关动作的时序。

(3) 隔离暂时性故障区段过程　图7-17为上述树形网采用重合器与过电流脉冲计数型

分段器配合隔离暂时性故障过程示意图。树形线路正常工作的情形如图 7-17a 所示。c 区段发生暂时性故障，A 跳闸，全线失电压，C 计过电流一次，如图 7-17b 所示，B、C 保持合闸状态。A 延时 1s 重合，暂时性故障消失，A 重合成功恢复了系统供电，如图 7-17c 所示。在经过一段确定的时间（复位时间）以后，C 的过电流计数值清除，又恢复到其初始状态。

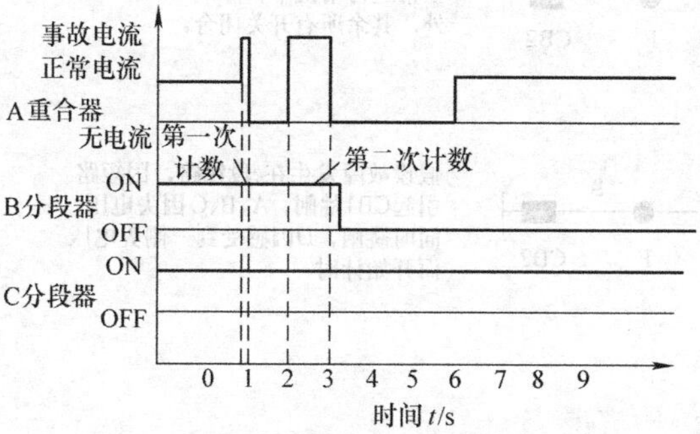

图 7-16　重合器与过电流脉冲计数型分段器配合隔离永久故障过程时序图

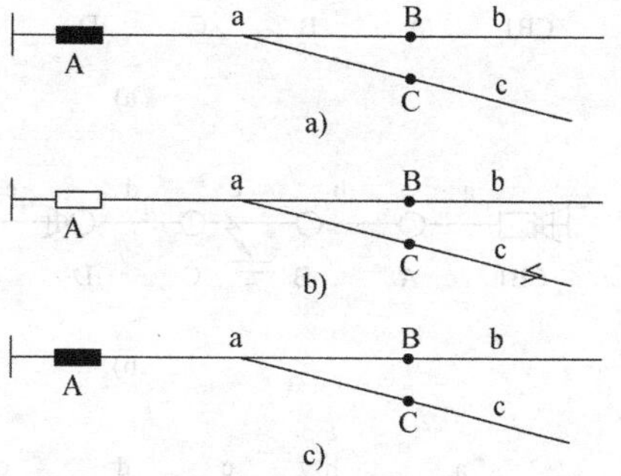

图 7-17　重合器与过电流脉冲计数型分段器配合隔离暂时性故障区段的过程

3. 重合器和 V-I-T 型分段器配合方式

重合器和 V-I-T 型分段器配合的故障隔离和恢复方式适用于辐射线路或环网。设配电网络为辐射型或双电源手拉手方式。变电所出口配置具有重合能力的断路器或重合器，分段器采用 V-I-T 分段器，联络开关位置可设置为主环上任意开关。重合器整定在一快一慢状态，分段器 X，Y 时限已进行整定，联络开关器 X_L 也已整定。

重合器和 V-I-T 型分段器实现故障隔离和恢复的过程如下：

1）发生故障后，变电站线路出口跳闸，线路上分段器失电压、无电流分闸。

2）变电所出口断路器重合闸，线路上分段器依次试合，如合上时间大于 2s，认为试合成功，保持合位，短时闭锁失电压分闸功能。

3）故障点前的开关，合闸在故障上，在 Y 时限内，再次分闸并闭锁，故障点后的开关检测到残压脉冲，闭锁在分闸位置。

4）变电所出口再次重合，恢复非故障区段供电。

5）联络开关单侧失电压延时合闸，完成自动转移供电。

6）用户分界开关，整定故障电流脉冲计数功能，检测到故障电流脉冲达到设定次数后，自动分闸闭锁。

对于图 7-14a 的手拉手馈线，CB1、CB2 为重合器，A、B、C、D、E、F 为电压-时间型分段器，D 工作在联络开关状态。将图中 A、B、C、D、E、F 分段器换为 V-I-T 型的分段器。

V-I-T 型的分段器是在电压-时间型分段器基础上进行了完善，添加了“合闸后在规定的时间内没有检测到失电压和故障电流，将开关闭锁在合闸状态，以及检测残留电压闭锁合闸功能。

图 7-5 为 CB1、CB2 的典型时间-电流特性曲线，选择“快速”曲线为故障分闸时间-电流特性，慢速曲线 B 为重合到故障跳闸曲线。第一次重合时间选为 1s，第 2 次重合时间选

为3s。

A、B、C、D、E、F分段器的X时限均整定为5s，Y时限均为2s。D的X_L时限为19s。

假设线路段c发生了永久故障，图7-18给出了故障恢复的全过程。

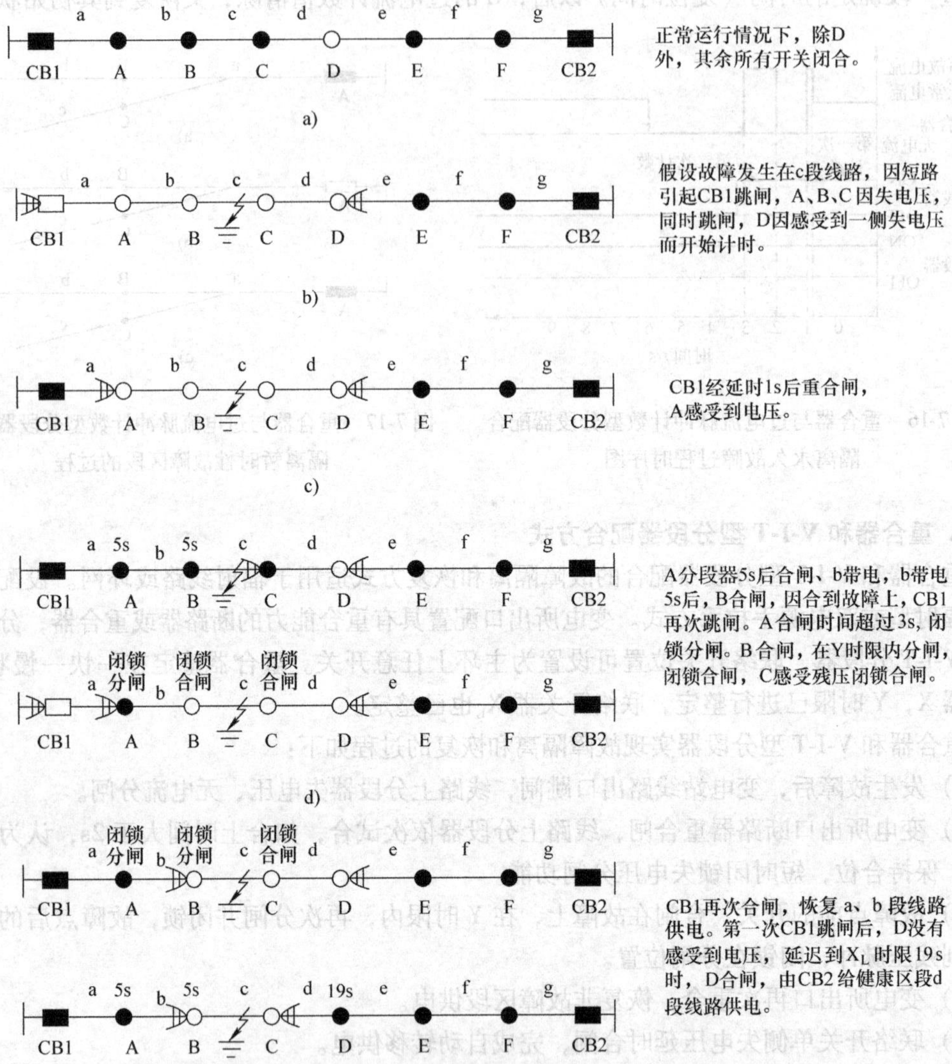

a b c d e f g
CB1 A B C D E F CB2
正常运行情况下，除D外，其余所有开关闭合。
a)
假设故障发生在c段线路，因短路引起CB1跳闸，A、B、C因失电压，同时跳闸，D因感受到一侧失电压而开始计时。
b)
CB1经延时1s后重合闸，A感受到电压。
c)
5s 5s
A分段器5s后合闸、b带电，b带电5s后，B合闸，因合到故障上，CB1再次跳闸。A合闸时间超过3s，闭锁分闸。B合闸，在Y时限内分闸，闭锁合闸，C感受残压闭锁合闸。
闭锁分闸 闭锁合闸 闭锁合闸
d)
闭锁分闸 闭锁分闸 闭锁合闸
CB1再次合闸，恢复a、b段线路供电。第一次CB1跳闸后，D没有感受到电压，延迟到X_L时限19s时，D合闸，由CB2给健康区段d段线路供电。
5s 5s 19s
e)

图7-18 手拉手线路的故障隔离和恢复

从以上故障隔离过程分析，由于添加了闭锁分闸条件，减少了分段器的分闸次数，缩短了手拉手线路故障一侧的健康区段恢复时间，因此整个恢复过程比应用电压-时间型分段器时间要短。由于动作原理的改变，分段器应具备失电保持合闸功能。

故障处理后，可人工或自动清除故障标志，为下一次故障处理做准备。FTU检测到开关两侧电压正常，持续时间超过整定时间，FTU将失电压、过电流、闭锁等标志清除。

以上方案和其他就地功能的故障处理和隔离方案比较，有以下特点：

1）同时检测电流和电压，进行分闸闭锁，减少分段器分闸次数，缩短故障侧健康区段恢复时间。

2）利用残压闭锁功能，有效防止联络开关合闸到故障上，造成另一次短路电流冲击。

3）可以根据用户要求和开关位置（主干线、分支线等）分别配置不同的功能。

4）故障处理后自动复位。

5）需要变电所出口整定重合闸功能。

V-I-T 型分段器方案在线路发生故障时，能快速准确地定位故障，隔离故障，完成恢复和转移供电，开关动作次数少，对线路最多只产生一次冲击，功能设置简单，维护方便。由于具有网络重构功能，不需外界干预，无需通信系统和主站，在配电自动化的初级阶段，将此模式应用到辐射形网络和双电源环网中，是很好的选择。

7.4 配电自动化终端单元

终端单元一词，特指在调度系统中完成现场数据采集、远方控制的设备。其远程功能具备典型的“四遥”功能，即完成“上传数据，下达命令”。远程终端单元又称为 RTU。

配电自动化远方终端用于配电系统断路器、变压器、重合器、分段器、柱上负荷开关、环网柜、开闭所、箱式变电站、无功补偿电容器的监视与控制，与配电自动化主站通信，提供配电系统运行管理及控制所需的数据，执行主站给出的对配电设备的控制调节指令。

根据 DL/T 721—2000《配电自动化远方终端》标准的定义，配电自动化远方终端是安装在中压配电网的各种远方监测、控制单元的总称。根据应用对象的不同，配电自动化远方终端可分为以下几种：

馈线终端单元（Feeder Terminal Unit，FTU），用于配电网馈线回路的柱上和开关柜等处，具有遥测、遥信、遥控和馈线自动化功能的配电自动化终端。

变压器终端单元（Transformer Terminal Unit，TTU），用于配电变压器各种运行参数监视、测量的配电自动化终端。

站所终端单元（Distribution Terminal Unit，DTU），用于开关站、配电室、环网柜、箱式变电站等处，具有遥信、遥测、遥控和馈线自动化功能的配电自动化终端。

配电子站（Slave station of distribution automation），配电自动化系统的中间层设备，实现所辖范围内的信息汇集、处理或故障处理、通信等功能。包括通信汇集型子站及监控功能型子站。

在配电自动化系统中，目前各种终端单元普遍采用微机化单元。从使用的可靠性、方便性等方面考虑，微机化自动装置一般能完成更多的功能，传统意义上的 RTU、保护装置、录波、可编程序逻辑控制器（Program Logical Control，PLC）之间的界限正在消失，这些装置既要完成为配电自动化主站服务的功能，又要能相对独立地完成当地的保护、控制功能。配电自动化系统远方终端在向综合性的微机化自动装置发展，根据这一变化趋势，对安装在现场配电自动化终端，使用“远方终端”这个概念，并不贴切。

7.4.1 馈线终端单元

目前生产的馈线终端单元（FTU），除完成数据远传、接收命令外，尚具备各种现场功能，例如和负荷开关、重合器配套的控制器的各种就地功能，现在先进的 FTU 也能完成。即现代 FTU 完全可以取代负荷开关和重合器等配套的控制器。也可以认为，在馈线开关控制器上扩展了“三遥”或“四遥”功能，即成为 FTU。

1. FTU 的基本结构

FTU 一般采用小型可悬挂的密封防雨箱式结构，由主控单元、开关分/合闸驱动电路、就地操作模块、电源系统、电缆接口、通信组件、箱体等部分组成。其主控单元为一个典型的现场 IED 单元。

FTU 主控单元结构一般为单板结构或小型插件式结构。插件式结构中，采用统一的板卡结构，背板采用总线，由 CPU 处理板、互感器板、遥控出口板等组成，其实现的方式和单板结构并无差异。

图 7-19 为一种 FTU 的结构示意图。

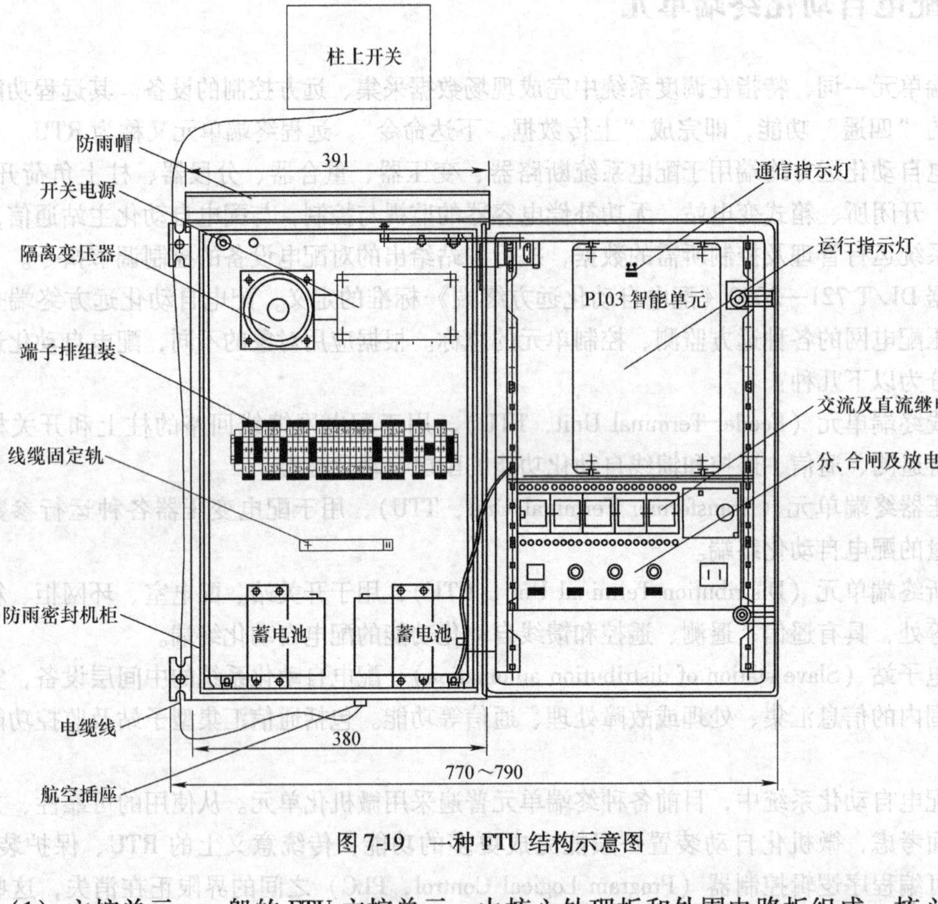

图 7-19　一种 FTU 结构示意图

（1）主控单元　一般的 FTU 主控单元，由核心处理板和外围电路板组成，核心处理板采用单 CPU 或双 CPU 结构，拥有交流采样和直流采样通道，以及开关量采样通道，遥控量输出通道，通信接口。

典型的设计为采用 DSP 加高性能单片机的双处理器结构。由 DSP 完成模拟量的采样处理，单片机完成开关量采样、遥控输出、通信、就地处理功能。CPU 板采用可编程外围电路，采用工业级数字电路芯片和接口器件构成系统主体。例如：某种 FTU，主 CPU 采用 XA

S3 CPU，DSP 采用 ADSP2185，在电路设计上重点考虑抗干扰性和可靠性，FPGA 可编程序逻辑器件，实现开关控制的逻辑校核以及系统的测频。

核心处理板上，直接集成各类通信接口，一般配置一个 RS232C 异步串行口，用于对 FTU 的维护和参数配置，总线接口或以太网接口作为对外的通信接口。

外围电路板可以分为交流采样二次互感器电路板、信号量采集电路、出口电路板、二次电源电路板等，根据监控对象不同，可配置不同的接线板以满足线路不同的需求。交流采样二次互感器电路板上安装二次电压、电流互感器及滤波电容等元器件，实现 FTU 内部端子排和核心处理板之间的模拟信号隔离。信号采集电路、出口控制电路板，实现信号量的调理、消抖及隔离处理以及控制量的逻辑闭锁。

核心处理板上，通过使用二次电源技术和光电隔离器件，实现中央处理单元与电源系统、输入/输出通道和通信接口的电磁隔离，并且在通信接口电路中使用压敏电阻、TVS 管和自恢复熔断器等元器件对可能由通信线路窜入系统的瞬时强干扰进行了抑制和防护。

主控单元内嵌实时操作系统，例如：VxWorks、uC_Linux、CMX-RTOS 等做软件平台，完成系统管理、遥信、遥脉、遥控、通信及转发功能，完成实时性要求较高的交流采集与故障信号（相间短路、单相接地）捕捉。

模拟量采样通道，一般能处理 1 ~ 2 回路的三相交流电压、电流以及直流电压、压力等模拟量。

多路开关量输入，一般为 8 ~ 12 路。遥信开关量包括开关分、合闸位置指示、储能状态指示、电源异常、通信异常等信号；遥控输出一般有 3 ~ 4 个对象合、跳闸命令。

核心控制器上二级电源，接到外部 24V（12V）直流电源，通过 DC-DC 提供单元上的元器件所需的工作电压。单元的主供电源是浮地的直流电源。除了浪涌抑制电路以外，所有电路都与大地隔离，所有电源输出都与原边输入隔离，总功耗小于 10W。

典型 FTU 核心处理模块原理示意图如图 7-20 所示。

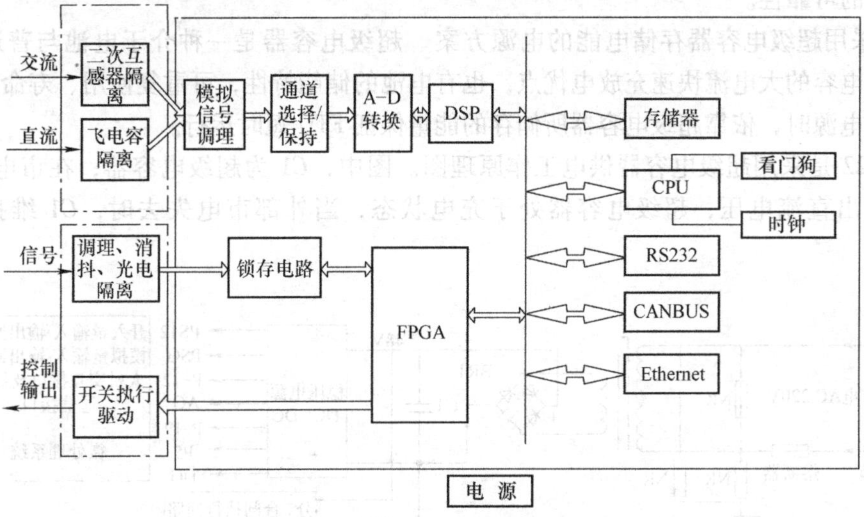

图 7-20　典型 FTU 核心处理模块原理

（2）操作、驱动模块　FTU 内的操作、驱动模块，由分、合闸电路及操作面板构成。安装有就地操作按钮、远方就地控制转换开关以及 FTU 的电源开关，实现对 FTU 的就地操作。驱动模块实现分、合闸驱动，核心处理模块仅能提供外部开关操作的信号，需要通过驱动模块的中间继电器，以及分、合闸回路的操作电源，给分、合闸线圈提供能量。

（3）FTU的电源　FTU一般由外部交流220V（100V）供电，电源来自外部PT。FTU的电源有有蓄电池配置和无蓄电池配置两种。来自外部的交流电源一般有两路，这两路工作电源能够自动切换，CPU对两路电源电压分别进行监测，当主回路电压下降到70%时，将操作电源切换到备用回路。图7-21为双电源切换电路原理图。当外部失去电源时，为了保证FTU还能正常运行一段时间以及能够对开关进行有限次操作，一般采用以下两种方案：

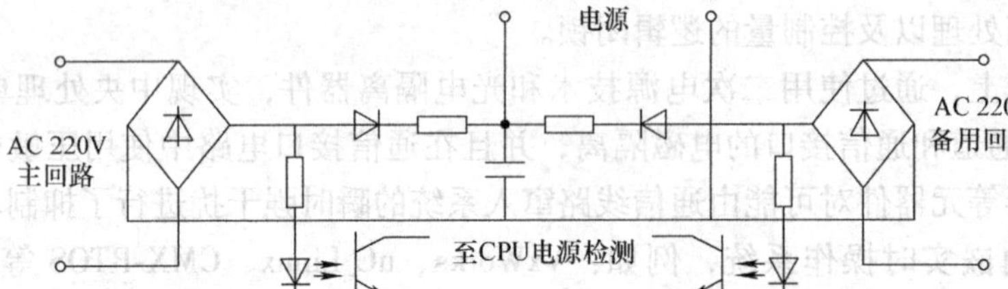

图7-21　双电源切换电路

1）采用有蓄电池配置方案　FTU内部配置的电源模块采用高频开关电源，能为蓄电池充电以及对蓄电池的充放电进行管理。平时电池未充满时，采用安全的恒压限流充电，充满后转为浮充状态，并且带有蓄电池充放电管理功能。电源模块在正常工作时，对核心控制模块提供直流24V（12V）电源，当外部交流输入失电时，自动由蓄电池供电，当蓄电池放电到电池的欠电压点时，开关电源的保护动作，断开输出，直到交流电恢复正常。

在活化电池时，开关电源本身输出略低于电池欠电压点电压；当蓄电池放电到电池欠电压点时，结束活化过程。开关电源输出电压只需略高于电池电压，电源无需全额电压输出，提高电源的可靠性。

2）采用超级电容器存储电能的电源方案　超级电容器是一种介于电池与普通电容之间，具有电容的大电流快速充放电优点，也有电池的储能特性，可重复使用、寿命长。仅在外部失去电源时，依靠超级电容器所储存的能量保证FTU短时运行。

图7-22是采用超级电容器供电工作原理图。图中，*C*1为超级电容器，在市电正常时，整流桥输出直流电压，超级电容器处于充电状态，当外部市电失去时，*C*1维护电源的输出。

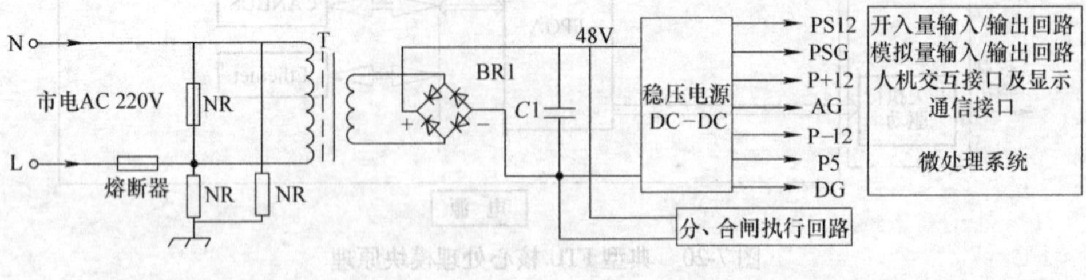

图7-22　超级电容器供电工作原理

（4）机箱　由于 FTU 安装在室外，经受风吹、雨淋、日晒、尘土、雷电冲击、电磁等环境的考验，对其防护等级要求达到 IP56。因此，要求 FTU 箱体的设计遵循高等级保护、紧凑、小巧、美观的原则。通常采用 1mm 厚钢板全焊或不锈钢主体结构，并进行表面喷塑处理。箱门加橡胶密封圈以实现箱体内外密封隔离，达到防潮、防水、防尘、防干扰、抗振动的目的。

2. FTU 的功能

FTU 作为配电自动化的远方终端，其功能分为基本功能和扩展功能，基本功能是实现“三遥”和远方的通信，能将测量的各种电气量和开关量发送到远方，并能接收远方的遥控命令。扩展功能为根据现场的应用扩展馈线就地功能。

具体功能如下：

（1）遥信功能　对柱上开关当前开/合状态、通信是否正常、开关储能、柜门开/合、电池是否正常及保护动作等信号进行采集。

（2）遥测功能　对线路电压、电流（零序电流）、有功功率、无功功率等模拟量和电源电压及蓄电池容量进行采集。

（3）遥控　接受远方命令，控制柱上开关的合/分跳闸以及启动电池维护等。遥控应采用先选择再执行的方式，并且选择之后的返校信息应由继电器接点提供。

（4）统计功能　对开关的动作次数、运行时间和过电流次数进行统计。

（5）对时功能　能接收配电子站的对时命令。

（6）记录状态量发生变化时刻的先后顺序　应具有历史数据存储能力，包括不低于 256 条事件顺序记录、30 条远方和本地操作记录、10 条装置异常记录等信息。

（7）具有故障检测及故障判别功能　能记录事故发生前和发生时的电流、电压及功率，便于分析事故，确定故障区段，并为恢复健康区段供电时负荷重新分布提供依据。

（8）定值远方整定和召唤。

（9）远方控制闭锁与手动操作功能　当进行线路开关检修时，相应的 FTU 有远方控制闭锁功能，以确保操作的安全性，避免发生误操作和恶性事故，同时提供就地手工分、合闸操作。

（10）通信　具备串行口和网络通信接口，能对通信通道进行监视，实现数据处理与就地采集数据并通过通信口转发。

（11）应具备自诊断、自恢复功能　对各功能板件及重要芯片可以进行自诊断，故障时能传送报警信息，异常时能自动复位。

（12）工作电源工况监视及后备电源的运行监测和管理　后备电源为蓄电池时，具备充放电管理、低压告警、欠电压切除（交流电源恢复正常时，应具备自恢复功能）、人工/自动活化控制等功能。

（13）备用电源　后备电源为蓄电池供电方式时，应保证停电后能分、合闸操作三次，维持终端及通信模块至少运行 8h。后备电源为超级电容供电方式时，应保证停电后能分、合闸操作三次，维持终端及通信模块至少运行 15 min。

（14）多条线路监控　具备同时监测控制同杆架设的两条配电线路及相应开关设备的能力。

（15）保护功能　可根据需求具备过电流、过负荷保护功能，发生故障时能快速判别并切除故障。

(16) 小电流接地处理　具备小电流接地系统的单相接地故障检测功能，与开关配套完成故障检测和隔离。

(17) 就地故障隔离和恢复　支持就地馈线自动化功能，具有和上级重合器、断路器配合隔离和恢复故障的能力。

(18) 故障电流方向检测　配电线路闭环运行和分布式电源接入情况下宜具备故障方向检测。

(19) 同期功能　可以检测开关两侧相位及电压差，支持解合环功能。

以上 1 ~ 13 为基本功能，14 ~ 18 为扩展功能。

3. 对 FTU 的特殊性能要求

(1) FTU 具有自诊断、自维护能力　FTU 及配电开关安装在户外，处于无人值守状态，FTU 要能够对其自身进行监控，及时发现隐患，以便进行及时检修维护。蓄电池是 FTU 相对薄弱的环节，需要具有对蓄电池充放电控制功能。当交流输入失电时自动无缝切换，由蓄电池供电。对操作电源的监视项目主要是电源电压，必要时包括蓄电池的剩余容量。对开关的监视项目主要是开关的动作次数、动作时间及累计切断电流的水平等。通过这些信息可基本判断开关机械机构的完好程度及触头的烧蚀程度，进而确定是否要进行检修。

(2) 体积小，便于安装　馈线自动化的 FTU 一般是安装在电力线柱上或组合式开关柜内，安装空间有限，因此体积要做的尽量小。

(3) 功耗小　受体积的限制，FTU 一般由电压互感器及蓄电池组供电，电压互感器及蓄电池的容量有限，因此 FTU 的功耗要尽量小。

(4) 能适应苛刻的运行条件　馈线自动化的 FTU 多装在户外或组合配电柜内，经受风吹、雨淋、日晒、尘土、雷电冲击、电磁等恶劣运行环境的考验。电路及元器件要考虑温度和电磁兼容的影响，要具有良好的防潮、防雨、防腐蚀措施；机箱选材及工艺需要考虑到材料的老化等因素，防护等级要达到 IP56 要求。电磁兼容的水平达到国家规定的指标，即要求 FTU 要能适应环境，并能承受高电压、大电流、雷电等干扰。

(5) 低成本　配电线路监控系统的数据采集比较分散，采集点多，需要的 FTU 数量多，在投资中所占的比例就比较大，降低 FTU 的成本可以显著降低整个馈线自动化系统的投资。

7.4.2 变压器终端单元

变压器终端单元（TTU）安装在配电变压器处，主要完成配变负荷情况的监视与记录，即采集配电变压器运行时电压、电流，并进行有功、无功功率，三相交流有功、无功电能的计算；除能对配电变压器进行常规监测外，还具有无功电压综合控制、谐波分析、电能核算等功能。

从监视负荷变化情况的角度出发，不要求 TTU 一定要及时上传采集的数据，为减少成本，可采用低速公用通信网进行通信。

电压、电流的测量主要是考核对用户供电电气量的合格率，从功能和性能上比较，TTU 不涉及故障过程的处理，因此，其对电气量处理的实时性要求比 FTU 要低。作为管理的电能计量统计功能是供电部门作为线损考核的一种技术手段。

TTU 所测量的电气量为变压器低压侧的电量，低压侧安装有电流互感器，因此，TTU 电压端子直接连接到变压器的低压侧线路，电流通过一次互感器接入。

1. TTU 结构

一台 TTU 一般由核心控制器和安装机箱组成，TTU 的核心是核心控制器。TTU 核心控制器外形有较大的差异，如图 7-23 给出了两种 TTU 核心控制器外形。现场安装时将核心控制器安装到专用机箱中，采用挂式安装。图 7-24 为安装在现场的 TTU。

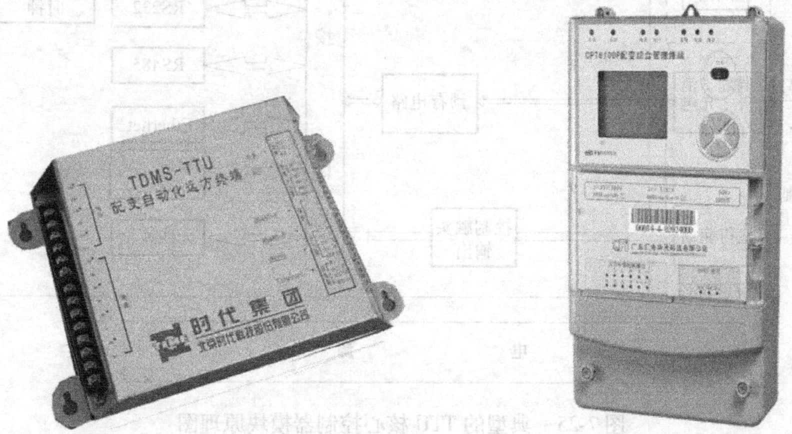

a)　　b)

图 7-23　TTU 核心控制器外形

a）控制器外形　b）多功能表形式控制器外形

图 7-24　现场 TTU

目前，核心控制器采用单片机为核心的模块化结构，采用 32 位或 16 位单片机协调其外围的功能模块完成各种功能，使用专业电能计量芯片实现交流采样和电能计算，例如：ATT7022 作为采样和计量核心。

图 7-25 为典型的 TTU 核心控制器模块原理示意图。

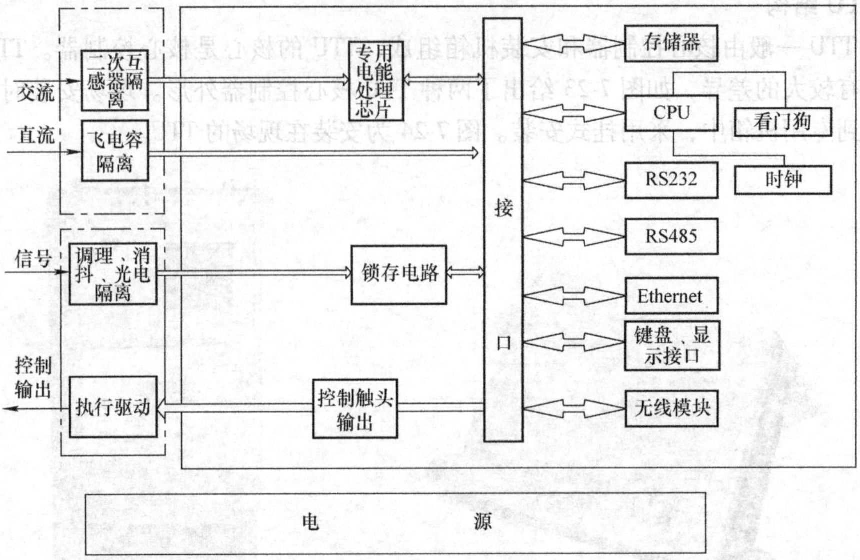

图 7-25　典型的 TTU 核心控制器模块原理图

为了方便地采用无线公网实现和上级的通信，TTU 内部一般集成自带 TCP/IP 协议的 GPRS 或 CDMA 通信模块。用二次电源给 TTU 核心控制器供电，板载 DC-DC 模块，实现板载电路的隔离供电。

TTU 中一般采用嵌入式操作系统。

2. TTU 的功能

（1）实时监控、数据采集　能够实时监测配电变压器的三相电压、三相电流、有功功率、无功功率、功率因数、电网频率、三相线圈温度等参数的变化情况，记录并统计各种参数最大值、最小值、平均值及出现的时间以及超标时间累计等数据。通过主站可进行远方控制，实现遥测、遥信、遥控和遥调。

（2）历史数据处理　可整点或定时（如每分钟等）记录配电变压器的三相电压、三相电流、有功功率、无功功率、功率因数、电网频率、三相线圈温度等数据。存储最近 32 天的历史数据。终端记录统计功能如下：

1）存储负荷历史曲线（电压、电流、有功功率、无功功率、有功电量、无功电量）。统计每日、每月的累计有功、无功总电量。

2）日有功最大需量及时标。

3）日平均功率因数（%）、日负荷率（%）、日谷段用电比（%）。

4）各路电能表总电量读数。

5）各路电能表尖、峰、平谷读数。

（3）谐波计算及监测　计算 3～31 次的电压、电流谐波幅值、含有率及畸变率，当谐波超过相应的谐波允许上限时，产生相应的谐波告警；分析计算三相不平衡度。

（4）实时遥信　具有遥信输入端口，可检测配电变压器高低压侧开关、有载调压开关档位等状态量，当开关状态发生变化时，记录并上报其当前状态和发生的时间。

（5）无功补偿电容投切　可根据所监测的电压、电流和功率因数随时间变化、越限情况，就地启动无功补偿，计算无功补偿量，分级投切电容器。

（6）数据通信和传输　具备整点数据上传、支持实时召唤以及越限信息实时上传等；能进行远方参数设置和对时。抄收台区电能表的数据，并可对电量数据进行存储和远传。

（7）越限、断相、失电压、三相不平衡、停电等告警功能。

（8）设备的自诊断、自恢复功能。

（9）人机交互　显示数据，设置参数和调试设备。

3. TTU 的性能

户外安装的 TTU 要求和 FTU 一样能够适应恶劣的运行环境，能在 －40～80℃温度变化范围里正常运行。由于容易受到雷电、大电流干扰的影响，因此要求它们能够承受高电压、大电流的冲击，要有高的抗电磁干扰能力。机箱用防腐蚀材料（如不锈钢）制成，通风良好，具有完善的防潮、防雨、防尘措施。

由于 TTU 主要是用于配变运行数据的采集，为减少成本，一般不配备不间断电源。不过，为可靠地保存断电时间等运行参数，要求 TTU 电源具有较大的储能电容，以在其失去外部电源时维持供电一段时间（大于 1s）。

7.4.3　站所终端单元

为了实现配电自动化，中压配电网中的架空线、配电变压器有对应的现场终端 FTU、TTU，并且其技术相对成熟。我国针对中压开关站、配电室、环网柜、箱式变电站等处实施配电自动化的研究及开发工作起步相对较晚。虽然，配电自动化标准 DL721-2000 中给出了站所终端单元（DTU）的定义，但此定义仅是功能性的，对 DTU 实现的方法并没有作出规定。因此，DTU 所对应的应用场合，仅从自动化的功能方面来理解，主要是完成 RTU 的任务，但从实际应用方面，DTU 仅完成调度自动化的“四遥”任务，满足不了实际应用的要求。

下面对目前所应用的 DTU 从结构、功能两方面进行总结。

1. DTU 的结构

根据现场的实际情况，DTU 一般采用小机箱安装的形式。从目前 DTU 功能需求来看，主要是实现“四遥”，市场上出现了三种不同模式的产品，即功能分布式模式、分布式模式、对等分布式模式。

（1）功能分布式模式　这种模式，一般采用机架式结构，由主单元模块以及完成独立功能的智能模块组成。主单元模块通过总线和各个完成独立功能的模块进行连接，对数据进行处理和转发。

（2）分布式模式　采用类似变电站自动化系统的模式，由通信管理机和柜体（开关）设备对应的各个智能单元组成。通信管理机通过总线和智能单元连接，单元处理所对应间隔（回路）的各种任务，通信管理机负责处理其他数据及涉及 DTU 范围的自动化任务。

（3）对等分布式模式　由多个功能一样的智能单元组成，通过现场总线将智能单元进行连接，由一台智能单元对外进行通信。

以上三种模式的 DTU 连接示意图如图 7-26 所示。

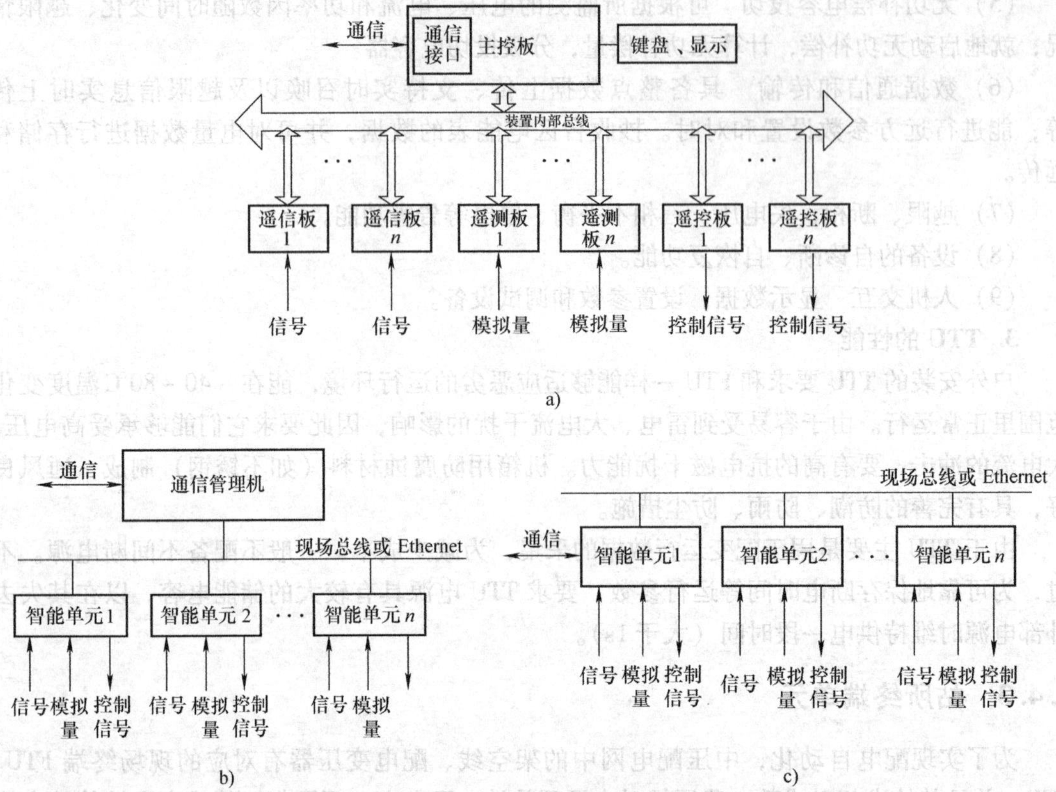

图 7-26　三种模式的 DTU 连接示意图
a）功能分布式　b）分布式　c）对等分布式

功能分布式模式，按照“四遥”或“三遥”的要求来设计智能板卡，每一种板卡仅完成一种量的采集，例如：模拟量采集卡、遥信量采集卡等，所有的针对 DTU 涉及范围内的自动化功能，均由主控单元完成，主控单元的任务较重。主控单元中的程序设计，首先通过通信方式得到各个板卡的数据，重新按照控制对象对数据进行组织，在此基础上，才能完成对每一个对象的就地保护及自动化功能。因此，这种模式的 DTU，组织方式并不是很理想，适合作为中等规模的 DTU，控制回路数小于八个，只能采用集中组屏。

分布式模式是目前公认的理想模式，该模式层次清楚、系统可以灵活配置、便于维护管理，适合各种应用场合，但需要一台专用的通信装置，成本增加。缺点是应用于小规模的环网柜时，和对等分布式模式相比，价格不占优势。这种模式可以分散安装，也可以集中组屏，分散安装时，需要为通信管理机开辟安装空间。

对等分布式模式，其智能单元类似变电站自动化系统的测量保护一体机或 FTU，但其附加了现场自动化处理功能和通信转发功能。因此，考虑到 CPU 的负担，该种模式仅适合于小规模的系统，管理 2 ~ 4 个回路。价格比功能分布式系统占有更大的优势。具有不需要开辟专门的安装空间、扩展灵活、管理维护方便的优点，应该优先采用。这种模式适合于分散安装。

2. DTU 的功能

（1）就地自动化功能　配电自动化系统的一个核心功能是配电线路故障定位、隔离与自动恢复供电，这就要求 DTU 能够采集并记录故障信息，这是其区别于常规 RTU 的一个重要特点。DTU 采集记录的故障信息主要包括：

1）故障电流、电压值　实际应用中，可像故障录波器一样，记录下故障电压、电流的波形。为了简化装置的构成及减少数据传输量，亦可以只记录几个关键的故障电流、电压幅值，如故障发生及故障切除前、后的值，故障发生时间及故障历时。

2）小电流接地故障电流　DTU 应该能够检测小电流接地系统单相接地产生的零序电流，以供配电自动化系统确定接地故障的位置。

3）故障方向　有些情况下，如双电源闭环供电线路中，DTU 需要测量故障电流方向，供确定故障位置使用。

单纯从线路故障区段定位的角度讲，主站只需知道配电终端所监视的点有无故障电流流过即可，因此有些情况下，不要求其精确地测量故障电流等数据，只需要产生一个标志有故障电流流过的“软件开关量”上报即可。

（2）可编程序逻辑控制器（PLC）　实际工程应用中，要求 DTU 能够不依赖于主站的指令就地完成一些控制功能，如 DTU 能够进行备用电源自投与线路故障的自动隔离，能够根据电压与无功变化自动控制无功补偿电容的投切，这就要求 DTU 具备 PLC 功能。

DTU 的 PLC 功能有以下两种实现方法：

1）设备厂家预先通过软件编程设计好具体的 PLC 功能，用户可根据实际工程应用要求，通过编辑配电终端的整定配置文件来选配其 PLC 功能，满足实际工程应用要求。这种预先设计实现 PLC 功能的模式，开发工作量较小，用户使用起来比较简单，但实现的功能往往有限，灵活性差。

2）DTU 具备标准的 PLC 功能，厂家提供在 PC 上运行的 PLC 编程软件，通过标准的编程语言或图形界面，对配电终端的模拟输入量、开关输入量及开关输出量进行编程，设定所需要的逻辑控制功能。这种配电终端 PLC 功能强大、通用性强、应用方便。但开发工作量大，对配电终端的微处理机的处理能力以及操作系统都提出了较高的要求。

（3）电源　DTU 外部电源一般取自开闭所、箱变内的交流 220V 自用电源（用于开关操作）。在自用电源中断时，使用交流不间断电源设备（UPS）。在个别没有设计备用电源的开闭所里，DTU 也要自备蓄电池，实现不间断供电。可采用和 FTU 类似的技术。

（4）断路器在线监测　一般来说，开闭所的进线开关都采用断路器，在母线或出线短路时跳闸，切断故障电流。为避免线路故障时引起非故障线路停电，往往开闭所的出线也配备装设了保护的断路器。在对供电质量要求特别高的场合，配电环网分段开关也采用断路器，通过线路上配电终端之间交换故障检测信息，快速确定故障的位置并切除故障区段，避免引起非故障区段停电。用于断路器监控的配电终端，通过检测记录断路器累计切断故障电流的水平、动作时间、动作次数，来监视断路器触头受电腐蚀的程度以及断路器的机械性能，为评估断路器运行状态并实施状态检修提供依据。

DTU 检测记录的参数及数据有：

1）累计切断电流的水平　$\sum I^2 \Delta t$ 其中 I 表示断路器切断故障电流的有效值，Δt 为断路器触头拉弧时间。Δt 用断路器合闸辅助触头变位和线路电流消失之间的时间差来近似。

2）断路器动作时间　一般用跳闸继电器动作和断路器合闸辅助触头变位完毕之间的时间差来近似。

3）断路器动作次数　指断路器进行分、合操作的次数。

7.4.4　配电子站（区域站）

配电自动化系统中，配电监控终端设备点多面广，为了减少主站计算机系统的处理负担和合理利用通信资源，不宜将所有的终端单元直接连到主站系统，在配电主站与配电终端层之间设置配电子站，通过配电子站实现信息的分层集结，即配电子站为配电自动化系统的中间集结层。

根据分层控制思想，在配电子站层采集所管辖的终端信息，经分析处理后上送到配电主站，同时配电主站的命令通过配电子站下达到配电终端单元，实现配电主站与终端之间的数据传输和交换。配电子站还可以实现所辖配电区域的配电管理，通过和主站进行信息交换，协助主站进行配电系统的运行管理；进行所辖区域配电网的故障诊断、隔离、恢复处理。

配电子站一般设置于变电站或开闭所内。根据功能可将配电子站分为汇集型和监控功能型。汇集型的基本功能是实现信息集结，转发到调度，下行命令下达到 FTU、TTU、DTU。监控功能型除具有汇集型的功能外，能实现管理区域设备的网络拓扑分析、故障诊断和故障恢复。

一般的配电子站用一台标准的工控 PC 为核心，外扩多通道串行卡或其他现场总线卡，配置以态网络接口。由于配电系统中的柱上开关数量少，数据传输的实时性要求高，配电变压器数量多，但数据传输的实时性要求低，将 FTU 和 TTU 分别集结到不同的通道。

1. 配电子站通信集结方式

配电子站的重要功能之一是实现配电自动化系统中终端设备的数据集结。在一个大的地区，根据地域设置若干配电子站，每个配电子站对其周边供电区域的馈线终端设备信息进行集结。集结时，每一条总线或配电子站的通信口，上接的设备为同一协议的设备。图 7-27 为 FTU、TTU 采用现场总线集结到配电子站系统示意图，图中共有四条配电馈线，设置了 FTU 配电子站和 TTU 配电子站，FTU 配电子站通过三个总线通信接口集结四条馈线的 FTU，TTU 配电子站通过两个总线通信接口集结 TTU。

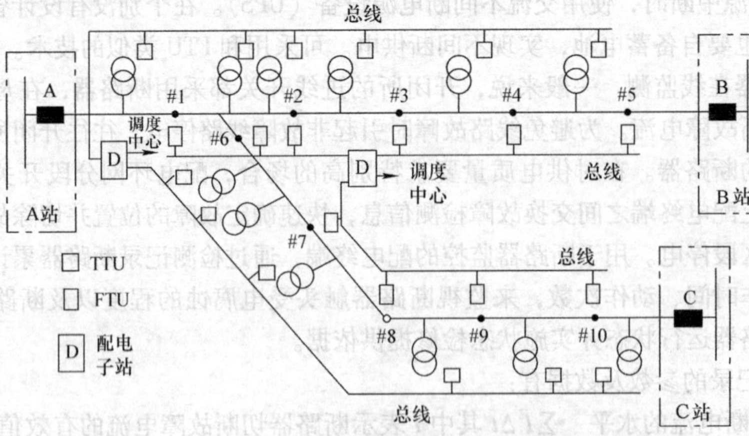

图 7-27　FTU、TTU 采用现场总线集结到配电子站

配电子站将所辖配电线路上的 FTU 和 TTU 的上行信息进行集结，通过一定的通信方式

和通信协议，收集终端设备的信息。集中的信息通过一定的通信方式和通信协议发送到主站系统。配电子站接收主站系统的下达命令，将命令转发到相应的终端设备。

2. 配电子站通信集结功能

配电子站的通信集结主要完成命令的响应，即当用户（调试者、主站系统前置机）向配电子站发送各种命令时，配电子站应快速可靠地响应，将主站需要的数据快速发送到主站。

配电子站为了正确完成以上任务，在系统投运、系统扩容或系统维护过程中，需要一些辅助功能，实现系统的配置、系统接入单元的测试等。

配电子站和通信集结相关的功能描述如下：

(1) 对配电子站的相关参数进行配置　配站子站和终端之间通道的类型、通道的参数、通道所用的协议、通道上挂接的终端单元、各个终端单元测控参数的配置；配电子站和主站通道类型、通道参数、通道绑定协议的配置。配电子站能保存配置信息。

(2) 配电子站运行信息　包括配电子站通道运行情况、测控单元运行情况，可在配电子站查看测控单元运行数据及主站下达的命令。

(3) 自适应启动　配置改变后，系统应能自动适应。

(4) 主站和配电子站通信　配电主站前置机可召唤配电子站的配置、配电子站内存储的测控单元数据、状态等信息，对配电子站下发命令，并可根据需要要求回应。

(5) 终端测试功能　配电子站接入新的测控单元或维护测控单元时，能够在配电子站和终端之间进行对话式的信息交换，通过对话对终端单元的状态进行诊断。

3. 配电子站的高级分析功能

配电子站能实现所辖区域的配电网故障诊断和故障隔离及恢复。现场的 FTU 将检测的配电系统故障信息上传给配电子站，由配电子站根据开关状态信息进行配电网络拓扑动态跟踪，按照一定的算法进行故障定位，然后将判断结果通知主站，同时下达命令给相关的 FTU 进行故障隔离。此后，配电子站和主站配合，根据恢复时配电网络负荷分布确定恢复方案，并进行故障恢复操作。

配电子站涉及的各类算法要求有高的效率和稳定性。

4. 配电子站的结构和对性能的要求

目前国内的配电子站在结构和功能上各个厂家有所不同，核心处理机多选择工业嵌入式低功耗 PC 硬件平台，平台上配置多个现场总线接口以及 RS232C（RS485）异步串行通信口和以太网接口。例如：具有两个 10Mbit/s 以太网接口、八个串行口、四个 CAN 接口，并可按要求灵活扩充。

配电子站一般将处理机、显示器以及电源等组装在标准机柜中，安装在变电站或开闭所。

配置嵌入式操作系统，选择 Windows CE 或 VxWorks 等操作系统。

配电子站运行后系统可能频繁接入各种终端设备，由于终端设备协议的多样性，造成新终端接入系统时，需要进行现场联合调试。因此要求配电子站有较强的可维护性、可扩充性。

配电子站实现几十到上百台配电终端、变电站、开闭所信息的接入，需要处理的遥测、遥信量的个数为数百到上千，遥控点为 200～300 个，这些信息需要在秒级时间内进行处理，然后转发到主站。转发主站的命令到各个终端。为了保证数据采集和发送到主站数据的实时性，配电子站运行时，对处理信息效率有较高的要求。

配电子站实现所辖区域配电网的故障定位、故障恢复决策。这一功能要求配电子站处理事务有较高的执行效率和响应速度。

7.5　集中控制馈线自动化系统

7.3 节给出了采用重合器、分段器配合的馈线自动化就地控制模式，这种模式的好处是系统简单、可靠，但功能有限，只适合于较为简单的树形配电馈线或手拉手配电馈线，对复杂的配电网，例如多分段多联络配电网，这种方案显得力不从心。并且故障恢复过程无法优化、无法校核方案的合理性，供电的过程缺乏灵活性。

故障隔离和恢复的另一种方式是通过通信网络把 FTU、DTU 通过配电子站进行集结，和控制中心的 DMS 系统连接起来，由调度中心（配电子站）计算机软件对故障分析后，确定故障区域和最佳恢复方案，最后以遥控方式隔离故障区域，恢复正常供电。这种馈线故障隔离和恢复方式称为远方控制馈线自动化方式，该方式极大地提高了馈线自动化的能力。这种通过通信网络和 FTU、DTU 连接实现的馈线自动化，又称为集中式馈线自动化。

集中式馈线自动化系统，是由各类馈线终端单元和通信系统组成信息采集系统，由配电自动化主站（配电子站）根据所采集的信息，实现配电网正常运行时网络的重构优化，配电网络故障情况下，能灵活进行故障定位和用优化的方式恢复供电。

故障隔离和恢复是馈线自动化系统最重要的功能，以下仅对集中式的馈线自动化系统故障隔离和处理的原理进行简要说明。

实施了馈线自动化的配电线路，当其发生故障时，调度主站能得到配电终端发来的带或不带方向的两相、三相故障电流信息及开关的分、合闸状态信息，同时调度主站也可以收到从变电站自动化系统传来的变电站开关、保护、重合闸动作信息以及母线零序电压信息等。根据这些信息，调度主站根据建立配电网的拓扑模型，即可确定馈线的故障位置，通过一定的优化模型，确定出合理、安全的故障恢复方案，进而通过遥控的方式，实现故障的隔离。

将配电线路用开关分开的每一个分段定义为配电区域，配电区域也是实施配电线路故障时的隔离区域，同时也是实现配电线路负荷转移的供电区域。故障定位是以配电区域为单位的。

（1）诊断和故障隔离　馈线故障定位和恢复方法目前仍是研究的热点，下面给出一般调度主站处理故障的原理：

故障处理的启动条件为调度主站收到保护动作和开关跳闸信息，然后，根据配电线路故障电流的分布实现故障定位。

配电线路正常运行时，按照等电位设备构成节点，闭合的开关和线路的末端可等值为一个节点，其正常运行电气结线对应的拓扑为树形拓扑。只要根据故障电流流经的节点即可判别出故障的区段。配电区域中，故障电流有流进和流出，即有两个节点有故障电流流过即为健康区段，仅有一个节点有故障电流流过，即为故障区域。

图 7-28 为一个树干形的配电馈线，A 是变电站的出口断路器，B、C、D、E、F 为分段

器，当图中的 e 段线路发生故障时，A、B 和 D 有故障电流流过，其他分段器没有故障电流流过，a 段线路故障电流流过 A、B，b 段线路故障电流流过 B、D，e 段线路仅有 D 流过故障电流，其他区域没有故障电流流过。因此，调度主站根据收到的过电流信息，判定为 e 段线路故障。只要打开开关 D，即可隔离故障。故障恢复后的，开关状态如图 7-28b 所示。

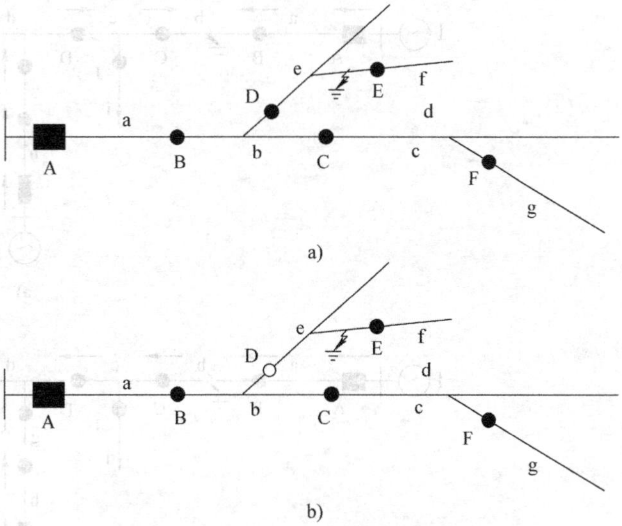

图 7-28　一个树干形的配电馈线模型

具体故障隔离过程为：故障发生时，变电站出口 A 的保护动作，A 跳闸，主站收到保护动作和 A 跳闸信息，启动故障隔离和恢复过程。为了避免线路上发生的是瞬时型故障，A 重合一次，重合后，A 又跳闸，调度主站根据收到的过电流信息进行诊断，诊断出 e 段线路故障，下命令打开开关 D，合上变电站出口断路器，即可实现故障的隔离。

以上故障的隔离过程，仅从故障诊断的角度，可以理解成故障区段判定的“差动算法”，只是将流到故障区域的电流理解为 +1，流出故障区域的电流理解为 -1，没有故障电流理解为 0，对区域的电流进行求和，为 +1 的区域，即可诊断为故障区域。

以上诊断方法并不适用于多电源的网络（包含分布式电源的配电网），对多电源的配电网，给出如下诊断故障区域的方法：

第一步：有电流流出的区域为非故障区；

第二步：没有电流流出、流入区域为非故障区；

第三步：剩余区域，有电流流入，即为故障区。

例如：对于如图 7-29 所示的三电源配电网。图 7-29a 假设在 b 段线路发生故障，图中标识出了故障的电流方向。按照以上给出的步骤容易判断出故障的区域：

1）区域 a，c，f，d，e，g，h 具有电流流出，这几个区域为非故障区。

2）区域 i，j 无故障电流流入、流出，为非故障区。

3）区域 b 有电流流入，为故障区。

在图 7-29b 中，假设区域 j 处发生接地故障，图中表示出了故障电流的流向。

1）区域 a，b，c，d，e，f，g，h 有电流流出，这几个区域为非故障区。

2）区域 i 无故障电流流入、流出，为非故障区。

3）区域 j 有电流流入，为故障区。

以上故障判别的原理可以推广到各类配电网上。通过以上给出的故障判别方法，靠就地自动化是无法实现的。有调度主站参与使故障处理与恢复问题得到了简化。

（2）多电源配电网络的故障隔离　另一类针对多分段多联络的配电网，故障恢复时，希望通过各个联络开关的合闸，恢复健康区段的供电。主站必须参与才能实现馈线故障隔离与恢复。例如：对于如图 7-30a 的三分段三联络线路，假设故障发生在 a 段线路，主站根据

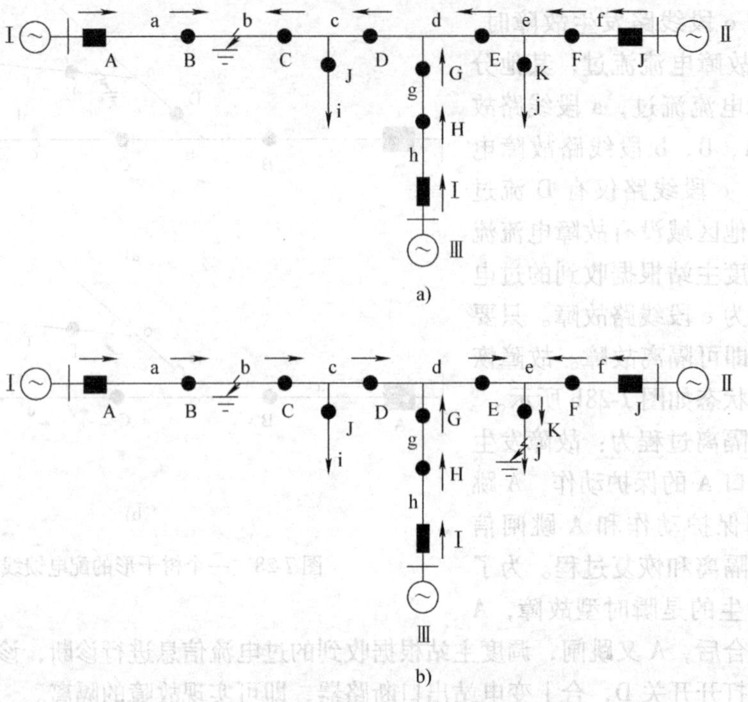

图 7-29　三电源配电网故障区域判别原理图

故障电流信息，打开开关 B，隔离故障线路 a。打开分段开关 C，合上联络开关二和联络开关三，恢复 b 段和 c 段线路的供电。其恢复后的运行状态如图 7-30b 所示。

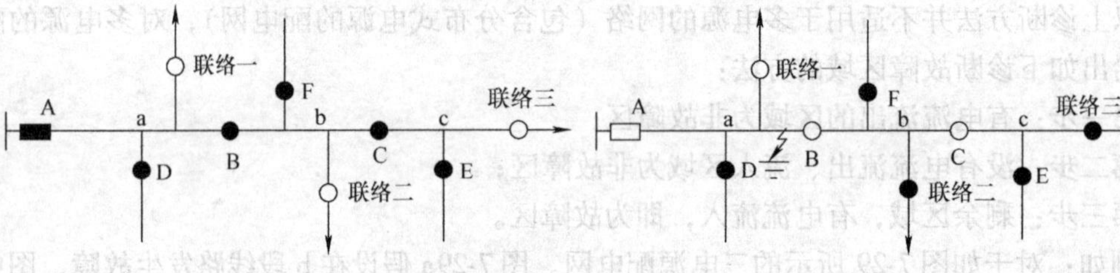

图 7- 30　三分段三联络配电线路故障处理

a）故障前　b）故障处理完成

（3）基于环网柜的馈线自动化　图 7-31a 为一个环网柜型的环形网络，这个环形网络由两个变电站供电，正常运行时，在环网的 D-1 处开环，故障时依靠安装在每一个环网柜处的 DTU 检测开关流过的故障电流、电压，得到故障电流及方向信息，发送到调度中心，调度中心判断出故障后，通过下达命令执行开关的分、合，隔离故障和恢复健康区段的供电。

对于环网柜组成的配电网，将区域理解为线路、母线、负荷，调度中心判断故障的过程可以按照本节（1）诊断和故障隔离所给出的方法，进行判断。假设在 c 段线路发生故障，变电站 A 出线断路器 CB1 跳闸，调度中心收到变电站 A、线路 1 保护动作和 CB1 开关跳闸信息，并收集到各个 DTU 的信息，根据此信息判断出故障在 c 段线路（电缆）；调度中心下达打开 B-2、C-1 开关、合上 D-1 开关命令，最后合上变电站 A 出线断路器 CB1，隔离了故障，恢复了其他健康区段的供电。恢复后的配电网状态如图 7-31b 所示。

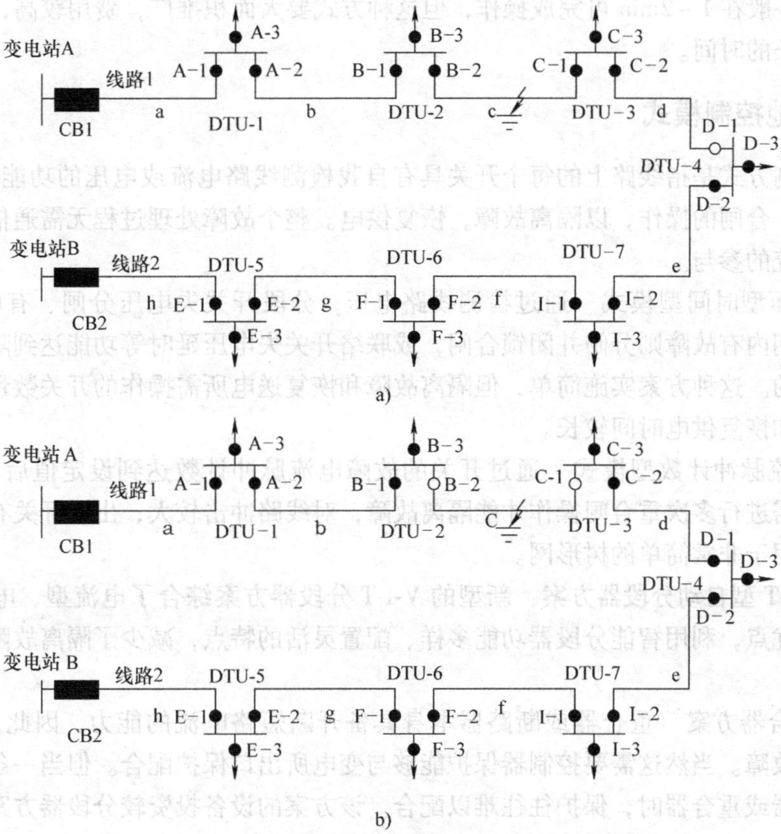

图 7-31　环网柜环形配电网络故障隔离和恢复

a）故障前　b）故障处理完成

7.6　两种馈线自动化模式的评价

7.6.1　集中式智能馈线自动化

集中式馈线自动化系统是建立在计算机监控系统和通信网络的基础上，所需用的主要设备是具有数据采集和通信能力的配电远方终端单元。在正常情况下，通过在馈线安装自动化终端单元，实现信息的采集和对馈线电压、电流、功率及运行方式的远方监视和控制，实现线路开关的远方分、合闸操作。在负荷不均匀时，通过负荷均衡化达到优化运行方式的目的。当线路上发生故障后，通过现场的故障检测装置、控制器等检测故障，并将故障信息通过一定的通道送到控制中心，控制中心根据网络拓扑、开关状态、故障检测信息，判断故障区段，下发遥控命令，跳开故障区段两侧的开关，重合变电所出线开关和联络开关，恢复非故障线路的供电。因此集中式馈线自动化需具备四个条件：①有可电动、遥控操作的开关；②有故障检测功能和通信接口的控制装置；③有可靠的通信通道；④有控制中心的计算机软、硬件系统。

集中控制方式的优点是馈线重构期可避免短路电流冲击，且不需现场设备，具有自动控制功能。它一般在1～2min可完成操作，但这种方式要大面积推广，费用较高，在我国普遍实施尚需较长的时间。

7.6.2 就地控制模式

就地控制方式是指线路上的每个开关具有自我检测线路电流或电压的功能，相互配合，自动进行分、合闸的操作，以隔离故障，恢复供电。整个故障处理过程无需通信以及配电子站与主站系统的参与。

（1）电压型时间型模式　通过检测线路电压，分段开关失电压分闸、有电延时合闸，合闸后延时期内有故障则分闸并闭锁合闸，或联络开关失电压延时等功能达到隔离故障，恢复供电的目的。这种方案实施简单，但隔离故障和恢复送电所需操作的开关数量多，动作次数多，隔离和恢复供电时间较长。

（2）电流脉冲计数型模式　通过开关的故障电流脉冲计数达到设定值后，自动分闸。出口断路器需进行多次重合闸操作才能隔离故障，对线路冲击较大，出口开关有时难以满足要求。仅适用于非常简单的树形网。

（3）V-I-T型自动分段器方案　新型的V-I-T分段器方案综合了电流型、电压型故障隔离和恢复的优点，利用智能分段器功能多样、配置灵活的特点，减少了隔离故障和恢复供电时间。

（4）重合器方案　重合器或断路器本身具备开断短路电流的能力，因此发生故障后，可就地清除故障。当然这需要控制器保护能够与变电所出口保护配合。但当一条线路上设置过多的断路器或重合器时，保护往往难以配合。该方案的设备投资较分段器方案要高很多。

综合以上对几种类型就地控制模式的馈线自动化分析，有以下不足：

1）采用重合器或断路器与电压-时间型分段器配合时，当线路故障时，分段开关不立即分断，而要依靠重合器或位于主变电所出线断路器的保护跳闸，导致馈线失电压后，各分段开关才能分断。采用重合器或断路器与过电流脉冲计数型分段器配合时，也要依靠重合器或位于主变电所出线断路器的保护跳闸，导致馈线失电压后，各分段开关才能分断。

2）切断故障的时间较长。

3）依靠重合器或主变电所出线断路器的继电保护装置保护整条馈线，降低了系统的可靠性。

4）由于必须分断重合器或主变电所的出线断路器，因此实际扩大了事故范围。

若重合器拒分或主变电所出现断路器的保护失灵或断路器拒分，会进一步扩大事故的范围。

5）基于重合器的馈线自动化系统不能实现实时监视线路的负荷，因此，无法掌握用户用电规律，也难以改进运行方式。当故障区段隔离后，为恢复健康区段供电进行配电网络重构时，无法确定最优方案。

集中式智能馈线自动化模式较好地解决了上述问题。

7.6.3 两种馈线自动化模式评价

就地控制方式的故障隔离和恢复是20世纪60年代发展并成熟的早期馈线自动化系统，这种馈线自动化只单纯地为了隔离故障并恢复非故障区供电，还没有提出配电系统自动化或配电管理自动化。它的优点是故障隔离和恢复供电由重合器和分段器自身的功能来完成，因此在故障处理时不需要通信，所以故障隔离和恢复简单可靠、投资少、见效快。其缺点是这种实现模式只适用于比较简单的配电网络，而且要求配电网运行方式相对固定。

这种实现模式对开关性能要求较高，而且多次重合对设备及系统冲击大。这种模式的馈线自动化只能实现故障隔离和恢复，对配电网网架的优化调节，只能靠人工来完成。

远方集中控制模式由于引入了配电自动化主站系统，配电网正常时，能对配电网运行方式进行优化，故障时由计算机系统完成故障定位，因此故障定位迅速，可快速实现非故障区段的自动恢复送电，而且开关动作次数少，对配电系统的冲击也小。其缺点是需要高质量的通信通道及计算机主站，投资较大，工程涉及面广、复杂，尤其是对通信系统要求较高，在线路故障时，要求相应的信息能及时传送到上级站，上级站发送的控制信息也能迅速传送到 FTU、DTU。

比较就地控制和远方控制两种模式，虽然在总体价格上，就地控制模式由于不需要主站控制、对通信系统没有要求而有一定优势，但是就配电网络本身的改造来看，就地控制所依赖的重合器价位要数倍于负荷开关，这在一定程度上妨碍了该方案的大范围使用。相比之下，远方控制所依赖的负荷开关在城网改造项目中具有价格上的优势，在保证通信质量的前提下，主站软件控制下的故障处理能够满足快速动作的要求。因此，从总体上说，远方控制方式比就地控制方式有明显的优势。而且随着电子技术的发展，电子、通信设备的可靠性不断提高，计算机和通信设备的造价也会越来越低，预计将来会广泛地采用配电自动化主站系统配合遥控负荷开关、分段器来实现故障区段的定位、隔离及恢复供电。从最近几年我国配电系统自动化的实施来看，越来越多的电力企业正在采用远方控制的馈线自动化方案。两种方式总体评价可参见表 7-5。

表 7-5　两种馈线自动化系统的评价

项　目	就地控制方式	远方控制方式
主要优点	结构简单，建设费用低，不需要建设通信网络，不存在电源提取问题	故障时隔离故障区域，正常时监控配网运行，可以优化运行方式，实现安全经济运行；适应灵活的运行方式；恢复健康区段供电时，可以采取安全和最佳措施；可以和 GIS、MIS 等联网，实现全局信息化
主要缺点	只在故障时起作用，正常运行时不能起监控作用，因而不能优化配电网运行方式；调整运行方式后，需要重新到现场修改元器件整定值；恢复健康区段供电时，无法采取安全和最佳措施；需要经过多次重合，对设备的冲击大	结构复杂，建设费用高，需要建设通信网络，存在电源提取等问题
所需主要设备	重合器、分段器等	FTU、通信网络、配电子站、配电自动化主站计算机系统
适用范围	农网、负荷密度小的偏远地区、供电途径少于两条的网	城网、负荷密度大的地区、重要工业园区、供电途径多的网格状配电网、其他对供电可靠性要求较高的区域

此外，馈线自动化有采用就地控制和远方控制两种模式结合实现的方案，故障定位、隔离和恢复非故障区段供电的功能首先由就地控制来实现，主站系统只是作为后备功能来使用。这种方案具有更高可靠性。

第8章 变电站自动化系统

配电系统中的变电站分为二次变电站和终端变电站，二次变电站完成将电源高压变到中压以及电能分配的任务，终端变电站完成高压或中压到用户用电电压的降压以及将电能分配到用户的任务。在配电网中，变电站担负着电能转换和电能重新分配的繁重任务，对配电网的安全和经济运行起着举足轻重的作用。

二次变电站和输电网中的变电站相比，其规模相对较小，主接线相对简单，在配电网中的地位没有输电系统的变电站重要。终端变电站一般更简单，有1~2回进线，配置1~2台配电变压器，多回低压出线。

变电站中电气设备通常被分为一次设备和二次设备，一次设备有不同电压等级的电力设备，包括电力变压器、母线、断路器、负荷开关、隔离开关、电压互感器、电流互感器、接闪器等，有些变电站中还配有无功补偿装置。为了保证变电站电气设备安全、可靠、经济地运行，变电站中装有一系列的辅助电气设备，如监视测量仪表、控制及信号器具、继电保护装置、自动装置等，这些设备被称为二次设备。变电站中二次设备相互连接的电路称为二次回路，也称为二次接线或二次系统。变电站自动化系统属于二次系统范畴。

变电站自动化技术，经过了数十年的发展，经历了三代技术更新。变电站自动化技术进步的标志是变电站采用保护的形式。20世纪70年代前，变电站采用电磁式的保护设备；到20世纪80年代初，采用晶体管式的保护设备；到20世纪90年代以后，普遍采用了微机式的保护设备，并且变电站自动化发展到了一个新的阶段，提出了综合自动化的概念，并在现场大量应用。21世纪初，开始智能化变电站技术应用。

现代变电站自动化系统的定义是指应用控制技术、信息处理和通信技术，利用计算机软件和硬件系统或自动装置代替人工进行各种运行作业，提高变电站运行、管理水平的一种自动化系统。变电站自动化的范畴包括自动化技术、远动技术、继电保护技术及变电站的其他智能技术等。

8.1 变电站综合自动化系统

8.1.1 传统变电站自动化系统

变电站自动化系统主要完成继电保护、就地监控、远动、录波等。早期变电站的二次系统主要由继电保护、就地监控、远动装置、录波装置等组成。在实际应用中，是按继电保护、远动、就地监控、测量、录波等功能组成自动化系统，相应的有保护屏、控制屏、录波屏、中央信号屏等。每一个一次设备，例如：一台变压器、一组电容器等，都与这些屏有关，因而，每个设备的电流互感器的二次侧，需要分别引到这些屏上；同样，断路器的跳、合闸操作回路，也需要连到保护屏、控制屏、远动屏及其他自动装置屏上。此外，对同一个一次设备，与之相应的各二次设备（屏）之间，保护与远动设备之间都有许多连线。由于各设备安装在不同地点，因而变电站内电缆错综复杂。

正是由于常规变电站的上述情况，决定了常规变电站存在着不少缺点：

（1）安全性、可靠性不高　传统的变电站大多数采用常规的设备，尤其是二次设备中的继电保护、自动装置、远动装置等采用电磁式和晶体管式，结构复杂、可靠性不高，本身又没有故障诊断的能力，只能靠一年一度的年检、整定值校验发现问题，才进行调整与检修或必须等到装置出现故障或保护装置发生拒动或误动之后才能发现问题。

（2）占地面积大　传统的变电站，二次设备多采用电磁式或晶体管式，体积大、笨重，因此，主控室、继电保护室占地面积大。这对于人口众多的我国，特别是对人口密度很大的城市来说，是一个不容忽视的问题。

（3）实时性和可控性较差　电力系统要做到优质、安全、经济运行，必须及时掌握系统的运行工况，才能采取一系列的自动控制和调节手段，但传统的变电站不能完全满足向调度中心及时提供信息的要求。由于远动功能不全，反应一次系统实际运行工况的一些遥测、遥信信息无法实时送到调度中心，而且参数采集不齐、不准确，变电站本身又缺乏自动控制手段，因此无法进行实时控制，不利于电力系统的安全稳定运行。

（4）维护工作量大　常规的继电保护装置和自动装置多为电磁式或晶体管式，其工作状态易受环境温度的影响，因此其整定值必须定期检验，每年校验保护定值的工作量是相当大的，无法实现远方修改继电保护或自动装置的定值。

8.1.2　变电站综合自动化

20 世纪 90 年代中期，随着计算机技术的发展，特别是微机技术的进步，变电站的装置普遍采用微机型继电保护装置、微机监控、微机远动、微机录波装置，进入了变电站自动化阶段。

进入变电站自动化的早期，只是变电站二次设备的直接微机化，即将原电磁式或晶体管式的保护装置用微机化的装置代替。尽管这些微机型装置的功能不一样，但其硬件配置的基本工作原理都大体相同，即具有硬件软件化的特点。满足一定性能的微机系统本身具有相同的硬件结构，具有模拟量、开关量数据采集通道，以及控制输出接口电路。在变电站的管理上，延续过去的管理方式，即变电站的管理按照保护、远动、运行管理来划分专业。微机化的装置也是按照专业管理的方式来配置。因此，变电站配置的二次装置，存在严重的设备重复配置、数据不共享、电缆错综复杂等问题。

针对以上问题，技术人员从提高变电站二次设备的可靠性和简化设计方面考虑，优化变电站自动化的结构，并在安全可靠的前提下，合并冗余的功能，即一套设备能完成的功能不要让两套设备去完成。例如电气测量量，测量装置需要采集、远动装置需要采集、自动化设备还需要采集，合并为一套测量装置。原专门的成套大规模远动装置（Remote Terminal Unit，RTU）完全可以由通信管理机实现。实现了合并冗余功能的变电站自动化系统，称为变电站综合自动化系统。

变电站综合自动化是将变电站的二次设备（包括测量仪表、信号系统、继电保护、自动装置和远动装置等）经过功能的组合和优化设计，利用计算机技术、现代电子技术、通信技术和信号处理技术，实现对全变电站的一次设备和输、配电线路的自动监视、测量、控制和保护，以及与调度中心能进行信息交换的系统。

变电站综合自动化系统分为站控层和现场终端层，站控层采用配置多台计算机的区域网，现场终端层用现场总线将所有的微机装置连接起来，通过通信管理机实现两个层次网络的联通。用微机保护代替常规的继电保护，并且通过通信将保护信息发送到站控层及调度中心，改变了常规的继电保护装置不能与外界通信的缺陷。用微机式的测控装置测量信号，并将信号发送到后台计算机和远方调度中心，代替常规的测量和监视仪表、中央信号系统和远动装置，从后台或调度中心发送控制命令到现场装置。

因此，变电站综合自动化是自动化技术、计算机技术和通信技术等在变电站领域的综合应用。变电站综合自动化系统可以采集到比较齐全的数据和信息，利用计算机的高速计算能力和逻辑判断功能，实现变电站一次设备的监视和控制。

8.1.3 变电站综合自动化的基本特征

变电站综合自动化就是通过监控系统的局域网或现场总线，将微机保护、微机自动装置、微机远动装置采集的模拟量、开关量、脉冲量及一些非电量信号，经过数据处理及功能的重新组合，按照预定的程序和要求，对变电站实现综合性的监视和控制。因此，综合自动化的核心是自动监控系统，而综合自动化的纽带是监控系统的局域通信网络，它把微机继电保护、微机自动装置、微机远动功能综合在一起，形成一个具有远方功能的自动监控系统。变电站综合自动化系统最明显的特征表现在以下几个方面：

1. 功能综合化

现场装置采用IED形式的装置，线路间隔配置一台或两台IED装置就可以满足要求，一台微机保护装置能实现传统多套保护装置实现的任务，保护装置扩展其他的自动化功能，例如：重合闸、低周减载、录波等功能。在中压系统中，一台IED不但能实现全套的中压保护功能，而且能实现间隔的所有电气量的测量。所以，综合自动化系统的现场微机装置，综合了保护功能、测量功能及自动化的功能。但有部分复杂的自成系统装置，在变电站设置为独立的子系统，例如：小电流接地系统，无功调节系统。重要的一次设备，其保护和测量装置应该分开配置。这些子系统通过通信接口接入通信管理机。

IED的应用极大地简化了变电站二次系统，可以灵活地按功能或间隔形成集中组屏或分散（层）安装的不同系统组合。进一步说，综合自动化系统打破了传统二次系统各专业的界限和设备划分原则，改变了常规保护装置不能与调度中心通信的缺陷。

在综合自动化系统中，建立了完善的微机监控系统，在站控层的计算机上进行全站的监视和控制，将各种模拟量、开关信号完全集中到了后台计算机。改变了早期系统需要各种专用屏的模式。虽然各种现场装置保留了现场操作功能，但一般的操作通过变电站的后台均能进行操作，例如：无功调节、变压器分接头调节等。

变电站综合自动化技术是在微机技术、数据通信技术、自动化技术基础上发展起来的，是个技术密集、多种专业技术相互交叉、相互配合的系统。它综合了变电站内除一次设备和交、直流电源以外的全部二次设备。

2. 结构分布、分层化

目前，广泛应用的综合自动化系统是一个分布式系统，其设置为两层，分别为现场层和变电站层，其中现场保护装置、测量装置等均为微机式的装置。现场装置设置专门的通信网，这个通信网连接到变电站的通信管理机。变电站层设置了一个后台计算机局域网，接入通信管理机。即通信管理机是上下两层的桥梁，由此可构成分散、分布式综合自动化系统。

3. 操作监视屏幕化

采用综合自动化系统的变电站，有人值班站在监控室，无人值班站在集控站（或调度中心），对变电站进行监视和操作，监视和操作均在后台计算机上进行。

后台计算能对变电站的设备和输电线路进行全方位的监视与操作。庞大的模拟屏被显示器屏幕上的实时主接线画面取代；在断路器安装处或控制屏进行跳、合闸操作，被显示器屏幕上的鼠标操作或键盘操作所取代。光字牌报警信号被显示器屏幕画面闪烁和文字提示或语言报警所取代，即通过计算机的显示器屏幕，可以监视全变电站的实时运行情况和对各开关设备进行操作控制。

4. 通信系统网络化、光缆化

计算机局域网络技术、现场总线技术及光纤通信技术在综合自动化系统中得到普遍应用。因此，系统具有较高的抗电磁干扰能力，能够实现高速数据传送、满足实时性要求，易于扩展，可靠性大大提高，而且大大简化了常规变电站各种繁杂的电缆连接。

5. 运行管理智能化

智能化不仅表现在常规的自动化功能上，例如：自动报警、自动报表、电压无功自动调节、小电流接地选线、事故判别与处理等方面，还表现在能够在线自诊断，并不断将诊断的结果送往远方的主控端。这是区别常规二次系统的重要特征。简而言之，常规二次系统只能监测一次设备，而本身的故障必须靠维护人员去检查、发现。综合自动化系统不仅监测一次设备，还每时每刻检测自己是否有故障，充分体现了其智能性。

6. 测量显示数字化

长期以来，变电站采用指针式仪表作为测量仪器，其准确度低，读数不方便。采用微机监控系统后，彻底改变了原来的测量手段，常规指针式仪表全被显示器上的数字显示所代替，直观、明了。而原来的人工抄表记录则完全由打印机打印，报表所代替。这不仅减轻了值班员的劳动强度，而且提高了测量精度和管理的科学性。

8.1.4　变电站综合自动化的功能

变电站综合自动化系统，实现变电站正常运行的监视和控制以及事故情况下的故障切除和故障过程的记录。变电站正常运行时，自动化系统通过间隔 IED 采集各类电气和非电气信息，经处理后，发送到站控层和集控站后台以及调度中心，值班人员通过后台监视变电站的运行情况，发生异常、故障时，保护 IED 装置就地进行处理，如果是故障，迅速切除故障一次设备，将异常或动作情况上报。系统中故障录波等完成瞬态电气量的采集记录。

实施变电站综合自动化的目的是变电站作为配电网中的一个节点，它的安全、可靠运行关系到配电网的安全、可靠运行，而变电站继电保护、监控自动化系统是保证变电站安全、可靠运行的基础。因此，变电站自动化是配电网自动化系统的一个重要组成部分。作为变电站自动化系统，它应确保实现以下功能：

1. 继电保护

变电站一次设备及变电站进、出线出现故障时，采取的措施是用继电保护装置，在保证速动性、选择性、可靠性、灵敏性的情况下，切除故障。因此，变电站综合自动化最重要的功能之一是继电保护功能。

保护的配置是变电站系统设计的最重要工作之一，保护配置以变电站的间隔为对象。保护功能的完成是由各种独立保护 IED 装置或保护综合测控装置 IED 完成。这些装置以保护为核心，其他为辅助。

由于继电保护的重要性，综合自动化系统绝不能降低继电保护的可靠性、独立性。因此要求：

(1) 继电保护按被保护的电力设备单元（间隔）分别独立设置，直接由相关的电流互感器和电压互感器输入电气量，然后由触点输出跳闸信号，直接作用于相应断路器的跳闸线圈。

(2) 保护装置设有通信接口，供接入站内通信网，在保护动作后向站控层的微机设备提供报告，但继电保护功能完全不依赖通信网。

(3) 为避免不必要的硬件重复，以提高整个系统的可靠性和降低造价，特别是对 35kV 及以下一次设备，可以给保护装置扩展其他功能，但应以不因此降低保护装置可靠性为前提。

变电站自动化系统的保护装置主要包括线路保护、电力变压器保护、母线保护、电容器保护、电抗器保护。

每一种针对间隔的保护装置中，均设置有多种动作原理，根据间隔的保护功能要求可以投、退相对应的保护功能。例如：常规的中压馈线保护装置，一般装置中均配有三段式的定时限电压、电流保护；加速段保护；接地保护；过负荷保护；三相一次重合闸等。又如：变压器保护，一般具有差动电流速断、二次谐波制动比率差动保护、CT 断线闭锁差动、重瓦斯、有载瓦斯、压力释放动作、温度、失电等保护功能。

2. 监视功能

变电站自动化系统的重要功能之一，是对变电站进行监视和控制，监视的目的是通过实时监视变电站各类电气量和非电气量，及时发现变电站设备的异常运行工况以及了解异常的原因，避免异常扩大化。控制即可以直接对开关设备进行操作，改变变电站的运行状态。变电站综合自动化系统的监视和控制功能，是通过现场终端、后台计算机、通信网组成的系统，共同协作来完成的。

其基本功能主要有：

(1) 实时数据采集与处理　包括模拟量、开关量、脉冲量及数字量等。需要采集的模拟量有变电站各段母线电压、线路电压、电流、有功功率、无功功率，主变的电流、有功功率和无功功率，电容器的电流、无功功率，馈出线的电流、电压、功率、频率、相位、功率因数等，主变的油温、直流电源电压、站用变的电压等。采集的开关量有断路器位置状态、隔离开关位置状态、继电保护动作、有载调压变压器分接头的位置状态、一次设备运行告警信号、接地信号等。

(2) 运行监视　主要是指对变电站的运行工况和设备状态进行自动监视，即对变电站开关量变位情况、各种模拟量进行监视。通过开关量变位监视，可监视变电站中断路器、隔离开关、接地开关、变压器分接头的位置和动作情况，继电保护和自动装置的动作情况以及它们的动作顺序等。模拟量的监视分为正常的测量监视、超过限定值的报警和事故时模拟量变化的追忆等。

当变电站有非正常状态发生和设备异常时，监控系统能及时发出事故音响或语音报警，并在显示器上自动推出报警画面，为运行人员提供事故信息，同时可将事故信息进行存储和打印。

对于一个典型的变电站，应报警的参数有母线电压越限报警，即当电压偏差超出允许范围，且越限连续累计时间达一定值（例如30s）后报警；线路负荷电流越限报警，即按设备容量及相应允许越限时间来报警；主变压器过负荷报警，即按规程要求分正常过负荷、事故过负荷报警；系统频率偏差报警，即当其频率监视点超出允许值时报警；消弧线圈接地系统中性点位移电压越限及累计时间超出允许值时报警；母线上的进出功率及电能量不平衡越限报警；直流电压越限报警等。

报警方式主要有自动推出主接线画面、报警画面、闪光、语音提示、操作信息提示（如控制操作超时）等。

3. 控制及安全操作闭锁功能

在综合自动化系统中，操作人员通过后台计算机对断路器、隔离开关进行分、合闸操作；对变压器分接头进行调节控制；对电容器组进行投、切控制，同时要能接收调度主站的遥控操作命令，进行远方操作；并且所有的操作控制均能就地和远方控制、就地和远方切换相互闭锁，自动和手动相互闭锁。

操作控制权限按分层（级）原理管理。监控系统设有三级操作权限管理功能，使操作员、系统维护员、一般监视人员能够按权限分层（级）操作和控制。

操作过程中，根据实时信息，具有五防操作及闭锁断路器跳、合闸功能。

4. 数据处理与记录功能

监控系统能对系统运行过程中的各类信息进行记录。对正常运行的模拟量，按照给定的时间间隔进行记录，对各类事件进行记录，对各种操作进行记录。在以上数据记录的基础上，为满足继电保护专业和变电站管理的需要，进行数据统计，其内容主要包括：

（1）主变压器和线路有功功率和无功功率的最大值和最小值以及相应的时间。

（2）母线电压的最高值和最低值以及相应时间。

（3）统计断路器跳闸动作次数，及断路器切除故障电流情况。

（4）控制操作和修改定值记录。

此外还具有报表生成和打印。自诊断、自恢复日志和设备自动切换等记录。

5. 事件顺序记录与事故追忆功能

事件顺序记录（Sequence Of Event，SOE），是对变电站内的继电保护、自动装置、断路器等在事故时动作的先后顺序进行记录。记录事件发生的时间应精确到毫秒级。自动记录的报告可在显示器上显示和打印输出。顺序记录报告用于事故分析、继电保护、自动装置以及断路器的动作情况评价。

事故追忆是指对变电站内的一些主要模拟量，如线路、主变压器各侧的电流、有功功率、主要母线电压以及开关动作的顺序等，在事故前后一段时间内作连续测量记录。通过这一记录追忆系统或某一回路在事故前后所处的工作状态，辅助进行事故分析。

6. 故障录波

故障录波，录制事故发生过程的电气量、开关量变化的详细曲线，为分析电力系统故障及继电保护和安全自动装置在事故过程中的动作情况，迅速判断线路故障的位置提供依据。采样速率不低于4000Hz，应至少能清楚记录31次谐波的波形。

10kV及以上的线路发生故障时，能进行故障测距计算，以便能快速定位故障点，缩短维修时间，尽快恢复供电，减少损失。

变电站的故障录波和测距可采用两种方法实现：①由智能IED装置兼作故障记录和测距，再将记录和测距的结果送监控机存储及打印输出或直接送调度主站，这种方法可节约投资，减少硬件设备，但故障记录的量有限；②采用专用的微机故障录波器，并且录波器应具有通信功能，可以与监控系统通信。

7. 自动控制功能

变电站综合自动化系统，具有保证安全、可靠供电和提高电能质量的自动控制功能。为此，一般典型的变电站综合自动化系统能完成的自动控制功能有电压、无功综合控制、低周减载、备用电源自投、小电流接地选线、中性点消弧线圈自动调节等。

（1）电压、无功综合控制　变电站电压、无功综合控制是利用有载调压变压器和母线无功补偿电容器及电抗器进行局部的电压及无功补偿的自动调节，使负荷侧母线电压偏差在规定范围以内。在调度（控制）中心直接控制时，变压器的分接头开关调整和电容器组的投切直接接受远方控制，当调度（控制）中心给定电压曲线或无功曲线的情况下，则由变电站综合自动化系统就地进行控制。

（2）低周减载　当电力系统因事故导致有功功率缺额而引起系统频率下降时，当系统的频率低于低周减载装置预先给定的频率时，动作开关切除馈线。当系统频率恢复到正常值之后，被切除的线路可逐步远方遥控恢复或可选择延时分级自动恢复。低周减载功能分散在每回馈线的保护测量一体化装置中。

（3）备用电源自投控制　当工作电源因故障不能供电时，自动装置应能迅速将备用电源自动投入使用或将用户切换到备用电源上去。典型的备用自动投入装置有进线备投、母联断路器备投、变压器备投。

（4）小电流接地选线控制　小电流接地系统中发生单相接地时，接地保护应能正确地选出接地线路或母线及接地相，并予以报警。

8. 远动及数据通信功能

变电站综合自动化系统的通信包括站内通信和自动化系统与上级调度的通信两部分。

（1）综合自动化系统的站内通信，实现自动化系统现场的各个IED和站控层的监控设备通信。集中组屏部分的通信是在主控室内部；分散安装的自动化装置，通信范围为主控室和现场设备安装处。

（2）综合自动化系统远动功能，即在调度中心能实现变电站的"四遥"。综合自动化系统，兼有RTU的全部功能，能够将所采集的模拟量和开关量信息以及SOE等远传至调度中心，同时能够接收调度中心下达的各种操作、控制、修改定值等命令。

8.2　变电站综合自动化系统的结构

目前，典型的变电站综合自动化系统一般由站控层和终端层构成。站控层为一个计算机的局域网，根据变电站规模和在配电网中的重要性，站控层的局域网有不同的配置。过程层采用的是各种 IED 装置，根据变电站设备的布局和每一类装置对性能、可靠性的要求，设置不同的现场总线或局域网组网。终端层采用分散分布式结构和分布式结构集中组屏。前者为中压系统采用的结构，后者为安装在户外的高压一次设备对应的二次设备组网方式。

8.2.1　变电站中压保护测控装置

中压间隔所采用的 IED 一般为测量和保护一体化 IED 装置，即在一个 IED 装置中，即完成一个间隔对象电气量的测量，也完成间隔所需的各种保护。

针对中压间隔的这种保护测量一体化 IED 装置，各个变电站自动化设备制造厂，均能提供成系列的产品，例如：线路系列、变压器系列、电容器系列、电动机系列、电抗器系列、所用变系列等测量和保护装置，供设计单位选用。

这种 IED 单元，一般具有以下特点：

（1）统一的硬件平台　不同厂商的每一个系列均采用统一的硬件平台，标准化总线，硬件为模块化组件。采用单 CPU 或多 CPU（2~3 个）承担任务，以保证保护、测控运行的实时性。根据实际工程需要灵活配置相关功能模块。

（2）采用交流采样技术　电气量直接进行交流采样，测量和保护采样 A-D 分辨率一般为 16 位。

（3）标准形式　大部分产品采用整体面板、背插式 6U 机箱，抗干扰能力强。

（4）采用操作系统　产品一般采用嵌入式操作系统，如 VxWorks，uCLinux 等，用统一的软件开发平台开发。

（5）具有自诊断能力　自检诊断到芯片和关键回路，真正做到了对 FLASH、EEPROM、SDRAM、SRAM、A-D 采样回路、频率采集回路、出口控制回路、掉电保持供电回路、信号采集回路以及脉冲对时回路的定期巡检，发现异常，及时闭锁相关功能逻辑，并发出装置异常告警信息。

（6）具有多种通信接口　例如：CAN 接口、RS485 接口、以太网接口。能以单网、双网方式与监控系统通信。

（7）完善的事件报告处理功能　能处理大于 128 次动作报告，大于 128 次 SOE 变位记录报告，最多 30 次故障录波报告。

（8）谐波记录和分析　可进行高达 30 次的谐波分析 。

（9）时钟和对时　采用硬件实时时钟，掉电后仍连续计时，对时方式采用 B 码或秒脉冲和通信方式。

（10）多套定值存储　保护能存储大于八套以上定值，能进行本地或远方整定。

（11）能就地或远方操作开关　具有就地或远方遥控操作功能。

（12）人机接口　全中文大屏幕液晶，具有显示本间隔线路主接线图功能，多指示灯配置；操作简单方便，易学易用，对运行人员和维护人员赋予不同权限。

（13）信号保持　信号灯采用磁保持继电器，掉电保持，便于分析事故。

以上特点的装置，保证了装置的伸缩性和可扩展性，便于调试和维护。图 8-1 为常见的 IED 实物图。

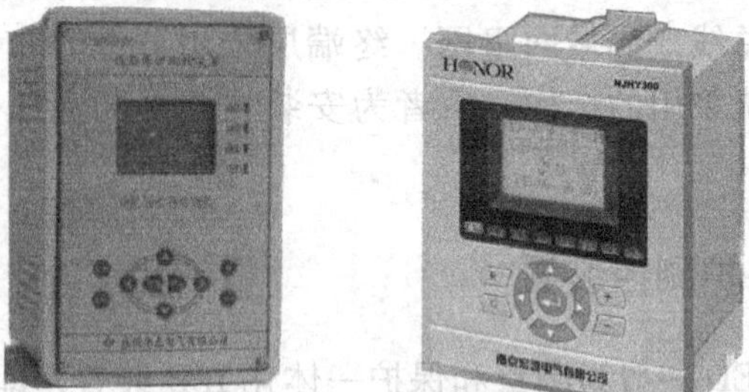

图 8-1　IED 实物图

8.2.2　通信管理机（网关）

通信管理机为站控层和间隔层的通信枢纽装置，通信管理机通过总线连接各种不同测量、保护、测控装置，实现各种装置与站控层和调度中心的数据传送。具体来说，它连接着间隔层的保护、测量、测控装置和各种智能设备，这些装置采集的模拟量、开关量和电能等信息通过通信接口上送到通信管理机，通信管理机用不同的协议向变电站当地后台和调度系统上送信息；同时，它接收后台监控或调度的控制命令，转发给相应的智能设备，由智能设备完成相应的操作，实现对一次设备的控制。

通信管理机的硬件有两种形式，采用分布式总线功能板卡形式的通信管理机和采用通用嵌入式工业控制机的通信管理机。前者为专用硬件，采用嵌入式操作系统。后者采用通用专业计算机制造厂批量生成的硬件，嵌入变电站自动化厂商的软件。这两种形式的通信管理机，各有优缺点，在生产现场均得到大量的应用。

前者使用了更为紧凑的各种功能板和接口板插件，使之具有更长周期的使用寿命，当需要扩充、增加功能时，需要简单的扩充插件、增加相应的功能软件，不需要替换已有的装置。因此，使得运行成本更低、更便于维护。

1. 通信管理机的功能

通信管理机的通信接口，采用 TCP/IP 协议的以太网接口与站控层系统进行通信；和间隔层装置的通信，配置有多种、多个接口，常用的接口为 RS485、CAN 总线、以太网接口等。根据变电站的规模和具体控制要求，通信管理机可采用双网配置或采用单网配置。

一般对于简单的变电站系统，由于规模比较小，往往是只配置一套通信接口设备，该通信接口设备既需要接入本站内的全部设备，还要负责与各级监控系统进行通信。这种通信管理机接入的现场层设备为：①保护装置；②测控装置；③保护测控一体化装置；④电能表；⑤无功调整设备；⑥直流屏等智能装置。

接入的上级系统为：①变电站层监控系统；②上级调度系统；③保护信息系统。

这种通信管理机具备综合功能，既具有远动工作站的功能又具备变电站系统前置机、以及协议转换器的功能。

对于大型变电站，以上功能分别由不同的通信管理机来实现。

（1）远动工作站功能　通信管理机与远方集控中心或调度主站系统通信。采用的通信接口为 RS232C 或以太网形式。

所有站内信息，远动工作站按照即时信息的原则上送主站。此外遥信信息还可以通过或、与、同或、异或的处理方式生成新的遥信信号，这样既可压缩上传的数据量，又能获得系统无法直接采集到的特殊信号。

远动工作站遵循开放系统要求，采用电力系统行业的标准协议，包括 DL/T 451—1991 循环式协议、DL/T 634. 5101—2002《远动设备及系统第 5-101 部分：传输协议基本远动任务配套标准》、DL/T 634. 5104—2009《远动设备及系统第 5-104 部分：采用标准传输协议集的 IEC60870-5-101 网络访问》等，实现与不同主站系统互联。

（2）前置机功能　变电站内的保护及保护测控装置数量众多，往往需要将这些装置分摊到多个不同的网络中去，以使每个网络的负荷保持在合理的水平，利于网络稳定运行。另外，根据保护和测控功能互不干扰的原则，也需要将保护和测控分别组网。在每一个子网中，需采用通信前置机实现数据的集结。

（3）保护管理机功能　变电站内的保护及保护测控装置数量众多，保护管理机可接入站内的保护及保护测控装置。对装置的接口形式可以是串口也可以是以太网；每个接口既可管理所有保护装置，也可独立管理一部分保护装置，均摊各个接口的信息流量。保护管理机与上级保护管理（或调度）中心通信，接口采用 RS232C 或以太网，采用了标准化协议（IEC 103 协议），将保护装置内部通信的复杂性完全隐藏。

（4）协议转换器　随着变电站自动化程度越来越高，站内大多数设备都采用了智能模块并提供通信接入，且每种设备的接口不一样，通信协议也各不相同。为了将诸如直流屏、交流屏、电能表、小电流接地选线、微机消弧、消防报警等智能设备接入到变电站综合自动化系统中，需将以上装置的协议转换为一种变电站后台系统能识别的协议。作为协议转换器，通信管理机能接入国内外众多厂商的智能设备。

2. 通信管理机通信接口

CAN 网接口：波特率范围 5k ~ 1Mbit/s，波特率默认值为 80kbit/s。若波特率设为默认值（80kbit/s），则有效通信距离一般不小于 800m。

RS232、RS485 串口：波特率范围 300 ~ 57600bit/s 任意可选，波特率默认值为 9600bit/s、一位起始位、八位数据位、无校验位和一位停止位。

以太网：传输速率为 10/100Mbit/s。

3. 通信管理机特点

（1）硬件和支持软件　通信管理机采用高性能的 32 位 CPU。运行嵌入式实时多任务操作系统，例如：VxWorks，Windows CE；通过软件和硬件的良好配合，实时、可靠、稳定、高效地完成变电站自动化系统的通信任务。

采用多任务管理，不同任务安排不同的优先级，各任务独立运行互不干扰。各种通信协议的处理之间也相互独立，当某一通道出错时，不会影响到其他通道的正常运行。此外，还对各任务进行监视，当某一任务出现异常时，系统会对其进行适当的处理，做到故障的自检测和自恢复。

设备采用多 CPU 结构，有强大处理能力和充足的系统资源。主 CPU 负责调度任务处理，从 CPU 负责间隔层智能设备的协议解析。通过多 CPU 的分工、合作，确保自动化系统在各种复杂情况下均具有较好的实时通信性能。

（2）通信接口及协议　通信管理机与站层后台监控采用以太网通信，与间隔层保护、测量、测控等装置可以采用工业以太网、CAN 总线、RS485 总线等方式进行通信。与其他智能设备通信，通过标准的 RS232C、RS485 接口。

通信管理机具有完善的通信协议库。与后台通信一般采用 104 传输协议，与保护测控装置通信采用厂家自定义的协议或 103 协议。支持多个厂商的配套智能化设备，如微机高压保护测控单元、数字电能表、微机直流电源、小电流接地选线等通信协议，支持与各种不同智能设备之间的通信互联、数据交互。

（3）灵活的对时方式　通信管理机具有 GPS 时钟对时接口，支持 IRIG-B 码对时、差分脉冲对时（需与 GPS 报文对时相结合）两种方式。此外还可以接受来自调度的对时信息。

（4）参数配置　通信管理机，通过在 PC 上使用配置组态工具，可以完成变电站信息的生成和维护。通信接口设备组态工具拥有人性化的用户界面，提示信息明确，操作方便。

根据变电站内装置虽多，但型号却不多的实际情况，组态工具可引入装置模板的概念，可以按照型号将装置的常用信息编制成模板，应用时也可从模板库中导入，使组态过程智能化，大大减少工程应用中信号的配置工作量，缩短工程调试时间。

（5）安全备份　使用双机配置的通信管理机在软硬件上相互独立，故障互不影响。正常工作情况下，两单元处于一主一备状态。一旦处于工作状态的通信单元发生故障，备用通信管理机立即接替工作，不影响通信的正常进行。

（6）完备的事件记录　系统的可靠运行离不开完善的记录，通信管理机提供了完备的记录以供在系统正常及故障时对当时状况的辅助分析；持久存储遥控操作记录和本机运行记录。

（7）调试功能　系统在正常运行前需要全面的调试，而在调试过程中经常会遇到条件不成熟的情况，又或者在调试时发现问题需定位问题的所在。为此，装置特意增加了包括虚拟信号、虚拟事件、各种信号表等实用的辅助调试功能，从而提高现场安装调试的速度和分析问题、解决问题的效率。

8.2.3　站控层

根据变电站的规模，站控层为单计算机、双计算机或计算机网络配置。计算机网络分为单网和双以太网配置。为了方便说明问题，下面以双网配置说明站控层的结构和功能。

双网配置能完成计算机负载平衡及热备用双重功能，双网正常情况下，以负载平衡方式工作，一旦其中一网络故障，另一网络完成全部通信任务，保证实时系统的运行可靠性。

配置的计算机为商业或工业用计算机。根据完成功能的不同，变电站后台配置以下工作站：

1. 服务工作站

服务工作站运行服务处理软件和商用历史数据库软件，负责组织及生成各种历史数据并将其保存在历史数据库中。

服务处理软件实现变电站监控系统的协调和管理，对上给调度员工作站提供服务，即提供各类实时信息，接收调度工作站命令；对下和通信管理机通信，实现和通信管理机的信息交换。其中的实时数据库存储系统的实时数据。

如果工作站采用主备方式，当一台工作站故障时，系统将自动进行切换，切换时间小于3~30s。任何单一硬件设备故障和切换都不会造成实时数据的丢失，主备机也可通过人工进行切换。

2. 操作员工作站

操作员工作站运行操作员监视软件，完成对变电站实时监控和操作。显示变电站的主接线、功率、电流曲线等各种图形和数据，并进行遥控、遥调等操作。变电站异常时，显示告警信息。查阅历史记录，编辑、打印表格等。

3. 远动工作站

远动工作站与调度自动化系统、集控站进行通信，负责完成多种远动通信协议的解释，实现现场数据的上送及转发远方的遥控、遥调命令。通信管理机可用来完成运动工作站任务。

4. 五防工作站

五防工作站，实现变电站操作五防管理。

可在线通过画面操作生成操作票。在制作操作票的过程中，进行操作条件检测。系统可提供操作票模板，在生成新操作票时，只需对操作票模板中的对象进行编辑，就可生成新操作票。可在画面上模拟执行操作票，操作票按设备对象进行存储和管理。与微机手持钥匙通信，传送操作顺序。

5. 保护工程师站

保护工程师站对变电站内的保护装置及其故障信息进行管理。保护工程师指运行管理、维护人员以及保护设计、调试人员。保护工程师站关心的信息包括保护设备和故障录波器的参数，工作状态，故障信息，动作信息。

故障录波综合分析工具，作为保护工程师进行故障分析的工具，不仅能分析录波数据，还综合考察故障时的其他信号、测量值、定值参数等，提供多种分析手段，产生综合性的分析报告。

6. 维护、管理工作站

运行图形界面编辑、报表编辑、曲线编辑、数据库配置等软件，对变电站的自动化后台系统进行维护。根据用户制定的设备管理方法、设备管理程序对系统中的电力设备进行监管，例如：根据断路器的跳闸次数提出检修要求，根据主变的运行情况制定检修计划，并自动将这些要求通知用户。

8.2.4　变电站综合自动化系统典型结构

变电站中，110kV 以上的高电压设备采用户外布置，中压一次设备采用户内开关柜。变电站综合自动化系统，从可维护、可扩展以及便于运行管理考虑，采用分布式的结构。现场的各类 IED 采用以间隔为对象进行配置，面向电气一次回路或电气间隔，例如：一条出线，一台变压器或一组电容器等。

66kV 及以下电压等级的保护和测控装置，综合安全、可靠性要求，一次设备的保护和测控是由一个 IED 完成，即采用保护测控一体化装置，这样各间隔单元的设备相互独立，通过现场总线将这些设备连接，实现和站控层的通信。110kV 及以上的测量和保护装置，为了安全性考虑，保护和测控为不同的 IED，用现场总线或以太网进行组网。

因此，一个变电站，如果电压等级等于或高于 110kV，其二次组屏采用分布式结构集中组屏，110kV 以下电压等级包括 35kV、10kV（6kV），采用分散分布式结构，二次设备按照间隔就近安装在开关柜上。

变电站自动化系统的结构，按照变电站的电压等级及规模，给出以下几种典型的结构。

1. 简易配置

简易综合自动化系统的配置为后台配置或不配置计算机。过程层采用单总线，将各类智能 IED 设备进行集结，连接到通信管理机，通信管理机和调度中心连接。这种系统适用于 35kV/10（6）kV 或 10（6）kV/0.4kV 的无人值班变电站。最简配置的变电站自动化系统如图 8-2 所示。

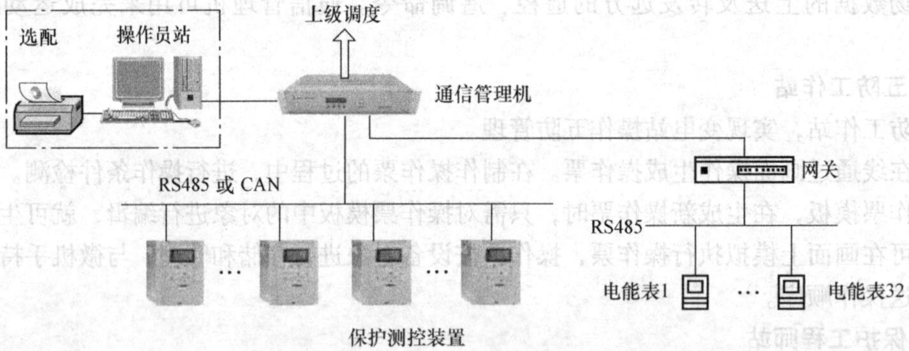

图 8-2 最简配置的变电站自动化系统结构图

图 8-2 中配置了一个 RS485 总线进行电能表集结，配置 RS485 或 CAN 进行保护、测控装置的集结，两段总线均接入通信管理机，通信管理机和上级调度实现信息交换。选配一台操作员工作站。

2. 典型的 35kV 变电站

重要的小规模 35kV 变电站，采用较为完善的变电站自动化系统方案，为了保证通信的实时性，用多台网关（通信管理机）实现不同性质的信息集结。变电站后台配置多台计算机，如图 8-3 所示，站控层网络采用单台交换机，配置有数据服务器，数据服务器兼做通信前置机，配置一台操作员工作站兼做维护、五防机，配置远动通信管理机一台。

现场 35kV 和 10kV 开关室设置独立总线，通过网关接入变电层的以太网。电能表通过现场总线和就地网关接入站控层的以太网。其他无功电压调节装置、小电流选线装置等自动化装置通过 RS232 就地接入网关，通过网关接入站控层。

系统设置有 GPS 卫星时钟一台，通过硬接线方式和各设备对时。

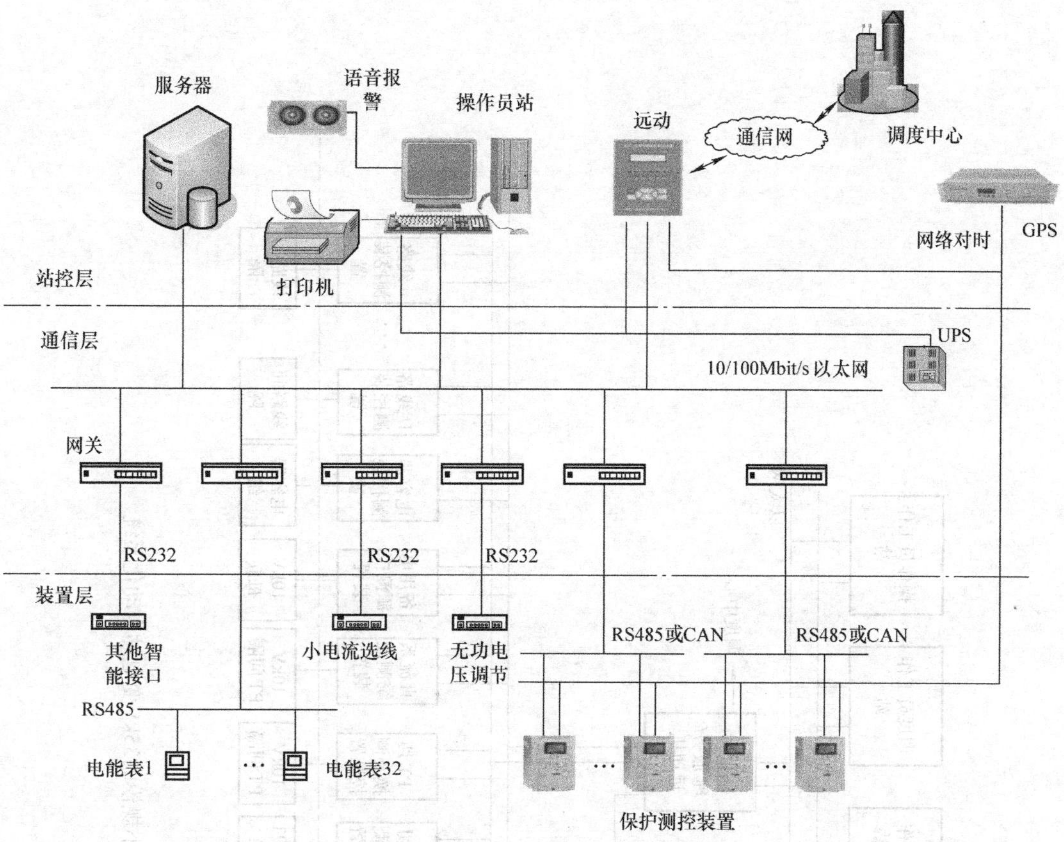

图 8-3　典型的 35kV 变电站的组网图

3. 采用双网的 35kV 变电站

为了进一步保证变电站自动化系统的运行可靠性，变电站自动化系统采用双通信网形式。如图 8-4 所示的典型双总线小规模的 35kV 变电站自动化系统，站控层网络采用两台交换机，通信管理机/远动/服务器共用一台主机接入站控层以太网，两台操作员工作站兼做维护工作站，一台五防工作站。35kV 和 10kV 间隔共用一套总线。

现场 35kV 和 10kV 开关室设置一套双 CAN 或双 RS485 总线，总线直接接入通信管理机。电能表通过现场总线接入通信管理机。其他无功电压调节装置、小电流选线装置等自动化装置接入现场总线。通信管理机作为站控层的一个节点接在站控层的局域网上。

变电站的对时，通过通信网进行。

4. 较大规模 110kV 变电站的典型配置

对于重要的 110kV 变电站，自动化系统在通信管理机以上部分采用双机配置。如图 8-5 所示的变电站为双网双机配置的综合自动化系统，其站控层的设备采用双备份方式，涉及变电站实时运行的设备采用冗余配置，设置有双通信管理机、双服务器、双操作员工作站、双交换机；五防工作站、继电保护工作站和维护工作站为单配置。这种自动化配置的系统适用于对供电可靠性要求高的区域变电站。

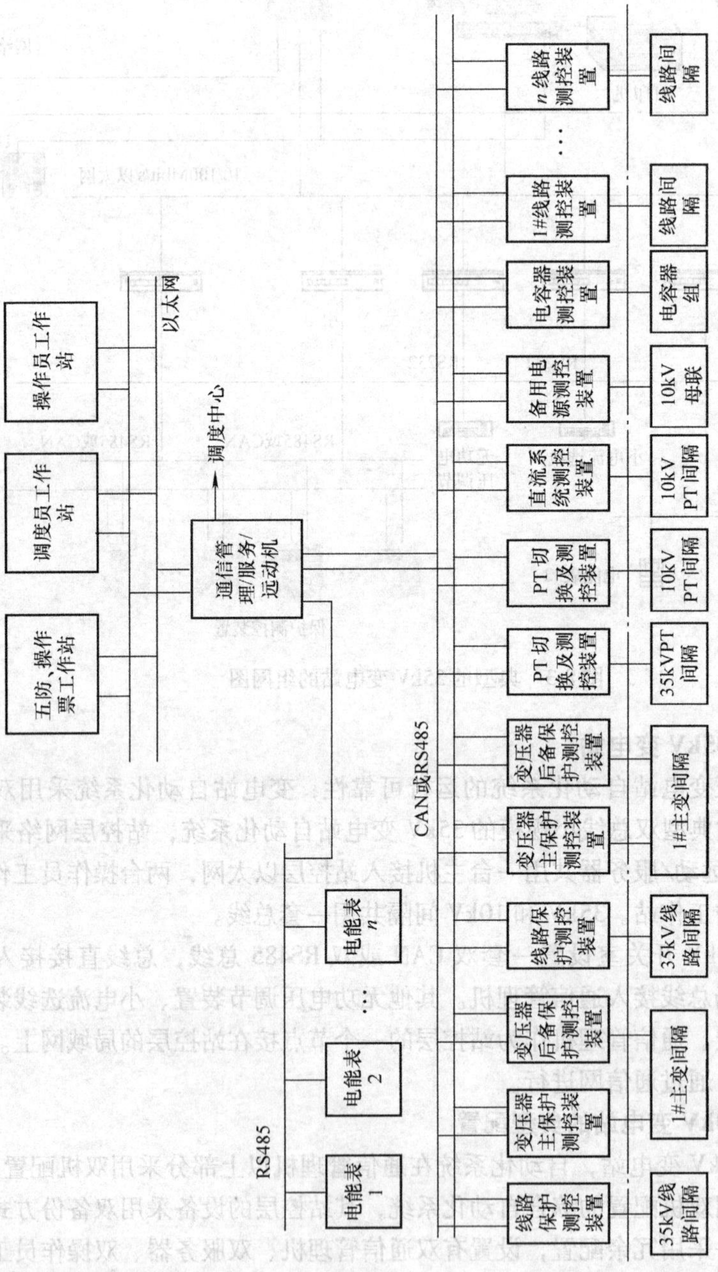

图8-4　典型双总线小规模的35kV变电站自动化系统

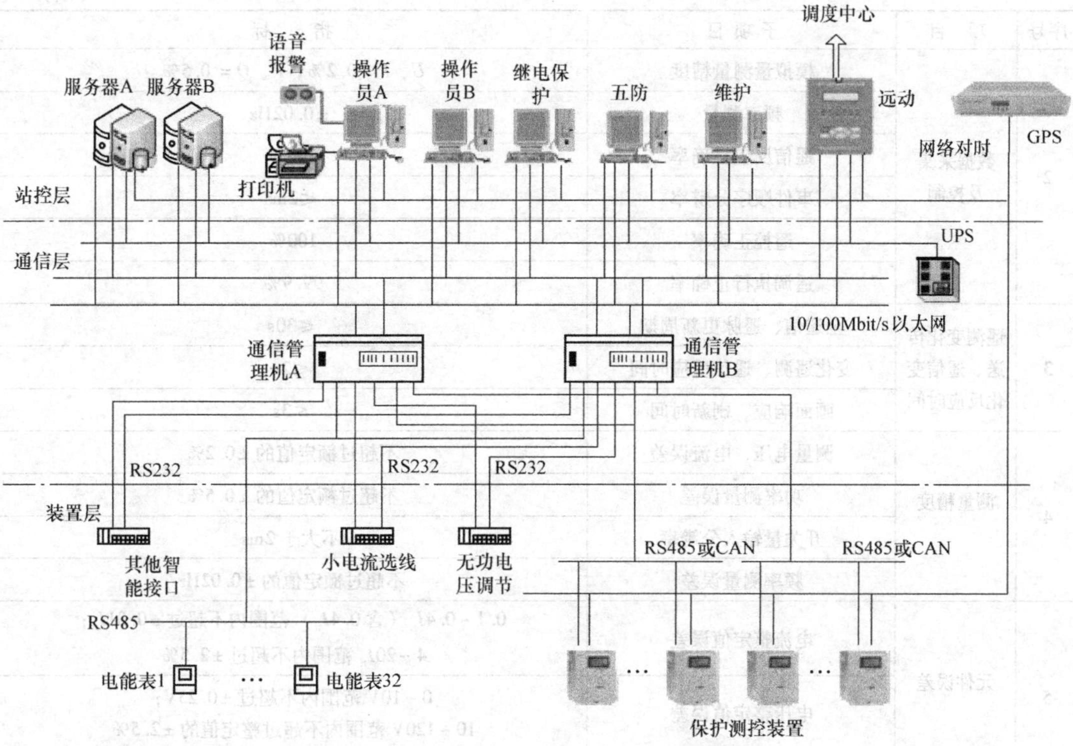

图 8-5　重要区域 110kV 变电站自动化系统配置

8.2.5　变电站综合自动化系统的指标

站控层计算机、通信设备，采用高可靠的商用工作站、交换机。目前稍高性能的计算机只要稳定性、可靠性满足变电站自动化系统的要求，性能就能满足变电站自动化系统的要求。交换机采用商用符合国际标准的交换机，能满足变电站自动化系统的要求。

用于低端变电站自动化系统的后台，一般采用 Windows 操作系统，数据库系统采用中文 Microsoft SQL Server 2000 或其他版本。

表 8-1 中列出了一个典型的变电站综合自动化系统的主要指标。

表 8-1　典型变电站综合自动化系统的指标

序号	项　目	子 项 目	指　　标
1	系统容量	遥测量个数	不小于 1024
		遥信量个数	不小于 2048
		电能量个数	不小于 128
		遥控量个数	不小于 128
		遥调量个数	不小于 6

（续）

序号	项　目	子 项 目	指　　标
2	数据采集及控制	模拟量测量精度	U、I = 0.2%；P、Q = 0.5%
		频率测量	±0.02Hz
		遥信反应正确率	100%
		事件顺序分辨率	≤2ms
		遥控正确率	100%
		遥调执行正确率	99.9%
3	遥测变化传送、遥信变化反应时间	全遥信、遥脉更新周期	≤30s
		变化遥测、遥信反应时间	≤2s
		画面响应、刷新时间	≤3s
4	测量精度	测量电压、电流误差	不超过额定值的 ±0.2%
		功率测量误差	不超过额定值的 ±0.5%
		开关量输入分辨率	不大于 2ms
		频率测量误差	不超过额定值的 ±0.02Hz
5	元件误差	电流整定值误差	0.1 ~ 0.4I_n（含 0.4I_n）范围内不超过 ±0.01I_n； 4 ~ 20I_n 范围内不超过 ±2.5%
		电压整定值误差	0 ~ 10V 范围内不超过 ±0.25V； 10 ~ 120V 范围内不超过整定值的 ±2.5%
		时间元件整定值平均误差	0 ~ 2s（含 2s）不超过 40ms；2 ~ 100s 不超过整定值的 ±2%
6	各元件工作范围	电流	0.1 ~ 20I_n
		电压	2 ~ 160V
		时间	0 ~ 100s
7	过载能力	交流电流回路	长期运行：2I_n；10s：10I_n；1s：40I_n
		交流电压回路	长期运行 1.2U_n
	功耗	交流电流回路	I_n = 5A 时每相不大于 1VA；I_n = 1A 时每相不大于 0.5VA
		交流电压回路	每相不大于 1VA
		直流电源回路	正常工作时，不大于 12W；保护动作时，不大于 15W
8	环境条件	工作时环境温度	−25 ~ 55℃，24h 内平均温度不超过 35℃
		储存时环境温度	−25 ~ 70℃
		相对湿度	最湿月的月平均最大相对湿度为 90%
		大气压力	80 ~ 110kPa
9	抗干扰性能	保护、测控装置能承受 GB/T14598. X—199X 规定的各项性能要求	

8.3　电子式互感器及合并单元

传统的电磁式互感器由铁心和线圈制成，随着电压等级、配电网管理水平和技术水平的提高，对电流互感器和电压互感器提出了许多更加严格的要求，电磁式互感器已越来越不适用于这种发展状况。在运行中暴露出了以下缺点：

（1）由于铁心的非线性特性，电磁式互感器容易饱和。电压互感器饱和时，易引起铁磁谐振，造成电力系统出现铁磁谐振过电压，损坏设备。电流互感器由于饱和其线性范围有限，即其准确限值系数不超过35，难以满足配电网暂态过程对互感器准确度的要求。

（2）随着电压的增高，绝缘结构复杂，体积也越来越大。采用油绝缘存在易燃易爆问题，采用SF_6不仅会对人体健康带来危害，也会对环境造成破坏。

（3）由电流、电压互感器引至二次保护控制设备的电缆是电磁干扰的重要耦合途径。

另一方面，近年来电气一次设备的技术进步，对互感器的小型化提出了更高的要求。微电子式的IED测量、保护回路，只需要消耗1VA以内的功率，对互感器的输出容量要求大大降低。电力系统自动化设备要求互感器输出数字化，甚至直接接入现场总线实现网络化。数字技术、光通信和光纤技术的快速发展，为解决互感器的数字化和彻底解决绝缘问题奠定了基础。为此，极大地促进科研工作者研究电磁式互感器替代产品的积极性，电子式互感器即为替代电磁式互感器的产品。

8.3.1　电子式互感器

1. 电子式互感器分类

对各种新型的互感器IEC统称为电子式互感器。电子式互感器又称为非常规互感器，一般指输出为小电压、小电流模拟信号或数字信号的电流、电压互感器。

电子式互感器的原理和常规互感器有很大不同，目前电子式互感器按其工作原理的分类如图8-6所示。电子式电流互感器可以分为光电式和线圈式两种。光电式电流互感器按工作原理分为法拉第效应和塞纳格效应两种电流互感器。线圈式分为罗式线圈（即采用罗戈夫斯基空心线圈原理）和带铁心微型线圈两种。非常规电压互感器按工作原理分为光电原理式和分压原理式。光电原理的电压分为基于普克尔效应和逆压电效应两种；分压原理有采用电容分压和电阻分压两种。

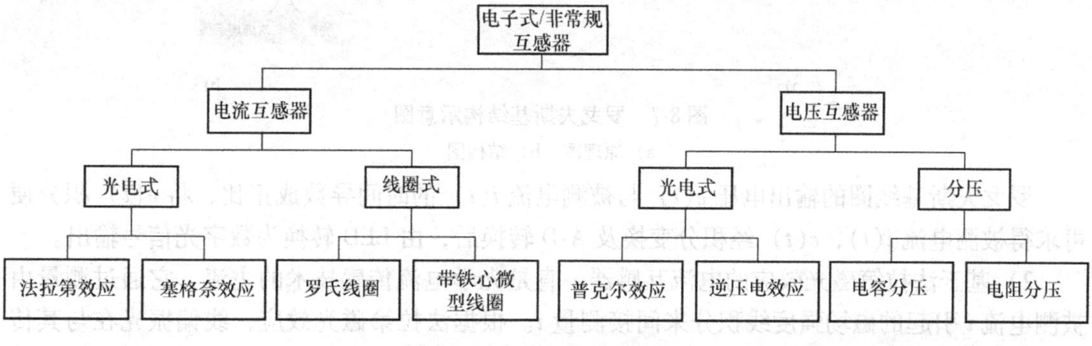

图8-6　电子式互感器的分类

基于光效应的互感器，如采用法拉第效应（Faraday effect）等磁光变换原理的互感器，这类互感器直接用光进行信息交换和传递，与高电压电路完全隔离，具有不受电磁干扰、不饱和、测量范围大、频带宽、体积小、重量轻等特点，适合于各种超高压开关设备中的应用。由于互感器处于高电位的部分不需要电源，故称为无源电子式互感器。

采用空心线圈（罗戈夫斯基线圈）电流互感器，以罗戈夫斯基（Rogowski）线圈作为电流传感元件，在高压部分采用有源电子调制和信号处理技术实现电流量采样，以光纤作为信号传输通道，在机座以数字量或以模拟量形式输出。由于处于高电位的传感器需要电源，故也称为有源电子式互感器。

采用电容、电阻分压的电子式电压互感器，将电阻、电容进行分压得到和一次系统电压成比例的电压，采用隔离变压器进行隔离，再用电子装置进行处理。

2. 电子式电流互感器

(1) 工作原理　下面给出罗戈夫斯基和法拉第效应电子式电流互感器的工作原理。

1) 罗戈夫斯基线圈是将导线均匀地绕在一个非磁性材料的骨架上制作而成的空心线圈。该线圈具有良好的频率响应、较高的测量准确度、结构简单、成本低廉等特性。图8-7为采用罗戈夫斯基线圈的电子电流互感器的结构示意图。感应被测电流的线圈采用罗戈夫斯基线圈，载流导线从线圈中心穿过，当导线上有电流通过时，在线圈的两端将会产生一个感应电动势，其大小为

$$e_t = -\mathrm{M}di/dt \tag{8-1}$$

$$M = \frac{\mu_0 nS}{2\pi r} \tag{8-2}$$

式中，M 为仅取决于线圈尺寸的比例系数；n 为线圈匝数；S 为每匝线圈的横截面积。

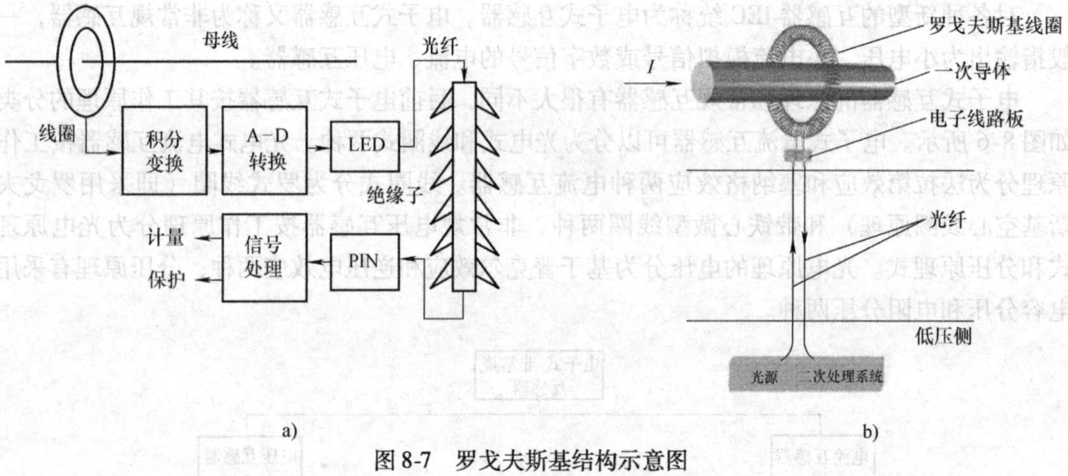

图8-7　罗戈夫斯基结构示意图

a) 原理图　b) 结构图

罗戈夫斯基线圈的输出电压 $e(t)$ 与被测电流 $i(t)$ 的时间导数成正比，将 $e(t)$ 积分便可求得被测电流 $i(t)$，$e(t)$ 经积分变换及A-D转换后，由LED转换为数字光信号输出。

2) 基于法拉第磁光效应的电流互感器一直是光学电流传感技术的主流，它通过测量由被测电流 i 引起的磁场强度线积分来间接测量 i。根据法拉第磁光效应，线偏振光在与其传播方向平行的外界磁场作用下通过介质（晶体或光学玻璃）时，其偏振面将发生偏转，偏转角 θ 为

$$\theta = \mu\nu\int_L H \cdot dl \tag{8-3}$$

式中，μ 为法拉第磁光材料的磁导率；ν 为磁光材料的Verdet常数，它与介质的特性、光源波长、外界温度等有关；H 为作用于磁光材料的磁场强度；L 为通过磁光材料的偏振光的光程长度。法拉第磁光效应电流互感器原理和结构示意如图8-8所示。

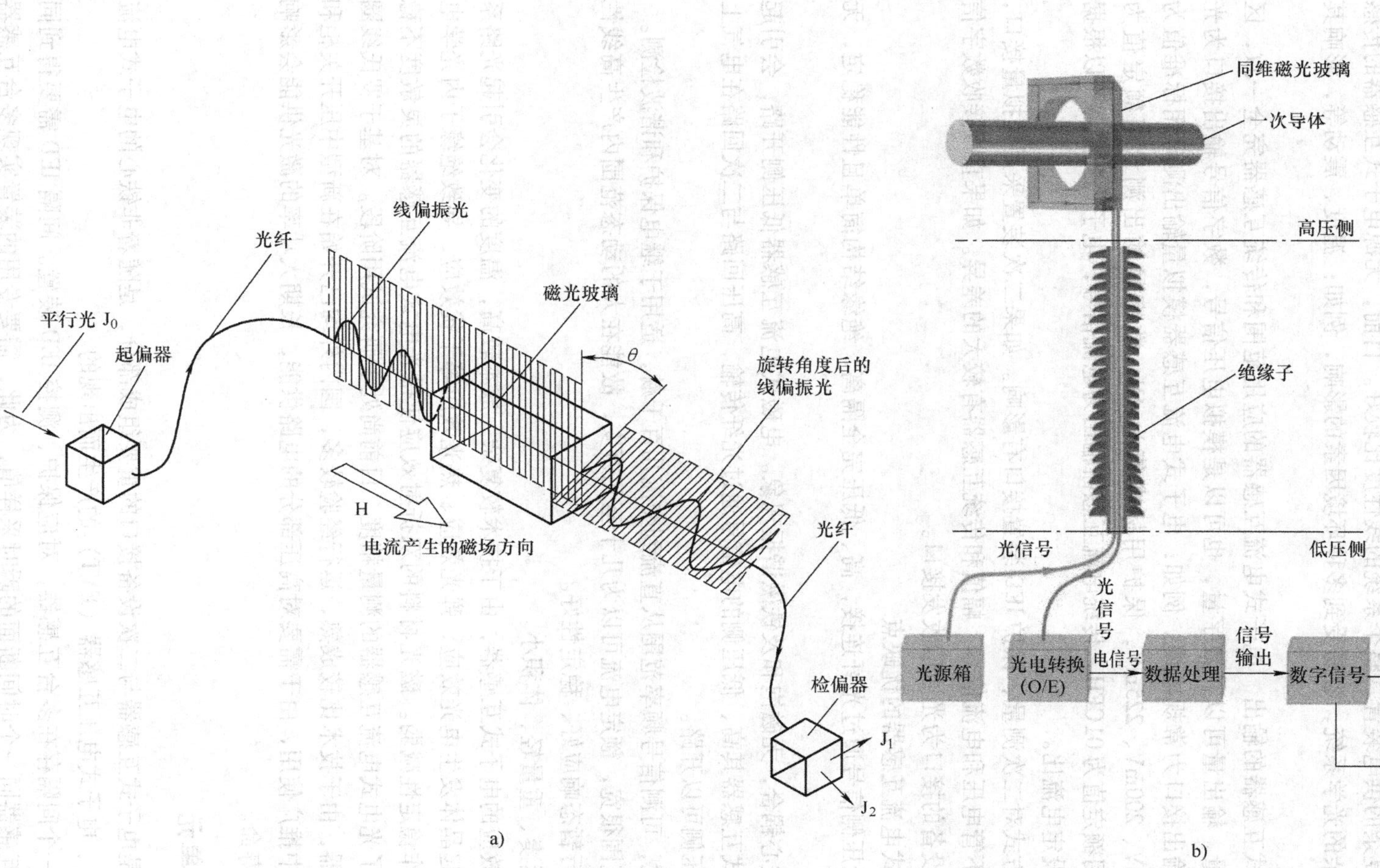

图8-8　法拉第磁光效应电流互感器原理和结构示意图

a)原理图　b)结构图

基础座上的光源箱产生偏振激光，通过光纤上送到磁光玻璃，磁光玻璃输出的偏转角 θ 的偏振光传送到基座的光电转换器，将光信号转换成电信号，经过数字化或调理电路输出数字量或模拟量。

利用法拉第磁光效应感应被测信号，传感头部分分为块状玻璃和全光纤两种方式。传感头部分不需要复杂的供电装置，整个系统的线性度比较好。目前，无源电子式互感器的传感头部分是较复杂的光学系统，容易受到多种环境因素的影响，例如：温度、震动等，影响其应用。

（2）电子式互感器的输出　电子式电流互感器的应用范围和传统互感器完全一致，区别在于其输出量，输出量可以是数字量，也可以是模拟电压信号，数字信号输出接口为光纤，模拟信号输出接口为常规电缆。例如：电子式电流互感器模拟量输出测量用标准值为 22.5mV、150mV、200mV、225mV，保护用标准值为 4V。数字量输出测量用额定值为 2D41H，保护用额定值为 01CFH。传统电流互感器输出为电流信号，电子式互感器可以根据需要通过软件设定电流比。

以上输出方式对二次测量、保护 IED 装置接口有影响。如果二次装置采用模拟量接口，接口的区别是不管电压和电流信号，幅值和传统互感器有较大的差异。如果直接接收数字信号，二次 IED 设备的接口为光通信收发接口。

（3）电子式电流互感器的优缺点

1）高、低压侧信号通过光纤连接，高、低压完全隔离，绝缘结构简单且性能稳定，无开路危险。

2）不用铁心耦合，无磁饱和及铁磁谐振现象。电磁式电流互感器低压侧开路，会引起过电压。电子式互感器其高、低压侧的电信号通过光纤传输，高压回路与二次回路在电气上完全隔离，低压侧可以开路。

3）频带宽，可测信号频率范围从直流到交流几百千赫，适用于继电保护和谐波检测。

4）动态范围很宽，额定电流可以为几十至几万安，故能在大的动态范围内产生高线性度的响应。运行暂态响应好、稳定性好。

5）结构紧凑、重量轻、体积小。

对基于光效应的电子式互感器，由于技术较复杂，成本较高，温度的变化会引起光路系统的变化，引起晶体发生电光效应、弹光效应、热光效应等干扰效应，导致绝缘子内光学电压传感器的工作稳定性减弱。磁光材料的双折射效应使得光电式电流互感器的灵敏度不稳定，从而降低了光电式电流互感器的测量精度，目前尚处于研究试用阶段。对基于罗氏线圈的电子式互感器，由于技术比较成熟，运行经验较多，国内外均已开始在新型中压开关柜和高压 GIS 装置中推广使用，由于需要对高压部分的电路供能，长期大功率的激光供能会影响光器件的使用寿命。

8.3.2　合并单元

合并单元是电子式互感器与二次设备接口的重要组成部分，是随着非铁心的电子式电流互感器（ECT）、电子式电压互感器（EVT）的产生而出现的。

变电站的一个间隔存在多台互感器，对应保护、测控 IED 装置。间隔 IED 需要得到同一个间隔多台互感器同一个时间断面的瞬时采样值，为此，需要专用的装置实现多台互感器采样数据的处理，并将处理完成的同一个间隔、同一时间断面的各电流、电压信号瞬时值，按协议传输到 IED 单元，而作为此电流、电压综合处理的 IED 单元被称为合并单元。

1. 合并单元的功能

合并单元（Merging Unit，MU）是针对数字化输出的电子式互感器而定义的，连接了电子式互感器二次转换器与变电站二次设备。

(1) 一台合并单元能和 12 个电子式互感器二次转换器数据输出通道连接。

(2) 同步或异步接收三相电流、电压互感器输出的数字信息，对此信息做处理，将此相关的电流和电压信息传送到保护、测量 IED。

合并单元的接线原理图如图 8-9 所示。

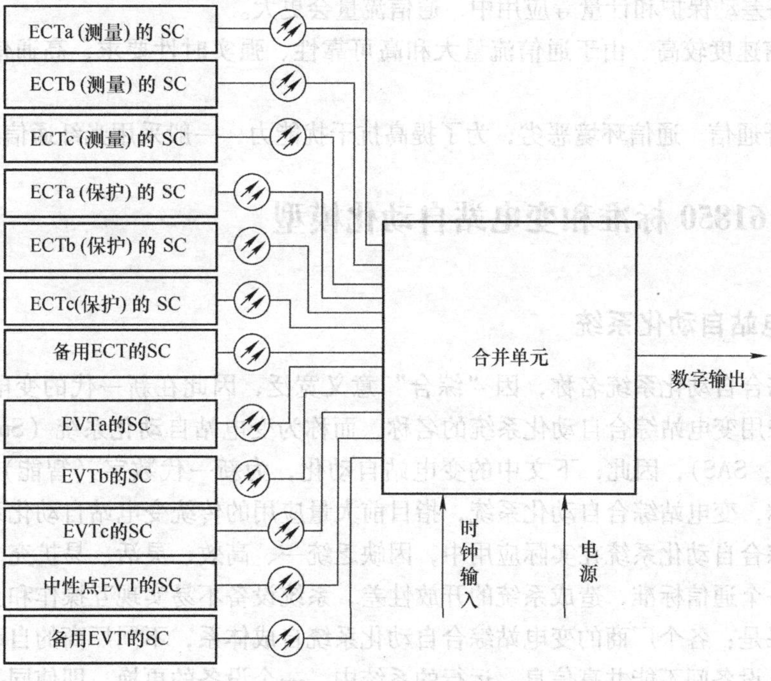

图 8-9　合并单元的接线示意图

合并单元与保护、测量等 IED 设备的接口方式，在 IEC 61850 9 部分有详细规定。分为串行单向多路点对点通信，串行单向一点对多点通信。

合并单元将 7 个电流互感器，(3 个测量，3 个保护，1 个备用）和 5 个电压互感器（3 个测量保护，1 个零序，1 个备用）合并为一个数据单元组，并将输出的瞬时数字信号填入到同一个数据帧中，通过数字信号形式发送出去。

图 8-9 中，EVTa 是 a 相电子式电压互感器；ECTa 是 a 相电子式电流互感器；SC (Second Converter) 是二次转换器，其他类似。

如果互感器为多相互感器或组合三相互感器，互感器二次转换器将多路数据通过一个通信接口将采样数据传输到合并单元。

二次转换器也可从常规电压互感器或电流互感器获取信号，并可汇集到合并单元。

合并单元以曼彻斯特编码格式将这些信息组帧发送给二次保护、控制设备，报文内主要包括了各路电流、电压量及其有效性标志，此外还添加了一些反映状态的二进制信息和时间标签信息。

2. 合并单元的通信特点

合并单元与电子式互感器的数字输出接口通信具有以下几个重要特点：

(1) 任务处理的并发性　合并单元需同时接收各互感器各自独立的多路数据，并对各路数据在传输过程中是否发生畸变进行检验，以防止提供错误数据给保护、测控设备。

(2) 强实时性和高可靠性　合并单元所接收的电流、电压信息是保护动作判据需要的信息，处理时间的快慢将直接影响到保护的动作时间。装置工作环境恶劣，对抗干扰性要求很高。

(3) 通信信息流量大　合并单元需要采集三相电流、电压信息，电流信息又分保护和测量信息两种，这些信息均是周期性（非突发性）的，接口通信流量较大。在对采样率要求较高的线路差动保护和计量等应用中，通信流量会更大。

(4) 通信速度较高　由于通信流量大和高可靠性、强实时性要求，高通信速度才能保证性能。

(5) 光纤通信　通信环境恶劣，为了提高抗干扰能力，一般采用光纤通信。

8.4　IEC 61850 标准和变电站自动化模型

8.4.1　变电站自动化系统

变电站综合自动化系统名称，因“综合”意义宽泛，因此在新一代的变电站自动化系统中，不再采用变电站综合自动化系统的名称，而称为变电站自动化系统（Substation Automation System，SAS），因此，下文中的变电站自动化，为新一代数字（智能）变电站自动化系统的简称，变电站综合自动化系统，指目前大量应用的传统变电站自动化系统。

变电站综合自动化系统在实际应用中，因缺乏统一、高效、灵活、易扩充、能自动识别变量定义的一个通信标准，造成系统的开放性差，系统设备不易实现互操作和互换。这种情况造成的后果是：各个厂商的变电站综合自动化系统自成体系，不同厂商的自动化产品无法实现互操作，设备间不能共享信息。运行的系统中，一个设备的更换，即使同一个厂商的不同产品或不同时期的产品通信协议也会不一致，需要厂商在现场进行调试；常常出现变电站系统简单的扩容或改造，必须要求设备厂商“出面”进行调试，如果厂商不能参加扩容或改造，用户只好将已运行的变电站自动化系统“推倒重来”。这种现象称为“自动化孤岛”问题，不仅造成了用户的软、硬件设备的重复投资，还增加了变电站的运行维护成本；给厂商造成无休止的售后服务，消耗了厂商的大量资源。

另一方面，近年来计算机软、硬件技术、通信技术发展很快，但变电站自动化系统的通信还在采用一些相对落后的技术。为此，IEC 意识到变电站自动化系统的通信网络已远远落后于当今网络通信技术的发展，提出了在变电站内 IED 之间高效通信、共享信息，建立变电站自动化系统无缝通信网络，系统集成，降低投资和促进技术进步，作为变电站自动化系统发展的目标之一。

为适应变电站自动化技术的迅速发展，IEC 在充分考虑变电站自动化系统的功能和要求，特别是互操作性要求的基础上，1995 年 IEC 组织专家成立了专门的机构，负责制定 IEC 61850标准——变电站通信网络和系统。制定标准的专家参考和吸收了已有的许多相关标准，其中主要有：①IEC 60870-5-101 远动通信协议标准；②IEC 60870-5-103 继电保护信息接口标准；③由美国电科院制定的变电站和馈线设备通信协议体系——实用通信体系结构（Utility Communication Architecture 2.0，UCA 2.0）；④ISO/IEC 9506 制造商信息规范（Manufacture Message Specification，MMS）。在此基础上编制了应用面向对象思想建立变电站设备间无缝通信的一个全球范围标准-IEC 61850。我国等同引用了该标准，标准号为 DL/T860，2005 年开始发行，于 2008 年出版发行完成。

IEC 61850 采用分层分布式体系、面向对象的建模技术、统一的对象模型和标准的通信协议使得不同厂商的 IED 之间能够实现良好的互操作，从而降低系统的集成费用，提高系统的利用率，保护用户的投资。另一方面，IEC 61850 标准本身能够灵活地适应应用技术和通信技术的快速发展，而不必频繁地进行修改。IEC 61850 起点高，立足电力系统，面向未来，成为未来变电站自动化通信系统发展的主流国际标准。

IEC 61850 是一个面向应用的、可配置的、面向未来（可扩充）变电站自动化的通信标准。IEC 61850 倡导的模式是一个世界，一个标准。IEC 61850 的发布，推动了我国新一轮变电站自动化技术的发展。它是目前开展的智能电网中智能变电站的核心技术之一。在变电站技术改进上具有划时代的意义。借鉴 IEC 61850 的建模思想，也将推动电力系统自动化其他方面的技术进步。

目前，国内狭义上把遵循 IEC 61850 的变电站称为数字化变电站。广义上，目前的智能化变电站一定是符合 IEC 61850 标准的变电站。

8.4.2　IEC 61850 系列标准

IEC 61850《变电站通信网络和系统》系列标准，包含了变电站自动化系统从性能要求、工程管理到数据建模和网络通信的一系列内容，IEC 61850 标准共分为 10 个部分，具体内容如下：

IEC 61850-1 基本原则，包括 IEC 61850 的介绍和概貌。

IEC 61850-2 术语。

IEC 61850-3 一般要求，包括质量要求（可靠性、可维护性、系统可用性、安全性），环境条件，辅助服务，涉及的其他标准和规范。

IEC 61850-4 系统和工程管理，包括工程要求（参数分类、工程工具、文件），系统使用周期（产品版本、工程交接、工程交接后的支持），质量保证（责任、测试设备、典型测试、系统测试、工厂验收、现场验收）。

IEC 61850-5 功能和装置模型的通信要求，包括逻辑节点的定义和作用，逻辑通信链路，通信信息片（Piece of Information for Communication，PICOM）的概念，变电站自动化系统功能的定义。

IEC 61850-6 变电站自动化系统结构描述语言，包括装置和系统属性的形式语言描述。

IEC 61850-7-1 变电站和馈线设备的基本通信结构——原理和模式。

IEC 61850-7-2 变电站和馈线设备的基本通信结构——抽象通信服务接口（Abstract Communication Service Interface，ACSI），包括抽象通信服务接口的描述、抽象通信服务的规范、服务数据模型。

IEC 61850-7-3 变电站和馈线设备的基本通信结构——公共数据类和属性，包括抽象公共数据类和属性的定义。

IEC 61850-7-4 变电站和馈线设备的基本通信结构——兼容的逻辑节点类和数据类，包括逻辑节点的定义和数据类的定义。

IEC 61850-8 特殊通信服务映射（Special Communication Service Mapping，SCSM），IEC 61850 到 MMS 的通信映射。

IEC 61850-9-1 SCSM，通过串行单方向点对点传输测量采样值。间隔层和过程层内以及间隔层和过程层之间通信的映射。

IEC 61850-9-2 SCSM，通过以太网传输测量采样值。间隔层和过程层内以及间隔层和过程层之间通信的映射。

IEC 61850-10 一致性测试。

1. IEC 61850 标准的特点

IEC 61850 是关于变电站自动化系统的第一个完整通信标准体系，已成为变电站自动化无缝通信系统传输协议的基础，避免了繁琐的协议转换，实现了智能电子设备（IED）间的互操作。IEC 61850 相对于其他标准，有如下突出特点：

（1）使用面向对象建模技术　IEC 61850 采用面向对象建模思想，将变电站自动化系统中通信系统及相关设备的功能分解为逻辑节点，并将其作为对象进行建模。IEC 61850 采用了面向对象的思想使得它具有新的技术特点：

1）通过对客观存在的事物分解构造模型系统，并抽象为数据类。

2）事物的静态特征用数据属性表示，事物动态特征用服务来表示，两者结合构成一个独立的模块，实现了封装性。

3）通过在不同程度上运用抽象原则，可以得到一般类和特殊类，特殊类继承一般类的属性和服务，面向对象的方法支持这种继承关系的描述和实现。

4）复杂对象可以用简单的对象作为其构成部分。

5）通过关联来表达对象之间的静态关系。

6）采用对象建模技术，面向设备建模和自我描述，以适应应用功能的需要和发展，满足应用开放及互操作性要求。

（2）使用分布、分层体系　IEC 61850 标准根据实现功能的不同，提出了变电站信息分层的概念，即三层通信网络结构模型：站控层、间隔层、过程层。站控层负责人机接口、报警和事件处理等功能；间隔层负责控制、自动保护、计量、记录等功能；过程层由智能传感器、控制电路等二次智能设备组成，获取反映一次设备的状态和信号，并接收间隔层的命令对一次设备进行操作。它将由一次设备构成的过程层纳入了统一的结构中，这是基于一次设备的智能化和网络化发展的结构。

（3）具有互操作性　目前使用 MMS 技术进行通信；采用配置工具，用基于 XML 的配置语言——变电站配置描述语言（Substation Configuration Language，SCL），对传递的信息进行配置，即定义传递的对象和属性；制定了变电站通信网络和系统总体要求、系统和工程管理、一致性测试等标准，来保证互操作性。

（4）具有面向未来的、开放的体系结构　根据电力系统生产过程的特点，制定了满足实时信息和其他信息传输要求的服务模型。使用 ACSI、SCSM 技术以适应网络技术迅猛发展的要求。

IEC 61850 是目前变电站自动化系统，唯一面向未来的自动化系统通信体系标准，采用了面向对象和分布式的通信系统，能够更好的组织信息和共享信息。

IEC 61850 标准的执行，是对目前变电站自动化系统颠覆式的革新。各个自动化厂家达成一致的共识，几年后不执行标准的厂家将在市场上无法保持竞争力。因此，近期国内的电力自动化厂家，均开发符合 IEC 61850 变电站通信标准的新一代变电站自动化系统，确定为公司未来新技术和新产品研发的方向。

8.4.3　变电站自动化系统的逻辑结构

IEC 61850 按照变电站自动化系统所要完成的控制、监视和继电保护三大功能，从逻辑上将系统分为三层，三个层次分别称为过程层、间隔层、站控层，三个层次的关系如图 8-10 所示。

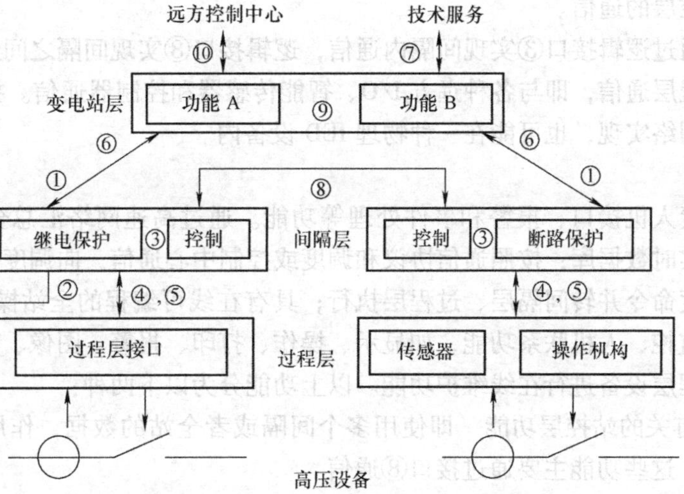

图 8-10　IEC 61850 变电站自动化系统层次模型

图 8-10 中定义的层次模型中的各个接口含义如下：

①表示间隔层和站控层之间保护数据交换；②表示间隔层和远方保护之间保护数据交换；③表示间隔层内数据交换；④表示过程层和间隔层之间瞬时数据交换；⑤表示过程层和间隔层之间的控制数据交换；⑥表示间隔层和站控层控制数据交换；⑦表示站控层和远方工程师工作站之间数据交换；⑧表示间隔层之间数据交换；⑨表示站控层之间数据交换；⑩表示站控层和控制中心之间控制数据交换。

1. 过程层

过程层由电子式互感器、其他非电量智能传感器、信号测量和控制电路二次智能设备组成，获取反映一次设备的状态和信号，并接收间隔层的命令对一次设备进行操作。

过程层是一次设备与二次设备连接的环节，或者说过程层是智能化电气设备的智能化部分。过程层的主要功能分为三部分：电气设备实时电气量检测；运行电气设备的状态参数检测；操作控制执行与驱动。

通过逻辑上的合并单元和电子互感器的通信，实现运行一次设备的实时电气量检测，主要包括电流和电压幅值、相位以及谐波分量的检测。

变电站需要进行状态参数检测的设备主要有变压器、断路器、隔离开关、母线、电容器、电抗器以及直流电源系统。在线检测的内容主要有温度、压力、密度、绝缘、机械特性以及工作状态等数据。过程层实现设备参数检测的设备为各类传感器。

通过智能操作设备实现操作控制的执行与驱动，以及各种开关信号的采集。操作控制包括变压器分接头调节控制，电容、电抗器投切控制，断路器、隔离开关分、合控制，直流电源充、放电控制。

过程层功能指与过程接口的全部功能，这些功能通过逻辑接口④和⑤与间隔层通信。

2. 间隔层

间隔层负责控制、保护、计量、记录等功能，各类保护和测量设备为间隔层设备，主要功能是汇总本间隔过程层实时数据信息，处理数据及按逻辑发出控制命令，实施对一次设备保护控制、本间隔操作闭锁、操作同期及其他控制功能；承上启下的通信功能，即同时完成与过程层及站控层的通信。

这些功能通过逻辑接口③实现间隔内通信，逻辑接口⑧实现间隔之间通信，通过逻辑接口④和⑤与过程层通信，即与各种远方I/O、智能传感器和控制器通信。接口④和⑤有可能通过实际物理网络实现，也可能在一种物理IED设备内。

3. 站控层

站控层负责人机接口、报警和事件处理等功能。通过高速网络汇总全站的实时数据信息，不断更新实时数据库；按照通信协议和调度或控制中心通信，向调度中心发送变电站的状态，接收调度命令并转间隔层、过程层执行；具有在线可编程的全站操作闭锁控制功能；具有站内当地监控、人机联系功能，如显示、操作、打印、报警、图像、声音等功能；具有对间隔层、过程层设备进行在线维护功能。以上功能分为以下两种：

（1）过程有关的站控层功能　即使用多个间隔或者全站的数据，作用于多个间隔或全站的一次设备。这些功能主要通过接口⑧通信。

（2）站控层接口功能　表示变电站自动化系统与本站运行人员的接口，与远方控制中心的接口，与远方维护工程师的接口。这些功能通过逻辑接口①和⑥与间隔层通信，通过接口⑩和远方控制中心通信，通过接口⑦和远方工程师通信。

涉及远方保护的接口②和远方控制中心的接口不在IEC 61850标准范围内。

4. 各层之间的物理接口

逻辑功能结构映射为物理设备结构，不局限于一种方法，这一映射取决于变电站自动化系统可用性、性能要求、价格的制约、技术水平等。

变电站自动化系统装置，物理上可在三个不同的功能层上实现，也可以将过程层和间隔层部分功能集成在一个装置中，没有物理上分离。间隔层装置由各个间隔保护和测控单元构成，站控层装置由配有数据库的站级计算机网络、远方通信接口等组成。

站级的计算机可作为客户机，仅具有人机接口、远方控制接口和远方监视接口等基本功能。所有其他的站级功能可能完全分布在间隔层的装置上。在这种情况下，接口⑧是系统的主干。另一方面，像全站范围连锁功能等所有站层的功能常驻在站级计算机上，这种情况接口①和⑥接替接口⑧的所有功能。

间隔层的功能可能由间隔层装置（保护、测控单元）完成，某些功能可能物理上下移到由功能自由分配支持的过程层。

若没有接口④和⑤，则由间隔层装置实现过程层功能。接口④和⑤实现间隔层装置和远方 I/O 装置通信，即和智能传感器和控制器通信，得到间隔层需要的过程层功能。

逻辑接口以专用物理接口实现，两个或多个逻辑接口也可组合形成一个公共物理接口。变电站自动化系统并不必须具备所有接口，一般实现是接口①、③、⑥、⑧、⑨设置一个计算级局域网，实现站控层与间隔层以及间隔层内设备之间的通信。接口④、⑤组成间隔层与过程层总线，连接间隔层与过程层。

8.4.4　变电站自动化系统和变电站综合自动化系统的结构差异

变电站自动化系统和变电站综合自动化系统相比较，一种为三层结构，一种为两层结构，如图 8-11 所示。变电站自动化系统的过程层装置实现和一次设备的连接，或将这一层装置直接集成到一次设备，构成智能一次设备。

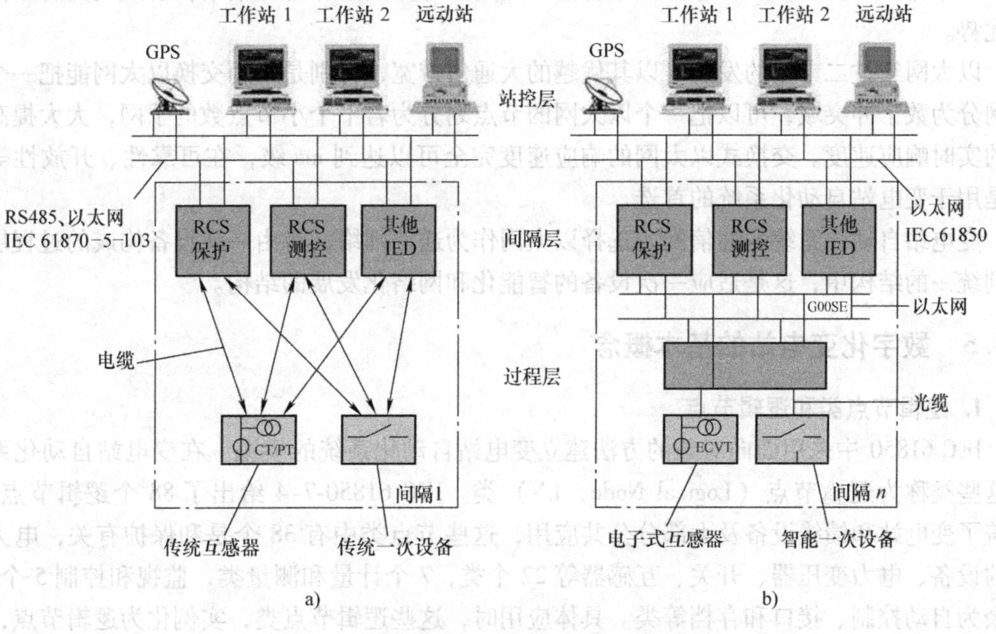

图 8-11　传统变电站与数字化变电站结构图

a）传统变电站结构图　b）数字化变电站结构图

在过程层的智能设备中，实现了一次设备对象的描述。通过过程层和间隔层之间的高速以太网，间隔层智能设备可以共享任何一个过程智能设备的对象信息。这种做法，大大地简化了间隔层装置的信号连线。例如：一个母线差动保护，需要取得母线上所有间隔的电流，变电站综合自动化系统中，需要从母线相关的所有间隔的保护电流互感器上，连接模拟信号电缆到母线差动保护，而变电站自动化系统的母线差动保护，可以通过通信网络得到各互感器的电流。

变电站自动化的过程层和间隔层之间的通信网以及间隔层和站控层之间的通信网均采用以太网通信。

变电站综合自动化系统的间隔层设备的信息集结采用 RS485、CAN、LonWoks 等现场总线。甚至一些微机式的装置，如小电流接地选线、无功补偿控制等设备的通信接口采用 RS232。现场总线是专为小数据量工业控制领域通信设计的廉价网络，当作为变电站自动化的主干网时，总体性能随节点数的增长迅速下降。由于强调专用性而牺牲了通用性，长期缺乏统一的国际标准。采用以上几种通信方式存在以下问题：

(1) 当变电站通信节点超过一定数量后，响应速率迅速下降到不能接受的水平，不能适应大型变电站对通信的要求。

(2) 有限的带宽，使通信网路中的诸如录波等大数据量的传输实时性不能满足要求。

(3) 总线型拓扑结构在网络的任一点故障时均可能导致整个通信系统崩溃，且难以诊断故障点。

(4) 由于标准的不统一，许多网络设备和软件需专门设计，很难使变电站自动化的通信网络标准化、开放化。

在变电站自动化技术发展过程中，变电站自动化系统的功能和性能要求也在迅速提高，认识到变电站自动化通信系统需要网络技术，更需要带宽、通用和符合国际标准的网络技术。在带宽、可扩展性、可靠性、经济性、通用性等方面的综合评估中，以太网具备压倒性的优势。

以太网经过二十年的发展，以其优越的大通信带宽，特别是采用交换以太网能把一个以太网分为数个冲突域，可以把一个以太网的节点划分为若干个小节点数的子网，大大提高通信的实时响应速度。交换式以太网的响应速度完全可以达到 ms 级，在可靠性、开放性等方面是用于变电站自动化系统的首选。

变电站自动化系统的通信网，选择以太网作为通信网络，将由一次设备构成的过程层纳入到统一的结构中，这是适应一次设备的智能化和网络化发展的结构。

8.4.5　数字化变电站的基本概念

1. 逻辑节点类和逻辑节点

IEC 61850 中采用面向对象的方法建立变电站自动化系统的模型。在变电站自动化系统中这些类称为逻辑节点（Logical Node，LN）类。IEC 61850-7-4 给出了 88 个逻辑节点类，涵盖了变电站和馈线设备及大部分公共应用，这些节点类中有 38 个是和保护有关，电力系统的设备、电力变压器、开关、互感器等 22 个类，7 个计量和测量类，监视和控制 5 个类，其余为自动控制、接口和存档等类。具体应用时，这些逻辑节点类，实例化为逻辑节点，这些逻辑节点互相交互，完成相应的变电站自动化系统功能。

逻辑节点是数字化变电站中最重要的概念之一，在标准中，逻辑节点的定义为完成特定功能的最小部分。它代表物理装置内完成某种功能的对象，由数据和方法组成。与一次设备相关的逻辑节点不是一次设备本身，而是它在二次设备中的描述。

这个定义给出了逻辑节点的本质，即对应变电站自动化系统中不拟再分割的最小实体，这种实体驻留在设备内部，并且是一种功能的描述。例如：断路器的逻辑节点类 XBCR，IED 和一个具体断路器相连接，能得到断路器参数，这需要在 IED 中建立断路器的描述模型，将 XBCR 类实例化为 XBCR1 的逻辑节点，这个逻辑节点是实际断路器的描述；又如一个速断过电流保护，它的逻辑节点类为 PIOC，IED 有此功能，在此 IED 中需要一个实例化的 PIOC，取名为 Re_C01_PIOC（此名称按照习惯来取），此实例化的 Re_C01_PIOC 即完成速断过电流保护的功能，包括其输入、输出的信号。

2. 变电站自动化系统的功能

逻辑节点之间交互传递的信息称为通信信息片（Piece of Information for Communication，PICOM），通信信息片描述两个逻辑节点之间、给定逻辑连接，且具有给定通信属性时的信息交换。通信信息片包含待传输的信息和要求的属性，如性能。它并不表示在通信网络上传输数据的实际结构和格式。

通信信息片，根据用途分为三类：

（1）报文中的通用 PICOM　包括信息名称、源、目的地、时标（按需）、数值、优先级。

（2）配置时所用的 PICOM　包括类型、种类、重要性、精度等。

（3）用于数据流计算的 PICOM　包括格式、长度、状态等。

通信信息片传送的各类信息，来自相关的逻辑节点类和逻辑节点。

变电站自动化系统建模时，首先考虑的是变电站自动化系统的功能，逻辑节点为变电站自动化系统的最小功能单元。变电站自动化系统完成具体的功能，可以理解为逻辑节点和 PICOM 共同协作完成。变电站自动化系统的功能定义为逻辑节点加通信信息片。

由位于不同物理装置上的两个或多个逻辑节点完成一个功能时，这个功能称为分布式功能（Distributed Function）。分布式功能，由分布在多个物理设备的逻辑节点，通过通信信息片进行信息交换，实现特定的功能。功能和逻辑节点及物理设备的关系，用如图 8-12 所示的简单例子进行说明。

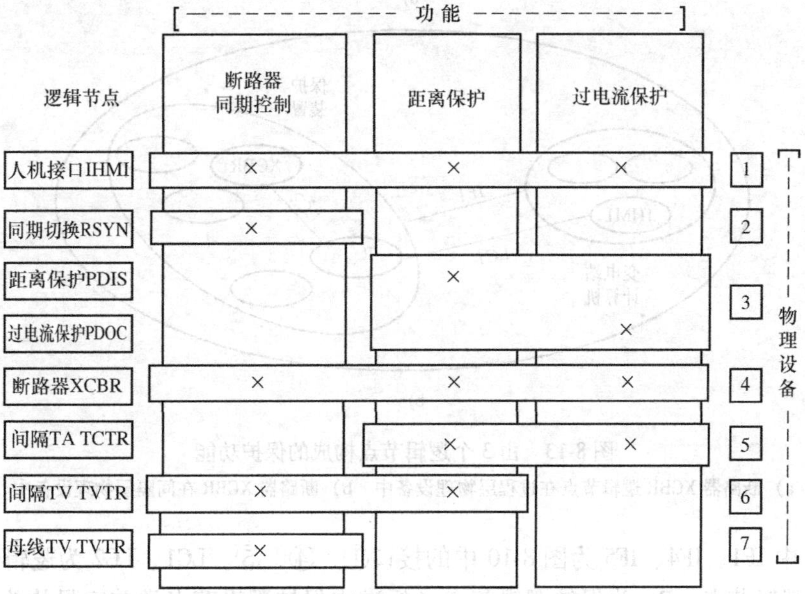

图 8-12　逻辑节点和功能示意图

1—变电站计算机　2—同期装置　3—距离保护、过电流保护单元　4—间隔测控单元
5—电流互感器　6—电压互感器　7—母线电压互感器

在图 8-12 中，自动化系统中的三种功能，分别为断路器同期控制功能，距离保护、过电流保护功能，这三种功能涉及 8 个逻辑节点，分别为人机接口、同期切换、距离保护、过电流保护、断路器、间隔电流互感器、间隔电压互感器、母线电压互感器，这 8 个逻辑节点涉及的类为 IHMI、RSYN、PDIS、PDOC、XCBR、TCTR、TVTR。这 8 个逻辑节点驻留在 7 个物理设备上。断路器同期控制功能，和驻留在设备 1、2、4、6、7 上的逻辑节点 IHMI、RSYN、XCBR、TVTR、母线 TVTR 相关。其余二个功能类似。

大多数功能至少由 3 个逻辑节点组成，分别为核心功能逻辑节点、过程逻辑节点、人机接口逻辑节点。如果系统实现时，没有间隔层和现场层之间的总线，现场层的节点驻留在间隔层的物理设备上。图 8-13 给出了由 3 个逻辑节点构成的保护功能，图 8-13a 中，断路器 XCBR 逻辑节点在过程层物理设备中实现，图 8-13b 中，断路器 XCBR 的逻辑节点在间隔层物理设备中实现。

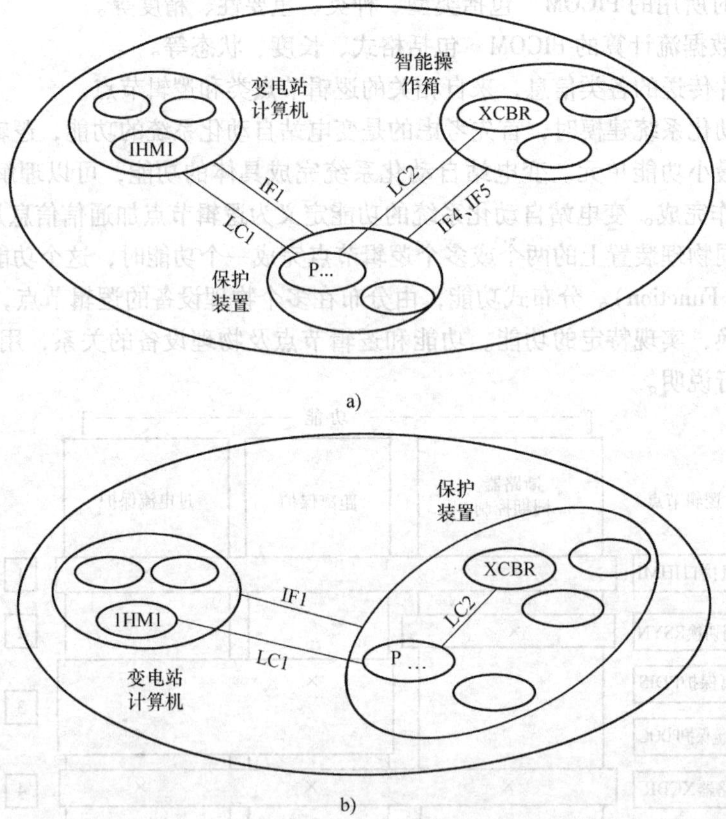

图 8-13　由 3 个逻辑节点构成的保护功能

a）断路器 XCBR 逻辑节点在过程层物理设备中　b）断路器 XCBR 在间隔层物理设备中

图 8-13 中 IF1、IF4、IF5 为图 8-10 中的接口①、④、⑤。LC1、LC2 为逻辑连接。IHMI 为人机接口逻辑节点，P…为保护逻辑节点（标准中保护逻辑节点类首字母均为 P），XCBR 为断路器逻辑节点。

3. IED 和逻辑设备（Logical Device，LD）

具体设备（等同 IED）的实现超出标准的范围，变电站自动化系统一种特定功能的实现，可以采用不同的设备和设备连接方式。标准中，给出了逻辑设备的概念，逻辑设备定义为包含特定应用的一组逻辑节点实例的虚拟设备，它是功能集的实体。逻辑设备即为一个虚拟设备。一个物理设备（等同于 IED）中可以包含一个或多个逻辑设备。

4. 通用面向对象事件（GOOSE）

标准中，每一个物理设备对应的对象模型对外提供数据（信息）和接收数据（信息）的实体为服务（Server）类的对象，服务类对象完成整个物理设备和外部的联络，服务类外部可见的接口称为抽象通信服务接口（Abstract Communication Service Inferface，ACSI），如图

8-14 所示，ACSI 通过通信接口实现对外的联系。其中装置对外通信的一种方式为发布-订阅模式，由服务类对象实施，在服务类的对象中建立订阅表，订阅表中给出了其他外部设备订阅的本设备数据集以及触发条件，当触发条件成立时，将数据集的值发送到订阅者。

通用面向对象的变电站事件（Generic object oriented substation events，GOOSE）完成快速、可靠地向其他设备传送本设备的信息，传送采用发布-订阅模式，传送时，采用多路广播方式，同时向多个物理设备同时传送通用变电站事件。

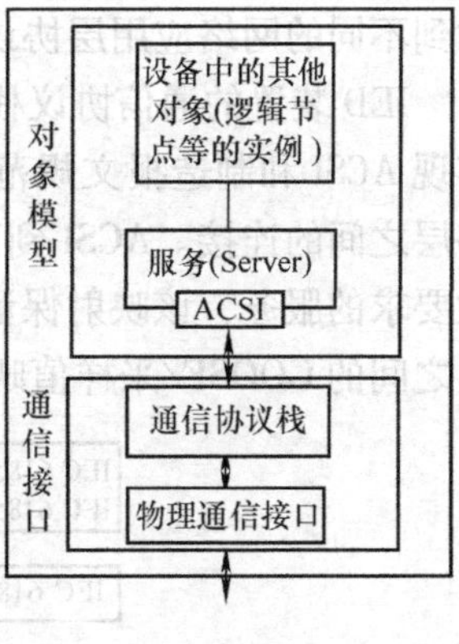

图 8-14 IED 内部逻辑组成示意图

8.4.6 智能 IED 设备的对象模型

IED 设备是数字化变电站的核心设备，变电站功能由分布于 IED 中的 LD 实例及 LD 实例中的 LN 互相之间通过交换 PICOM 共同完成。

IED 设备中的模型采用了面向对象的建模技术，IED 中的对象模型如图 8-15 所示。对象模型包括服务器、逻辑设备、逻辑节点、数据和数据属性类等部分。

服务器类代表设备的外部可见功能。ACSI 是服务器对外接口。

一个服务器可以拥有多个逻辑设备，一个逻辑设备可以拥有多个逻辑节点，一个逻辑节点拥有数据，数据拥有多个属性。

详细的数据模型还包括对数据、数据属性、数据集进行操作服务部分。详细模型及 ACSI 服务函数请查阅 IEC 61850 的 7-1 部分。

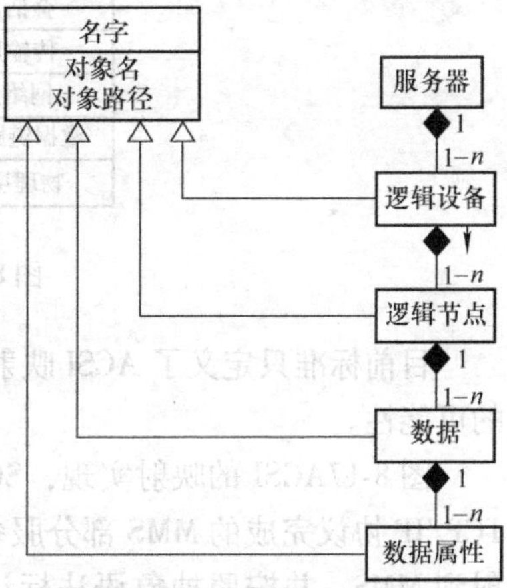

图 8-15 模型的层次结构

8.4.7 IED 通信模型

IEC 61850 标准归纳出变电站自动化系统所必须的信息传输服务，并对其进行了模块化，设计出 ACSI，使得抽象建模与具体的网络应用层协议独立，与采用的网络无关。考虑到现在或将来可能采用不同的通信接口（通信协议栈），IEC 61850 引入了特殊通信服务映射（Specific Communication Service Mapping，SCSM），SCSM 将 ACSI 定义的服务、对象和参数映射到通信应用层，当变电站使用不同的网络类型时，只需要更改相应的 SCSM，使 ACSI 能适应各种通信接口。图 8-16 中应用过程的 ACSI 通过不同的 SCSM，映

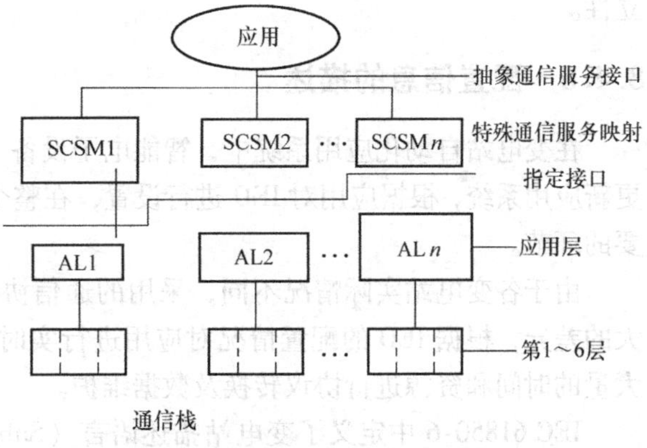

图 8-16 ACSI 到通信栈/协议子集的映射

射到不同的网络应用层协议和通信栈。

IED 装置的通信协议栈模型如图 8-17 所示，上层服务信息模型中的 ACSI，通过 SCSM 实现 ACSI 和制造报文规范（Manufacturing Message Specification，MMS）协议栈之间以及链路层之间的连接。ACSI 到 MMS 之间以及 TCP/IP 协议完成的服务，是 IED 装置中的非实时性要求的服务，该映射保证了不同制造商生产的设备之间的协调配合。ACSI 到以太网链络层之间的 GOOSE/采样值映射，实现 IED 装置有实时性要求的服务。

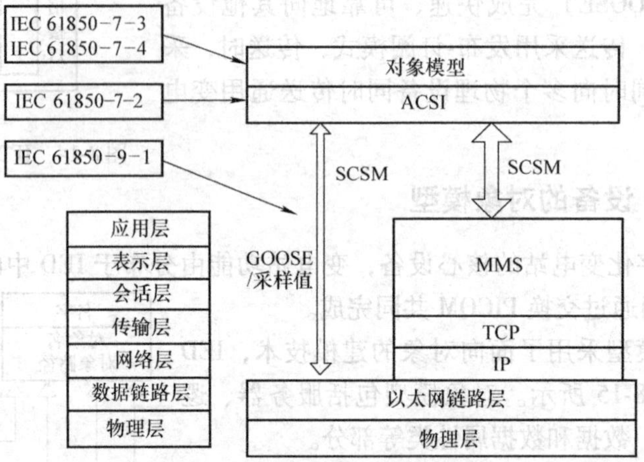

图 8-17　IED 对外接口 ACSI 通信映射

目前标准只定义了 ACSI 映射到 MMS，但同时指出了 ACSI 映射到其他通信标准应用层的可能性。

图 8-17ACSI 的映射实现，SCSM 使用两种方式来实现 ACSI 中的通信服务，包含通过 TCP/IP 协议完成的 MMS 部分服务和 ACSI 直接到以太网链路层的服务。前者将 ACSI 服务映射到 MMS，并按照抽象语法标记（Abstract Syntax Notation one，ASN. 1）的基本编码规则（Basic Encoding Rules，BER）标准来具体编码，该映射保证了不同制造商生产的设备之间的协调配合。GOOSE/采样值等高速报文的传输，通过 SCSM 直接在链路层上实现 ACSI 服务，使通信与物理层无关。

ACSI 及 SCSM 技术的应用保证了抽象建模与具体实现的独立性，服务与通信网络的独立性。

8.4.8　配置信息的描述

在变电站自动化应用系统中，智能电子设备（IED）的配置非常重要。根据配置的变化更新应用系统，根据应用对 IED 进行设置，在整个变电站自动化系统运行和管理中是相当重要的环节。

由于各变电站实际情况不同，采用的通信协议可能不同，站内 IED 的厂家型号也有较大的差异，根据 IED 的配置情况对应用进行实时更新，或直接对装置进行控制，需要耗费大量的时间和资源进行协议转换及数据维护。

IEC 61850-6 中定义了变电站描述语言（Substation Configuration Language，SCL），该语言用于描述 IED 的配置和通信系统。SCL 是可扩展标记语言（Extensible Markup Language,

XML）在变电站自动化系统配置方面的应用，规范定义了变电站自动化系统标识符的 XML。SCL 与统一模型相结合，可以方便地通过搭建模型来描述变电站及站内 IED 的配置信息，用统一规范的格式对变电站及变电站 IED 进行配置，从而在应用层面很好地屏蔽掉装置的差异性。它描述变电站及变电站各个间隔的拓扑结构，设备之间的通信网联络方式和参数，以及开关间隔结构与配置在 IED 上的变电站自动化功能，即逻辑节点的关系。变电站自动化系统允许将 IED 配置的描述传给通信和应用系统管理工具，也可以某种兼容的方式将整个系统的配置描述传递给 IED 的配置工具。即 SCL 的主要作用就是使得通信系统配置语言，可在制造商提供的 IED 装置和系统配置工具之间进行相互交换。图 8-18 说明了 SCL 对设备数据的描述过程。

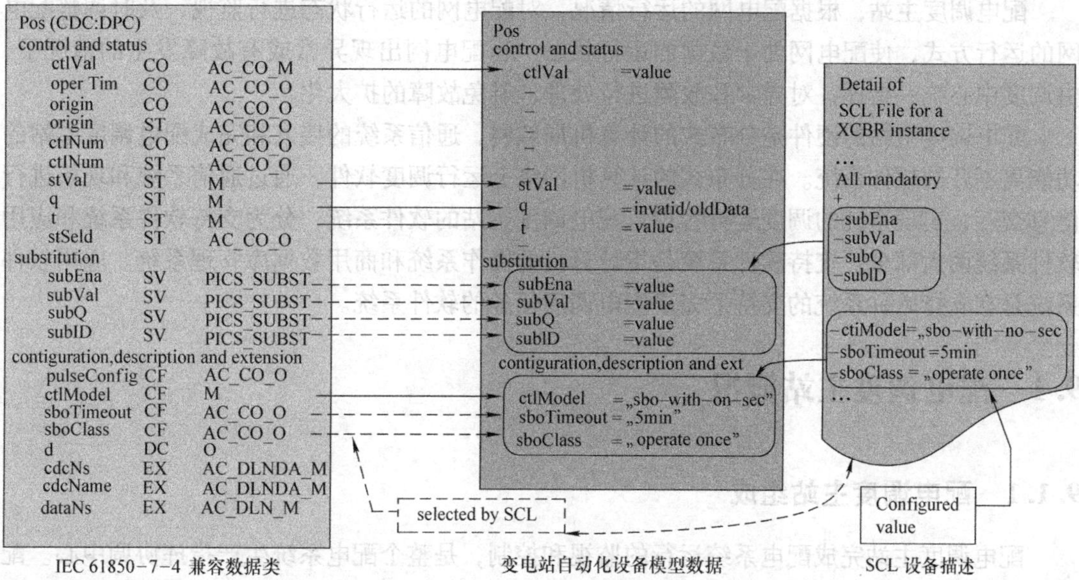

图 8-18　SCL 描述设备数据信息

在图 8-18 中，给出了变电站自动化建模时选定的兼容数据类及其属性，作为变电站的对象模型，其构成用 SCL 语言进行了描述。

第9章　配电调度主站

配电调度自动化系统为三层结构，除配电终端层设备能完成的就地功能以及和配电子站配合完成的功能外，其他系统的功能均要在配电调度主站或在调度主站统一的协调指挥下完成。因此，配电自动化系统中，配电自动化主站计算机系统是配电自动化系统的一个子系统，是整个配电自动化的核心。

配电调度主站，根据配电网的运行情况，对配电网的运行状态进行监视，及时调整配电网的运行方式，使配电网处于最优的运行状态。当配电网出现异常或有故障发生的情况下，由调度中心统一指挥，对异常和故障进行处理，避免故障的扩大化。

配电调度主站的硬件是分布式的计算机局域网，通信系统的接入和完成配电调度主站的功能离不开的软件系统。在分布式的计算机网络上运行调度软件，通过通信系统和现场进行信息交互，实现系统的调度运行管理。配电调度主站的软件系统，分为支持软件系统和应用软件系统两大部分。支持软件系统是指计算机的操作系统和商用数据库管理系统。应用软件系统是在支持软件系统的支持下完成配电调度任务的软件系统。

9.1　配电调度主站概况

9.1.1　配电调度主站组成

配电调度主站完成配电系统运行的监视和控制，是整个配电系统生产指挥协调中心。配电调度主站，是一个由计算机、通信网络、计算机软件构成的集成系统。基本功能为数据采集与监视控制（Supervisory Control And Data Acquisition，SCADA）。通过 SCADA 功能，实现配电系统基本数据的采集和控制，即“四遥”功能。作为一个配电调度自动化系统核心，仅有 SCADA 功能，不能满足配电网的优化运行控制、异常事故处理等要求。

配电网是一个由电力一次设备有机构成的复杂系统，系统行为和调节必须通过相关模型的模拟计算、分析以及形成相关的方案来实施。配电系统的复杂性决定分析计算的过程，特别是调度决策的过程需要人工参与。因此，配电调度主站需具有对配电系统运行状态进行分析的能力。为了保证建模的正确性，应确保现场数据的真实性。为此，配电调度主站通过 SCADA 系统采集到数据后，需对数据实施“状态估计”，将不真实的数据去除，在此基础上，根据对配电网的拓扑分析，建立运行设备的连接关系，进而建立电路模型，完成配电网分析、计算等任务。

由于配电网的结构复杂和对可靠性要求高，所以配电网并不常出现异常，如果出现异常，要求调度人员 100% 正确处理异常和事故。因此，在配电网出现异常事故时，调度人员处于精神极端的紧张状态，没有良好的训练，在此状态下调度人员极易出现差错，造成事故处理不当，使事故扩大化。为了对调度员进行培训，大型配调建有调度员培训系统（Dispatcher Training Simulation，DTS）来对调度员进行培训。

配电网运行过程中，不仅调度员关心配电网的运行状态，其他相关部门的电力管理人员也希望了解配电网的运行状态及其相关的数据，例如：设备、局部配电网的运行状态，一段时间负荷的变化情况，保护定值等。因此，配电调度主站建有Web调度信息发布网站，其他相关人员在办公室通过单位的办公自动化（Office Automation，OA）网，可查阅配电自动化系统的运行数据。Web系统的权限和调度员相比，除不具备操作权限外，其他浏览信息功能和调度人员一样，只是实时性比调度员差。

调度系统是一个专用的、可靠性要求高的系统，为了保证其可靠运行，必须有有效的安全防范措施。防止外部“别有用心”的人为破坏和病毒感染等。因此调度系统和外部系统的连接采用了专门的设备，软件系统具有多级权限管理，有完善的网络管理功能。

根据以上对配电调度系统的任务描述和要求，一般配电调度主站，建立在一个分布式的计算机网络系统基础上。计算机网络采用100Mbit/s或1Gbit/s的高速以太网。选用的服务器和工作站，全部采用Windows或UNIX操作系统，或部分计算机采用Windows操作系统，其余计算机采用UNIX操作系统。配电调度主站分为以下几个子系统：

（1）SCADA子系统 实现数据采集、数据处理、数据统计、人机交互、告警处理，控制、调节命令下达，历史数据存储、报表打印等。

（2）应用计算子系统 该子系统又称高级应用系统，实现状态估计、拓扑分析、在线潮流、事故处理恢复等的计算、分析及决策。

（3）系统维护子系统 对系统的参数配置，包括配电网的设备参数、设备连接关系、二次设备的参数、定值参数等配置；系统采集的各类量的配置；计算方法的基本参数配置；SCADA系统网络参数的配置；运行人员权限配置等。

（4）Web发布子系统 在Web服务器上，开发类似人机界面软件的Web服务器软件，在办公自动化系统的计算机，能浏览配电调度自动化系统的各类信息。

（5）调度员培训子系统 包括配电网的仿真计算、SCADA仿真和教员控制机三部分。调度员培训仿真系统与调度系统可以和配电调度系统处于同一个局域网，也可以采用独立的网络，通过和配电网服务器连接来得到配电系统的实时断面数据，在此基础上进行各种仿真计算。

（6）系统网络管理子系统 网络管理功能的实现是建立在对计算机系统进行有效诊断的前提下，实现对网络状态和各个终端工作状态的有效诊断。主要负责监控局域网中各台计算机的网络状态，资源利用率，进程运行情况等。

以上各个子系统，一般由分布运行在调度系统多台计算机上的软件来实现。

9.1.2 配电调度主站的硬件

20世纪90年代前的电力调度自动化系统，一般采用两台计算机加前置机的配置方式，前置机完成数据的采集和命令的下达，电力调度自动化系统的其他所有后台工作均由单台计算机或主备冗余的双机完成。双机系统通常由一台计算机承担在线功能，另一台处于热备用状态。这种系统的缺点是：一台计算机承担大量的工作，受制于计算机的性能，系统的整体性能较差；计算机硬件结构复杂，可维护性、可扩展性差；系统的软件结构复杂，系统不具有开放性。受制于计算机的可靠性，系统的可靠性不高。

配电调度主站的上行数据流首先实现数据报文的解析、标度转换，在此基础上进行状态估计、分析计算等工作，人机界面显示各类数据，因此，主站数据的处理特征非常适合采用分布式系统。

随着计算机技术和计算机网络技术的快速发展，调度主站由分布式的计算机系统替代了集中式的计算机系统。采用标准的接口和介质，建立局域计算机网络，把整个系统按功能分布在网络的各个计算机节点上，降低了对单机的性能要求，系统的整体性能得到大幅度提高。采用通用计算机，用户群体大，售后服务有保证，需要扩展功能时，改造节点或网络中添置计算机。软件支持系统采用商用系统，专用软件采用面向对象技术、组件技术开发，软件的开放性有保证。

因此，目前配电调度主站普遍采用了分布式的计算机网络系统作为支持系统。配电调度主站的计算机系统，大规模的可能有几十台工作站和多台服务器。最小规模的配电调度主站，由前置服务机及人机界面两台计算机组成。

配电调度主站的网络结构，一般采用单机单网，从提高配电调度主站的可靠性考虑宜采用双机双网结构。所谓单机单网是指配电调度主站完成相应功能的计算机为一台，网络采用一个局域网络；双机双网是指完成相应功能的计算机采用冗余配置，网络也采用冗余配置。典型的配电调度主站结构如图 9-1、9-2 所示，图 9-1 为单机单网配置，图 9-2 为双机双网配置。

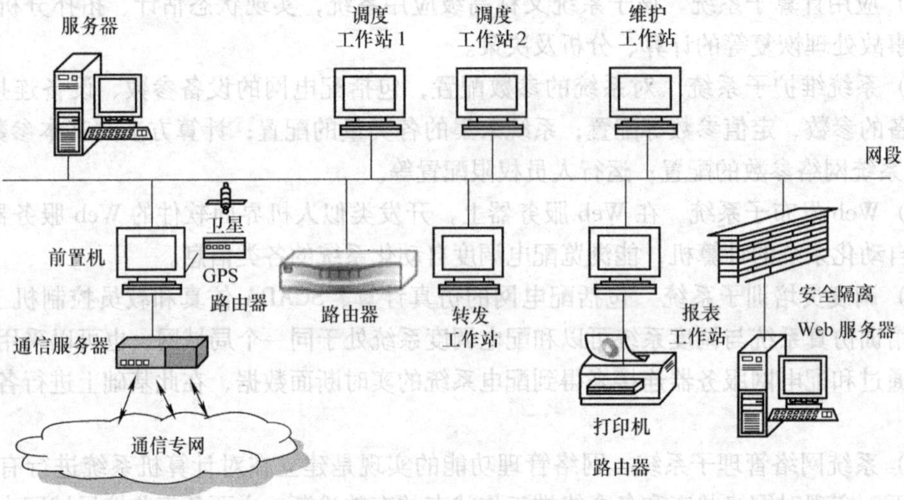

图 9-1　单机单网调度主站典型结构

单机单网系统中，当一台设备出现故障时，配电调度主站的运行被迫中断，因此可靠性不高。该模式的主站往往用在对可靠性要求不高或所管理的配电网规模较小的系统中。一般重要的配电网，因为配电调度主站实现对全配电系统的监视、控制，因配电网对可靠性要求很高，要求配电调度主站为 7×24h 稳定运行。当电力系统出现故障或异常时，配电调度主站调度人员，在尽可能短的时间内处理异常或故障。这类配电调度主站普遍配置双机双网的计算机系统。

双机双网计算机采用双重配置。前置机根据接入的配电子站、变电站的数量可以采用一组或多组前置机，服务器也可以根据系统的规模采用一组或按功能配置多组服务器。每台计算机上配备两块网卡，网络设置两个网段，相同的网段通过同一个交换机连接在一起，构成双机双网的结构。

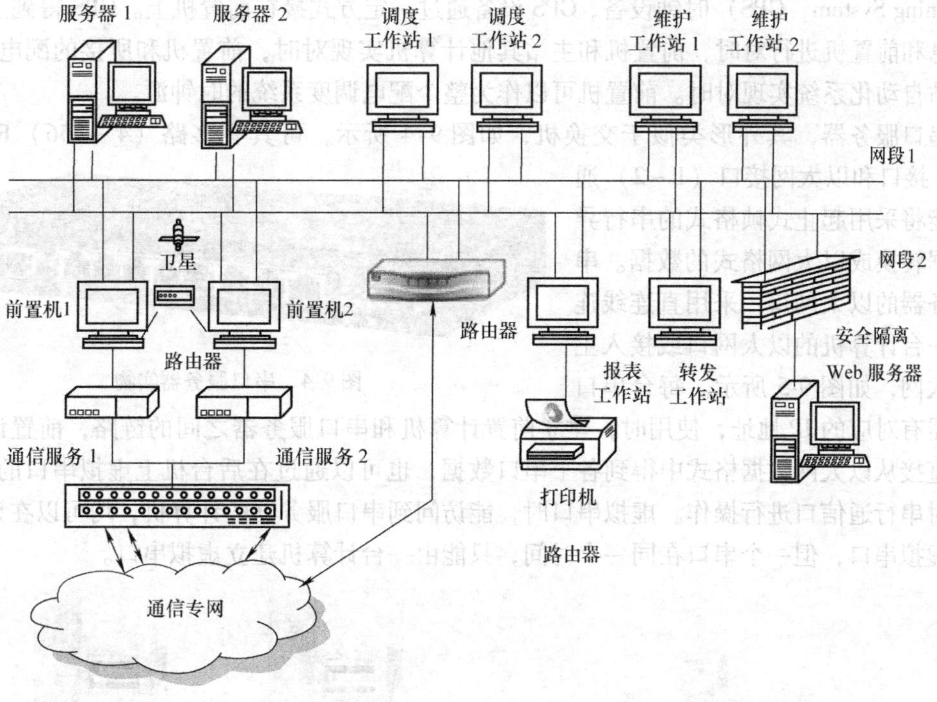

图9-2 双机双网配电调度主站典型结构

配电调度主站配置的硬件设备分为如下四类：

（1）计算机设备 通信前置机、数据处理/存储服务器、GIS服务器、调度员工作站、维护工作站、Web服务器、数据转发工作站等。

（2）局域网系统 以太网交换机设备，组成单或双以太局域网。

（3）通信接入设备 配电调度主站，作为配电自动化通信专网的信息汇总接入点，配置各类通信接入设备。

（4）其他 安全隔离设备，GPS时钟，调度投影大屏，语音指挥电话交换机，UPS电源等。

1. 前置机部分

每组前置机由单或双计算机组成，前置计算机配置单网卡或双网卡接入调度的计算机局域网。配电子站或变电站接入调度中心，分为RS232通道和以太网通道两种接入方式。

（1）RS232方式接入配电调度主站 一般按照规程要求，配电子站或变电站需要有主、备两个通道连接到配电调度主站。通道切换装置可实现变电站或配电子站以RS232接口方式接入主站。其工作原理为两个RS232通道中自动选择一路接入主站，相当于多路单刀双掷开关，如图9-3所示。运行时通道切换装置根据通道的健康状况，选择一路健康的信道接入调度系统。

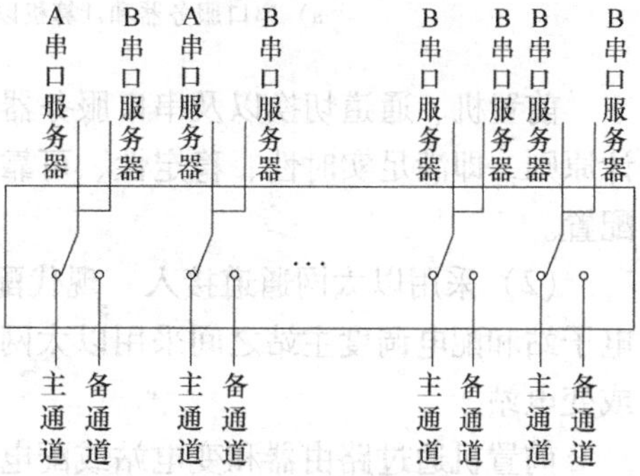

图9-3 通道切换装置原理

配电调度主站配置的全球定位系统（Global

Positioning System，GPS）时钟设备，GPS 设备通过一定方式接在前置机上。GPS 得到卫星时钟信息和前置机进行对时，前置机和主站其他计算机实现对时，前置机和所接的配电子站、变电站自动化系统实现对时。前置机可以作为整个配电调度系统的时钟源。

串口服务器，其外形类似于交换机，如图 9-4 所示，可具有多路（4 ~ 256）RS232/RS485 接口和以太网接口（1 ~ 2）通道，能将采用起止式帧格式的串行异步数据转换成以太网格式的数据。串口服务器的以太网口，采用直连线连接到一台计算机的以太网口或接入主站以太网，如图 9-5 所示。每台串口服务器有对应的 IP 地址，使用时，建立前置计算机和串口服务器之间的链路，前置计算机可以直接从以太网数据格式中得到各个串口数据，也可以通过在后台机上虚拟串口的方式，直接对串行通信口进行操作。虚拟串口时，能访问到串口服务器的计算机，均可以在该计算机上虚拟串口，但一个串口在同一个时间，只能由一台计算机建立虚拟串口。

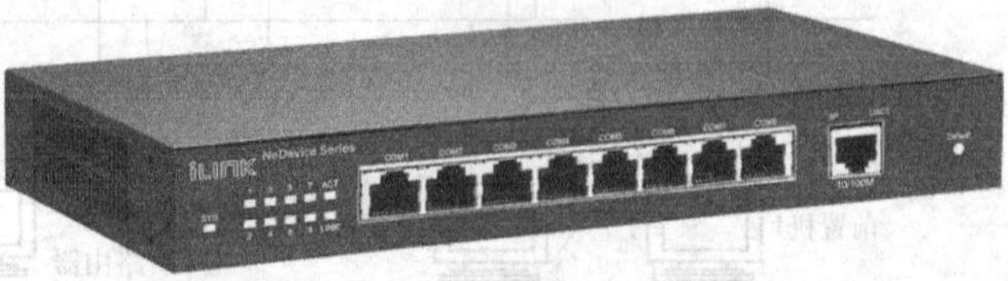

图 9-4　串口服务器实物

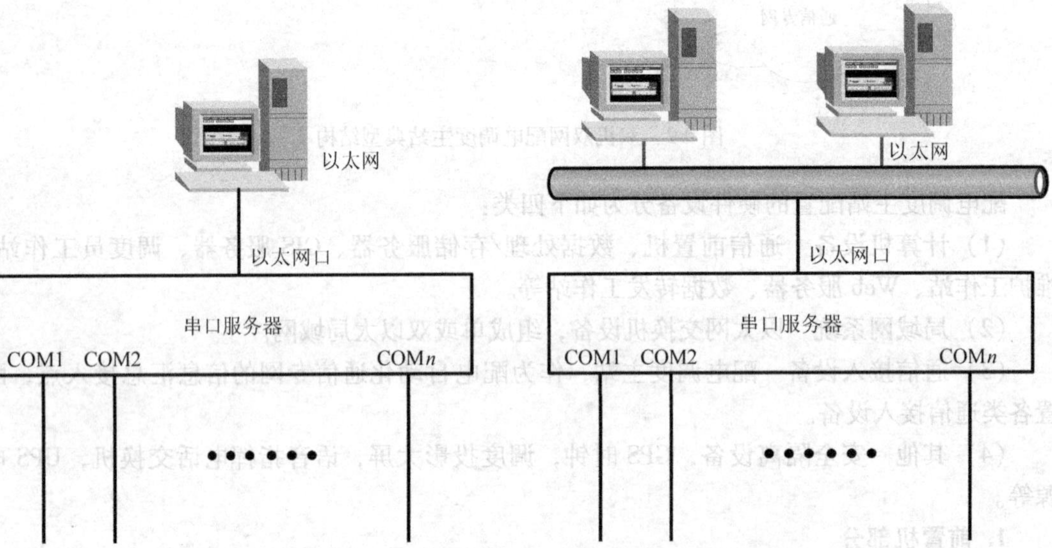

a)　　b)

图 9-5　串口服务器的连接方式

a）串口服务器和计算机以太网口直连　b）串口服务器连接到以太网

前置机、通道切换以及串口服务器，接线方式灵活多样，配电调度系统设计时，根据设计原则，即满足实时性、稳定性、可靠性以及经济性的前提下，根据产品的特点，进行灵活配置。

（2）采用以太网通道接入　现代配电自动化的主通信系统一般采用光网形式，如果配电子站和配电调度主站之间采用以太网通道连接，调度中心通过路由设备接入此类配电子站或变电站。

前置机通过路由器和变电站或配电子站建立通信链路，如图 9-6 所示。图中实线代表配电子站、变电站和前置机的数据链路。

2. 各类服务器

配电调度主站根据服务功能应配置五种服务器，数据处理服务器、系统配置和历史数据服务器、高级应用计算服务器、GIS 服务器和 Web 服务器。数据处理服务器，运行实时数据库，对前置机接收的各类现场数据进行计算、统计、实时更新实时数据库。系统配置和历史数据服务器，完成系统的各类配置参数的存储，以及配电调度系统运行过程中各类电气量的存储及系统运行日志等的存储。高级应用服务器，运行各种计算、分析软件，对配电网的运行状态和控制方式进行分析计算。GIS 服务器实现 GIS 所涉及的各类信息的存储管理以及为人机界面提供 GIS 信息。Web 服务器实现调度中心向 OA 网提供服务。

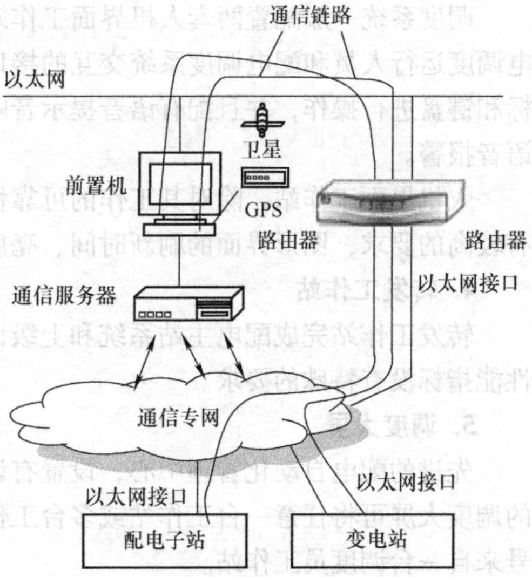

图 9-6 以太网形式接入配电调度主站

以上五类服务器根据配电调度系统的规模，除 Web 服务器需单独配置外，其他四种服务器根据实际情况，可以合并在一套服务器上运行，也可以单独配置。大型系统一般单独配置，小型系统一般合并配置。

对服务器的性能要求，取决于系统的规模和不同的配电调度软件系统的性能，以配电调度系统在日常运行过程中 CPU 负荷率不超过 5%，在配电系统出现事故情况下，CPU 负荷率不超过 30% 为宜。

系统配置和历史数据服务器、GIS 服务器，需要可靠存储海量的数据，数据丢失将造成巨大损失，因此，对外存储系统有较高的要求，一般在服务器上配置冗余磁盘阵列或单独配置磁盘阵列。

数据处理服务器和高级应用计算服务器，完成实时在线的数据统计汇总和配电网在线计算分析。该类服务器需要有强大的数据计算能力，对外设存储数据的能力没有特别要求。

Web 服务器对内部数据的需求相当于一台调度员工作站，作为 B/S 模式的服务器对外网发布调度的信息，因此，其特征是对外的 I/O 口有较大的吞吐性能。

3. 人机界面工作站

配电网管理采用配电调度自动化系统后，要求调度员利用这一系统全面、深入和及时地掌握配电网的运行状况，做出正确的决策和发出各种控制命令，以保证配电系统安全、经济运行。另外，配电调度运行人员还必须不断地监视调度自动化系统本身的工作，了解各种设备的实时工作状态。

为了能够完成上述各项任务，配电调度自动化系统必须能够实现人机对话。配电调度主站中的人机界面工作站就是为了实现人机对话而设置的，它是配电调度自动化系统中操作人员和计算机之间交换信息的输入和输出设备。

这类设备分为通用和专用两种。通用的人机联系设备是指供配电调度计算机系统管理和维护人员、软件开发所使用的工作站（维护工作站）、打印机等。专用的人机联系设备是指专门供配电调度人员用以监视和控制配电系统运行的人机联系设备，即调度员工作站。

调度系统一般配置两套人机界面工作站，供调度主值和副值使用。人机界面工作站是配电调度运行人员和配电调度系统交互的接口，通过较大的双屏显示配电网、GIS 信息，用鼠标和键盘进行操作，并且配有语音提示音响系统，在系统操作或配电系统发生异常时，进行语音报警。

人机界面工作站，除对其工作的可靠性、稳定性有较高的要求外，对其图形显示能力也有较高的要求，图形界面的刷新时间、亮度均是重要的考核指标。

4. 转发工作站

转发工作站完成配电主站系统和上级调度或同级其他自动化系统之间的通信任务，对其性能指标没有特殊的要求。

5. 调度大屏

先进的配电自动化管理中心，设置有调度大屏。大屏分为投影式和显示器式两种。先进的调度大屏可将任意一台工作站或多台工作站的信息完整地显示在大屏上。最简单的大屏信号来自一台调度员工作站。

配电调度主站大屏幕是在配电网运行出现特殊情况时，例如：负荷高峰时期、出现重大异常或事故，参观学习，培训，需要通过大屏幕让更多的人了解配电网的运行情况时，使用大屏幕。特别在紧急情况下，将配电网各种信息显示在大屏幕上，决策者根据显示的信息进行综合分析、判断、决策和进行调度指挥。调度中心大屏幕在处理危机事件中起着举足轻重的作用。

小型调度中心，配置 120 ~ 240in（1in = 25.4mm）投影屏幕可满足要求，投影可采用背投或正投，屏幕可采用硬屏幕或软屏幕。大型调度中心，使用大尺寸液晶或等离子屏幕进行拼接。

6. 安全隔离装置

配电调度局域网属于需要一级安全防范的网络区域，而其他网络区域的安全级别较低，为了防止黑客、病毒以及恶意代码对配电调度主站的破坏，对配电网的安全性、可靠性、实时性提出了非常严格的要求。采用电力专用安全隔离装置来进行不同安全要求的网络隔离。OA 属于安全级别为Ⅳ区的网络。

配电调度主站和 OA 连接时，采用连接安全Ⅰ区和安全Ⅳ区的物理隔离设备。物理隔离指内部网不直接或间接地连接公共网，在物理上保障数据的单向传输和隔离。物理隔离的目的是保护网络设备及计算机等硬件实体和通信链路免受“自然灾害、人为破坏和搭线窃听攻击”。它可以识别并屏蔽非法请求，有效防止跨越权限的数据访问，提高监控系统对有可能导致配电网安全事故的攻击、病毒、泄密等的防御水平，消除绝大部分的安全隐患。

7. UPS 电源

UPS 电源是在调度中心失去外部电源的情况下，保证调度系统运行 2h 的设备。

9.2 配电调度主站支持系统

9.2.1 操作系统

目前，常用的主流操作系统有 Windows 和 UNIX 两种。Windows 操作系统是一个面向大众的桌面系统，有强大的图形界面，便捷的操作方法，但 Windows 操作系统在应用过程中，系统有随机崩溃的可能，并且操作系统厂商微软公司，过一段时间就要发布“补丁”，修改发现的系统缺陷和漏洞。而采用另一种操作系统 UNIX 的计算机，其稳定性要高的多，可以一年 365 天 24 小时不间断运行。这种操作系统的计算机，一般非专业人员很难见识，只应用在一些对安全性要求高的大型企业或网络中心。

Windows 操作系统最大的特点，是采用统一的图形窗口界面和操作方法，通过鼠标即可操作，支持多任务多窗口，具有丰富的应用程序和开发软件，内置网络和通信功能，支持多媒体技术，并且采用了更多的技术创新。

而 UNIX 操作系统是第一种现代意义的操作系统，它的最大特点是结构简单，性能稳定，安全性高，便于移植，但免费的应用软件、基础应用库组件较少，其应用系统的开发过程花费较大。UNIX 操作系统的主要特点如下：

(1) 多用户的分时操作系统　即不同的用户分别在不同的终端上，进行交互式的操作，就好像各自单独占用主机一样。

(2) 可移植性好　硬件的发展是极为迅速的，迫使依赖于硬件的基础软件特别是操作系统不断地进行相应地更新。由于 UNIX 操作系统几乎全部是用可移植性很好的 C 语言编写的，其内核极小，模块结构化，各模块可以单独编译。所以，一旦硬件环境发生变化，只要对内核中有关的模块作修改，编译后与其他模块装配在一起，即可构成一个新的内核，而内核上层完全可以不动。

(3) 可靠性强　经过二十几年的考验，UNIX 操作系统是一个成熟而且比较可靠的系统。在应用软件出错的情况下，虽然性能会有所下降，但工作仍能可靠进行。

(4) 开放式系统　UNIX 操作系统具有统一的用户界面，使得 UNIX 用户的应用程序可在不同环境下运行。此外，其核心程序和系统的支持软件大多都用 C 语言编写。

(5) 它向用户提供了两种友好的用户界面　一是程序级的界面，即系统调用，使用户能充分利用 UNIX 操作系统的功能，并且命令统一简单，例如对设备的读写一贯用 read、write，它是程序员的编程接口，减少编程难度和设计时间。二是操作级的界面，即命令，它直接面向普通的最终用户，为用户提供桌面式交互操作。可以说，UNIX 操作系统在人机交互方面，同时满足了两类用户的需求。

(6) 具有可装卸的树形分层结构文件系统　该文件系统具有使用方便，检索简单等特点。

(7) 将所有外部设备都当做文件看待　分别赋予它们对应的文件名，用户可以像使用文件那样使用任一设备，而不必了解该设备的内部特性，这既简化了系统设计又方便了用户的使用。

以上两种操作系统表现出的差别，根源为其内部进程的管理、内存管理、外部 I/O、应用接口等内在的设计理念和结构的差异。但 Windows 操作系统廉价，拥有巨大的用户群体的事实，使其得到更广泛的应用。UNIX 操作系统由于其所需的硬件价格高，免费支持软件少等，其普及化程度要差得多。

作为配电调度中心，属于电力一级安全网络区域，对计算机系统运行的稳定性、可靠性均有苛刻的要求。由于 Windows 操作系统使用方便、图形界面友好和容易维护的特点，所以规模较小的配电调度主站选择其作为操作系统。至于运行的稳定性采用硬件冗余和软件系统的快速切换等措施保证系统的运行，即使一台计算机出现故障，也不至于影响到整个系统的运行。对于大型配电调度主站，各类服务器、工作站一般采用 UNIX 操作系统或核心计算机采用 UNIX 操作系统，人机界面设备采用 Windows 操作系统。配电调度主站的操作系统有以下三种方案：

（1）所有计算机设备全采用 UNIX 操作系统。

（2）所有计算机设备全采用 Windows 操作系统。

（3）部分核心计算机采用 UNIX 操作系统，人机界面设备采用 Windows 操作系统。

9.2.2 关系式数据库系统

配电调度系统拥有各种大量的配置信息以及海量的历史数据需要存储。存储方式均选用成熟的商用关系式数据库系统（简称关系数据库）。

现有的各种商用数据库系统，均采用关系式数据模型（简称关系模型）。“关系”（relation）是数学中的一个基本概念，由集合中的任意元素所组成的若干有序偶对表示，用以反映客观事物间的一定关系。如数之间的大小关系、人之间的亲属关系、商品流通中的购销关系等。在自然界和社会中，关系无处不在。

由于关系模型既简单又有坚实的数学基础，20 世纪 70 年代提出后，立即引起学术界和产业界的广泛重视，从理论与实践两方面对当时的数据库技术产生了强烈的冲击。在关系模型提出之后，基于层次模型和网状模型的数据库产品很快走向衰败以至消亡，一大批商品化关系数据库系统很快被开发出来并迅速占领了市场。目前最著名的商用数据库系统是甲骨文的 Oracle 数据库系统，IBM 的 DB2 数据库系统，以及微软的 SQL Server 数据库和 Sybase 关系式数据库系统。

关系数据库，是建立在关系模型基础上的数据库，借助于集合代数等数学概念和方法来处理数据库中的数据。现实世界中的各种实体以及实体之间的各种联系均用关系模型来表示。标准数据查询语言——结构化查询语言（Structured Query Language，SQL）是一种基于关系数据库的语言，这种语言执行是对关系数据库中数据的检索和操作。关系模型由关系数据结构、关系操作集合、关系完整性约束三部分组成。

（1）关系数据库和表　在一个给定的应用领域中，所有实体及实体之间联系的集合构成一个关系数据库。现实世界的实体以及实体间的各种联系均用关系来表示。在关系数据库中，实体由数据的逻辑结构，即二维表来描述；实体和实体之间的关系即表与表之间的关系。关系模型的这种简单的数据结构能够表达丰富的语义，描述出现实世界的实体以及实体间的各种关系。

每一张表由字段组成，字段相当于我们所熟悉的二维表的表头。表中的一行称为一条记录。由单独字段或几个字段组合形成的能够区别表中每一条记录的数据域称为表的主键。现实世界实体间的关系分为一对一、一对多、多对多。关系数据库中表与表之间的记录关系也分为一对一、一对多、多对多。

例如：配电系统中，变电站列表对应关系数据库中的一张表，变电站开关设备、变压器设备分别对应开关表和变压器表。变电站表和开关表以及变压器表之间即一对多关系。

（2）SQL　关系数据库的访问，采用标准（ISO 引用 ANSI X3. 135-1989）的 SQL 结构化查询语言，即所有的关系数据库均通过 SQL 进行访问。

SQL 是高级的非过程化编程语言，它允许用户在高层数据结构上工作。它不要求用户指定对数据的存放方法，也不需要用户了解其具体的数据存放方式，而它能使具有底层结构完全不同的数据库系统和不同数据库之间，使用相同的SQL实现数据的输入与管理。它以记录（records）的集合（set）（称为项集）作为操纵对象，所有SQL语句接受项集作为输入，返回提交的项集作为输出，这种项集特性允许一条SQL语句的输出作为另一条SQL语句的输入，所以SQL语句可以嵌套，这使它拥有极大的灵活性和强大的功能。多数情况下，在其他编程语言中需要用一大段程序才可实现的一个单独处理事件，在SQL上只需要一个语句就可以被表达出来，这也意味着用SQL可以写出非常复杂的语句。

SQL共分为四大类：数据定义语言（Data Definition Language，DDL），数据查询语言（Data Defined Language，DQL），数据操纵语言（Data Manipulation Language，DML），数据控制语言（Data Control Language，DCL）。DDL用于定义数据的结构，比如创建、修改或者删除数据库；DQL对数据库的记录按照一定逻辑条件进行查询；DML对数据记录进行插入、删除、修改；DCL用于定义数据库用户的权限。

（3）ODBC接口　开放数据库互连（Open Database Connectivity，ODBC）提供了一种标准的应用程序编程接口（Application Programming Interface，API），用于访问数据库管理系统。ODBC本身也提供了对SQL的支持，用户可以直接将SQL语句送给ODBC。ODBC是与编程语言、具体的数据库系统、操作系统无关的API接口，目前所有的商用数据库产品均支持ODBC。用户开发程序时，遵循ODBC规范开发的程序，具体使用时，可以选择不同厂商的数据库系统。

9.3 主站系统的应用软件

9.3.1 前置机软件

配电调度主站的前置机硬件及其运行在前置机上的软件构成数据采集与处理子系统，称为前置机（Front-end Processor）系统。前置机系统是各配电子站、变电站运动信息和主站进行信息交换的关口。

1. 前置机软件的架构

配电调度主站和变电站通信采用的通信协议种类较多，存在同一种协议不同的厂家理解偏差，造成通信协议实现的不一致，需要进行大量的现场调试。因此，前置机通信软件在必须满足高效通信、保证系统稳定运行前提下，应具有很好的可扩充性和可维护性。可扩充性、可维护性的保证取决于前置软件的架构。

（1）通道之间没有耦合　前置软件运行时，各个通道的数据处理必须有较高的并发执行效率，才能满足调度系统的要求。各个通道之间的信息处理不能相互干扰，不能因一个通道的处理异常造成其他通道的运行中断或运行效率降低。因此，运行时各个通道之间没有耦合或很小耦合。

（2）不同通道建立连接的方式不同　系统中物理通道分为两种，一类为RS232C通道，另一种为以太网络通道。当接入方式为RS232C串行通信方式时，物理通道和逻辑通道（通信链路）相一致。当通过网络方式接入时，一条物理通道对应多个逻辑通道。两类通道的基本参数不同，使系统运行时，建立的连接机制有较大区别。通过以太网方式接入主站时，通信建立在 TCP/IP 协议的应用层，串行通信建立在数据链路层。两类通道运行状态的诊断有很大的差异，合理维护链路的稳定性和可靠性必须处理到位，否则造成系统的性能大幅度降低。

(3) 逻辑通道捆绑协议　RS232C 接口逻辑通道和物理通道一致，以太网接入多个逻辑通道对应一个物理通道。为了保证系统的可扩充性，接入主站的通道和协议的关系为每一个通道和一种协议相对应。这样的关系是系统运行时，根据配置动态联编确定的；称为协议和通道的动态绑定。

(4) 处理数据的过程一致　以太网通道采用 TCP/IP 协议，TCP/IP 协议的应用层下发的数据为串行流式数据，其数据的解析、打包过程和采用 RS232C 串行通道的完全一致。系统运行过程的通信流为实际的流式信息，每一个逻辑通道拥有下行数据和上行数据的缓冲队列。通过协议对流式数据进行解析。

2. 前置机软件的运行

系统接入新的变电站自动化系统时，需要对接入的变电站进行单独的测试，为此系统中需要实现特定的测试界面，测试界面上显示测试的基本信息，例如：通道的名称、终端单元名称、通道的波特率、校验方式等。通道进行测试时，通道转入测试状态。信息以原码和分类信息方式显示，设置协议报文原码显示界面方式时，对接收的配电子站或变电站信息按通道形式显示。

系统启动时，涉及的配置信息分为两类。一类为现场各类智能单元、通道的信息，这些信息来源于调度系统的配置数据库；另一类为前置机软件自身的配置信息，来源于当地的配置信息表。

前置机系统运行时处理的各类信息大部分可以看做信息流，因此在系统中需要统一建立一致的循环队列。

系统运行时上行信息解析协议后，需要将信息发送到调度系统的实时数据库，各个通道解析的数据需要按照一个统一的格式进行发送。为了实现前置软件系统的数据，发送到系统的实时数据库，需要统一调度数据的发送过程，因此，系统中应设置相应的管理机构进行信息的管理，从服务器下行的数据也需要在此处进行统一的调度管理。

以上所述各个方面的基本信息运行时，根据前置机系统的特点，需要统一协调并发工作才能保证系统高效运行，系统中设置统一的系统工作调度单元，负责系统中各个通道的并发一致工作。并发工作采用操作系统的线程机制。

3. 前置机系统的对象模型

根据前一节对系统的运行状态分析，采用通用对象建模方法，系统中应设计如下几个类：①协议虚基类，各种协议类；②通道类，串行通道类，网络通道类；③分类信息缓冲类；④循环队列类；⑤界面显示类，界面数据显示接口类；⑥实时数据接口类，数据库接口类；⑦系统调度类，测试界面类，配置信息类，配置信息接口类。

各个类之间的关系如图 9-7 所示，由系统调度类管理通道类、配置信息类、界面显示类的对象，系统调度类和它们之间的关系为聚集。系统调度类同时管理配置信息类，配置信息类管理配置信息接口类。通道类和协议类之间为关联关系，一个通道绑定一个协议。通道类和网络通道类及串行通道类之间的关系为父子关系。协议类和各种具体协议类之间为虚继承关系。通道类和循环队列类为聚集关系。界面显示类管理界面显示接口类，界面接口类和数据库接口类为关联关系。分类信息缓冲类和数据库接口类为聚集关系，和实时数据通信类为关联关系。通信类实现和服务器的通信。测试对话类和通道类之间为关联关系，测试对话由系统调度类管理。

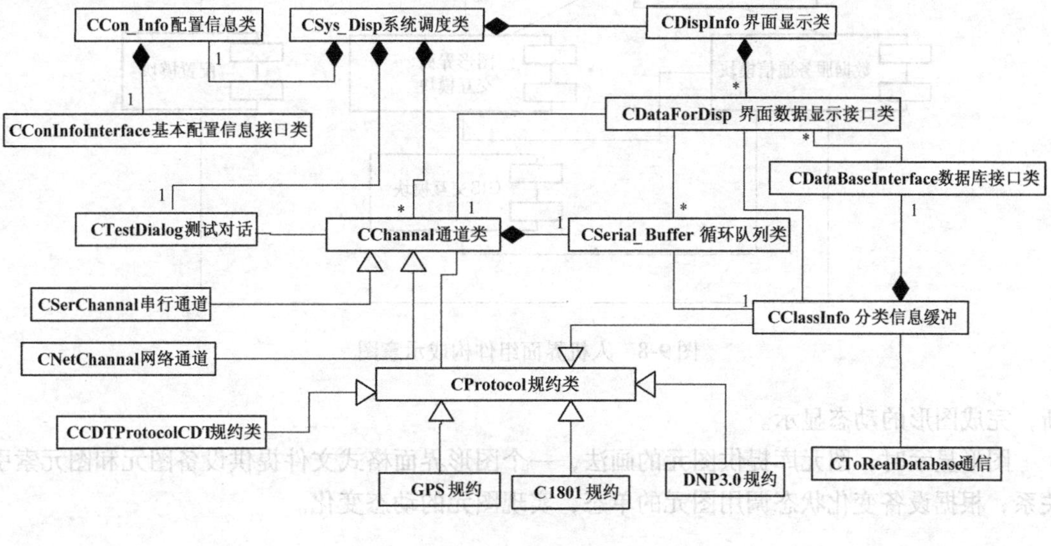

图 9-7　一种前置机系统静态对象模型

9.3.2　人机界面软件

配电调度主站的人机界面软件是调度人员和配电调度系统进行人机交互的工具。调度运行人员通过人机界面软件，可以实时得到配电网以及配电网上各类二次设备的实时信息，信息展现的形式可以是主接线的形式、曲线的形式或列表的形式。通过人机界面，调度人员可以查询各种配置和历史信息，显示实时在线计算分析软件对配电网进行分析计算的结果，以及以 GIS 界面形式查询显示区域的信息。调度运行人员用人机界面，通过交互方式下达各种调度调节、遥控、定值下装指令。

人机界面的核心组件为图形界面交互模块、数据服务通信模块、历史数据查询模块、配置模块、GIS 交互模块、管理模块等，如图 9-8 所示。图形模块通过画面格式数据和实时数据的结合，以各种形式动态地展示配电网的各种状态以及实现配电网调度指令的下达。数据服务通信模块，实现和系统的实时数据库以及历史数据库的通信，交互得到各种数据。历史数据查询模块和历史数据库交互，获得各种历史数据。数据配置模块实现人机界面运行时的各种参数的配置和管理。人机界面管理模块调度、协调各个模块的运行。

人机界面显示的各种画面、曲线、表格等格式数据，一般从数据服务器下装，就地存储。人机界面软件中嵌入的图形界面交互模块、GIS 模块、历史数据查询模块、配置模块和数据服务器进行通信，从服务器得到需要的各类数据。人机界面管理模块进行系统初始化和协调各个模块的运行。

图形界面交互模块显示一个图形界面时，图元库处于只读状态，图形控件载入一个图形界面格式文件和图元库，接收应用程序中的各类信息。如接收实时数据库发送的各类设备状态消息和各类事件信息，遥测越限、遥信变位、遥测、遥信数据，进行图元和标签的动态刷

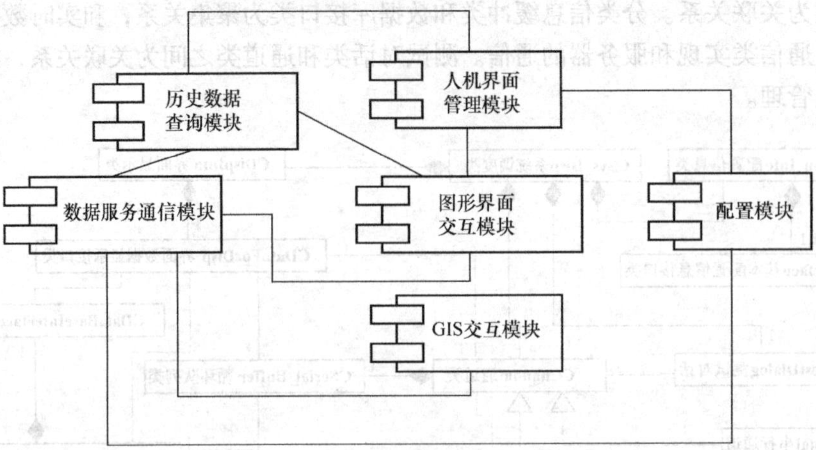

图 9-8　人机界面组件构成示意图

新，完成图形的动态显示。

图形显示时，图元库提供图元的画法，一个图形界面格式文件提供设备图元和图元索引关系，根据设备变化状态调用图元的单态，实现图元的动态变化。

9.3.3　支持软件

配电调度软件系统，配有能对系统各种参数进行编辑、对画面进行编辑以及报表格式编辑的工具软件。通过参数编辑软件，编辑配电网以及二次系统的各种参数。通过画面编辑软件，能实现调度运行时的各种画面的编辑。报表编辑软件实现对各种日、周、月、年报表的格式编辑。

编辑完成的画面描述数据存储在数据库中，或以特定的图形格式，例如 SVG 格式，就地存储。

1. 图形界面编辑工具

可以划分为图元编辑模块、图形编辑模块、图形界面实时显示模块这三个模块。图形界面编辑模块中，能够嵌入曲线组件，在曲线组件中，实现曲线格式，即曲线属性的编辑。系统基本的框架如图 9-9 所示。

各模块之间的关系如下：

通用图形编辑器构件，为可执行（EXE）文件，其中通用图形编辑器构件中包含图元编辑功能模块。

通用图形编辑器的图元编辑模块用来编辑和维护图元库，图元库为一个二进制文件，编辑好的图元库供图形显示动态库来调用。

图形显示控件为界面编辑组件的控件，又作为人机界面和 Web 软件的界面显示组件，也可以嵌入在其他应用系统中，应用系统通过调用图形显示控件中的接口来显示画面。通用图形编辑器编辑完成的画面，存入一个图形格式文件中，图形显示构件通过调用格式文件中的格式实现画面的显示。

系统所用的其他一些参数，储存在数据库中，图形显示动态库和通用图形编辑器通过 ODBC 接口连接数据库进行数据存取。

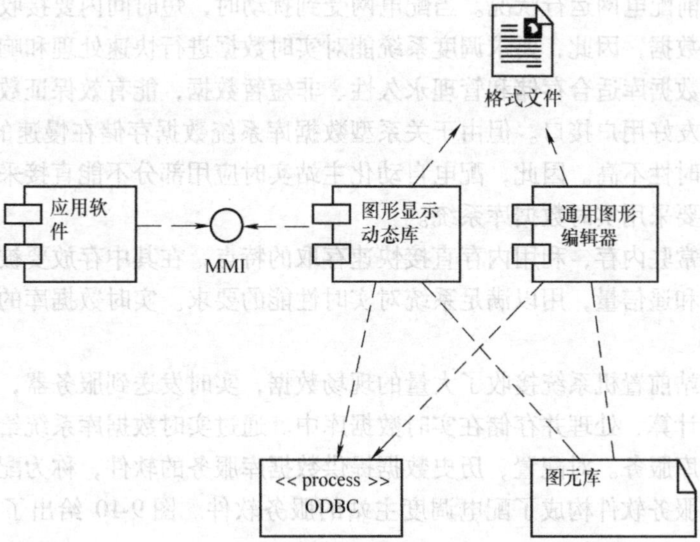

图 9-9 界面编辑组件的基本框架示意图

2. 配置数据及历史数据管理

配电网中的变电站、设备信息、拓扑信息、继电保护配置、系统运行人员权限等各类静态系统参数信息，通过参数配置模块来进行编辑。配电模块中按照配电设备层次结构以及二次设备层次结构形成树形菜单，以树形层次菜单为索引，对各类数据进行编辑，即实现系统参数配置数据库中信息的增、删、查、改。

系统运行过程中，各种电气量、非电气量的日、月、年的动态数据以及各类报警信息、事故追忆信息、保护动作、事件顺序记录等均需要进行有序管理。这些需要永久存储的信息，通过历史数据管理模块进行管理。

9.3.4 服务软件

运行在数据服务器中的服务软件，给客户端提供各种数据服务。所谓服务也就是一个或者一组运行在服务器上的后台进程，它们为其他的各个客户进程提供数据的查询、更新以及应用逻辑的处理，使得数据的处理能够集中在服务器上，客户端只需要关注自己的人机交互以及某些应用逻辑。

配电调度主站数据可以分为非实时数据和实时数据两类。

非实时数据包括各类静态配置数据，记录的各种历史数据。配电网中的变电站、设备信息、静态拓扑信息、继电保护配置、系统运行人员权限等信息，以及系统运行过程中，记录的各种电气量、非电气量的日、月、年的数据以及各类报警、事故追忆、保护动作、事件顺序记录等。这类数据特点是实时性要求不高、数据的存储量大、保存的时间长。这些需要永久存储的信息，通过关系式数据库系统进行存储管理。管理的过程是管理软件直接和商用数据库打交道，对配置信息和历史数据进行增、删、查、改操作，这一类操作称为配置历史数据服务。在应用层面上这些服务归属于商用数据库服务。

配电自动化主站的实时数据是通过各类远动通道实时接收的各种现场模拟量和开关量，

这些量反映了当前配电网运行状况。当配电网受到扰动时，短时间内要接收、处理、记录大量和扰动相关的数据，因此，要求调度系统能对实时数据进行快速处理和响应。

商用关系型数据库适合存储和管理永久性、非短暂数据，能有效保证数据的一致性、安全性，并能提供友好用户接口。但由于关系型数据库系统数据存储在慢速的外部存储设备，其数据响应的实时性不高。因此，配电自动化主站实时应用部分不能直接采用一般的商用关系型数据库，需要采用实时数据库系统。

实时数据库常驻内存，利用内存直接快速存取的特点，在其中存放要被频繁访问的数据信息，如遥测量和遥信量，用以满足系统对实时性能的要求。实时数据库的主要功能是完成实时数据管理。

配电调度主站前置机系统接收了大量的现场数据，实时发送到服务器，服务器需要对这些数据进行实时计算、处理并存储在实时数据库中。通过实时数据库系统给客户端提供的服务称为实时数据库服务。对配置、历史数据提供数据库服务的软件，称为配置、历史数据服务软件。这两类服务软件构成了配电调度主站的服务软件。图 9-10 给出了服务软件系统的服务内容。

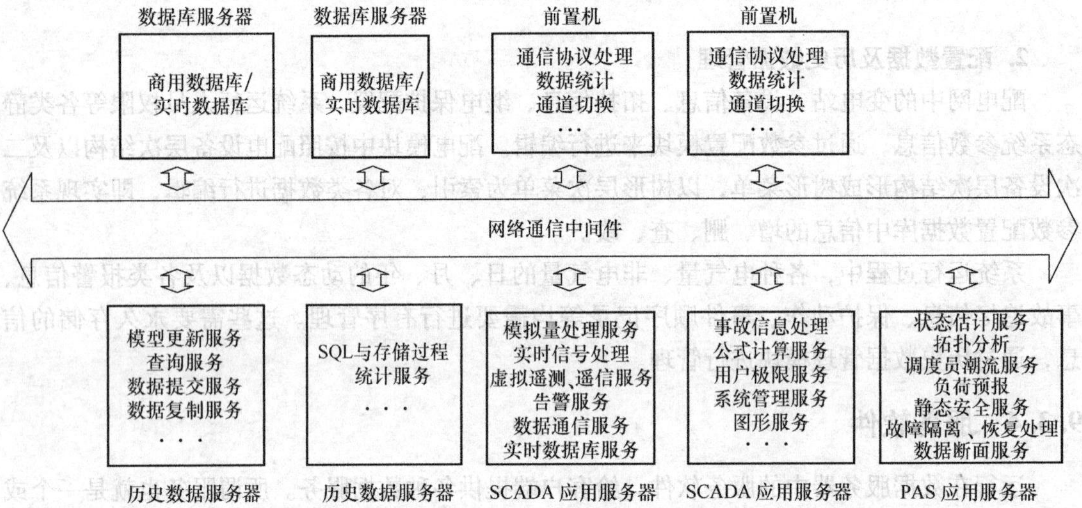

图 9-10　服务软件系统的服务内容

实时数据库管理是配电调度主站支撑平台乃至整个系统的核心，系统的体系结构、数据组织、集成方案，以及实时性、开放性、安全性和分布性等性能指标，很大程度上取决于实时数据库管理系统。

9.3.5　配电 GIS 子系统

配电网运行管理过程中，涉及地理层面的大量信息。采用人工方法处理地理信息，存在实时性差、容易出现差错等问题，不能满足配电网运行管理、维护管理及客户服务的及时性等要求。

地理信息系统（GIS）是由计算机网络系统所支撑的，对地理环境信息进行采集、存储、检索、分析和显示的综合性技术系统。GIS 操作管理的对象是空间数据和属性数据，即点、线、面、体这类有三维要素的地理实体。空间数据是每一个实体都按统一的地理坐标进行编码，实现对其定位、定性和定量的描述。属性数据是地理信息系统所要表达的这一空间实体所关联的其他相关数据。

GIS 的技术优势在于它的数据综合、模拟与分析评价能力，可以得到常规方法或普通信息系统难以得到的重要信息，实现地理空间过程演化的模拟和预测。

配电 GIS 特指配电自动化系统中的地理信息系统，其实体为配电系统以及配电系统中的各种设施、设备，属性数据为这些实体的属性数据，实体和地理信息相关，例如：某一地理范围的配电设备，用电负荷等。GIS 从 SCADA 系统实时得到配电网的实时信息，将配电系统实时信息显示在地理信息画面上；通过地图界面能够直观的浏览或查询特定点或特定区域的配电设备信息、配电网运行状态、用户信息，查询电源供电范围信息等。配电网出现故障时，地理信息界面能明确展示故障设备、故障区域、影响用户、停电面积、损失电量等信息。

配电 GIS 通过和调度运行人员交互，能够进行供电路径分析操作，模拟运行故障情况下配电网的运行情况，计算供电的效果，统计相关范围的各种数据，例如：用户数、面积、损失电量等。

配电 GIS 子系统功能如下：

(1) GIS 系统功能　具有一般地理信息系统的基本功能，有对地图的分层管理和操作（无级缩放、平滑漫游），提供多种选择方式（单选、矩形选、圆形选、多边形选），具有图形显示“鹰眼”功能，查看图元信息，自动标注图元信息，测算距离，显示地图坐标等功能；提供多种图形数据接口，多种数据库接口。

(2) 信息管理　系统能对配电网信息（线路、变压器、台区、开关、杆塔、变电站等）进行编辑、查询、统计等。具体查询方式为单选、矩形选、圆形选、多边形选以及以点或区域查询变电站、线路各种设备信息，并在地图上进行定位。查询结果以统计表或图表的形式从不同层面进行展现，便于用户辅助决策。

(3) SCADA 功能　与 SCADA 系统共享信息，能够对配电网进行实时监测，显示变电站、配电馈线开关处、变压器处的电气量及开关状态信息，便于用户在电子地图上直观查看、监视配电网的运行状态。

(4) 故障定位和供电区域分析　在实时态，当配电网发生故障或遥信变位时，系统能够及时准确地定位出故障范围、停电区域，并能够统计出详细的受影响设备信息以及用户信息。

在研究态下，配电调度人员可以模拟操作配电网中的各种开关，显示其影响的供电区域、停电区域，并能够统计出供电区域和停电区域详细的设备信息、用户信息。

9.3.6 计算分析软件

1. 状态估计模块

(1) 状态估计的必要性　配电网状态估计是配电网应用分析软件的一个模块。SCADA 系统收集了全网的实时数据，存入实时数据库，数据库存放的数据不能用于直接建模，这是由于以下原因：

1) 数据不准确　现场智能装置从采集数据到数据进入实时数据库，经历了多个环节，特别是数据采集时，经过的电压互感器或电流互感器以及 A-D 转换等都会产生误差，这些误差有时使相关的数据变得相互矛盾。

2）受干扰时会出现不良数据　数据在采集和传送过程中，虽然已采取了滤波、抗干扰编码等各种技术措施，保证数据的正确性，但仍然因各种不确定的原因，出现小概率错误数据。这里所说的错误数据不是误差，而是完全不合道理的数据。

3）数据不全　为了能采集到全配电系统齐全的数据，必须在配电系统的所有负荷和设备安装处安装具有信息测量的 IED 装置。在实际配电自动化系统中，做不到也没必要这样做，实际情况是在认为重要的负荷点和设备安装处安装 IED，实现信息的采集，这样就有一些节点或支路的运行参数不能被测量到，从而造成数据收集不全。

4）数据不和谐　由于数据的误差以及数据采样时间的非同时性，造成数据不符合基本的电路定律，这种数据的不和谐影响了各种配电网计算软件的准确度。

因此，不能直接用采集的数据建立配电网模型，必须采用一定的计算方法，补齐需要的数据，修正不精确的数据，挑出错误的数据，使整个数据严密和谐，质量和可靠性得到提高，这种计算方法，就是配电网的状态估计。

（2）状态估计的原理　一个可控、可观测的系统，用状态方程表示其状态，一个系统的变量往往较多，表示系统状态的 n 个独立的变量称为状态空间。一个系统状态变量的选取，有多种方法，多种组合。

一个系统的 m 个变量称为量测变量（$m>n$），m 个量测变量可以通过状态方程计算来得到

$$\tilde{y}=h(\tilde{x}) \tag{9-1}$$

式中，$\tilde{x}$ 为系统的 n 个状态变量组成的向量；$\tilde{y}$ 为 m 个量测量组成的向量。

在配电网中，各种电气量均为量测量，例如：节点电压、支路电流、有功功率、无功功率等。如果选择节点电压为配电网的状态量，支路电流、支路功率、节点功率等电气量均可以计算出来。式（9-1）中的状态变量 $\tilde{x}$ 由各个节点电压组成，量测量 $\tilde{y}$ 即为通过计算公式计算出的支路电流、支路功率、节点功率等量。一般在理想的配电网方程中，量测量的个数要大于三倍以上的状态量。

所谓状态估计，式（9-1）所列写的方程在实际应用时，测量所得量测值 $\tilde{y}$ 会有误差，为此将式（9-1）修正为

$$\tilde{y}=\tilde{h}(\tilde{x})+\tilde{r} \tag{9-2}$$

式中，$\tilde{r}$ 为实际量测量 $\tilde{y}$ 的误差。

式（9-1）、式（9-2）的方程个数应大于状态变量的个数。式（9-2）进行变形，得到

$$\tilde{r}=\tilde{y}-\tilde{h}(\tilde{x}) \tag{9-3}$$

理想情况将实际的状态变量 $\tilde{x}$、$\tilde{y}$ 值带入式（9-3），$\tilde{r}$ 应为零向量。实际上 $\tilde{r}$ 并不等于零向量。根据式（9-3）定义

$$J=\tilde{r}^{\mathrm{T}}r=(\tilde{y}-\tilde{h}(\tilde{x}))^{\mathrm{T}}(\tilde{y}-\tilde{h}(\tilde{x})) \tag{9-4}$$

式（9-4）中，使 J 最小的状态变量 $\tilde{x}$ 就是状态估计值。

（3）配电网状态估计的问题　状态估计在输电网的调度系统已得到了普遍应用，但在配电调度主站，目前的应用有各种问题需要进一步完善和研究，例如：配电网三相负荷不平衡，实时量测少，需由历史（统计）负荷数据产生大量伪量测，配电网中闭合回路少等。

因此，配电系统状态估计方法，也就是说配电网的状态估计，应该采用适合于配电网的计算方法。

在模型方面，配电网状态估计一般采用三相潮流模型。由于线路电流量测，三相分析中相与相之间存在耦合，必须用数值可观测性的分析方法和基尔霍夫电流定律列出节点电流平衡的量测方程。规划用的配电网简化模型不完全适于状态估计，需要考虑负荷模型等因素。

2. 拓扑分析

配电调度系统中，拓扑分析是其他计算分析的基础模块。实现配电网设备连接关系的表示以及形成配电网等效电路连接关系的表示。下面给出 IEC 61970—301 公共信息模型（Common Information Mode，CIM）给出的电网拓扑表示方法。

CIM 由多个包组成，拓扑包是 CIM 中的核心包之一，CIM 的拓扑包中的各个类之间的关系如图 9-11 所示。端子（Terminal）类，为电气设备和其他设备的连接点，连接节点（Connectivity Node）类，表示设备之间互相连接的短线集合。一个电气设备的几个端子连接到连接节点，端子类和连接节点类表达了设备的静态拓扑连接模型，即表达电力设备连接关系。

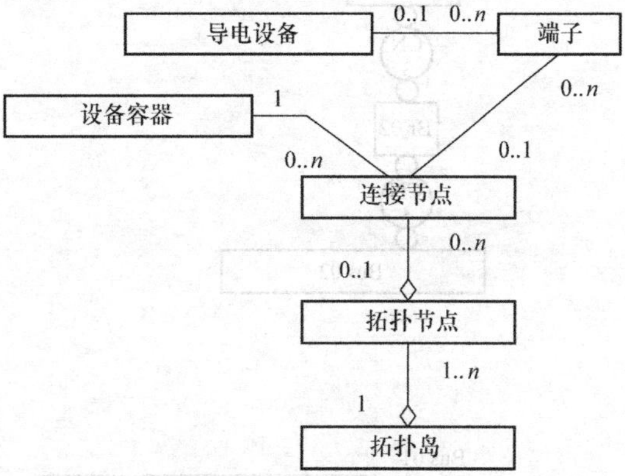

图 9-11　CIM 中的拓扑包

设备之间的连接关系表示称为静态拓扑。静态拓扑描述电气设备之间的连接关系，与供电系统运行方式无关，为动态拓扑分析的基础。

图 9-12a 给出了一个配电网局部电气连接图，图 9-12b 为 CIM 静态拓扑连接示意图，图中小方框为设备，小圆圈表示端点，大圆圈表示连接节点。

通过静态拓扑和对开关分、合状态分析，得到闭合的开关连接在一起的多个连接节点构成拓扑节点（Topology Node），对应于配电网中的等电动势点。多个拓扑节点构成拓扑岛，拓扑岛表示独立运行的配电网。在潮流计算、状态估计等配电网计算过程中，拓扑节点即计算节点。一个或多个连接的拓扑节点可以构成拓扑岛，即电气连接子集，以上分析过程称为动态拓扑分析。

通过开关遍历形成拓扑节点和拓扑岛后，在拓扑岛基础上，可以实现动态拓扑跟踪，即当开关设备开合状态发生变动时，只需对开关设备涉及的拓扑节点和拓扑岛进行局部修正，这个过程称为拓扑跟踪。以断路器合、跳闸操作为例，拓扑跟踪方法如下：

（1）当断路器由分到合　断路器的两端属于同一个拓扑岛时，拓扑岛不发生变化；如果断路器两端的拓扑节点为同一个拓扑节点，拓扑节点不发生变化；如果断路器两端节点分属于不同的拓扑节点，则拓扑节点进行合并；当断路器支路两个端子分属两个不同的拓扑岛时，两个拓扑节点合并为一个拓扑节点，拓扑岛合并为一个拓扑岛。

为两个拓扑节点之间的唯一支路时，并且两端节点分别属于不同的拓扑岛，在合并拓扑节点时进行拓扑岛的合并。

（2）当断路器由合到分　可能产生拓扑节点分裂，首先，断开支路遍历拓扑节点，断路器两端节点连通，拓扑节点不变；如果不连通，拓扑节点分裂成两个拓扑节点；进一步判

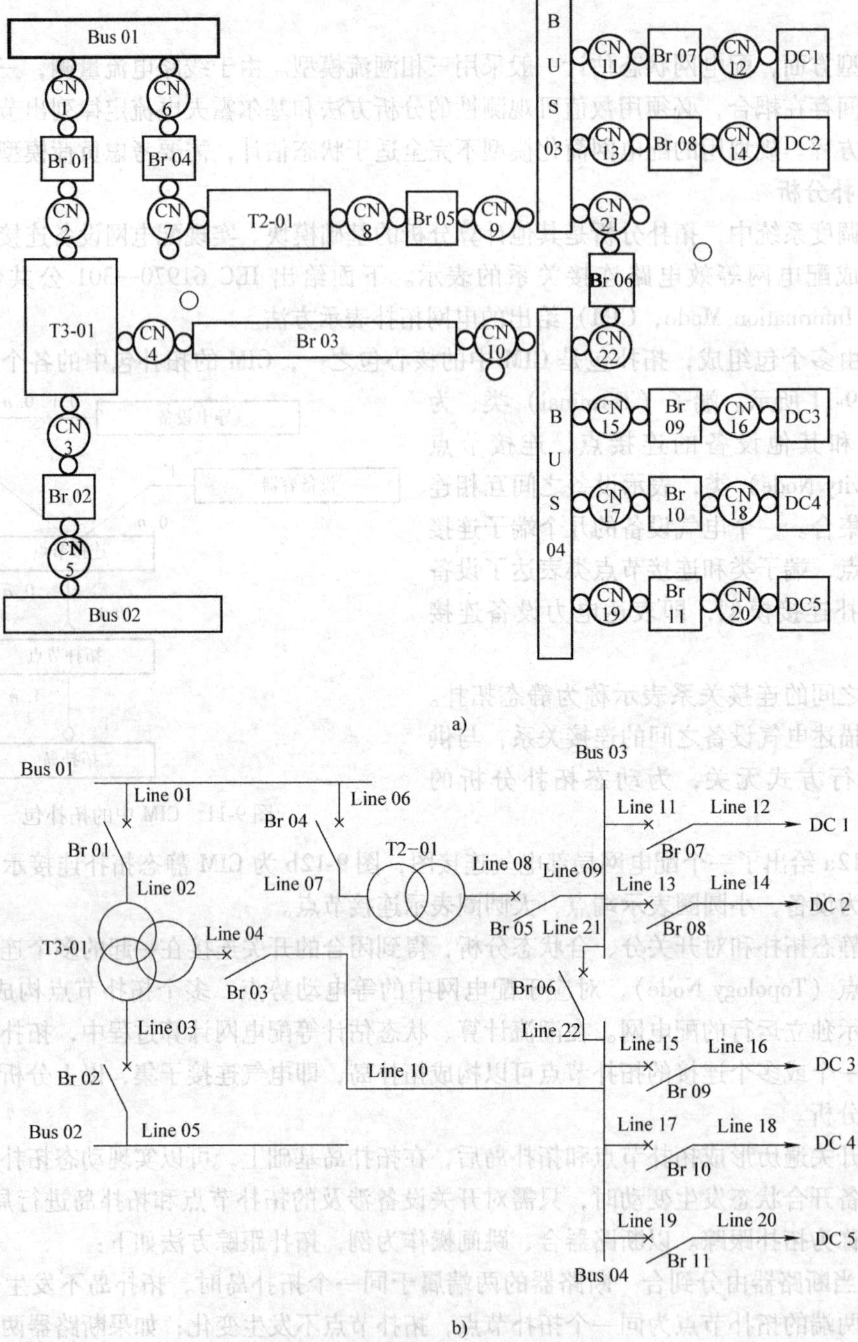

图 9-12　一个静态拓扑表示的实例

a）电气连接图　b）CIM 静态拓扑连接图

断这两个拓扑节点能否连通，不连通，拓扑岛分成两个拓扑岛。

通过以上方法得到拓扑节点和拓扑岛，即完成了拓扑分析。根据拓扑分析结果和支路参数，得到表示配电网的等效电路。

3. 配电网故障分析与恢复方案

当配电网中发生故障时，DMS中的故障恢复软件，根据FTU、DTU采集，并经过通信系统传送到配电主站SCADA系统，并经过处理存放在实时数据库中的故障信息进行逻辑推理，判断故障位置，并且确定隔离故障和恢复供电的操作步骤，直接以操作序列的形式提交SCADA系统，执行对远方开关的操作，或将操作方案显示到界面，供调度人员参考。可有效地减小停电面积、缩短停电时间。

由于当配电网络结构复杂时，要实现对故障影响区域的恢复供电，恢复的方案往往有多种，这时故障恢复一般不采用自动方式，系统给出多个故障恢复方案，供调度员参考。

4. 在线潮流计算

配电网潮流计算是配电调度系统中最基本的在线计算方法。对运行中的配电系统，通过配电网潮流计算，可以预知各种负荷变化和网络结构的改变会不会危及系统的安全，系统中所有母线的电压是否在允许的范围以内，系统中各种元件（线路、变压器等）是否会出现过负荷，以及可能出现过负荷时应事先采取哪些预防措施等。安排配电网的运行方式，及用非潮流约束方式优化配电网的运行方式时，通过潮流计算对安排方案进行校验。配电网故障恢复时，对恢复方案进行校验。

5. 配电网在线无功优化

由于配电网处于电力系统的末端，传输距离长，降压层次多，点多面广，运行状态受运行方式和负荷变化的影响较大，这些状况导致配电网在一定区域和时段处于非经济运行状态，需要对节点电压、无功功率分布进行协调控制。配电调度主站，配置无功控制模块对配电网实施电压无功控制。

配电调度主站根据采集到的各节点遥测、遥信量等实时数据，对变电站、线路、配变电压和无功功率平衡进行无功优化计算。计算时，采用启发式算法，将配电网划分成分区。按照以下策略进行优化调节：

(1) 以电压调整为主，同时实现节能降损　降损的前提是配电网安全稳定运行及满足用户对电能质量的需求，在具体实施过程中，一个周期的控制命令可能既包含分接头调整，又包括补偿装置动作，如果分接头及补偿装置同属一个设施，则先调整分接头，下一周期再调整补偿装置。

(2) 电压自下而上判断，自上而下调整　这一要求需要两种措施来保证：一是通过短期、超短期负荷预测，合理分配开关在各时段的动作次数；二是如果低电压现象在一个区域内比较普遍，则优先调整该区域上级调压设备。

(3) 无功功率分布自上而下优化计算，自下而上进行调整　如果上级配电网有无功补偿的需求，应首先向下级配电网申请补偿，在下级配电网无法满足补偿要求的情况下，再形成本地补偿的控制命令。而控制命令的执行应自下而上逐级进行。如此，既能满足本地无功功率需求，又能减少无功功率在配电网中的流动，最大限度降低网损。

计算结果形成对有载调压变压器分接开关的调节、无功补偿设备投切等控制指令，各台配变分接头控制器、线路无功补偿设备控制器、线路调压器控制器、主变电压无功综合控制器等接收主站发来的遥控指令，实现相应的动作，从而实现对配电网内各公用配变、无功补偿设备、主变的集中管理、分级监视和分布式控制，实现配电网电压无功功率的优化运行和闭环控制。

6. 配电网的重构

故障运行状态下，通过改变配电网中的开关开合状态，改变配电网运行结构的行为称为配电网的重构。正常运行条件下，配电调度员周期性地进行网络重构，目的是平衡负荷，消除过载，提高供电电压质量；另一方面降低网络损耗，提高系统的经济性。在故障情况下，配电网的重构，实现隔离故障，同时打开一些常合刀开关，使系统保持开环运行状态，把故障支路的负荷全部或部分地转移到另一条馈线或同一条馈线的另一条支路上。目的是尽快隔离故障，恢复健康区段供电，减少停电范围。

故障重构的过程是一个多变量的优化问题。针对不同的情况建立优化模型，采用不同的优化方法，进行求解。

配电调度软件系统中，配有实现配电网重构的功能模块。

7. Web 软件

Web 软件为运行在 Web 服务器上的软件，其客户端为办公网上的各种计算机浏览器。浏览器运行时，从服务器上下载实时数据显示组件。Web 软件和实时数据库服务通信，得到各种实时数据，按照客户端的请求，更新客户端的界面数据；客户端和配置历史服务软件通信，得到各种历史数据，以浏览方式进行显示。Web 软件能提供的功能相当于简化的人机界面软件功能。

9.4 配电调度系统主要功能

9.4.1 配电网 SCADA 功能

（1）数据采集、处理　对配电网中的变电站、开闭所、馈线、配电变压器正常运行时的电压、电流、功率信息以及各种开关量信息进行采集。对配电网异常或故障运行情况下的各种异常量进行采集。信息采集满足运行监控、事故处理、管理的需要。主要有 SCADA 数据处理、故障数据处理、电量数据处理、高级应用（网络拓扑、配电网潮流、配电网重构、负荷转移等）数据处理、地理信息数据处理等。

（2）监视控制配电系统　通过各种画面展示配电系统运行状态，画面包括含有实时电气量信息的主接线画面、地理信息画面、曲线和棒图画面。分类显示各类报警信息，模拟量越限、开关量变位等，通过语音或画面闪烁提示发生的事件。

GIS 画面，集成在人机界面系统中或独立配置地理信息工作站，能实时显示地理信息及 SCADA 数据。故障停电的区域变色显示、重要用户负荷、损失电量等显示；以操作员身份登录系统，通过画面进行遥控、遥调或下装定值的操作。

（3）配电自动化系统的监视　通过现场 IED 装置内部的诊断系统，得到反映装置运行状态的信息，并通过通信信道上传到主站，对通信信道状态进行监视。调度主站的网管系统，对计算机基本参数、进程运行状态进行监视。

（4）历史数据的查询　查询各类历史数据及记录，用曲线或列表形式显示。

通过 GIS 界面，查询区域、台变区域电源及供电范围；当配电网发生故障时，查询停电区域配电网状态、用户信息、损失电量等。

（5）维护系统　在线对各类画面，包括主接线画面、曲线格式、报表格式、各种参数进行维护，定制各种曲线和表格，修改操作人员权限，系统参数的配置等。

9.4.2　应用软件功能

配电调度主站的配电应用软件一般分为实时态和研究态两种工作模式。

（1）研究态　当应用软件处于研究态情况下，可以得到当前配电网的断面数据，也可以是过去的某个典型断面数据，能进行以下模拟：

1）模拟改变配电网运行方式，操作开关的分、合，系统自动计算新运行方式下的潮流和负荷分布以及主要参数指标。

2）改变某段馈线的负荷，计算新的运行方式下的潮流和负荷分布以及主要参数指标。

3）模拟配电网的事故，如线路故障、线路过负荷、电压不合格、配电设备故障等，调度员可以模拟采取措施进行事故处理，系统可以存储调度员的模拟操作过程，系统也会自动生成一个最优的处理策略，以供调度员对比参考。

系统在模拟过程中可以考虑线路检修、设备临时停运等特殊情况。模拟调度的整个过程可以存盘记录或打印以便分析。

（2）运行态　在模拟态运行过程中，如果系统发生异常，立即保存模拟过程，系统转入实时运行过程。

实时运行时，系统按照设定的时间间隔进行配电网络状态估计、拓扑分析，在此基础上，形成配电网的电路模型。当配电网上负荷不平衡及线损较高时，系统可以自动进行优化计算，得出网络优化策略。网络优化的目标为线损最小、负荷均衡化和提高供电电压质量。系统按时间设定或人工触发的方式，进行配电网的负荷预测、潮流计算、配电网重构优化、无功优化运行、短路电流计算等。

如果实时运行过程中，发生开关变位、保护动作，即可进行实时故障分析，启动故障判断进程。如是故障，则推出故障判断结果和恢复步骤，告诉调度员故障区段，同时显示故障恢复几种方案的命令序列，经调度员选择确认后，交互下发执行或自动下发执行，实现故障隔离恢复。

第10章　电力需求侧管理支持系统

社会的发展离不开能源，但能源能否合理利用关系到社会能否持续发展。近年来，随着国民经济的发展和人民生活水平的提高，电网负荷的峰谷差急剧拉大，甚至在部分城市出现了拉闸限电行为，电力设备的利用率明显减少。我国工业单位产值的能耗为世界平均水平的三倍多，为先进国家的11倍。长期以来，国家和电力部门十分重视电能利用率，倡导节约电能、提高电能利用率，开展有序用电等。

合理利用电能，是社会各个层面的共识，但如何合理用电，需要一个认识过程，需要通过技术手段来实施。20世纪70年代，出现了两次能源危机，加之环境污染日益严重，促成了国际上电力需求侧管理技术（Power Demand Side Management，PDSM）的兴起，即在社会各方的共同参与协作下，实现电能的合理利用。PDSM理论和技术经过二十多年的研究，得到了全面发展和广泛应用，在减少电力建设投资，改善电网运行的经济性和可靠性，控制电价上升幅度，减少用户电费支出，节省能源资源，改善环境质量方面取得了显著效益。从20世纪90年代开始，我国逐步引入了这项新的管理技术。

如果PDSM仅有理念，没有技术手段，好的理念也无法实施。因此，在电力部门和用户侧需要建立实施需求侧管理理念的技术支持系统。早在20世纪80年代计划经济时代，我国针对大电力用户广泛采用了无线通信方式的负荷控制方式，对用户的用电方式进行管理，当时建立负荷控制系统是在电力严重短缺的情况下实施的，它的控制目标是在电力系统电力严重短缺时，通过限制大电力用户的用电，达到使电力系统安全运行的目的。它在供电企业的发展，缓解电网供需矛盾，提高用电管理现代化方面发挥了一定作用。老体制下建立的负荷控制系统按“管用户，限制用户”的思想设计，不能满足电力企业市场化的管理要求，由于理论和技术限制，其功能和用户覆盖面有限。

随着电力体制的改革，特别是电力市场化运营步伐的加快，负荷管理系统的使用方式和目的发生了根本变化。21世纪初，开展了体现需求侧管理理念的新一代负荷控制系统的研制，并得到了应用。国家电网公司为了加强对用户的管理，提高服务质量，2007年启动了电力用户用电信息采集系统的建设，以全覆盖为建设目标对各类用户实施用电管理。近年来，大型电力用户内部通过建立以节电为目标的制度，以及建立用电信息管理系统，实施其内部的用电管理。

在20世纪90年代PDSM工作引入到我国，我国随即开展了大量的研究工作，2004年5月国家发改委、国家电监会出台了《加强电力需求侧管理工作的指导意见》，把PDSM提高到国家能源战略的高度，指导意见标志着PDSM进入了一个全面发展的阶段。

10.1　电力需求侧管理

1. 电力需求侧管理的内容

PDSM是在政府法规和政策的支持下，采取有效的激励和引导措施，以及适宜的运作方式，通过电力公司、能源公司、社会中介组织、产品供应商、电力用户等共同协作，提高终端用电效率和改善用电方式，在满足生产、生活用电的同时，减少电量消耗和电力需求，达到节约资源和保护环境的目的，实现社会效益最好、各方受益、能源成本最低所进行的管理活动。PDSM 的核心是通过协作管理节约资源和保护环境，以社会效益最好为目标，使参与的各方受益。

纵观 PDSM 节电运作的实践，可以加深对 PDSM 理念的理解。

(1) PDSM 适合市场经济运作机制，主要应用于终端用电领域。它遵守法制原则，鼓励资源竞争，讲求成本效益，提倡经济、优质、高效的能源服务，它的最终目的是建立一个以市场驱动为主的能效市场。

(2) 节能、节电具有量大、面广和极度分散的特点，只有采取多方参与的社会行动，才能聚沙成塔、汇流成河；它的个案效益有限，而规模效益显著，且一方节能，多方受益。

节能、节电是一种具有公益性的社会行为，需要发挥政府的主导作用，创造一个有利于实施 PDSM 的环境。

(3) PDSM 立足于长效和长远社会可持续发展的目标，要高度重视能效管理体制和 PDSM 节电运作机制的建设，以及制定支持它们可操作的法规和政策，适度地干预能效市场，克服市场障碍，切实把节能落实到终端，转化为节电资源，才能起到需求侧资源替代供应侧资源的作用。

(4) 用户是节能、节电的主要贡献者，要采取约束机制和激励机制相结合的措施，制定以鼓励为主的节能、节电政策，在节电又省钱的基础上引导用户自愿参与 PDSM 计划。让用户明白 PDSM 与传统的节能管理不同，提高用电效率不等于抑制用电需求，节电不等于限电，能源服务不等于能源管制，克服用户参与 PDSM 的心理障碍，激发电力用户参与 PDSM 活动的主动性和积极性，才能使节能、节电走向日常运作的轨道。

电力部门和用户能获得巨大收益：①改善供电网峰谷差，减少线损，增加供电容量，缓解供电压力；②将来随着供电公司的独立核算，在不影响总体电能收益下，可以减少电厂的购电容量从而提高投资效益；③提高供用电双方设备利用率，减少基本建设投资规模；④负荷均衡后，减少电网负荷的峰值，降低了负荷对电网的冲击，提高了电网安全性和供电可靠性；⑤系统的应用给用电管理提供新的技术手段，提高供电企业的服务质量，使电力企业的服务更贴近用户。

近年来国内各个地方在 PDSM 试点工作的基础上积极开展了 PDSM 工作，带来了显著的经济效益。通过政策鼓励用户采用新设备、新技术，以降低用电负荷、提高能源利用效率，将减少的电力供应视同“虚拟电厂”提供的电力电量。“十一五”期间，PDSM 在抗击自然灾害、平衡电力电量、提高电网负荷率、促进节能减排、确保电网安全和维护社会稳定等方面发挥了重要作用，带来了较大的经济、社会和环保效益。据专家测算，2007 ~ 2009 年，通过实施 PDSM，节约电量约 900 ~ 1000 亿 kWh，相应减缓了新增发电装机的需求，节约原煤超过 5400 万 t，减少二氧化硫排放量约 90 万 t，减少二氧化碳排放量约 1.35 亿 t；全国 70% 多的电力缺口地区，通过有序用电措施解决转移用电高峰负荷约 1600 万 kW。目前，我国 PDSM 工作主要包括三部分内容，分别是节约用电、移峰填谷、有序用电。节约用电是节能减排的重要组成部分，移峰填谷是节约资源的有力措施，有序用电是保障电网安全稳定运行和正常生产生活秩序的重要手段。

2. 电力需求侧管理和电力公司

根据国家的政策和电力企业的需求，为了加快推进 PDSM 工作，电力企业迫切需要通过一定的技术手段实施 PDSM。

目前，电力公司建设电力用户用电信息采集系统是实现 PDSM 的主要技术手段。通过电力用户用电信息采集系统和调度系统配合，优化电网运行方式，削峰填谷，减少线损和指导用户合理“用好电、好用电”，使得电力资源得到合理应用。“用好电”指的是电力企业能够保证电力系统安全运行，给用户提供高质量的电力；“好用电”指的是用电企业在电力部门的指导下，合理安排生产，带来电费的节约和企业整体效益的提高。电力需求侧支持系统的使用，带来电力用户、电力企业和社会的“多赢”局面。

电力用户用电信息采集系统是针对用户的自动化系统，提供用户的用电和负荷信息，对用户进行管理，它是 PDSM 的部分，是配电自动化系统的延伸。

3. 电力用户用电信息采集系统

电力公司实施 PDSM 的目标是改善供电网峰谷差，减少线损，增加供电容量，要达到此目标，必须通过技术手段真正掌握用户的负荷情况，即建立融入 PDSM 概念的电力用户用电信息采集系统。

电力用户用电信息采集系统是集计算机技术、通信技术、信息管理、系统工程于一体的，对电力用户的用电信息进行采集、处理和实时监控与管理的系统。实现用电信息的自动采集、计量异常监测、电能质量监测、用电分析和管理、相关信息发布、分布式能源监控、智能用电设备的信息交互等功能。

电力用户用电信息采集系统是覆盖所有电力用户的系统，能根据不同用户的特点对用户实施必要的管理。对于大用户，能根据其特点，在不影响用电的情况下，对负荷进行管理，即将原实施的电力负荷管理系统完全融合到电力用户用电管理系统中，电力负荷管理系统仅是电力用户用电管理系统的一个子系统。

电力用户信息采集管理系统建设的目的是实现实时、完整、准确掌控电力用户用电信息，满足各层面、各专业对于用户用电信息的迫切需求，实现电力企业用户用电管理水平的提高，使用户的用电信息透明化，进而促进更合理电价机制的实施，实现电力用户同电力企业实时信息交互。

用户根据用电信息制定自己的用电计划，电力企业也可以通过采集系统将采集到的客户负荷情况进行分析，为一些重要客户提供合理优化的用电方案。从而在客观上用电价政策促进用户采取节电措施。电力用户信息系统的建成，为电力企业实施技术负荷调整提供技术支持手段。因此，电力用户信息采集系统，属于 PDSM 技术支持系统的范畴。

通过用户用电信息采集系统的负荷管理功能，改善电网负荷曲线形状，使电力负荷处于较为均衡的状态，以提高电网运行的经济性和安全性。具体措施可采用间接控制，管理上采用经济手段，按用户用电最大需求量或对峰谷用电时段的用电量按不同电价收费，来刺激用户在低谷段多用电，尽可能避开高峰大量用电，达到削峰填谷的目的。直接控制上采用技术手段，在高峰用电时切除一部分可间断供电负荷。

由电力用户用电信息采集系统主控站，按改善负荷曲线的需要，通过某种与用户联系的控制信道和装设在用电用户处的终端装置，对用户的用电负荷进行有效管理。

主要通过以下三种方式，实现负荷的削峰填谷：

1）减压减负荷　通过调节变电站的电压或用户实施电压管理来调整负荷。

2）对用户可控负荷进行周期控制。

3）直接切除用户可控负荷。

按照 PDSM 的概念和我国的实际情况，具体实施负荷管理和监控可分为以下几种：

（1）削峰　电力企业根据供电情况制定年度削峰计划，确定削峰目标。在峰负荷期间削减负荷，这方面工作通常采用以下方法：

1）用户主动减负荷　由用户主动在峰荷期间停用可间断负荷，进行有效的避峰。由电力用户信息采集系统通过技术价格杠杆和预先向用户发布通知的方式来实施。

2）用分时电价刺激用户在高峰时降负荷　通过制订一个合理的峰谷电价，在峰荷集间，用户每增加 1kW 负荷，由发电到输、变电各环节的设备容量均需相应增加。因此，高峰负荷期间，用户除应支付电能电费外，还需要支付发、输、配电设备每千瓦摊销的投资。为了鼓励用户均衡用电，低谷期间的电能电价应给予优惠，而高峰期间的电能电价则应予以提高。这样，用户在高峰期间的用电就要交纳比低谷期间高得多的电费。例如：美国乔治亚州规定，大用户用电高峰与电网一年中负荷最高的 4 个小时重叠时，电价要提高 5 倍。我国试点表明，在峰谷电价比为 3 时，日负荷率约提高 3%。

电力用户用电信息采集系统，采集真实的用电信息，建立相关的模型进行分析，制订合理的电价。

3）直接控制负荷　利用电力用户信息采集终端在峰荷期间直接控制负荷，实施的前提是和用户预先达成协议，例如：峰荷期间对空调负荷轮流进行开关控制。美国 EPRI 在 EA-3934 号报刊中列出了美国 13 家电力企业控制空调器的控制方案，大部分采取 15min 轮流开闭。在我国，由于宾馆、机关和商店集中空调的使用大量增加，依照国际惯例进行直接控制是可行的。由于这种空调用电负荷比较大，控制每个点的效果非常显著。这种控制负荷方式具有明显的优势。据报道，我国大型城市的夏季空调用电占整个用电量的 30%，大大加大了电网的峰谷差，目前仅仅停留在行政管理的角度，缺乏有效的技术手段，而电力用户信息采集系统即可通过技术手段方便实施空调的轮切。

4）实行可间断供电电价　如果用户同意对其可间断供电负荷进行控制，将对该类用户的电价给予不同的优惠，提前通知的时间分别为 1d、4h 和 1h 三种。规定控制时间应不少于每天 6h，用户可在高峰负荷期安排检修设备。对于同意安排其大修时间的工厂，将按其配合程度，在电费上给予优惠。如果众多的工厂大修时间分别安排在一年的夏季高峰负荷期内，将获得显著的削峰效果。

5）有序用电管理　有序用电是指通过法律、行政、经济、技术等手段，加强用电管理，改变用户用电方式，采取错峰、避峰、轮休、让电、负控限电等一系列措施，避免无计划拉闸限电，规范用电秩序，将季节性、时段性电力供需矛盾给社会和企业带来的不利影响降至最低程度。有序用电由各级政府和有关政府部门主导及推动，充分调动供电企业和电力用户的积极性，共同参与和配合。在电力供需不平衡情况下，坚持限电不拉电，确保市民用电不受影响，确保重点企业生产需要，确保城市生产生活正常有序。

有序用电管理是目前采用的主要有效管理模式，由于用户生产计划按市场动向经常调整，给这种控制策略带来困难，紧急或高峰时的拉闸限电仍有可能发生。必须要通过技术手段克服计划用电的弊端，避免用电市场混乱的局面，从而保证用电可靠有序。

（2）填谷 填谷就是鼓励用户在电网低谷时用电，提高低谷负荷，改善负荷曲线，可供使用的方法有以下几种：

1）采用电蓄热装置低谷时储热 储热负荷需要有较大的热容量，在夜间低谷 6～8h 内，用电加热后，能供应一天中 6～18h 的用热需要，如具有蓄热电锅炉、大容积热水器、蓄热器的房间采暖系统。

2）通过价格杠杆 鼓励用户调整用电时段。制定季节性电价，鼓励用户安排其生产时段，填充年度低谷电力。实行非峰用电电价以填充低谷，对非峰时用户的用电实行优惠电价，同样可以鼓励用户填谷。将用户在高峰时的用电移到峰前和峰后使用，如对矿山企业、冶炼行业，通过调整生产班次，在低谷段进行生产或对冶炼炉加温，在高峰段进行检修或实现保温。

3）按需量控制 此种管理方式建立在经济核算的基础上，比较容易收到好的效果。供电部门对用户实行基本电费（按除低谷段外的最大需量收取）和电能电费两部制电价。用户就会将注意力集中到控制最大需量上。

基本电费能正确反映电能成本，基本电费容量成本不仅应包括发电设备，还应包括输、变、配电设备投资分摊的成本。工厂企业为了降低购电费，可以在线监测需量值，并根据其是否形成最大需量，对自己的负荷进行及时的控制。

以上这些控制管理策略和方法，都要求控制装置及其管理、控制系统的软、硬件能够满足运行和管理需要。

通过电力用户用电信息采集系统，电力公司和用户能得到准确的用电信息，为电网和用电管理以及用户提供准确的电力负荷数据，为电力公司 PDSM 的实施奠定基础：

（1）通过得到的用户用电信息，辅助用户制定合理的用电方案。

（2）通过用电信息的分析，制定相关的用电政策。

（3）通过透明的信息交互，保证供需双方的利益。

（4）是电网的削峰、填谷方案制定、实施的技术手段。

所以，电力用户用电信息采集系统是实施 PDSM 的重要技术支持平台。

10.2 电力用户用电信息采集系统

10.2.1 电力用户的分类和管理方式

电力用户用电信息采集系统，按照分布式部署分级管理的要求，从上而下分为一级主站和二级主站两个层次。一级主站建设在省电力公司，为整个系统的数据应用平台，侧重于整体汇总及管理分析；二级主站建设在地市电力公司，是实现各自区域内电能信息采集的平台。

1. 用户的分类

系统中用户分为 A～F 共六类。

（1）A 类 大型（容量在 100kVA 及以上）专变用户，A 类分为 A1、A2 和 A3。

① A1：用户有专用变电站。

② A2：专线供电变电站计量用户。

③ A3：单回路或双回路供电的用户。

（2）B 类　中小型（容量在 100kVA 以下）用户，B 类分为 B1 和 B2。

① B1：用电量不小于 50kVA 的用户。

② B2：用电量小于 50kVA。

（3）C 类　三相一般工商业用户，C 类分为 C1、C2 和 C3。

① C1：配置计量 CT 容量不小于 50kVA 的商业用户。

② C2：配置容量小于 50kVA 的商业用户。

③ C3：不带 CT 的直接接入计量的商业用户。

（4）D 类　单相一般工商业用户。

（5）E 类　居民用户，E 类分为 E1、E2、E3、E4 和 E5。

① E1：带 CT 的居民用户。

② E2：不带 CT 的三相居民用户。

③ E3：独立表箱城镇居民用户。

④ E4：独立表箱农村单相居民用户。

⑤ E5：集中表箱布置的居民用户。

（6）F 类　关口考核计量点，分为 F1、F2、F3、F4、F5，五类为不同的关口。

其中 A、B、C 类为高压供电的用户，D、E、F 三类为低压供电的用户，F 类为关口计量点，包括统调、非统调发电厂内的上网关口，变电站内的发电上网或网间关口，省对市、市对县下网关口，公用配变考核关口。针对不同种类的用户对象，根据其用电的特点，对其实施不同的管理。

2. 不同用户的管理功能

用电信息采集系统采集的六类对象，可以将采集要求分为两大类，第一类是高压供电的专变用户，除了用电信息采集外还需要同时进行用电管理和负荷控制，利用负荷控制可以直接进行预购电管理，通过负荷管理终端（下称专变采集终端）实现用户用电信息采集和控制管理，A 类用户中的 A1、A2 用户数据应从变电站电能采集系统中得到，不直接采集；第二类是低压供电的一般工商业户和居民用户，包括 C、D、E 类，此类用户通常会集中在公用（混合）配变下，用电情况简单，数量较大，用低压集中抄表终端实现集中抄表，通过电表执行预付费管理。其中 E 类中容量大于 25kVA 用户（E1）用电容量较大，可以采用大用户的管理方式安装专变采集终端进行管理。

F5 类作为低压关口表计，可以通过 RS485 接口直接接入低压集抄集中器完成抄表功能，采集数据类型较多，其他无特殊要求。

3. 用电信息采集终端

针对不同种类的监测点，配置不同用电信息采集终端。用电信息采集终端是对各信息采集点用电信息采集的设备，简称采集终端，实现电能表数据的采集、管理、双向传输以及转发，或执行控制命令。用电信息采集终端按应用场所分为专变采集终端、集中抄表终端（包括集中器、采集器）、分布式能源监控终端等类型。

（1）专变采集终端

1）基本构成　专变采集终端是对专变用户用电信息进行采集的设备，实现电能表数据的采集、电能计量设备工况和供电电能质量监测，以及用户用电负荷和电能量的监控，并对采集数据进行管理和双向传输。这种终端应用于高压和三相 C1 类用户。

专变采集终端的原理图如图 10-1 所示，终端主要由七部分组成：核心处理单元、通信单元、就地通信接口和电能表通信接口、交流采样接口、输入/输出接口导航键和显示、电源。

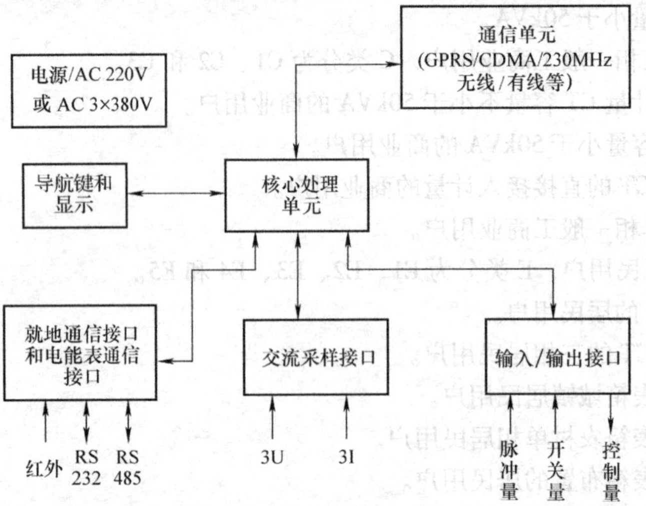

图 10-1　专变采集终端原理图

核心处理单元完成数据采集，并对各种数据进行统计分析后保存在处理单元的 Flash 芯片内等待主站召测，核心处理单元执行主站下发的命令，实现对外部通信等任务，一般采用高性能的微处理器外扩输入/输出接口、存储器或单片机构成。

通信单元实现专变终端和上级系统的通信，即将终端接入和主站进行通信的通信网，可采用多种形式，例如：230MHz 无线专网模块、GPRS 模块、CDMA-1X 模块、微功率电台、以太网接口等。

就地通信接口和电能表通信接口，分为红外接口、RS232C 维护接口以及 RS485 电表接口。通过红外接口接收遥控器命令，对终端进行各种操作；RS232C 和计算机连接对终端进行维护；RS485 和智能电能表进行连接，实现和电能表的通信。

交流采样模块，将三相电压、电流交流模拟量信号接入终端，实现对三相电压、电流的采样，计算功率、电能等电气参数。

输入/输出接口，实现开关量输入、控制输出，即实现现场开关的控制和开关状态的监测；脉冲量接口接入脉冲电能表，终端通过脉冲数计算出电能的量。

导航键和显示，实现对终端的操作。

电源模块，完成终端的各个元器件供电任务。

实际应用的专变控制终端，其基本型不具备交流采样功能，从就地连接的多功能电能表得到电压、电流的实时值，其他型的专变采集终端具备交流采样功能。Ⅰ型专变控制终端外形如图 10-2 所示。Ⅱ、Ⅲ型专变控制终端外形如图 10-3 所示。

2）专变采集终端的功能

① 交流采样功能：采集并计算三相电压、电流、功率、有/无功电量等。

② 抄表功能：抄读电能表的正反有功电量、四象限无功电量、电压、电流、有功/无功功率、冻结电量等。

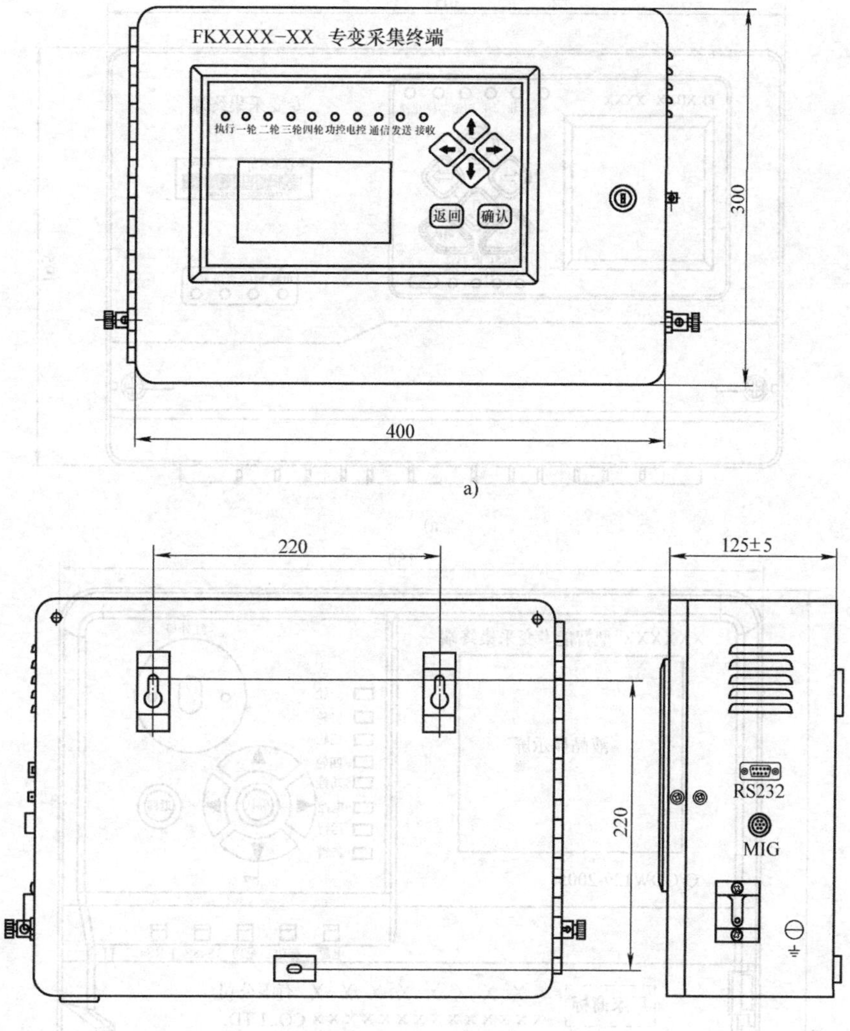

a)

b)

图 10-2　Ⅰ型专变控制终端外形图

a）正视图　b）后视和侧视图

③ 控制功能：可对用户进行功控、电控等多种超预定负荷及避峰等拉闸控制，终端提供四轮控制，有四路遥信接口。

④ 存储功能：终端和存储不同的数据。

⑤ 异常检测及报警：实时对终端状态监测，支持对电表状态、终端状态、回路状态以及各种处理分析过程的异常进行报警。

⑥ 通信功能：终端与主站的通信支持《电力负荷管理系统数据传输协议－2004》，支持 GPRS/CDMA，并且有本地维护接口。

⑦ 时钟管理：时钟误差≤0.12s/h，时钟保持大于 10 年。

⑧ 远程升级：终端支持远程在线升级。

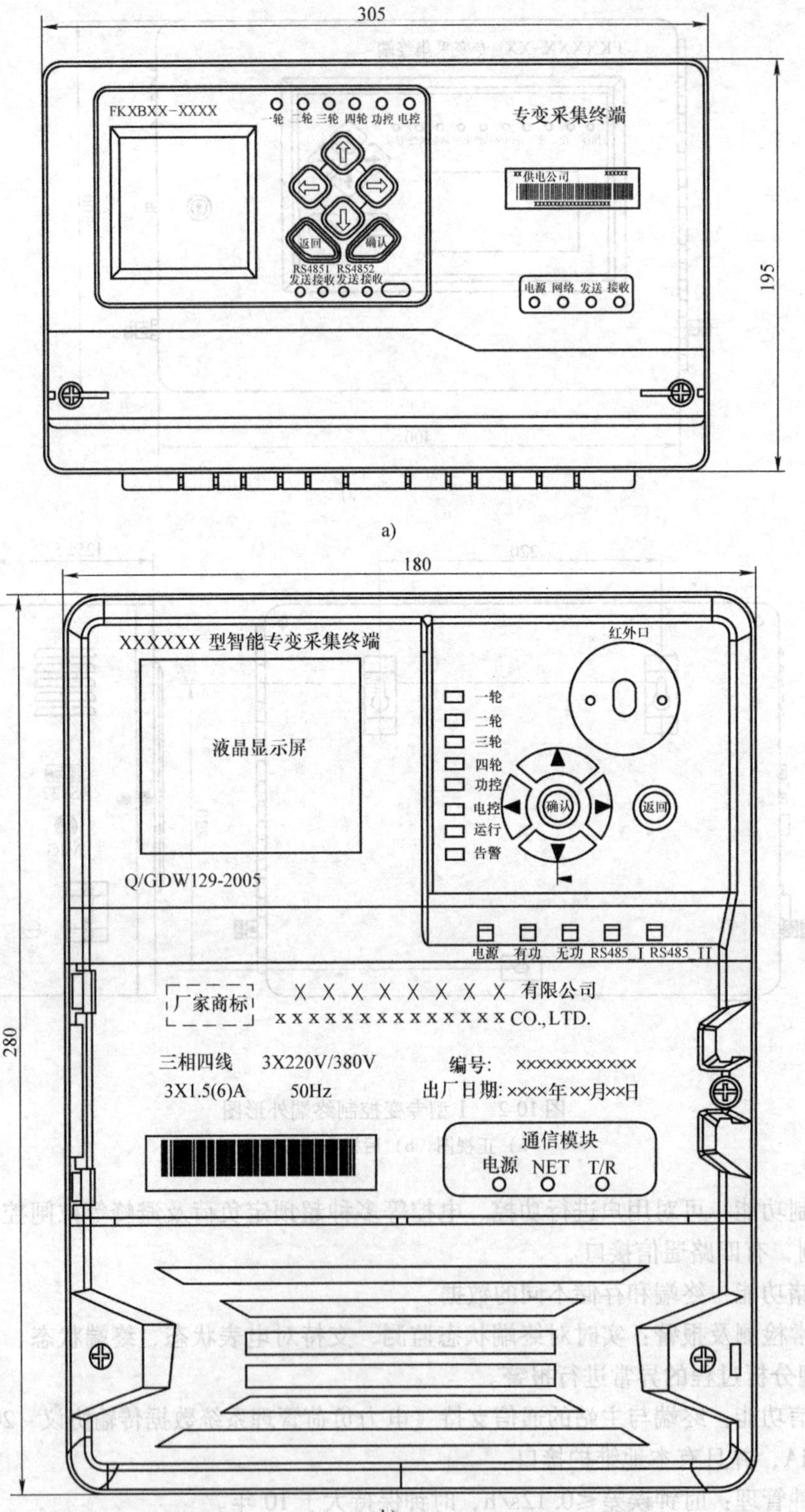

图 10-3　Ⅱ、Ⅲ型专变控制终端外形图

a）Ⅱ型外观　b）Ⅲ型外观

（2）低压采集器

1）用途和结构　低压采集器是用于采集多个或单个电能表的电能信息，并可与集中器交换数据的设备。采集器是参与自动组网并提供载波/无线信道，通过自身的 RS485 接口同表计的 RS485 接口通信，采集到表计的相关数据后，通过其自身的载波/无线信道，将采集到的数据传至集中器，最终传至后台系统。根据系统功能亦可将后台管理系统的指令或参数下传至表计。

低压采集器按外形结构和 I/O 配置分为Ⅰ型、Ⅱ型两种形式。Ⅰ型：上行通信信道可选用微功率无线、电力线载波、RS485 总线、以太网，下行信道可选用 RS485 总线，可接入 1～32 路电能表。Ⅰ型采集器的外形如图 10-4 所示。Ⅱ型：上行通信信道可选用微功率无线、电力线载波，下行信道可选用 RS485 总线，可接入 1 路电能表。

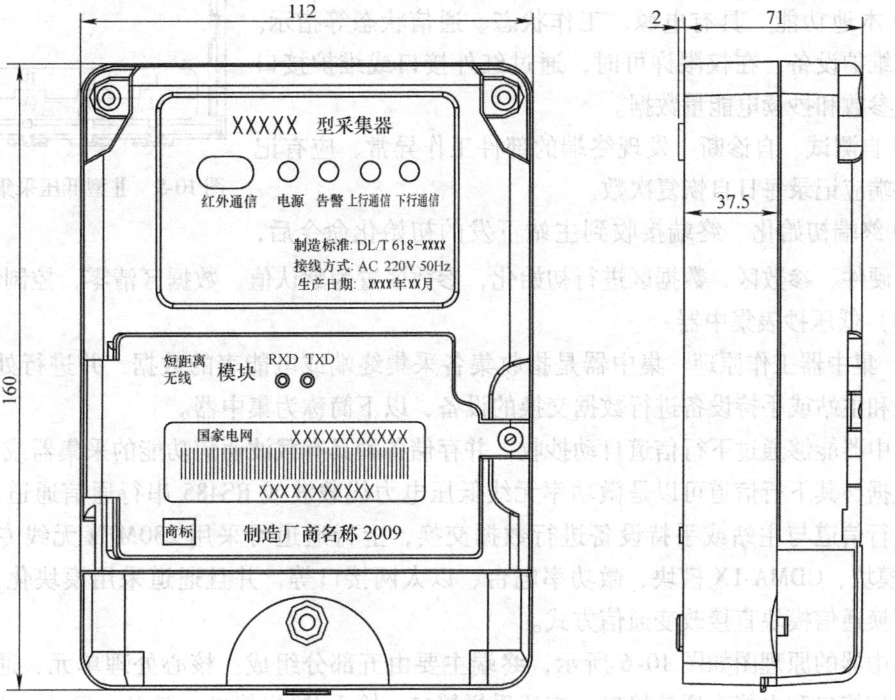

图 10-4　Ⅰ型采集器外形图

采集器Ⅱ型的整机结构尺寸为 100mm（长）×40mm（宽）×50mm（厚），正面如图 10-5 所示。L、N 为 AC 220V 电源，A、B 为接口。

2）低压采集器的功能

① 数据采集　采集器应能按集中器设置的采集周期自动采集电能表数据。

② 数据存储　采集器能分类存储数据，形成总及各费率正向有功电能值等历史日数据，保存重点用户电能表的最近 24h 整点总有功电能数据。

③ 参数设置和查询　可远程查询或本地设置和查询下列参数：

a）支持广播对时命令，对采集器时钟进行校时。

b）设置和查询采集周期、电能表通信地址、通信协议等参数，并能自动识别和适应不同的通信速率。

c）能依据集中器下发或本地通信接口设置的表地址，自动生成电能表的表地址索引表。

图 10-5　Ⅱ型低压采集器正面图

④ 事件记录　采集器应能记录参数变更、抄表失败、终端停/上电等事件。

⑤ 数据传输　数据传输内容如下：

a）可以与集中器进行通信，接收并响应集中器的命令，向集中器传送数据。

b）中继转发，采集器能作为其他采集器的中继器。

c）通信转换，采集器可转换上、下信道的通信方式和通信协议。

d）对于有存储功能的采集器，对重要数据的传输应有安全防护措施。

⑥ 本地功能　具有电源、工作状态、通信状态等指示。手持或维护设备，在权限许可时，通过红外接口或维护接口能设置参数和抄读电能量数据。

⑦ 自测试、自诊断　发现终端的部件工作异常，应有记录。终端应记录每日自恢复次数。

⑧ 终端初始化　终端接收到主站下发的初始化命令后，分别对硬件、参数区、数据区进行初始化，参数区置为默认值，数据区清零，控制解除。

（3）低压抄表集中器

1）集中器工作原理　集中器是指收集各采集终端或电能表的数据，并进行处理储存，同时能和主站或手持设备进行数据交换的设备，以下简称为集中器。

集中器能够通过下行信道自动抄收，并存储各种具有载波通信功能的采集器或电能表的电量数据，其下行信道可以是微功率无线低压电力线载波或 RS485 串行通信通道；同时能通过上行信道与主站或手持设备进行数据交换，上行通道可采用 230MHz 无线专网模块、GPRS 模块、CDMA-1X 模块、微功率电台、以太网接口等，并且通道采用模块化设计，可通过更换通信模块直接改变通信方式。

集中器的原理图如图 10-6 所示，终端主要由五部分组成：核心处理单元、通信单元、就地通信接口和电能表通信接口，交流采样接口，输入/输出接口，键盘、显示，电源。

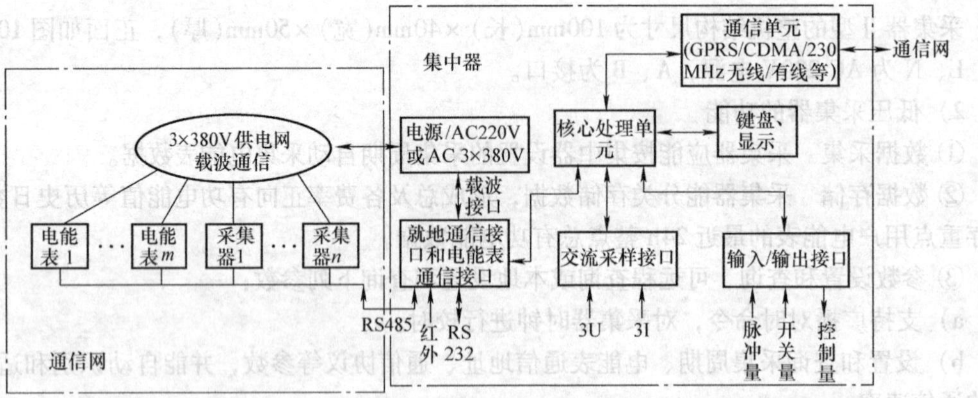

图 10-6　集中器原理图

① 核心处理单元 一般由高性能单片机外扩输入/输出接口、存储器构成。完成集中集的数据采集、存储及处理，对外通信以及接收主站命令等任务。

② 通信单元 实现集中器和上级系统的通信，即将集中器接入和主站进行通信的有线或无线通信网。通信单元接口可采用多种形式，例如：230MHz 无线专网模块、GPRS 模块、CDMA-1X 模块、微功率电台、以太网接口等。

③ 通信接口和电能表通信接口 实现和采集器或电能表通信网的连接；通过红外接口接收遥控器命令，对终端进行各种操作；RS232C 维护接口和计算机连接对终端进行维护。集中器通过就地接口和采集器电能表通信网连接时，可以采用 RS485 接口或 380V 载波通信接口，如图 10-6 中所示的集中器和通信网连接。

④ 交流采样 将三相电压、电流交流模拟量信号接入终端，实现对三相电压、电流的采样，功率、电能等电气参数计算。

⑤ 输入/输出接口，实现控制输出、开关量输入，实现现场开关的控制和开关状态的监测。脉冲量接入总电能表的电能脉冲接口，集中器通过脉冲数计算出总电能。

⑥ 键盘、显示 对终端进行操作。

⑦ 电源模块 完成对终端的各个元器件供电任务。

2）集中器的功能

① 数据采集

a. 采集数据的类型 集中器采集各电能表的实时电能示值、日零点冻结电能示值、抄表日零点冻结电能示值。电能数据保存时应带有时标。其中的当前有功、无功功率总加，通过总电能表或交流采样模块得到。实时三相电压、电流，三相有功、无功及分相有功、无功等电气量信息通过交流采样模块计算得到。

用户电能、功率实时信息，当月有功最大需量及发生时间，通过采集器和电能表通信得到。

其他各类参数为集中器、采集器存储的参数。

b. 集中器可用下列方式采集电能表的数据：

实时采集：集中器直接采集指定电能表的相应数据项，或采集器存储的各类电能数据、参数和事件数据。

定时自动采集：集中器根据主站设置的抄表方案自动采集采集器或电能表的数据。

自动补抄：集中器对在规定时间内未抄读到数据的电能表应有自动补抄功能。补抄失败时，生成事件记录，并向主站报告。

② 状态量采集 实时采集开关位置状态和其他状态信息，发生变位时应记入内存，并在最近一次主站查询时，向主站发送该变位信号，或主动上报变位信息。

③ 交流模拟量采集 集中器可按使用要求选配电压、电流等模拟量采集功能，测量电压、电流、功率、功率因数等。

④ 直流模拟量采集 对一些非电气量监测点（例如：温度、压力等），经变换器转换成直流模拟量，集中器可实时采集，直流模拟量测量准确度要求在 ±1% 范围内。

⑤ 数据管理和存储

a. 存储数据类型 集中器应按要求对采集数据进行分类存储，如日冻结数据、抄表日冻结数据、曲线数据、历史月数据等。曲线冻结数据密度由主站设置，最小冻结时间间隔为 1h。

b. 存储要求　集中器数据存储容量不得低于32MB。集中器应能分类存储下列数据：每个电能表的累计31个日零点（次日零点）冻结电能数据，累计12个月末零点（每月1日零点）冻结电能数据以及10个重点用户10天的24个整点电能数据。

c. 重点用户　集中器应能按要求选定某些用户为重点用户，按照采集间隔1h生成曲线数据。

⑥ 电能表运行状况监测　监视电能表运行状况，电能表发生参数变更、时钟超差或电能表故障等状况时，按事件记录要求记录发生时间和异常数据。

⑦ 公变电能计量　当集中器配置交流模拟量采集功能，计算公变各电气量时，应能实现公变电能计量，计量并存储正反向总及分相有功电能，最大需量及发生时刻，正反向总无功电能，有功电能计量准确度不低于1.0级，无功电能计量准确度达到2.0级，并符合GB/T 17215的有关规定。

⑧ 参数设置和查询功能

a. 时钟召测和对时　集中器应有计时单元，计时单元的日计时误差≤±1s/d。集中器可接收主站或本地手持设备的时钟召测和对时命令。集中器应能通过本地信道对系统内采集器进行广播对时或对电能表进行广播校时。

b. 终端参数设置和查询　远程查询或手持设备本地设置和查询下列参数：集中器档案，采集点编号等；集中器通信参数，如主站通信地址（包括主通道和备用通道）、通信协议、IP地址等。

c. 抄表参数　可远程或本地设置和查询抄表方案，如集中器采集周期、抄表时间、采集数据项等。

⑨ 事件记录　集中器应能根据设置的事件属性，将事件按重要事件和一般事件分类记录。事件包括参数变更、抄表失败、终端停/上电，电能表时钟超差等。

当集中器采用双工传输信道时，集中器应主动向主站发送告警信息。当采用不具有主动上报的远程信道时，集中器在应答主站抄读电能量数据时，将请求访问位（ACD）置1，请求主站访问。集中器应能保存最近500条事件记录。

⑩ 本地功能

a. 本地状态指示　应有电源、工作状态、通信状态等指示。

b. 本地维护接口　提供本地维护接口，支持手持设备设置参数和现场抄读电能量数据，并有权限和密码管理等安全措施，防止非授权人员操作。

c. 本地扩展接口　提供本地通信接口，可抄读台区考核表数据，并可支持同用于配变监测的交采装置和无功补偿装置进行通信。

⑪ 终端维护

a. 自检和异常记录　集中器可自动进行自检，发现设备（包括通信）异常应有事件记录和告警功能。

b. 初始化　终端接收到主站下发的初始化命令后，分别对硬件、参数区、数据区进行初始化，参数区置为默认值，数据区清零，控制解除。

c. 远程软件升级　集中器支持主站对集中器进行远程在线软件下载升级，并支持断点续传方式，但不支持短信通信升级。

（4）分布式能源监控终端　是对接入公用电网的用户侧分布式能源系统进行监测与控

制的设备，可以实现对双向电能计量设备的信息采集、电能质量监测，并可接收主站命令，对分布式能源系统接入公用电网进行控制。

10.2.2　用户用电信息采集系统的架构

1. 系统的逻辑架构

从逻辑的角度，对用电信息采集系统从主站、信道、终端、采集点等几个层面对系统进行分类，为系统的设计提供理论基础。图 10-7 为系统的逻辑架构图。

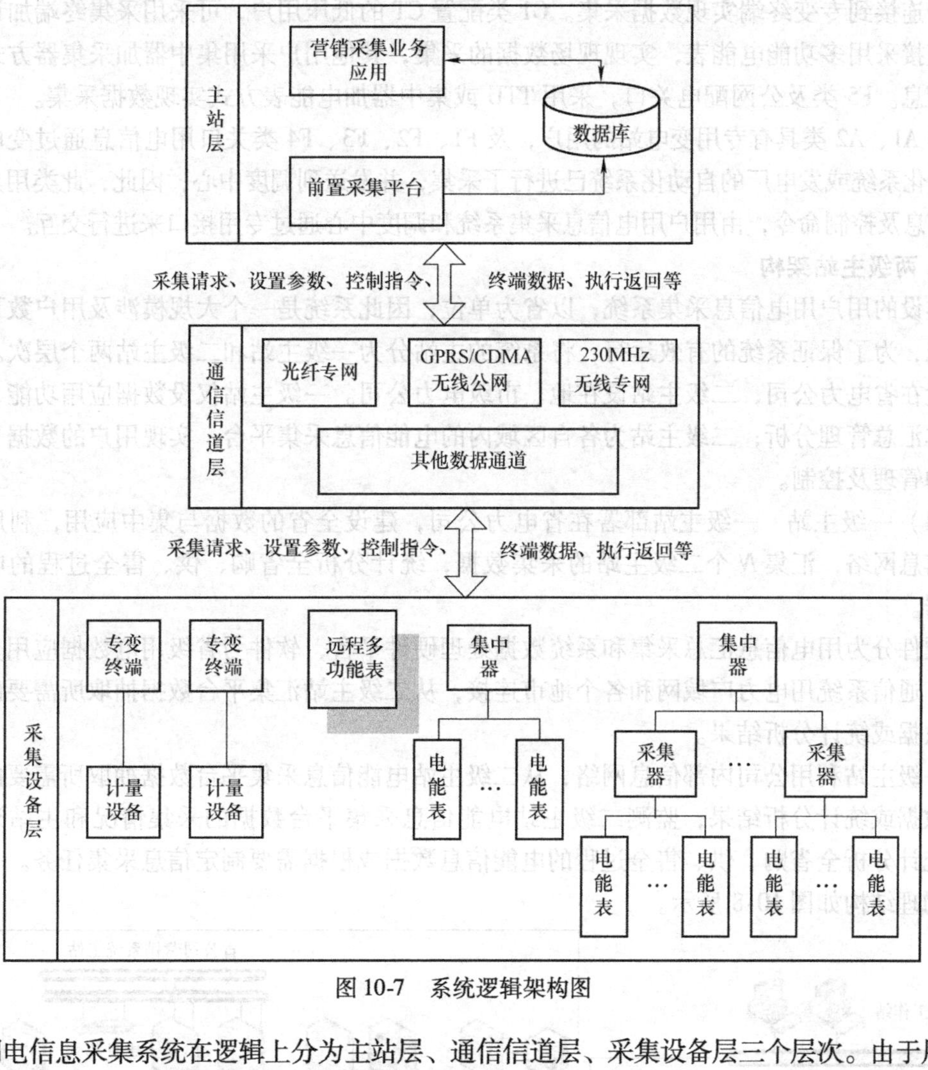

图 10-7　系统逻辑架构图

用电信息采集系统在逻辑上分为主站层、通信信道层、采集设备层三个层次。由于用电信息采集系统集成在营销应用系统中，因此和其他自动化系统数据交互，由营销系统统一处理。

（1）主站层　分为营销采集业务应用、前置采集平台、数据库管理三大部分。业务应用实现系统的各种应用业务逻辑；前置采集负责采集终端的用电信息，并负责协议解析，并对带控制功能的终端执行有关的控制操作；对各种终端通信方式进行通信的管理和调度等；数据库管理实现对各种数据的分析和处理等。

（2）通信信道层　是主站和采集设备的纽带，提供了各种可用的有线和无线的通信信道，为主站和终端的信息交互提供链路基础。主要采用的通信信道有光纤专网、GPRS/CDMA 无线公网、230MHz 无线专网。

(3) 采集设备层 是用电信息采集系统的信息底层，负责收集和提供整个系统的原始用电信息。该层可分为终端子层和计量设备子层，对于低压集抄部分，可能有多种形式，包括集中器 + 电能表和集中器 + 采集器 + 电能表等。终端子层收集用户计量设备的信息，处理和冻结有关数据，并实现与上层主站的交互；计量设备层实现电能计量和数据输出等功能。

采集设备层覆盖了 A3 到 E 的各类用户。A3 高压供电及 B 类供电的专变用户，通过计量设备连接到专变终端实现数据采集。C1 类配置 CT 的低压用户，可采用采集终端加计量方式或直接采用多功能电能表，实现现场数据的采集，其他用户采用集中器加采集器方式采集电能信息。F5 类及公网配电关口，采用 TTU 或集中器加电能表方式实现数据采集。

因 A1、A2 类具有专用变电站的用户，及 F1、F2、F3、F4 类关口用电信息通过变电站综合自动化系统或发电厂的自动化系统已进行了采集，并发送到调度中心，因此，此类用户用电情况信息及控制命令，由用户用电信息采集系统和调度中心通过专用接口来进行交互。

2. 两级主站架构

建设的用户用电信息采集系统，以省为单位，因此系统是一个大规模涉及用户数百万的大系统，为了保证系统的有效运行，将系统的主站分为一级主站和二级主站两个层次。一级主站设在省电力公司，二级主站设在地、市级电力公司。一级主站仅设数据应用功能，侧重于整体汇总管理分析；二级主站为各自区域内的电能信息采集平台，实现用户的数据采集和用户的管理及控制。

(1) 一级主站 一级主站部署在省电力公司，建设全省的数据与集中应用，利用公司内部信息网络，汇集 N 个二级主站的采集数据，统计分析全省购、供、售全过程的电能信息数据。

硬件分为用电信息汇总采集和系统数据处理硬件平台，软件为省级用电数据应用分析和管理。通信系统用电力广域网和各个地市连接，从二级主站汇集平台数据抽取所需要的电能信息数据或统计分析结果。

一级主站利用公司内部信息网络，从二级主站电能信息采集平台数据抽取所需要的电能信息数据或统计分析结果，监测二级主站电能信息采集平台数据的采集情况和主站运行情况，统计分析全省购、供、售全过程的电能信息数据或根据需要制定信息采集任务。一级主站的物理结构如图 10-8 所示。

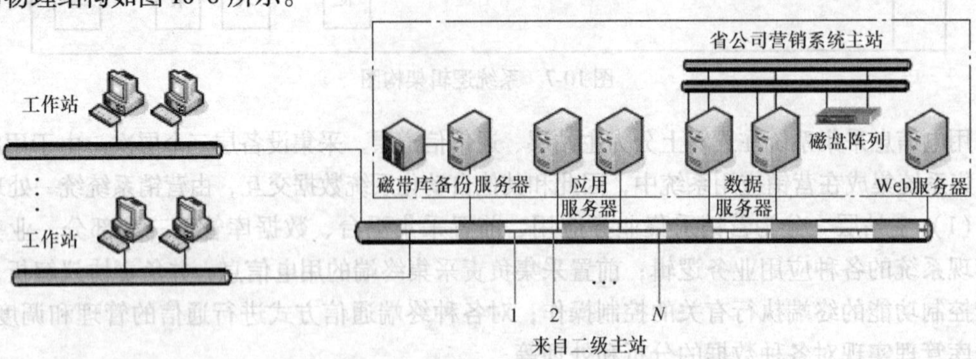

图 10-8 一级主站物理结构

主站系统主要由数据服务器、应用服务器、Web 服务器以及相关的网络设备等部分组成，汇集各个二级主站的采集数据，统计分析购、供、售全过程的电能信息数据，提供省（直辖市）公司营销业务需要的各项应用功能。

（2）二级主站　二级主站部署在地市或直辖市的区县，建设可独立运行的用电信息采集系统，完成地市公司的电能信息采集与业务应用。在逻辑上分为采集层、通信层以及主站层三个层次，其中主站层又分为前置采集、用电信息数据平台、系统应用三大部分。

二级主站实现购电侧、供电侧、售电侧三个环节电能信息数据的采集与处理，构建完整的地市级电能数据采集与管理数据平台。

图 10-9 为二级主站的物理架构，其中主站系统网络物理结构主要由数据服务器、应用服务器、Web 服务器、前置服务器、工作站以及相关的网络设备组成。通过各类通信信道，实现电能信息的自动采集、存储、处理，同时提供各类电能信息与管理的各项应用功能。

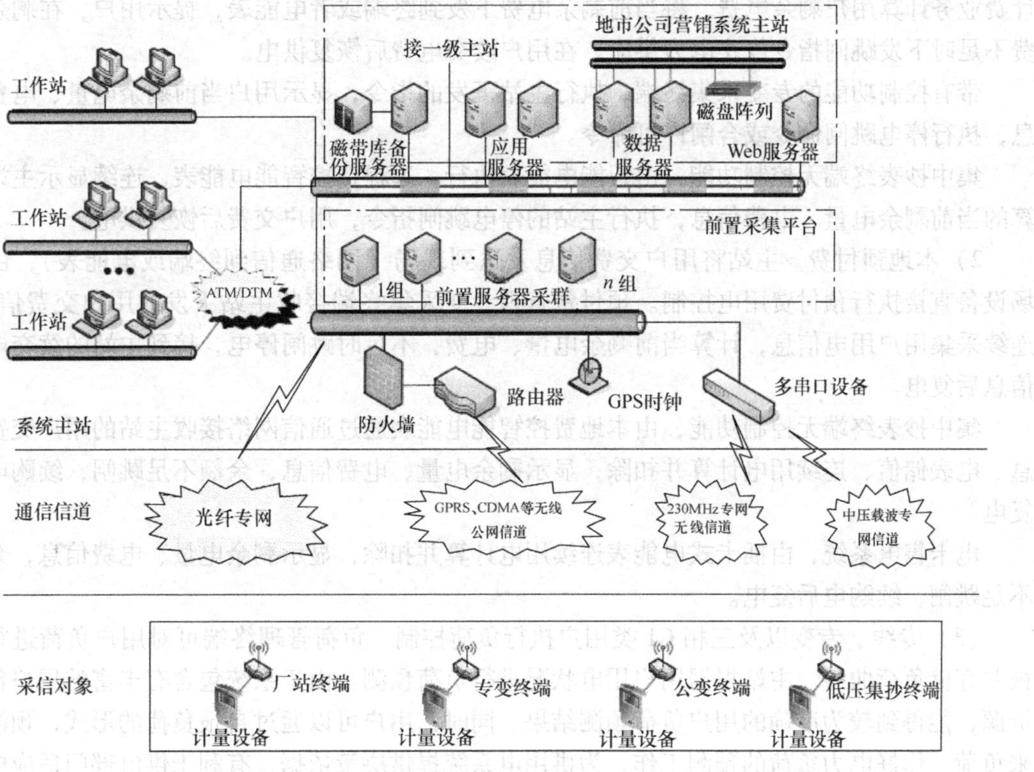

图 10-9　二级主站物理架构

二级主站和一级主站之间的连接通过电力公司以 SDH 为骨干的广域网进行连接，向一级主站发送所需要的电能信息数据或统计分析结果，发送二级主站电能信息采集平台数据的采集情况和主站运行情况或接收一级系统制定信息采集任务。

3. 系统的功能

（1）采集数据功能　对大型专变和中小型专变用户，采集以下数据：

1）电能数据　总电能示值、各费率电能示值、总电能量、各费率电能量、最大需量等。

2）交流电气量　电压、电流、有功功率、无功功率、功率因数等。

3）工况数据　开关状态、终端及计量设备工况信息。

4）电能质量（限大型专变用户）　电压、功率因数、谐波等越限统计数据。

5）事件记录　终端和电能表记录的事件记录数据。

6）其他数据　预付费信息、负荷控制信息等。

对三相一般工商业用户、单相一般工商业用户、居民用户，采集以下数据：

1）电能数据　总电能示值、各费率电能示值、最大需量等。

2）事件记录　电能表记录的事件记录数据。

3）其他数据　预付费信息等。

(2) 预付费功能

1）远程预付费　主站实时采集用户当前用电量或每日采集用户日冻结电量，交给营销计费业务计算用户剩余电费，将当前剩余电费下发到终端或者电能表，提示用户，在剩余电费不足时下发跳闸指令停止电力供应，在用户续交电费后恢复供电。

带有控制功能的专变采集终端，执行主站下发的指令，显示用户当前剩余电量、电费信息，执行停电跳闸命令或合闸许可命令。

集中抄表终端无控制功能，由智能电能表执行。远程费控智能电能表，连续显示主站计算的当前剩余电量、电费信息，执行主站的停电跳闸指令，用户交费后恢复供电。

2）本地预付费　主站将用户交费信息发送到现场（网络通信到终端或电能表），由现场设备直接执行预付费用电控制。预付费管理专变采集终端接收主站下发的用户交费信息，连续采集用户用电信息，计算当前剩余电量、电费，不足时跳闸停电，接到主站的续交电费信息后复电。

集中抄表终端无控制功能，由本地费控智能电能表通过通信网络接收主站的用户交费信息、电表储值、连续用电计算并扣除，显示剩余电量、电费信息，余额不足跳闸，续购电后复电。

电卡售电系统，由插卡式电能表连续用电计算并扣除，显示剩余电量、电费信息，余额不足跳闸，续购电后复电。

(3) 专线、专变以及三相 C1 类用户执行负荷控制　负荷管理终端可对用户负荷进行监视并存储负荷曲线。主站根据用户用电状况进行负荷预测。由于系统包含有丰富的用户数据资源，能得到较为准确的用户负荷预测结果。同时，用户可以通过自报负荷的形式，预测未来负荷。作好电力负荷的预测工作，为供用电系统提供决策依据，有利于供电部门适应电力市场的需要，提高经济效益。

具体功能如下：

1）制定用户方案　按供电企业和用户签定的供电协议，根据电力系统的运行状况和有关的负荷管理法规、政策，由智能决策系统生成分时段的用户用电方案，并下装分时段电量使用方案，实现负荷监控管理，指导用户合理用电。

2）制定多种控制方案　负荷监控对不同用户，至少分为重要、次要、一般用户制定方案；至少分高峰、峰、谷、平四个时段的功率控制功能，设置各时段用电需量；适用于错峰、厂休等，实现计划有序用电，确保限电不拉闸。

3）方案由终端执行　负控方案由主站下达终端后，一般由终端设备根据方案、参数、检测数据自动执行负荷控制告警、延时、拉闸的程序，自动完成负荷控制过程，再上报主站。无需主站直接下控制命令干预，以免受主站系统可靠性和通信系统的影响，特殊情况主站才下控制命令。

（4）具有保电功能　具有永久和可设定期限的保电功能，保电期间禁止拉闸限电；保电期限过后，恢复设定的负荷监控功能。

10.2.3　负荷特性分析

系统收集的数据量大面广，必须经过加工处理才能更好地为电力系统服务。负荷分析是负荷预测的基础工作，只有对负荷做出全面、多角度分析，才能找到历史负荷的发生规律，提高预测质量和准确性水平。负荷分析的主要内容包括以日、周、月、年为时间段，对系统、各分局、各行业、各用户的用电情况进行分析，如日、月、季、年的最大（小）负荷、平均负荷、负荷率、最小负荷率、峰谷差、峰谷差率等特性指标外，还包括如下特性：

年最大负荷利用小时数、年持续负荷曲线、年负荷曲线、年（季）生产均衡率；月典型日负荷曲线、月典型工作日曲线、月周六典型曲线、月周日典型曲线、月最大电量日负荷曲线、月最小电量日负荷曲线、月最大负荷日负荷曲线、月最小负荷日负荷曲线、月最大峰谷差日负荷曲线、月最小峰谷差日负荷曲线、节日典型曲线等。

其他负荷指标特性，如负荷概率、任意设定时段内最高、最低负荷变化趋势及变化比率分析、任意时段多天负荷变化趋势及变化比率分析、多日负荷曲线的趋势比较、日、月、季、年最高负荷、最低负荷曲线趋势及变化比率、负荷同时率、负荷不同时率、尖峰负荷率等。

分析得到的结果保存在数据库中，以备查询或生成报表、曲线及对外发布等。

1. 负荷预测

按用户的类型，采用数据挖掘技术进行负荷预测和用户特征提取，做出针对具体用户和负荷监视点的负荷预测，在高质量负荷预测基础上，采用用户智能负荷控制模型指导用户用电或对用户的用电进行闭环控制。根据局部负荷预测的结果，进行全地区的负荷预测，最大限度进行削峰添谷工作。

利用历史负荷曲线对变电站母线负荷、配电变压器、用户负荷进行预测。可分别实现日负荷预测、周负荷预测。日负荷预测结果为预测日一天内每 15min 间隔时刻的需求（或整点时刻负荷），周负荷预测结果为一周内每天的平均负荷、最大负荷、最小负荷的预测值。预测结果可以以负荷曲线形式查看或表格显示。负荷预测中考虑天气、气温、节假日、计划停电等情况，预测结果具有较高的可信度。

根据前一周的运行记录，利用动态自回归模型理论预报未来的系统负荷，同时应根据节假日的负荷变化情况，以及具体气象对负荷的影响情况，加以考虑。另外，还可以根据各种复杂情况，人为地修改修正系数以提高预报的精度。

2. 系统削峰填谷方案的生成

根据系统采集的大用户数据，对供电特征进行分析，在负荷预测的基础上，根据特定的算法，生成用户用电计划和指导性用电计划方案。具备自动控制功能的用户，定时或手动发送跳、合闸操作命令或下装跳、合闸计划，对负荷进行调整；无控制功能的用户将用电计划公布到 WEB 服务器或下装到负荷控制终端。

主站根据系统的负荷和短期负荷预测结果形成系统的调峰方案，进行削峰填谷。

10.2.4　系统技术指标

1. 系统响应速度

（1）主站巡检终端重要信息（重要状态信息及总加功率和电能量）时间 < 15min。

（2）系统控制操作响应时间（遥控命令下达至终端响应的时间）≤5s。

（3）常规数据召测和设置响应时间（指主站发送召测命令到主站显示数据的时间）< 15s。

（4）历史数据召测响应时间（指主站发送召测命令到主站显示数据的时间）< 30s。

（5）系统对客户侧事件的响应时间≤30min。

（6）常规数据查询响应时间 < 5s。

（7）模糊查询响应时间 < 15s。

（8）90% 界面切换响应时间≤3s，其余≤5s。

（9）前置主备通道自动切换时间 < 5s。

（10）在线热备用双机自动切换及功能恢复的时间 < 30s。

（11）计算机远程网络通信中实时数据传送时间 < 5s。

2. 系统可靠性指标

（1）遥控正确率 > 99.99%。

（2）主站年可用率 > 99.5%。

（3）主站各类设备的平均无故障时间（MTBF）$> 4 \times 10^4$h。

（4）系统故障恢复时间 < 2h。

（5）由于偶发性故障而发生自动热启动的平均次数应 < 1 次/3600h。

3. 系统数据采集成功率

系统数据采集成功率分一次采集成功率和周期采集成功率，均指非设备故障和非通信故障条件下的统计。

（1）一次采集成功率≥95%。

（2）周期采集成功率≥99.5%，周期为 1 天，日冻结数据。

4. 主站设备负荷率及容量指标

（1）在任意 30min 内，各服务器 CPU 的平均负荷率 < 35%。

（2）在任意 30min 内，人机工作站 CPU 的平均负荷率 < 35%。

（3）在任意 30min 内，主站局域网的平均负荷率 < 35%。

（4）系统数据在线存储 > 3 年。

10.3　数传电台

典型无线数传电台是采用数字信号处理、数字调制解调、具有前向纠错、均衡软判决等功能，提供透明 RS232C 接口，传输速率可达 9600bit/s，收发转换时间小于 50ms 的数传电台，功能完备的数传电台还具有场强、温度、电压等指示，误码统计、状态告警、网络管理等功能。

数传电台的调制方式为 FSK/FM，以独立的形态或嵌入式的形态出现，嵌入式的形态可以方便嵌入到其他产品中。产品功率可以从 10mW 的微功率到 80W 的大功率，其传输距离从微功率的数米到 80km。应用十分简单，应用设备的 RS232C 接口和数传电台的 RS232C 接口直接连接即可，将数传电台设置为主、从方式，即可工作。图 10-10 给出数传电台的两种形态。

a)　　b)

图 10-10　数传电台的形态

a）MDS2710 数传电台　b）嵌入式模块

数传电台的收发转换时间是衡量数传电台品质的重要指标，一般要求小于 30ms。同时还要求发射机的起动时间要短，一般要达到小于 50ms。

组网时工作方式分为单工、半双工和全双工三种。

应用于某些特殊专网中监控信号的实时、可靠的数据传输，具有成本低、安装维护方便、绕射能力强、组网结构灵活、覆盖范围大的特点，适合点多而分散、地理环境复杂等的场合。

用于电力用户用电信息采集系统的数传电台，国家无线电委员会批准的频段为 223 ~ 231MHz频段，其中单向频率 10 个频点，双向频率 15 对频点，收发间隔为 7MHz。

在每一个监控点，数传模块与终端设备的连接如图 10-11 所示。为了方便描述组网的常见形式，在下面的叙述中将每一个监控点用图 10-11 表示。其中主台用字母 M 表示，从台用字母 S 表示。

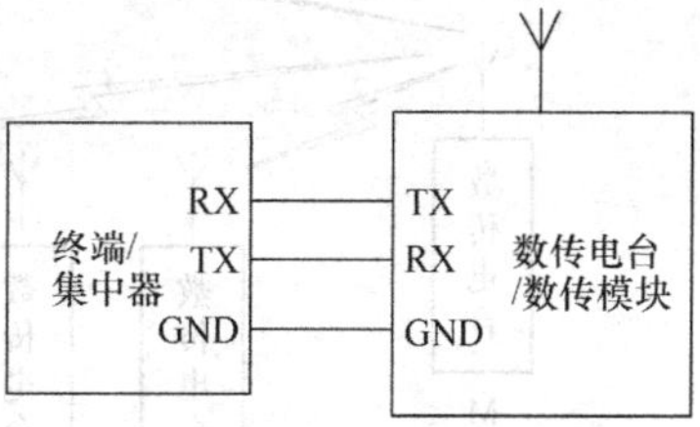

图 10-11　设备和数传电台/数传模块的连接

（1）点对点的形式　这是最基本的形式，如图 10-12 所示。点对点通信数传电台，按照通信频点设置工作模式，如果是单频点，主从电台只能设置在半双工工作模式；如果是双频点，即收、发频点分开，可以设置在全双工工作模式。

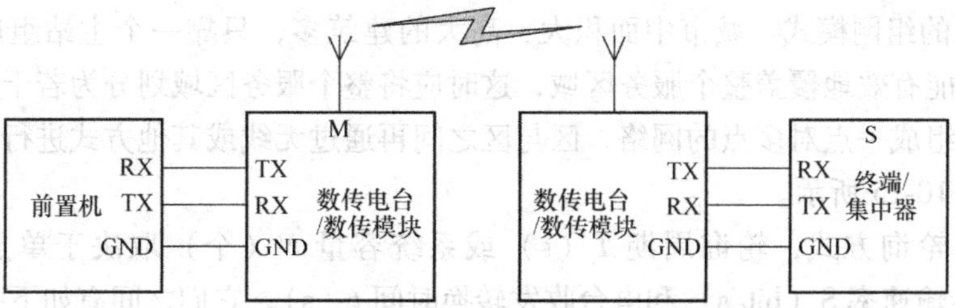

图 10-12　点对点通信

通信过程中，两点对等通信或一点主动、一点被动通信，这种点对点的通信模式是一点对多点通信模式的一个特例。

(2) 点对多点的通信模式　这是一种最常用的组网形式，如图 10-13 所示。一般数传电台须设置一对频点：上行频点和下行频点，工作方式为轮询（Polling）方式。

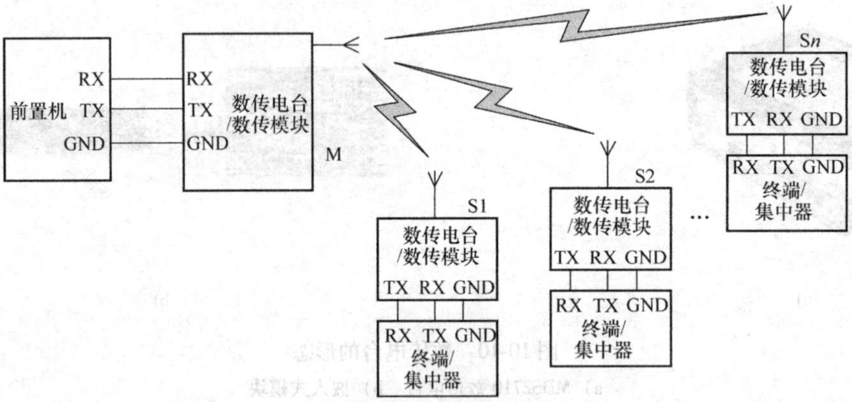

图 10-13　点对多点组网

(3) 需要差转的组网模式　当少部分分台在主台的通信范围以外时，解决问题的途径有两个：其一是直接增加主台的通信范围；其二是采用差转的组网模式。有时采用第一个办法是不可行的，原因有以下几点：①不经济：为了少部分的通信点增加主台的天线高度及主台的功率会使系统成本有很大增加。②受制于地理位置的限制，无线数传电台处于盲区。③无线电管理条例不允许增加主台的功率。

差转组网示意图如图 10-14 所示。在下图中山峰右边的分台 S1…Sn 在主台 M 的范围以外，需要差转台 R 差转。

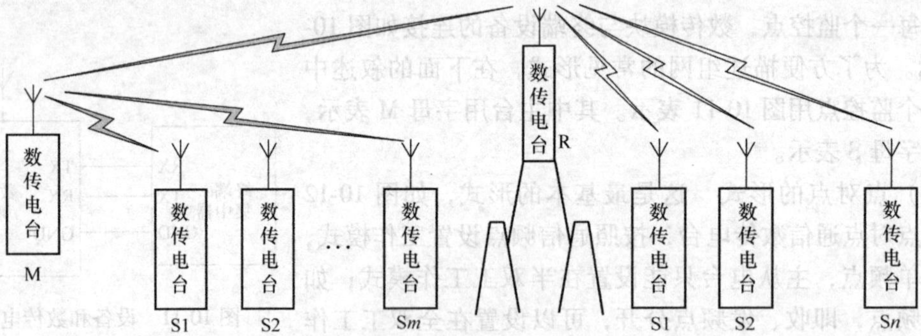

图 10-14　差转组网示意图

(4) 小区的组网模式　城市中面积大、高大的建筑多，只靠一个主站组成的点对多点的网络往往不能有效地覆盖整个服务区域，这时应将整个服务区域划分为若干个区域，在区内由数传模块组成一点对多点的网络，区与区之间再通过无线或其他方式进行连接。小区的组网模式如图 10-15 所示。

主站使用轮询方式，轮询周期 T（s）或系统容量 N（个）取决于单点的数据量 D（bit）、电台传输速率 S（bit/s）和电台收发转换时间 t（s），它们之间有如下关系：

$$T \approx N(D/S + t)$$

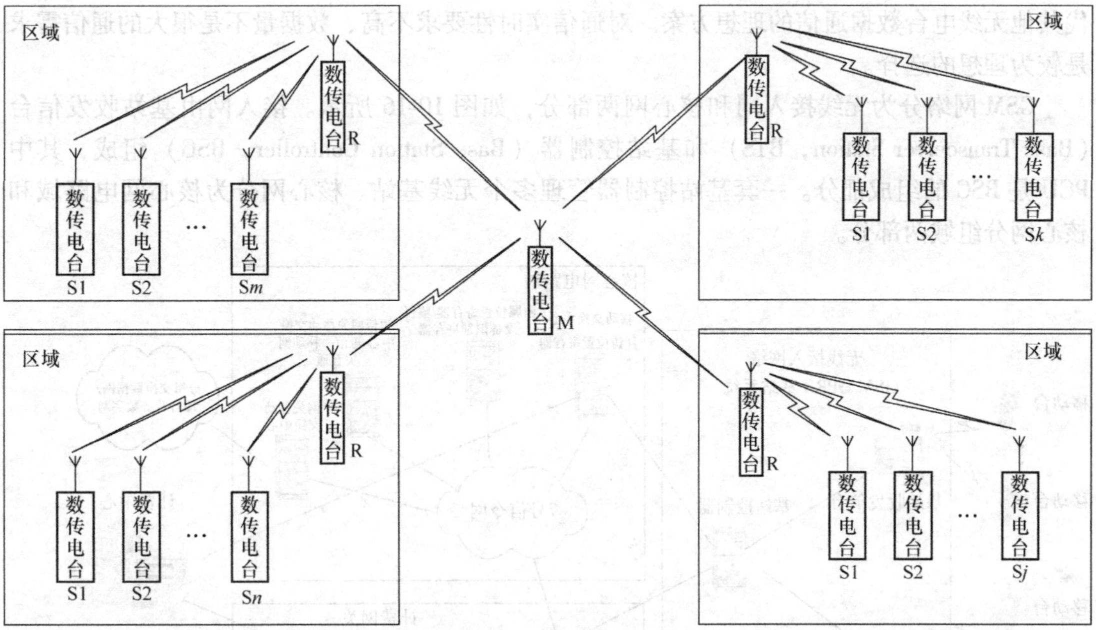

图 10-15　大区域组网

10.4　GPRS 通信

通用分组无线业务（General Packet Radio Service，GPRS）是在第二代移动通信全球移动通信（Global System for Mobile Communications，GSM）系统基础上扩展了分组控制单元（Packet Control Unit，PCU）、服务支持节点（Serving GPRS Support Note，SGSN）和 GPRS 网关支持节点（Gateway GPRS Support Node，GGSN）等新网元的基础上构成的无线数据传输系统，目的是为 GSM 用户提供分组形式的数据业务。

GPRS 允许用户在端到端分组传送模式下发送和接收数据，使用无需电路交换的网络资源。GPRS 提供了一种高效、可靠的无线分组数据业务，特别适用于间断的、突发性的、频繁的、少量的数据传输，同时也适用于偶尔的大数据量传输。

GPRS 技术采用分组交换方式，提供了灵活的差错控制和流量控制，在端到端的高层进行通信，减少了中间网络低层环节不必要的开销，并在网络部分环节上增加控制，提高了安全性。通过设置服务质量（QoS）等级等手段，GPRS 可有效地控制和分配时延、带宽等性能，非常适用于数据应用。

GPRS 技术在传输速率，信号覆盖范围，投资费用，网络维护等方面有突出的优势。在电力系统中，比较适合于对数据传输的带宽要求不高、安全性要求较低的应用，例如：远程电能抄表、远程变压器监控、远程仪表监控等领域的通信要求。

10.4.1　GSM 和 GPRS 通信网的基本组成

GPRS 支持 IP 等多种数据通信业务，是无线技术和网络技术的融合。虽然 GPRS 是作为现有 GSM 网络向第三代移动通信演变的过渡技术，但是它在许多方面都具有显著的优势。

GPRS 承载 IP、X. 25 等业务类型，提供点到点、点到多点的无线数据通信业务，是取代其他无线电台数据通信的理想方案。对通信实时性要求不高、数据量不是很大的通信需求是较为理想的选择。

GSM 网络分为无线接入网和核心网两部分，如图 10-16 所示。接入网由基站收发信台（Base Transceiver Station，BTS）和基站控制器（Base Station Controller，BSC）组成，其中 PCU 是 BSC 的组成部分。一套基站控制器管理多个无线基站。核心网分为核心网电路域和核心网分组域两部分。

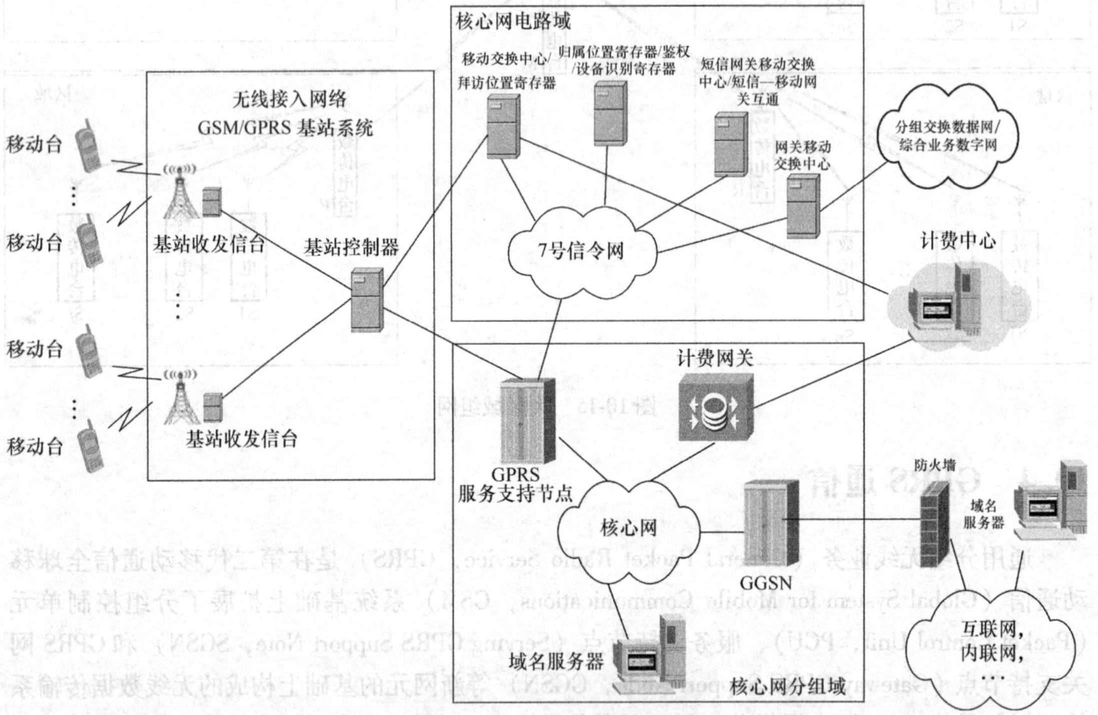

图 10-16　GSM/GPRS 网络结构

接入网部分即基站和基站控制器部分，实现移动终端所有无线有关通信部分的信道管理和信道编码/解码以及信道控制等任务。核心网的电路域实现无线电话的交换、鉴权认证和外部有线电话公网，即此部分为用户提供电路型业务。接入网部分和核心网的电路域即为基本 GSM 系统。分组域即为在 GSM 网上扩展的部分，扩展部分即和 GPRS 应用相关的部分，即接入无线网和分组域构成了 GPRS 部分。

分组域中有两种重要的网元，分别称为 GPRS 服务支持节点（SGSN）和 GPRS 网关支持节点（GGSN）。

SGSN 主要作用是为本 SGSN 服务区域的移动站（Mobile Station，MS）转发输入/输出的 IP 分组。SGSN 的主要功能：实现本 SGSN 区域所有移动用户分组数据包的路由与转发；加密与鉴权；会话管理；移动性管理；逻辑链路管理。

GGSN 提供数据包在 GPRS 和外部数据网之间的路由和封装。GGSN 提供同外部分组网络的接口功能。GGSN 是 MS 接入外部分组网络的网关，从外部网的观点来看，GGSN 就好像是可寻址 GPRS 网络中所有用户 IP 地址的路由器。具体功能为：GPRS 会话管理，完成 MS 同公共通信数据网（Public Digital Network，PDN）的通信建立过程；接收 MS 发送的数据，选择路由到相应的外部网络；或接收外部网络的数据，根据其目的地址选择 GPRS 中的传输通道，传给相应的 SGSN；对于移动 IP 应用，需将外部代理（Foreigh Agent，FA）功能集成到 GGSN；此时，GGSN/FA 既是网关设备，同时充当外部 MS 拜访网络的 FA；GGSN 具有话单的产生和输出功能。

10.4.2　支持 GPRS 的用户终端

各种测控装置中，实现 GPRS 通信的方式是在装置中集成 GPRS 模块，GPRS 模块一般是指带有 GPRS 功能的 GSM 模块，GPRS 模块中集成 TCP/IP 通信的协议栈。模块外接电源，SIM 卡座，GSM 天线，模块的串口端子和微控制器的 UART 连接，通过 UART 下达 AT 指令，模块即可工作。图 10-17 是 GPRS 模块的应用原理图。

a)

b)

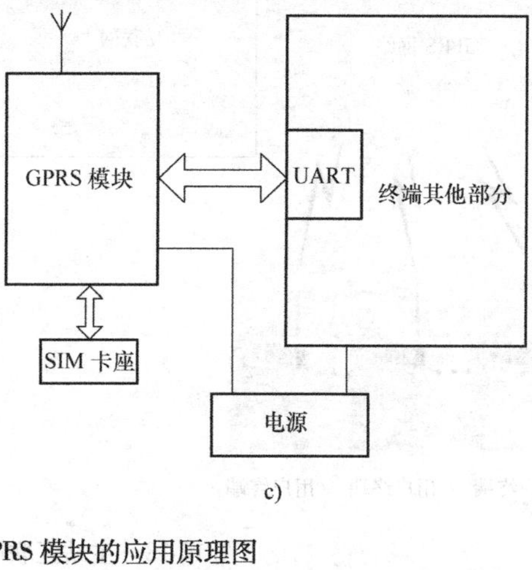

c)

图 10-17　GPRS 模块的应用原理图

a）一款 GPRS 模块　b）用 GPRS 模块开发的具有串口的通信模块　c）集成 GPRS 模块的应用终端

模块与微控制器之间除了串口发送（TX）、接收（RX）之外，微控制器与 GPRS 模块之间还有一些硬件握手信号，如 DTR、CTS、DCD 等。为了简化微控制器的控制，硬件设计时不要使用全部的硬件握手信号，而只使用数据载波检测（Data Carrier Detect，DCD）和数据终端准备（Data Terminal Ready，DTR）信号。DCD 信号可以检测 GPRS 模块是处于数据传送状态还是处于 AT 命令传送状态，DTR 信号用来通知 GPRS 模块传送工作已经结束。

对模块的控制采用 GSM 网络通信协议 GSM0707 所规定的 AT 指令进行，微控制器通过 AT 指令初始化 GPRS 无线模块，使之连接到 GPRS 网络上，获得网络运营商动态分配的 GPRS 终端 IP 地址并与目的终端建立连接。模块连接网络的过程主要包括建立数据帐户（Data Account）、激活分组数据协议（Packet Data Protocol，PDP）环境、TCP 或 UDP 连接等步骤。传输的数据包采用 TCP/IP 协议格式。

10.4.3 GPRS 组网

具有 GPRS 通信能力的终端和互联网（Internet）中的计算机可以实现 IP 数据包的透传。在 Internet 中有一台有固定 IP 的计算机，即可实现现场具有 GPRS 通信能力的终端和具有 IP 地址的计算机的连接，并通过 TCP/IP 协议发送数据。

因此，组网时在主站需要配置具有独立 IP 地址或能动态得到 IP 地址的 GPRS 数据通信服务器，即 GPRS 前置机。各个具有 GPRS 通信能力的用户终端和此前置机进行连接并进行通信。用户数据量不大时，可以在互联网中租借服务器。

主站 GPRS 服务器接入 GPRS 网有两种方式：

（1）接入互联网方式　GPRS 前置机，通过 ADSL 拨号或通过防火墙和路由器连接到 Internet 网，将系统软件安装到数据中心服务器上。如果前置机是动态 IP，GPRS 通过 DNS 方式得到 GPRS 前置机的 IP 地址，如果 GPRS 前置机是静态 IP 地址，使用组态软件远程设置，GPRS 用户终端的 IP 地址。主站互联网接入方式如图 10-18 所示。

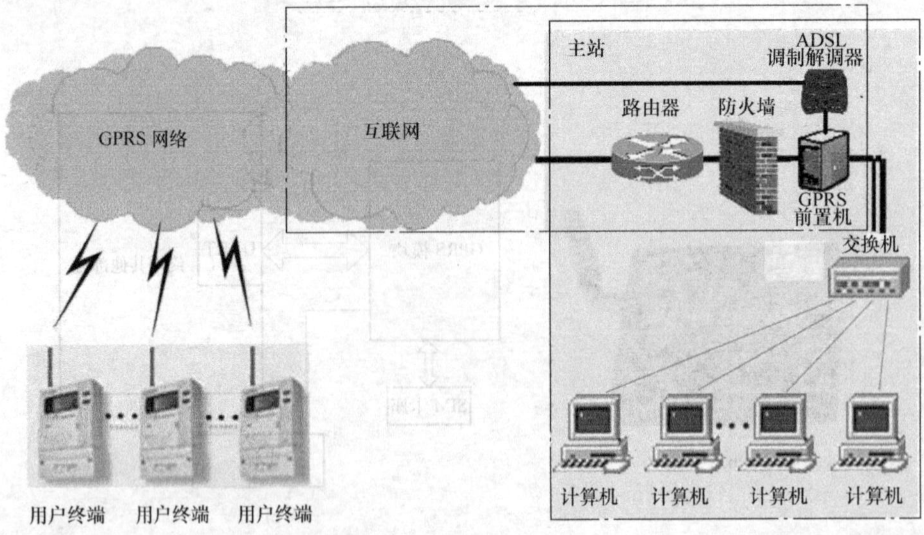

图 10-18　主站互联网接入方式

（2）专线方式　GPRS 运营商的 GPRS 核心网的 GGSN 到主站 GPRS 前置机建立专用 IP 通道，即专线。在 GPRS 前置机和 GGSN 网关之间建立虚拟专有网络（Virtual Private Network，VPN）隧道。

主站专线接入方式如图 10-19 所示。其应用过程和接入互联网方式并无不同。

GPRS 用户终端开机后如果连接成功，则在 GPRS 终端和前置服务器之间就建立了一条永久可靠的通信通道。

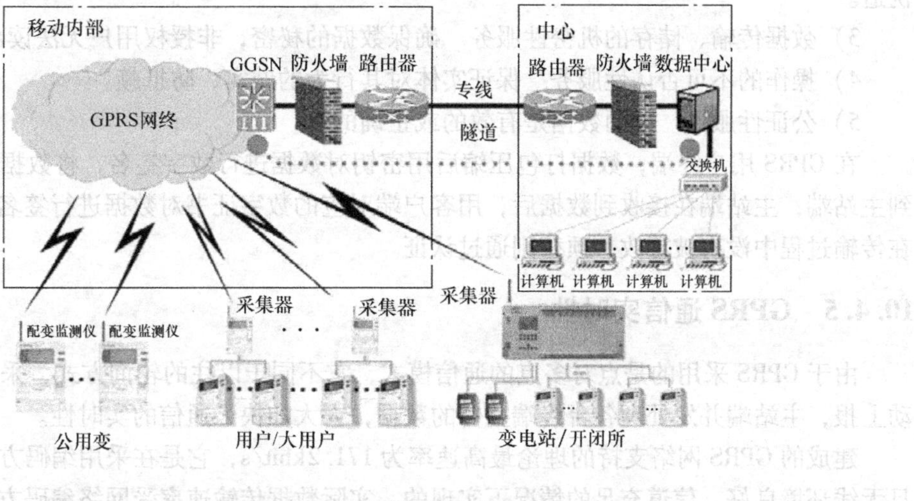

图 10-19　主站专线接入方式

（3）通信的过程　GPRS 网络的通信过程，由现场终端发起和主站前置机的连接。终端通信链路建立过程通过 UART 给 GPRS 模块发送 AT 指令来实现。

1）终端通过发出初始化命令，设置工作模式、GPRS 网络名称和通信速率。直接通过动态域名激活 IP 服务。

2）成功执行后，GPRS 网络返回一个动态分配的 IP 地址。

3）通过 AT 指令，建立终端和主站 GPRS 前置机的 TCP/IP 逻辑链路。

4）GPRS 进入了在线模式。

5）进入通信过程。

10.4.4　GPRS 网络传输安全性

由于电力应用系统的特殊性，需要极高的系统安全保障和稳定性。安全保障主要是防止来自系统内外的有意和无意的破坏，稳定性是指系统能够 7×24h 不间断运行，即使出现硬件和软件故障，系统也不能中断运行。GPRS 网络采用以下技术，保证系统安全性和稳定性：

（1）VPN 模式　利用 SIM 卡的唯一性，划定用户可接入系统，可以有效避免非法入侵。采用中国移动分配的专门的 VPN 进行无线网络接入，在网络侧对 SIM 卡和 VPN 进行绑定，只有属于指定行业的 SIM 卡才能访问专用 VPN。普通手机号的 GPRS 终端无法呼叫专门的 VPN。

（2）在数据安全和权限管理系统上，系统遵循“公开密钥基础设施”（Public Key

Infrastructure，PKI）机制　PKI 是国际上目前较为成熟的解决开放式互联网络信息安全需求的一套体系。

在 GPRS 用户终端中的通信模块对所传输数据进行数字签名，在数据传输和确认过程中按照如下服务过程来进行：

1）身份认证　身份识别与鉴别，确认实体是他自己所申请的。

2）数据传输、储存的完整性服务　防篡改，确认没有被修改；防丢失、缺损、防伪造。

3）数据传输、储存的机密性服务　确保数据的秘密，非授权用户无法读出。

4）操作的不可否认性服务　保证实体对其行为的诚实，防抵赖。

5）公证性服务　证明数据是有效的或正确的。

在 GPRS 用户终端，数据打包压缩后用密钥对数据进行数字签名，将数据通过公网发送到主站端；主站端在接收到数据后，用客户端对应的数字证书对数据进行签名认证；若数据在传输过程中没有被篡改、顶替则通过认证。

10.4.5　GPRS 通信实时性

由于 GPRS 采用的是点对多点的通信模式，它不同于以往的轮询方式，采用终端数据主动上报，主站端并发处理各台终端上传的数据，大大加快了通信的实时性。

建成的 GPRS 网络支持的理论最高速率为 171.2kbit/s，它是在采用编码方式为 CS-4 时，且无线环境良好，信道充足的情况下实现的。实际数据传输速率受网络编码方式和无线环境因素影响，用户的实际接入速度在 30～50kbit/s，在使用数据加速系统后，速率可维持在60～80kbit/s。

10.5　大、中型企业的 PDSM 和技术支持系统

大、中型工业企业在我国社会和经济中起着十分重要的作用，同时也是我国用电和能耗大户。根据有关的统计我国工业用电的能效比远高于发达国家，我国的用电处于粗放的状态。在企业实施 PDSM 方面，有巨大社会效益和经济效益。

随着国家发改委 PDSM 相关政策实施，以及“十一五”PDSM 取得的成效，各个企业对开展 PDSM 工作有了更高层次的认识。近年来，为解决设备用电效率低、峰谷价差大、日用电负荷不均衡、线路损耗大等问题，一些大、中型企业在企业内部实行 PDSM，该举措在降低用电消耗、提高用电效率、节电、节能等方面取得了很好的效果。

10.5.1　应用 PDSM 技术的基本手段

在企业内部开展电力需求侧管理，主要从经济手段和技术手段开展工作。

（1）经济手段　经济手段是企业内部对各个单位的用电进行经济考核，充分利用电力供应部门给予的峰谷电价、季节性电价、可中断负荷电价、容量电价等不同电价优惠政策，结合自身用电的性质、特点，安排和组织生产，少用高价的高峰电，多用便宜的低谷电，尽量躲开用电高峰时段或季节。助进各个单位在工艺、生产过程等活动中考虑降低电耗的重要性。

（2）技术手段　将成熟的节电技术与用电生产工艺和用电特点有效的结合，提高用电效率或改变用电习惯。

1）设备的调整与改造　根据负荷的变化规律，解决供电系统中“大马拉小车”现象，供电设备（变压器、电机）长期处于轻载状态。

2）调整不同负荷用电时间　对负荷的性质进行分类，将负荷分为不可中断负荷、可中断负荷，在不影响生产的前提下，对不可中断负荷按照负荷的性质，调整其用电时间，进行负荷的均衡化处理；可中断负荷根据生产需要并根据相关用电合同，调整用电时间；调整的原则是减小高峰时刻的负荷，将负荷转移到供电系统负荷较轻的时段。

3）电网运行方式优化　根据负荷的用电性质，优化企业电网的运行方式，变压器以及无功补偿装置的运行方式，减少线损。

4）最大用电需量智能控制技术　当选定最大电量作为计算电费方法时，企业需要控制其最大用电需量。

以上技术手段的实施，需要技术支持平台来实施，因此，目前情况下，企业建立具有负荷控制能力的类似于电力公司电力用户用电信息采集平台，实时采集分析各类负荷信息，组织合理有序用电，有效控制最大需量，充分利用电价政策，达到均衡、经济用电，实现降低自身用电成本的目的。具体的实施策略根据企业性质的不同采用不同计算、处理技术。

10.5.2　一个企业的用电管理系统

1. 系统的要求

系统设计的原则是保证系统运行稳定、实用、性价比高，能有效地提高企业用电计量和管理水平。为此，要求硬件平台可靠、功能完善、性价比高；系统软件运行稳定、可靠、开放、易维护。

2. 系统的构成

用电管理系统由管理主站、通信网络和终端设备组成。其中主站系统采用计算机局域网，根据数据量规模和系统的可靠性要求，设置一台数据服务器，一台 Web 服务器，设置多台工作站。远传通信网络采用中国移动的 GPRS。数据终端选用带通信口的智能电能表计。系统的构成如图 10-20 所示。在图 10-20 中，系统主站采用以太网方式组网，设置一台数据服务器和一台 Web 服务器，GPRS 服务器负责接收现场的数据。主站和现场通信，有 ADSL 接入互联网方式和网关专线接入 GPRS 方式，两种方式可以任选，其中前者作为过渡方式。系统通过防火墙接入 MIS 系统。用户侧分为孤立用户和相对集中用户，相对集中用户为了降低系统运行后的通信费用，通过无线微功率数传电台进行一次集中，再通过 GPRS 方式和主站通信；孤立用户，直接用 GPRS 通信模块的 RS232C 接口和智能电能表连接。

3. 系统功能

用电管理系统，实现各类电能量表计的自动抄收和各种电气量的远程监视和存储，在此基础上对用电进行管理。接入系统的电能表计分为变电站关口表计和其他用户表计。其中变电站关口电能表，已在变电站通过总线方式进行集结，可以直接接入系统；各类用户电能计量表计的接入，采用无线微功率数传电台集结，再通过 GPRS 方式接入系统或直接用 GPRS 接入系统。系统能完成的功能如下：

（1）数据抄收　电能计量系统，能按照预先设置的计划对表计或终端进行召测；也可

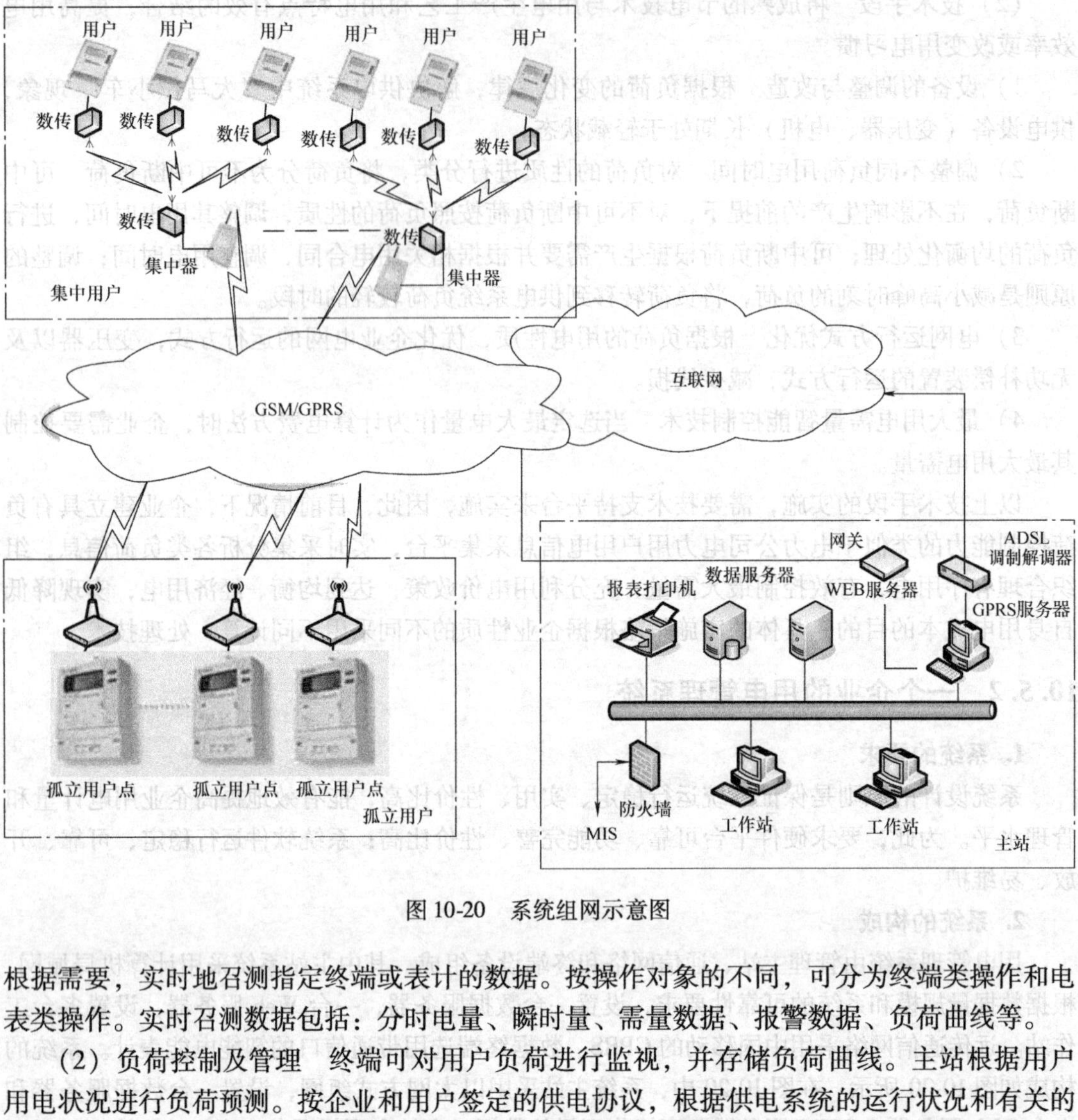

图 10-20　系统组网示意图

根据需要，实时地召测指定终端或表计的数据。按操作对象的不同，可分为终端类操作和电表类操作。实时召测数据包括：分时电量、瞬时量、需量数据、报警数据、负荷曲线等。

（2）负荷控制及管理　终端可对用户负荷进行监视，并存储负荷曲线。主站根据用户用电状况进行负荷预测。按企业和用户签定的供电协议，根据供电系统的运行状况和有关的负荷管理法规、政策，由智能决策系统，生成多层次、分时段，具有多套功率控制方式，适用于错峰、厂休等计划有序用电方案，并下装用电方案，实现负荷监控管理，指导用户合理用电。

负控方案由主站下达终端后，由终端设备根据方案、参数、检测数据自动执行负荷控制告警、延时、拉闸的程序，自动完成负荷控制过程，再上报主站。无需主站直接下控制命令干预，以免受主站系统可靠性和通信系统的影响。特殊情况主站才下控制命令。

（3）图形、报表管理　通过对计量点的原始信息处理，具备条件的计量点，以图形的方式对电能量曲线、电压合格率、ABC 中性电流、ABC 相电压、功率、功率因数进行图形显示；生成以日、月为时段的综合统计报表，反映计量点的运行情况；利用动态数据查询的方法，实现对如电量、瞬时量、需量、报警数据的动态查询。

（4）系统管理　完成系统参数、数据字典等信息管理与维护；实现数据备份与恢复，保证数据安全；分配用户权限。

（5）档案管理　系统能对变电站和用户计量点的用户情况、表计情况进行管理。计量点完成如计量点名称、电压等级、电流、电压互感器、用户、关口等信息管理。用户表计，完成如表计型号、协议类型、电流不平衡阈值等信息的管理。

（6）Web浏览　通过Web浏览器方式，按照一定的权限，实现电能信息的查询和管理。

4. 系统的通信网

用电管理系统建设的关键为通信通道的建设，用电管理系统要求通信系统覆盖到所有用户，点多面大，用户的状况变化较快，采用无线通信方式有其优势。但建立无线专网，建设费用和运行维护费用均较高，投资收益低，系统扩展困难。

用GPRS方式解决较远距离通信，为了减少租借移动通信公网的通信费用，对用户相对集中区域的电能计量终端进行适当的集结。接入方法采用ADSL方式接入，若条件具备采用专线方式接入。

用户集中区电能表计的集结采用微功率数传电台。

用户终端分为孤立用户和相对集中用户。接入系统时，对前一种用户，采用电能表计和GPRS模块通信连接，接入GPRS网。相对集中的用户，采用无线微功率数传电台进行集结，即电能表计和无线微功率数传电台模块连接，无限微功率数传电台模块通过超短波频段和集中器无线连接，集中器通过GPRS方式接入GPRS网络。

微功率无线射频数传电台，工作频段为230MHz，电台功率小于500mW，所使用的频率无需进行频段申请。集中器和电能表之间采用微功率数传电台组网，根据无线通信共用频点可能发生信息冲突的特点，系统中的节点设置成主、从工作模式，集中器为主，各电能表为从。由集中器通过轮询方式和电能表通信取得数据。下行和上行通道采用不同频点，主、从设备之间能双工通信，即设备能同时进行数据发送和接收，避免了通信过程中产生信息冲突，确保通信可靠，同时提高通信的实时性。

5. 系统终端

目前企业的电能抄收结算，电能表分为几种情况：变电站关口电能表，考核单位的关口电能表，外包单位住地电能表。各变电站全部采用复费率电子式电能表，不仅能实现各种复费率的电能结算，还能实现各种电气量的监测。用户电能表，表计种类较多，对老式电能表计和无功计量的表计需要进行改造或更换。

系统通信组网时，要求对相对集中的用户进行通信集中，孤立用户独立处理，因此对相对集中用户加装无线微功率电台；对独立的用户，在用户终端加装GPRS无线通信模块。

参考文献

[1] 贾勇，徐迪飞，李鹏，赵滨．面向配电系统调度员培训仿真系统的设计[J]．电力系统通信，2004，25（3）：34-36.

[2] 谢驰坤，陈陈．配电网无功优化调度中调节次数的优化[J]．电力系统及其自动化学报，2000，12（5）：1-3，14.

[3] 吴佳．配网短路分析及短路电流计算方法综述[J]．中国高新技术企业，2011，（4）：104-106.

[4] 董张卓，刘雪．通用配电网潮流程序架构设计和实现[J]．电力系统保护与控制，2009，37（8）：38-41，78.

[5] 盛万兴，王金利．非晶合金铁心配电变压器应用技术[M]．北京：中国电力出版社，2009.

[6] 国智文．配电变压器实用技术[M]．北京：中国电力出版社，2011.

[7] 关大陆，张晓娟．工厂供电[M]．北京：清华大学出版社，2006.

[8] 曹煜．10kV 干式与油浸式配电变压器经济技术比较[J]．农村电工，2011，（8）：26-27.

[9] 金立军．高压限流熔断器-负荷开关开断电路时转移电流的分析[J]．高压电器，1993，29（2）：26-29.

[10] 宛舜，王承玉，海涛，等．配电网自动化开关设备[M]．北京：中国电力出版社，2007.

[11] 相晓鹏．SVI-固体绝缘环网柜[J]．电气制造，2013，（1）：32-34.

[12] 李景禄．实用配电网技术[M]．北京：中国水利水电出版社，2006.

[13] 要焕年，曹梅月．电力系统谐振接地[M]．2 版．北京：中国电力出版社，2009.

[14] 李天友，金文龙，徐丙垠，王之佩．配电技术[M]．北京：中国电力出版社，2008.

[15] 王清亮．单相接地故障分析与选线技术[M]．北京：中国电力出版社，2013.

[16] 鲁铁成．电力系统过电压[M]．北京：中国水利水电出版社，2009.

[17] 平邵勋，周玉芳．电力系统中性点接地方式及运行分析[M]．北京：中国电力出版社，2010.

[18] 国家电网公司．Q/GDW370—2009．城市配电网技术导则[S]．北京：中国电力出版社，2010.

[19] 国家电网公司．Q/GDW156—2006，城市电力网规划设计导则[S]．北京：中国电力出版社，2007.

[20] 王首顶．IEC 60870-5 系列协议应用指南[M]．北京：中国电力出版社，2008.

[21] 王士政．电网调度自动化与配电网自动化技术[M]．北京：中国水利电力出版社，2003.

[22] 钱家骊，袁大陆，杨丽华，等．高压开关柜：结构·计算·运行·发展[M]．北京：中国电力出版社，2007.

[23] 王秋梅，金伟君，徐爱良，等．10kV 开闭所的设计、安装、运行和检修[M]．北京：中国水利电力出版社，2005.

[24] 杨武盖，路文梅，郑志萍．配电网及其自动化[M]．北京：中国水利电力出版社，2008.

[25] 丁景峰，赵峰．电力电缆实用技术[M]．北京：中国水利电力出版社，2003.

[26] 高亮．配电设备及系统[M]．北京：中国电力出版社，2008.

[27] 王贵宾．基于智能负荷开关的 V-I-T 型自动分段器方案[J]．供用电，2006，23（3）：31-33.

[28] 彭松，刘红伟，王焕文，张维．基于电压电流复合型成套装置的 10kV 架空馈线自动化实现方案的研究与应用[J]．广东电力，2012，25（9）：79-81，86.

[29] 封连平，刘红伟．超级电容器直流储能系统的 FTU 控制技术的实现[J]．广东输电与变电技术，2010，12（3）：1-5.

[30] 董科，董张卓，王玲，等．基于 IEC 61850 的通信控制器的研究[J]．继电器，2007，35（增刊 1）：254-258.

[31] 李益民，董张卓，王玲．IEC 61850 过程层的网络通信传输与实现[J]．电力系统保护与控制，2008，36（19）：33-35，39.

[32] 董张卓，段新．开闭所超短进出线保护的改进[J]．电力系统保护与控制，2010，38（6）：80-83.
[33] 董张卓，杨杉，段新．级联开闭所超短线电流保护整定方法研究[J]．陕西电力，2009，37（4）：20-23.
[34] 董张卓，段新，李骞．电网图形平台和静态拓扑的生成[J]．电力系统保护与控制，2009，37（18）：89-92.
[35] 董张卓，唐明，李宁．电力调度主站的网络管理系统[J]．电力系统保护与控制，2008，36（18）：62-64，77.
[36] 董张卓，李宏刚，倪云峰．调度主站前置机的结构和软件设计[J]．继电器，2008，36（10）：58-61.
[37] 付周兴，王清亮，董张卓．电力系统自动化[M]．北京：中国电力出版社，2006.
[38] 董张卓，李岐虎，王陇，等．基于嵌入式系统的配电子站[J]．电力学报，2008，23（5）：361-364.
[39] 王玲．基于 IEC 61850 线路间隔 IED 的建模研究及通信实现 [D]．西安：西安科技大学，2008.
[40] 于伟，常松，古青琳等．配电网全网电压无功协调控制策略[J]．电网技术，2012，36（2）：95-99.
[41] 王蓓蓓，李扬．面向智能电网的电力需求侧管理规划及实施机制[J]．电力自动化设备，2010，30（12）：19-24.
[42] 谭亲跃，王少荣，程时杰．电力需求侧管理（PDMS）综述[J]．继电器，2005，33（17）：79-83.
[43] 国家电网公司．Q/GDW 378. 3-2009，电力用户用电信息采集系统设计导则　第三部分：技术方案设计导则[S]．北京：中国电力出版社，2010.
[44] 郑勇，樊桂枝，吴朝文．GPRS 通信技术及其在电力生产中的应用[J]．电力系统通信，2008，29（增刊）：44-51.
[45] 李燕，徐建军，李忠．矿山企业矿区用电管理自动化系统[J]．甘肃冶金，2008，30（2）：63-65.
[46] 董力通，徐隽，刘海波．DSM 与储能技术在峰值负荷管理的应用及效果[J]．中国电力，2012，45（4）：47-50.
[47] 丁建华，王德成．大型工业企业应用 DSM 技术的途径[J]．有色冶金节能，2012，(3)：11-14.
[48] 电力行业．电测量标准化技术委员会．DL/T 698. 1—2009，电能信息采集与管理系统　第 1 部分：总则[S]．北京：中国电力出版社，2009.
[49] 国家电网公司．Q/GDW 373—2009 电力用户用电信息采集系统 功能规范[S]．北京：中国电力出版社，2010.
[50] 国家电网公司．Q/GDW 375. 2—2009，电力用户用电信息采集系统型式规范　第二部分：集中器型式规范[S]．北京：中国电力出版社，2010.
[51] 国家电网公司．Q/GDW 375. 3—2009，电力用户用电信息采集系统型式规范　第三部分：采集器型式规范[S]．北京：中国电力出版社，2010.